超值DVD多媒体光盘使用说明

“将随书附赠光盘放入 DVD 光驱中，双击光驱盘符打开光盘，可以看到光盘中有 4 个文件夹，其中“实例文件”文件夹包含本书所有实例的素材和最终文件；“本书教学视频”文件夹中包含 5 小时本书重点案例的操作讲解视频；“附赠视频”文件夹中赠送了 Photoshop CS6 常见设计教学视频；“海量素材”文件夹中包含 3000 多个设计素材、500 幅高清材质纹理图片、60 套照片调色动作和 80 个素材模板和精美相框。

3000多个画笔、样式、渐变和烟雾集锦

3000 多个“一点即现”的画笔、样式、形状、渐变、烟雾和墨迹喷溅等设计素材，可以直接满足各类设计人员的实际工作需求。启动 Photoshop 软件后执行“编辑 > 预设管理器”命令，打开“预设管理器”对话框，在“预览类型”下拉列表中选择相应的选项，如选择“画笔”选项，单击右侧的“载入”按钮，在弹出的“载入”对话框中选择要载入的文件，单击“载入”按钮即可载入素材文件。

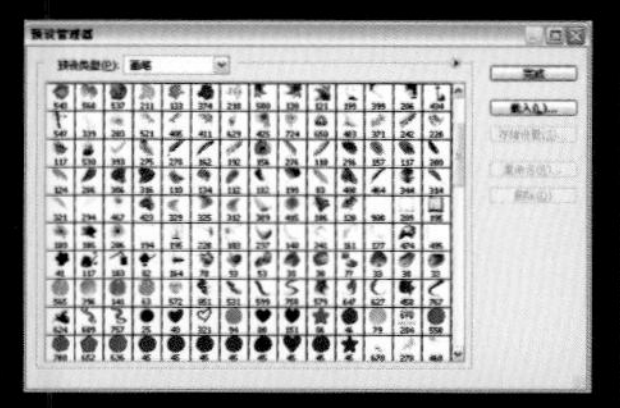

▲ 载入画笔

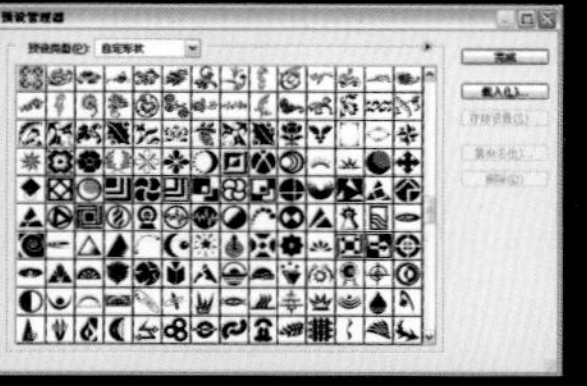

▲ 载入形状

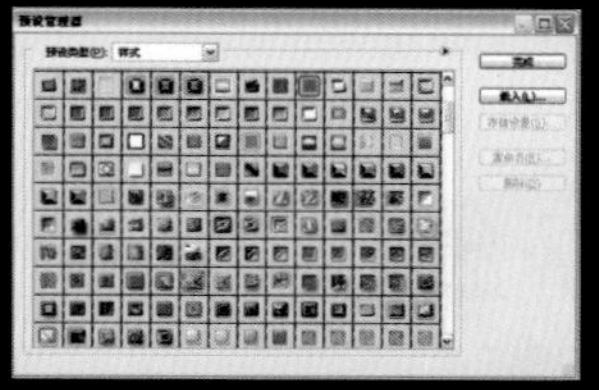

▲ 载入样式

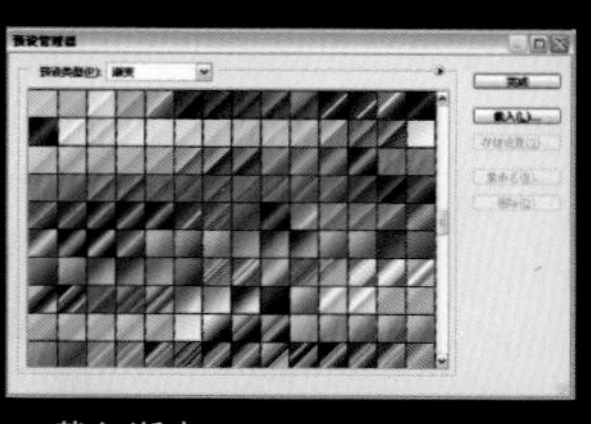

▲ 载入渐变

★ 1000种画笔素材与800种形状素材

★ 600种样式素材与700种渐变素材

★ 100个烟雾和墨迹喷溅素材

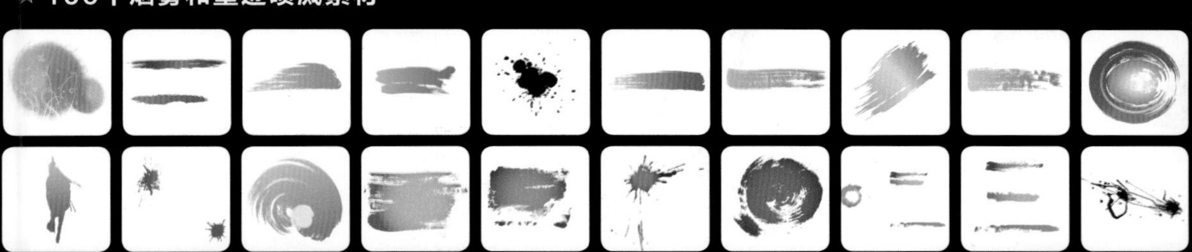

★ 500张高清材质纹理图片

★ 80个素材模板和精美相框

替换图像颜色

通过设置画笔散布绘制图像

使用魔术橡皮擦工具抠取人物

在图像中输入横排点文字

羽化选区的应用

边界选取的应用

变形文字的应用

"旋转扭曲"滤镜的应用

"镜头校正"滤镜的应用

"墨水轮廓"滤镜的应用

滤镜的基本操作

使用透视功能调整图像

使用仿制图章工具仿制图像

调整文字的颜色

使用"变化"命令综合调整图像

使用"色相/饱和度"命令调整图像

将文字转换为形状

“高斯模糊”滤镜的应用

在图像中输入段落文字

▲ 创建异形轮廓段落文本的应用

▲ 沿路径绕排文字的应用

▲ 混合器画笔工具的应用

▲ 全景图的合成

01 05
02
03 06
04

01 圆角矩形工具的应用
02 描边路径的应用
03 椭圆工具的应用
04 填充路径的应用
05 合并形状图层
06 使用背景橡皮擦工具丰富图像效果

01	04
02	05
	06
03	07

01 个性网页设计
02 矢量蒙版的应用
03 绘制形状并填充颜色
04 使用“色彩平衡”命令调整图像
05 时尚购物网页设计
06 应用“斜面和浮雕”图层样式
07 使用“可选颜色”命令改变图像颜色

01	04
02	05
03	

01 编辑Alpha通道调整图像效果
02 图层混合模式的调整
03 纸巾杂志广告设计
04 调整柔美效果
05 艺术招贴设计

01	04
	05
02	06
03	07

01 应用“投影”图层样式
02 合成抽象图像
03 使用自定形状工具
04 通过图层组管理图层
05 应用“光泽”图层样式
06 编辑形状调整图像
07 应用“描边”图层样式

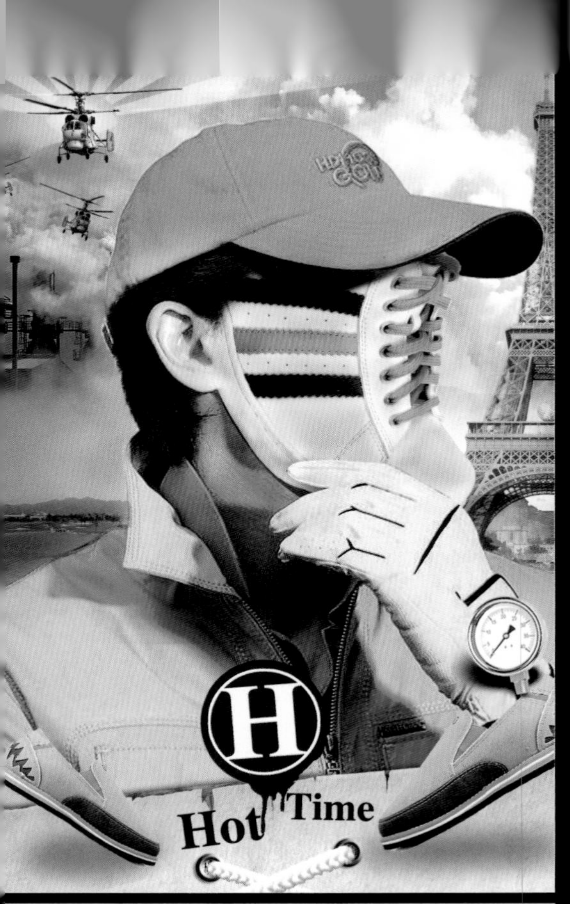

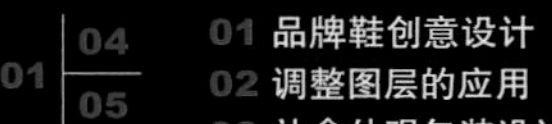

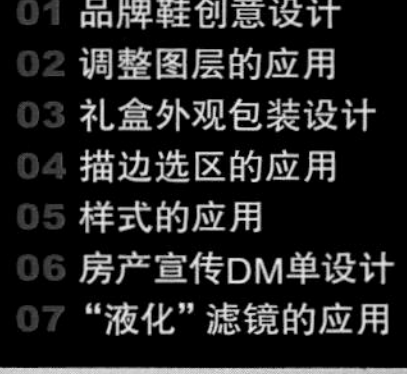

01	04
	05
02	06
03	07

01 品牌鞋创意设计
02 调整图层的应用
03 礼盒外观包装设计
04 描边选区的应用
05 样式的应用
06 房产宣传DM单设计
07 “液化”滤镜的应用

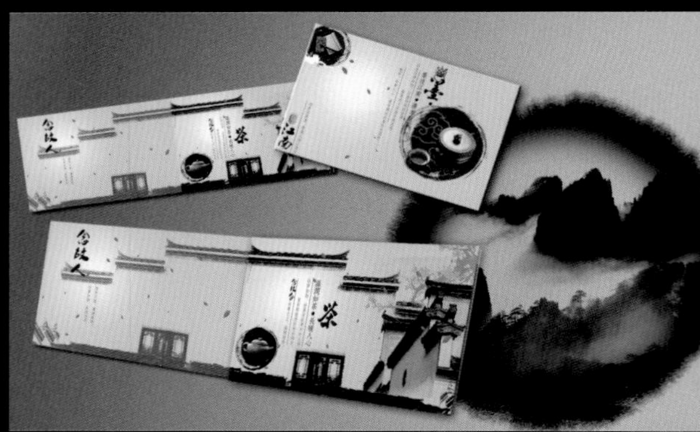

Photoshop CS6 中文版 完全学习手册

李莉 杨韶辉 薛红娜_编著

中国青年出版社
CHINA YOUTH PRESS

图书在版编目（CIP）数据

Photoshop CS6 中文版完全学习手册 / 李莉，杨韶辉，薛红娜编著.
一 北京：中国青年出版社，2012.7
ISBN 978-7-5153-0897-5
I. ①P… II. ①李… ②杨… ③薛… III. ①图像处理软件 IV. ①TP391.41
中国版本图书馆 CIP 数据核字（2012）第 143823 号

Photoshop CS6 中文版完全学习手册

李 莉 杨韶辉 薛红娜 编著

出版发行：中国青年出版社
地　　址：北京市东四十二条 21 号
邮政编码：100708
电　　话：（010）50856188 / 50856199
传　　真：（010）50856111
企　　划：北京中青雄狮数码传媒科技有限公司
责任编辑：郭 光 张海玲 向雯雯 董子晔
书籍设计：六面体书籍设计
王世文 孙素锦

印　　刷：北京联兴盛业印刷股份有限公司
开　　本：787×1092 1/16
印　　张：25.75
版　　次：2012 年 8 月北京第 1 版
印　　次：2017 年 10 月第 4 次印刷
书　　号：ISBN 978-7-5153-0897-5
定　　价：55.00 元（附赠 1DVD，含教学视频与海量素材）

本书如有印装质量等问题，请与本社联系　电话：（010）50856188 / 50856199
读者来信：reader@cypmedia.com　投稿邮箱：author@cypmedia.com
如有其他问题请访问我们的网站：http://www.cypmedia.com

关于Photoshop CS6

Photoshop是美国Adobe公司开发的一款图形图像处理软件，它集合了图像设计、编辑、合成以及高品质输出功能于一体，具有十分完善而强大的功能，堪称平面设计界的“王牌”。Photoshop CS6版本以更贴心的工作界面、强大的智能图像识别以及更为完善的3D功能和操控使图像处理过程变得更加智能，操作也更趋于简洁化，获得了众多专业设计师的青睐。

内容导读

全书共分为3个部分，分别从软件的基本操作、相关功能透析以及实战应用3个方面全面介绍Photoshop CS6。软件基本操作篇主要介绍了Photoshop中的基本操作。软件功能透析篇深入细致地讲解了Photoshop CS6中各功能、命令和工具的用途，涉及选区、图像绘制、图像修饰润色、色彩调整、图层应用、文字编辑、路径绘制、蒙版应用、通道功能、滤镜应用、3D与动画功能、动作与自动化等方面，帮助读者完全参透软件。在实战应用篇分别从图像处理、平面广告设计、包装设计、产品造型设计和网页设计界面这5个方面入手，选择经典案例进行制作演示，使读者不仅学会知识，还能将其运用于实战中，达到学以致用的最终目的。

体例特色

本书是学习Photoshop CS6的完全手册，集知识讲解与实战应用功能为一体。为了使读者在理论学习的同时获得更多实战经验与行业信息，书中特别安排了众多体例为读者提供帮助。

“设计师谨言”凝聚专业设计师对Photoshop平面设计的精辟见解与指导；“设计百宝箱”涵盖了图形运用、颜色搭配、印前检查等平面设计的各个环节，详尽提供成为平面设计师的要领秘籍；155个“实战”将晦涩的理论知识生动形象地展示出来，帮助读者迅速掌握Photoshop操作要领；“疑难问答”汇集相关方面的常见问题，为读者扫除学习中的“疑难杂症”。

超值多媒体光盘

本书附赠的超值多媒体光盘中包含4个文件夹，其中“实例文件”文件夹包含本书所有实例的素材和最终文件；“本书教学视频”文件夹中包含5小时本书重点案例的操作讲解视频；“附赠视频”文件夹中赠送了Photoshop CS6基础教学视频；“海量素材”文件夹中包含3000多个设计素材、500幅高清材质纹理图片、60套照片调色动作和80个素材模板和精美相框。

作 者

CONTENTS

Photoshop CS6 中文版完全学习手册

目 录

PART 01 软件的基本操作

CHAPTER 01

了解 Photoshop CS6 的工作环境

CHAPTER 02

掌握 Photoshop CS6 的基本操作

PART 02 软件的功能透析

CHAPTER 03

选区的创建与编辑

CHAPTER 04

图像的绘制与填充

CHAPTER 05

图像的修饰与变换

CHAPTER 07

文字的编辑与应用

CHAPTER 08

路径的绘制与编辑

CHAPTER 11

图层与蒙版的结合应用

CHAPTER 12

破译通道全功能

CHAPTER 13

解析滤镜全功能

CHAPTER 14

诠释 3D 与动画功能

CHAPTER 15

动作与自动化

PART 03 软件的实战应用

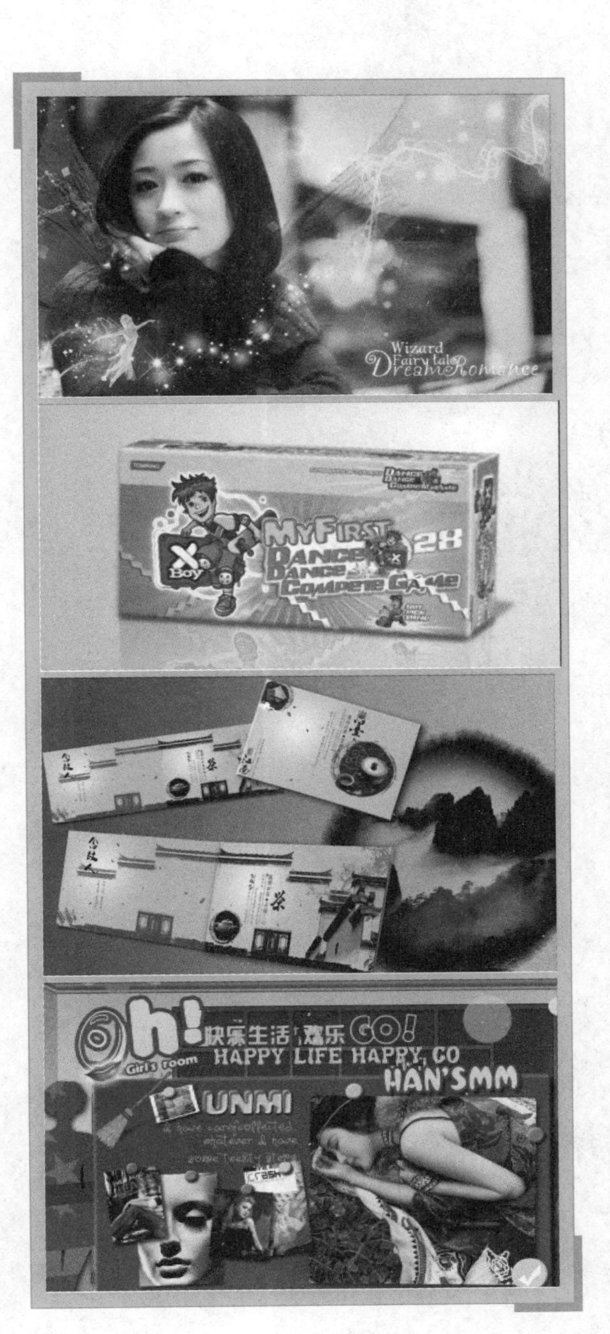

软件的基本操作

本篇重点

在呈现给读者的第 1 篇中，我们选择了对 Photoshop CS6 软件的相关基本操作进行介绍，以便读者从软件的整体工作环境和简要的基础操作两方面对软件进行整体把握。为了更加完善细节，我们还将 Photoshop CS6 软件的发展历程、新增功能、软件的应用领域、工作界面、系统优化设置、辅助工具、文件的管理、图像窗口的管理以及文件的保存等知识融入到相应的环节中，使读者通过对本篇的学习可以对 Photoshop CS6 软件有一定的了解，从而产生主动学习的兴趣。

Chapter 01

了解Photoshop CS6的工作环境

本章主要对 Photoshop CS6 的工作环境进行介绍，将从 Photoshop CS6 软件的新增功能、软件的应用领域、工作界面、系统优化设置、辅助工具等 5 个方面进行介绍，帮助读者迈出优秀设计之路的第一步。

设计师谏言

设计是一门现代艺术学科，它通过将图片、文字和色彩这3个元素有机结合，从而形成具有节奏感与视觉审美感的艺术画面，给人留下深刻的印象。设计的创意来源于生活中的种种启发，除了要具有灵活的设计头脑以外，对软件的熟练程度也影响着整个设计的表现效果。

设计百宝箱

平面设计的构成元素

平面设计的构成元素主要包括点、线、面。所谓点、线、面并不是数学领域中的定义，在平面设计中类似点、线、面的图形、文字、色彩以及各种视觉元素等都可以称为点、线、面。在平面设计版面中随时都会出现三者的身影，它们贯穿整个设计作品并赋予其灵魂。点、线、面是构成视觉空间的基本元素，也是平面设计版面中的主要表现语言。它们相互依存、相互作用，组合出各种视觉表现形态。下面分别对点、线、面的平面设计元素进行讲解。

图片在版面中充当“面”

“面”在版面中所占的面积是最大的，因此在版面设计中是最不能忽视的元素。我们可以将“面”理解为一块大的空白区域、多行文字、大面积图形图像或是色块区域。“面”存在于每个版面设计作品中，它在版面中的作用往往是举足轻重的。右图所示的版面为时尚画册内页的左页面，在该页面中以大面积的图片作为该版面中的“面”，具有强烈的视觉冲击效果。

文字在版面中充当“点”

“点”的排列能够使版面产生不同的心理效应，把握“点”排列的方向、形式、大小、数量变化以及空间分布，就可以形成活泼、轻巧的版面表现形式。在该页面中，标题文字以“点”的形式编排在版面中，与大面积的图片形成了鲜明的对比，增添了版面的对比效果与层次感。

文字在版面中充当“线”

“线”是介于“点”与“面”之间的一种空间构成元素，具有位置、方向、形状等属性。每种“线”都有其独特的个性与特征，不同的长短、粗细、疏密、方向、肌理和形状可以组合出不同形状的“线”，表现出“线”的不同形象和性格，从而产生不同的心理效应。在该页面中以“线”的形式在版面中编排文字，将上下两个较大的文字块进行分割，增添版面的层次感。

色彩在版面中充当“面”

该版面采用褐色方形色块作为文字的底纹颜色，在整个版面中占有较大面积，在版面中充当“面”的视觉元素，它使该底纹色彩上的文字编排更突出，使整个版面具有视觉层次感。

图片在版面中充当“点”

该版面中各种化妆品采用不同的方式随意编排，充当版面中“点”的视觉元素。不同的点错落有致地编排在版面中，增添了版面的跳跃性。

文字在版面中充当“面”

在该版面中说明性文字采用段落的形式进行编排，由很多的线条在版面中形成一个整体，在整个版面中充当“面”的视觉构成元素。

1.1 Photoshop软件介绍

Photoshop 是一款堪称世界顶尖级水平的图像设计软件，它是美国 Adobe 公司开发的图形图像处理软件中最为专业的一款。集图像设计、编辑、合成以及高品质输出功能于一体，具有十分完善且强大的功能。

Photoshop CS6 版本是美国 Adobe 公司于 2012 年推出的最新版本，该版本在原有版本的基础上进行了改进，图标更简洁，识别性更强。

Photoshop CS6 启动界面

除了图标的不同，CS6 版本的新功能可归结为以下 7 个方面。

(1) 启动界面进行了较大改变，并且提供了新旧风格的切换选项。

(2) 增强的 3D 功能是 CS6 最大的看点，单是工具箱就有三处改动：油漆桶中新增“3D 材质拖放工具”，吸管中新增“3D 材质吸管工具”等。中也增设了更多的 3D 选项，包括交互式渲染、交互式阴影质量、坐标轴控制等。

(3) 裁剪工具更具人性化，操作更简单，且新增了“透视剪切工具”，增强裁剪功能。

(4) 修补工具：修补工具组中新增了一个“内容感知移动工具”。

(5) 属性栏较之前的版本也有些许改动，增加了更多的新条目。

(6)“图层”面板有了较大的变化，新增了针对图层内容的检索功能。

(7)“调整”面板更名为“创建”面板，增加了调整功能。

1.2 Photoshop应用领域

平面视觉艺术越来越受到人们的关注，在这样的大环境下，平面艺术设计在生活中占据的地位越来越重要，它已逐渐渗透到各行各业。随着 Photoshop CS6 版本的出现，为众多从事不同行业的设计者们提供了创新性的技术支持，大大拓宽了软件的应用领域。

1.2.1 了解常用术语

Photoshop 是一款图像处理软件，使用它可以对图像进行设计和美化，使之成为能够满足用户需求且具有一定商业价值的作品。在 Photoshop 中，图像和分辨率是非常重要的两个概念，图像可分为位图和矢量图，而分辨率则分为图像分辨率和显示器分辨率两种，下面分别进行介绍。

1. 位图

位图图像的大小和质量由图像中像素的多少决定，故又被称为“像素图”。它具有表现力强、层次丰富且细腻精致等特点，可以模拟出逼真的图片效果，但具有放大后会变得模糊的缺点。如图所示分别为位图放大前后的对比效果。

原图

放大后的图像效果

2. 矢量图

矢量图像是用一系列电脑指令来描述和记录的图像，又称为“向量图”。它由点、线、面等元素组成，所记录的是对象的几何形状、线条粗细和色彩等。矢量图不记录像素的数量，在任何分辨率下对矢量图进行缩放都不会影响它的清晰度和光滑度。

矢量图像与位图图像最大的区别是它不受分辨率的影响，因此在印刷时可以任意放大或缩小图像而不会影响图的清晰度。

原图

放大后的图像效果

3. 分辨率

在讲解分辨率的含义之前，还应对像素的概念有所了解。像素是构成图像的基本单位，呈矩形显示，单位面积上的像素越多，图像越清晰、越逼真，图像效果也就越好。分辨率是用于度量位图图像内数据量多少的一个参数，通常表示为ppi（每英寸像素）。包含的数据越多，图像文件就越大，也就能表现更丰富的细节。分辨率的单位包括点 / 英寸、像素 / 英寸等，常见的分辨率有以下两种。

❶ **图像分辨率：**指图像中每单位大小所包含的像素的数目，常以“像素/英寸”（ppi）为单位表示，如“72ppi”表示图像中每英寸包含72个像素。同等尺寸的图像文件，分辨率越高，其所占用的磁盘空间就越大，编辑和处理所需的时间也就越长。

❷ **显示器分辨率：**指显示器上每单位大小显示的像素数目，常用“点/英寸”（dpi）为单位表示。

1.2.2 相关行业应用

经过前面的学习，相信读者已对 Photoshop CS6 与平面设计的关系有了一定的了解。该软件以强大的图形图像处理功能被广泛应用于与电脑美术设计相关的行业，常见的有海报招贴设计、杂志广告设计、包装设计、书籍装帧设计、网页设计、插画设计以及商业艺术摄影等，在很大程度上满足了人们对视觉艺术的高层次追求。

1. 海报招贴设计

海报是最为常见的传递商业或文化信息的一种广告形式，按照内容的不同可分为商业类海报、文艺类海报、电影类海报和公益类海报等。从下面两则海报不难看出，它们都使用 Photoshop 进行了一定程度的颜色处理和加工，使图像呈现出鲜艳的色彩和特殊的视觉效果，从而更容易引起观者的注意。

公益海报

商业海报

2. 杂志广告设计

杂志是定期或不定期连续出版的印刷读物，它有专属的阅读人群，自然也成为广告的承载媒介之一。经由杂志媒介进行宣传的广告即为杂志广告，它是平面设计的重要对象之一，在设计上一般需遵循图片精美、色彩鲜明以及创意独特等要求。

从下面两幅广告图像中可以看出，产品的不同会带来不同的诉求点，通过版式编排以及图像色调的处理，再结合 Photoshop 强大的图像合成功能，可以对广告图像进行合理的表达，使图像呈现不同的风格。

汽车广告

化妆品广告

3. 包装设计

包装设计是指选用合适的包装材料，运用巧妙的工艺手段，为包装商品进行的容器结构造型和美化装饰设计。由于包装材质及产品的不同，包装设计的方向和需求也有差异。以下的食品包装就使用了 Photoshop 的绘图功能，赋予包装外观锡箔纸的质感，凸显产品形象的同时还可以对包装上的图案进行各种特效合成。

食品软包装

4. 书籍装帧设计

书籍装帧设计是书籍整体设计的一个概括和统称，它包括书籍纸张和封面材料的选择，开本以及字体、字号的确定，版式的设计，装订方法以及印刷和制作方法等。书籍装帧设计是一门集合材料和工艺、外观和内容、局部和整体等和谐、美观的整体艺术。从下面这幅书籍封面和封底图像中不难看出，使用 Photoshop 进行书籍装帧设计可使图像呈现出简洁、鲜明和个性化的效果。

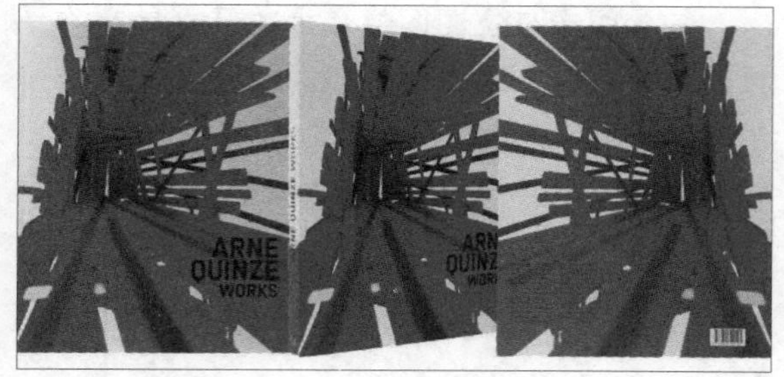

书籍封面和封底设计

5. 网页设计和界面设计

网站首页是企业向用户和广大消费者传递信息的一个窗口，具有非常重要的商业价值。以下是某公司企业网站的首页图像，无论是设计和制作，网页或界面设计工作都需要 Photoshop 这个强大的技术后盾的支持，它使画面色彩、质感以及独特性表现得更为到位。

汽车网站首页

6. 插画设计

插画设计是通过运用图案等抽象形式来表达具象事物。从下面这则 CG 人物插画图像可以看出，运用 Photoshop 优秀的绘画及调色功能，可以使图像呈现出逼真却又梦幻的超现实效果。

CG 人物插画

7. 商业艺术摄影

商业艺术摄影是一门新兴产业，包括广告摄影以及影楼摄影等。下面这幅图像属于商业广告摄影的范畴，作品以人物为广告主体，讲究摄影场景的结构，在图像表现上具有一定的故事性。拍摄后再使用 Photoshop 对摄影作品进行处理与编辑，可以使图像更完美，让广告受众直接感受到商业摄影的艺术魅力。

商业广告摄影

1.3 Photoshop工作界面

在电脑中安装 Photoshop CS6 后，双击快捷图标即可启动该软件，从而进入 Photoshop CS6 的工作界面中。Photoshop CS6 的工作界面由应用程序栏、菜单栏、属性栏、工具箱、状态栏、工作区和面板组这 7 个部分组成，下面分别进行详解介绍。

Photoshop CS6首次启动后，打开的界面颜色为黑色，此时可执行“编辑>首选项>界面”命令，在打开的“首选项”对话框中，在“外观”选项组中选择单击“颜色主题”后的灰白色按钮。完成后单击“确定”按钮，即可看到操作界面变为了灰白色。

Photoshop CS6 工作界面

1.3.1 菜单栏

Photoshop CS6 的菜单栏中包括文件、编辑、图像、图层、文字、选择、滤镜、3D、视图、窗口、帮助共 11 个菜单，执行这些菜单中的命令可以进行大部分的 Photoshop 操作。

菜　单	说　明
文件	集合了新建、打开、存储、导入、导出等多种文件管理的基本操作命令
编辑	集合了对图像文件进行编辑的剪切、拷贝、粘贴、清除、填充等命令
图像	集合了调整图像模式、色彩、版面大小等多种命令
图层	集合了对图像图层进行操作的多种命令
文字	整合了与文字图层相关的命令
选择	集合了与图像选区相关的如取消选择、变换选区、存储选区等命令
滤镜	集合了用于制作图像的素描、拼贴、模糊等特殊效果的多种滤镜命令
3D	整合了与 3D 图层相关的命令
视图	该菜单中包括校样设置、实际像素、标尺、对齐、锁定参考线等命令
窗口	该菜单主要用于对打开的图像文件进行管理，同时还能显示或隐藏软件提供的各种面板
帮助	该菜单主要用于查看软件的在线帮助，起到辅助学习的作用

将光标置于带有三角形图标▶的菜单项上则会弹出级联菜单。如图所示为执行“图像”命令后以级联菜单形式弹出的调整图像的相关命令。

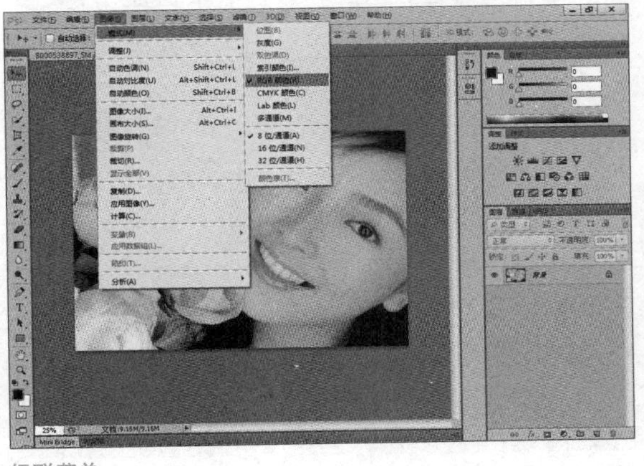

级联菜单

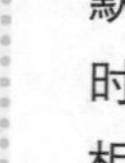

1.3.2 属性栏

属性栏用于设置各个工具的具体参数。选择的工具不同，软件提供的属性栏选项也有所不同。如单击画笔工具后，在属性栏中单击下拉按钮即可弹出用于选择画笔样式的拾取器。如果单击渐变工具，则属性栏自动切换为相应的属性选项，在其中单击渐变色块旁的下拉按钮即可弹出渐变样式拾取器。

选择渐变工具后的属性栏

在属性栏最右端新增了“概要”按钮，单击该按钮后弹出下拉菜单，通过选择其中不同的选项可以切换到不同的工作环境，方便用户针对设计、绘画以及摄影等需要使用软件。此时，若选择下拉菜单中的“CS6 新功能”选项，即可切换到该工作环境中，该工作环境下，Photoshop CS6 的新增功能在菜单中使用蓝色高光显示，以帮助用户快速找到 Photoshop CS6 的新增功能。

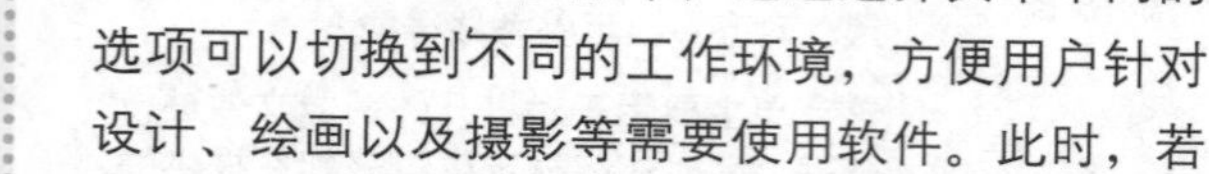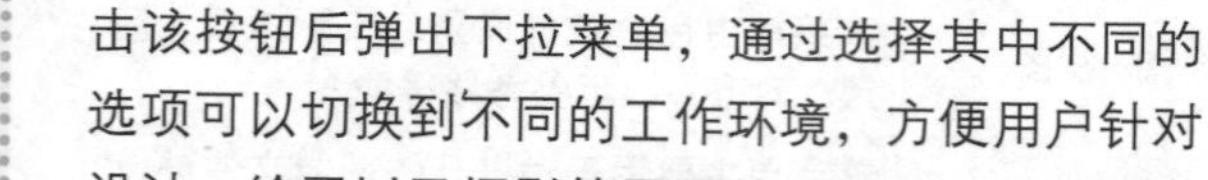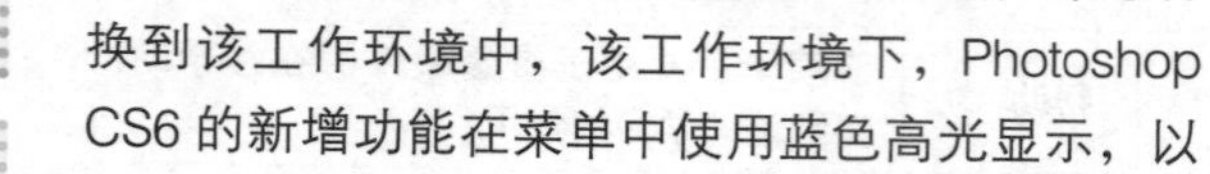

运行Photoshop CS6，进入软件的工作界面，默认情况下显示的工作区为“概要”工作区。此时只需单击属性栏中的“概要”下拉按钮并选择相应选项，即可切换到相应的工作环境中。

“设计”工作环境的面板组合

3D 工作环境的面板组合

“动感”工作环境的面板组合

1.3.3 工作区和状态栏

状态栏位于图像窗口底部，其中显示了当前操作提示和图像的相关信息。工作区指的是 Photoshop 工作界面中的灰色区域。在软件中打开或导入图像后，图像窗口即停靠在工作区内，此时可以看到，在工作区顶部图像文件窗口标题部分依次显示文件名称、文件格式、缩放比例以及颜色模式等信息。

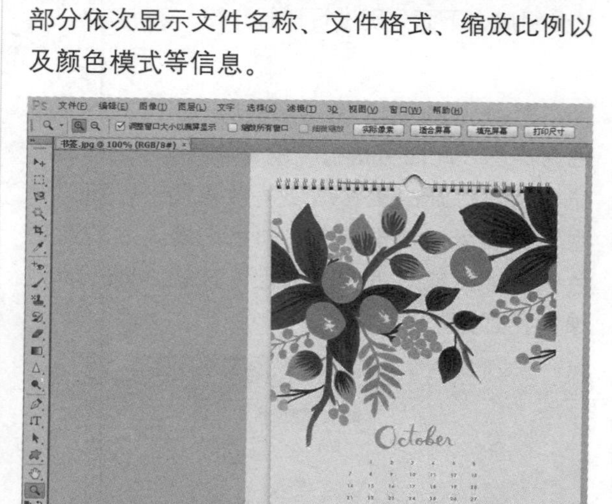

打开的图像窗口标题栏

1.3.4 工具箱

工具箱停靠在工作区左侧，Photoshop 中所有的工具都集合在工具箱中，包括绘制图像、修饰图像以及创建选区的工具。

在 Photoshop CS6 版本中，工具箱有长单条和短双条两种显示形式，单击工具箱上方的▸▸或◂◂按钮，即可在这两种状态之间进行切换。

值得注意的是，工具箱中的部分工具图标的右下角带有一个黑色小三角形图标◢，表示这是一个工具组，其中还包含多个子工具。右击图标右下角的小三角形图标◢或按住左键不放，则会显示工具组中隐藏的子工具。虽然工具箱中的工具有各自的功能和属性，但是其基本操作方法都相似，在工具箱中单击该工具所在的工具组，在弹出的工具组中选择子工具即可。

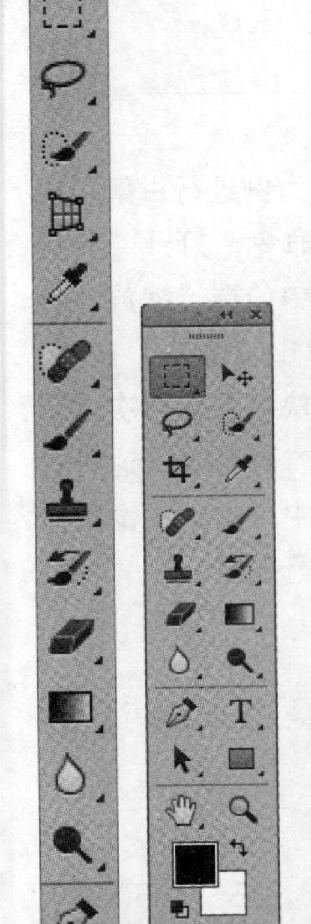

单栏　　双栏

选框工具组中的这些工具主要用于创建矩形、椭圆形、单行和单列选区。

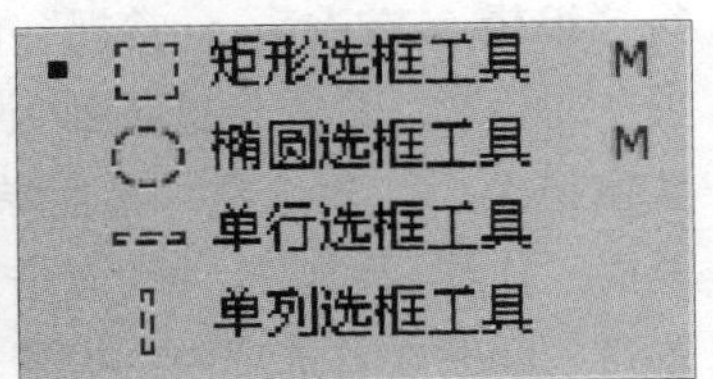

形状工具组中的这些工具用于绘制矩形、圆角矩形以及各种样式的形状图像。

工具	快捷键
矩形工具	U
圆角矩形工具	U
椭圆工具	U
多边形工具	U
直线工具	U
自定形状工具	U

1.3.5 面板与"调整"面板

面板即工作界面右侧的多个小窗口，其中汇集了图像处理中常用的选项和功能。Photoshop CS6 版本为用户提供了 26 个面板。在菜单栏的"窗口"菜单中单击选择面板名称即可显示相应的面板。选择面板后按住鼠标左键不放将其拖动到工作界面中，此时在工作界面中形成一个独立的面板，即我们所说的浮动面板。

在不同的工作环境下，面板的显示情况也有所不同，这里以"摄影"工作区为例进行介绍。单击右侧的"导航器"面板即可将其完全显示，而此时若执行"窗口 > 导航器"命令，取消"导航器"命令的勾选状态，与"导航器"面板同时消失的还有"直方图"和"信息"面板。这是因为软件自动将一些功能相近或相似的面板进行编组，以便在进行具体操作时选择相应的面板对图像进行编辑。

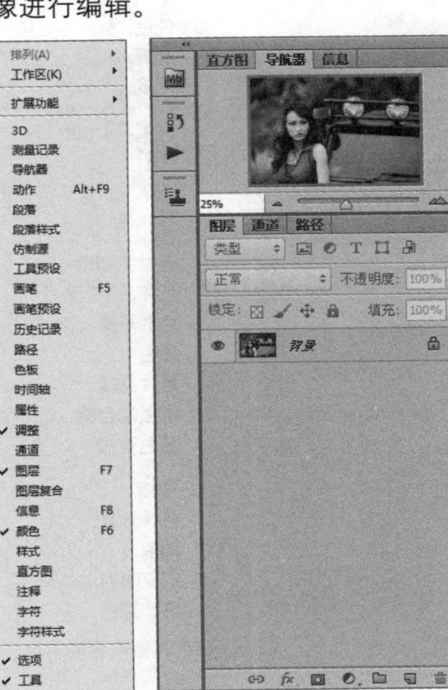

"窗口"菜单　　"摄影"工作区的面板

值得注意的是，Photoshop CS6 版本中还有一个特殊的"调整"面板，它是对图像进行颜色调整的一个快速通道，执行"窗口 > 调整"命令可打开"调整"面板。在"调整"面板中单击相应的调整图标，即可进入到相应的调整面板中，并可在"属性"面板中对具体参数进行设置和查看。

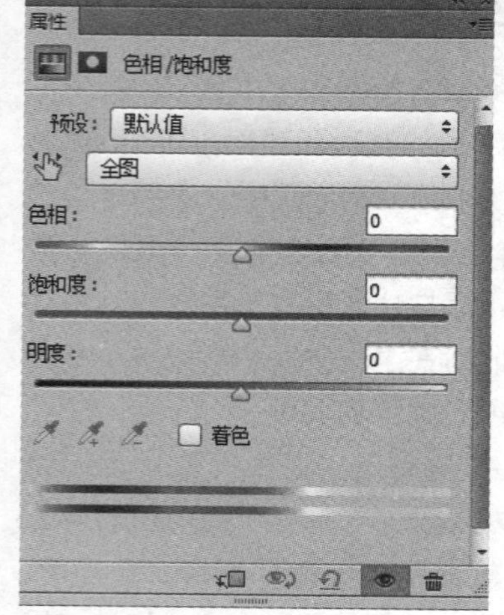

"属性"面板

在"图层"面板中还可以通过单击"创建新的填充或调整图层"按钮，在弹出的快捷菜单中选择选项创建相应的调整图层，并自动弹出相应的"属性"面板。

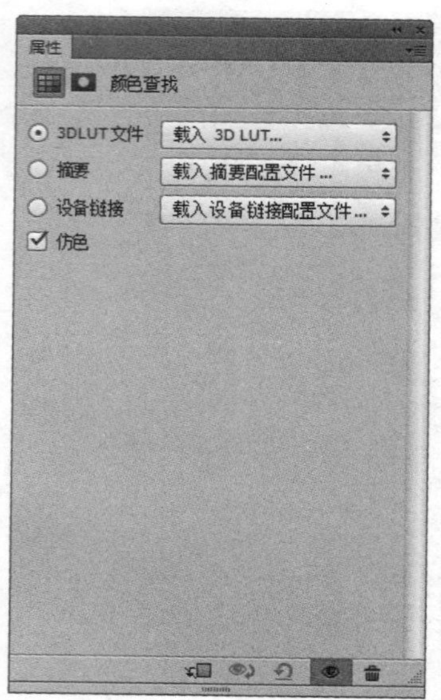

"颜色查找"面板

纯色...
渐变...
图案...

亮度/对比度...
色阶...
曲线...
曝光度...

自然饱和度...
色相/饱和度...
色彩平衡...
黑白...
照片滤镜...
通道混合器...
颜色查找...

反相
色调分离...
阈值...
渐变映射...
可选颜色...

包含调整命令的菜单

1.4 软件的系统设置

通过前面的学习，在对 Photoshop CS6 软件的工作界面有一定的了解后，下面来深入学习软件的系统设置，包括常规设置、界面设置、文件处理设置以及性能设置等。通过个性化的设置可以根据自身的喜好和工作习惯，打造出更适合自己的软件运行环境。

1.4.1 常规设置

在 Photoshop CS6 中，对软件系统进行设置与优化都可在"首选项"对话框中进行，也称为"首选项设置"。执行"编辑 > 首选项 > 常规"命令，或按下快捷键 Ctrl+K 即可打开"首选项"对话框，在其左侧列表中单击相应选项即可在右侧显示相应的选项面板，以便用户进行相关设置。

常规设置即最常见的设置，可以对 Photoshop 的拾色器类型、色彩条纹样式以及窗口的自动缩放等选项进行调整或更改。

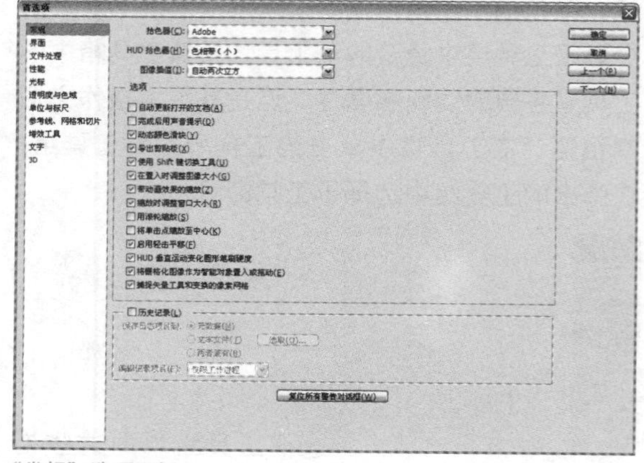

"常规"选项面板

这里以设置调整窗口大小为例进行讲解。执行"编辑 > 首选项 > 常规"命令，打开"首选项"对话框，在右侧选项面板中勾选"缩放时调整窗口大小"复选框，然后单击"确定"按钮。返回工作界面退出软件，双击快捷图标再次运行软件，此时在首选项中的设置方可生效。这时打开图像，使用缩放工具在图像中单击，图像窗口会自动跟随图像的比例大小进行调整。

打开的图像文件窗口

放大后的图像文件窗口

1.4.2 界面设置

在“首选项”对话框中，在“界面”选项面板中可更改软件界面颜色通道颜色、菜单颜色以及界面字体大小等，下面对其中的相关选项进行介绍。

❶ **“外观”选项组：**在“颜色主题”下单击颜色块可直接更改界面颜色；在各个下拉列表中可分别设置各种屏幕模式下的颜色和边界，只需在其下拉列表中选择相应的颜色和样式即可。

❷ **“面板和文档”选项组：**可对图形文件的打开方式、图标面板的折叠情况、浮动文档的停靠情况进行设置，只需勾选相应的复选框即可。同时，“面板和文档”选项组可以对通道和菜单颜色进行设置，勾选相应的复选框即可。

❸ **“用户界面文本选项”选项组：**可对界面语言的种类和界面字体显示的大小进行更改。

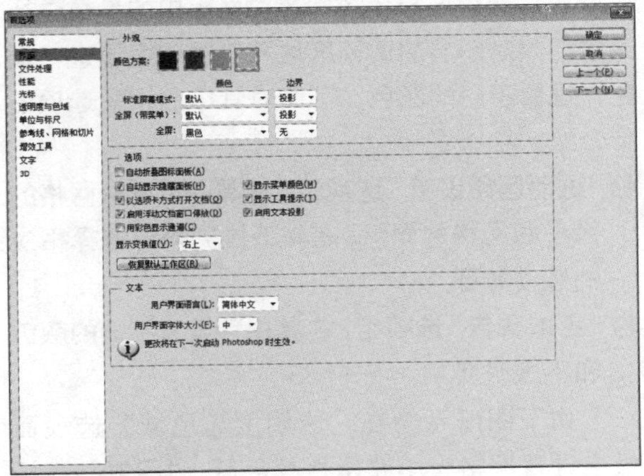
“界面”选项面板

如果在“首选项”对话框的“界面”选项面板中勾选“用彩色显示通道”复选框，单击“确定”按钮后重新启动Photoshop软件。此时在“通道”面板中可以看到，各个通道的颜色由灰色显示变为了彩色显示。

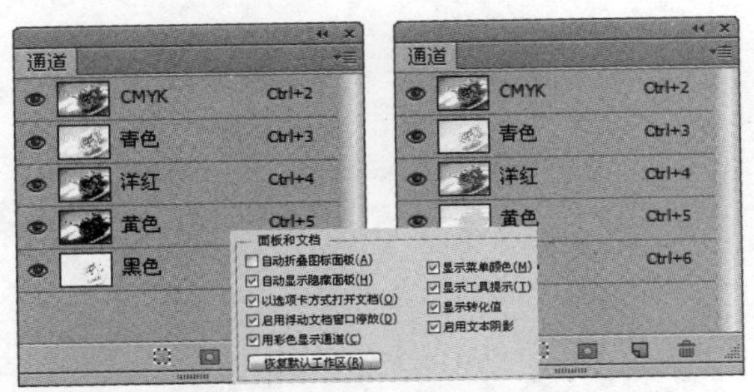

灰色显示的“通道”面板　　彩色显示的“通道”面板

1.4.3 文件处理设置

在“首选项”对话框中，通过在“文件处理”选项面板中进行设置和更改，可以进一步提高工作效率，下面对其中的相关选项进行介绍。

❶ **“文件存储选项”选项组：**在其中可对保存文件时图像的预览、文件扩展名以及文件的默认存储位置进行设置。在相应的下拉列表中进行选择或勾选相应复选框即可。

❷ **“文件兼容性”选项组：**在该选项组中可根据需要勾选不同的复选框，设置存储文件时自动弹出询问对话框的显示情况。

❸ **“近期文件列表包含”选项：**这里设置的个数表示在执行“文件>最近打开文件”命令时，在其级联菜单中显示的文件数目。默认情况下为10，当设置为0时，“文件”菜单中的“最近打开文件”命令呈灰色显示。

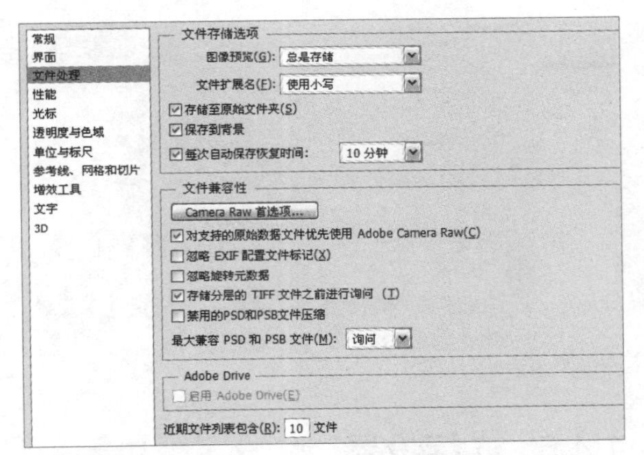

“文件处理”选项面板

如下图所示为将图像文件保存为相应格式时自动弹出的询问对话框，若在“文件兼容性”选项组中取消勾选“存储分层的TIFF文件之前进行询问”复选框，则在使用软件存储文件时不再弹出相关的询问对话框。

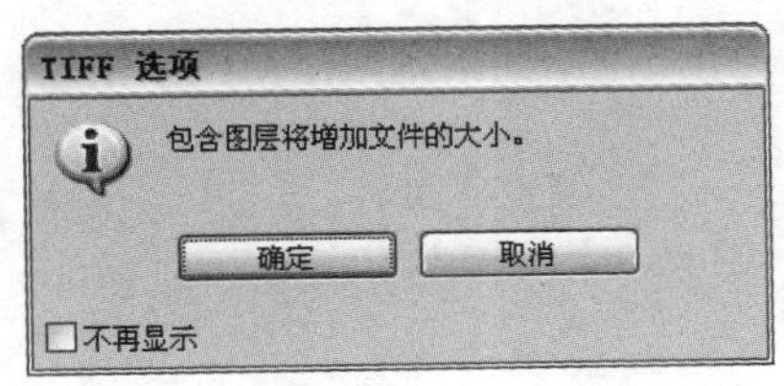

“TIFF 选项”询问对话框

1.4.4 性能设置

性能设置可以说是首选项设置中最为重要的功能，在“首选项”对话框中通过对“性能”选项面板进行设置，可以优化Photoshop软件在操作系统中的运行速度，即设置软件的暂存盘。同时还能设置软件历史记录的数量。这两项功能的结合运用，在很大程度上方便了用户对Photoshop软件进行个性化的设置。

为了使Photoshop的运行速度有所加快，一般情况下会在“暂存盘”选项组中勾选D盘，使C盘和D盘同时作为软件运行时的临时存储盘，加大存储空间，从而优化软件的运行速度。软件为用户提供的历史记录个数范围为1~1000，一般情况下设置100已经够用了，若数值设置过大，也会在一定程度上占用软件的暂存空间，从而影响软件的运行速度。

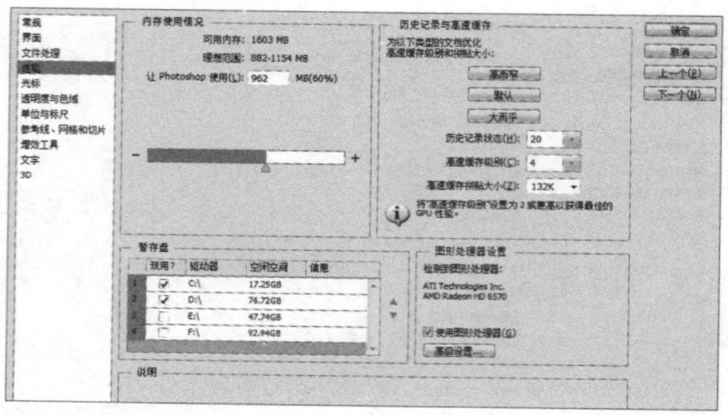

“性能”选项面板

1.4.5 光标设置

在“首选项”对话框中通过对“光标”选项面板中的参数进行设置，可以调整光标的显示方式，下面对其中的相关选项进行介绍。

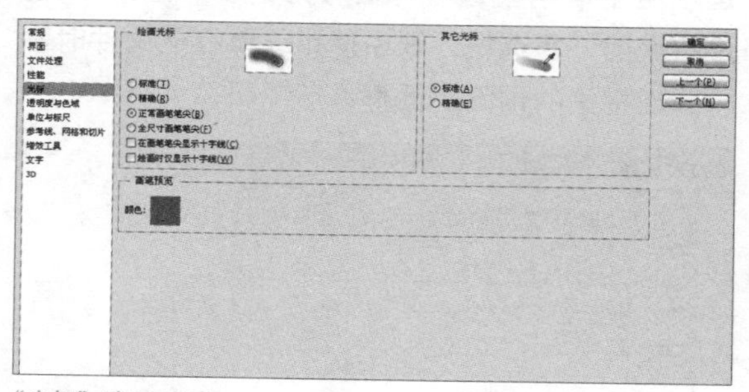

“光标”选项面板

❶ **“绘画光标”选项组**：在其中可设置绘图工具，包括画笔、铅笔、橡皮擦、图案图章等工具的光标显示方式。

❷ **“其他光标”选项组**：在其中可设置其他工具的光标显示方式。

如下图所示，分别为设置绘图光标为“标准”和“精确”情况下的显示样式。

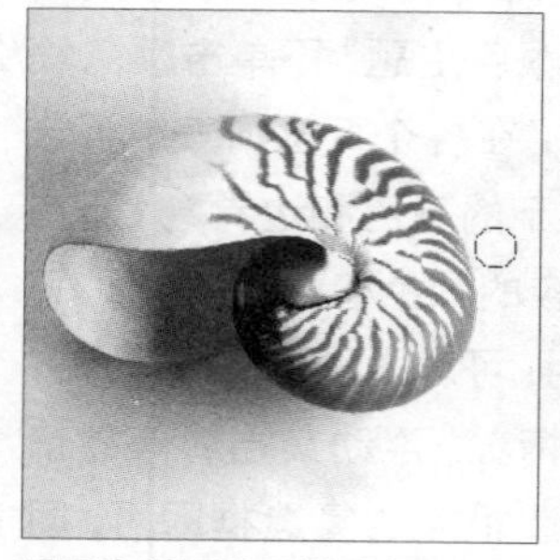

设置为“标准”时的光标

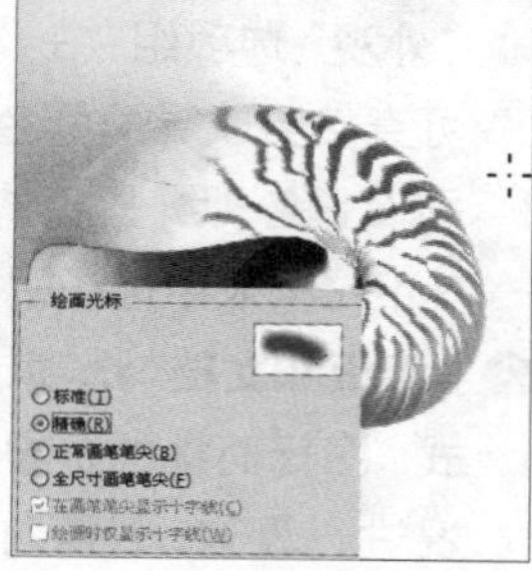

设置为“精确”时的光标

1.4.6 透明度与色域设置

在“首选项”对话框中，可根据个人喜好，通过对“透明度与色域”选项面板中的参数进行设置，以对图层的透明区域和不透明区域进行调整，设置不同的颜色，下面对其中的相关选项进行介绍。

❶ **“透明区域设置”选项组**：在其中可设置网格的大小和网格的颜色，在其下拉列表中选择相应的选项即可。

❷ **“色域警告”选项组**：在其中可设置不同的颜色和不透明度。

如下图所示为在“透明度与色域”选项面板中设置网格大小和网格颜色后，“图层”面板中透明图层的显示情况。通过设置，可以使软件的界面更符合用户的个人喜好。

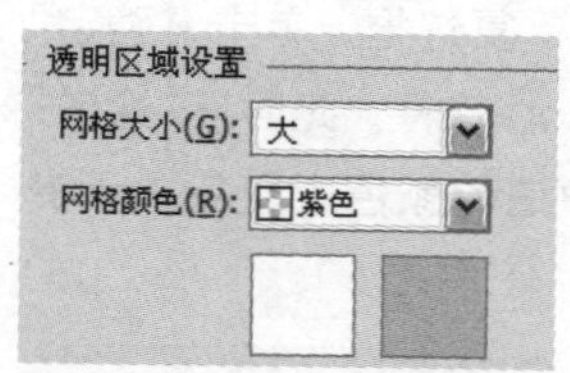

网格显示效果

设置后的网格显示效果

1.4.7 单位与标尺设置

在“首选项”对话框中通过对“单位与标尺”选项面板中的参数进行设置，可以更精确地定位图像，下面对其中的相关选项进行介绍。

① **“单位”选项组**：在其中可设置标尺的单位，在下拉列表中提供了像素、英寸、厘米、毫米、点、派卡和百分比7种单位格式，同时还可以对文字的单位进行设置。

② **“列尺寸”选项组**：在其中可对宽度和装订线的宽度进行设置，在其数值框和下拉列表中设置数值并选择相应的单位即可。

③ **“新文档预设分辨率”选项组**：设置在“新建”对话框中默认显示的文件分辨率。

④ **“点/派卡大小”选项组**：可以对PostScript和传统样式进行设置。

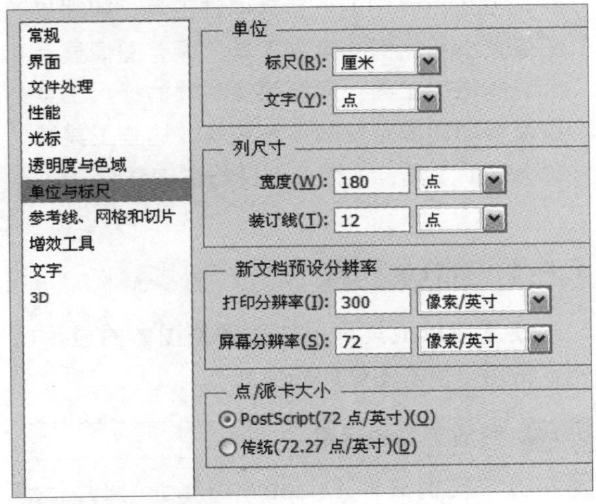

“单位与标尺”选项面板

1.4.8 参考线、网格和切片设置

通过设置“参考线、网格和切片”选项面板中的参数，也可以精确地定位图像或元素，下面对其中的相关选项进行介绍。

① **“参考线”选项组**：在其中可对参考线的颜色和样式进行设置。颜色有多种，还可选择“自定”选项，在弹出的对话框中对颜色进行设置。

② **“网格”选项组**：在其中可对网格的颜色和样式、网格线间隔以及子网格的个数进行设置。

③ **“切片”选项组**：在其中可对切片时线条的颜色以及切片的编号进行设置。

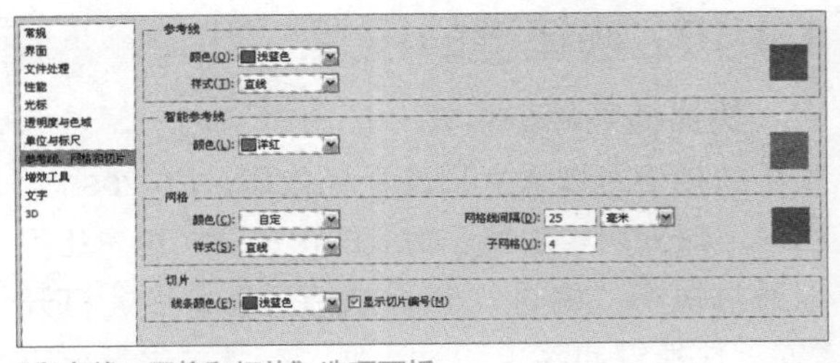

“参考线、网格和切片”选项面板

1.4.9 文字设置

默认情况下，通过在“文字”选项面板中设置参数，可对文字字体名称的显示方式、字体预览大小等进行调整，下面对其中的相关选项进行介绍。

① **“使用智能引号”复选框**：智能引号会与字体的曲线混淆，用于代表引号和撇号。直引号传统上用作英尺和英寸的省略形式。

② **“启用丢失字形保护”复选框**：勾选该复选框，当系统中不存在某种字体时字体将以叹号的形式出现。

③ **“以英文显示字体名称”复选框**：勾选该复选框，即可用英文显示亚洲字体名称。

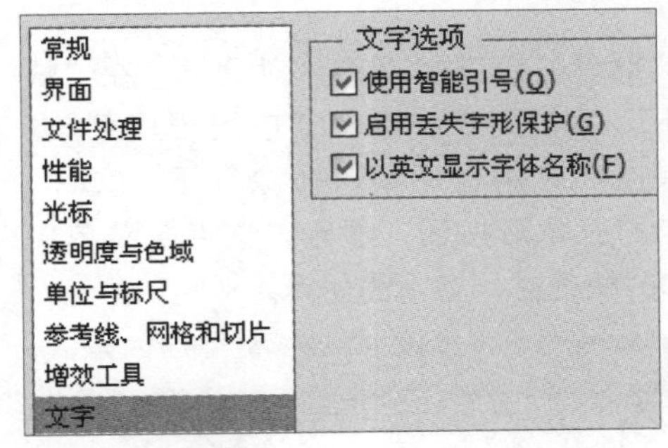

“文字”选项面板

如下图所示为在“文字”选项面板中勾选“以英文显示字体名称”复选框后，在“字符”面板的“字体”下拉列表中字体名称的显示情况。

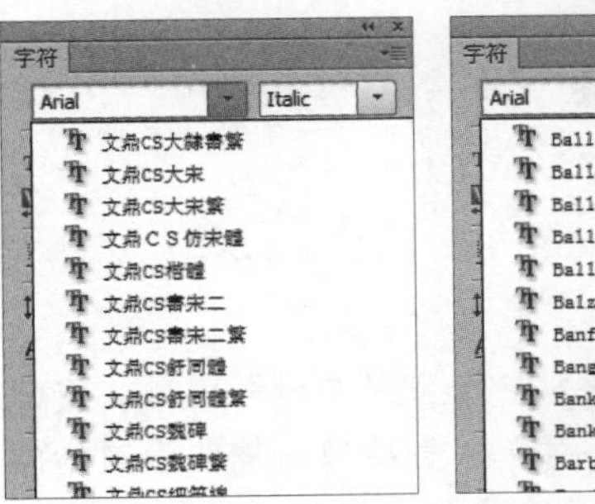

默认“字符”面板

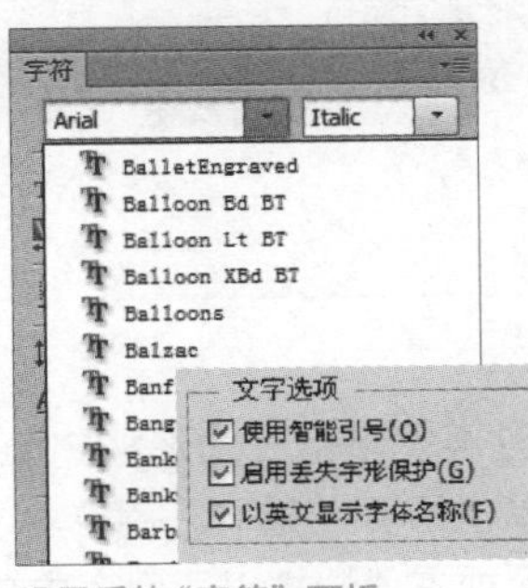

设置后的“字符”面板

1.4.10 快捷键的设置

快捷键是每个软件必备的功能之一，熟练使用快捷键可以大大提高工作效率。Photoshop已对一部分功能设置了相应的快捷键，用户还可以通过执行“编辑 > 键盘快捷键”命令，打开“键盘快捷键和菜单”对话框，在其中进行自定义或是更改。

实战 设置快捷键

01 双击桌面上的Photoshop快捷图标启动Photoshop CS6，执行“编辑 > 键盘快捷键”命令，如下图所示。

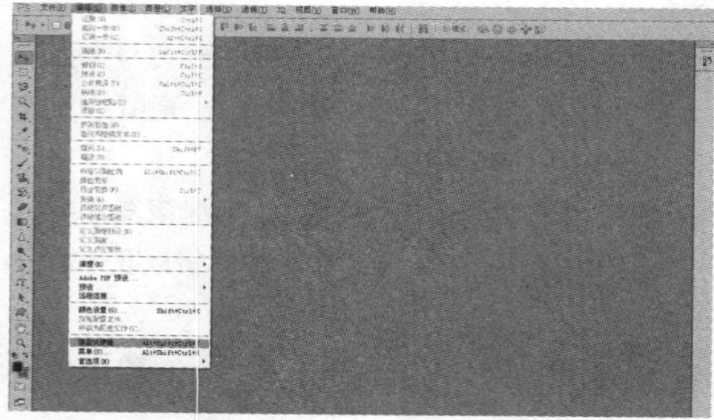

启动软件并执行命令

02 弹出“键盘快捷键和菜单”对话框。在“快捷键用于”下拉列表中选择“应用程序菜单”选项，单击“应用程序菜单命令”下“文件”选项右侧的三角形按钮，显示“文件”菜单中相应操作的快捷键，如下图所示。

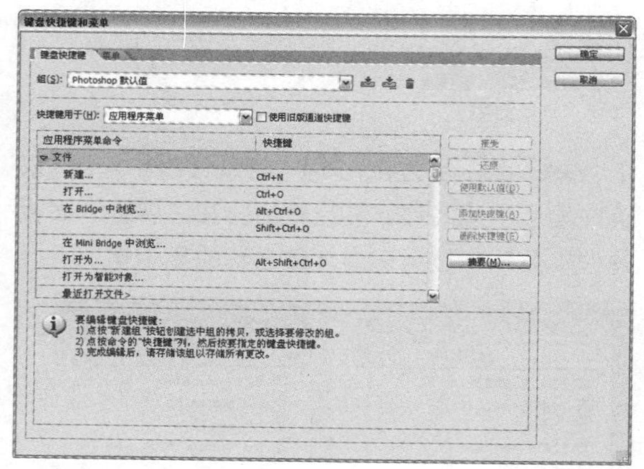

显示快捷键

03 再次单击三角形按钮隐藏“文件”菜单。继续单击展开“选择”菜单，直接单击需要设置的命令或在“快捷键”列表中单击与命令对应的位置，然后输入快捷键，并单击“确定”按钮即可。

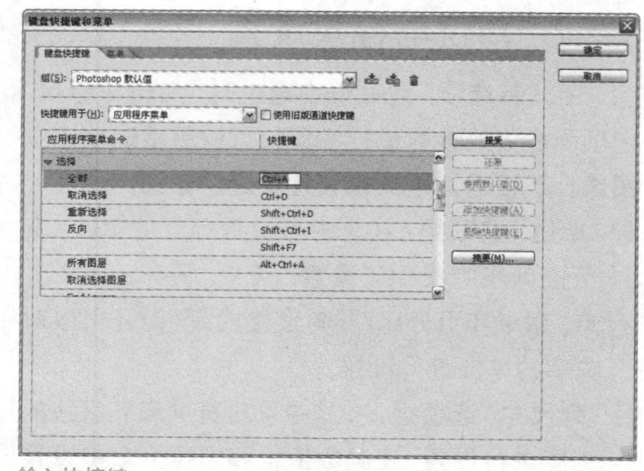

输入快捷键

1.5 辅助工具的运用

我们在处理图像的过程中，常常会使用到Photoshop中的一些辅助性工具，如缩放图像大小和比例的缩放工具、调整图像显示区域的抓手工具、测量图像尺寸的标尺工具以及帮助图像定位的参考线等，这些工具统称为辅助工具，下面分别进行详细介绍。

1.5.1 缩放工具

使用缩放工具可以快速调整图像的显示比例，常用于查看图像的局部细节。

实战 缩放工具的运用

01 打开“实例文件\Chapter 1\Media\照片.jpg”图像文件。单击缩放工具，将光标移动到图像中，当光标变为形状时，在图像中单击即可放大图像，如下图所示。

打开图像

放大图像

02 在属性栏中单击“缩小”按钮，将光标移动到图像中，当光标变为形状时在图像中单击即可缩小图像，如下图所示。

缩小图像

03 值得注意的是，在缩放工具的属性栏中有“实际像素”、“适合屏幕”、“填充屏幕”和“打印尺寸”4个按钮，单击不同的按钮，图像在工作区中的显示大小也会有所相同。

“实际像素”时的图像

“适合屏幕”时的图像

1.5.2 抓手工具

使用抓手工具可以帮助用户通过鼠标自由控制图像在工作区中的显示位置，特别是当图像放大到无法在窗口中全部显示的情况下，使用抓手工具拖动图像，可对图像边缘、细节进行查看。

实战 抓手工具的运用

01 打开“实例文件\Chapter 1\Media\心形.jpg”文件。单击缩放工具，在图像中单击放大图像，如下图所示。

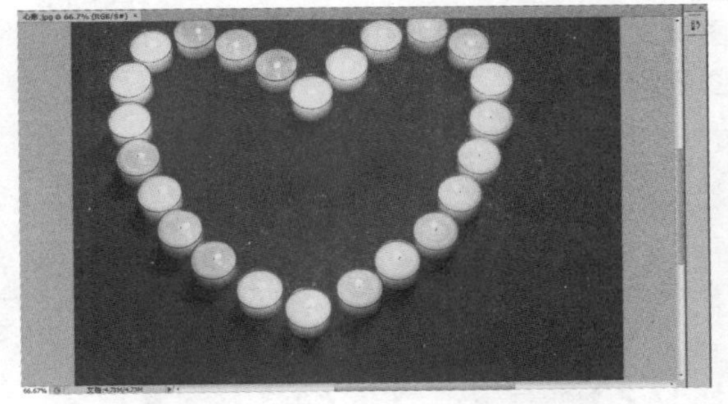

打开并放大图像

02 执行“窗口 > 导航器”命令。显示“导航器”面板，将光标移动到“导航器”面板中，此时光标变为形状，在其中拖动即可移动图像在窗口中的显示位置，如下图所示。

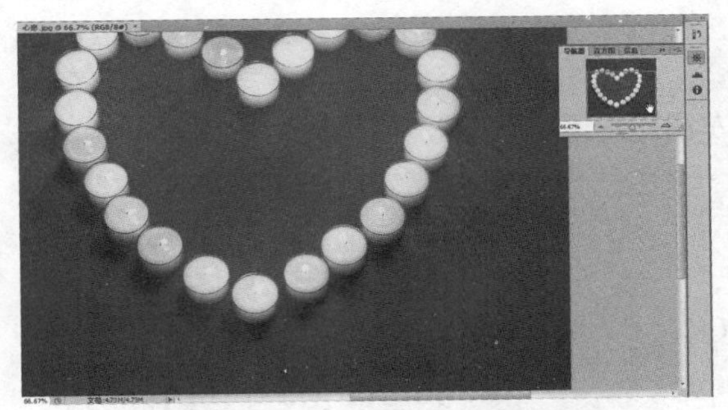

运用抓手工具调整图像显示位置

03 单击抓手工具，将光标移动到图像上，此时光标变为形状，向右拖动将图像拖动至工作区窗口，如下图所示。

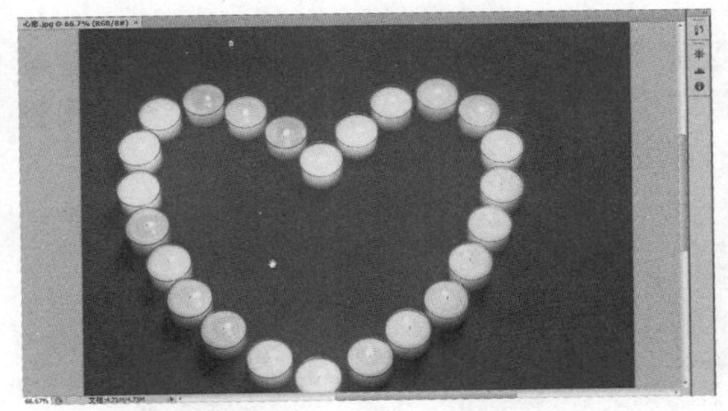

运用抓手工具调整图像位置

1.5.3 标尺的运用

标尺即标注尺寸的度量条，位于工作区边缘，按下快捷键 Ctrl+R 即可显示标尺，再次按下快捷键 Ctrl+R 即可将标尺隐藏。它以类似 X 轴和 Y 轴的数值条来显示图像的宽度和高度。

实战　标尺工具的运用

01 打开“实例文件\Chapter 1\Media\礼堂. jpg”图像文件。按下快捷键 Ctrl+R 显示标尺，如下图所示。

打开图像并显示标尺

02 将光标移动到窗口上方水平标尺上，单击并按住鼠标左键拖动到图像上边缘需要定位的位置，如下图所示。然后使用同样的方法从窗口左侧垂直标尺上拖出参考线。

拖出参考线

03 完成后释放鼠标左键，此时标尺上零的位置被定位到了图像边缘，这样便于直接查看图像的宽度和高度，如下图所示。

查看图像宽度和高度

1.5.4　参考线的运用

参考线是浮动显示在图像上起辅助作用的线条，它可以帮助用户精确定位图像的整体以及部分区域。

打开图像后，按下快捷键 Ctrl+R 显示标尺，然后将光标移动到标尺栏中，按住鼠标左键从标尺中拖出一条参考线，将参考线定位到需要的位置后释放鼠标左键即可。

添加参考线后的图像效果

值得注意的是，还可以通过执行“视图 > 新建参考线”命令打开“新建参考线”对话框，在其中单击“水平”或“垂直”单选按钮定位参考线的方向，并在“位置”数值框中输入相应的数值以精确定位参考线的具体位置，完成后单击“确定”按钮即可在相应的位置精确新建参考线。

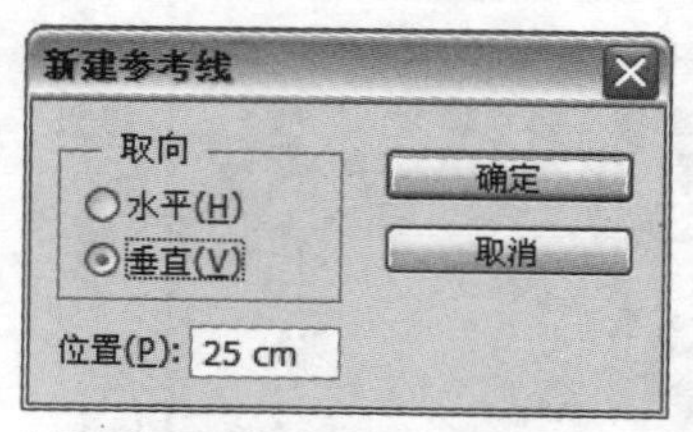

“新建参考线”对话框

在新建参考线后还可以对参考线执行清除参考线或锁定参考线等命令，这些命令都位于“视图”菜单中。执行“视图”菜单命令，选择相应的级联命令，即可执行相应的操作。

1.5.5 网格的运用

网格的作用和参考线类似，也是帮助用户定位图像。对网格进行设置，可以为图像添加一定的特殊效果。在图像中按下快捷键 Ctrl+' 即可显示网格，显示网格后若要将网格隐藏可再次按下快捷键 Ctrl+'。

实战 网格工具的运用

01 打开“实例文件\Chapter 1\Media\唱片.jpg”图像文件。执行“视图 > 显示 > 网格”命令或按下快捷键 Ctrl+'，如下图所示。

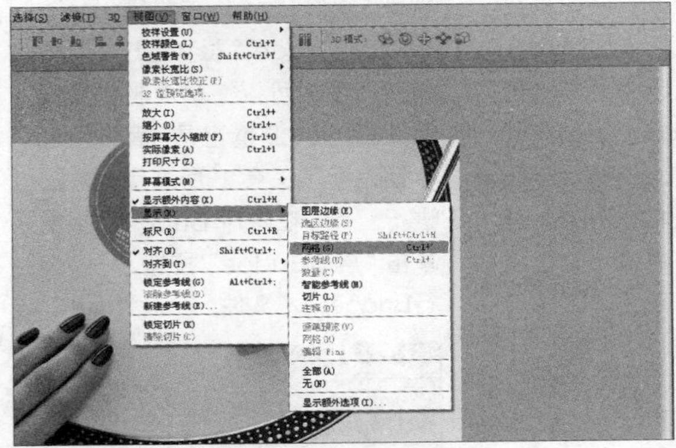

打开图像并执行命令

02 此时可以看到，在图像上显示出了默认情况下的网格效果。

显示出网格效果

03 按下快捷键 Ctrl+K，打开“首选项”对话框，在“参考线、网格和切片”选项面板的“网格”选项组中，设置网格的颜色、样式，并在“网格线间隔”数值框中输入数值调整网格间隔距离，单击“确定”按钮，如下图所示。

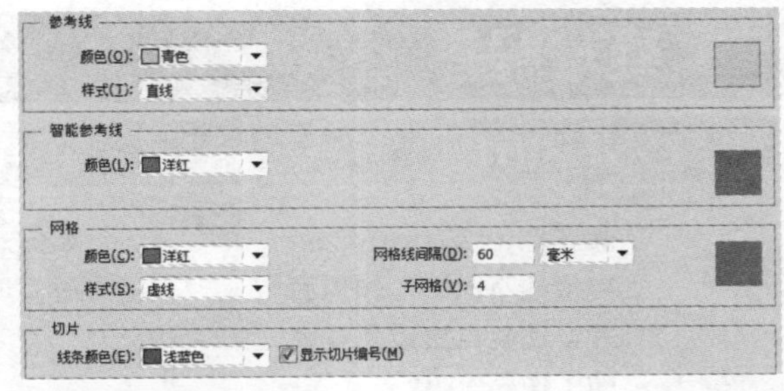

设置网格颜色和样式

04 此时在图像中可以看到，网格的颜色变为了洋红色，样式也由实线变为了虚线，同时网格的大小也有了一定的变化，如下图所示。

查看调整效果

05 在使用网格对图像进行查看之后，还可按下快捷键 Ctrl+' 隐藏网格，如下图所示。

隐藏网格

疑难解答

001

Q 除了Photoshop CS6提供的不同的工作界面外，还能自由设置其他的工作界面吗？

A 通过将面板从工作区右侧拖动出来形成浮动面板，或者将需要的多个面板同时拖动为浮动面板后进行组合，都可形成符合要求的工作界面。用户在调整好符合自己要求的工作区后，还可单击属性栏中的“概要”按钮，在弹出的菜单中选择“新建工作区”选项，在弹出的“新建工作区”对话框中设置新工作区名称后单击“存储”按钮，可对设置的面板进行保存，以便下次调用。

002

Q 如何对图像进行快速缩放显示？

A 在使用Photoshop对图像进行调整的过程中，可使用快捷键进行图像的缩放。按下快捷键Ctrl++即可放大图像，若连续按下该快捷键，则图像成比例放大。按下快捷键Ctrl+-则可对图像按一定的比例进行缩小显示。值得注意的是，在熟练掌握了快捷键的使用后，使用快捷键方式对图像显示大小进行设置，从速度上来说比使用工具更加方便快捷。

003

Q 在Photoshop CS6的图像窗口下方的面板具体作用是什么？

A 在Photoshop CS6的工作界面中，在图像窗口下方有三个面板，分别是“动画（帧）”、“测量记录”和Mini Bridge面板。通过“动画（帧）”面板可以简单地制作出逐帧动画；而“测量记录”面板则会对使用标尺工具所测量的数据进行记录；在Mini Bridge面板中单击“启动Bridge”按钮，可以运行Bridge浏览文件。

004

Q 如何在菜单命令中快速找到Photoshop CS6的新增功能？

A 单击属性栏的“概要”按钮，在弹出的菜单栏中选择“CS6新功能”选项，Photoshop CS6的新增功能在菜单中即可使用蓝色高光显示，从而帮助用户更快地找到Photoshop CS6的新增功能。

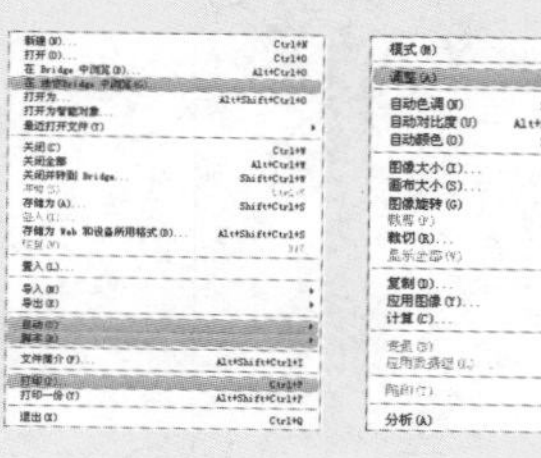

005

Q 如何快速调整参考线的方向？

A 将光标靠近参考线，当光标变为或形状时，按下Alt键就可以在垂直和水平参考线之间进行切换。比如按住Alt键的同时单击当前垂直的水平线即可将其改变为一条水平的参考线，反之亦然。

006

Q 如何将工作区中的多个面板恢复到默认状态？

A 用户可在菜单栏中执行“窗口＞工作区”命令，在弹出的级联菜单栏中选择“复位基本功能”选项，即可将工作区的众多面板组合恢复至默认状态下。

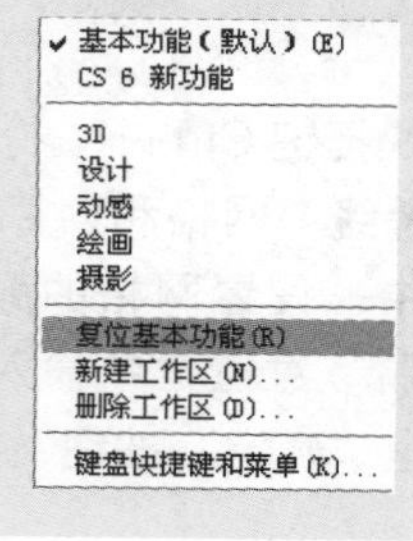

Chapter 02

掌握Photoshop CS6的基本操作

本章主要对 Photoshop CS6 中的基本操作进行介绍，涵盖了文件管理、图像和窗口的基础操作、文件保存、图像恢复等方面，这些都是完全掌握 Photoshop CS6 的必备操作，掌握这些操作可以为使用 Photoshop 进行设计和制作打下坚实的基础。

设计师谏言

设计是一个将具象事物进行艺术提炼和加工的过程，这个过程不仅需要好的想法和创意，还需要借助设计工具来实现。Photoshop CS6就是一个很好的辅助设计工具，掌握该软件的相关知识和基本操作是进行平面设计的必备基础。

设计百宝箱 开本大小对广告画面效果的影响

开本在通俗意义上指的是书刊幅面的规格大小，确切地说，一张按国家标准切好的平板原纸称为全开纸，在不浪费纸张、便于印刷和装订生产作业的前提下，把全开纸裁切成面积相等的若干小张，裁切为多少份则称之为多少开。不同开本在视觉上给人的感受是不同的，小的开本给人精致、注重细节的感觉，而大的开本则给人大气、沉稳、开阔的感觉。广告画面的效果也随刊登或发布媒介开本的不同而有所变化。

在平面设计中，常见的开本和具体尺寸有全开（787mm×1092mm）、对开（546mm×787mm）、4开（389mm×546mm）、8开（260mm×389mm）、16开（185mm×260mm）等，具体裁切方法及规格如右图所示。下面分别以较为常用的4开和16开广告为例，对不同开本图像效果的不同影响进行介绍。

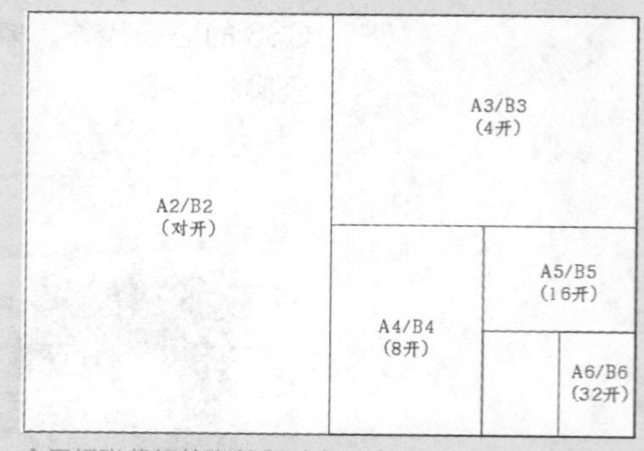

全开纸张裁切的张数和对应尺寸

Point 01 4开

一般情况下，采用4开大小进行发布的广告在报纸广告中较为常见。4开的高度为389mm，宽度为546mm，这样的比例在画面中相对稳定，且由于该开本呈长矩形显示，在报纸版面上也较易控制。在整个报纸的版面上，1/4版式对于长期性广告具有良好的效果，且在价格上也占据一定的优势。这种规格的广告同时还考虑到了广告画面经过印刷后的清晰度表现，既符合画质要求，又在一定程度上加强了广告画面给人的印象。采用这种规格发布的平面广告大多是汽车广告或房地产广告。

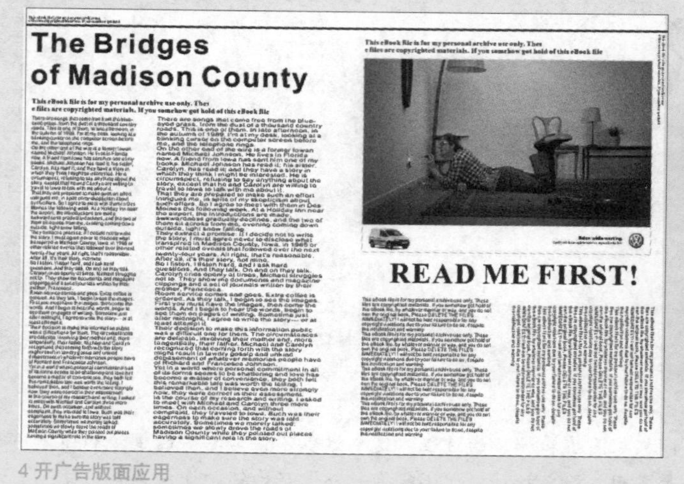

4开广告版面应用

汽车广告

在报纸中，有时还会看到一些宽度为546mm，而高度又未达到389mm的长条形广告画面，这类广告在整个报纸中的版式更为灵活，不受标准规格限制的约束，在画面效果上更能吸引人们的视线，从而更具有视觉冲击力。

The Bridges of Madison County

This eBook file is for my personal archive use only. Thes e files are copyrighted materials. If you somehow got hold of this eBook file

4 开广告版面应用

汽车广告

16开

采用 16 开大小进行发布的广告一般以杂志广告居多。16 开的高度为 185mm，宽度为 260mm，这样的竖版式在杂志中占据了整页的页面，使广告画面得以充分显示，起到了画面延展的视觉效果。此外，还可以根据整本杂志的排版安排，将广告投放在杂志的扉页、插页、封面、封底等不同的位置，使广告效果更显著。采用这种规格进行发布的多是服饰广告或化妆品广告。

16 开广告版面应用

服饰广告

除了前面提到的常规开本外，在实际版式中也会采用一些异型开本进行版面编排。使用异型开本可以体现特殊的视觉效果，为设计带来更加新颖突出的感觉。编排异型开本时应注意版面尺寸的选择，尽量以节约纸张为原则，比如以常规开本尺寸为基础进行放大或缩小，但要注意过长或过短都会产生用纸浪费。常见的异型开本有 20 开（184mm×252mm）、24 开（168mm×183mm）、64 开（92mm×126mm）、长 32 开（113mm×184mm）、大 32 开（140mm×203mm）等。

2.1 文件的管理

在 Photoshop 中，文件的管理即对图像文件进行的基本操作，包括图像文件的新建、关闭、打开、置入、导入和导出等。灵活使用这些操作可以加快图像处理的速度，下面分别对其进行详细介绍。

2.1.1 新建与关闭文件

新建文件是指在 Photoshop 工作界面中创建一个图像文件，在该图像文件中可以进行图像绘制、编辑等操作，编辑完成后还可关闭图像文件。

新建图像文件的方法是执行"文件 > 新建"命令或按下快捷键 Ctrl+N,打开"新建"对话框。在其中可以设置文件的名称、宽度、高度、分辨率、颜色模式和背景内容等参数,完成后单击"确定"按钮即可新建一个空白文件。

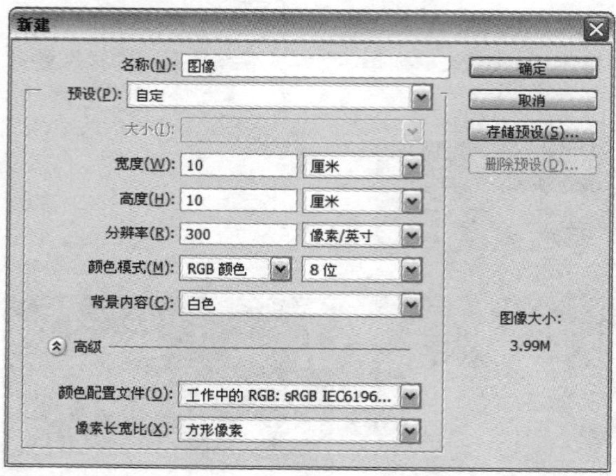

"新建"对话框

在工作界面中新建的图像文件

关闭图像文件的方法有 3 种，最常用的方法是单击图像窗口标题栏右上角的"关闭"按钮。在图像窗口标题栏中右击鼠标右键，在弹出的快捷菜单中选择"关闭"选项也可关闭文件。此外，还可通过执行"文件 > 关闭"命令快速关闭图像文件。

值得注意的是，若同时在图像中新建或打开了多个图像且需要全部关闭时，还可以执行"文件 > 关闭全部"命令，或在任意一个图像文件的标题栏中右击鼠标左键，在弹出的快捷菜单中选择"关闭全部"命令，即可将图像文件全部关闭。

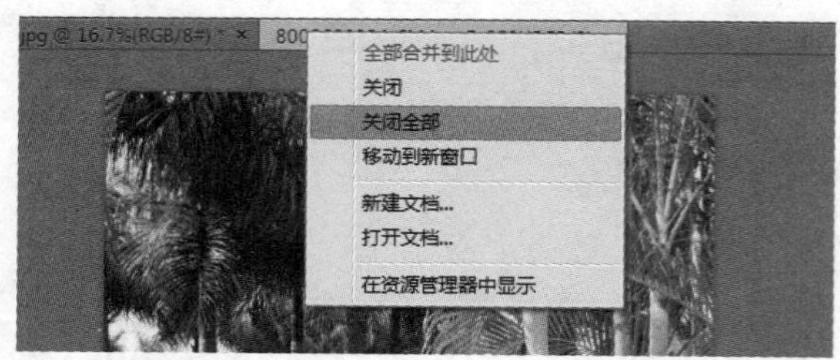

"关闭全部"命令

2.1.2 打开文件

在 Photoshop CS6 的工作界面中，执行"文件 > 打开"命令或按下快捷键 Ctrl+O，即可打开"打开"对话框。在其中选择所需图像文件的存储路径，并单击选中文件，然后单击"打开"按钮即可打开该图像文件。

"打开"对话框

值得注意的是，还有一种更为快捷的打开图像文件的方法，即在 Photoshop 工作界面的灰色工作区中双击鼠标，弹出“打开”对话框后选择所需图像文件的路径，将其选中后单击“打开”按钮即可。

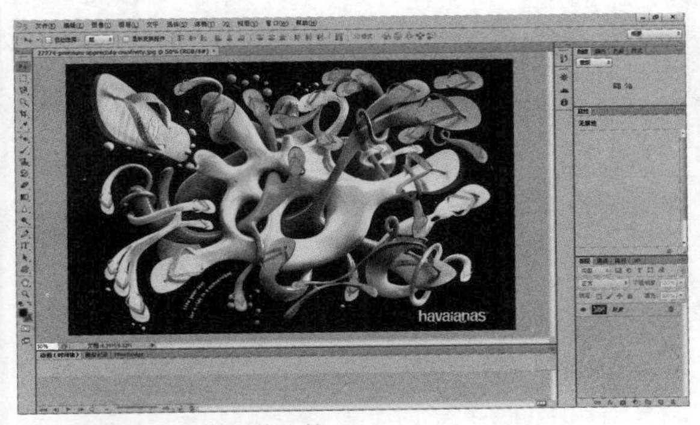

在工作界面中打开的图像文件

2.1.3　置入文件

置入文件和打开文件有所不同，置入文件命令只有在 Photoshop 工作界面中已经存在图像文件时方能激活。置入是将新的图像文件放置到新建或打开的图像文件中。置入还可将 Illustrator 的 AI 格式文件以及 EPS、PDF、PDP 文件打开并放入当前操作的图像文件中。

置入文件的方法是执行“文件 > 置入”命令，打开“置入”对话框，在其中选择需要置入到当前图像中的文件，然后单击“置入”按钮即可。

“置入”对话框

值得注意的是，将文件置入到图像窗口中后还可以对图像的大小、位置进行调整，完成调整后按下 Enter 键确认置入，若此时不需要置入该图像则可按下 Esc 键取消置入。

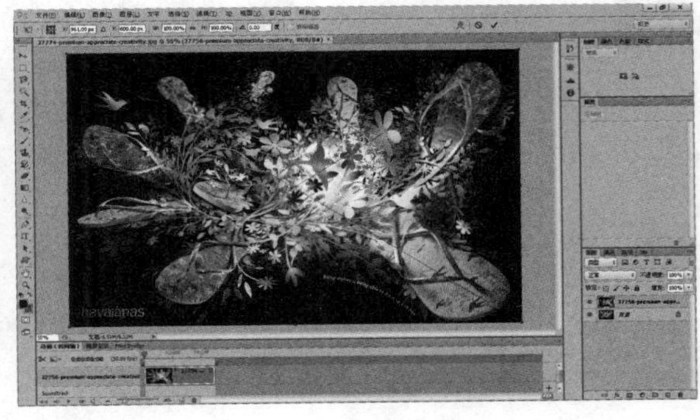

置入的图像

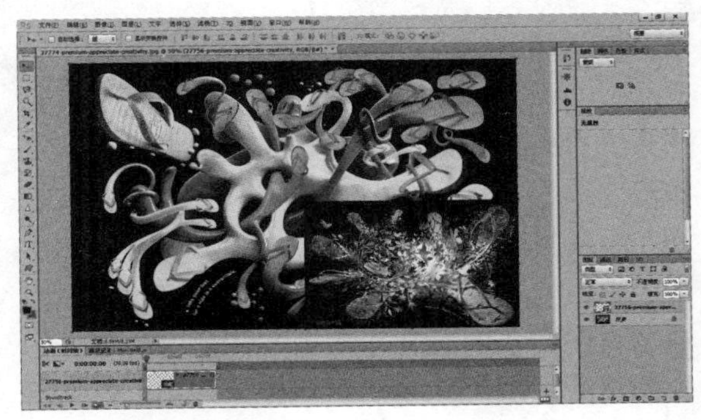

调整置入图像位置后的效果

2.1.4　导入和导出文件

在使用 Photoshop 编辑图像文件时，经常需要使用在其他软件中处理过的图像文件，此时可以使用导入和导出命令对图像文件进行操作。

1. 导入文件

导入文件可以导入 PDF 图片、使用数码相机拍摄的照片或由扫描仪扫描得到的图片。将数码相机等外部输入设置连接到计算机中后，即可在“导入”命令的级联菜单中看到相应的命令。

执行“文件 > 打开”命令，选择从输入设备上得到的图像文件或 PDF 格式的文件，在弹出的“导入”对话框中可以对缩览图大小进行调整，同时还可以对图像的比例、分辨率、模式等进行相关设置，完成后单击“确定”按钮即可导入文件。

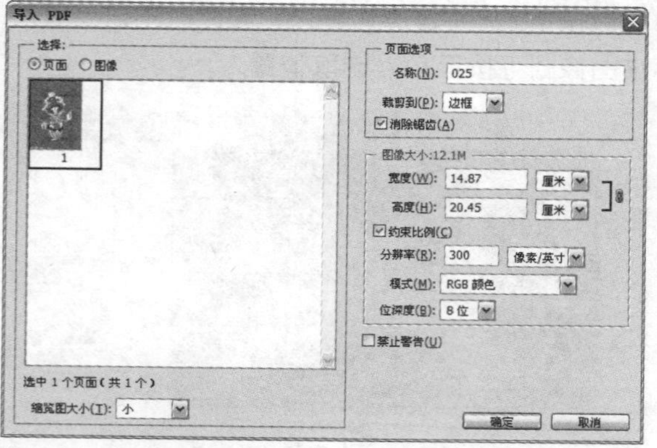

“导入 PDF”对话框

2. 导出文件

“导出”命令与“导入”命令正好相反，在Photoshop 中对图像进行编辑和调整处理后，若要将其导出为 AI 格式或其他格式的文件，则可使用“导出”命令。执行“文件 > 导出”命令，在其级联菜单中有多个命令可供用户选择。

选择“路径到 Illustrator”命令可将 Photoshop 中制作的路径导入到 Illustrator 文件中，保存的路径可以在 Illustrator 中打开，并可以应用于矢量图形的绘制中。而选择 Zoomify 命令则允许在网页浏览器中使用鼠标放大或缩小图片，以方便浏览。

其具体的操作方法是执行“文件 > 导出 > 路径到 Illustrator”命令，弹出“导出路径到文件”对话框，单击“确定”按钮后在弹出的“选择存储路径的文件名”对话框中进行设置，完成后单击“保存”按钮即可。

“导出路径到文件”对话框

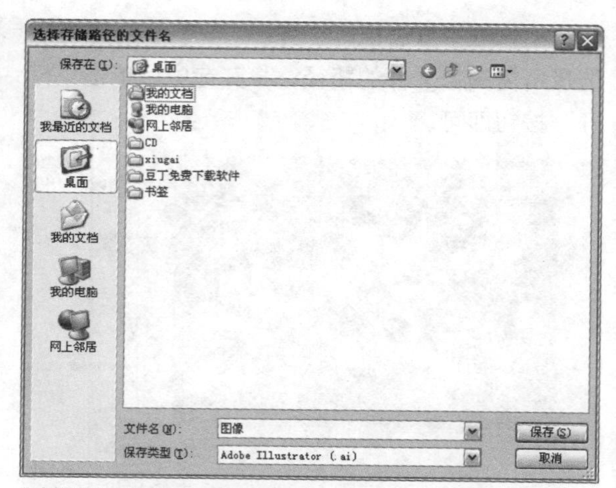

“选择存储路径的文件名”对话框

2.2 图像窗口基础操作

在学习了如何对图像文件进行新建、打开、关闭、导入和导出等基本操作后，需要进一步掌握文件以及图像窗口的基础操作。这些基础操作包括图像的浏览、图像大小和画布大小的调整、窗口大小和排列方式的调整、屏幕模式的切换、图像窗口位置和大小的调整、图像的拷贝、粘贴和合并、图像的裁剪以及附注的添加等，下面分别对其进行详细介绍。

2.2.1 浏览图像

在 Photoshop CS6 中浏览图像有两种方式，一种是执行“文件 > 在 Bridge 中浏览”命令，显示 Bridge 窗口，在其中可以系统地管理并快速查找图像资源。可通过左侧的树形结构对图像存储位置进行快捷定位，还可以在右上方的小窗口中对选择图像进行预览、旋转以及排序等操作。

Bridge 窗口

另外一种方法是使用Mini浏览区对图像进行浏览，相对于Bridge浏览器，此功能更简洁方便，可以在工作界面中直接对需要编辑的图片进行打开，方便图像的管理。

执行“文件 > 在Mini Bridge中浏览”命令或单击图像窗口下方Mini Bridge面板中的“启动Bridge”按钮，此时在面板左侧显示Mini面板。通过该面板即可选择相应文件夹中的文件，在右侧列表框中双击需要打开的图像即可在工作区中打开图像文件。

Mini Bridge浏览器

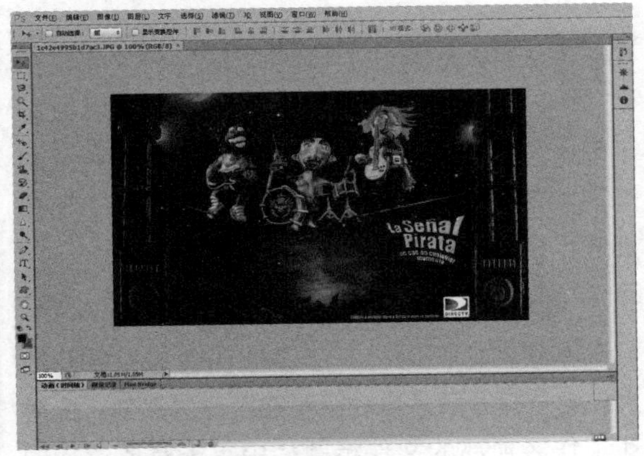

双击打开图像

2.2.2 调整图像大小

调整图像大小是指在保留原图像不被裁剪的情况下，通过改变图像的比例来实现图像尺寸的调整。调整图像大小的操作方法是执行“图像 > 图像大小”命令，在打开的“图像大小”对话框中对图像的相关参数进行设置，完成设置后单击“确定”按钮即可应用调整。下面对“图像大小”对话框中的相关选项进行介绍。

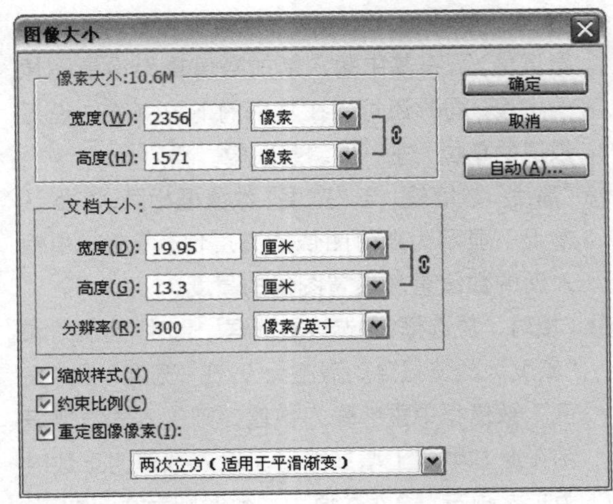

“图像大小”对话框

❶ **“像素大小”选项组**：用于改变图像在屏幕上的显示尺寸。

❷ **“文档大小”选项组**：在创建用于打印的图像时，可在该选项组中设置文档的宽度、高度和分辨率，以确定图像的大小。

❸ **“缩放样式”复选框**：勾选该复选框后将按比例缩放图像中的图层样式效果。

❹ **“约束比例”复选框**：勾选该复选框后，在“宽度”和“高度”数值框后将出现链接图标标志，更改其中一项时，另一项将按原图像比例相应变化。

❺ **“重定图像像素”复选框**：勾选该复选框后将激活“像素大小”选项组中的参数，从而可改变像素大小。取消勾选该复选框，像素大小将不会发生变化。

值得注意的是，调整图像尺寸大小后在工作区中显示的图像不会发生任何变化，无法直接看到调整效果。此时再次执行“图像 > 图像大小”命令，在打开的“图像大小”对话框对比参数，即可看到尺寸的调整。

2.2.3 调整画布大小

画布是承载图像的一个展示区域，对画布的尺寸进行调整可以在一定程度上影响图像尺寸的大小。打开图像后执行“图像 > 画布大小”命令，在“画布大小”对话框中可以对图像的宽度和高度进行设置，并调整扩展区域的方向和颜色。

❶ **“宽度”数值框**：默认情况下显示为当前图像的宽度值，可在其中输入新的数值重新设置图像的宽度，同时还可以在其后的下拉列表中设置数值的单位，进一步调整图像。

❷ **“高度”数值框**：与“宽度”数值框相同，在默认情况下显示为当前图像的高度值，可在其中输入新的数值重新设置图像的高度。

❸ **“相对”复选框**：勾选该复选框，此时“宽度”和“高度”数值框自动清空为 0，在“宽度”和“高度”数值框中重新输入数值，则输入的数值表示在原有数值上增加的量。输入数值为正数时为扩展画布，输入数值为负数时则为裁剪画布。

❹ **定位扩展**：默认情况下自动定位在九宫格的正中间，若想在图像哪个方向上调整画布大小，只需单击相应的方格，即可定位其扩展方向。

❺ **“画布扩展颜色”下拉列表**：在该下拉列表中有前景、背景、白色、黑色和灰色等选项可供选择，同时也可选择“其他”选项，在弹出的对话框中重新设置画布扩展的颜色。

2.2.4 调整图像显示大小

调整图像显示大小即图像的缩放，是指在工作区中放大图像或缩小图像，它与图像窗口的缩放有所区别。在 Photoshop CS6 中，默认情况下打开的图像文件会自动吸附在工作区顶部，此时除了可以使用缩放工具调整图像在工作区中的显示大小，还可以在按住 Alt 键的同时滚动鼠标滚轮对图像的显示大小进行调整，向前滚动为放大图像，向后滚动为缩小图像。此外，还可在状态栏的“显示比例”数值框中输入数值来调整图像的显示大小。

原图

放大图像的效果

2.2.5 调整文件窗口位置和大小

在 Photoshop CS6 中要将文件窗口从工作区中脱离出来有两种方法，下面分别进行介绍。

一种方法是单击图像标题栏并按住鼠标左键不放，将其拖离工作区即可；另一种方法是在打开的图像标题栏上右击鼠标，在弹出的快捷菜单中选择“移动到新窗口”选项，也可将文件窗口从工作区中脱离出来。

值得注意的是，再次在文件标题栏处单击并向上拖动鼠标，当工作区出现蓝色边框时释放鼠标左键，文件窗口则又会吸附到工作区顶部。

2.2.6 图像窗口的排列

Photoshop CS6 中图像窗口的排列有两种不同的方式，一种是在多窗口图像之间的快速切换，还有一种是多窗口图像的组织编排，下面分别进行介绍。

1. 多窗口图像之间的切换

在软件中同时打开了多个图像后，打开的文件会依打开顺序自动吸附在工作区顶部，此时在工作区顶部的文件标题栏中单击需要选择的图像，该图像的标题栏则呈浅灰色显示，而其他未选择的图像标题栏呈深灰色显示。

切换到相对应的图像窗口

2. 多窗口图像的组织编排

在 Photoshop CS6 中可将多个文件窗口按照需要的方式进行排列，以便对多幅图像进行快速查看。在软件中同时打开多个图像文件后，执行“窗口 > 排列”命令，在弹出的级联菜单中选择相应的命令即可对图像进行编排。

“排列”级联菜单与“三联 水平”的方式排列图像

按“三联 拼贴”的方式排列图像

值得注意的是，在弹出的级联菜单中除了多个窗口排列选项之外，还有如“匹配缩放、“匹配位置”等命令，用户可根据需求自行选择使用，对多个窗口图像进行调整。

2.2.7 屏幕模式的切换

在 Photoshop CS6 中有标准屏幕模式、带有菜单栏的全屏模式和全屏模式 3 种显示图像的屏幕模式，用户可根据需要在这几种模式之间进行切换。

其操作方法是右键单击位于工具箱下端的“更改屏幕模式”按钮，在弹出的快捷菜单中选择相应的模式选项即可将屏幕切换到相应的模式下。值得注意的是，切换到全屏模式后，若要退出全屏模式需要按下 Esc 键，方可返回到标准屏幕模式。

标准屏幕模式

带有菜单栏的全屏模式

全屏模式

此外，在带有菜单栏的全屏模式下，可按住空格键快速切换到抓手工具，此时使用鼠标在图像上单击并拖动，即可在工作区中任意移动图像的位置。

2.2.8 复制图像文件

复制图像文件是指快速复制与该图像文件相同的图像效果。值得注意的是，此时复制出的图像并不是一幅截图，而是一个图像文件。

打开一幅图像文件，将其从工作区顶部拖出，在其标题栏上右击鼠标，在弹出的快捷菜单中选择“复制”命令。打开“复制图像”对话框，在其中设置复制后的图像文件名称，完成后单击“确定”按钮即可，此时复制出的图像自动停靠到原图的窗口中。

原图像

复制的图像效果

2.2.9 拷贝和粘贴图像

拷贝图像即复制图像，拷贝图像是通过将图像拷贝到软件暂存区域，之后通过粘贴图像来快速复制并改变图像效果。这两种操作一般组合进行运用，对图像进行编辑时最常用到。

2.2.10 为图像添加附注

为图像添加附注可以在图像中形成视觉重点，多用于解说性的文字图像展示。

实战 添加附注

01 打开“实例文件\Chapter 2\Media\ 葵花 .jpg”文件。单击注释工具，当光标变为▣形状时在需要添加附注的地方单击，此时将自动弹出“注释”面板，如下图所示。

打开图像并显示“注释”面板

02 在“注释”面板中单击鼠标，确定文本插入点，在其后输入说明性文字，如下图所示。

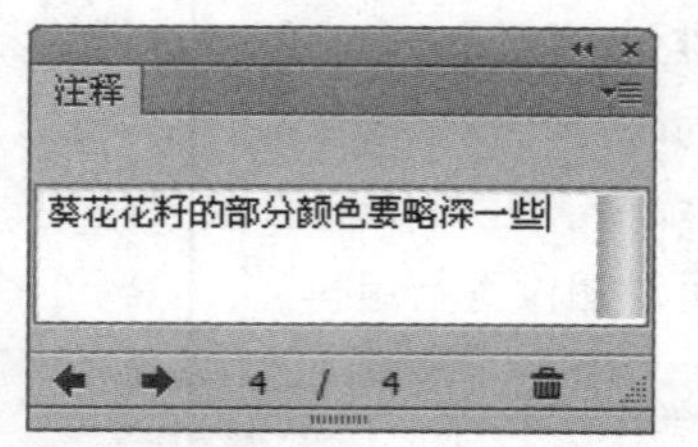

输入注释内容

03 此时在图像中单击该图标，即可显示出为图像添加的附注。

添加注释

2.2.11 裁剪图像

裁剪图像是指使用裁剪工具将部分图像裁切掉，从而实现图像尺寸的改变。

裁剪图像的方法是单击裁剪工具▣，在需要进行裁切的图像中单击，并拖动绘制裁剪控制框，此时裁剪控制框外部的图像将变暗显示。还可对裁剪控制框的大小和位置进行调整，在确定裁剪保留区域后，按下 Enter 键确认裁剪，通过裁剪操作即可调整图像的尺寸。

实战 裁剪图像

01 打开“实例文件\Chapter 2\Media\花.jpg”图像文件。在工具箱中单击裁剪工具▣，即可看到图像周围出现了裁剪控制框。此时使用鼠标拖动控制框边缘的控制点以调整裁剪图像的大小，可看到裁剪控制框外部的图像变暗显示，如下图所示。

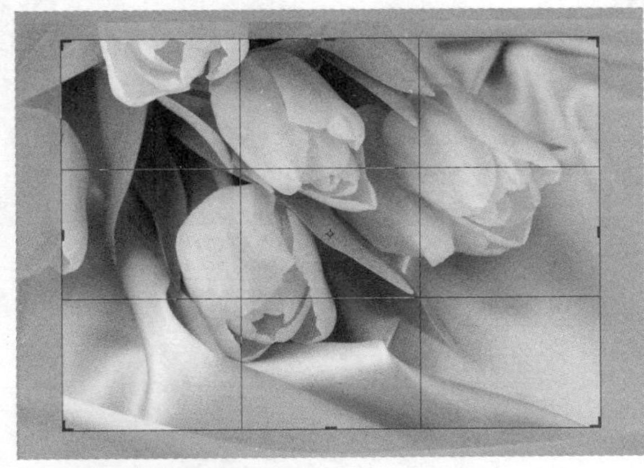

打开图像并调整裁剪控制框

02 调整好裁剪图像的位置和大小后，在裁剪控制框区域内双击鼠标即可确认裁剪，也可按下 Enter 键确认裁剪，得到如下图所示的图像。

确认裁剪

03 如果想要进行透视裁剪，可以在工具箱中单击透视裁剪工具，将光标移至图像中，单击并按住左键拖动鼠标，绘制出控制框。然后拖动控制框四周的控制手柄调整裁剪控制框的大小和位置，完成后按 Enter 键确认裁剪。

透视裁剪

2.3 图像文件的保存

在 Photoshop CS6 中对图像文件进行了编辑和调整等操作后，还可以将图像保存为不同的格式，从而满足不同的使用需求。

2.3.1 认识图像文件的格式

图像文件格式是一种计算机语言标准的体现，它是计算机为了存储信息而使用的对信息的特殊编码方式，用于识别内部储存的资料。不同的文件格式以扩展名区分。扩展名是在保存文件时根据选择的文件类型自动生成的。

Photoshop 中常见的文件格式有 PSD、JPEG、GIF、PNG、PDF 和 TIFF 等，介绍如下。

JPEG：主要用于图像预览及超文本文档。该格式支持 RGB、CMYK 及“灰度”等色彩模式。使用 JPEG 格式保存的图像进行了压缩，可使图像文件变小，但会丢失掉部分不易察觉的数据。

BMP：该格式是一种标准的点阵式图像文件格式，支持 RGB、“索引”和“灰度”模式，但不支持 Alpha 通道，该格式保存的文件通常较大。

JPEG 格式的图像文件

TIFF：该文件格式可在多个图像软件之间进行数据交换，其应用相当广泛。该格式支持 RGB、CMYK、Lab 和“灰度”等色彩模式，而且在 RGB、CMYK 以及“灰度”等模式中支持 Alpha 通道。

PNG：该格式是专门为 Web 创造的，背景呈透明，可直接选择其中的图像。PNG 格式是一种将图像压缩到 Web 上的文件格式，和 GIF 格式不同的是，PNG 格式并不仅限于 256 色。

PNG 格式的图像文件

GIF：该格式支持“黑白”、“灰度”和“索引”等色彩模式，还可进行 LZW 压缩。以该格式保存的文件体积较小，因此在网页中插入的图片通常使用该格式。

PSD：是 Photoshop 软件自身的文件格式，是惟一能支持全部图像色彩模式的格式。以 PSD 格式保存的图像可以包含图层、通道、色彩模式、调整图层和文本图层等信息。

PSD 格式图像文件

2.3.2 图像文件的存储方式

存储文件就是将打开或编辑后的图像文件保存到计算机中。在 Photoshop CS6 中存储图像文件有两种方式，分别是存储和另存为，下面分别进行介绍。

1. 存储文件

打开图像或对打开图像进行编辑后，若不需要对其文件名、文件格式或存储位置进行修改，则可执行“文件 > 存储”命令或按下快捷键 Ctrl+S 直接存储文件，覆盖以前的图像效果。

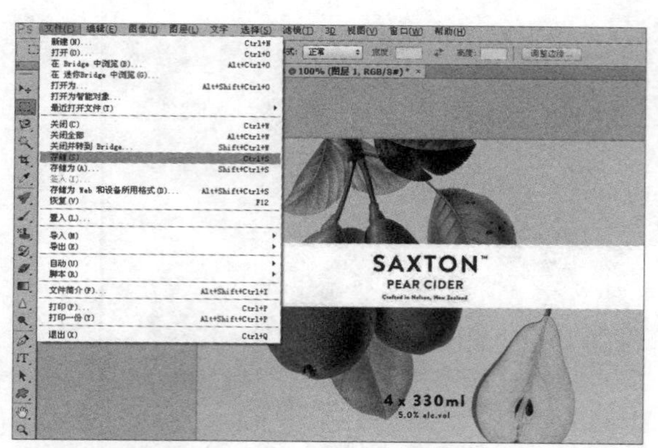

执行“存储”命令

2. 另存为文件

对图像进行编辑后若需要对图像文件的格式、名称等进行调整，则可执行“文件 > 存储为”命令或按下快捷键 Shift+Ctrl+S，打开“存储为”对话框。在“文件名”文本框中可设置新的文件名称，在“格式”下拉列表中为用户提供了多种文件格式，用户可根据需要进行设置，这样即可在保留原文件的同时将文件存储为一个新的文件。

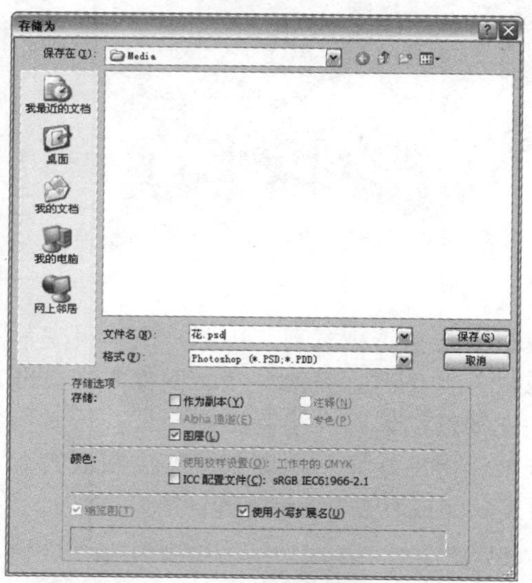

“存储为”对话框

值得注意的是，将图像文件存储为不同的文件格式时会弹出相应的对话框，对各个选项进行设置后单击“确定”按钮即可。

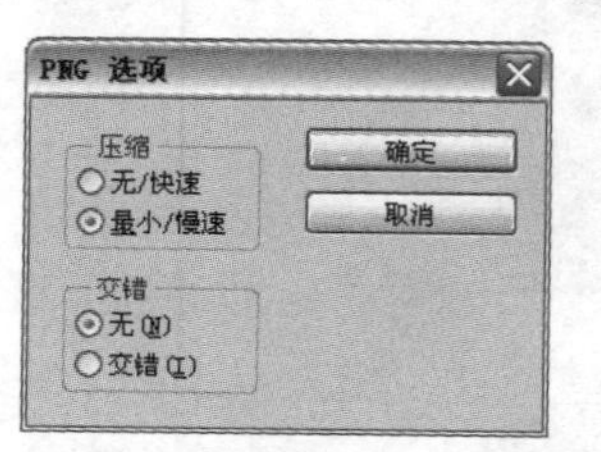

存储为 PNG 格式时弹出的对话框

2.3.3 存储为Web和设备所用格式

在 Photoshop 中，将图像文件存储为 Web 和设备所用格式可称为对图像的优化。

实战 优化图像

01 打开“实例文件\Chapter 2\Media\人物.jpg”图像文件。执行“文件 > 存储为 Web 和设备所用格式”命令，打开“存储为 Web 和设备所用格式”对话框，如下图所示。

打开图像并执行相关命令

02 单击左上角的“双联”标签，同时在对话框左下角设置显示比例为 50%，使画面呈现清晰的显示状态，在对话框右上角设置图像优化后的格式，选择优化后的效果为“最佳”，然后单击左下角的“预览”按钮，如下图所示。

设置参数

03 此时即可在默认浏览器中对图像进行浏览。单击☒按钮关闭浏览窗口。回到对话框中单击“存储”按钮，在弹出的对话框中设置文件的存储位置以及名称后，单击“保存”按钮即可完成对图像的优化。

浏览并存储文件

2.4 图像的恢复操作

在对图像进行编辑或处理的过程中，若遇到对操作效果不满意或出现错误操作时，可使用 Photoshop 提供的恢复操作功能来进行处理。恢复操作有 3 种方法，下面分别进行介绍。

2.4.1 使用撤销命令

使用撤销命令可以让图像快速恢复到上一步操作，而恢复到上一步指的是将图像效果恢复到这一步编辑操作之前的状态，即该步骤对图像所做的调整将被撤销。其方法是执行“编辑 > 还原上一步操作”命令，这里的“上一步操作”指的是执行的操作，若此时执行的是填充图层操作，即此时在“编辑”菜单中显示为“还原填充图层”命令。

撤销命令的快捷键为 Ctrl+Z，按下该快捷键即恢复到上一步操作，若此时再次按下快捷键 Ctrl+Z，则重复刚才所执行的操作来调整图像效果。如“编辑”菜单中显示的命令变为“重做填充图层”命令。

编辑(E) 图像(I) 图层(L) 文字 选

还原填充图层(O)	Ctrl+Z
前进一步(W)	Shift+Ctrl+Z
后退一步(K)	Alt+Ctrl+Z
渐隐(D)...	Shift+Ctrl+F
剪切(T)	Ctrl+X
拷贝(C)	Ctrl+C

“编辑”菜单

编辑(E) 图像(I) 图层(L) 文字 选

重做填充图层(O)	Ctrl+Z
前进一步(W)	Shift+Ctrl+Z
后退一步(K)	Alt+Ctrl+Z
渐隐(D)...	Shift+Ctrl+F
剪切(T)	Ctrl+X
拷贝(C)	Ctrl+C

使用撤销命令后的“编辑”菜单

2.4.2 使用“历史记录”面板

“历史记录”面板中列出了对图像执行过的所有操作可用于撤销操作。在当前工作状态下可以跳转到对图像执行过的任何一个历史状态，每次对图像应用更改时，图像的新状态都会添加到面板中，适用于恢复步骤较多的情况。

实战 使用面板进行恢复操作

01 打开“实例文件\Chapter 2\Media\海边.jpg”图像文件。执行“窗口 > 历史记录”命令，显示“历史记录”面板，如下图所示。

打开图像并显示“历史记录”面板

02 执行“滤镜 > 模糊 > 高斯模糊”命令，打开“高斯模糊”对话框，设置参数后单击“确定”按钮。此时的图像出现模糊效果，在“历史记录”面板中显示该操作步骤，如下图所示。

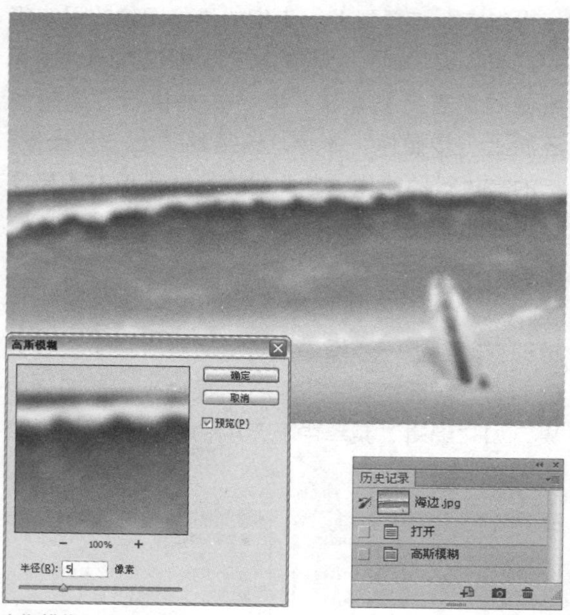

高斯模糊图像

03 继续在工作区中使用多种命令对图像进行颜色调整，此时执行的操作全部显示在“历史记录”面板中，如下图所示。

调整图像颜色

04 在“历史记录”面板的列表中选择需要恢复的操作步骤，在要返回到的相应步骤上单击鼠标，此时图像即可回到相应的状态下，如下图所示。

恢复到相应步骤

2.4.3 使用恢复命令

要对图像进行恢复操作还可以使用恢复命令。它与使用“历史记录”面板进行恢复操作的方法有相似之处，同样适用于对图像执行多步操作之后的恢复，所不同的是，在“历史记录”面板中可以选择恢复到哪一步，而使用恢复命令则直接将图像恢复到最初的打开状态。

其操作方法是，在对图像执行多步操作之后执行“文件 > 恢复”命令或按下快捷键F12，即可将图像恢复到最初的打开状态。

疑难解答

001

Q 如何通过裁剪图像的方法来放大图像尺寸？

A 通过裁剪图像来调整图像尺寸的方法是，当在图像中出现裁剪控制框后，拖动裁剪控制手柄，使其比原有的图像尺寸更大一些，然后按下Enter键确认裁剪。此时得到的图像其尺寸则比原来的图像的尺寸更大一些，同时在图像中增加的部分则自动填充为背景色。

002

Q 如何调整图像分辨率？

A 图像的分辨率是可以调整的，将图像文件拖入到Photoshop CS6的工作界面中，执行“图像>图像大小”命令，打开“图像大小”对话框，在“分辨率”数值框中设置分辨率即可，同时需要注意对应单位的选择，完成后单击“确定”按钮，即可完成分辨率的修改。

003

Q 如何判断为图像设置多少的分辨率最为合适？

A 在对图像分辨率进行调整和设置时，并不是图像的分辨率越大就越好。虽然分辨率越大图像的效果越逼真，但它所占用的内存空间也会越大。图像分辨率的设置应根据具体应用情况而定，用于网络显示的图像，其分辨率只需要72dpi。若用于印刷则一般设置为300dpi，避免印刷出的图像因变大而出现粗糙的像素。

004

Q “画布大小”对话框中的“定位”栏对操作有什么意义？

A “画布大小”对话框中的定位栏以九宫格的形式对图像进行定位，默认情况下图像居于九宫格正中位置，表示定位点在图像正中心，扩展的方向是以中心向四周辐射的。此时单击九宫格右上角的点，则表示以该点为图像扩展的中心点，设置扩展宽度为3，高度为0时，则表示此时图像高度不变，仅在图像左侧增加3厘米的宽度，其效果如下图所示。

005

Q Photoshop CS中裁剪工具和“裁切”命令的区别在何处？

A 使用裁剪工具或执行“图像>裁剪”命令，在原理上都是把图像沿着已经绘制好的选区作为新图像的边缘进行剪切。而“裁切”命令则不需要预先绘制好选区，可以通过裁切周围的透明像素或指定颜色的背景像素来裁剪图像。执行“图像> 裁切”命令，弹出“裁切”对话框，在其中可对要裁切的具体内容进行相关设置。

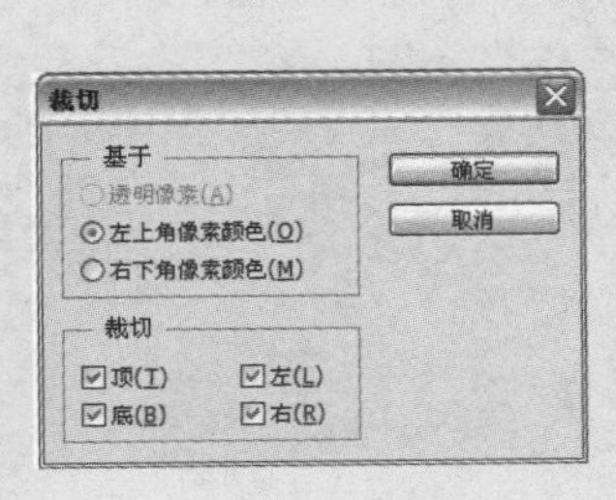

006

Q 如何在Mini Bridge面板中查找指定文件夹？

A 执行“文件>在Mini Bridge中浏览”命令显示Mini Bridge面板，在弹出的灰色面板中输入文件夹名称，单击“搜索”按钮，即可显示出该文件夹的内容。

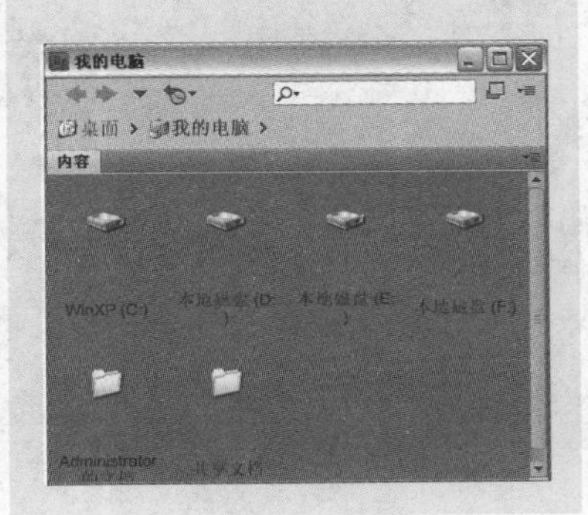

软件的功能透析

本篇重点

该篇为软件的功能透析篇，共分为 13 个章节，主要对 Photoshop CS6 软件的各种功能进行了详细介绍，并分别从选区的创建与编辑、图像的绘制与填充、图像的修饰与变换、图像色彩模式与颜色调整、文字的编辑与应用、路径的绘制与编辑、图层的应用、蒙版的应用、通道以及滤镜的功能、3D 与动画功能、动作与自动化等方面逐一进行解析，让读者通过本篇的学习能熟练掌握 Photoshop CS6 的相关工具和命令，并能结合多种功能进行设计创作。

Chapter

03

选区的创建与编辑

在 Photoshop CS6 中，对图像的编辑和处理的操作，很多都是通过选区辅助进行的。本章就将对选区的创建和编辑进行深入细致的剖析，使用循序渐进的方式，让读者轻松掌握选区的创建与编辑知识。

设计师谏言

选择操作区域是使用Photoshop进行多种操作的基础，创建了选区，即可实现对不同图像区域进行调整、抠取等操作。在平面设计中，无论是艺术绘画创作或是图像创意合成，都离不开选择操作。对图像进行选择，可以实现对图像特定区域的精确掌控，从而使设计作品效果更加完善。

设计百宝箱 平面设计中网格的运用

版式设计中的网格是一种基础的设计工具，它能帮助设计师更加准确地将不同的设计元素放置在合适的位置，使设计更加完美和连贯，起到一种参照物的作用。同时，网格具有很大的灵活性，在版式设计中运用不同的网格结构会带给人不同的视觉效果。

在版式设计中可以将版面分为一栏、两栏、三栏或多栏，通过分栏的形式将文字与图片编排在版面中，可以使版面具有一定的节奏感。通过不同的分栏形式可以将网格分为对称式网格与非对称式网格。

Point 01 对称式网格

所谓对称式网格，就是版面左右页面结构完全相同，具有相同的页边距与外页边缘，对称式网格设计通过一定的比例进行版面布局。对称式网格主要以对称式单元格网格与对称式栏状网格进行版面构建。

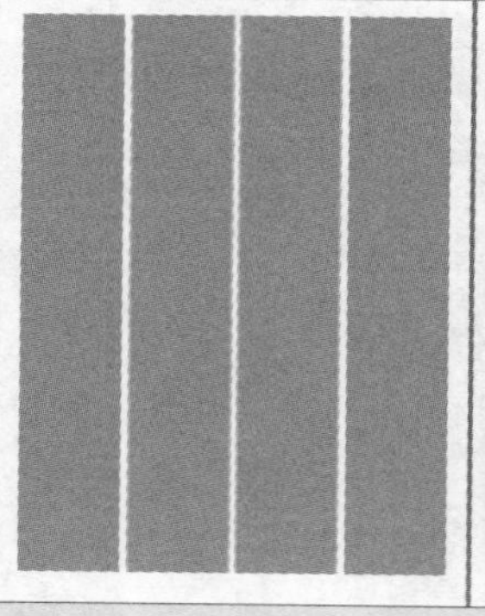

对称式单元格网格

对称式单元格网格是将版面分成大小比例相同的单元格，根据版式的需要将文字与图片编排在单元格中。对称式单元格网格版面具有很大的灵活性，可以根据需要随意进行版面编排，单元格的间距也可以随意调整，但每个单元格四周的间距必须相同。

对称式栏状网格

对称式栏状网格的位置、版式的宽度和左右页面的版面结构是完全相同的。对称式栏状网格中的“栏”指的是印刷文字与图片的区域。栏的宽度与大小直接影响版面中文字与图片的编排形式。

Point 02 非对称式网格

所谓非对称式网格，是指左右版面采用同一种排版方式，但是并不像对称式网格一样完全相同。可以根据版面需要，在编排过程中调整网格的比例大小，使整个版面结构更加灵活。非对称式网格主要分为非对称式单元格网格和非对称式栏状网格两种。

上图为非对称式栏状网格，可以看出左右页面都是采用两栏的版面结构进行图片与文字编排的。在具体编排过程中对栏宽进行适当调整，可以使整个版面具有画面的灵活性特征。

非对称式单元格网格

非对称式单元格网格在版式设计中属于比较简单的版面结构，也是基础的版式辅助网格。有了单元格的划分，设计师可以根据版面的需要安排文字与图形在单元格中的放置，排列在一个或几个单元格中。非对称式单元格网格版式的排列，可以使文字编排灵活多样、错落有致，层次清晰，它还采用较多的图片编排形式，使整个版面更加生动，避免呆板无趣。

非对称式栏状网格

非对称式栏状网格是指在版式设计中，虽然左右页面中的栏数相同，但是两个页面并不对称。非对称式栏状网格主要强调垂直对齐，这样的排版方式使版面文字排列整齐，具有版面规律性。非对称式栏状网格设计相对于对称式栏状网格设计更具有灵活性，可以根据需要对版面中的文字与图片进行适当调整，增添版面的跳跃感。

3.1 创建规则选区

Photoshop 中的选区是指选择的区域，它的作用是指定在图像中需要进行编辑操作的区域。对选区内图像进行编辑时，选区外的图像不受影响。

Photoshop 为用户提供了选框工具组，其中包含有矩形选框工具、椭圆选框工具、单行和单列选框工具，便于用户快速创建规则选区。

3.1.1 矩形选框工具

创建矩形选区的方法是在工具箱中单击矩形选框工具，在图像中按住鼠标左键进行拖动，即可绘制出矩形的选框，框内的区域就是选择区域，即选区。若要绘制正方形的选区，可在按住 Shift 键的同时按住鼠标左键进行拖动，绘制出的选区即为正方形。

绘制的矩形选区

绘制的正方形选区

选择选框工具后，将在菜单栏下方显示该工具的属性栏，属性栏中包括了多个按钮和选项，下面分别对其进行详细的介绍。

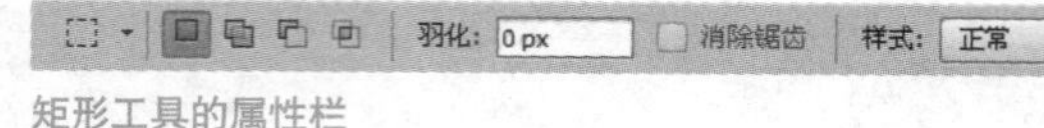

矩形工具的属性栏

❶ **“当前工具”按钮**：该按钮显示的是当前所选择的工具，单击该按钮，即可在其中进行工具的快速更换。

❷ **选区编辑按钮组**：该按钮组从左至右分别是新选区、添加到选区、从选区减去及与选区交叉。

❸ **“羽化”数值框**：羽化是指通过创建选区边框内外像素的过渡来使选区边缘模糊，羽化宽度越大，则选区的边缘越模糊，此时选区的直角处也将变得圆滑，其取值范围在0~250像素之间。

❹ **“样式”下拉列表**：该下拉列表中有“正常”、“固定比例”和“固定大小”3 个选项，用于设置选区的形状。

3.1.2 椭圆选框工具

创建椭圆形选区的方法是在工具箱中单击椭圆选框工具，在图像中按住鼠标左键进行拖动，即可绘制出椭圆形的选区。若要绘制正圆形的选区，则可在按住 Shift 键的同时在图像中拖动绘制，得到的选区即为正圆形。

绘制的正圆形选区

添加新选区效果

3.1.3 单行/单列选框工具

使用单行或单列选框工具可以创建宽度为 1 像素的单行或单列选区。单行和单列选框工具一般都是结合进行使用的，使用它们可快速创建出复杂的网格形选区。

在工具箱中单击单行选框工具，并在属性栏中单击“添加到选区”按钮，然后在图像中单击绘制出单行选区，还可多次单击绘制出网格的多条横线效果。单击单列选框工具，保持“添加到选区”按钮被选中，在图像中单击绘制出单列选区增加选区，以此绘制出网格形选区。

绘制的网格形选区

值得注意的是，由于单行或单列选框工具绘制的选区都是以 1 像素为单位的，所以绘制出的选区非常细，填充选区后即显示为一条非常细的线，可以按下快捷键 Ctrl++ 放大图像对其进行观察或操作。

3.2 创建不规则选区

选框工具组只能创建规则的几何图形选区，但在实际应用中有时需要创建不规则的选区。不规则选区是比较随意、自由、不受具体形状制约的选区。Photoshop 为用户提供了套索工具组和魔棒工具组，其中包含套索工具、多边形套索工具、磁性套索工具、魔棒工具以及快速选择工具，以便帮助用户更自由地对选区进行创建。

3.2.1 套索工具

使用套索工具可以创建任意形状的选区，单击套索工具，然后按住鼠标左键沿图像轮廓进行绘制，释放鼠标左键后即可创建选区。

值得注意的是，当绘制的轨迹为闭合的曲线时，释放鼠标左键后则选区即为该线条包含的选区范围。而若绘制的轨迹为一条非闭合的曲线线段，则套索工具会自动将该曲线两个端点直线连接从而构成一个闭合选区。

绘制非闭合线条轨迹

自动创建的选区效果

绘制闭合轨迹

创建的闭合选区效果

3.2.2 多边形套索工具

使用多边形套索工具可以创建具有直线轮廓的不规则选区。

其操作方法是单击多边形套索工具，在图像中单击创建选区的起始点，然后沿需要创建的选区轨迹单击鼠标左键创建选区的其他端点，最后将光标移动到起始点处，当光标变成形状时单击，即可创建出需要的选区。在属性栏中单击“添加到选区”按钮，使用相同的方法还可以将更多的选区添加到创建的选区中。

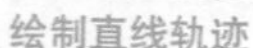

绘制直线轨迹

创建多个多边形选区

3.2.3 磁性套索工具

使用磁性套索工具可以为图像中颜色交界处反差较大的区域创建精确选区。其操作方法是单击磁性套索工具，然后在图像窗口中需要创建选区的位置单击确定选区起始点，沿选区的轨迹拖动鼠标，系统将自动在光标移动的轨迹上选择对比度较大的边缘产生节点，当光标返回到起始点并变为形状时单击，即可创建出精确的不规则选区。

沿轨迹拖动

创建的闭合选区效果

3.2.4 魔棒工具

使用魔棒工具可以在一些背景较为单一的图像中快速创建选区。

在工具箱中单击魔棒工具，在属性栏中设置容差以辅助软件对图像边缘进行区分，一般情况下设置为30px，容差越大选取的选区范围越大，容差越小则选取的选区范围越小。将光标移动到需要创建选区的图像中，当光标变为形状时单击即可快速创建选区。

容差为 10px 时创建的选区

容差为 50px 时创建的选区

3.2.5 快速选择工具

快速选择工具隐藏在魔棒工具组中，右击魔棒工具即可弹出快速选择工具，在图像中单击后在要选择的区域中拖动即可创建选区。

使用快速选择工具创建选区时，其选取范围会随着光标的移动而自动向外扩展，同时自动查找和跟随图像中定义的边缘。使用快速选择工具进行选取时，选区的大小还受属性栏中画笔大小的影响，画笔越大则选取的选区就越大。

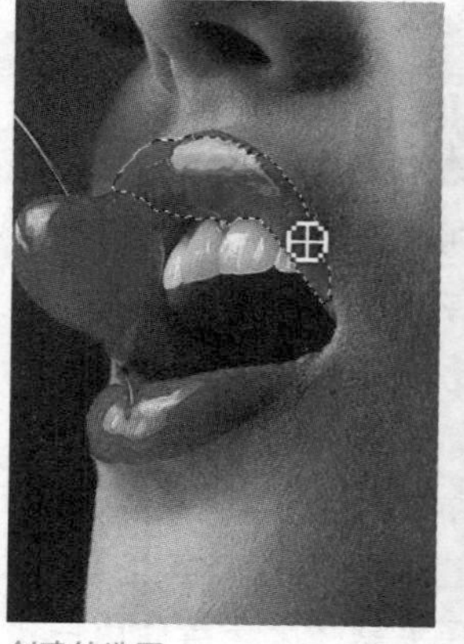

创建的选区

继续拖动创建的选区

3.3 创建选区的其他方法

除了可以使用选框工具、魔棒工具、快速选择工具在图像中创建选区，Photoshop还为用户提供了“色彩范围”命令和快速蒙版，合理使用它们也可以根据不同的需求快速创建选区，下面分别进行介绍。

3.3.1 使用“色彩范围”命令

“色彩范围”命令的原理是根据色彩范围创建选区，选区的创建是基于色彩进行的。执行“选择 > 色彩范围”命令，弹出“色彩范围”对话框，这里对其中的选项进行介绍。

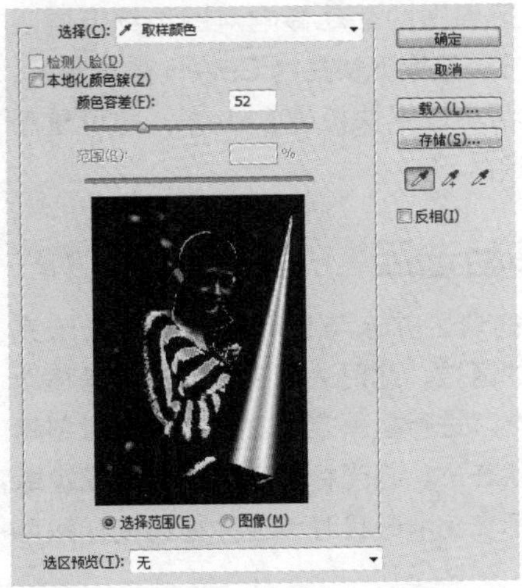

“色彩范围”对话框

❶ **“选择”下拉列表：**用于选择预设颜色。

❷ **“颜色容差”数值框：**用于设置选择颜色的范围，数值越大选择的范围越大；反之选择的范围就越小。拖动滑块可快速调整参数值。

❸ **预览区：**用于显示预览。单击“选择范围”单选按钮，在预览区中白色表示被选择的区域，黑色表示未被选择的区域；单击“图像”单选按钮，预览区内将显示原图像。

❹ **吸管工具组：**吸管工具用于在预览区中单击取样颜色，和工具分别用于增加和减少选择的颜色范围。

3.3.2 使用快速蒙版

快速蒙版是临时存在于图像表面的一种类似于保护膜的设置，使用快速蒙版能帮助用户快速得到精确的选区。

单击工具箱中的“以快速蒙版模式编辑”按钮，进入快速蒙版编辑状态。使用画笔工具在图像中为需要成为选区的部分添加快速蒙版进行保护。

对最大的蓝色玻璃球部分进行涂抹以保护该区域，涂抹后的区域呈半透明红色显示，单击“以标准模式编辑”按钮退出快速蒙版，从而得到除最大蓝色玻璃球外的选区。

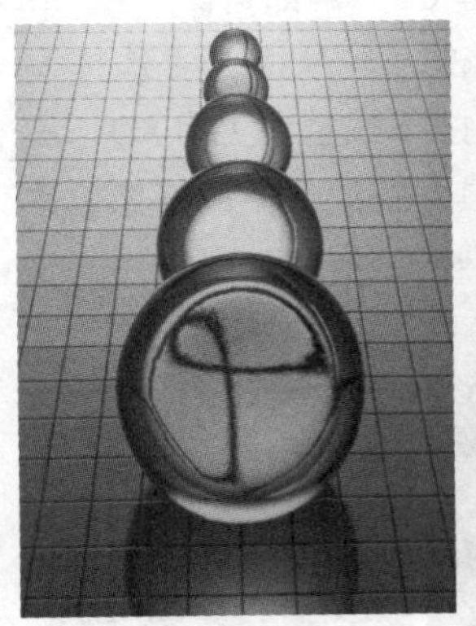

原图

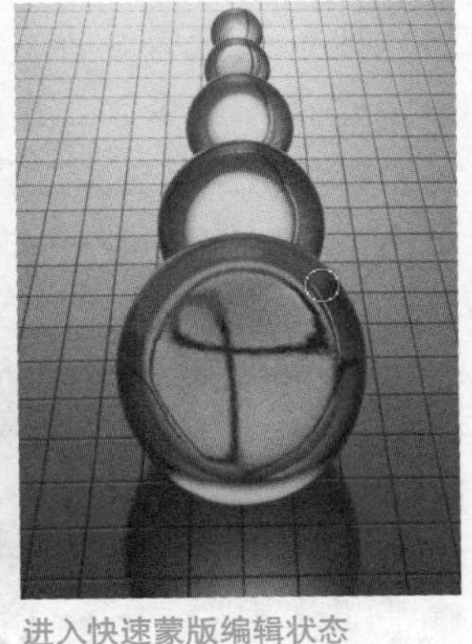

进入快速蒙版编辑状态

涂抹确定非选区

退出快速蒙版得到选区

值得注意的是，在进入快速蒙版编辑状态后，用户使用画笔工具对图像进行涂抹时，还可以执行“选择 > 在快速蒙版模式下编辑”命令，取消对其的勾选状态，也可退出快速蒙版。

3.4 选区的基本编辑

为了使创建的选区更加符合不同的使用需要，在图像中绘制或创建选区后还可以对选区进行多次修改或编辑。这些编辑操作包括全选选区、取消选区、重新选择选区、隐藏或显示选区、移动选区、修改选区、反选选区等，下面一一进行介绍。

3.4.1 全选选区和取消选区

全选选区即将图像整体选中。执行“选择 > 全部”命令或按下快捷键 Ctrl+A 即可。

取消选区有 3 种方法，一是执行“选择 > 取消选择”命令，二是按下快捷键 Ctrl+D，三是选择任意选区创建工具，在图像中的任意位置单击。在对图像进行处理的过程中，最常用的是第二种方法。

全选选区

3.4.2 重新选择选区

“选择”菜单中的“重新选择”命令只有在对图像执行过取消选区操作后才能激活，取消选择是重新选择选区的必要条件。在功能上来讲，它类似于选区的恢复功能。在取消选区后将自动保存选区，需要再次使用时即可快速调用。

其操作方法也较为简单，执行“选择 > 重新选择”命令或按下快捷键 Shift+Ctrl+D，即可将取消前的选区重新显示出来。

取消选区后的效果　　重新选择选区后的效果

3.4.3 隐藏或显示选区

在图像中创建选区后还可对选区进行隐藏，从而避免选区周围的活动影响对图像细节的观察，其操作方法是按下快捷键 Ctrl+H 隐藏选区。隐藏选区后再次按下快捷键 Ctrl+H，即可重新显示隐藏的选区。

3.4.4 移动选区

若创建的选区并未与目标图像重合或未完全覆盖需要的区域，此时最简单的方法就是移动该选区，对选区进行重新定位。在选择任意创建选区工具的状态下，将光标移动到选区内或边缘位置，当光标变为形状时单击并拖动鼠标即可移动选区。

创建的选区　　移动后的选区

值得注意的是，除了移动选区外还能移动选区中的图像。其操作方法是，创建选区后单击移动工具，将光标移动到选区内或边缘处，当光标变为形状时单击并拖动鼠标即可移动选区内的图像，移动后的位置自动以背景色进行填充。

变换的光标样式

移动选区内的图像

除了在当前图像中可以移动选区或选区内的图像外，还可以在不同图像之间对创建的选区或选区内的图像进行移动。

移动选区的方法和在当前图像中移动选区的方法相似，这里不再赘述。移动选区内图像的方法是创建选区后单击移动工具，当光标变为 形状时将选区拖动到另一个图像窗口中，此时该选区内的图像即被复制至另一个图像中。若在拖动过程中按住快捷键 Ctrl+Shift，则复制到另一图像窗口的选区图像将被放置在该图像的中心位置。

移动图像后的效果

3.4.5 边界选区

边界指的是用户可以在原有的选区上再套用一个选区，填充颜色时则只填充两个选区中间的部分，其具体操作如下。

实战 边界选区的应用

01 打开“实例文件\Chapter 3\Media\蛋糕.jpg”图像文件。使用套索工具绘制心形选区，执行“选择 > 修改 > 边界”命令，弹出“边界选区”对话框，设置“宽度”为 10 像素，单击“确定”按钮，如下图所示。

打开图像并设边界宽度

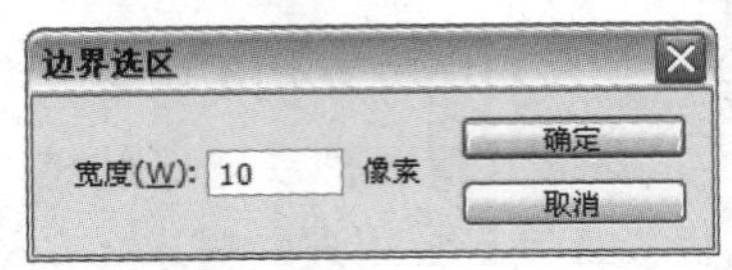

“边界选区”对话框

02 此时图像中沿心形选区边缘多出一层环形选区，按下快捷键 Ctrl+Delete 填充白色背景色，并按下快捷键 Ctrl+D 取消选区。按下快捷键 Ctrl++ 放大图像，此时在图像中可以看到白色心形的线条，线条周围出现朦胧效果，如下图所示。

填充选区及最终效果

3.4.6 平滑选区

平滑选区是指调节选区的平滑度，若是对矩形选区使用平滑选区命令，经过调整后则会成为一个圆角矩形选区。操作方法是在图像中绘制选区，执行“选择 > 修改 > 平滑”命令，打开“平滑选区”对话框，在其中设置“取样半径”为50像素，完成后单击“确定”按钮，此时图像中的矩形选区变为圆角矩形选区。

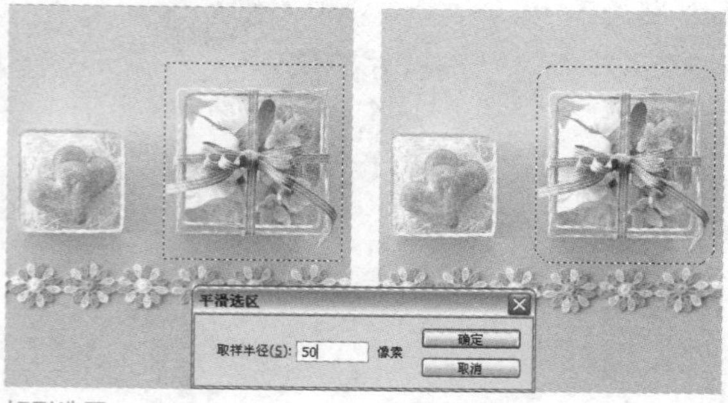

矩形选区　调整后的选区

3.4.7 扩展选区

扩展选区即按指定数量的像素扩大选择区域，通过扩展选区命令可以精确扩展选区的范围，使选区更人性化，且更符合用户的需求。

操作方法是在图像中绘制选区后，执行“选择 > 修改 > 扩展”命令，打开“扩展选区”对话框，在其中设置“扩展量”为10像素，完成后单击“确定”按钮，此时图像中的选区沿人物身体边缘进行扩展。

绘制的选区　扩展后的选区

3.4.8 收缩选区

收缩选区与扩展选区正好相反，收缩选区即按指定数量的像素缩小选区，通过收缩选区命令可去除图像的边缘杂色，使选区更精确。操作方法是绘制选区后执行“选择 > 修改 > 收缩”命令，打开“收缩选区”对话框，设置“收缩量”为12像素后单击“确定”按钮，此时图像中选区的边缘更精确。

绘制的选区　收缩后的选区

3.4.9 反选选区

反选选区是指快速选择当前选区外的其他图像区域，而当前选区将不再被选择。

创建选区

反选选区

值得注意的是，对图像执行反选选区命令的前提是图像中必须要有选区。

反选选区有 3 种方法，一是执行“选择 > 反向”命令，二是按下快捷键 Shift+Ctrl+I，三是在创建的选区中右击鼠标，在弹出的快捷菜单中选择“选择反向”命令。

3.4.10 扩大选取

“扩大选取”命令用于扩大当前图像中基于容差范围的选择区域，这里以魔棒工具属性栏中设置的容差为默认容差。此时扩大的选区是与已有选区邻近区域内相似色彩的像素。

扩大选取的操作方法较为简单，在图像中绘制选区后执行“选择 > 扩大选取”命令，即可在图像中看到选区发生的变化。

绘制选区

使用“扩大选取”命令后得到的选区

3.4.11 选取相似

使用“选取相似”命令能一步到位地把所有不相邻区域内的相似像素全部包括在选区中。这个命令在一定程度上解决了使用魔棒工具只能选取相邻相似色彩像素的不足。

选取相似的操作方法是在图像中绘制选区后执行“选择 > 选取相似”命令，即可将图像中与选区内图像相似的所有像素选中。

使用“选取相似”命令后得到的选区

3.5 选区的进阶调整

在 Photoshop 中，选区是一个非常重要的概念，很多操作都是通过对选区进行调整和编辑进行的。这里将对选区的调整分为了两个部分，进阶操作包括羽化选区、描边选区、变换选区、保存和载入选区、存储选区以及载入选区，下面分别进行介绍。

3.5.1 变换选区

变换选区是指根据需要对选区进行缩放、旋转以及更改形状等操作，对选区进行变换时图像不会随之发生改变。

变换选区的方法是执行“选择 > 变换选区”命令，或在选区上单击鼠标右键，在弹出的快捷菜单中选择“变换选区”命令，此时将在选区的四周出现自由变换控制框，可以移动控制框上控制手柄的位置，完成调整后按下 Enter 键确认变换即可。

值得注意的是，在对图像编辑的运用时，变换选区命令还有多种用法，具体操作如下。

实战 变换选区的应用

01 打开“实例文件\Chapter 3\Media\客厅. jpg”图像文件。使用矩形选框工具在图像中绘制一个矩形选区，如下图所示。

打开图像并绘制选区

02 保持选区，执行“选择 > 变换选区”命令，此时选区四周出现自由变换控制框，拖动控制手柄调整矩形选区的宽度，使其宽度和绿色的墙体相等，如下图所示。

调整选区大小

03 按住 Ctrl 键的同时拖动控制点，即可单独拖动一个控制手柄，以便更好地调整选区形状，如下图所示。

变换选区

04 使用相同的方法，在按住 Ctrl 键的同时拖动其他几个控制手柄，使其与墙体边缘重合，如下图所示。

调整选区

05 在属性栏中单击“进行变换”按钮☑或按下 Enter 键确认变换，选区效果如下图所示。

确认选区

3.5.2 羽化选区

使用“羽化”命令可以使选区边缘变得柔和，从而使选区内的图像与选区外的图像过渡自然。

羽化选区的方法是创建选区后，执行“选择 > 修改 > 羽化”命令或按下快捷键 Shift+F6,打开“羽化选区”对话框，在其中设置“羽化半径”后单击“确定”按钮，即可完成选区的羽化操作。

“羽化选区”对话框

值得注意的是，羽化选区后的效果是不能立即看到的，需要对选区内的图像进行移动、填充等操作才能看到图像边缘的柔化效果。

实战 羽化选区的应用

01 打开“实例文件\Chapter 3\Media\女孩.jpg”图像文件。单击磁性套索工具，沿女孩图像边缘拖动，绘制选区，如下图所示。

打开图像并绘制选区

02 按下快捷键 Shift+Ctrl+I 反选选区，此时在图像中选择的是橙色的背景图像，如下图所示。

反选选区

03 执行“选择 > 修改 > 羽化”命令，打开“羽化选区”对话框，设置“羽化半径”为 100 像素，完成后单击“确定”按钮，如下图所示。

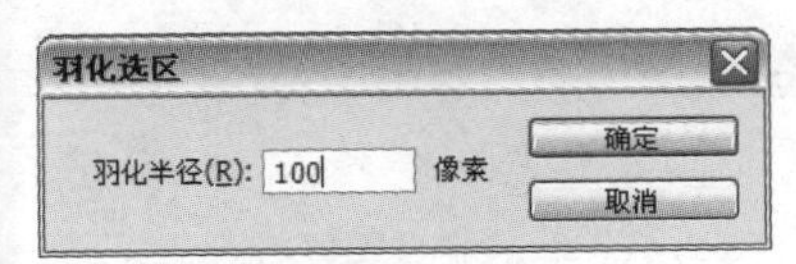

设置羽化半径

04 此时可以看到，经过羽化后图像中选区边缘较尖锐的地方变得圆滑，如下图所示。

羽化选区

05 此时按下快捷键 Ctrl+Delete，使用白色的背景色填充选区，然后按下快捷键 Ctrl+D 取消选区，可以看到图像效果变得柔和，如下图所示。

填充选区并取消选区

3.5.3 描边选区

描边选区是指沿选区边缘使用前景色进行画笔描边，绘制出线条。在原理上与边界选区有一定的相似性，不过“描边”命令的设置和选项更多，其功能更强大一些。

执行“编辑 > 描边”命令即可打开“描边”对话框，下面对其中的选项进行介绍。

❶ **“宽度”数值框**：用于设定描边的宽度，以像素为单位。

❷ **“颜色”色块**：用于设置描边颜色。

❸ **“位置”选项组**：用于设置描边的位置，在边界线内部、居中或居外。

❹ **“混合”选项组**：用于设定不透明度及模式。

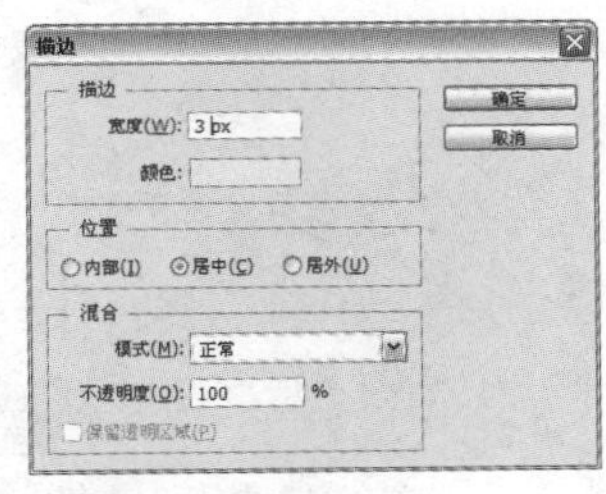

“描边”对话框

实战 描边选区的应用

01 打开“实例文件\Chapter 3\Media\别墅.jpg”图像文件。单击磁性套索工具，沿蓝色游泳池边缘拖动绘制选区，如下图所示。

打开图像并绘制选区

02 执行“编辑 > 描边”命令，打开“描边”对话框，设置“宽度”为 20px，单击颜色色块，在弹出的对话框中设置颜色为蓝色（R21、G213、B230），“不透明度”为 50%，完成后单击“确定”按钮，如下图所示。

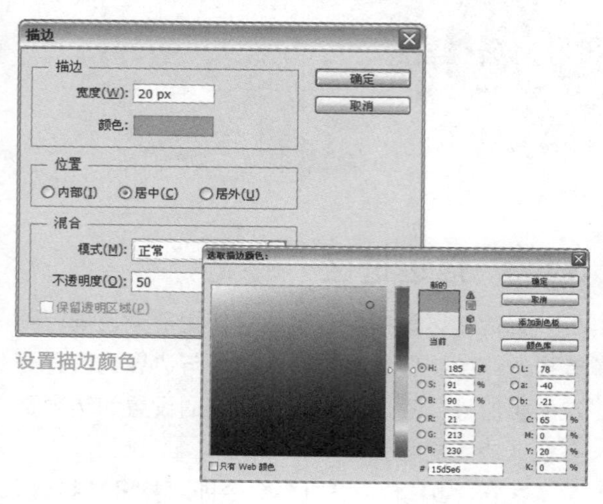

设置描边颜色

03 按下快捷键 Ctrl+D 取消选区，此时可以看到，在蓝色游泳池的边缘出现了蓝色的线条，使游泳池在图像中更为抢眼，如下图所示。

取消选区

3.5.4 保存选区

还可以对在图像中绘制的选区进行保存，以便在需要时通过载入选区的方式载入到图像中继续使用。存储选区的方法是执行“选择 > 存储选区”命令，打开“存储选区”对话框，下面对其中的选项进行介绍。

“存储选区”对话框

❶ **“文档”下拉列表：**用于设置保存选区的目标图像文件，默认为当前图像，若选择“新建”选项，则将其保存到新建的图像中。

❷ **“通道”下拉列表：**设置存储选区的通道。

❸ **“名称”文本框：**用于设置需要存储选区的名称，以便分清选区情况。

❹ **“新建通道”单选按钮：**单击该单选按钮表示为当前选区建立新的目标通道。

实战 保存选区的应用

01 打开“实例文件\Chapter 3\Media\水果.jpg”文件。单击磁性套索工具，沿果肉边缘拖动绘制选区，如下图所示。

打开图像绘制选区

02 执行“选择 > 存储选区”，打开“存储选区”对话框，在“名称”文本框中输入存储的选区名称，完成后单击“确定”按钮即可将选区存储，如下图所示。此时即可在图像中按下快捷键 Ctrl+D 取消选区或执行其他操作。

设置存储的选区名称

3.5.5 载入选区

存储选区后可载入选区，此时只需执行“选择 > 载入选区”命令,打开“载入选区”对话框，在“文档”下拉列表中选择刚才保存选区的文件，在“通道”下拉列表中选择存储选区的通道名称，在“操作”栏中单击相应的单选按钮后单击“确定”按钮即可载入选区。

实战 载入选区的应用

01 打开“实例文件\Chapter 3\Media\水果.psd”图像文件，如下图所示。

打开图像

02 执行“选择 > 载入选区”命令，打开“载入选区”对话框，在“通道”选项组中选择刚才存储为“果肉部分”的选区，完成后单击“确定”按钮，如下图所示。

打开“载入选区”对话框

03 此时在图像中快速显示出之前存储的选区，如下图所示。

载入选区

04 按下快捷键 Ctrl+I，反相图像，并按下快捷键 Ctrl+D 取消选区，得到的效果如下图所示。

反相图像

疑难解答

001

Q 如何隐藏工具箱?

A 如果要在工作界面中隐藏工具箱,可以执行“窗口 > 工具”命令,即可将位于工作界面左侧的工具箱隐藏,隐藏后再次执行相同的命令重新显示工具箱。值得注意的是,按下 Tab 键可以快速地同时隐藏工具箱、右侧面板组以及属性栏,使图像界面显示得更为宽阔一些,再次按下 Tab 键即可恢复相应的显示。

002

Q 如何快速地创建环形选区或图形?

A 在创建图形图像时,环形图形是出现较多的一种图形。创建环形选区可使用选框工具并结合“从选区减去”按钮进行,首先使用椭圆选框工具创建圆形选区,然后单击属性栏中的“从选区减去”按钮,再次在圆形选区内拖动绘制选区,此时绘制的选区应比原来的选区略小,绘制完成后中间的部分即被减去,只留下环形的选区。此外,还可以通过为选区填充颜色快速得到环形图形。

003

Q 如何快速为图像添加虚线效果?

A 在 Photoshop 中,使用单行选框工具和单列选框工具还可以快速制作出虚线效果。单击单行选框工具,单击属性栏中的“添加到选区”按钮,在图像中绘制多个选区。然后单击单列选框工具,单击“从选区减去”按钮,在选区中单击,即可减去相应的选区部分,形成虚线格状的选区。填充选区后按下快捷键 Ctrl++ 放大图像,此时即可看到图像中的虚线效果。

004

Q 如何将“色彩范围”对话框中的参数恢复到初始状态?

A 执行“选择 > 色彩范围”命令打开“色彩范围”对话框,在该对话框中设置完各项参数后,若对结果不满意,想要恢复到设置前的参数,此时可按住 Alt 键,对话框中的 取消 按钮变为 复位 按钮。单击该按钮即可将所有参数恢复到设置前的状态。值得注意的是,在 Photoshop 中大多数的参数设置对话框都是采用这种方法进行复位的。

005

Q 勾选“保留透明区域”复选框有什么作用?

A 创建选区后,执行“编辑 > 描边”命令,弹出“描边”对话框,此时若该图像中有透明区域,而选区又创建在透明区域和图像之间,就需要勾选“保留透明区域”复选框。这样,得到的描边效果仅出现在图像区域,透明区域的描边效果则自动隐藏。若取消勾选“保留透明区域”复选框,则描边效果将完全显示。

006

Q 如何理解“修边”命令中的 3 个级联命令?

A 基于选区复制图像时,难免会留下一些杂边,执行“图层 > 修边”命令,应用级联菜单中的 3 种命令,可以有效地修正杂边。“去边”命令可用于去除自多色背景中选取时较明显的杂边;“移去黑色杂边”命令用于去除黑色背景中残留的黑色杂边;“移去白色杂边”命令用于去除白色背景中残留的白色杂边。但这些命令只有在对象从背景中分离出来且放置在一个透明图层中时可用。

Chapter

04

图像的绘制与填充

本章主要针对 Photoshop CS6 中图像的绘制和填充方法进行详细讲解，包括基本绘图工具、画笔样式设置、“画笔”面板、颜色选择、颜色填充等方面，通过本章学习，读者可以充分理解并掌握相关理论和实操技能。

设计师谏言

艺术源于生活，而设计就是对生活中具体的事物进行艺术加工，这个加工过程中自然离不开对图像的绘制、上色以及图案的填充等。它们都是对图像进行艺术化处理的必要步骤，也是艺术设计过程的重要组成环节，图像绘制与填充是设计作品得以完成的关键步骤。

设计百宝箱 了解平面设计中图形的表现

图形具有源于文化的认知意义和象征意义，设计师通常会在设计中体现一种象征意义，这种表达方式非常含蓄。图形在平面构成要素中是形成广告性格及提高视觉注意力的重要素材，它能够左右广告的传播效果，通常可以快速地将信息传达给人们，在平面广告中占据了重要版面，有的甚至是全部版面。与文字相比，图形往往更能引起人们的注意并激发阅读兴趣，给人的视觉印象也要优于文字，在平面设计中合理地运用图形符号，会大大提高设计的信息传达效果。

图形是一种更直接、更形象、更快速的传递方式，是现代社会传递信息的主要表现形式。根据图形的不同表现形式可以将图形分为具象图形与抽象图形，下面通过具体的平面设计作品分别对这两种图形的表现形式进行详细介绍。

Point 01 具象图形

所谓具象图形，就是图形以一种具体形态在平面设计中出现，从而达到平面信息宣传的目的，如正方形、长方形、圆形、人物、动物、植物等。不同的图形在版面中所传达的信息与视觉效果有所不同，下面通过具体的平面设计作品进行具象图形的详细介绍。

右图是一幅洗洁用品的平面广告设计，设计以包装盒剪影为主体视觉元素，通过具象的包装盒使观者展开想象，从而进行广告信息宣传。

右图是一幅巧克力平面广告设计，整个版面采用巧克力制作的兔子作为主体视觉中心，体现产品丝滑、诱人的视觉效果。

右图是一幅爱护动物的公益宣传海报设计，在该版面中采用具象的猴子照片作为主要视觉元素，通过动物的表情传达广告宣传的主题，给人联想的空间。

右图是一幅电子产品宣传广告，在该版面中采用具象的人物照片作为主要的视觉元素，直观展示了产品的品质特征。

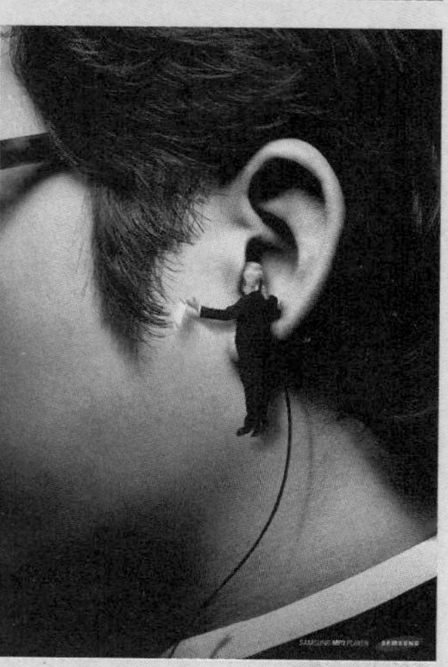

Point 02 抽象图形

所谓抽象图形，主要是一些没有固定形态的图形的统称。抽象图形的表现手法也多种多样，不同的材质、肌理，不同的色彩，不同的空间和面积对比均可构成不同的视觉形象。在平面设计中运用一些几何形体，或者通过一定的点、线、面组合，均可阐释一定的象征意义。这些抽象元素包含一定的信息，通过具象图形的抽象引申、象征或比喻进行表现。图形虽然简单却具有深邃的抽象含义，利用有限的形式语言营造一种空间意境，使观者运用自己的想象力去填补、联想和体味，令人回味无穷。下面主要针对平面广告设计中的抽象图形表现方式进行介绍。

抽象平面设计版面

右图是一幅矿泉水的广告海报，在版面中采用了抽象的弯曲线条，体现了活力、动感和炫彩的视觉效果。

右图是一幅海报招贴设计，在该版面中采用抽象的形状图形作为主要视觉元素，体现出趣味、活跃及奇特的视觉效果与涵义表达。

右图是一幅海报招贴设计，在该版面中使用抽象的卡通形象作为主要视觉元素，给观者无尽的联想空间，同时增添了画面的趣味性。

右图是一幅艺术海报招贴设计，版面采用不同角度与颜色的线条层叠编排作为主要视觉元素，体现出版面错落有致的视觉效果。

PART 02 软件的功能透析

4.1 认识基本绘图工具

在对选区的创建和编辑有所了解之后，下面来认识一下 Photoshop 中的基本绘图工具，使用这些工具能完成图像的自由绘制，在很大程度上拓宽了图像处理的空间，增加了软件使用的灵活性。绘图类工具包括画笔工具、铅笔工具、颜色替换工具、历史记录画笔工具以及历史记录艺术画笔工具，下面分别进行介绍。

4.1.1 画笔工具

使用画笔工具可以绘制出多种较为标准的笔触效果。单击工具箱中的画笔工具，在菜单栏下会显示出画笔工具的属性栏，下面对属性栏中的选项一一进行介绍，使用户对画笔工具的相关设置有一个完整的了解。

画笔工具属性栏

❶ **画笔选项**：单击画笔栏旁的下拉按钮，打开画笔拾取器，在其中可设置画笔的样式、大小和硬度等。

❷ **“切换画笔面板”按钮**：单击该按钮即可显示“画笔”面板，在其中可以对画笔样式进行多方位的设置。

❸ **“模式”下拉列表**：在该下拉列表中可以选择绘图时的混合模式，这些模式与“图层”面板中的图层混合模式作用大致相同。

❹ **“不透明度”选项**：单击下拉按钮，拖动滑块调整画笔不透明度。数值框中的数值越小，表示使用画笔绘制的图像的透明效果越明显。

❺ **“流量”选项**：用于设置画笔绘画时的压力大小，值越大，画出的颜色越深，反之则越浅。

❻ **“启用喷枪模式”按钮**：单击该按钮可以启动喷枪功能，绘制的线条会因停留而逐渐变粗，喷枪的功能与画笔相似。

在画笔拾取器中单击扩展按钮，即可打开扩展菜单，在其中为用户提供了 15 类画笔样式组，每个组中包含了多个不同画笔样式，选择不同的画笔样式，绘制出的图像也截然不同。

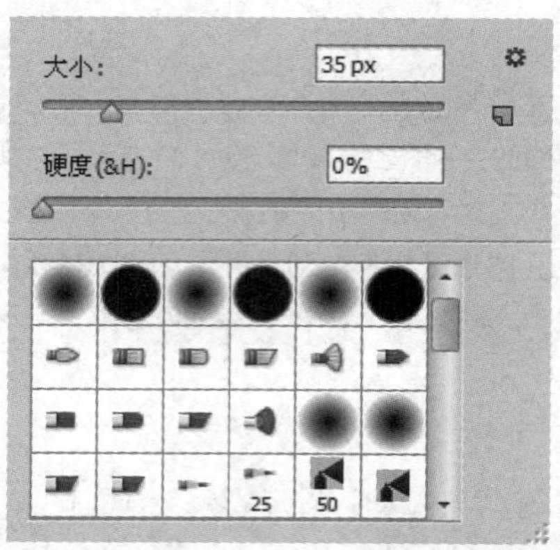

画笔拾取器　　扩展菜单

❶ 大小：指的是画笔笔头的大小，数值越大画笔笔头在图像中形成的绘制点面积也就越大。

❷ 硬度：指的是画笔与图像结合点边缘的清晰度，当值为100%时为硬边，结合点边缘非常清晰；当值为0时为柔边，结合点产生模糊的朦胧效果。

❸ 画笔样式选择框：在Photoshop中，画笔样式指的是画笔笔头落笔时形成的形状。Photoshop CS6版本的画笔拾取器中的前3排为新增画笔样式，与之前的版本相比，这些新增的逼真笔刷样式提高了Photoshop的绘画艺术水平，使画面效果更加真实。

实战　使用画笔工具绘制图像

01 打开“实例文件\Chapter 4\Media\图像.jpg”图像文件。单击画笔工具，在属性栏中设置“不透明度”为 80%，如下图所示。

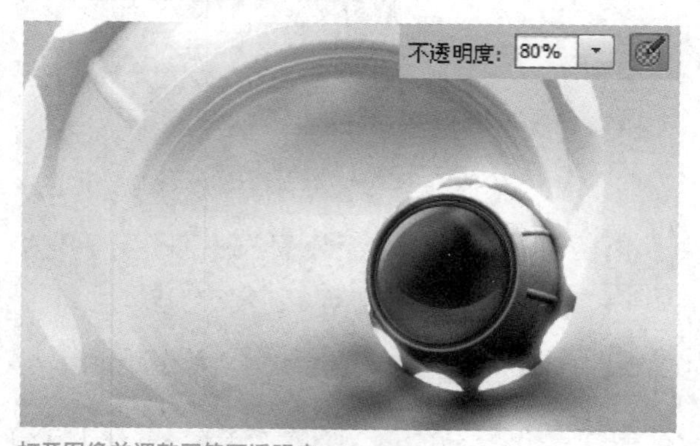

打开图像并调整画笔不透明度

02 单击画笔栏旁的下拉按钮，打开画笔拾取器，单击设置画笔样式为“柔边圆”，并调整画笔大小和硬度，如下图所示。

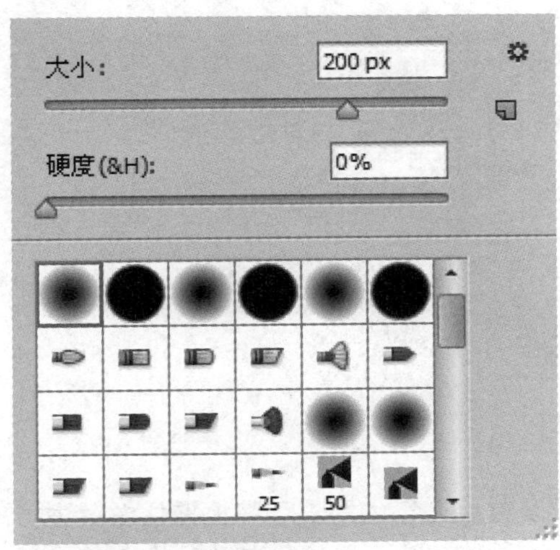

设置画笔样式、大小和硬度

03按下X键切换前景色为白色，将光标移动到图像中，在蓝白色的圆圈上单击绘制出朦胧的白色圆点，如下图所示。

绘制圆点图像

04继续在画笔拾取器中设置画笔样式为“散布叶片”，并在属性栏中调整“不透明度”为100%，如下图所示。

设置画笔样式

05此时在图像中单击并拖动即可绘制出多个叶片效果的图像。值得注意的是，此时绘制的叶片图像带有半透明效果，为图像添加了一种朦胧的美感，如下图所示。

绘制多个叶片图像

4.1.2 铅笔工具

铅笔工具在功能上与画笔工具较为类似，不同的是使用铅笔工具创建的是硬边直线，绘制点与图像边缘结合点会略显生硬。即使在硬度为0的情况下，使用铅笔工具绘制出的还是简洁的线条效果。

单击铅笔工具即可显示其属性栏，它的属性栏与画笔工具属性栏的大多数选项是相同的，不同的是该属性栏中多了“自动抹除”复选框。勾选该复选框，再设置前景色后绘制图像，若光标中心所在位置的颜色与前景色相同，那么该位置则自动显示为背景色，若光标的中心所在位置的颜色与前景色不同，该位置显示为前景色。

铅笔工具属性栏

值得注意的是，不管是使用画笔工具还是铅笔工具绘制图像，画笔的颜色皆默认为前景色。

4.1.3 颜色替换工具

使用颜色替换工具可以快速替换图像中的特定颜色，赋予图像更多变化的同时还能矫正图像颜色。

值得注意的是，颜色替换工具的属性栏与前面两个工具的属性栏也有所不同，这里对不同的选项进行介绍。

颜色替换工具属性栏

❶ **“模式”下拉列表**：用于设置颜色替换的模式，包括色相、饱和度、颜色和明度4种。

❷ **“取样”按钮组**：该按钮组中依次为“取样：连续”、“取样：一次”和“取样：背景色板”。默认情况下选择的是按钮，表示在拖动光标时连续对颜色取样；单击按钮，表示只替换包含一次单击的颜色取样中的目标颜色；单击按钮，则表示只替换包含当前背景色的区域。

❸ **“限制”下拉列表**：在该下拉列表中包含了“连续”、“不连续”和“查找边缘”3个选项。“连续”选项表示替换与光标处颜色相近的颜色，“不连续”选项表示替换出现在任何位置的样本颜色，“查找边缘”选项表示替换包含样本颜色的连接区域，同时能更好地保留形状边缘的锐化程度。

实战 替换图像颜色

01 打开“实例文件\Chapter 4\Media\建筑.jpg”图像文件，如下图所示。单击前景色色块，在弹出的对话框中设置颜色为绿色（R6、G99、B26），完成后单击“确定”按钮。

打开图像并设置前景色

02 单击颜色替换工具，在属性栏中设置画笔的模式、限制样式以及容差等选项，完成后单击画笔栏旁的下拉按钮，在拾取器中继续设置画笔大小等参数，如下图所示。

在属性栏设置画笔属性

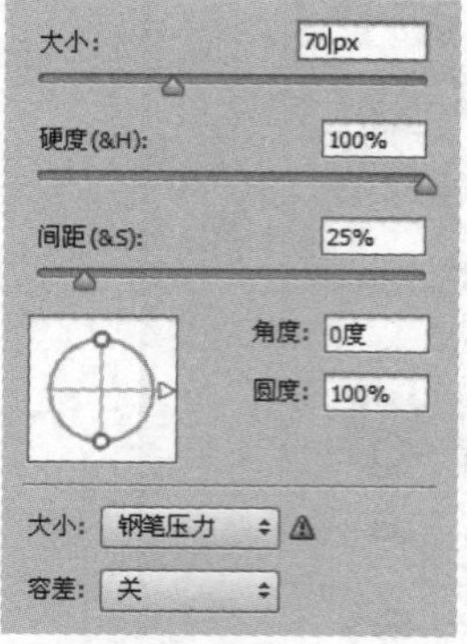

设置工具相关选项

03 完成设置后在红色的告示牌上按住左键进行拖动，此时光标经过的红色自动替换为前景色绿色，图像效果如下图所示。

替换颜色

4.1.4 混合器画笔工具

使用混合器画笔工具可使没有绘画基础的读者，轻松绘制出具有水粉画或油画风格的漂亮图像，而对于具有一定美术功底的专业人士来说，有了这一工具更是如虎添翼。

该工具同样收录在画笔工具组中，右击画笔工具，在弹出的列表中选择混合器画笔工具，此时属性栏自动切换到相应的状态下，下面对其中的选项进行介绍。

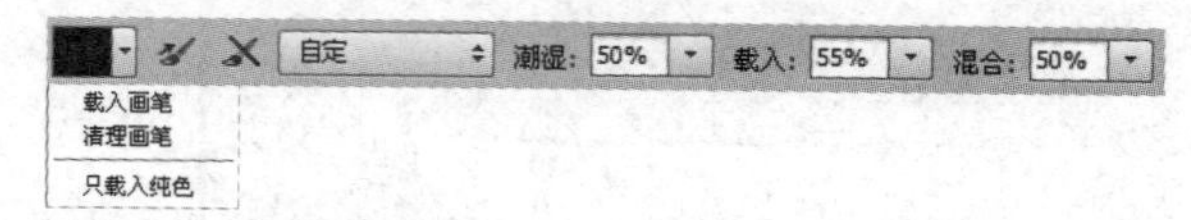

混合器画笔工具属性栏

❶ **“当前画笔载入”**：单击下拉按钮，在弹出的菜单中可选择对画笔进行载入和清理，也可以载入纯色，使它和涂抹的颜色进行混合，具体的混合结果可通过后面的参数进行调整。

❷ **“每次描边后载入画笔”** 和 **“每次描边后清理画笔”** 按钮：控制每一笔涂抹结束后是否对画笔更新和清理，这类似于画家在绘制一笔后是否洗笔。

❸ **“有用的混合画笔组合” 下拉列表**：这是预先设置好的混合画笔，当选择某一种混合画笔时，右侧的4个数值会自动调节为预设值。

❹ **“潮湿” 数值框**：在其中设置从画布中拾取的油彩量。

❺ **“载入” 数值框**：在其中设置画笔上的油彩量。

❻ **“混合” 数值框**：在其中设置颜色混合的比例。

❼ **“流量” 数值框**：这是其他画笔设置中的常见设置，用于设置描边的流动速率。

❽ **“启用喷枪模式” 按钮**：单击该按钮，当画笔在一个固定的位置一直描绘时，画笔会像喷枪一样一直喷出色彩。若不启用这个模式，则画笔只描绘一下就停止喷色。

❾ **“对所有图层取样” 复选框**：勾选该复选框后，无论文件有多少图层，都将它们作为一单独的合并图层看待。

❿ **“绘图板压力控制大小”** 按钮：在电脑连接了绘图板时单击该按钮，可使用绘图笔来控制画笔的压力轻重。

实战　混合器画笔工具的应用

01 打开“实例文件\Chapter 4\Media\风景.jpg”图像文件。单击混合器画笔工具，然后在属性栏中设置相关参数，如下图所示。

打开图像并设置工具属性

02 在属性栏中设置画笔样式为“圆点硬”，并适当调整其大小。按下快捷键 Ctrl++ 放大图像，使用画笔在树干部分按照树干的走向起动，绘制出树干及绿色的树叶部分，如下图所示。

设置画笔并绘制图像

03 使用相同的方法，继续在图像中单击并拖动鼠标对图像进行涂抹。在涂抹过程中，不断调整画笔大小，使涂抹出的效果更自然，如下图所示。

继续绘制图像

4.1.5 历史记录画笔工具

历史记录画笔工具通过重新创建指定的源数据来绘制，从而恢复图像效果。

它就像一个还原器，使用历史记录画笔工具可以将图像恢复到某个历史状态下的效果。简单地理解就是使用历史记录画笔工具涂抹过的图像会恢复到上一步的图像效果，而其中未被涂抹修改过的区域将保持不变。

值得注意的是，在对图像进行调整的过程中，默认情况下“模式”为“正常”，若设置为“叠加”选项，则使用历史记录画笔涂抹的效果即为将画笔涂抹部分与背景图层叠加后的效果。

4.1.6 历史记录艺术画笔工具

历史记录艺术画笔工具与历史记录画笔工具的使用方法相似，但使用历史记录艺术画笔工具恢复图像时将产生一定的艺术笔触，因此常用于制作富有艺术气息的图像效果。

单击历史记录艺术画笔工具，在属性栏中可以进行相关设置，下面对其中有别于前面介绍过的工具的选项进行介绍。

模式：正常 不透明度：100% 样式：绷紧短 区域：50 px 容差：0%

历史记录艺术画笔工具属性栏

❶ **"模式"下拉列表**：和历史记录画笔工具有所不同，在该下拉列表中只提供了正常、变暗、变亮、色相、饱和度、颜色和明度等7种模式供用户选择。

❷ **"样式"下拉列表**：在下拉列表中可以选择描绘的类型。

❸ **"区域"数值框**：用于设置历史记录艺术画笔描绘的范围。

❹ **"容差"数值框**：用于设置历史记录艺术画笔所描绘的颜色与所恢复颜色之间的差异程度。输入的数值越小，图像恢复的精确度越高。

实战 历史记录艺术画笔工具的应用

01 打开"实例文件\Chapter 4\Media\玫瑰.jpg"图像文件。按下快捷键 Ctrl++ 放大图像，并按下空格键临时切换到抓手工具，拖动图像显示图像的花朵部分，如下图所示。

打开图像并放大图像

02 单击历史记录艺术画笔工具，在属性栏中进行相关设置，完成后在图像的花朵上单击并按住鼠标左键不放拖动鼠标，对图像进行艺术效果处理，如下图所示。

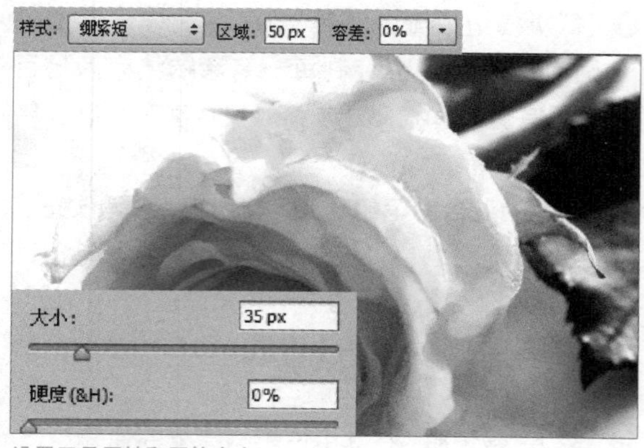

设置工具属性和画笔大小

03 使用相同的方法继续在花蕊、叶子和枝干图像上进行涂抹，为图像添加具有绘制质感的图像效果，如下图所示。

涂抹后的效果

4.2 画笔样式设置详解

在对各种用于绘画的工具有了一定的了解后，相信读者已经发现，这些工具都需要对画笔的样式进行设置，下面针对这一环节的相关知识进行详解。

4.2.1 画笔预设的使用

画笔预设从字面上理解即为预先设置好的画笔，这里的画笔预设是指在 Photoshop CS6 中已为用户提供好的画笔样式，用户只需在画笔样式选择框中单击相应的画笔样式，即可选择该画笔预设。

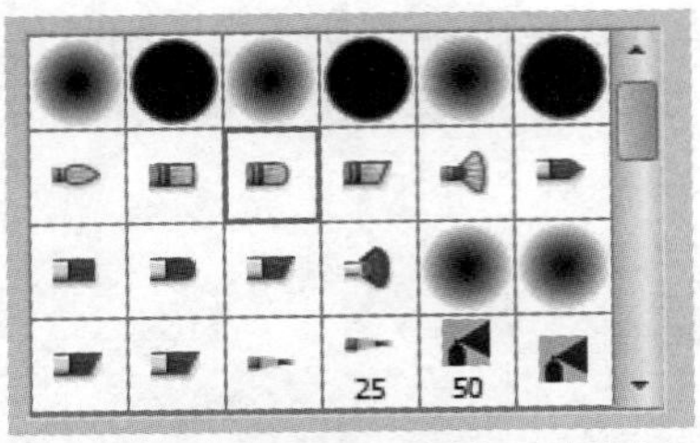

使用“圆曲线低硬毛刷百分比”画笔样式绘制图像

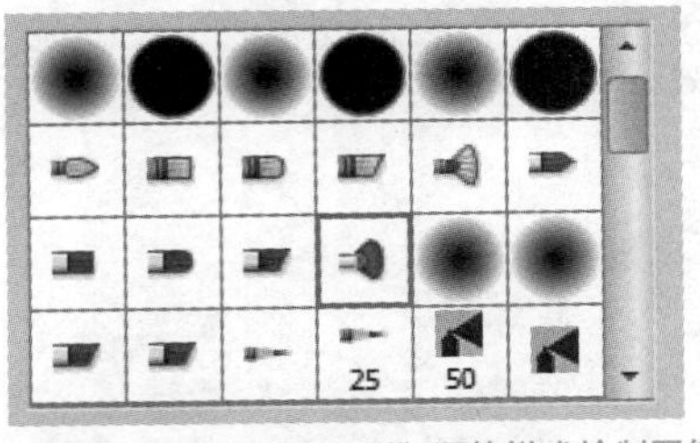

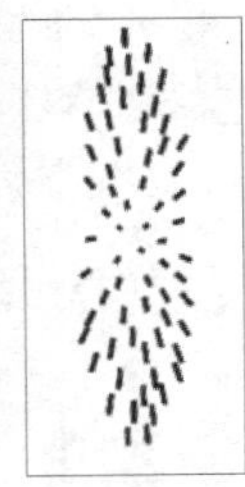

使用“平扇形多毛硬毛刷”画笔样式绘制图像

值得注意的是，在画笔拾取器中单击扩展按钮，在打开的扩展菜单中可对画笔样式框中画笔样式的显示方式进行设置。

Photoshop CS6 为用户提供了 6 种画笔样式显示方式，默认情况为“小缩览图”，其他显示方式分别为“仅文本”、“大缩览图”、“小列表”、“大列表”以及“描边缩览图”。若要切换到某种显示方式，只需在快捷菜单中单击相应的选项即可，读者可根据自己的喜好和习惯选择使用。

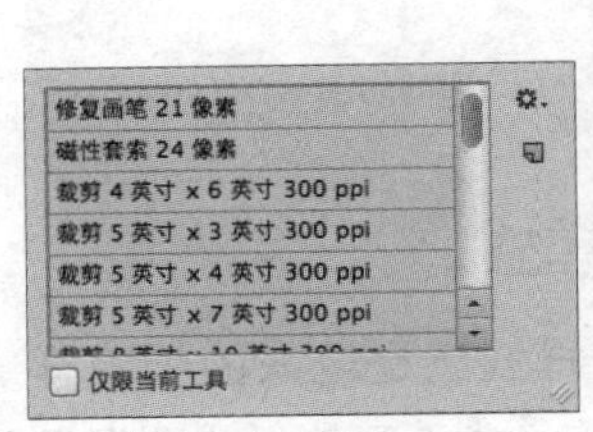

仅文本显示方式

描边缩览图显示方式

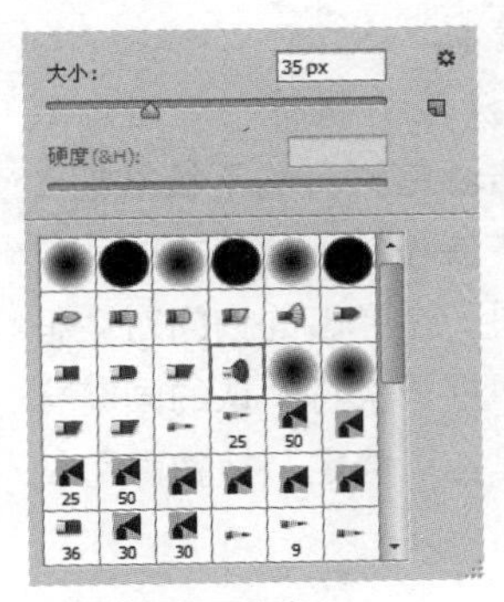

小缩览图显示方式

大缩览图显示方式

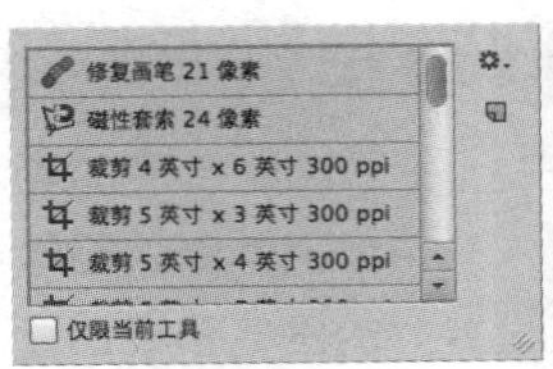

小列表显示方式

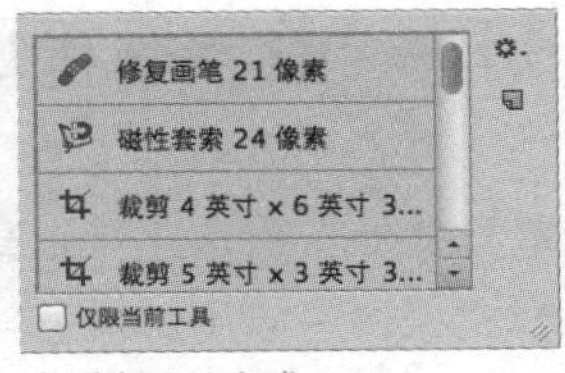

大列表显示方式

4.2.2 管理画笔预设

在默认情况下，画笔样式选择框中共有 54 个画笔样式供用户选择，通过预设管理器对画笔预设进行管理，就能快速选择需要的画笔样式。

在画笔拾取器中单击扩展按钮，在扩展菜单中选择“预设管理器”选项，即可打开“预设管理器”对话框。

单击需要的画笔样式，单击对话框右侧的“删除”按钮即可将选择的画笔样式删除，单击“重命名”按钮则弹出“画笔名称”对话框，在“名称”文本框中输入新的画笔名称，完成后单击“确定”按钮即可重命名画笔样式。

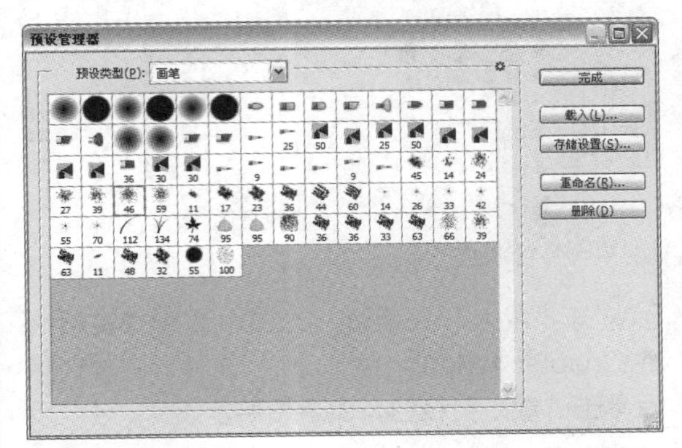

“预设管理器”对话框

“画笔名称”对话框

4.2.3 追加画笔样式

默认情况下，在 Photoshop CS6 中的画笔样式选择框中只显示 54 个画笔样式，而软件所提供的画笔样式远远不止这些，可以通过单击画笔预设面板的扩展按钮，在弹出的菜单中选择需要添加的画笔样式，对画笔样式进行追加。

4.2.4 载入画笔预设

在 Photoshop CS6 中，除了软件自带的画笔样式外，用户还可以载入来自外部的新的画笔样式，快速应用其他已经设置好的画笔预设，能为图像添加意想不到的效果。

实战 载入画笔绘制图像

01 打开“实例文件\Chapter 4\Media\绿茶.jpg”图像文件。单击画笔工具，在属性栏中单击画笔栏旁的下拉按钮，打开画笔拾取器面板，单击扩展按钮，即可打开扩展菜单，在其中选择“载入画笔”选项，如下图所示。

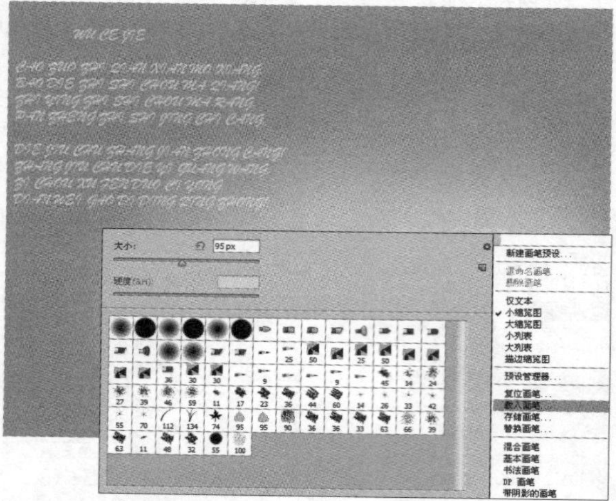

打开图像并选择选项

02 打开“载入”对话框，在其中选择“实例文件\Chapter 4\Media\精灵.abr”文件，完成选择后单击“载入”按钮，如下图所示。

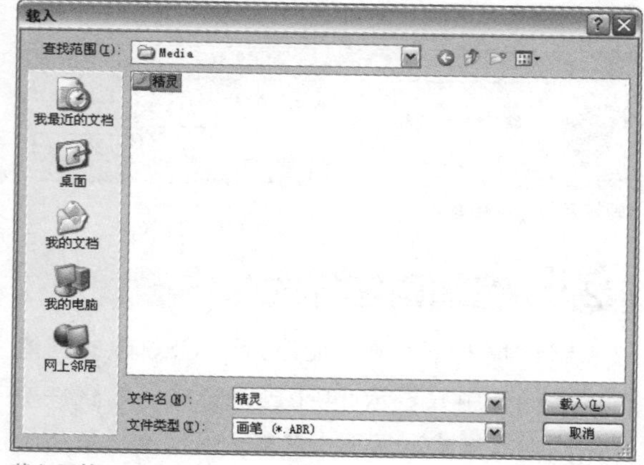

载入画笔

03 此时在画笔样式选择框中自动添加了相关的精灵画笔样式，单击选择其中一个画笔样式，并设置画笔的大小，如下图所示。

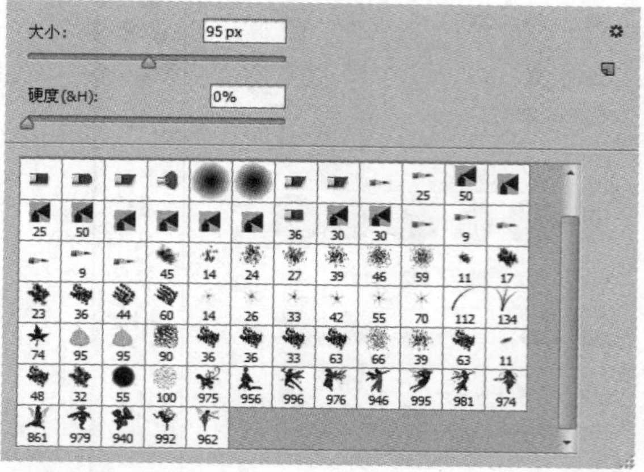

设置画笔样式及大小

04 设置前景色为白色，在图像中单击即可绘制出精灵人物图像，如下图所示。

绘制图像

4.2.5 复位画笔样式

不管是追加的画笔样式还是载入的画笔样式，都可以通过复位画笔样式将画笔样式选择框中的选项恢复到默认状态。

复位画笔样式的方法较为简单，单击画笔工具，在属性栏中单击画笔栏旁的下拉按钮，打开画笔拾取器，单击扩展按钮，在扩展菜单中选择“复位画笔”选项。在弹出的询问对话框中单击“追加”按钮，即可再次将默认的画笔样式追加到选择框中。而单击“确定”按钮即可使用默认画笔替换当前画笔，此时会弹出另一个询问对话框，如果需要将当前画笔样式进行存储则单击“是”按钮，一般情况下单击“否”按钮，即可恢复到默认的画笔样式。

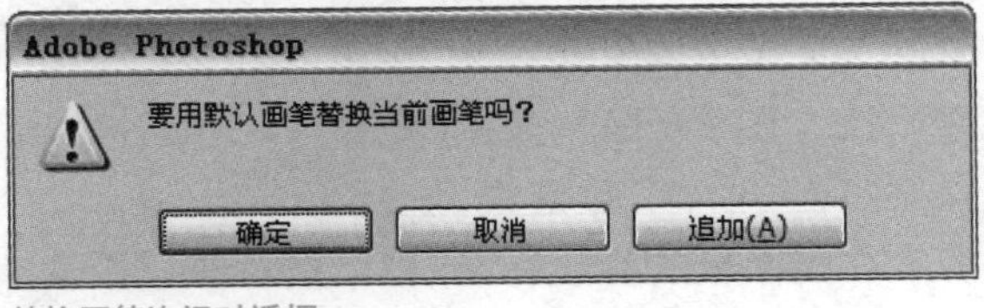

替换画笔询问对话框

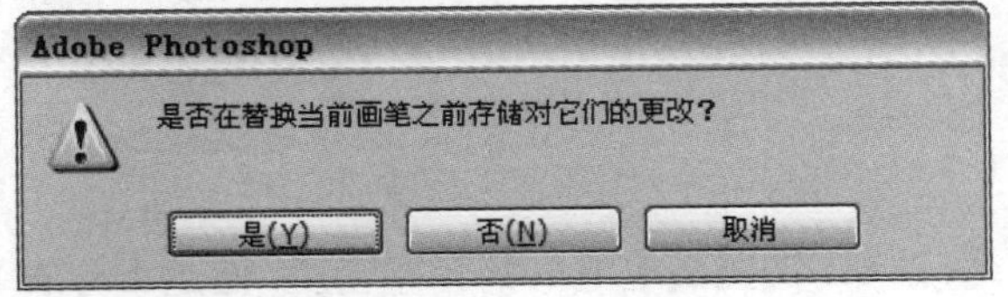

存储画笔询问对话框

4.2.6 新建画笔预设

除了追加和载入画笔样式外，读者还可以使用定义画笔预设的方法新建画笔预设样式，从而使画笔样式更加多变，以更随心所欲地绘制图像效果。

4.3 认识“画笔”面板

同之前的版本相比，Photoshop CS6 更加智能，读者在细节操作时就会有所体验。除了可以通过在画笔拾取器中对画笔样式进行设置外，Photoshop 还提供了“画笔”面板，使用户能快速直接地对画笔样式进行选择和编辑，使其更符合使用要求。

4.3.1 打开“画笔”面板

打开“画笔”面板的方法是执行“窗口 > 画笔”命令，或者单击画笔工具，在属性栏中单击“切换画笔面板”按钮，即可弹出“画笔”面板。此时“画笔”面板停靠在浮动面板组的左侧，同时出现的还有“画笔预设”以及“仿制源”面板。下面对“画笔”面板中的相关选项分别进行介绍。

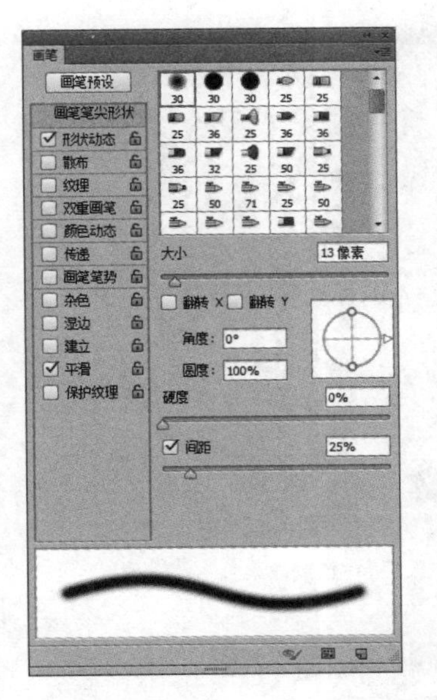

❶ **画笔笔尖形状**：在其下可勾选相应复选框即可进行参数设置，默认情况下自动勾选“形状动态”、“传递”和“平滑”复选框。

❷ **画笔样式选择框**：该选择框中的画笔样式同样为默认样式，与画笔拾取器中的画笔样式相同。

❸ **调整参数区域**：在其中可通过设置多个参数或拖动滑块调整画笔样式的具体细节。

4.3.2 编辑画笔基本参数

编辑画笔基本参数指的是通过在“画笔”面板中进行参数设置以调整画笔的样式，其操作方法较为简单。在画笔样式选择框中单击选择画笔样式后，在其下的调整参数区域中拖动滑块或在数值框中输入数值即可。下面对各参数的具体含义进行介绍。

❶ **大小**：通过拖动滑块或输入数值可以调整画笔的大小，值越大笔触越粗。

❷ **角度**：用于调整笔触的角度，可在数值框中输入数值或直接在旁边的坐标中拖动角度。

❸ **圆度**：用于调整画笔的笔触形状，当值为100%时是圆形，值越小会逐渐变成椭圆形。

❹ **硬度**：用于调整笔触的硬度，值越大，画笔的笔触边缘越清晰。

❺ **间距**：用于调整笔触的间隔，默认值为25%，值越大笔触之间的间距越大。

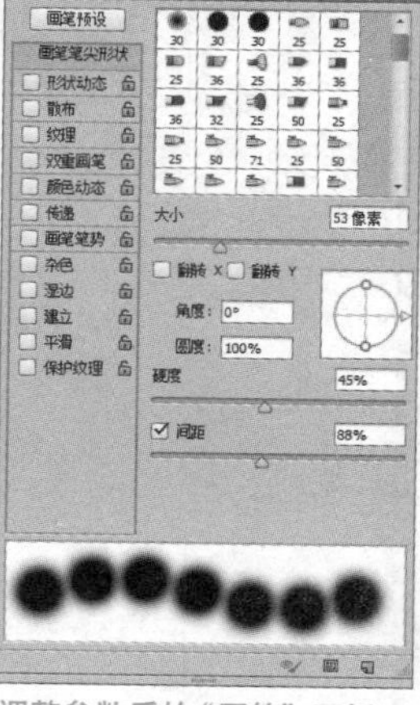
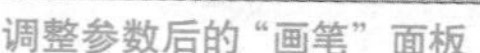
调整参数后的“画笔”面板

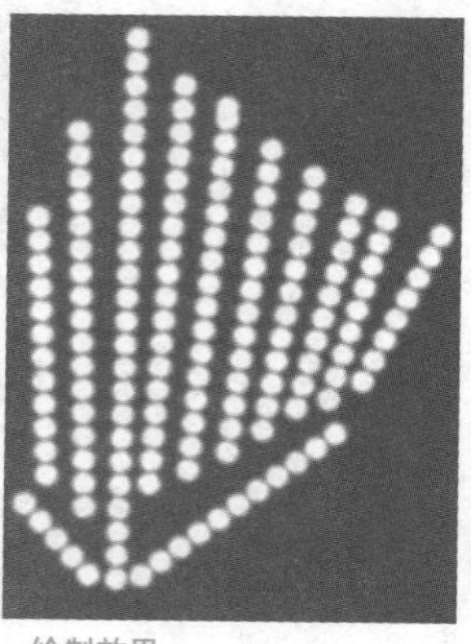
绘制效果

4.3.3 画笔形状动态设置

画笔形状动态的调整可以通过在“画笔”面板左侧勾选“形状动态”复选框并在右侧面板设置相关参数实现，下面对各参数的具体含义进行介绍。

❶ **大小抖动**：用于调整画笔的抖动大小，值越大其抖动幅度也就越大。

❷ **“控制”下拉列表**：在其中有渐隐、钢笔压力、钢笔斜度、光笔轮、旋转等选项可供选择。

❸ **最小直径**：用于调整幅度的最小直径，值越小画笔的抖动越严重。

❹ **角度抖动**：用于调整画笔抖动的角度，值越小越接近默认的角度值。

❺ **圆度抖动**：用于调整画笔抖动中笔触的椭圆程度，值越大椭圆形越扁平。

❻ **最小圆度**：用于根据画笔的抖动程度，指定画笔的最小直径。

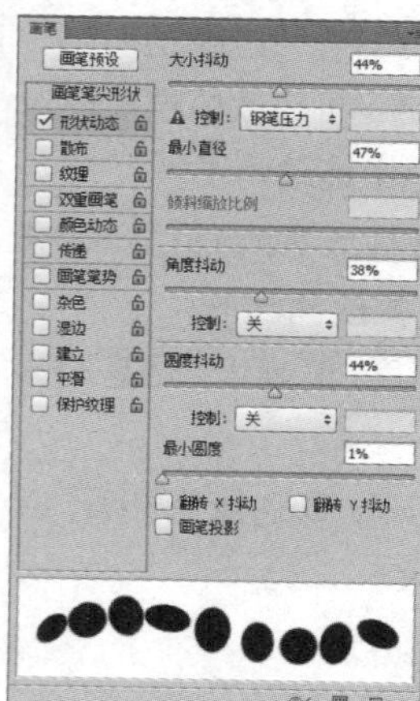
调整参数后的“画笔”面板

绘制效果

4.3.4 画笔散布设置

画笔散布是指画笔在图像中绘制时自动沿水平中轴形成的发散效果，设置画笔散布可调整笔触分布密度。在“画笔”面板左侧勾选“散布”复选框，并在右侧面板的参数设置区域中进行调整即可，下面对各参数的具体含义进行介绍。

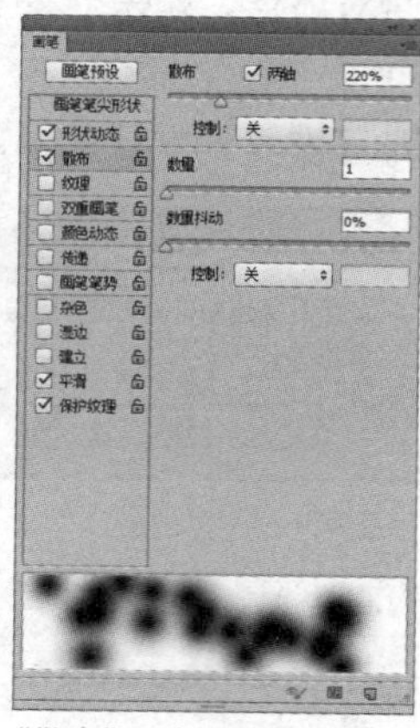
“散布”面板

❶ **散布**：调整画笔笔触的分布密度，值越大分布密度越大。

❷ **“两轴”复选框**：勾选该复选框，画笔的笔触分布范围将缩小。

❸ **数量**：分布画笔笔触时用于指定粒子的密度，值越大笔触越浓。

❹ **数量抖动**：在绘制中随机改变倍数的大小，参考值是数量本身的取值。

通过对画笔的基本参数、形状动态、散布等选项的设置，可以得到具有特殊效果的画笔样式。

实战 通过设置画笔散布绘制图像

01 打开“实例文件\Chapter 4\Media\花.jpg”图像文件。单击画笔工具，在属性栏中单击“切换画笔面板”按钮，显示“画笔”面板，设置画笔样式为“散布枫叶”，并调整画笔大小、间距等参数，如下图所示。

打开图像并设置画笔相关选项

02 在“画笔”面板左侧分别勾选“形状动态”和“散布”复选框，并在右侧面板中设置选项参数，如下图所示。

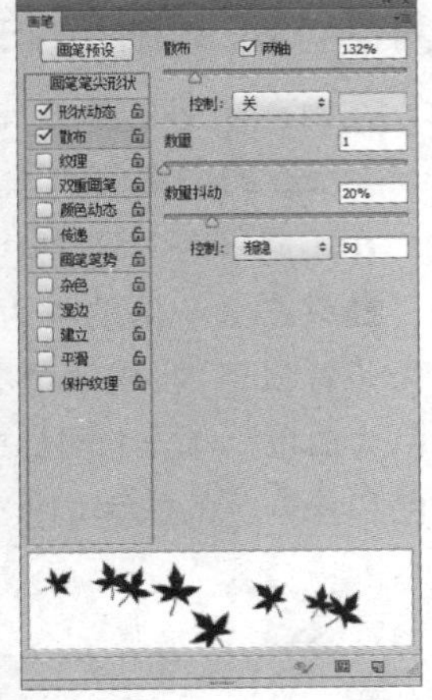

设置画笔散布和形式动态参数

03 设置前景色为白色，单击并拖动鼠标绘制白色的散布枫叶图像，如下图所示。

绘制图像

04 调整画笔大小并保持其他参数不变，继续在图像中绘制出另外两条较小的散布枫叶图像，其效果如下图所示。

绘制其余图像

4.3.5 画笔纹理设置

画笔纹理设置是指为画笔添加纹理效果，快速指定画笔的材质特征。在“画笔”参数面板中设置不同的“亮度”、“对比度”和“深度”等选项参数，绘制出的效果也有一定的差异，读者可在使用过程中根据具体情况进行调整。

4.3.6 画笔颜色动态设置

画笔的颜色动态是指根据拖动画笔的方式调整颜色、明度和饱和度。

实战 设置画笔颜色动态

01 打开“实例文件\Chapter 4\Media\晨光.jpg”图像文件。设置画笔样式为“流星”，调整画笔大小后勾选“颜色动态”复选框，设置参数的同时调整颜色为橙色（R235、G97、B0），在图像中水平拖动，绘制连续的橙色五角星图像，如下图所示。

打开图像并设置选项

02 保持画笔样式、颜色和大小不变，在颜色动态面板中调整“色相抖动”、“饱和度抖动”以及“亮度抖动”等参数后水平拖动绘制，此时绘制的连续五角星颜色发生了改变，如下图所示。

设置参数后继续绘制图像

4.3.7 其他选项的相关设置

在“画笔”面板中还有一些能给纹理加入变化的画笔选项，勾选这些复选框后不会弹出相应的面板，只会在画笔效果预览区中体现效果，它们分别是“杂色”、“湿边”、“喷枪”、“平滑”和“保护纹理”，下面分别进行介绍。

❶ **杂色**：勾选该复选框后在所设置笔触的边缘部分加入杂点。

❷ **湿边**：勾选该复选框后应用带有水彩画特色的画笔笔触效果，此时就算未设置画笔不透明度，绘制出的图像也呈半透明状态。

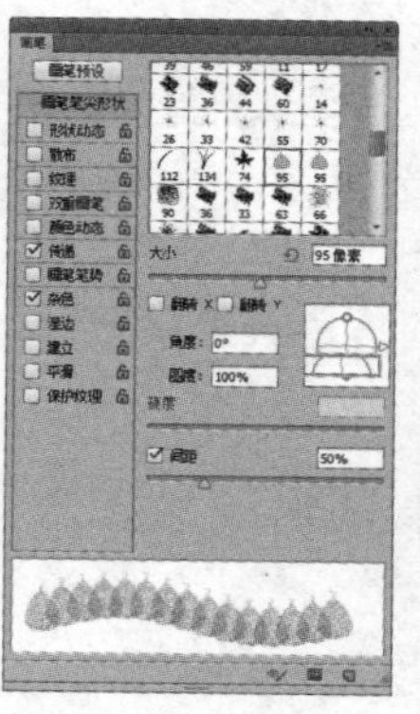
勾选“杂色”复选框

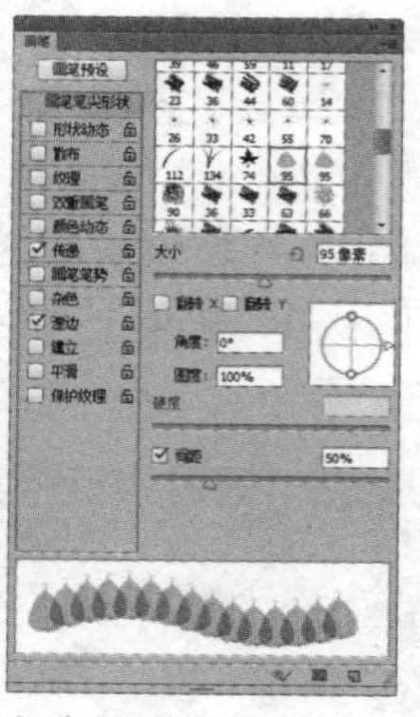
勾选“湿边”复选框

❸ **喷枪**：勾选该复选框后应用喷枪效果。值得注意的是，勾选该复选框后右侧的面板不会发生变化。

❹ **平滑**：勾选该复选框后应用柔滑的画笔笔触。

❺ **保护纹理**：勾选该复选框后将保护画笔笔触中应用的质感。

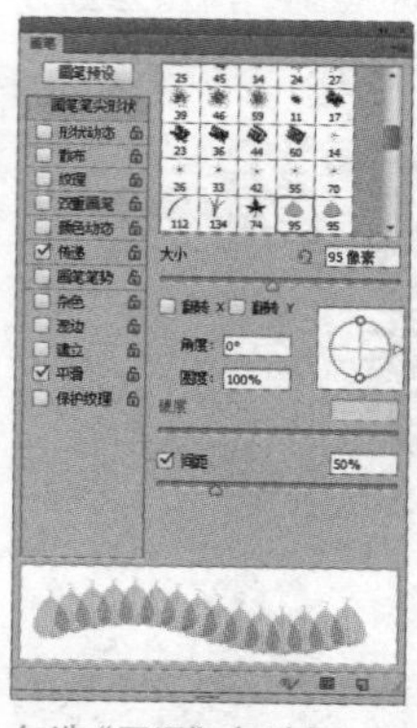
勾选“平滑”复选框

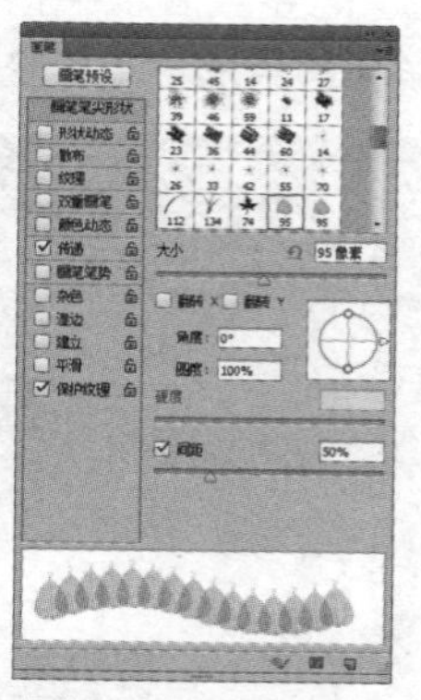
勾选“保护纹理”复选框

4.4 颜色的选择

在 Photoshop 中，对颜色的设置可通过多种方式进行实现。可以在“拾色器”对话框中设置颜色，还可以使用“颜色”面板和“色板”面板选择颜色，同时还能使用吸管工具吸取颜色，下面分别进行介绍。

4.4.1 认识前景色和背景色

在对颜色进行选择前，首先来系统地认识 Photoshop 的前景色和背景色。

在工具箱下端有两个叠放在一起的颜色色块，叠放在上一层的称为“前景色”，下一层的称为“背景色”。默认情况下前景色为黑色，背景色为白色。单击↰图标或按下 X 键可以进行前景色和背景色的快速切换。

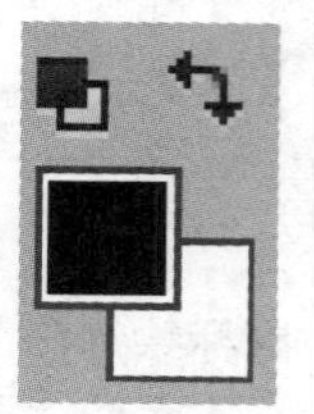
默认情况下的前景色和背景色

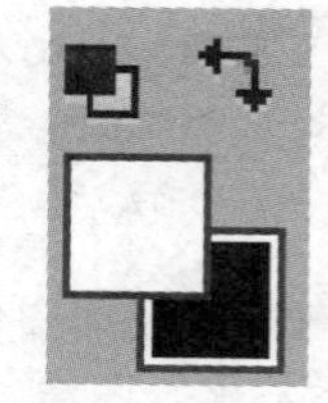
切换效果

4.4.2 认识“拾色器”对话框

单击前景色色块即可打开“拾色器（前景色）”对话框。同理，单击背景色色块打开的是“拾色器（背景色）”对话框。

在“拾色器（前景色）”对话框中可以看到，默认前景色为黑色时，R、G、B 数值框中的参数值同为 0。将光标移动到颜色区域中，在需要选择的颜色上单击，此时选择的颜色将出现在“新的”颜色框中，同时 R、G、B 数值框中的值也发生变化。

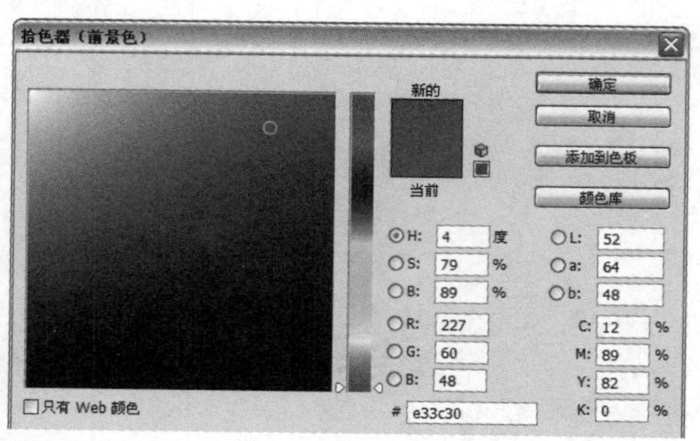

“拾色器（前景色）”对话框

在该对话框中单击“颜色库”按钮即可打开“颜色库”对话框，其中显示了所选颜色对应的色标。单击“添加到色板”按钮则打开“色板名称”对话框，在“名称”文本框中输入新色板的名称，完成后单击“确定”按钮即可将选择的颜色添加到“色板”面板中。

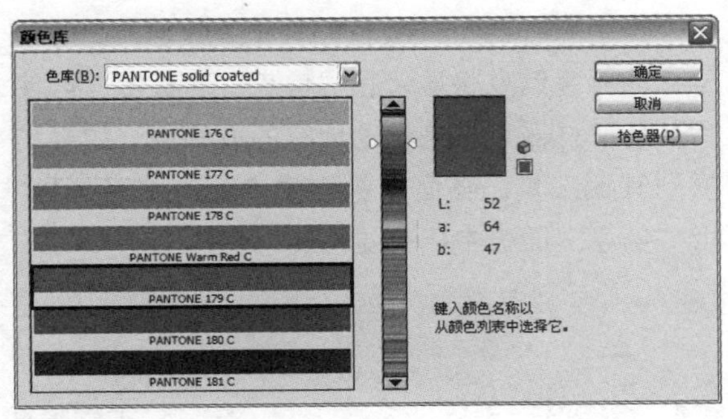

“颜色库”对话框

色板名称

名称：亮红色

确定

取消

“色板名称”对话框

值得注意的是，若选择颜色后在“拾色器（前景色）”对话框中单击“确定”按钮即可将前景色设置为红色。

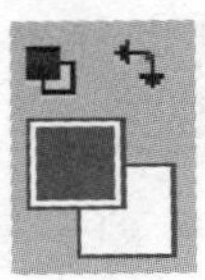

设置为红色后的前景色色块

4.4.3 使用“颜色”面板选择颜色

执行“窗口>颜色”命令即可显示“颜色”面板，与“颜色”面板一起出现的还有“样式”面板。在“基本功能”工作界面下，右侧的面板组合区域中也显示了“色板”面板。

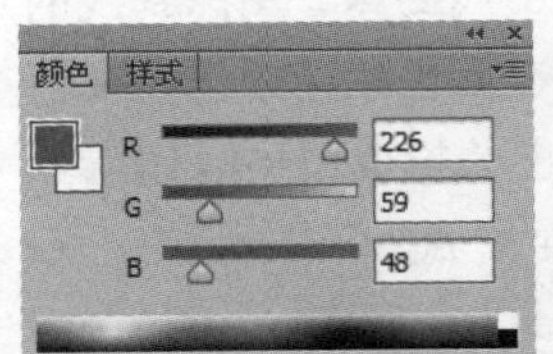

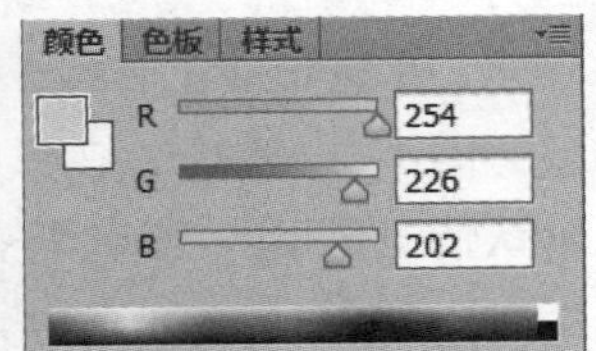

两种不同工作界面下的“颜色”面板

此时在“颜色”面板中默认显示当前选择的前景色和背景色，要选择其他颜色可以分别拖动 R、G、B 滑块改变颜色，此时改变的颜色默认为前景色。

值得注意的是，在“颜色”面板中单击左上角的背景色色块，使其边缘出现黑色线框，表示当前选择的是背景色，拖动滑块调整颜色后即可将该颜色设置为背景色。

4.4.4 使用“色板”面板选择颜色

在“基本功能”、“设计”和“绘图”这 3 种工作界面右侧的面板组合区域中，都显示了“色板”面板，在其中可以快速调整背景色。

使用“色板”面板选择颜色的操作方法是将光标移动到“色板”面板中，当光标变为吸管状时，在需要的颜色上单击鼠标左键，即可将背景色替换为当前选择的颜色。

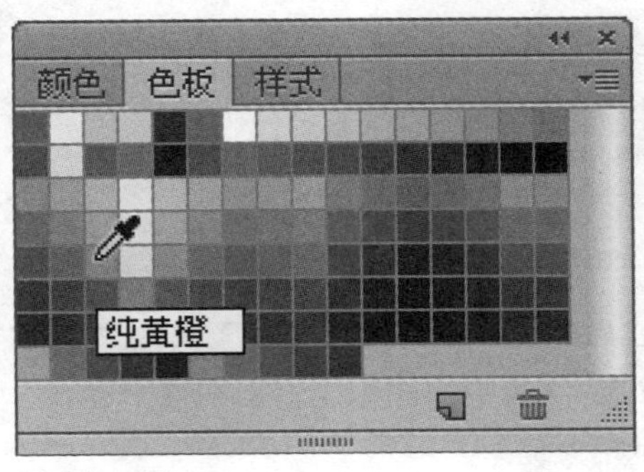

“色板”面板

4.4.5 使用吸管工具选择颜色

使用吸管工具可从图像的任何位置直接获取颜色。默认情况下，使用吸管工具吸取的颜色为背景色。使用吸管工具选择颜色的方法是，单击吸管工具，将光标移动到图像中，在需要的颜色上单击左键，即可将背景色替换为当前吸取的颜色。

在图像中吸取颜色

4.4.6 使用“信息”面板显示颜色

执行“窗口 > 信息”命令即可显示“信息”面板，默认情况下“信息”面板中没有任何参数。

将光标移动到工作区中的图像上，此时随着光标的位置变化和光标所停留处颜色的变化，“信息”面板中将同步显示停留点的 XY 轴位置以及颜色值。

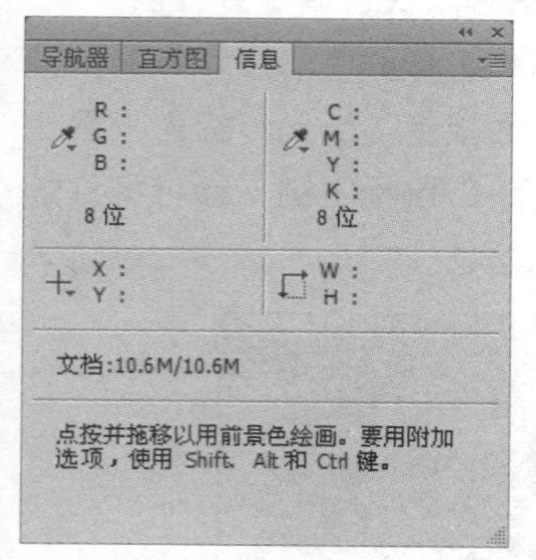

默认情况下的“信息”面板

值得注意的是，不管使用哪种工具，只要将光标移动到工作区中的图像上，都可在“信息”面板中显示相关信息。

使用魔棒工具移动光标时的“信息”面板

使用吸管工具吸取颜色时的“信息”面板

4.4.7 使用颜色取样器选择颜色

使用颜色取样器工具可以同时比较多个位置的颜色，它可以在调整图像时监测如高光部分、暗调部分等几个位置的颜色。

颜色取样器工具最多可取 4 处颜色，此时取样点的颜色信息将显示在“信息”面板中。可使用颜色取样器工具来移动现有的取样点。如果切换到其他工具，画面中的取样点标志将不可见，但“信息”面板中仍有显示。

在图像中单击创建取样点

4.5 图像颜色的填充

在 Photoshop 中，除了可以通过前景色和背景色为图像填充颜色外，还可以使用渐变工具、油漆桶工具以及“填充”命令对图像进行颜色填充。

4.5.1 使用渐变工具

使用渐变工具可以对颜色实现从一种颜色到另一种颜色的变化，或由浅到深、由深到浅的变化。单击渐变工具，在属性栏中单击渐变色条旁的下拉按钮，在弹出的拾取器中可以看到默认情况显示的 16 款渐变样式。

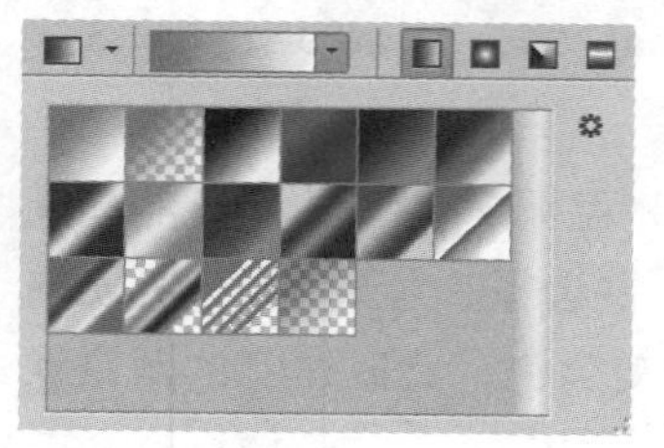

渐变样式拾取器

实战 渐变工具的应用

01 打开“实例文件\Chapter 4\Media\节庆.jpg”图像文件。单击魔棒工具，在属性栏中设置容差为 20px，按住 Shift 键的同时在白色区域中连续单击创建选区，如下图所示。

打开图像并创建选区

02 单击工具箱底部的前景色色块，打开“拾色器（前景色）”对话框，在其中设置颜色为绿色(R155、G203、B23)，完成后单击“确定”按钮，如下图所示。

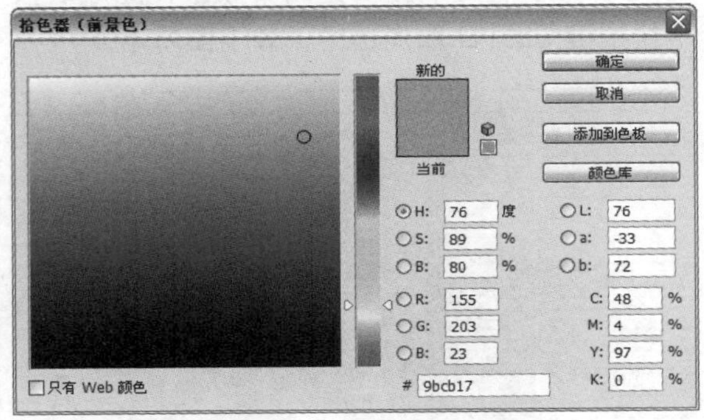

设置前景色

03 单击渐变工具，在属性栏中单击渐变色条旁的下拉按钮，在拾取器中选择“前景色到透明渐变”渐变样式，将光标定位在要设置为渐变起点的位置，按住左键拖动至终点，如下图所示。

绘制渐变

04 释放鼠标左键，此时在图像中添加了绿色到透明的渐变效果，按下快捷键 Ctrl+D 取消选区，得到的效果如下图所示。

取消选区

值得注意的是，单击渐变工具，在属性栏中可以看到 Photoshop 提供了 5 种渐变类型，从左到右依次为“线性渐变”按钮、“径向渐变”按钮、“角度渐变”按钮、“对称渐变”按钮和“菱形渐变”按钮。

径向渐变效果

角度渐变效果

对称渐变效果

菱形渐变效果

4.5.2 使用油漆桶工具

使用油漆桶工具能够在图像中迅速填充颜色或图案，并按照图像像素的颜色进行填充，填充的范围是与单击处的像素点颜色相同或相近的像素点。单击油漆桶工具，在属性栏中设置容差后在图像中单击，即可使用前景色填充图像中相同或相近的像素点，从而改变图像效果。

原图

填充白色效果

实战 油漆桶工具的应用

01 打开“实例文件\Chapter 4\Media\石榴.jpg”文件。单击磁性套索工具，沿石榴边缘拖动鼠标创建选区，如下图所示。

打开图像并创建选区

02 按下快捷键 Ctrl+Shift+I 反选选区，单击油漆桶工具，在属性栏中设置填充为“图案”，图案样式为“扎染”，“模式”为“强光”，如下图所示。

设置填充选项

03 在图像的灰白色区域中单击，此时自动填充为图案效果，如下图所示。

填充图案

04 继续在细节处单击填充图案效果，完成后按下快捷键 Ctrl+D 取消选区，如下图所示。

继续填充图案

4.5.3 使用“填充”命令

使用“填充”命令可以快速对整幅图像或选区进行颜色或图案的填充。执行“编辑 > 填充”命令即可打开“填充”对话框，下面对其中的相关选项进行介绍。

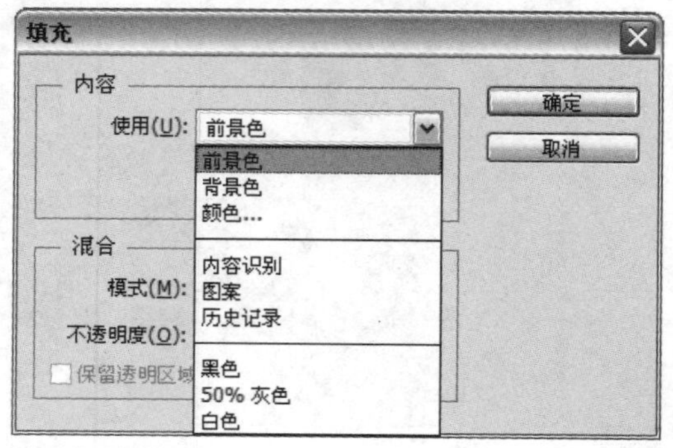

“填充”对话框

❶ **“使用”下拉列表**：在其中可以指定填充选区的方式，如前景色、背景色、任意颜色、图案、内容识别、历史记录等。当选择“图案”选项后，即可激活“自定图案”选项，在其中可对图案样式进行设置。

❷ **“模式”下拉列表**：在其中可以指定填充颜色的混合模式。

❸ **“不透明度”数值框**：用于指定填充颜色以及图案纹理的不透明度。

“填充”命令的使用方法较为简单，只需执行“编辑 > 填充”命令，在打开的对话框中进行设置，完成后单击“确定”按钮即可。

创建选区

填充黄色的效果

填充图案的效果

填充 50% 灰色的效果

值得注意的是，使用“内容识别”自动填充功能可在画面上轻松改变或创建物体，只需对要调整的图像进行选区创建，再执行该命令即可。利用“内容识别”自动填充功能可以对变形物体进行修改，也可以对图像进行修改、移动或删除。

实战 “填充”命令的应用

01 打开“实例文件\Chapter 4\Media\绿芽.jpg”图像文件。单击套索工具，沿绿色的嫩芽边缘拖动创建选区，如下图所示。

打开图像并创建选区

02 执行“编辑 > 填充”命令，打开“填充”对话框，在“内容”选项组的“使用”下拉列表中选择“内容识别”选项，单击“确定”按钮，如下图所示。

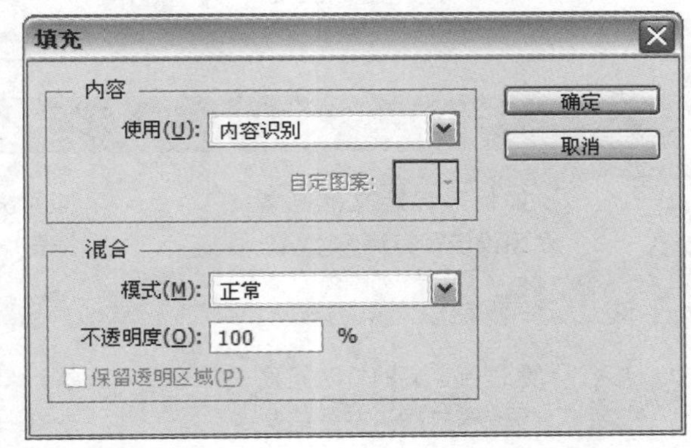

设置填充选项

03 此时可以看到，智能的内容识别填充快速修复了绿色的嫩芽部分图像，然后按下快捷键Ctrl+D 取消选区，如下图所示。

取消选区

疑难解答

001

Q 如何使前景色和背景色快速恢复默认状态?

A 在对图像进行处理的过程中，会对前景色和背景色进行多次设置。若需要恢复到默认的前景色和背景色状态，可通过单击工具箱中前景色旁的图标完成，也可在输入法为英文的状态下按下 D 键快速恢复默认前背景色。而按 X 键则可将前景色和背景色进行互换。

002

Q 勾选颜色替换工具属性栏中的“消除锯齿”复选框有何意义?

A 单击颜色替换工具后，在属性栏中会出现“消除锯齿”复选框，勾选该复选框后可以为替换颜色后的图像区域定义平滑边缘，使其边缘更贴合，替换效果更自然。

容差: 30% ☑ 消除锯齿

003

Q 如何在“色板”面板中创建新的颜色?

A 在“色板”面板中单击“创建前景色的新色板”按钮，即可将当前的前景色添加到色板中，此时默认名称为“色板 1”。在按住 Alt 键的同时将光标移动到色板的颜色小方块上，当光标变为剪刀形状时单击该颜色方框即可将该颜色从色板中删除。

004

Q 如何对自定义的画笔预设进行存储?

A 通过自定义的方法新建画笔样式后，在画笔样式选择框中选择新建的画笔样式，单击扩展按钮，在扩展菜单中选择“存储画笔”选项，打开“存储”对话框。在“名称”文本框中设置新画笔名称，单击“保存”按钮即可将自定义的画笔定义为笔刷，下次使用时即可快速进行调用。

005

Q 如何快速显示画笔描边缩览图?

A 执行“窗口 > 画笔”命令或按下 F5 即可显示“画笔”面板。在其中单击“画笔预设”按钮即可快速切换到“画笔预设”面板。此时在其中可看到使用相应的画笔绘制出的线条效果，以便帮助用户快速选择合适的画笔进行绘制。

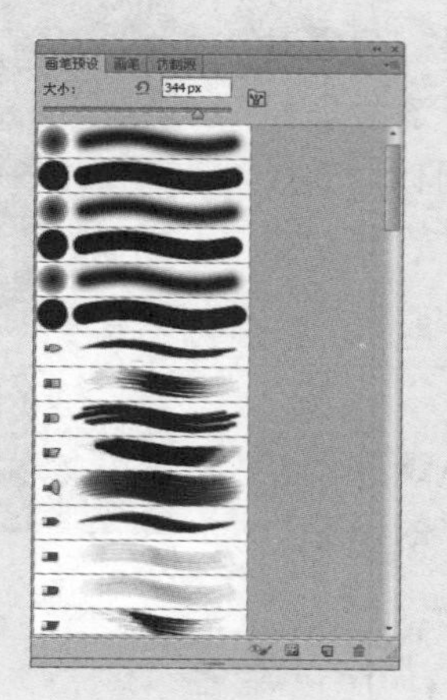

006

Q 历史记录艺术画笔工具属性栏的“样式”下拉列表中有什么作用?

A 单击历史记录艺术画笔工具，在属性栏的“样式”下拉列表中提供了 10 种样式。其中，绷紧类样式是指将画笔所到处的像素进行收缩以产生绘画效果。松散类样式是将画笔所到处的像素进行扩展。卷曲类样式则是带有一定弧度的自动涂抹。用户可以根据这些样式的特点进行选择使用，从而使图像呈现出不同的艺术效果。

Chapter 05

图像的修饰与变换

图像的修饰与润色，是指对图像瑕疵部分的修复以及对图像局部颜色的调整，是对图像从整体到细节的艺术加工。图像的修饰与润色包括图像的细节修饰、局部润色、图像的修复、擦除以及图像的切片与变换等。

设计师谏言

在平面设计中，色彩是不可或缺的重要元素，图像中的色彩对其画面的表现力也至关重要。与此同时，图像画面瑕疵的修复起着完善设计效果的重要作用，对图像素材进行修饰与润色等方面的调整，可以使其更符合设计要求。

设计百宝箱 平面设计中的配色技巧

色彩是能够感知物体存在的最基本的视觉因素。在平面设计中，运用色彩对观者的心理作用可以表现出不同的广告含义。当人观察一个物体时，首先映入眼帘的是物体表面的色彩。从视觉原理来说，彩色比黑色更吸引人们的视线，鲜明的色彩能引起视觉器官的高度兴奋。色彩给人造成的视觉冲击力是最直接且最迅速的，它本身就起到了引人注目的目的。色彩在平面设计中的作用是字体或其他元素不可代替的，不同的平面广告设计作品对色彩搭配的要求不同，它直接影响着整个平面设计作品的整体视觉效果与信息宣传效果。下面主要针对平面设计中的色彩搭配进行介绍。

Point 01 休闲鞋彩绘丨表现阳光、活泼的视觉效果

范例分析

该范例为休闲鞋彩绘广告，休闲鞋彩绘针对不同的表现需求进行图案填充与颜色彩绘，呈现出休闲鞋动感、活力四射的感觉，十分吸引观者目光，视觉识别度高。以纯度较高的颜色相互搭配，符合该产品所要传达的休闲、情趣的意象。不同的颜色与图案搭配在视觉上给人不同的视觉冲击效果，下面进行详细分析。

配色效果

灵动

主体色		
辅助色		

浅天蓝色与天蓝色相比，色相加重了绿色的比例。浅天蓝色是指晴朗明亮的天空色，具有清澈洁净的视觉效果，本方案添加了粉红色与黄色，体现出简单、可爱的视觉效果。

朝气

主体色		
辅助色		

黄绿色既有黄色的知性明快，又有绿色的自然，展现出自由的感觉。黄绿色给人一种初生、新鲜的印象，添加橙色与红色的搭配，使产品充满朝气的视觉效果。

生动

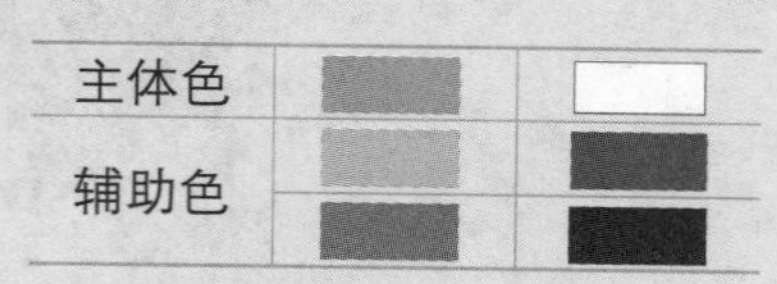

主体色		
辅助色		

中黄色是个性强烈而温暖的颜色，象征着丰富、开放和美丽。因为画面中融合了红色与绿色，所以视觉冲击力极强，更加突出黄色的生动效果，使画面效果充满活力。

电脑宣传海报 | 表现活力、热情的视觉效果

范例分析

该范例为笔记本电脑宣传海报设计，针对不同的电脑型号与宣传特征，对背景颜色、电脑颜色以及电脑图案花纹进行了配套设置，从而表现不同的视觉效果。为了体现该产品的炫彩系列效果，整体颜色以及图案颜色进行了精心搭配，因此体现出该品牌活力、热情的视觉效果。该产品的色彩及图案的搭配符合年轻人的审美习惯，能够很好地进行广告信息传达。下面针对 3 幅招贴的设计效果进行详细的配色分析。

配色效果

活力

主体色		
辅助色		

像宝石一样的翡翠绿是一种清澈的色彩，给人积极向上的印象，搭配黄色和洋红色更加突出画面的华丽感。整个配色方案活力四射，具有强烈的视觉冲击效果。

热情

主体色		
辅助色		

橙色吸收了太阳的颜色，它比橘红色纯度更高，更加明亮。橙色与红色的搭配充满激情与力量的碰撞，明亮的黄色发出夺目的光彩，热情如火，整个配色方案视觉冲击力强，使整个画面充满活力。

崭新

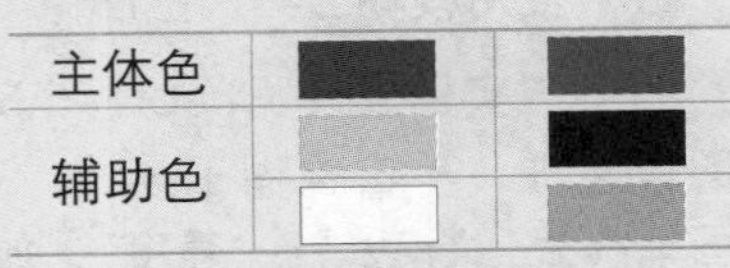

主体色		
辅助色		

青色的纯度很高，其色相中红色的比例较低，因此青色更偏重于表现蓝色的冷静和清澈。该案例中在清爽明亮的冷色中点缀柠檬黄和红色，会产生新鲜、崭新、运动而富有朝气的感觉。

5.1 图像的细节修饰

使用 Photoshop 可以对图像进行修饰、润色以及变换等调整，其中，对图像的细节修饰包括模糊图像、锐化图像、涂抹图像以及仿制图像等，下面分别进行介绍。

5.1.1 模糊工具

使用模糊工具可以降低图像中相邻像素之间的对比度，从而使图像中像素与像素之间的边界区域变得柔和，产生一种模糊效果，起到凸显图像主体部分的作用，下面就来认识一下模糊工具的属性栏。

13 模式: 正常 强度: 50%

模糊工具属性栏

❶“画笔”下拉按钮：用于设置涂抹画笔的直径、硬度以及样式。

❷“强度”数值框：用于设置模糊的强度，数值越大模糊效果越明显。

模糊工具一般情况下是结合多种工具使用的，它的功能体现在对图像细节处的调整。

实战 使用模糊工具调整图像

01 打开“实例文件\Chapter 5\Media\人物.jpg”图像文件。单击模糊工具，在属性栏中设置画笔样式、“模式”、“强度”，如下图所示。

700 模式: 正常 强度: 50%

打开图像并设置工具选项

02 在人物的白色帽子边缘处进行涂抹，使其产生朦胧效果，同时在人物脸部等区域涂抹，适当模糊图像，效果如下图所示。

模糊图像

03 单击裁剪工具，在图像中拖动绘制出裁剪控制框，并调整其位置，如下图所示。

绘制裁剪控制框

04 按下 Enter 键确认裁剪，体现出朦胧的图像，使图像效果更明显，如下图所示。

确认裁剪

5.1.2 锐化工具

使用锐化工具可以增加图像中像素边缘的对比度和相邻像素间的反差，从而提高图像的清晰度或聚焦程度，使图像产生清晰的效果。锐化工具属性栏中“强度”数值框中的数值越大，锐化效果就越明显。

5.1.3 涂抹工具

涂抹工具的作用是模拟手指进行涂抹绘制的效果，其原理是提取最先单击处的颜色与鼠标拖动经过的颜色，将其融合挤压，以产生模糊的效果。使用涂抹工具可以沿鼠标拖动的方向涂抹图像中的像素，使图像呈现一种扭曲的效果。它的属性栏与前两种工具的属性栏类似，这里不再单独进行介绍。

5.1.4 仿制图章工具

仿制图章工具的作用是将取样图像应用到其他图像或同一图像的其他位置。仿制图章工具也可以用于修复照片构图，它可以保留照片原有的边缘，不必损失部分图像。

实战 使用仿制图章工具仿制图像

01 打开“实例文件\Chapter 5\Media\静物.jpg”图像文件。单击仿制图章工具，在属性栏中设置画笔的大小，如下图所示。

打开图像并设置工具选项

02 按住Alt键，在吊灯图像上单击取样，并拖动鼠标到左侧相同位置，此时可在画笔中预览到取样的吊灯图像，在适当位置单击即可仿制出取样处的吊灯图像，如下图所示。

仿制图像

03 按下快捷键Ctrl++放大图像，并按下[键缩小画笔大小，按住Alt键在吊灯较为明亮的底部和钢线部分分别单击取样，在仿制出的吊灯上涂抹，对细节进行进一步的仿制，使效果更真实，如下图所示。

仿制图像细节

5.1.5 图案图章工具

图案图章工具与仿制图章工具有相似之处，区别是图案图章工具不仅可以在图像中进行取样，还可以将Photoshop中自带的图案或用户自定义的图案填充到图像中。

实战 使用图案图章工具绘制图像

01 打开“实例文件\Chapter 5\Media\荷花.png”

图像文件。执行“编辑 > 定义图案”命令，在“图案名称”对话框的“名称”文本框中输入名称后单击“确定”按钮，如下图所示。

定义图案

02 单击图案图章工具，在属性栏中设置画笔大小后在图案拾取器中设置图案样式为“荷花”，如下图所示。

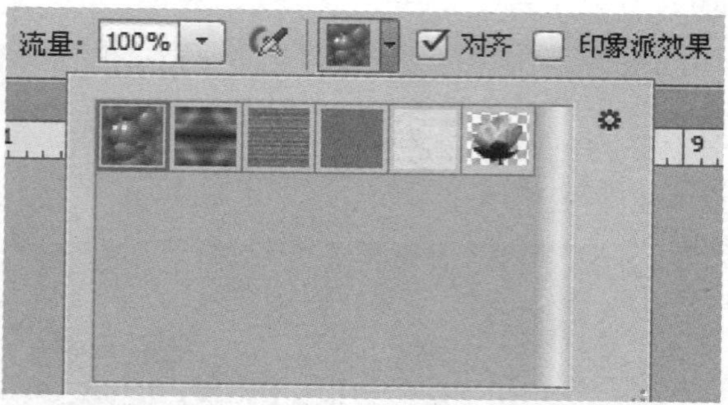

设置工具选项

03 打开“实例文件\Chapter 5\Media\图像.jpg”图像文件，在图像左侧单击并拖动，快速绘制出绿色的荷花效果，如下图所示。

使用图案图章工具绘制图像

5.2 图像的局部润色

Photoshop 将加深工具、减淡工具和海绵工具整合在减淡工具组中。使用减淡工具组中的工具可以调整图像色彩的明暗与饱和度，从而对局部图像进行适当润色，使得图像效果更完善，下面分别进行介绍。

5.2.1 减淡工具

减淡工具能够表现图像中的高亮度效果，常用于调整图像特定区域的曝光度，使区域色调协调性变亮。在输入法为英文的状态下按 O 键即可快速切换到减淡工具。

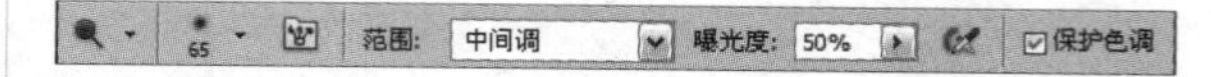

❶ “范围”下拉列表：用于设置减淡的作用范围，该下拉列表中有3个选项，分别为“阴影”、“中间调”和“高光”。

❷ “曝光度”数值框：用于设置对图像色彩减淡的程度，范围在0%~100%之间，输入的数值越大，对图像减淡的效果越明显。

❸ “保护色调”复选框：勾选该复选框后使用减淡工具进行操作时，可以尽量保护图像原有的色调不失真。

实战 使用减淡工具提亮图像

01 打开“实例文件\Chapter 5\Media\小熊.jpg”图像文件。单击减淡工具，在属性栏中设置画笔大小、“范围”、“曝光度”等，如下图所示。

打开图像并设置工具选项

02 在图像中按住鼠标左键进行拖动，在图像中涂抹提亮图像效果，如下图所示。

使用减淡工具调整图像亮度

需要注意的是，在使用减淡工具时，除非需要为图像添加过度曝光效果，否则一般情况下曝光度的数值不宜过高。

5.2.2 加深工具

加深工具与减淡工具刚好相反，使用加深工具可以改变图像特定区域的阴影效果，从而使得图像呈加深或变暗显示。它的属性栏与减淡工具的属性栏相同，这里不再介绍。

5.2.3 海绵工具

海绵工具主要用于精确地增加或减少图像的饱和度，使用它在特定的区域内涂抹，会自动根据不同图像的特点改变图像的颜色饱和度和亮度。利用海绵工具能够自如地调节图像的色彩效果，下面对属性栏进行介绍。

海绵工具属性栏

❶ “模式”下拉列表：该下拉列表中有“降低饱和度”和“饱和”两个选项，选择“降低饱和度”选项将降低图像颜色的饱和度，选择“饱和”选项则增加图像颜色的饱和度。

❷ “流量”数值框：用于设置图像颜色饱和或不饱和的程度。

海绵工具的使用方法与加深工具及减淡工具类似，单击海绵工具，在属性栏中设置相关选项后，按住鼠标左键进行涂抹即可。

原图

使用海绵工具添加饱和度后的图像效果

5.3 图像的修复

图像修复主要使用的是修复画笔工具组，这其中包含了污点修复画笔工具、修复画笔工具、修补工具和红眼工具。使用这些工具可以对图像或照片的划痕、污点等小瑕疵进行修复，从而弥补图像的不足，下面分别进行介绍。

5.3.1 修复画笔工具

修复画笔工具与仿制图章工具有相同之处，都需在进行操作前从图像中取样。该工具可以消除图像中的划痕及褶皱等瑕疵，使瑕疵与周围的图像融合，下面对属性栏进行介绍。

修复画笔工具属性栏

❶ “取样”单选按钮：单击该单选按钮表示使用修复画笔工具对图像进行修复时以图像区域中某处颜色作为基点。

❷ “图案”单选按钮：单击该单选按钮可在其右侧的拾取器中选择已有的图案用于修复。

实战 使用修复画笔工具修复划痕

01 打开“实例文件\Chapter 5\Media\青蛙.jpg”图像文件，按下快捷键 Ctrl++ 放大图像，如下图所示。

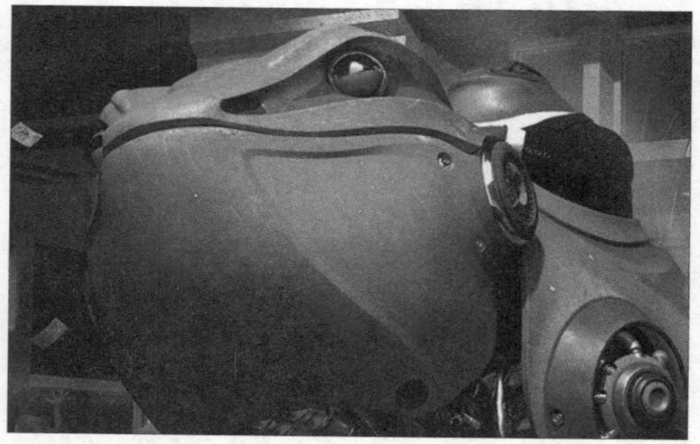

打开图像并放大图像细节

02 单击修复画笔工具，适当调整画笔大小，按住 Alt 键的同时在没有划痕的图像区域单击取样，释放 Alt 键，在需要清除的图像区域单击即可修复划痕，如下图所示。

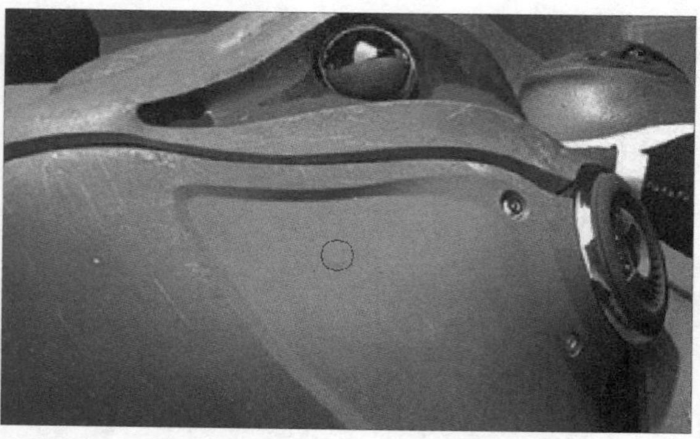

修复划痕

03 使用相同的方法对青蛙下颚部分的斑点和划痕进行修复，效果如下图所示。

继续修复图像

5.3.2 修补工具

修补工具是使用图像中其他区域或图案中的像素来修复选中的区域。和修复画笔工具一样，修补工具会将样本像素的纹理、光照和阴影与源像素进行匹配，一般用于修复人物脸部的雀斑、痘印等。

值得注意的是，在属性栏中单击“源”单选按钮后，修补工具将从目标选区修补源选区。单击“目标”单选按钮则修补工具将从源选区修补目标选区。

5.3.3 污点修复画笔工具

污点修复画笔工具的原理是将图像的纹理、光照和阴影等与所修复图像进行自动匹配。使用污点修复画笔工具不需要进行取样定义样本，只要确定需要修补的图像位置，然后在需要修补的位置单击并拖动鼠标，释放鼠标左键即可修复图像中的污点，这也是它与修复画笔工具最根本的区别。

值得注意的是，污点修复画笔工具中具有智能化因素。使用智能化的内容识别功能可以使图像的修复更真实完美。下面来认识一下污点修复画笔工具的属性栏。

50 模式: 正常 类型: 近似匹配 创建纹理 内容识别

污点修复画笔工具属性栏

❶ “类型”按钮组：单击“近似匹配”单选按钮将使用选区边缘周围的像素用作选定区域修补的图像区域；单击“创建纹理”单选按钮将使用选区中的所有像素创建一个用于修复该区域的纹理。“内容识别”单选按钮为默认选中的，该功能与“填充”命令的内容识别相同，会自动使用相似部分的像素对图像进行修复，同时进行完整匹配。

❷ “对所有图层取样”复选框：勾选该复选框可使取样范围扩展到图像中所有的可见图层。

实战 使用污点修复画笔工具修复图像

01 打开"实例文件\Chapter 5\Media\集体照.jpg"图像文件。单击污点修复画笔工具，在属性栏中设置画笔大小和硬度，如下图所示。

打开图像并设置工具选项

02 使用画笔在图像中需要修复的部分涂抹，此时被涂抹部分以暗色调显示，如下图所示。

涂抹需要修复的图像

03 释放鼠标左键，此时背景中的直升机图像被快速去掉，同时天空的颜色过渡也十分自然，如下图所示。

修复图像

04 继续使用相同的方法在图像左上角进行涂抹，若大面积的区域不能一次修复，可重复在图像中进行涂抹以修复图像，效果如下图所示。

继续修复图像

5.3.4 红眼工具

红眼工具是 Photoshop 为修复照片红眼现象特别提供的快捷修复工具。

红眼现象是指在使用闪光灯或光线昏暗处进行拍摄时，人物或动物眼睛泛红的现象。这是由于在过暗的地方，眼睛为了看清东西而放大瞳孔增进通光量，在瞬间高亮的状态下相机拍摄到的通常都是张大的瞳孔，红色是瞳孔内血液映出的颜色。

原图

使用红眼工具修复后

5.3.5 内容感知移动工具

内容感知移动工具是CS6中的一个新工具，它能在用户整体移动图片中选中的某物体时，智能填充物体原来的位置。

使用内容感知移动工具和使用修补工具一样，但要注意的是如果你使用选择工具勾出的物体边缘比较粗糙，在将它移至新的位置时，软件会将物体边缘与周围环境羽化融合。

实战 使用内容感知移动工具移动内容图像

01 打开"实例文件\Chapter 5\Media\蓝天.jpg"图像文件。选择内容感知移动工具，沿着花洒创建选区，如下图所示。

原图

02 将花洒图像移动到右边区域，然后释放鼠标，这时软件将智能填充花洒原来的位置，完成内容的移动，如下图所示。

移动内容后

5.4 图像的擦除

图像的擦除是对部分图像进行擦除。使用擦除工具组中的工具可以擦除不需要的图像区域，其中包括橡皮擦工具、背景色橡皮擦工具和魔术橡皮擦工具3种，下面分别进行介绍。

5.4.1 橡皮擦工具

橡皮擦工具主要用于擦除图像颜色，使用该工具在图像窗口中拖动涂抹，被擦除的图像部分显示为背景色。在输入状态为英文的情况下按下E键可快速切换到橡皮擦工具，下面对属性栏进行介绍。

橡皮擦工具属性栏

❶ "模式"下拉 列表：其中包含了"画笔"、"铅笔"和"块"3个选项，选择"画笔"和"铅笔"选项时的用法和铅笔工具的用法相似，选择"块"选项时，光标将变为一个方形的橡皮擦。

❷ "不透明度"和"流量"数值框：单击下拉按钮，拖动滑块即可调整不透明度或流量。100%表示完全擦除，0%表示不擦除。

值得注意的是，若是对"背景"图层或是已锁定透明像素的图层使用橡皮擦工具，会将擦除部分图像的像素替换为背景色。若是对普通图层使用橡皮擦工具，则会将像素替换为透明像素，使其呈现透明效果。

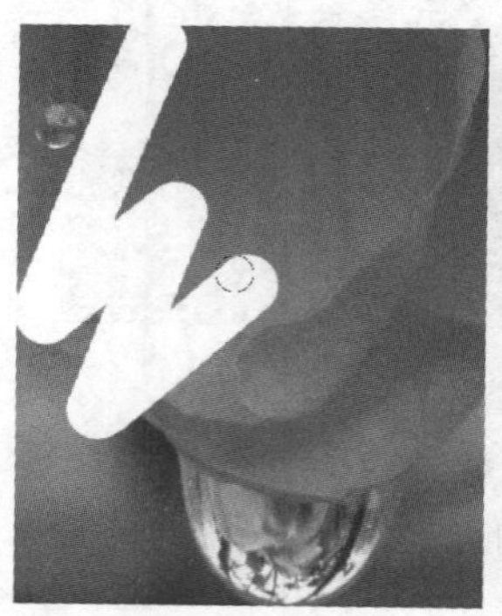

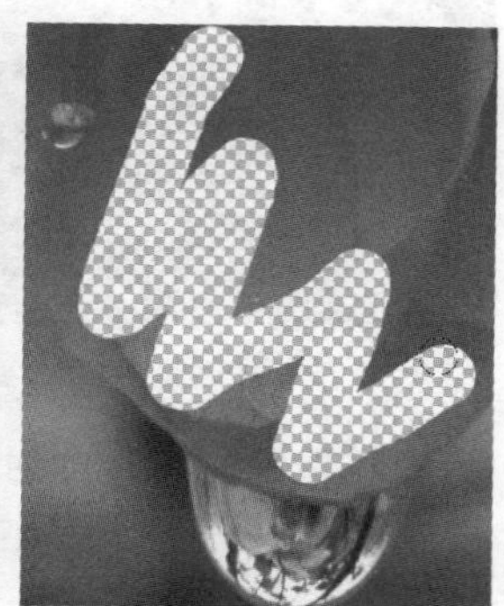

使用"画笔"模式在"背景"图层和普通图层上擦除的效果

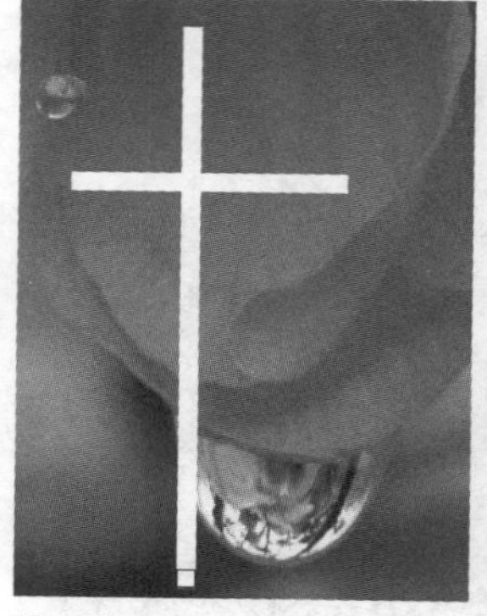

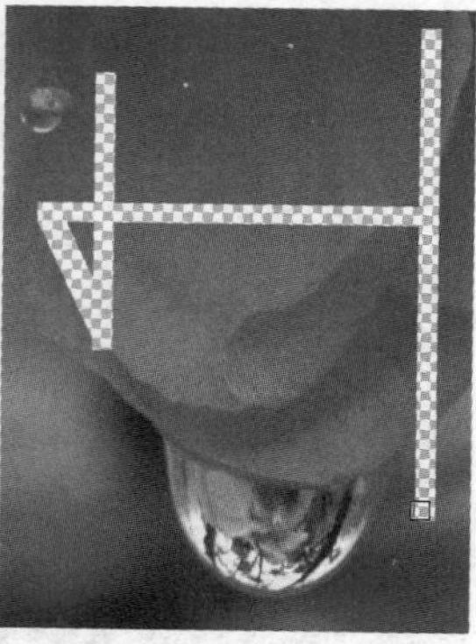

使用"块"模式在"背景"图层和普通图层上擦除的效果

5.4.2 背景橡皮擦工具

背景橡皮擦工具的作用是擦除图层上指定颜色的像素，并将被擦除的区域以透明色填充。使用背景橡皮擦工具时不需要再对图层进行解锁操作，可直接将“背景”图层擦除为透明像素效果。下面对属性栏进行介绍。

限制：连续　容差：50%　保护前景色

背景橡皮擦工具属性栏

❶“取样”按钮组：该按钮组依次为“连续”取样、“一次”取样、“背景色板”取样，选择不同的取样模式能够得到不同的取样范围。

❷“限制”下拉列表：在该下拉列表中有3个选项，选择“不连续”选项则擦除图像中所有具有取样颜色的像素；选择“连续”选项则擦除图像中与光标相连的具有取样颜色的像素；选择“查找边缘”选项则在擦除与光标相连区域的同时保留物体锐利的边缘效果。

❸“容差”数值框：可设置被擦除的图像颜色与取样颜色之间差异的大小，取值范围为0%～100%。数值越小被擦除的图像颜色与取样颜色越接近，擦除的范围越小；数值越大则擦除的范围越大。

❹“保护前景色”复选框：勾选该复选框可防止具有前景色的图像区域被擦除。

实战　使用背景橡皮擦工具丰富图像效果

01 打开“实例文件\Chapter 5\Media\雪人.psd”图像文件。在“图层”面板中单击选择“图层 0”，如下图所示。

打开图像并选择图层

02 单击背景橡皮擦工具，在属性栏中设置画笔大小和硬度，在图像中单击，此时即可显示出下一层的图像效果，如下图所示。

设置画笔

03 继续在图像中单击，显示出底层五彩的图像效果，形成了彩色圆点图像，丰富了画面效果，如下图所示。

形成彩色圆点图像

5.4.3 魔术橡皮擦工具

使用魔术橡皮擦工具可以更改相似像素，它的工作原理是以单击处的颜色为基准，默认擦除图像中的相似像素，使擦除部分的图像呈现出透明效果。

魔术橡皮擦工具与背景橡皮擦工具有相似之处，都能直接对“背景”图层进行擦除操作，且不需要进行解锁。在使用魔术橡皮擦工具时，容差的设置非常关键，容差越大颜色范围越广，擦除的部分也越多，下面对属性栏进行介绍。

容差: 32 ☑消除锯齿 ☑连续 ☐对所有图层取样

魔术橡皮擦工具属性栏

❶"消除锯齿"复选框：勾选该复选框可使被擦除区域的边缘变得平滑而柔和。

❷"连续"复选框：勾选该复选框可使擦除工具仅擦除与单击处相连接的区域。

❸"对所有图层取样"复选框：勾选该复选框可使擦除工具的应用范围扩展到该文件中所有的可见图层。

实战 使用背景橡皮擦工具丰富图像效果

01 打开"实例文件\Chapter 5\Media\粉红女孩.jpg"图像文件。单击魔术橡皮擦工具，保持属性栏中的默认数值不变，在图像中单击擦除掉部分像素相同的粉色区域，如下图所示。

打开图像并擦除部分背景图像

02 继续在图像中淡粉色的区域单击，擦除多余的背景图像，将人物从背景图像中抠取出来，如下图所示。

继续擦除多余图像

5.5 图像的切片

Photoshop中将切片工具和切片选择工具整合在裁剪工具组中，其切片功能是Photoshop针对网页图像而设置的。综合使用这两种工具可以轻松地对网页用图进行切片布局调整。

5.5.1 切片工具

切片是指将一整张图片切割成若干小块，并以表格的形式加以定位和保存。值得注意的是，使用切片工具将图像分割后，可以在使用同一张图片进行网页布局的同时不影响图像的下载速度。

实战 使用切片工具制作切片

01 打开"实例文件\Chapter 5\Media\图像首页.jpg"图像文件。单击切片工具，在图像中拖动绘制切片区域，如下图所示。

拖动绘制切片区域

02 释放鼠标左键，图像被分割为两个区域，每部分图像的左上角显示序号，如下图所示。

绘制的切片

03 在图像的切片 01 区域内右击鼠标，在弹出的快捷菜单中选择“划分切片”选项。在打开的“划分切片”对话框中勾选“水平划分为”和“垂直划分为”复选框，在数值栏中分别输入切片个数，完成后单击“确定”按钮，如下图所示。

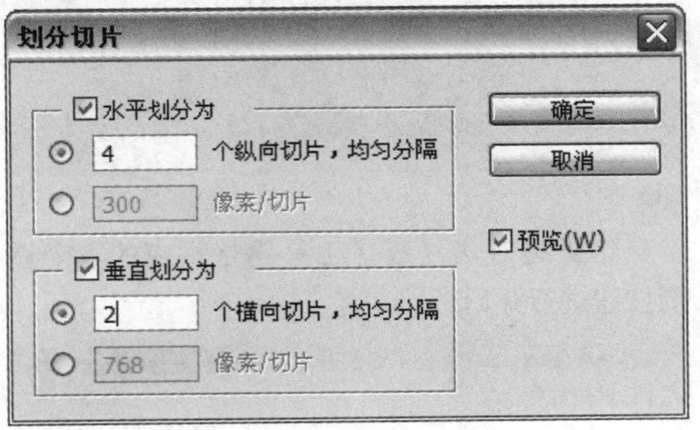

划分切片

04 此时在图像中可以看到，切片 01 的区域又被划分为 8 个等分切片，此时整个图像被分割为 9 个部分，如下图所示。

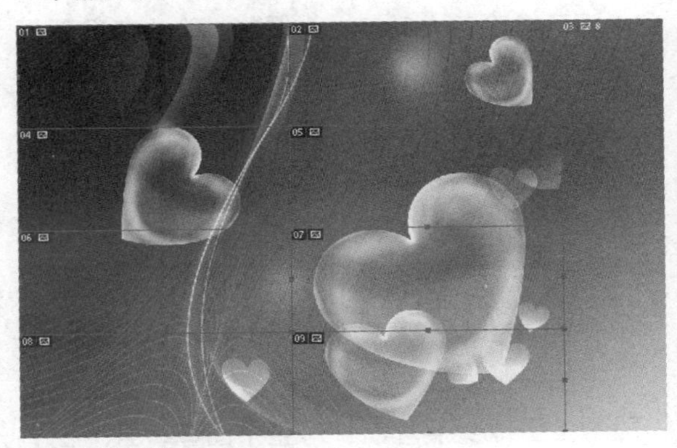

划分显示的切片

05 分别将光标移动到 09 和 07 切片边线上，拖动切片边框线调整切片位置，使其如下图所示。

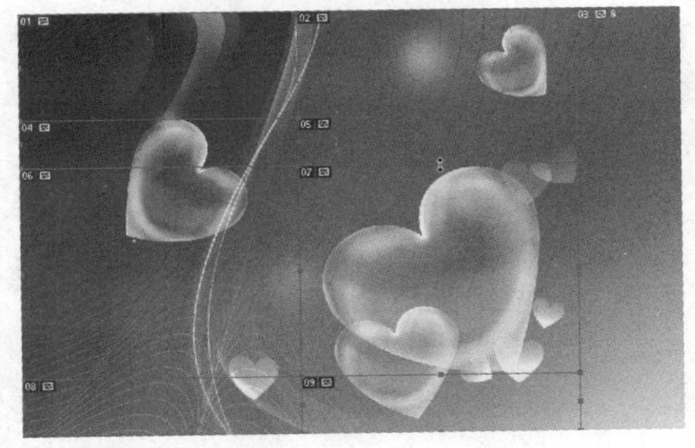

调整切片位置

06 执行“文件 > 存储为 web 和设备所用格式”命令，在打开的对话框中单击“优化”标签，同时在对话框左下角设置显示比例为 25%，使图像全部显示，如下图所示。

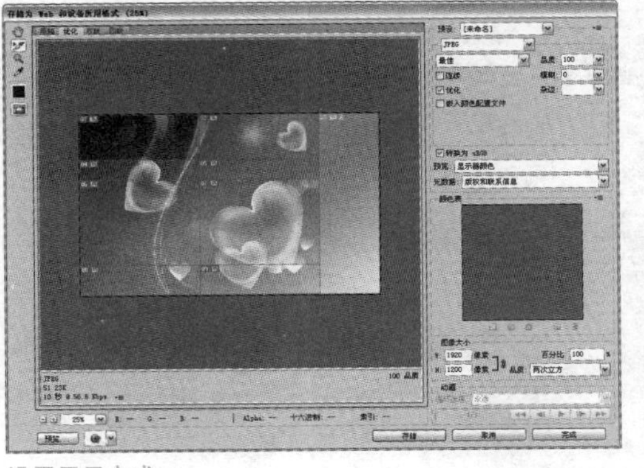

设置显示方式

07 按住 Shift 键的同时将各个切片选中，并在对话框右侧下拉列表中选择 PNG-8 选项，设置完成后单击“存储”按钮，如下图所示。

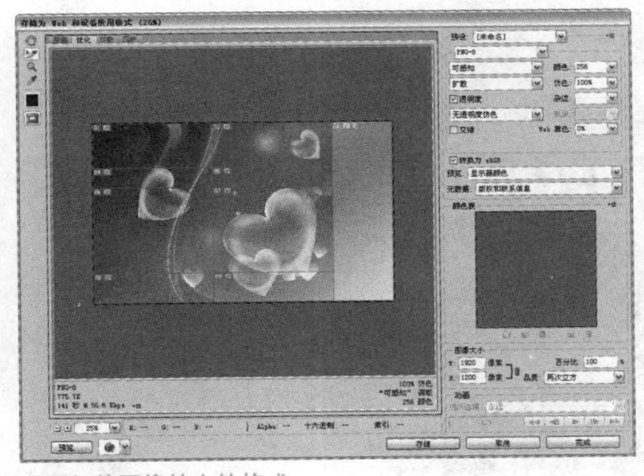

设置切片图像的文件格式

08 打开“将优化结果存储为”对话框，设置存储路径后在“格式”下拉列表中选择“HTML和图像”选项，单击“保存”按钮，如下图所示。

设置保存路径和格式

09 此时在保存文件的位置已生成一个 images 文件夹，双击该文件夹即可看到被分割后的图像，如下图所示。

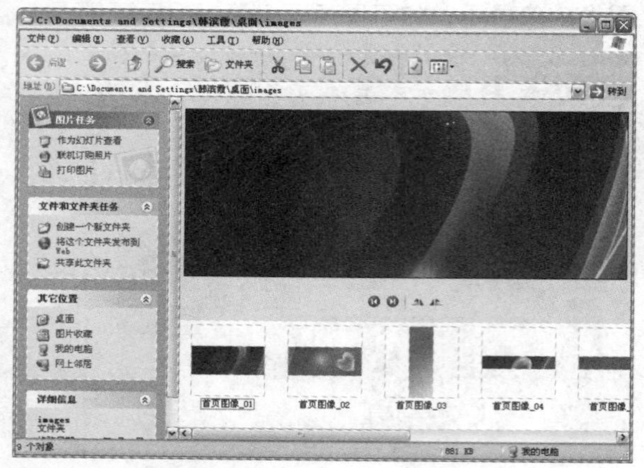

打开文件夹查看分割后的图像

10 生成文件夹的同时还会生成一个 HTML 格式的文件，双击该文件运行网络浏览器，在页面窗口中会显示分割后的图像，如下图所示。

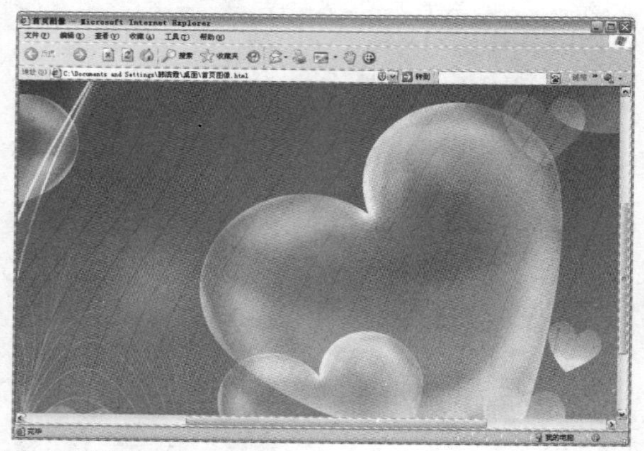

在网络浏览器重新显示图像

5.5.2 切片选择工具

切片选择工具是切片工具的辅助工具，它在进行切片时起到一定的辅助作用，在对切片进行编辑时使用较多。

值得注意的是，使用切片工具在图像中划分出多个切片区域后，此时单击切片选择工具，在图像中任一个切片区域单击即可选择该切片，此时选择的切片区域边缘呈黄色线条显示。

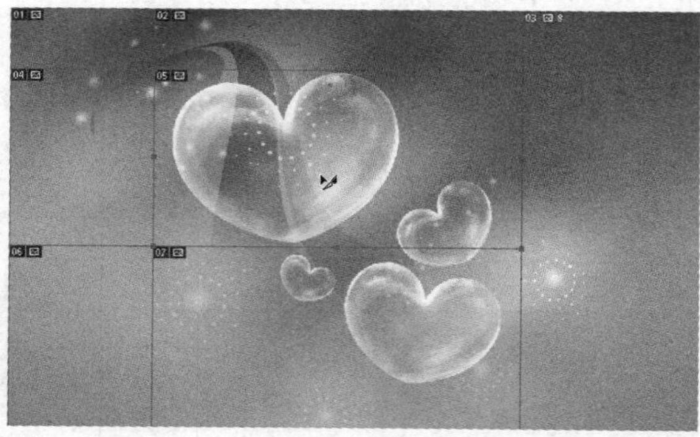

选择切片

这里将对切片选择工具属性栏中的 3 个重要按钮进行介绍。

切片工具属性栏

❶ “提升”按钮：若当前选择的是自动切片，单击该按钮即可将自动切片提升为用户切片。

❷ “划分”按钮：单击该按钮即可快速打开“划分切片”对话框，在其中可对切片进行划分。

❸ “显示或隐藏自动切片”按钮：默认情况下为“隐藏自动切片”按钮，单击“隐藏自动切片”或“显示自动切片”按钮可快速隐藏或显示图像中的自动切片。

5.6 图像的变换

图像的变换与选区变换有相似之处，不同的是图像变换可以针对整个图像，且对图像的调整更全面，包括缩放、旋转、斜切、扭曲、透视、变形等，下面分别进行介绍。

5.6.1 缩放图像

图像的缩放即对图像的大小进行调整，调整可以是等比例的缩放，也可以是将图像进行拉伸或压缩方面的调整。

打开图像后，执行“编辑 > 变换 > 缩放”命令，此时在图像周围出现自由变换控制框，按住 Shift 键的同时拖动四角的控制手柄，即可等比例缩放图像。若直接拖动左右两侧或上下两侧的控制手柄，则是对图像进行压缩或拉伸调整。

等比例缩放图像

压缩图像

拉伸图像

5.6.2 旋转图像

图像的旋转即对图像摆放角度的调整，通过旋转图像能快速对图像构图进行调整和纠正，旋转图像操作可以将图像旋转到任意角度。

实战 使用旋转功能纠正图像构图

01 打开“实例文件\Chapter 5\Media\车.png”图像文件。执行“编辑 > 变换 > 旋转”命令，此时在图像周围出现自由变换控制框，将光标移动到控制手柄旁，光标变为形状时拖动鼠标即可旋转图像，旋转后部分图像区域呈透明显示，如下图所示。

旋转图像

02 此时双击鼠标左键或按下 Enter 键即可确认变换，如下图所示。

确认变换

03 单击裁剪工具，拖动绘制控制框将透明部分裁去，按下 Enter 键确认裁剪，如下图所示。

裁剪图像

5.6.3 斜切和扭曲图像

斜切图像是在不改变图像比例的情况下将其调整为斜角对切的效果。而扭曲图像则可以将图像调整到任意位置，对图像的调整更实在一些，在调整图像时可将这两种命令结合使用。

实战 使用扭曲功能调整图像角度

01 打开“实例文件\Chapter 5\Media”文件夹中的名片.jpg 和标志.png 图像文件，使用移动工具将标志拖曳到名片图像中，如下图所示。

打开并移动图像

02 按下快捷键 Ctrl+T 显示自由变换控制框，按住 Shift 键的同时拖动对角的控制手柄，等比例缩小图像，如下图所示。

缩小图像

03 在控制框中右击鼠标，在弹出的快捷菜单中分别选择“斜切”和“扭曲”选项，然后拖动控制手柄调整图像四角的位置，使标志图像的显示角度与底层图像相吻合，如下图所示。

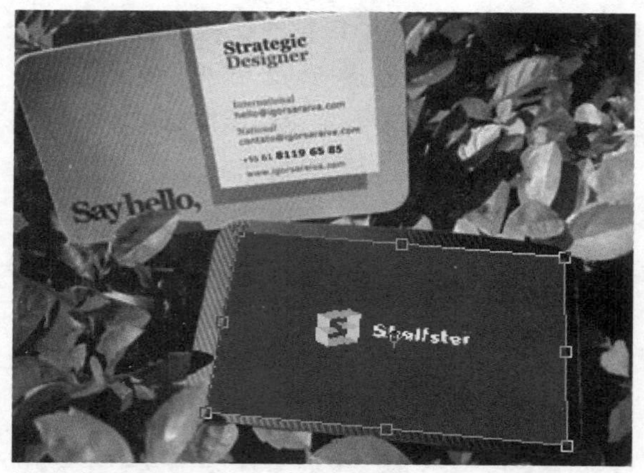

斜切扭曲图像

04 按下 Enter 键确认变换，效果如下图所示。

确认变换效果

5.6.4 透视图像

透视图像是通过调整图像的透视关系改变图像的视觉效果。

实战 使用透视功能调整图像

01 打开“实例文件\Chapter 5\Media\铁轨.png”图像文件，按下快捷键 Ctrl+T 显示自由变换控制框，如下图所示。

打开图像并显示自由变换控制框

02 在控制框中右击鼠标，在弹出的快捷菜单中选择“透视”选项，在图像中拖动控制手柄调整透视效果，如下图所示。

调整透视效果

03 按下 Enter 键确认变换，单击魔棒工具，然后在调整后的透明区域连续单击创建选区，如下图所示。

创建选区

04 执行“编辑>填充”命令或按下快捷键Shift+F5，打开“填充”对话框，设置“使用”为“内容识别”，完成后单击“确定”按钮。此时软件自动填充相应的匹配效果，得到如下图所示的图像效果。

使用“内容识别”填充图像

5.6.5 翻转图像

翻转图像是将图像效果进行水平的左右翻转或垂直的上下翻转。翻转图像的方法很简单，打开图像后按下快捷键 Ctrl+T 显示自由变换控制框，在控制框中右击鼠标，在弹出的快捷菜单中选择“水平翻转”或“垂直翻转”选项，即可对图像进行相应的调整。

原图

水平翻转后的图像效果

垂直翻转后的图像效果

5.6.6 变形图像

变形图像在对图像的调整中使用较多，它可以将图像调整为任意形状，在很大程度上方便了图像的变换操作。较为常用的是可以使用变形图像功能调整图像边角的位置，形成画面的卷曲或翻页效果。

实战 使用变形图像功能调整图像

01 打开“实例文件\Chapter 5\Media\儿童.psd”图像文件，按下快捷键 Ctrl+T 显示自由变换控制框，如下图所示。

打开图像并显示自由变换控制框

02 在控制框中右击鼠标，在弹出的快捷菜单中选择“变形”选项，在图像中拖动控制手柄调整图像形状，使其效果如下图所示。

变形图像

03 按下 Enter 键确认变化，得到的图像效果如下图所示。

确认变换

5.6.7 操控变形图像

“操控变形”命令通过为变形图像添加图钉，针对不同的节点进行拖动变形，从而对图像进行细致的视觉效果调整，最终改变图像的透视以及形状。针对具有固定形状的图像，通过变形可以改变图像的整体效果，下面对属性栏进行介绍。

“操控变形”命令属性栏

❶ “模式”下拉列表：有“刚性”、“正常”和“扭曲”3种选项。当选择“刚性”选项时，拖动出的图像像素与像素之间的融合效果较生硬，选择“扭曲”选项则像素点之间的结合点会自动融合。

❷ “浓度”下拉列表：有“较少点”、“正常”和“较多点”这3个选项。选择“较少点”时出现的网格间距较大，调整图像的效果越夸张，选择“较多点”时，则网格比较密集，调整效果更精细。

❸ “扩展”：单击下拉按钮，拖动滑块即可调整参数，参数值越大，其变形的作用范围越大，反之则越小。

❹ “显示网格”复选框：默认情况下勾选该复选框，若取消勾选则将操作变形的网格隐藏。

❺ “旋转”下拉列表：有“自动”和“固定”两个选项。默认为“自动”，调整节点时其他区域的图像会进行相应变化，选择“固定”选项时则固定其他未调整区域的网格。

实战 使用“操控变形”命令调整图像

01 打开“实例文件\Chapter 5\Media\小狗.psd”图像文件，在“图层”面板中单击选择“图层 1”，如下图所示。

打开图像并选择图层

02 执行“编辑 > 操控变形”命令，显示网格，如下图所示。

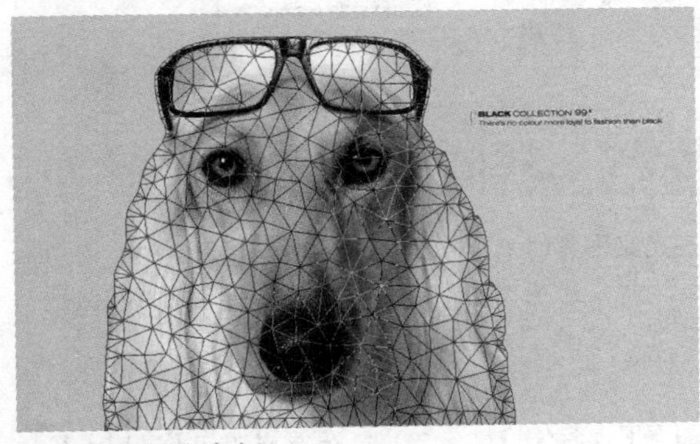
执行“操控变形”命令

03 将光标移动到图像中，光标变为图钉形状时在网格中单击创建图钉，并在属性栏中设置“旋转”为“固定”，如下图所示。

创建图钉

04 使用相同的方法创建更多“固定”节点，然后再添加并拖动“旋转”节点使图像整体效果和谐，如下图所示。

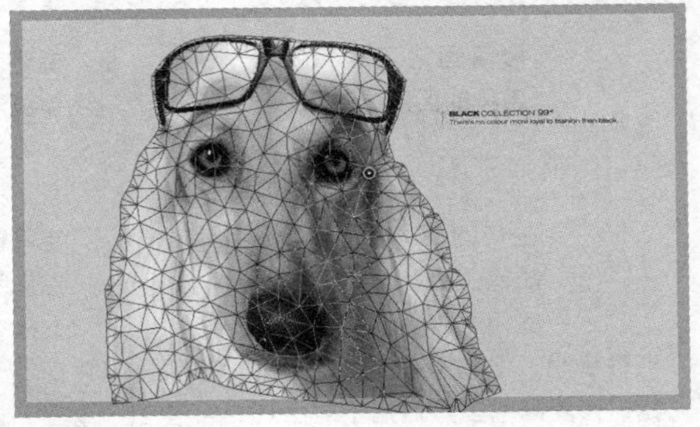
操控变形图像

05 按下 Enter 键确认变形，使图像中的小狗形状有所变化，效果如下图所示。

确认变形

06 在“图层”面板中设置“图层 1”的图层混合模式为“变暗”，使小狗图像与底层的粉红色相融合，如下图所示。

设置图层混合模式

疑难解答

001

Q 修复画笔工具和修补工具的区别是什么？

A 在 Photoshop 中，修复画笔工具和修补工具都适用于修复照片中的污点瑕疵小。但这两者有一定的区别，修复画笔工具适用于对由点构成的图像进行修复，而修补工具则相对适用于对范围较大一些的污点进行修复。值得注意的是，从操作上来讲，修复工具需对在图像原始位置取样才能进行的修复操作。

002

Q 锐化工具在使用过程中需要注意哪些问题？

A 使用锐化工具进行涂抹锐化图像这种方式并不十分智能，所以在设置锐化强度时尽量将“强度”设置在 20% 以下，避免锐化的强度过大，造成过度锐化的效果。图像过度锐化后就会出现边缘过亮的效果，影响打印效果。

强度：20% 对所有图层取样

003

Q 如何解决在使用仿制图章工具时，光标呈⊕形状的问题？

A 在 Photoshop 中，默认情况下使用仿制图章工具时的光标应为○形状。若此时光标变成⊕形状，要将其恢复到默认的形式可按下快捷键 Ctrl+K，在“首选项”对话框的“光标”选项面板中取消勾选“在画笔笔尖显示十字线”复选框，完成后单击“确定”按钮即可。

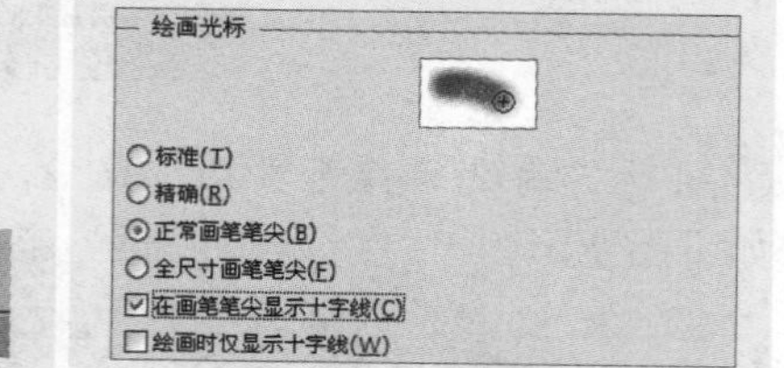

004

Q 如何在使用减淡工具时保护原图像色调？

A 减淡工具一般用于使图像暗部呈现出更多的细节，但反复使用减淡工具对图像进行涂抹，可能会造成暗部过亮而呈现泛白效果，使图像失真。此时可勾选属性栏中的“保护色调”复选框，开启该功能后，在减淡图像时亮度和暗部所受的影响较小，从而有效地保护了图像原始的色调和饱和度。

☑ 保护色调 (&T)

005

Q 如何解决在定义图案时“定义图案”命令呈灰色显示的情况？

A 在自定义图案时，若使用选框工具选定一部分图像作为图案，即使用选区内的图像为图案样式，此时在属性栏中不应设置选区的羽化值。此时若要设置羽化值，执行“编辑 > 定义图案”命令，将看到“定义图案”命令呈灰色显示，表示不可用。在不设置羽化值的情况下可以对选区内图像进行图案定义。

006

Q 使用切片工具时，用户切片和自动切片的区别在哪里？

A 在使用切片工具时，在图像中单击并拖动绘制出切片区域。当前选择的区域为默认用户切片，类似于图层中的“背景”图层，而其余切片则为自动切片，类似于创建的图层。要对自动切片进行操作，可右击该切片，在弹出的快捷菜单中选择“提升为用户切片”选项，即可对该切片进行提升。

Chapter

图像的色彩模式与颜色调整

Photoshop 中的颜色是通过不同颜色模式表述的，对图像颜色的调整操作通过各种调整命令来执行。本章针对图像颜色模式以及调整命令进行介绍，包括颜色模式、自动调整命令、颜色基本调整命令、特殊调整命令以及进阶调整命令等。

设计师谏言

图像整体色彩的调整会从大范围彻底改变图像的视觉感受乃至整体设计风格。通过对图像颜色的调整可以把握设计作品的风格，这是设计中至关重要的环节。

设计百宝箱 广告类型决定颜色的搭配

在平面设计的三要素——文字、图形和色彩中，色彩最容易引起观者的注意也最能传达信息，具有先声夺人的效果。人们在看到画面的瞬间最先感受到的就是色彩，并由此形成对画面的整体印象。在平面设计中，色彩的不同色调带给观者的印象形成了平面色彩的总体效果。平面设计作品色彩的总体效果有助于烘托主题、加强画面情调的渲染和意境的创造。

在平面广告画面中，广告的色彩倾向于冷色或暖色，或者倾向于明朗鲜艳或素雅质朴，由色彩倾向所形成的不同色调就是广告色彩的总体效果。广告色彩的总体效果取决于广告主题的需要以及消费者对色彩的喜好，它们也是决定色彩的选择与搭配的依据。如药品广告的色彩大都为白色、蓝色、绿色等冷色，这是根据观者的心理特点决定的，这样的总体色彩效果给人一种安全、宁静的印象，使广告宣传的药品易于被观者接受。如果不考虑广告内容与消费者对色彩的心理反映，凭主观想象选择色彩，其结果必定适得其反。下面针对广告类型进行色彩搭配分析。

主色调

辅助色

该作品为电影招贴设计，采用红色与蓝色的明暗对比衬托画面的神秘氛围。

主色调

辅助色

该作品为香水广告设计，采用米黄色与黑色搭配，体现了高端奢侈品牌瑰丽与典雅的形象。

主色调

辅助色

该作品为休闲鞋杂志广告，采用多种颜色搭配，体现出年轻、活力的画面视觉效果。

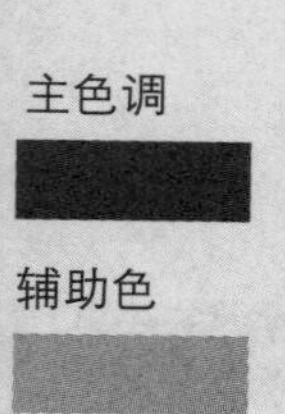

主色调

辅助色

该作品为高跟鞋杂志广告，采用蓝灰色与银色搭配，体现出华丽、时尚的画面视觉效果。

主色调

辅助色

该作品为眼镜杂志广告，采用灰色与黑色搭配，具有高雅、沉稳的视觉效果，利于宣传品牌形象。

主色调

辅助色

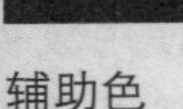

该作品为手表杂志广告，使用蓝色到蓝灰色的渐变背景突出产品主体，打造画面亮点。

主色调

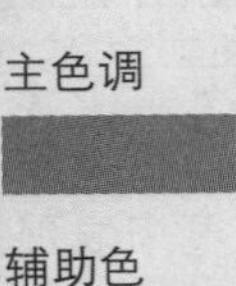

辅助色

该作品为商场吊旗广告，通过绿色、黄色和蓝色的鲜艳搭配，体现画面亮点，吸引观者眼球。

主色调

辅助色

该作品为茶叶宣传单，采用淡黄色、红色与黑色搭配，体现传统的视觉效果，便于宣传品牌形象和文化。

主色调

辅助色

该作品为香水招贴设计，通过多种色彩搭配体现品牌绚丽多彩的形象，有利于树立品牌。

主色调

辅助色

该作品为化妆品促销海报，通过红、黄、蓝、绿、紫等颜色搭配，衬托节日气氛，突出促销目的。

6.1 图像颜色模式

要对图像的颜色进行整体的调整，当然就离不开系列的色彩调整命令，而在学习这些调整命令前，首先应对颜色模式的相关知识有所掌握。

6.1.1 认识各类颜色模式

通过使用数字形式的模型来对图像的颜色进行表述，就是常说的颜色模式。通俗地讲，颜色模式也就是计算机对图像颜色的一种记录方式。

Photoshop 为用户提供了 8 种颜色模式，分别为“位图”模式、“灰度”模式、“双色调”模式、“索引颜色”模式、RGB 模式、CMYK 模式、Lab 颜色模式和“多通道”模式。在“颜色”面板中可以查看图像的颜色模式，不同的颜色模式下，“通过”面板中各通道的显示情况也不同。下面对常用的颜色模式进行介绍。

❶ **RGB 模式**：是 Photoshop 默认的图像模式，它将自然界的光线视为由红（Red）、绿（Green）、蓝（Blue）3 种基本颜色组合而成，所以它是 24（8×3）位/像素的三通道图像模式。RGB 颜色能准确地表述屏幕上颜色的组成部分，但它所表示的实际颜色范围仍因应用程序或显示设备而异。

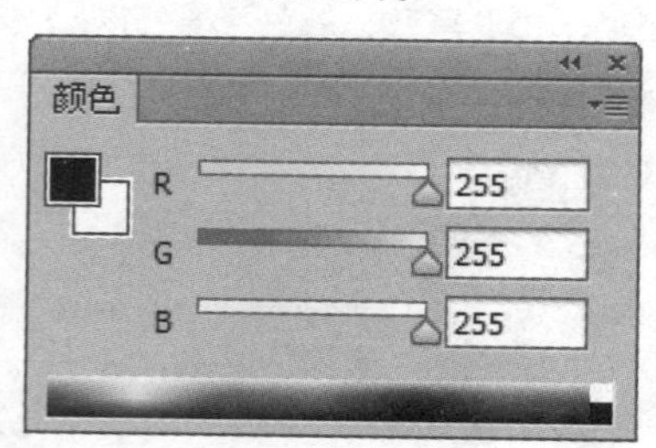

RGB 模式下的“颜色”面板

❷ **CMYK 模式**：是一种基于印刷处理的颜色模式。由于印刷机采用青（Cyan）、洋红（Magenta）、黄（Yellow）和黑（Black）4 种油墨来组合一幅彩色图像，因此 CMYK 模式就由这 4 种用于打印分色的颜色组成。它是 32（8×4）位/像素的四通道图像模式。

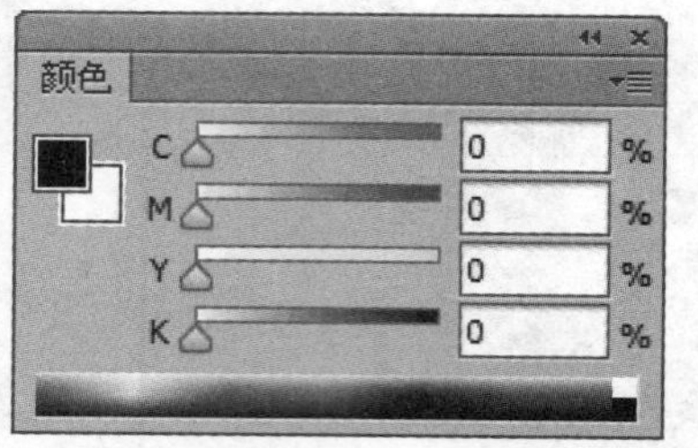

CMYK 模式下的“颜色”面板

❸ **Lab颜色模式**：Lab颜色是由RGB三基色转换而来的。该颜色模式由一个发光率（Luminance）和两个颜色（a，b）轴组成。它是一种“独立于设备”的颜色模式，不论使用的是何种显示器或者打印机，Lab的颜色均不会发生任何变化。

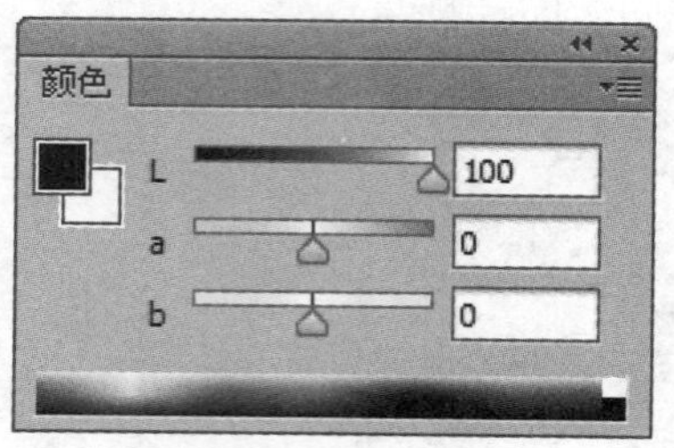

Lab 模式下的“颜色”面板

❹ **“灰度”颜色模式**：该模式可以使用多达 256 级灰度来表现图像，使图像的过渡更平滑细腻。灰度图像的每个像素有一个 0（黑色）到 255（白色）之间的亮度值。灰度值也可以用黑色油墨覆盖的百分比来表示（0% 等于白色，100% 等于黑色）。

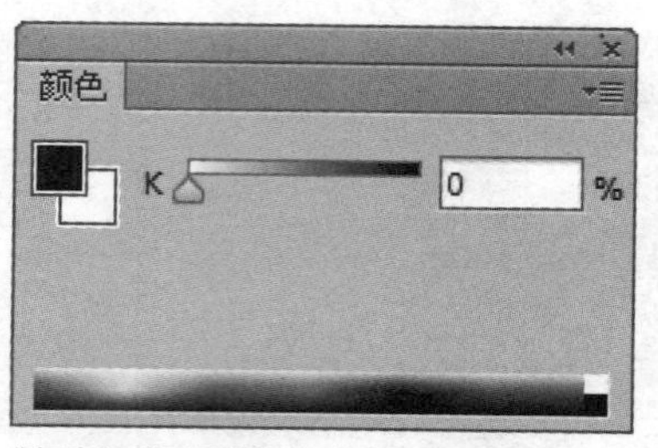

“灰度”模式下的“颜色”面板

❺ **“索引颜色”模式**：该模式也被称为映射颜色。在这种模式下只能存储一个8bit色彩深度的文件，即最多256种颜色，且颜色都是预先定义好的。尽管其调色板很有限，但它能够在保持多媒体演示文稿、Web 页等所需视觉品质的同时减小文件大小。

❻ **“双色调”模式：**该模式采用2~4种彩色油墨来创建由双色调（2种颜色）、三色调（3种颜色）和四色调（4种颜色）混合色阶组成的图像。在将灰度图像转换为“双色调”模式的过程中，可以对色调进行编辑，产生特殊的效果。使用“双色调”模式最主要的功能是使用尽量少的颜色表现尽量多的颜色层次，这对于减少印刷成本非常重要，因为在印刷时，每增加一种色调都需要更多成本。

6.1.2 颜色模式之间的相互转换

在 Photoshop 中，各种颜色模式之间可以进行转换，其具体的操作方法如下。

01 打开“实例文件\Chapter 6\Media\风景.jpg”图像文件。执行“图像 > 模式”命令，在弹出的级联菜单中可以看到该图像为 RGB 颜色模式，如下图所示。

打开图像并执行相应命令

02 在级联菜单中单击选择“灰度”命令，弹出“信息”对话框，若确定要将图像转换为黑白的灰度效果，单击“扔掉”按钮，如下图所示。

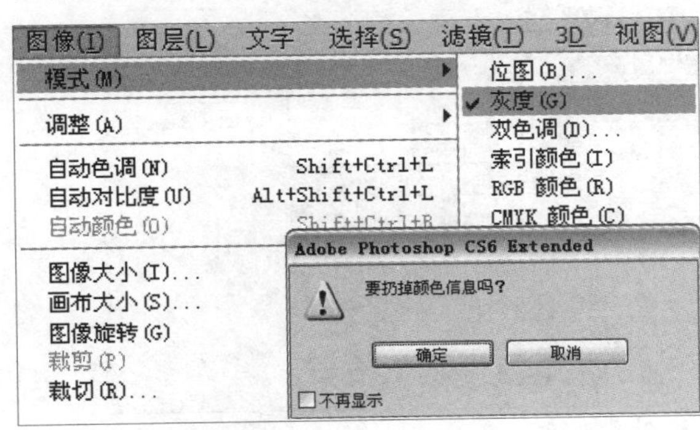

打开“信息”对话框

03 此时在图像中可以看到，图像由彩色变为了“灰度”模式下的黑白效果，如下图所示。

“灰度”模式下的图像

执行“图像 > 模式”命令，在弹出的级联菜单中选择相应的命令即可将图像转换为相应的颜色模式。

6.2 细解位图颜色模式

在对各种颜色模式有了一定的了解后，这里对“位图”颜色模式单独进行细致的分析和讲解，使读者理解其相关原理。

6.2.1 认识“位图”颜色模式

“位图”颜色模式其实就是黑白模式，它只能用黑色和白色来表示图像中的像素，也称为一位图像，它包含的信息最少，因而文件大小也最小。

值得注意的是，只有在“灰度”模式下才能激活级联菜单中的“位图”命令，所以如 RGB、CMYK 等彩色图像需要先转换为“灰度”颜色模式后再转换为“位图”颜色模式。同时，在转换为“位图”模式时会弹出“位图”对话框，在其中可看到，Photoshop 提供了几种方法来模拟图像中丢失的细节。

“位图”对话框

6.2.2 “多通道”模式

对于有特殊打印要求的图像，“多通道”模式非常有用。若图像中只使用了一两种或两三种颜色时，使用“多通道”模式可以减少印刷成本并保证图像颜色的正确输出。

6.2.3 认识8位通道和16位通道

16 位通道图像比 8 位通道图像表达的颜色数量要多。以亮度为例，若最暗为 0，最亮为一个指定的亮度（以晴天散射光射在白纸上的亮度为参照），将 0 到这个白纸的亮度分为从 0~255 这 256 级，是 2 的 8 次方，即 8 位颜色。若这个亮度范围分为 2 的 16 次方，就有 65536 级亮度。人眼能分辨的色彩、亮度差异有限，显示器能再现的色彩、亮度差异也有限，肉眼所看到显示器中显示的 8 位通道图像与 16 位通道图像没有什么差别，实际情况是 65536 比 256 能表现更细腻的色彩和明暗层次。若此时将图片放大到一定比例或使用更精密的仪器监测或设备输出，8 位和 16 位图像之间就能体现出其中的差异。

在“灰度”模式、RGB 模式或 CMYK 模式下，可以使用 16 位通道来代替默认的 8 位通道。Photoshop 可以识别和输入 16 位通道的图像，但对于这种图像的限制很多，所有的滤镜都不能使用，另外 16 位通道模式的图像不能印刷。

6.2.4 颜色表

颜色表是 Photoshop 从位图图片中选择的，最有代表性的若干种颜色编制成的显示色块表，通常不超过 256 种，这样原图片可以被大幅度有损压缩，适合于压缩网页图形等颜色数较少的图形，不适合压缩照片等色彩丰富的图像。

要在 Photoshop 中显示颜色表，首先应将图像转换为“索引颜色”模式，这样才能激活级联菜单中的“颜色表”命令，执行“图像 > 模式 > 颜色表”命令时才能显示颜色表。

实战 显示颜色表并添加颜色

01 打开“实例文件\Chapter 6\Media\画面.jpg”图像文件。执行“图像 > 模式 > 索引颜色”命令，如下图所示。

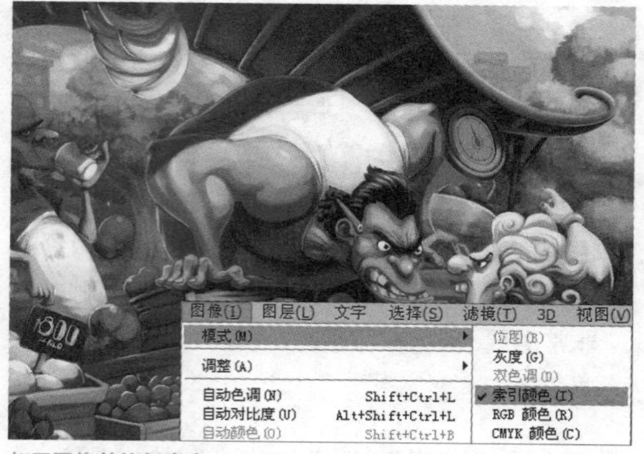

打开图像并执行命令

02 此时弹出“索引颜色”对话框，在其中可设置颜色的显示个数和仿色效果等，完成后单击“确定”按钮，如下图所示。

“索引颜色”对话框

03 此时图像转换为“索引颜色”模式，执行“图像 > 模式 > 颜色表”命令，打开“颜色表”对话框。其中显示了该图像所包含的 256 种颜色，此时还能在“颜色表”下拉列表中对其颜色体系进行设置，如下图所示。

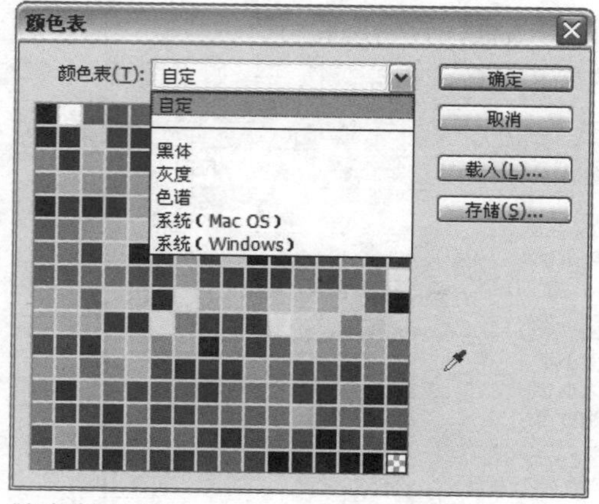

“颜色表”对话框

04 此时在任意色块上单击即可打开“选择颜色”对话框，在其中单击“添加到色板”按钮，在弹出的对话框中设置颜色名称后单击“确定”按钮，即可将颜色表中的颜色添加到“色板”面板中，如下图所示。

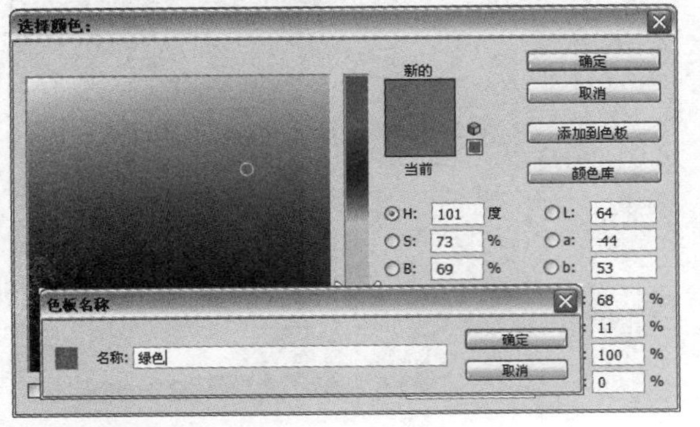

添加颜色到色板

6.3 图像色彩的查看

在 Photoshop 中，图像的颜色是通过色彩模式进行表达的，而图像色彩的准确度还可以通过“直方图”面板进行查看，下面就来认识一下“直方图”面板。

6.3.1 认识“直方图”面板

执行“窗口 > 直方图”命令即可显示“直方图”面板，在其中可以看到当前图像色阶的分布情况，默认情况下以“紧凑视图”显示，单击“直方图”面板的扩展按钮，在弹出的扩展菜单中还可以设置其他显示效果。

单击“扩展视图”选项，此时面板上会对整个色阶的分布情况进行统计，在面板的下方列出统计值。若把光标放置在色阶上，面板的右下方就会列出当前所处位置的色阶分布情况。

单击“全部通道视图”选项，则可以展开全部通道。当前图像为 RGB 模式，因此显示“红”、“绿”和“蓝”3 色通道。如果选择用原色显示通道，则会以当前颜色进行显示，同时还可以在面板上方的“通道”下拉列表中选择需要显示的通道。

紧凑视图

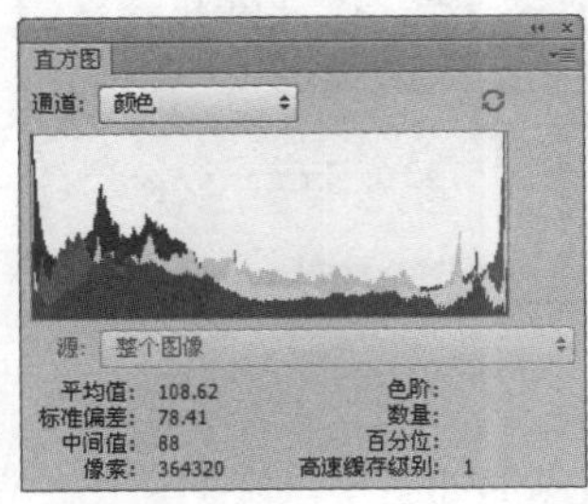

扩展视图

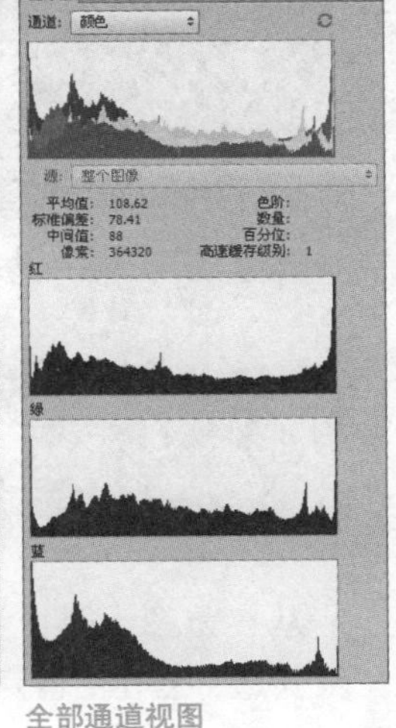

全部通道视图

6.3.2 使用“直方图”面板

在“扩展视图”或“全部通道视图”下都可以看到“通道”下拉列表，在其中有 RGB、“红”、“绿”、“蓝”、“明度”和“颜色”5 个选项，默认为“颜色”选项。为了更方便在“直方图”面板中查看图像色彩效果，可选择 RGB 选项，此时，面板中的显示区域呈黑色。

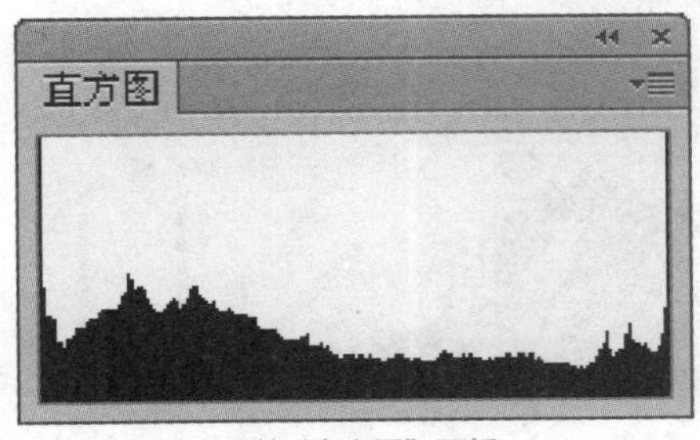

RGB 颜色模式下的“直方图”面板

直方图用于量化曝光量，能够真实、直观地反应出照片或图像的曝光情况。Photoshop 中的直方图是一个二维的坐标系，横轴（X 轴）从左向右表示亮度的递增，最左端表示最暗，最右端表示最亮。纵轴（Y 轴）从下向上表示像素的增加。一幅比较好的图像应该具备明暗细节，在柱状图上表示就是从左向右都有分布，同时直方图的两侧不会有像素溢出。下面结合几幅图像及其对应的直方图，来说明怎样通过直方图查看图像效果。

从直方图上可以看出，照片整体曝光没有太大问题，但在图像两侧局部出现了曝光溢出的情况，此时直方图的两侧有明显高出许多表示亮度的黑色细线。

从直方图上可以看出，这张图像在暗部和亮部堆积了大量的像素，而中间部分几乎没什么像素，说明照片对比过于强烈，这样的照片会丢失很多细节。

从直方图上可以看出，黑色色块集中在右边，说明这张照片整体色调偏亮，除非是特殊需要，否则可理解为照片过度曝光。

从直方图上可以看出，黑色色块偏向于左边，说明这张照片的整体色调偏暗，可以理解为图像的曝光不足。

6.4 图像色彩的自动调整

图像色彩的自动调整主要是依靠 Photoshop 的自动调整命令进行的，Photoshop 的自动调整命令包括“自动色调”、“自动对比度”和“自动颜色”3 种。使用这些自动命令能快速完成对图像的调整，但使用这些命令只能微调图像效果，下面分别进行介绍。

6.4.1 使用“自动色调”命令

使用“自动色调”命令可以快速调整图像的明暗度，使图像更加清晰、自然。该命令通过定义每个颜色通道中的阴影和高光区域，将最亮和最暗的像素映射到纯白和纯黑的程度，使中间像素值按此比例重新分布，从而去除多余灰调。执行“图像 > 自动色调”命令，Photoshop 则自动通过搜索实际图像来调整图像的明暗，使其达到一种协调状态。

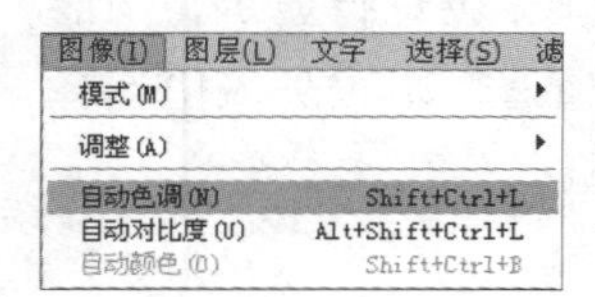

执行“自动色调”命令

原图

使用“自动色调”命令调整效果

6.4.2 使用“自动对比度”命令

使用“自动对比度”命令不会单独调整通道，因此不会引入或消除色痕。它剪切图像中的阴影和高光值后将剩余部分的最亮和最暗像素映射到纯白和纯黑，使高光更亮、阴影更暗。执行“图像 > 自动对比度”命令或按下快捷键 Alt+Ctrl+Shift+L 即可。

原图

使用“自动对比度”命令调整效果

6.4.3 使用“自动颜色”命令

使用“自动颜色”命令可自动调整图像的对比度和颜色，它通过搜索图像来标识阴影、中间调和高光区域。执行“图像 > 自动颜色”命令或按下快捷键 Ctrl+Shift+B 即可使用“自动颜色”命令对图像进行调整。

原图

使用“自动颜色”命令调整效果

6.5 色彩色调的基本调整

对图像色调和色彩的调整可统称为调色，其中“色阶”命令、“曲线”命令、“色彩平衡”命令、“亮度 / 对比度”命令、“色相 / 饱和度”命令和“自然饱和度”命令归入基本调整命令范围，下面分别对其进行介绍。

6.5.1 使用“色阶”命令

色阶是表示图像亮度强弱的指数标准，即色彩指数。图像的色彩丰满度和精细度是由色阶决定的。在 Photoshop 中可以使用“色阶”命令对图像进行调整，从而平衡图像的对比度、饱和度及灰度。

执行“图像 > 调整 > 色阶”命令或按下快捷键 Ctrl+L，打开“色阶”对话框，下面对其中的选项进行介绍。

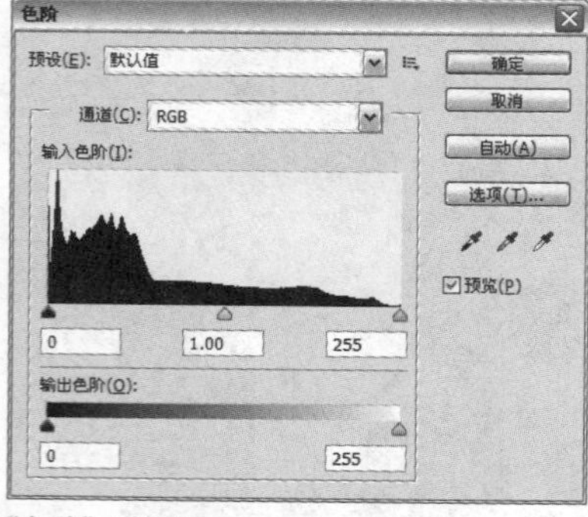

“色阶”对话框

❶**“预设”下拉列表**：在其中显示了常用的调整的预先设定，如“较暗”、“较亮”、“中间调较亮”等，选择预设选项即可按照相应的预设参数快速调整图像颜色。

❷**“通道”下拉列表**：不同颜色模式的图像，在“通道”下拉列表中显示的通道也不同，用户可根据需要进行选择。

❸**“输入色阶”选项组**：黑、灰、白滑块分别对应3个数值框，这3个数值框依次用于调整图像的暗调、中间调和高光。第一个取值范围为0~253，调整后图像中低于其数值的像素将变为黑色；第二个取值范围0.10~9.99；第三个取值范围2~255，调整后高于其数值的像素将变为白色。

❹**“输出色阶”选项组**：用于调整图像的亮度和对比度，与其下方的两个滑块对应。黑色滑块表示图像的最暗值，白色滑块表示图像的最亮值，拖动滑块调整最暗和最亮值即可实现亮度和对比度的调整。

实战 使用“色阶”命令调整图像

01 打开“实例文件\Chapter 6\Media\人物.jpg”图像文件。执行“图像 > 调整 > 色阶”命令，打开“色阶”对话框，拖动滑块设置参数，如下图所示。

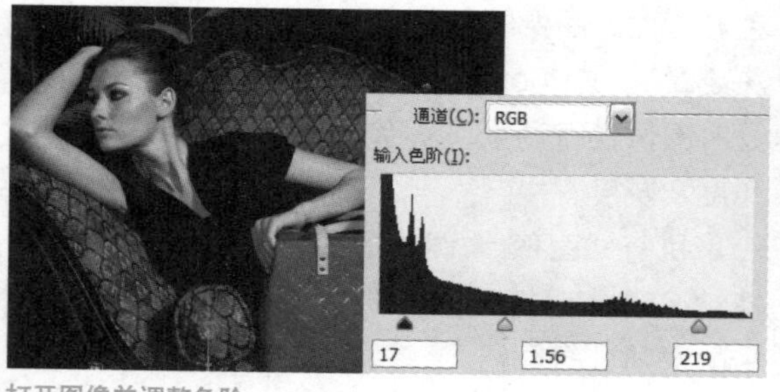

打开图像并调整色阶

02 单击“确定”按钮，此时在图像中可以看到，图像的整体对比度有所加强，同时也摆脱了图像灰蒙蒙的效果，效果如下图所示。

确认“色阶”命令调整效果

值得注意的是，默认情况下“通道”为RGB通道，但可以在“通道”下拉列表中分别对“红”、“绿”和“蓝”通道进行调整。

选择“红”通道后的调整效果

选择“绿”通道后的调整效果

选择"蓝"通道后的调整效果

6.5.2 使用"曲线"命令

"曲线"命令是通过调整曲线的斜率和形状来实现对图像色彩、亮度和对比度的综合调整，它可使图像色彩更加协调。与"色阶"命令类似，使用"曲线"命令也可以调整图像的亮度、对比度及纠正偏色等，不同的是该命令的调整范围更为精确。

执行"图像 > 调整 > 曲线"命令或按下快捷键 Ctrl+M，打开"曲线"对话框。这里对相同选项不再介绍，只对特别的选项详细讲解。

❶ **曲线编辑框：** 曲线的水平轴表示原始图像的亮度，垂直轴表示处理后新图像的亮度，在曲线上单击可创建控制手柄。

❷ **按钮：** 单击该按钮后拖动曲线上的控制手柄可以调整图像。

❸ **按钮：** 单击该按钮后将光标移动到曲线编辑框中，当其变为形状时单击并拖动，可以绘制需要的曲线调整图像。

❹ **和按钮：** 用于控制曲线编辑框中曲线部分的网格数量。

❺ **显示栏：** 包括"通道叠加"、"基线"、"直方图"和"交叉线"4个复选框，只有勾选这些复选框才会在曲线编辑框里显示3个通道叠加以及基线、直方图或交叉线等效果。

6.5.3 使用"色彩平衡"命令

色彩平衡是指图像整体的颜色平衡效果，使用"色彩平衡"命令可以在图像原色的基础上根据需要来添加其他颜色，或通过增加某种颜色的补色来减少该颜色的数量，从而改变图像的色调，达到纠正明显偏色的目的。

执行"图像 > 调整 > 色彩平衡"命令或按下快捷键 Ctrl+B，打开"色彩平衡"对话框。此处对相似选项不再进行介绍，只对特别的选项详细讲解。

❶ **"色彩平衡"选项组：** 在"色阶"数值框中输入数值即可调整RGB三原色到CMYK色彩模式之间对应的色彩变化，其取值在−100~100之间。也可直接拖动滑杆中的滑块来调整图像的色彩。

❷ **"色调平衡"选项组：** 用于选择需要进行调整的色彩范围，包括"阴影"、"中间调"和"高光"3个单选按钮单击某一个单选按钮，就可对相应色调的像素进行调整。勾选"保持明度"复选框，调整色彩时将保持图像亮度不变。

实战 使用"色彩平衡"命令调整图像

01 打开"实例文件\Chapter 6\Media\静物组合.jpg"图像文件。按下快捷键 Ctrl+B 打开"色彩平衡"对话框，如下图所示。

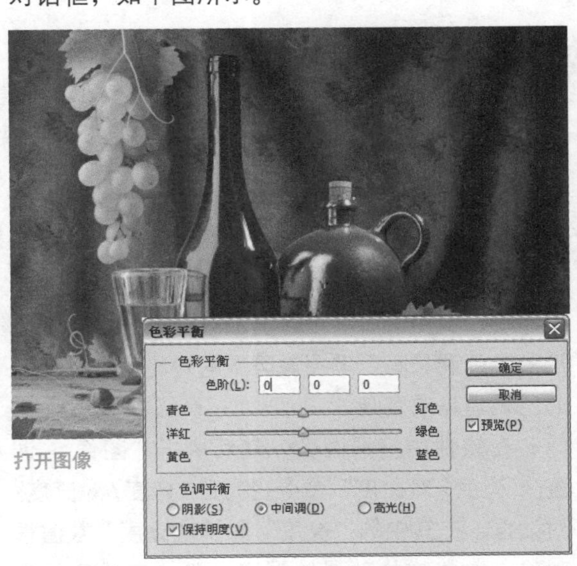

打开图像

02 在“色彩平衡”对话框中分别拖动3个滑块调整参数，并单击“高光”单选按钮，继续设置参数，调整高光部分的色彩平衡，如下图所示。

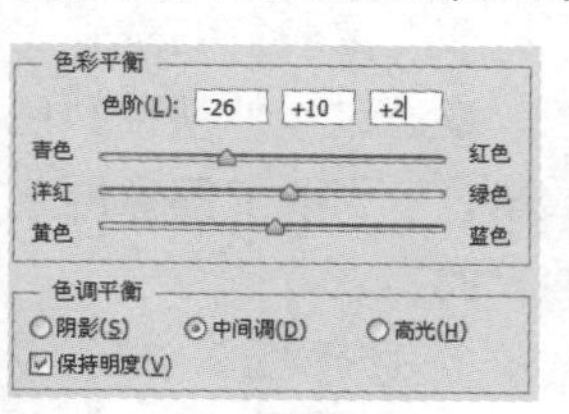

拖动滑块设置参数

03 完成设置后在对话框中单击“确定”按钮，可以看到图像偏红色色调的情况得以修复的同时，也增加了图像的亮度，赋予图像合理的青色调，使其体现出复古的质感，如下图所示。

使用“色彩平衡”命令调整后的效果

6.5.4 使用“亮度/对比度”命令

亮度即图像的明暗，对比度表示的是图像中明暗区域最亮的白和最暗的黑之间不同亮度层级的差异范围，范围越大，对比越大，反之则越小。

“亮度/对比度”命令是一个简单直接的调整命令，使用该命令可以增加或降低图像中低色调、半色调和高色调图像区域的对比度，将图像的色调增亮或变暗。

在软件中打开图像，然后执行“图像 > 调整 > 亮度/对比度”命令，打开“亮度/对比度”对话框。在其中的“亮度”和“对比度”数值框中输入数值或拖动滑块调整参数，完成后单击“确定”按钮，即可完成对图像亮度和对比度的调整。

原图

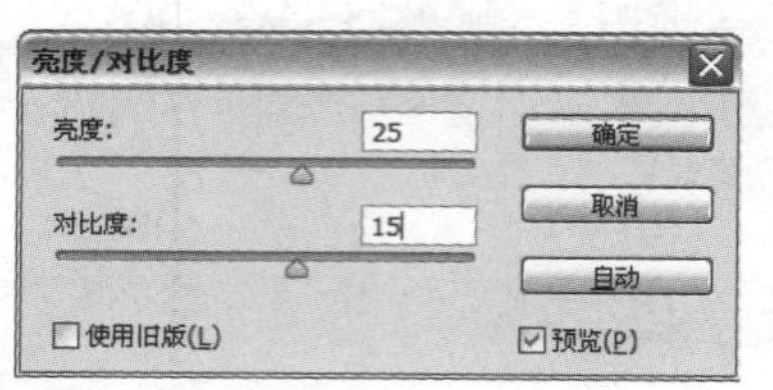

“亮度/对比度”对话框

使用“亮度/对比度”命令调整后的效果

6.5.5 使用“色相/饱和度”命令

色相由原色、间色和复色构成，用于形容各类色彩的样貌特征，如棕榈红、柠檬黄等。饱和度又称为纯度，指色彩的浓度，是以色彩中所含同亮度中性灰度的多少来衡量。

使用“色相/饱和度”命令可以调整图像的颜色，并对图像的饱和度、明度进行调整，从而使图像的色彩更为饱满。

原图

使用“色相 / 饱和度”命令调整后的效果

6.5.6 使用“自然饱和度”命令

“自然饱和度”命令用于调整饱和度，以便在颜色接近最大饱和度时最大限度地减少修剪。该调整命令增加的是饱和度相对较低颜色的饱和度，用其替换原有的饱和度。该命令可以有效防止人物肤色过度饱和。

执行“图像 > 调整 > 自然饱和度”命令，打开“自然饱和度”对话框，在“自然饱和度”和“饱和度”数值框中输入数值或拖动滑块进行调整，完成后单击“确定”按钮即可。

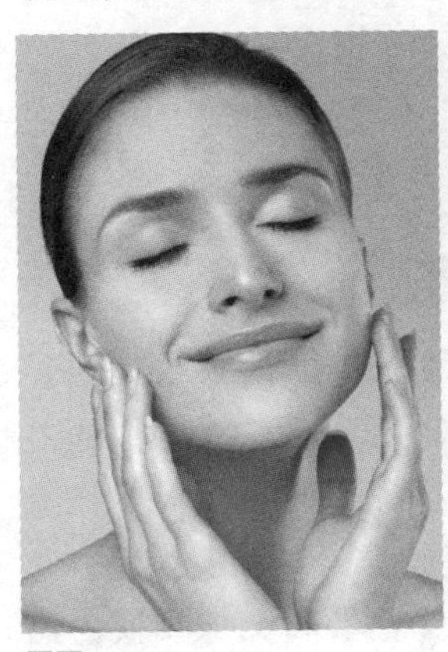

原图

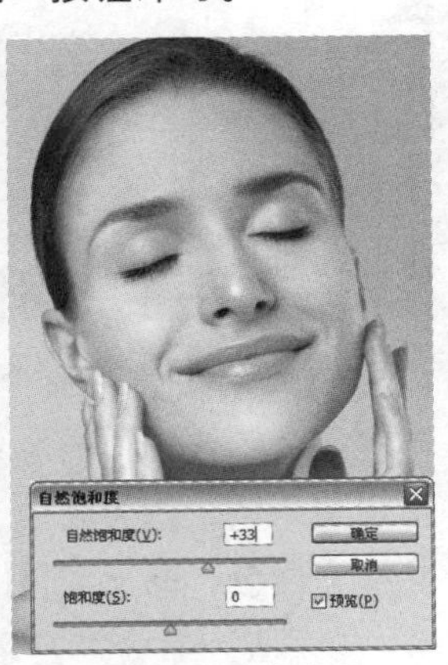

调整自然饱和度后的效果

6.6 色彩色调的特殊调整

在掌握了一定的图像调整技能后，还可以使用一些特殊命令对图像进行特殊调整，从而赋予图像不同的效果。这些命令包括“反相”命令、“去色”命令、“色调均化”命令、“色调分离”命令、“阈值”命令、“渐变映射”命令以及“黑白”命令，下面一一对其进行介绍。

6.6.1 使用“反相”命令

使用“反相”命令可以将图像中的所有颜色替换为相应的补色，从而制作负片效果，当然也可以将负片效果还原为图像原有的色彩效果。打开图像后执行“图像 > 调整 > 反相”命令即可。使用“反相”命令后，图像中的红色将替换为青色、白色将替换为黑色、黄色将替换为蓝色、绿色将替换为洋红。

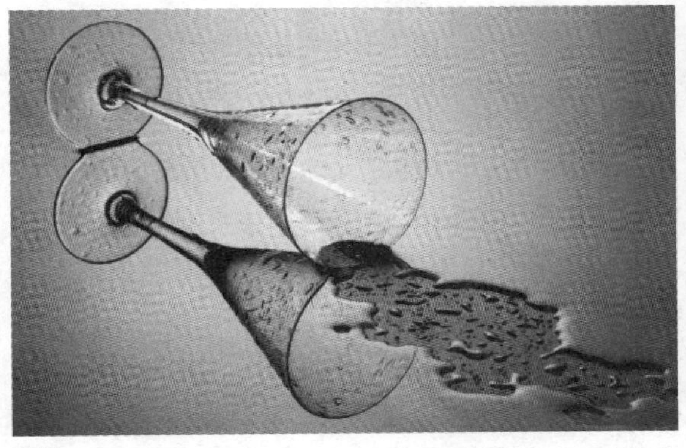

原图

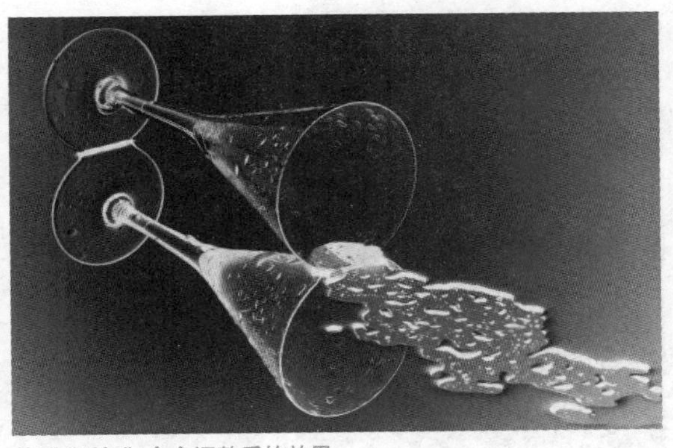

使用“反相”命令调整后的效果

6.6.2 使用“去色”命令

去色即去掉图像的颜色，将其转化为黑白灰色调。使用“去色”命令可以除去图像中的饱和度信息，将图像中所有颜色的饱和度都变为 0，从而将图像变为彩色模式下的灰色图像。其方法是打开图像后执行“图像 > 调整 > 去色”命令，该命令没有参数设置对话框。

原图

使用“去色”命令调整后的效果

6.6.3 使用“色调均化”命令

使用“色调均化”命令可以重新分布图像中像素的亮度值，以便更均匀地呈现所有范围的亮度级。其中最暗值为黑色，最亮值为白色，中间像素则均匀分布。

“色调均化”命令和“去色”命令一样，都没有参数设置对话框。其操作方法比较简单，只需执行“图像 > 调整 > 色调均化”命令即可。

原图

使用“色调均化”命令调整后的效果

6.6.4 使用“色调分离”命令

“色调分离”命令较为特殊，使用它能对图像中有丰富色阶渐变的颜色进行简化，从而使图像呈现出木刻版画或卡通画的效果。

“色调分离”命令的操作方法是，执行“图像 > 调整 > 色调分离”命令，打开“色调分离”对话框，拖动滑块调整参数，其取值范围在2~255之间，数值越小分离效果越明显。

原图

色调分离效果

“色调分离”对话框

6.6.5 使用“阈值”命令

使用“阈值”命令可将灰度模式或其他彩色模式的图像转换为高对比度的黑白图像。通过指定某个色阶作为阈值，然后将比阈值亮的像素转换为白色，而比阈值暗的像素则转换为黑色。

“阈值”命令常常用于需要将图像转换为黑白色效果的操作中，可将一些户外的建筑照片转换为手绘速写的效果。

原图

使用“阈值”命令调整后的效果

6.6.6 使用“渐变映射”命令

“渐变映射”命令的原理是在图像中将阴影映射到渐变填充的一个端点颜色，将高光映射到另一个端点颜色，而中间调映射到两个端点颜色之间。使用“渐变映射”命令可以将相等的图像灰度范围映射到指定的渐变填充色。

原图

黑白渐变映射下的图像

6.6.7 使用“黑白”命令

使用“黑白”命令可以将色彩图像转换为灰度图像，但是图像中的颜色模式保持不变。

需要注意的是使用“黑白”命令将彩色图像转换为灰度图像，与执行“图像 > 模式 > 灰度”命令将图像转换为“灰度”模式的效果是不同的，因为使用“黑白”命令转换彩色图像时，可以在“黑白”对话框中根据不同的需求进行参数设置，因此可以为黑白图像调整质感。

原图

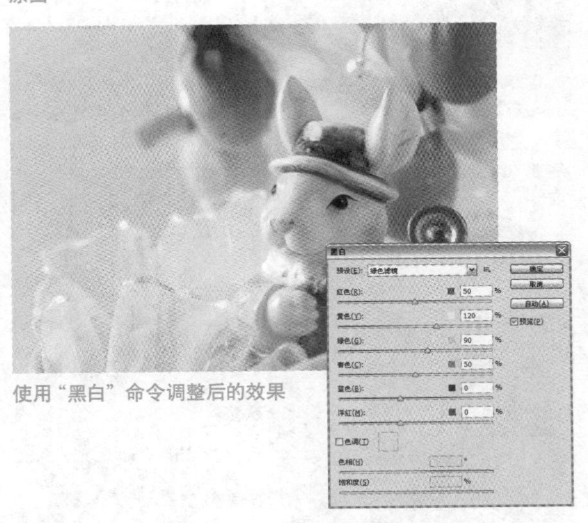

使用“黑白”命令调整后的效果

6.6.8 使用“颜色查找”命令

使用“颜色查找”命令可以加载某些特定类型的ICC文件，从而调整画面以呈现艺术感。

原图

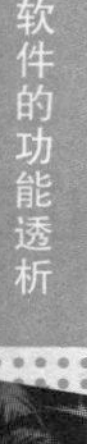

载入“3DLUT 文件”选项

载入“摘要”选项

载入“设备链接”选项

6.7 色彩色调的进阶调整

通过前面的介绍，读者应该对颜色调整的基本命令有所掌握和理解，接下来可以通过“匹配颜色”、“替换颜色”、“可选颜色”、“通道混合器”、“照片滤镜”、“阴影/高光”、“曝光度”、“变化”等命令对整幅图像色彩或图像中的单独一种色彩进行进一步调整。

6.7.1 使用“匹配颜色”命令

“匹配颜色”命令是在基元相似性的条件下，运用匹配准则搜索线条系数作为同名点进行替换，使用该命令可快速修正图像偏色等问题。

实战 使用“匹配颜色”命令调整图像

01 打开“实例文件\Chapter 6\Media\皮肤.jpg”图像文件，使用磁性套索工具沿着人物脸部创建选区，并按下快捷键 Ctrl+C 复制图像，如下图所示。

打开图像并创建选区

02 继续打开“实例文件\Chapter 6\Media\女孩皮肤.jpg”图像文件，并按下快捷键 Ctrl+V 粘贴图像，生成“图层 1”。单击“图层 1”前的“指示图层可见性”按钮将其隐藏，选择“背景”图层，如下图所示。

继续打开图像并粘贴图像

03 执行“图像 > 调整 > 匹配颜色”命令，在打开的“匹配颜色”对话框的“源”下拉列表中选择“皮肤.jpg”选项，同时勾选“中和”复选框，并拖动滑块调整参数从而调整图像效果，完成后单击“确定”按钮，如下图所示。

设置匹配颜色的源和参数

04 可以看到，经过调整后人物皮肤更具光亮质感的同时，亮度和对比度都比较适中，且图像带有一种淡淡的手绘效果，如下图所示。

确认颜色匹配

6.7.2 使用“替换颜色”命令

“替换颜色”命令的原理是对图像中某颜色范围内的图像进行调整，使用该命令可以改变图像中部分颜色的色相、饱和度和明暗度，从而达到改变图像色彩的目的。

执行“图像>调整>替换颜色”命令，打开“替换颜色”对话框。由于默认情况下勾选了“选区”复选框，在图像栏中出现的为需替换颜色的选区效果，呈黑白图像显示，白色代表替换区域，黑色代表不需要替换的颜色。

实战 使用“替换颜色”命令更换图像颜色

01 打开“实例文件\Chapter 6\Media\花.jpg”图像文件，执行“图像 > 调整 > 替换颜色”命令，打开“替换颜色”对话框，使用吸管工具在图像中的花朵上单击吸取颜色，如下图所示。

打开图像并吸取颜色

02 在“替换”选项组中拖动滑块调整参数以设置替换后的颜色，此时在图像中可以看到，图像中的蓝色替换为粉红色，如下图所示。

替换颜色

03 此时在“替换颜色”对话框中单击“添加到取样”按钮，然后在图像花朵的边缘上单击，此时花边上的蓝色替换为洋红色，如下图所示。

添加取样颜色

04 使用相同的方式，继续在图像的蓝色区域单击，将颜色替换为红色系中的颜色，使整个画面更协调，如下图所示。

添加替换颜色

6.7.3 使用“可选颜色”命令

“可选颜色”命令的工作原理是对限定颜色区域中各像素的青、洋红、黄、黑这 4 色油墨进行调整，从而在不影响其他颜色的基础上调整限定的颜色。使用“可选颜色”命令可以有针对性地调整图像中某个颜色或校正色彩平衡等颜色问题。

原图

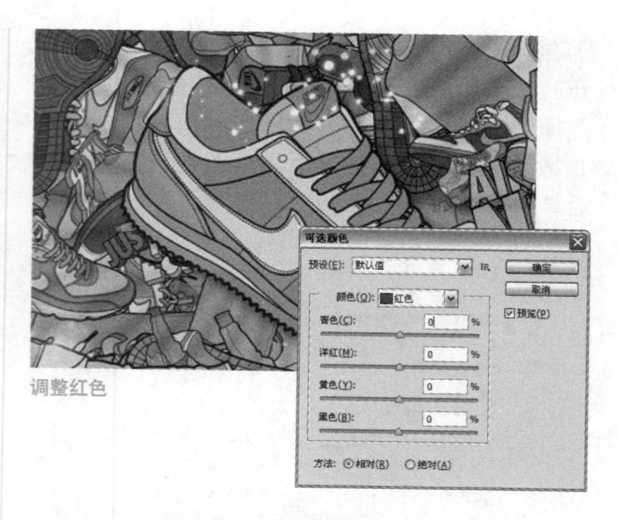

调整红色

6.7.4 使用“通道混合器”命令

使用“通道混合器”命令可将图像中某个通道的颜色与其他通道中的颜色进行混合，使图像产生合成效果，从而达到调整图像色彩的目的。它能快速地调整图像色相，赋予图像不同的画面效果与风格，下面对其参数设置对话框中的一些重要选项进行介绍。

❶ **“输出通道”下拉列表**：在其中可以选择对某个通道进行混合。

❷ **“源通道”选项组**：拖动滑块可以减少或增加源通道在输出通道中所占的百分比，其取值范围在−200~200之间。

❸ **常数**：该选项可将一个不透明的通道添加到输出通道，若为负值视为黑通道，正值则视为白通道。

❹ **“单色”复选框**：勾选该复选框后可以对所有输出通道应用相同的设置，创建该色彩模式下的灰度图，也可继续调整参数使灰度图像呈现不同的质感效果。

原图

混合图像

6.7.5 使用“照片滤镜”命令

“照片滤镜”命令的原理是通过颜色的冷暖色调来调整图像，使用该命令可以在对话框的下拉列表中选择相应的预设选项，以便对图像色调进行调整，同时还可以通过“选择滤镜颜色”对话框来制定颜色。

原图

添加“青”滤镜

6.7.6 使用“阴影/高光”命令

使用“阴影 / 高光”命令可以校正由于强逆光而导致过暗的照片局部，或校正由于太接近相机闪光灯而有些过亮的照片局部。

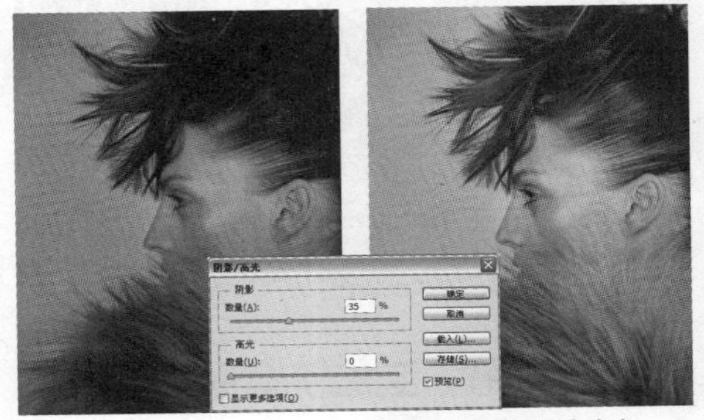

原图　　　　粗略调整图像阴影和高光

6.7.7 使用“曝光度”命令

使用“曝光度”命令可以调整图像的色调，其原理是通过对图像的线性颜色执行计算而得出曝光数据，在使用过程中，可以根据实际需要调整具有特殊曝光效果的图像。

实战 使用“曝光度”命令调整图像

01 打开“实例文件\Chapter 6\Media\文字.jpg”图像文件，执行“图像 > 调整 > 曝光度”命令，打开“曝光度”对话框，在其中拖动滑块调整参数，如下图所示。

打开图像

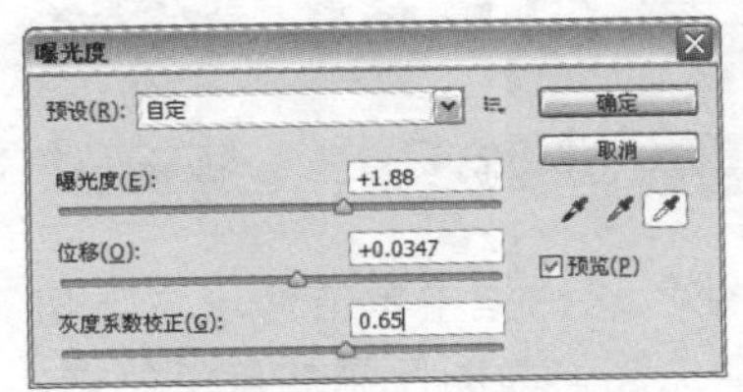

打开“曝光度”对话框并设置参数

02 单击“确定”按钮确认设置，此时在图像中可以看到，文字图像添加了一种聚焦的光线效果，如下图所示。

使用“曝光度”命令调整后的效果

6.7.8 使用“变化”命令

“变化”命令可以显示替代图像或者是调整后图像的缩览图，并通过调整图像色彩平衡、对比度、饱和度等快速对图像效果进行调整。它在功能上整合了色彩平衡、亮度和对比度以及色相、饱和度等各种调整命令。

实战 使用“变化”命令综合调整图像

01 打开“实例文件\Chapter 6\Media\飞机.jpg”图像文件，执行“图像 > 调整 > 变化”命令，打开“变化”对话框，如下图所示。

打开图像

02 在打开的“变化”对话框中单击两次左下角的“加深蓝色”缩览图，为图像添加蓝色色调，如下图所示。

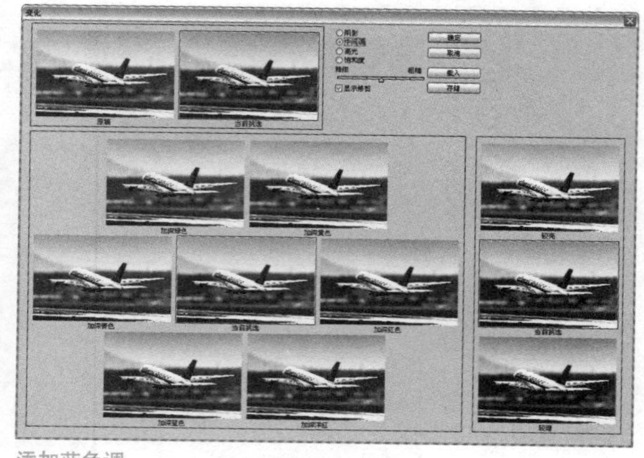
添加蓝色调

03 继续在打开的“变化”对话框中单击“加深黄色”缩览图，适当恢复图像的蓝色调，添加黄色调以平衡图像色感，如下图所示。

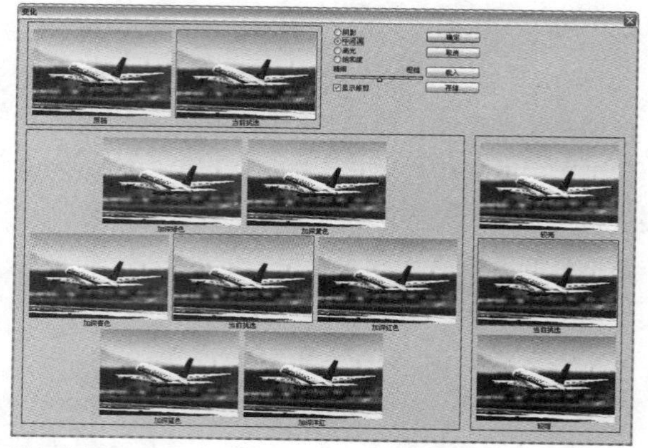
添加黄色调

04 此时调整后的图像显示在对话框左上角的“当前挑选”中，确认效果后单击“确定”按钮退出“变化”对话框，图像效果改变，如下图所示。

使用“变化”命令调整后的效果

疑难解答

001

Q “色相/饱和度”对话框中“着色”复选框的作用是什么？

A 在“色相 / 饱和度”对话框中勾选“着色”复选框后，在对话框中拖动“色相”以及“饱和度”滑块调整参数，可以使图像呈现多种富有质感的单色调效果。

002

Q 调整命令参数设置对话框中的“预览”复选框有何含义？

A 在 Photoshop 调色命令中，打开相关的参数设置对话框，默认情况总是勾选了“预览”复选框。这表示在对话框中设置参数的同时即可对图像效果进行预览，若取消勾选该复选框，则调整参数的效果不会在图像中同步显示，只有在单击“确定”按钮确认设置后才能查看调整后的图像效果。

003

Q 如何在“曲线”对话框中快速切换曲线网格？

A 在打开的“曲线”对话框中，按住 Alt 键的同时在网格线内单击，可以使网格线变得精细或粗糙，再次单击即可恢复原状。按住 Shift 键的同时单击锚点可选择多个锚点，按住 Ctrl 键的同时单击某一个锚点可将其删除。

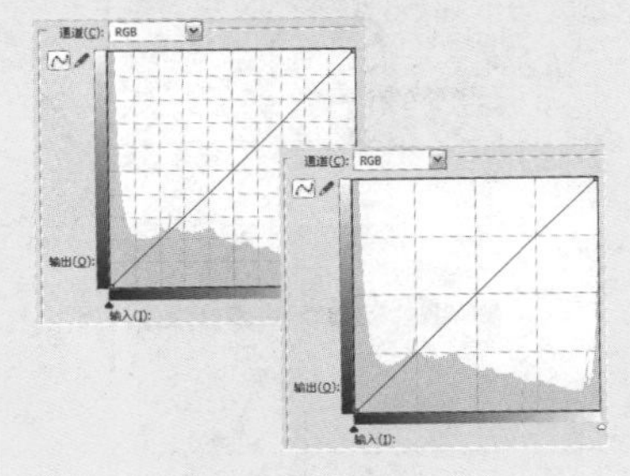

004

Q “灰度”模式下的图像与使用调整命令得到的单色图像有什么区别？

A 将图像转换为“灰度”模式后，软件扔掉了图像的颜色信息，因此无法使用“色相/饱和度”等用于调整图像色调的命令。要得到“灰度”模式的图像效果，且要保留图像的颜色信息，可执行“去色”、“黑白”或“通道混合器”等命令，将图像转换为具有颜色信息的单色图像。

005

Q “位图”模式下的图像大小与其他模式下的图像大小有什么区别？

A “位图”模式下的图像由于细节保留较少，因此所占存储空间也较少。即使是在宽度、高度和分辨率相同的情况下，“位图”模式的图像尺寸也是最小的，它的尺寸大约是“灰度”模式的 1/7，是 RGB 颜色模式的 1/22，甚至更低。

006

Q 如何使用“色阶”命令快速进行颜色定位？

A 在“色阶”对话框中有3个按钮，分别为“设置黑场”按钮、“设置灰场”按钮和“设置白场”按钮，单击不同的按钮即可将取样的颜色设置为最暗像素、中间调像素或最亮像素，从而起到快速调整图像整体亮度和灰度的作用。

PART 02 软件的功能透析

007

Q 如何对新建的渐变样式进行保存？

A 在“渐变编辑器”对话框中手动设置渐变样式后可单击“新建”按钮，即可将通过设置后的渐变颜色样式存储在渐变样式选择框中，以便下次使用时能快速调用，避免每次用到相同或相似的渐变时进行重复设置，从而节省工作时间。

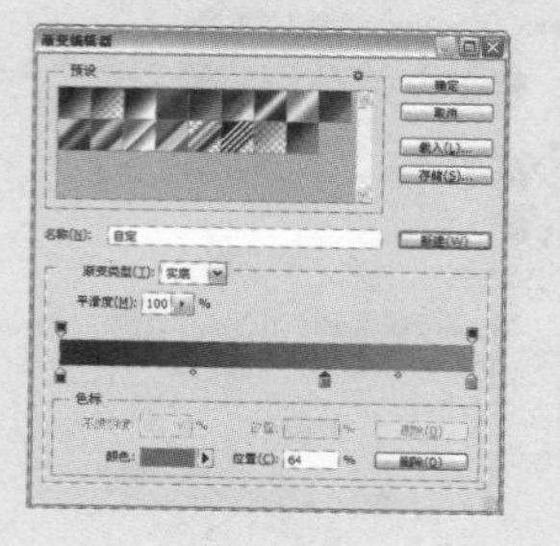

008

Q “索引颜色”模式的用途有哪些？

A “索引颜色”模式能够保持多媒体动画、Web网页等所需要的视觉品质，同时有效地减少文件大小。256种颜色是GIF、PNG-8格式以及许多多媒体应用程序支持的标准颜色数目，在这种模式下只能进行有限的编辑，要进一步编辑，可将该格式的文件临时转换为RGB模式。值得注意的是，“索引颜色”模式下的文件一般可存储为PSD、BMP、GIF、EPS、PNG、TIFF等格式。

009

Q “调整”级联菜单中的命令和“调整”面板中命令有何区别？

A 在Photoshop中，“图像 > 调整”命令下级联菜单中的系列调整命令和“调整”面板中的命令是相对应的。但它们操作的结果略有差别。应用“调整”命令将改变图像本身的像素，而应用“调整”面板中的命令则是在不破坏图像本身像素的情况下创建独立的调整图层，此外还可以对调整参数进行重复查看和编辑修改，所以在对图像进行调整时，一般使用“调整”面板中的相关命令进行操作。

010

Q 调整图像色调后如何快速为另一幅图像赋予相同的色调？

A 可首先通过“通道混合器”命令对其中一幅图像进行色调调整，并在打开的“通道混合器”对话框中单击“预设选项”按钮，在弹出的快捷键菜单中单击“存储预设”选项，在打开的“存储”对话框中对预设进行存储。再打开另一幅图像，执行相同的命令，在该对话框中单击“预设选项”按钮，在弹出的快捷菜单中单击“载入预设”选项，在打开的对话框中选择存储的预设，即可为其应用相同的色调。

011

Q 怎样使用“变化”命令对图像不同区域的颜色进行调整？

A 在“变化”对话框中，除了可以对整体图像的颜色进行改变外，还可以针对不同的区域进行颜色调整，此时可分别单击“阴影”、“高光”和“饱和度”单选按钮，然后在相应的缩览图上单击，即可分别对图像中的阴影部分或高光部分的细节进行调整，从而达到使图像效果更完善的目的。

○阴影
◉中间调
○高光
○饱和度

012

Q 在“变化”对话框中，如何使调整恢复到初始状态？

A 在Photoshop软件中，由于执行“变化”打开的对话框较大，会覆盖整个显示屏幕，调整时无法同时对图像效果进行预览，此时如果对调整效果不是很满意，可单击“原稿”缩览图，此时不管经多少步调整，图像都会恢复到最初的效果。

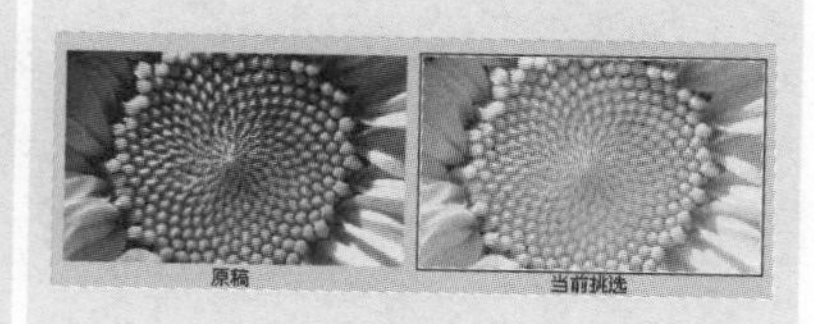

文字的编辑与应用

本章从字体的安装与添加入手，对文本的输入和选择、文本的设置以及文本的编辑 3 个方面对文本相关操作逐一进行介绍，同时对“字符”和“段落”面板进行深入剖析，使读者全面掌握 Photoshop 的文字编辑技巧。

设计师谏言

文字是另一种形式的艺术语言，在平面设计中除了对内容的表达外，文字还兼具了设计元素的职能。优秀的平面设计作品往往都是内外兼修、图文并茂的。在设计中也可以把文字构思为规则的形状，使其在整体设计中发挥出画龙点睛的作用。

设计百宝箱

平面设计中文字的多种表现

文字在版面中相当于“点”，具有简洁而突出的特性。文字是编排设计中的基本要素，在版式设计中起着平衡画面、强调重点、增加版面跳跃感的作用。没有文字的版面很难达到画面平衡与广告宣传的效果。从信息的角度来看，文字可分为标题、副标题、正文、附文等。设计师必须根据文字内容的主次关系，通过合理的视觉流程进行编排，使之吸引观者的目光。

在编排过程中，不同文字有着对比的视觉效果，它主要通过文字的色彩、形状来体现。另外，文字形状会产生大小对比、规律或残缺的版面效果。文字的色调不同，所展现的空间层次与画面含义也不同，这使画面更生动。利用文字的这些特性，可以在设计中体现空间感。文字的编排主要分为横排与竖排两种形式，横排指文字由左至右排列，竖排则指由上至下排列。在设计中，文字没有限定的编排方向，横排、竖排甚至混用均可，这是文字编排的特色之一。

Point 01 文字的突出性

突出性文字是指在平面设计中采用具象或抽象的图形从颜色与字体上对文字进行区分，使其在广告画面中具有突出、醒目的视觉效果。这类文字常用于对广告设计作品信息的强调以及增强画面层次感。

Point 02 重要信息的编排

在平面设计广告中，对于一些相对比较重要的文字，通常会从色彩或字体上将其与正文文字进行区分，使其在画面中更突出，但是与突出性文字相比效果仍较弱。

Point 03 段落文字

在平面设计广告中，通常对正文信息采用段落的形式进行编排，一般采用左对齐、右对齐或全部对齐等方式进行编排。

标题文字

在平面广告设计作品中，通常将标题文字放置于画面的顶部、中部或底部，这类文字在字体上明显区别于其他内容性文字，是画面文字中的第一视觉亮点，也是对整个广告版面信息的归纳性文字。

副标题文字

在平面广告设计作品中，副标题文字一般编排在标题文字的四周，起着对标题文字补充说明和解释的作用。在字体大小与样式上区分于标题文字，是广告画面中的第二重要元素。

图案性文字

在平面设计中，文字分为具有可读性特征与非可读性特征两种，通过对文字的不同应用表现不同的宣传目的。图案性文字在广告画面中充当图案效果，在进行信息宣传的同时有增添画面趣味性的功能。

说明性文字

在该版面中，说明性文字采用分段落的形式进行编排，通过不同的信息点进行重要信息说明，统一以左对齐形式进行编排符合阅读习惯，能够准确地进行广告信息宣传。

7.1 字体的安装与添加

在使用 Photoshop 的过程中，可在电脑中安装多种艺术字体或较为特殊的字体，以便在进行设计时能快速应用合适的字体。默认情况下，在文字工具属性栏的“字体”下拉列表中会显示电脑中安装的字体，需要时可添加新的字体。

首先存放选择需要安装或添加的字体，按下快捷键 Ctrl+C 复制文件，然后进入 C:\WINDOWS\Fonts 文件夹，在其中按下快捷键 Ctrl+V 粘贴字体即可安装文字字体。若安装的字体电脑中已存在，则会弹出“Windows 字体文件夹”询问框，单击“确定”按钮则跳过该字体继续安装其他字体。

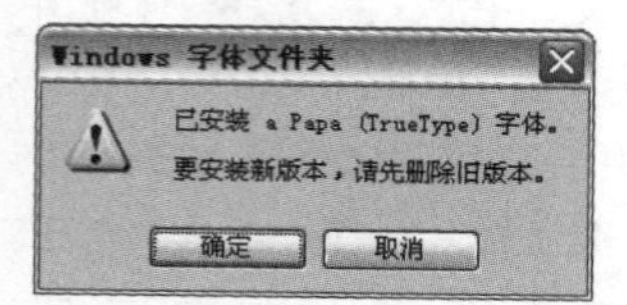

“字体文件夹”询问框

“安装字体进度”显示框

值得注意的是，安装字体的时候需先关闭 Photoshop，安装完成后重新启动 Photoshop，即可在文字工具属性栏的“字体”下拉列表中看到新安装的字体。

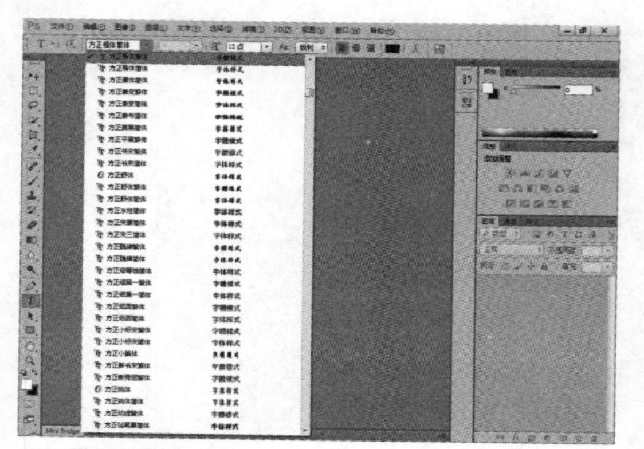

显示安装的字体

7.2 文本的输入

在使用 Photoshop 进行平面设计时，文字是不可或缺的元素之一，它能辅助传递图像的相关信息。使用 Photoshop 对图像进行处理，若能在适当的位置添加文字，可以使图像的画面感更完善。用户可以根据具体情景，输入横排、直排文字或段落文字等，也可以根据输入的文字创建文字型选区，拓展文字的修饰性功能。

7.2.1 认识文字工具组

在 Photoshop 的工具箱中，右击横排文字工具，即可显示出文字工具组中的其他工具。

文字工具组包括横排文字工具、直排文字工具、横排文字蒙版工具和直排文字蒙版工具。横排文字工具用于输入水平方向的文字；直排文字工具用于输入垂直方向的文字；横排文字蒙版工具和直排文字蒙版工具用于创建横排或直排的文字型选区。

横排文字工具 T
直排文字工具 T
横排文字蒙版工具 T
直排文字蒙版工具 T

文字工具组中的工具

选择文字工具后，将在菜单栏下方显示该工具的属性栏，属性栏中包括了多个按钮和选项，这里以横排文字工具属性栏为例进行介绍。

Arial | Italic | 36 点 | 锐利

文字工具属性栏

❶ **“切换文本取向”按钮**：单击该按钮即可实现文字横排和直排之间的转换。

❷ **“设置字体系列”下拉列表**：用于设置文字字体样式。

❸ **“设置字体样式”下拉列表**：用于设置文字的加粗、斜体等样式。

❹ **“设置字体大小”下拉列表**：用于设置文字的字体大小，默认单位为点，即像素。

❺ **“设置消除锯齿的方法”下拉列表**：用于设置消除文字锯齿的模式，包括“无”、“锐利”、“犀利”、“浑厚”和“平滑”5个选项。

❻ **对齐按钮组**：用于快速设置文字的对齐方式，从左到右依次为“左对齐”、“居中对齐”和“右对齐”。

❼ **“设置文本颜色”色块**■：单击色块，打开“选择文本颜色”对话框，在其中可以设置文本颜色。

❽ **“创建文字变形”按钮**：单击该按钮即可打开“变形文字”对话框，在其中可设置文字的变形样式。

❾ **“切换字符和段落面板”按钮**：单击该按钮即可快速打开“字符”面板和“段落”面板。

7.2.2 输入横排点文字

在 Photoshop 中，将单个的或一句话形式且不成段落的文字称为点文字。要输入横排点文字则需要使用横排文字工具，按照传统的输入顺序，可以从左到右输入水平方向的文字。

单击横排文字工具，在属性栏中设置文字字体及字号。在图像中需要输入文字的位置单击，显示插入点，直接输入文字。完成后单击属性栏中的“提交所有当前编辑”按钮，即可完成文字的输入。

横排文字输入效果

7.2.3 输入直排点文字

要输入垂直方向的文字则需要使用直排文字工具。单击直排文字工具，在属性栏中设置文字的字体和字号。在图像中需要输入文字的位置单击，此时出现插入点，在文本插入点后输入文字内容，完成后单击属性栏中的“提交所有当前编辑”按钮即可完成文字的输入。

值得注意的是，若输入文字有误或需要更改文字，单击属性栏中的“取消所有当前编辑”按钮，可以取消所有文字的输入，也可以按下键盘上的 Backspace 将输入的文字逐个删除。完成文字的输入后，也可以使用移动工具调整文字的位置。

原图

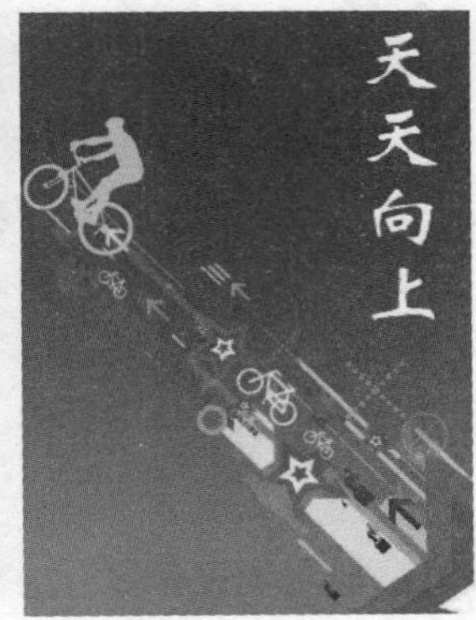

直排文字输入效果

7.2.4 输入段落文字

段落文字是指以至少一段话为单位的文字，段落文字的特点是文字较多。在 Photoshop 中可通过直接创建段落文字的方式来输入文字，以便对文字进行管理和对格式进行设置。

实战 在图像中输入段落文字

01 打开“实例文件\Chapter 7\Media\祈祷.jpg”图像文件。单击横排文字工具，在属性栏中分别设置字体和字号，在图像中拖动绘制文本框，此时文本插入点自动出现在文本框的前端，如下图所示。

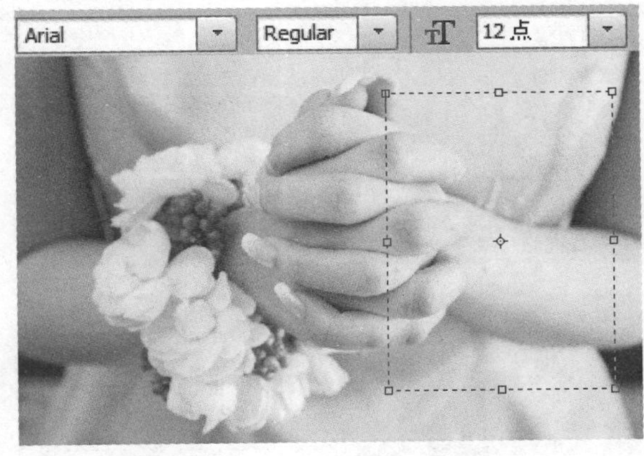

打开图像并绘制文本框

02 在文本框插入点后输入文字，当输入的文字到达文字框边缘时则自动换行，若要手动换行可直接按下 Enter 键，如下图所示。

输入段落文字

03 继续输入文字，当文字内容继续增加时，由于绘制的文本框较小，一些输入的文字内容不能完全显示在文本框中，如下图所示。

继续输入文字

04 此时将光标移动到文本框边缘，当光标变为上下箭头形状时拖动文本框的边缘即可调整文本框大小，使文字全部显示在文本框中，如下图所示。

调整文本框大小

05 此时可以单击属性栏中的“提交所有当前编辑”按钮 ☑，确认文字输入的同时隐藏文本框，如下图所示。

输入段文字效果

7.2.5 转换段落文本与点文本

在 Photoshop 中，段落文字和点文字可以相互转换。其方法是在图像中输入文字后单击文字工具，在输入的文字上右击，若输入的是点文字，则在弹出的菜单中选择“转换为段落文本”选项。若输入的是段落文本，则可在弹出的菜单中选择“转换为点文本”选项，这样就可以在点文本和段落文本之间进行转换。

点文本与段落文本的切换

此时需要注意的是，图像中的文字转换为段落文本后，每次单击文字工具，图像中都会显示出段落文本框，表示该处的文本为段落文本，可快速进行编辑操作。

转换为段落文本后的效果

7.2.6 输入文字型选区

文字型选区即以文字的边缘为轮廓，形成文字形状的选区。Photoshop 为用户提供了文字蒙版工具，以便用户创建文字型选区。

文字蒙版工具包括横排文字蒙版工具和直排文字蒙版工具，它与文字工具的区别在于使用这类工具可以创建未填充颜色的，以文字为轮廓边缘的选区。

在实际的操作运用中，用户可以为文字型选区填充渐变颜色或图案，以便制作更丰富的文字效果。

实战 利用文字型选区制作渐变文字效果

01 打开“实例文件\Chapter 7\Media\简洁图像.jpg”图像文件。单击横排文字蒙版工具，在属性栏中分别设置字体和字号，在图像中单击定位文本插入点，此时图形被半透明红色覆盖，呈现蒙版的效果状态，如下图所示。

打开图像并定位文本插入点

设置文字字体及大小

02 在文本插入点后输入文字，此时文字显示与在蒙版编辑状态下相反的颜色，以便用户能快速对输入文字进行查看，如下图所示。

输入文字

03 单击属性栏中的“提交所有当前编辑”按钮，退出蒙版编辑状态，此时在图像中可以看到，输入的文字自动转换为选区，如下图所示。

创建文字型选区

04 单击选框工具组中的任意选框工具，将光标移动到选区上，光标发生变化后即可移动选区调整其位置，如下图所示。

移动选区

05 单击渐变工具，在属性栏中单击渐变色条旁的下拉按钮，在渐变样式选择面板中追加“蜡笔”组中的渐变样式，然后设置渐变样式为“蓝色、黄色、粉红”。按住 Shift 键的同时在文字型选区中拖动绘制渐变，按下快捷键 Ctrl+D 取消选区，为图像添加多彩文字效果，如下图所示。

填充渐变颜色并取消选区

7.3 文本的选择

对文本的选择是对文字进行编辑操作的基础，在 Photoshop 中，对文本的选择可以分为选择部分或单个文本和选择全部文本两种方式，下面分别进行介绍。

7.3.1 选择部分文本

选择部分文本的方法十分简单，只需单击相应的文字工具，在需要选择的文本的前或后单击并沿文字方向拖动鼠标，即可选择光标经过的文本，此时选择的文本呈反色显示。

插入文本插入点

选择部分文本

7.3.2 选择全部文本

选择全部文本就是将段落文本框中的全部文字选中，使其呈反色显示。这里也可以使用选择部分文本的方法，即使用拖动鼠标选择全部文本。除此之外，在段落文本框中插入文本插入点后按下快捷键 Ctrl+A 也可全选文本。

输入的段落文字

选择全部文本

7.4 “字符”、“段落”面板

在使用 Photoshop 输入文字并调整文字效果的过程中，除了可以在属性栏中对文字进行设置外，Photoshop 还为用户提供了“字符”和“段落”两个面板，在其中整合了相关样式、效果、分布等设置选项，下面分别来认识一下这两个面板。

7.4.1 认识“字符”面板

执行“窗口 > 字符”命令即可显示“字符”面板。默认情况下“字符”面板和“段落”面板是一起出现的，以便用户快速进行切换运用。在“字符”面板中可以对文字进行编辑和调整，包括对文字的字体、字号（即大小）、间距、颜色、显示比例和显示效果进行设置。

“字符”面板的功能与文字工具属性栏类似，但其功能更全面，下面对面板中各选项的功能进行介绍。

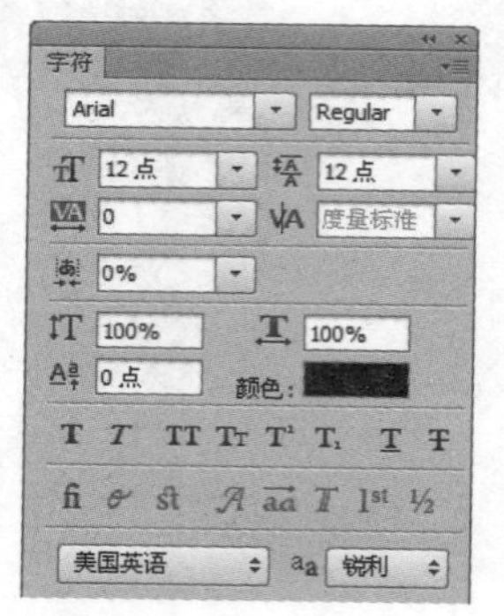

“字符”面板

❶ **“设置行距”按钮**：用于设置输入文字行与行之间的距离。

❷ **“垂直缩放”按钮**：用于设置文字垂直方向上的缩放大小，即高度。

❸ **“水平缩放”按钮**：用于设置文字水平方向上的缩放大小，即宽度。

❹ **“字距调整”按钮**：用于设置文字字与字之间的距离。

❺ **“比例间距”按钮**：用于设置文字字符间的比例间距，数值越大字距越小。

❻ **“基线偏移”按钮**：用于设置文字在默认高度基础上向上（正）或向下（负）偏移的数量。

⑦ **颜色色块：** 单击该颜色色块，在弹出的对话框中可对文字颜色进行调整。

⑧ **文字效果按钮组**：从左到右依次为仿粗体、仿斜体、全部大写字母、小型大写字母、上标、下标、下划线和删除线，单击按钮即可为文字添加相应的特殊效果。

7.4.2 认识“段落”面板

在“字符”面板中单击“段落”标签即可切换到“段落”面板。设置段落格式包括设置文字的对齐方式和缩进方式等，不同的段落格式具有不同的文字效果。“段落”面板中各选项的功能介绍如下。

① **对齐方式按钮组**：从左到右依次为左对齐文本、居中对齐文本、右对齐文本、最后一行左对齐、最后一行居中对齐、最后一行右对齐和全部对齐。

② **缩进方式按钮组：** 包括“左缩进”按钮、“右缩进”按钮和“首行缩进”按钮。

“段落”面板

③ **添加空格按钮组：** 其中包括“段前添加空格”按钮和“段后添加空格”按钮。设置相应的点数后，在输入文字时可自动添加空格。

④ **“避头尾法则设置”下拉列表：** 可将换行行距设置为宽松或严格。

⑤ **“间距组合设置”下拉列表：** 可以设置内部字符集间距。

⑥ **“连字”复选框：** 勾选该复选框可将文字的最后一个英文单词拆开，形成连字符号，而剩余的部分则自动换到下一行。

7.5 文本格式的设置

在学习了对文字的输入后，接下来需要掌握文字格式的相关设置，以便对文字方向、字体、字号、颜色等进行调整，使文字效果更加多变，同时也让整个图像更加具有艺术美感。

7.5.1 更改文本方向

更改文本方向即将水平排列的文字转换为垂直排列的文字，或将垂直排列的文字转换为水平排列的文字。更改文本方向有两种方法，一是在输入文本后单击属性栏中的“更改文本方向”按钮，实现文字横排和直排之间的转换。而另一种是使用文字工具在文字上右击，在弹出的菜单中选择“水平”或“垂直”选项，更改文本方向。

值得注意的是，由于更改文本方向后文字在图像中的位置可能有所变动，更改后可使用移动工具对更改方向后的文字进行位置调整。

横排文字效果

更改后的直排文字效果

7.5.2 更改文本字体和大小

在图像画面中输入文字后，若需要对文本的字体和大小进行调整，可以在属性栏中进行设置，也可以在“字符”面板中进行设置。

更改文本字体和大小的方法是，首先在添加文字后选择需要修改的文字，然后在文字工具的属性栏或“字符”面板中的“设置字体系列”下拉列表中选择合适的字体，并在“设置字体大小”下拉列表中设置文本的点数即可。

选择文字

设置字体和大小后的效果

7.5.3 设置字体样式

字体样式是指字体的加粗、斜体等样式。在“字符”面板的“设置字体样式”下拉列表框中可以清楚地看到，有的英文字体自带了一些字体样式，用户可在其中直接选择相应的选项生成相应的样式，而在选择大多数中文字体时，由于没有自带的样式，则未激活“设置字体样式”下拉列表。

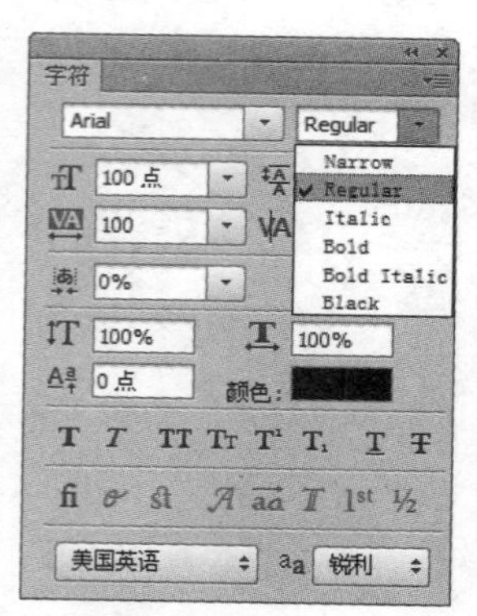

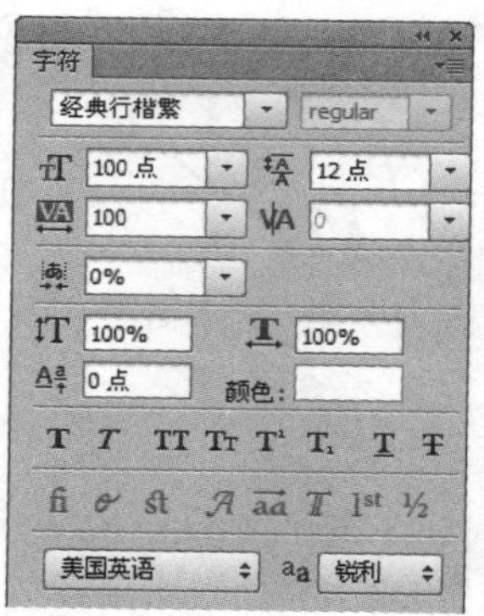

不同情况下的“设置字体样式”下拉列表

相同的字体和大小情况下，不同字体样式的效果

7.5.4 设置文本的行距

行距即文字行与行之间的距离，在“字符”面板中可以看到，默认情况下“设置行距”为“自动”。

调整行距的方法十分简单，选择文字所在图层后，在“字符”面板中单击“设置行距”下三角按钮，在弹出的下拉列表中选择相应的点数即可对行距进行调整。

自动行距的效果

行距为 9 点的效果

行距为 18 点的效果

行距为 6 点的效果

7.5.5 设置文本的间距

间距调整有两种，一种是调整文字字符间的比例间距，数值越大，字距越小。另一种是调整字与字之间的距离，即“字距调整”。下面分别进行介绍。

1. 调整比例间距

比例间距默认情况下为 0%。选择需要调整的文字，在“字符”面板中单击“设置所选字符的比例间距”下三角按钮，在弹出的下拉列表中选择相应的百分比，即可对文字的比例间距进行调整。

默认间距效果

比例间距为 100% 的文字效果

2. 调整文字字距

设置文字字距的方法与设置比例间距的方法相似，这里不再赘述。值得注意的是，字距调整的取值是在 −100~200 之间。当间距为 −100 时文字字距最小，文字紧紧贴在一起。当为 200 时，则文字字距为最大，字与字之间分隔较大。

字距调整为 −100 时的文字效果

字距调整为 200 时的文字效果

7.5.6 设置文本的缩放

文本的水平缩放代表文字在水平方向上的大小比例，垂直缩放代表文字在垂直方向上的大小比例。输入文字后可对全部文字或部分文字进行水平或垂直方向上的缩放调整，通过调整文字的高度或宽度，可使其呈现不同的编排效果。

设置文本缩放的方法是首先在图像中选择需要调整缩放的文字，使文字呈反相显示，然后在“字符”面板的“垂直缩放”和“水平缩放”数值框中输入相应的比例数值，按下 Enter 键确认缩放比例即可对所选文字进行缩放。此时，100% 为默认标准比例，小于 100% 则表示对文字进行了压缩，大于 100% 则表示对文字进行了拉伸。

100% 100%

选择部分文字

130% 160%

调整水平缩放和垂直缩放效果

7.5.7 设置文本的颜色

文字的颜色一般情况下默认为前景色，设置文本的颜色具体操作步骤如下。

实战 调整文字的颜色

01 打开“实例文件 \Chapter 7\Media\ 葡萄酒 .jpg”图像文件。单击横排文字工具，在图像中输入文字，并在“字符”面板中设置文字的字体和大小，如下图所示。

打开图像并输入文字

02 在打开的“字符”面板中单击颜色色块，打开“选择文本颜色”对话框，在其中设置文字颜色为赭石色（R60、G31、B5），完成后单击“确定”按钮，如下图所示。

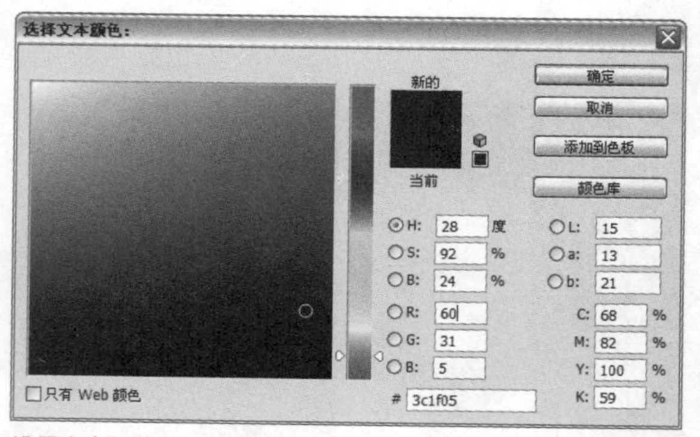

设置文本颜色

03 此时在“字符”面板中可以看到，颜色色块变为赭石色，同时，图像中文字的颜色也发生了变化，如下图所示。

调整文字颜色

7.5.8 设置文本的效果

Photoshop 为用户提供了仿粗体、仿斜体、全部大写字母、小型大写字母、上标、下标、下划线和删除线 8 种文字样式，在“字符”面板中单击相应按钮即可为文字添加特殊效果。

值得注意的是，这些文字效果可以叠加使用，即为同一文字对象应用多种样式效果。

原图

添加下划线的效果

全部大写的文字效果

左对齐文本效果

居中对齐文本效果

7.5.9 设置消除锯齿的方法

消除锯齿是指通过部分填充边缘像素来产生边缘平滑的文字。这样得到的文字，其边缘就会混合到背景中。

Photoshop 中的消除锯齿有几种方式，在属性栏或“字符”面板的“设置消除文字锯齿的方法”下拉列表中有 5 个选项供用户选择，其含义如下。

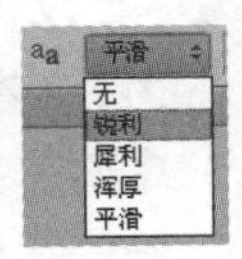

下拉菜单

❶ **无**：表示不应用消除锯齿。

❷ **锐利**：此时文字以最锐利的形式出现。

❸ **犀利**：此时文字显示为较犀利。

❹ **浑厚**：此时文字显示为较粗。

❺ **平滑**：此时文字显示为较平滑。

7.5.10 设置文本的对齐方式

在“段落”面板或文字工具属性栏中单击不同的对齐按钮，即可为文字执行相应的对齐操作。由于文字排列方式的不同，所以文字为横排或直排时其相应的对齐方式也不相同。

1. 文字横排时

当文字横排时，在“段落”面板中前三位显示的是左对齐、居中对齐以及右对齐按钮。

❶ **左对齐文本**：将文字左对齐，使段落右端参差不齐，默认情况下为该对齐方式。

❷ **居中对齐文本**：将文字居中对齐，使段落两端参差不齐。

❸ **右对齐文本**：将文字右对齐，使段落左端参差不齐。

右对齐文本效果

2. 文字直排时

当文字直排时，在“段落”面板中前三位显示的是顶对齐、居中对齐以及底对齐按钮。

❶ **顶对齐文本**：将文字顶对齐，使段落底部参差不齐，默认情况下为该对齐方式。

❷ **居中对齐文本**：将文字居中对齐，使段落顶端和底部参差不齐。

❸ **底对齐文本**：将文字底对齐，使段落顶部参差不齐。

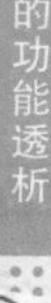

顶对齐文本效果

居中对齐文本效果

底对齐文本效果

最后一行底对齐文本效果

7.6 文本的编辑

在掌握了文本的输入以及文本格式的设置等相关方面的知识后，这里主要对文本的编辑操作进行讲解，文本的编辑包括文字的拼写检查、查找和替换文本、栅格化文字图层、创建变形文字、沿路径绕排文字、创建异形轮廓段落文本以及修改文字排列的形状等，这些都是非常实用的操作，在 Photoshop 平面设计中经常用到，下面分别进行介绍。

7.6.1 文字的拼写检查

在检查文档拼写时，Photoshop 会对词典中没有的字进行询问。若被询问的字拼写正确，即可通过将其添加到词典中确认拼写。若被询问的字拼写错误，可以将其更正。

执行“编辑 > 拼写检查”命令，打开“拼写检查”对话框，下面对其中的选项进行讲解。

❶ **“忽略”按钮**：单击该按钮则继续拼写检查而不更改文本。

❷ **“全部忽略”按钮**：单击该按钮则在剩余的拼写检查过程中忽略有疑问的文字。

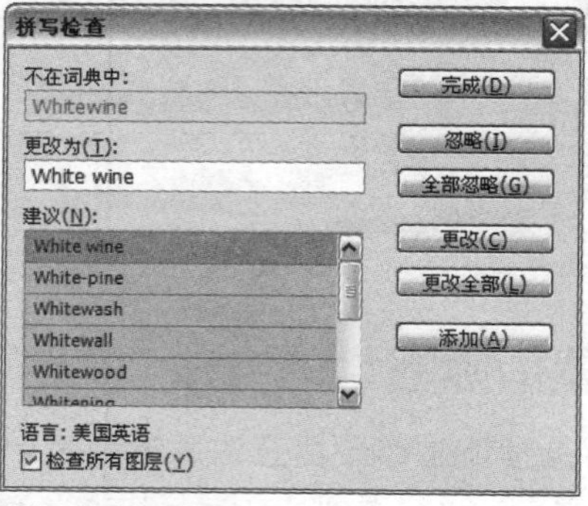

“拼写检查”对话框

❸ **“更改”按钮**：单击该按钮则自动使用“更改为”文本框中的文字替换“不在词典中”文本框中的文字内容，从而校正拼写错误，确保拼写正确的字出现在“更改为”文本框中。此时，若建议的字不是需要的字，可以在“建议”下拉列表中选择其他选项或在“更改为”文本框中输入正确的文字。

❹ **“更改全部”按钮**：单击该按钮则快速校正文档中出现的所有拼写错误，此时应确保拼写正确的字出现在“更改为”文本框中。

❺ **“添加”按钮**：单击该按钮可以将无法识别的字存储在词典中，这样再次出现该字时就不会被标记为拼写错误。

7.6.2 查找和替换文本

使用“查找和替换文本”命令也能快速地纠正一些文字输入错误，并能快速替换一些文字。执行“编辑 > 查找和替换文本”对话框，打开“查找和替换文本”对话框，下面对其中比较重要的几个复选框进行介绍。

❶ **“搜索所有图层”复选框**：勾选该复选框后，则搜索文档中的所有图层。在“图层”面板中选定非文字图层时，此选项将可用。

❷ **“向前”复选框**：勾选该复选框后，将从文本中的插入点向前搜索。取消勾选此选项可搜索图层中的所有文本，不管将插入点放在何处。

❸ **“区分大小写”复选框**：勾选该复选框后，搜索与“查找内容”文本框的文本大小写完全匹配

的一个或多个字，即如果搜索“red”，则搜索“Red”。

❹“**全字匹配**”**复选框**：勾选该复选框后，忽略嵌入在更长字中的搜索文本。如果要以全字匹配方式搜索“an”，则会忽略“any”。

7.6.3 栅格化文字图层

文字图层是一种特殊的图层，它具有文字的特性，因此可以对文字大小、字体等进行修改。但无法对文字图层应用“描边”、“色彩调整”等命令，这时需要先通过栅格化文字操作将文字图层转换为普通图层，才能对其进行相应的操作，这个转换的过程就是常说的栅格化文字图层。

栅格化文字图层有两种方法：一是选择文字图层后执行“图层 > 栅格化 > 文字”命令。二是选择文字图层后在图层名称上右击鼠标，在弹出的快捷菜单中选择“栅格化文字”选项。

值得注意的是，转换后的文字图层中可以应用各种滤镜效果，却无法再对文件进行字体方面的更改。

原图　　栅格化文件图层

7.6.4 转换为形状

文字不仅能转换为选区，创建出文字型选区，还能与形状或路径进行相互转换。这在很大程度上提高了对文字图像的编辑和调整。转换为形状的具体操作如下。

实战　将文字转换为形状

01 打开“实例文件\Chapter 7\Media\设计.psd”图像文件。在“图层”面板中单击 Fine 文字图层，将其选中，如下图所示。

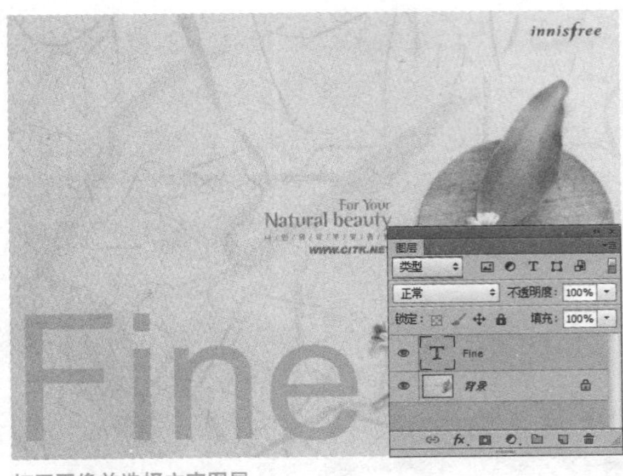

打开图像并选择文字图层

02 执行“文字 > 转换为形状”命令，此时文字图层转换为形状图层。单击路径选择工具，在文字 F 上单击，按住 Alt 键的同时拖动，复制得到一个字母 F 形状，自动填充相同的黄色，如下图所示。

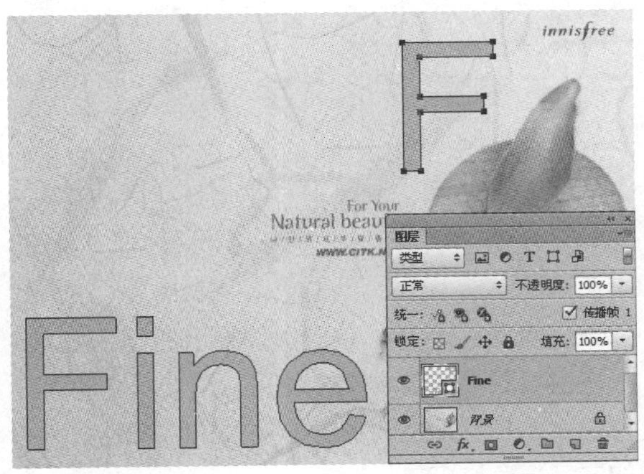

转换为形状并复制形状

03 此时按下快捷键 Ctrl+H 隐藏路径，确认图像效果，如下图所示。

确认复制的形状

7.6.5 将文本转换为工作路径

在图像中输入文字后，如果想将文字转换为文字形状的路径，只需执行“文字 > 创建工作路径”命令即可。转换为工作路径后，可以使用路径选择工具对单个的文字路径进行移动，调整工作路径的位置。

文本图像

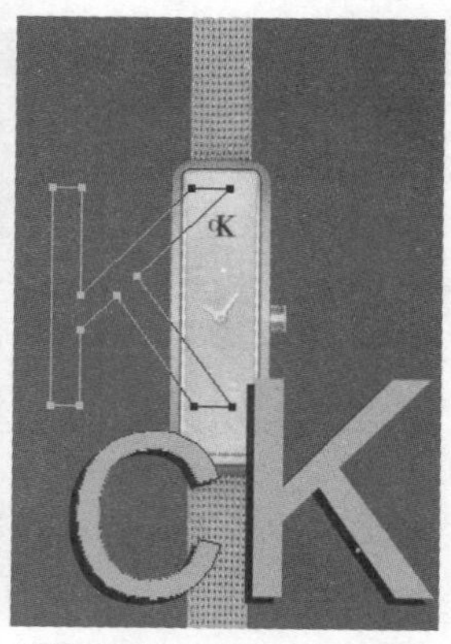
使用工具移动路径后的效果

7.6.6 创建变形文字

变形文字可以对文字的水平形状和垂直形状做出调整，使文字效果更多样化。Photoshop 为用户提供了 15 种文字变形样式，分别为扇形、下弧、上弧、拱形、凸起、贝壳、花冠、旗帜、波浪、鱼形、增加、鱼眼、膨胀、挤压和扭转，用户可根据具体需求选择使用。结合水平和垂直方向上的控制以及弯曲度的协助，可以为图像中的文字增色许多效果。

实战 变形文字的应用

01 打开“实例文件\Chapter 7\Media\树叶.psd”图像文件。在“图层”面板中单击文字图层将其选中，如下图所示。

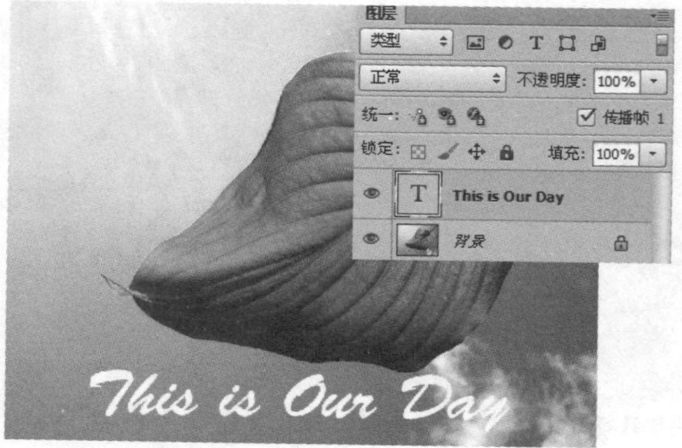

打开图像并选择文字图层

02 执行“文字 > 文字变形”命令，弹出“变形文字”对话框，在其中设置变形的样式和相应的参数，然后单击“确定”按钮，如下图所示。

变形文字

03 按下快捷键 Ctrl+T，显示出自由变换控制框，当光标变为形状时旋转文字图像，旋转到合适位置后按下 Enter 键确认变换，如下图所示。

旋转文字

7.6.7 沿路径绕排文字

沿路径绕排文字的实质就是使文字跟随路径的轮廓形状进行自由排列。

实战 沿路径绕排文字的应用

01 打开“实例文件\Chapter 7\Media\人物.psd”文件。在“路径”面板中单击工作路径，将路径在图像中显示出来，如下图所示。

打开图像并显示路径

02 按下快捷键 Ctrl++ 适当放大图像，单击横排文字工具 T，在“字符”面板中设置文字的字体、字号和颜色。将光标移动到路径上，此时光标变为 ⌶ 形状，如下图所示。

设置文本格式

03 在路径上单击，此时光标自动吸附到路径上，定位文本插入点，如下图所示。

在路径上定位文本插入点

04 在文本插入点后输入文字，此时可以看到，输入的文字自动围绕路径进行绕排输入，如下图所示。

输入文字

05 继续在图像中输入文字，完成后在属性栏中单击“提交所有当前编辑”按钮 ☑ 确认输入，同时在“路径”面板中可以看到增加的文字路径，如下图所示。

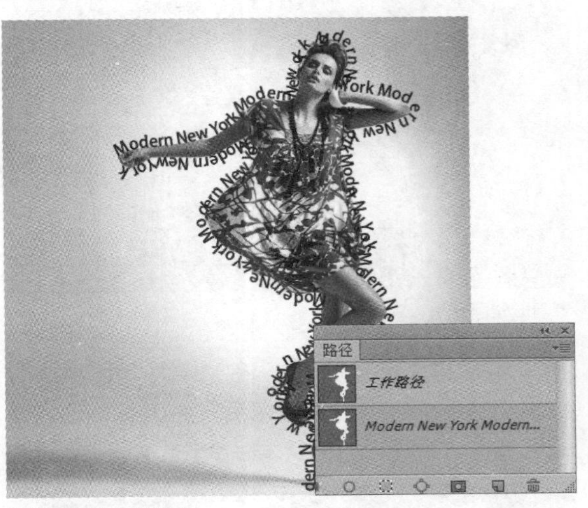

沿路径绕排文字效果

7.6.8 创建异形轮廓段落文本

异形轮廓段落文本是指使输入的文本内容以一个规则路径为轮廓，将文本置入该轮廓中，使段落文字的整体外观有所变化，形成图案文字的效果。

这个功能与沿路径绕排文字有所类似，都需要依靠路径进行辅助，结合路径创建出不规则的图案类文字编排效果。

实战 创建异形轮廓段落文本的应用

01 打开“实例文件\Chapter 7\Media\风景.jpg”图像文件。单击自定形状工具，在属性栏中设置形状样式为“红心形卡”，如下图所示。

打开图像并绘制路径

02 在图像中拖动绘制出心形形状，如下图所示。

绘制形状图层

03 单击横排文字工具，在“字符”面板中设置文字的字体、字号和颜色后，将光标移动到路径区域内，此时光标形状发生变化，如下图所示。

设置文本格式

04 此时在绘制的路径内单击左键，光标自动在路径内定位文本插入点，同时显示出段落文本框，如下图所示。

定位文本插入点

05 在文本插入点后输入文字，此时可以看到，输入的文字自动以路径为段落轮廓进行排列，如下图所示。

输入段落文本

06 完成输入后在属性栏中单击“提交所有当前编辑”按钮确认文字的输入。在“图层”面板单击形状图层取消心形的路径线条，同时单击该图层的“指示图层可见性”图标，隐藏该图层，此时即可得到心形的文本图案效果，如下图所示。

隐藏形状图层

疑难解答

001

Q 在Photoshop中可以输入的最大文字和最小文字具体数值是多少？

A 默认情况下，在“设置字体大小”下拉列表中可以设置6点~72点之间的数值。若要对文字进行更大的调整，可直接在数值框中输入相应的数值，完成后按下Enter键确认调整即可。值得注意的是，Photoshop中文字大小的调整范围为0.01点~1296点之间。如果超出这个取值范围，则会弹出提示对话框。

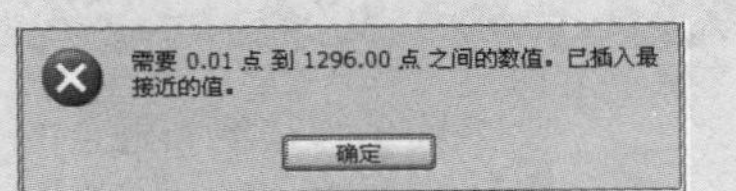

002

Q 如何快速选择文字所在图层？

A 在文字的输入过程中，有可能将输入的文字置于不同的图层上，从而方便对整体文字进行效果编排。由于文字图层较多，如果不容易区别哪些文字位于哪个图层上，可以单击移动工具，然后在图像中需要调整的文字上右击，在弹出的快捷菜单中即可选择该文字所在的图层。

003

Q 如何快速选择大段的段落文字？

A 由于段落文字中的文字较多，要将其全部选中，使用鼠标拖动选择比较费时，此时可在“图层”面板中选择该文字所在的图层，然后双击文字图层缩览图，此时即可以高亮显示的方法全选段落编辑框中的全部文字。

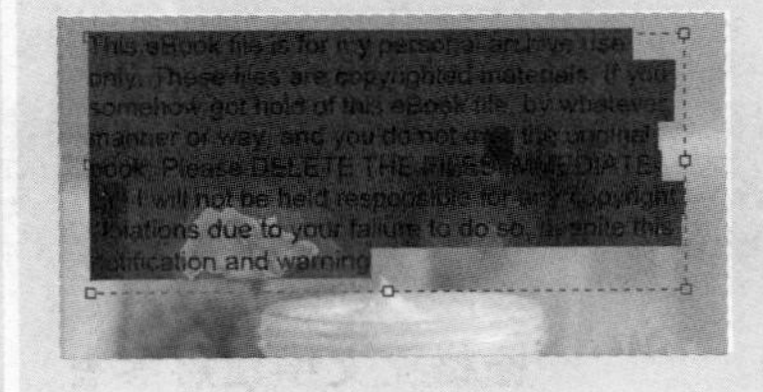

004

Q 字号的行距是否为固定值？

A 字号的行距是不固定的，一般来说，字号越大，行距也就越大。常见的行距为单倍行距，它是指文本的行间距为1倍行距，而在比较正式的报告或平面设计作品中，文字部分的间距一般设置为1.5倍行距。

005

Q 当文字处于编辑状态的时侯，有哪些事项需要注意？

A 当文字处于编辑状态时，无法对其使用大多数快捷键进行常规的图像操作，除非结束文字编辑或退出文字编辑状态。但可以使用剪切、复制、粘贴等快捷键进行文字的基础操作，还可以按下快捷键Ctrl+T进行自由变换操作。

006

Q 创建异形轮廓段落文本的本质是什么？

A 在Photoshop中创建异形轮廓段落文本的本质就是在闭合的路径内输入文字，实际上即是将闭合路径作为文字的异形文本框，因此在路径内显示文字，超出路径的文字不显示，改变路径形状的同时即改变文字在路径中的排列。

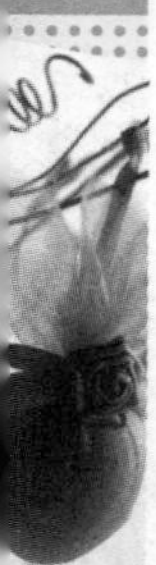

007

Q 如何解决在Photoshop中输入文字后却看不见的问题？

A 在Photoshop中输入文字时需要注意，应检查文字的颜色是否与背景图层的颜色相同。若是颜色相同，此时输入的文字在图像中就难以看出。解决这个问题比较简单，只需要在“字符”面板中单击颜色色块，在弹出的对话框中设置新的文字颜色，完成后单击“确定”按钮，更改文字的颜色，即可将输入的文字显示出来。

008

Q 如何在文字蒙版编辑状态下调整文字位置？

A 单击横排或直排文字蒙版工具，此时进入到文字蒙版的编辑状态，输入文字后将光标移动到输入文字的下方，当其变为▶形状时单击并拖动即可调整文字蒙版的位置，从而实现对文字型选区位置的调整和控制。

009

Q 如何快速设置段落文字的首行缩进？

A 要设置段落文字的首行缩进，首先在文字编辑框中单击段落文字的某个位置，插入光标，然后在“段落”面板的“首行缩进”数值框中输入数值，此时首行缩进效果即可作用于光标所在的段落。

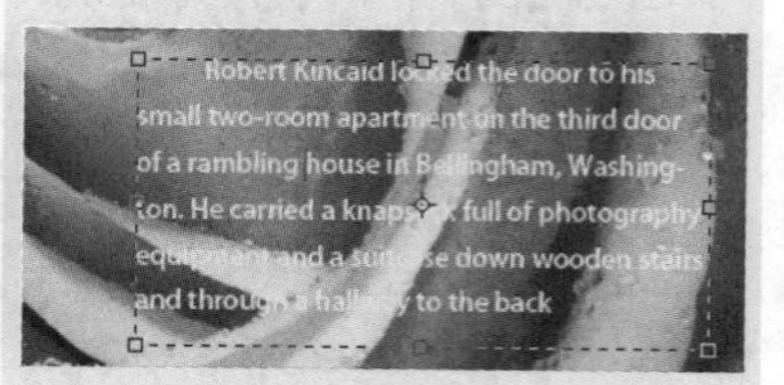

010

Q 如何栅格化文字图层？栅格化文字图层具有什么意义？

A 栅格化文字图层的方法是选择需要调整的文字图层，然后执行“图层 > 栅格化 > 文字”命令，即可将文字图层转换为普通图层。栅格化文字图层的意义在于，可以避免在不同的电脑系统中由于字体缺失所造成的字体无法正常显示的问题，文字栅格化后不能再进行文字格式的设置，且图像放大后文字边缘会出现锯齿。

011

Q 为部分文字添加下划线需要如何操作？

A 在当前文字图层中选择需要编辑的部分字符，在“字符”面板中单击“下划线”按钮T，即可快速在选择文字底部添加与文字颜色相同的下划线，使其突出显示。

house in Bellingham
WASHINGTON.
He carried a knapsack full of photography

house in Bellingham
WASHINGTON.
He carried a knapsack full of photography

012

Q 如何创建边缘相融合的文字路径？

A 创建边缘相融合的文字路径需要借助路径选择工具，其方法是输入文字，在文字图层上右击，在弹出的快捷菜单中选择“创建工作路径”选项。单击路径选择工具▶，选中一个文字的路径后将其移动到另一个文字路径上，使之互相重叠，然后单击属性栏中的“组合”按钮，即可创建出边缘相融合的文字路径。

Chapter

08

路径的绘制与编辑

路径是 Photoshop 学习过程中进阶阶段的象征，本章从路径以及“路径”面板入手，针对多种绘制路径工具、选择和编辑路径工具、锚点编辑工具、路径的多种编辑操作、形状工具的运用与编辑等进行讲解。

设计师谏言

路径可以看作是一条条能自由设定走向的线条或是可自由进行形状调整的轮廓，它起着良好的辅助作用。路径是一支电子绘图笔，可以帮助设计师快速勾勒出富有创意的各种图案，使设计师达到“想得到就能画得出”的境界。

设计百宝箱 了解文字与图像的编排

文字是平面设计中的重要构成要素，文字排列组合的优劣直接影响版面的视觉传达效果。因此，文字设计是增强视觉传达效果、提高作品的诉求力、赋予版面审美价值的一种重要构成要素。图片与文字是平面设计版面中主要的编排元素，它们通常不会以单独的形式出现在版面中。在平面设计过程中，注意图片与文字的组合排列方式是非常重要的问题。

版式设计中使用的字体样式不同，所表达的版面风格也会有所差异。所谓字体指的是文字的风格款式，也可以理解为文字的图形表达方式。不同的字体传达着不同的性格特征，不同的字体代表着不同的艺术风格。根据不同的广告需求与图像选择不同的字体，最重要的是要使其与整体内容协调。下面通过文字与图像的混合编排版面进行详细分析。

平面作品赏析

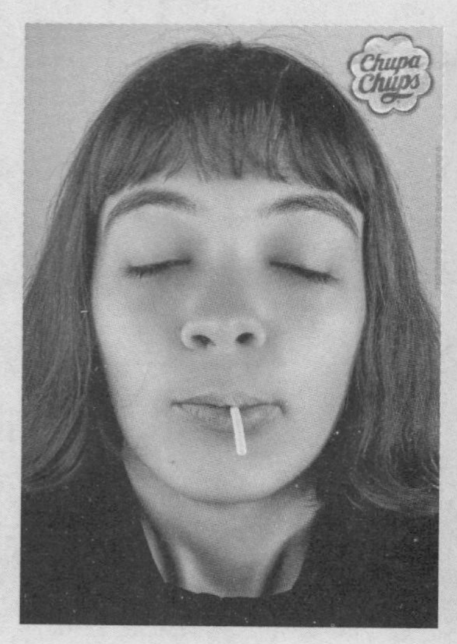

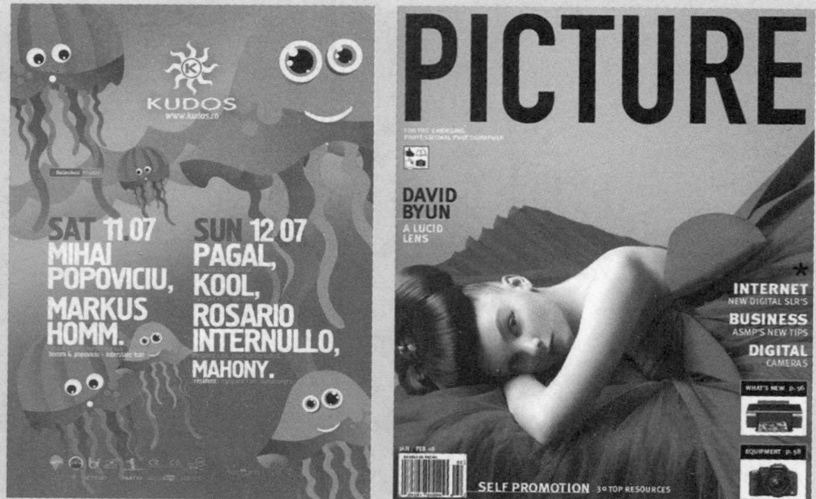

文字与图像平面设计版面

具体案例分析

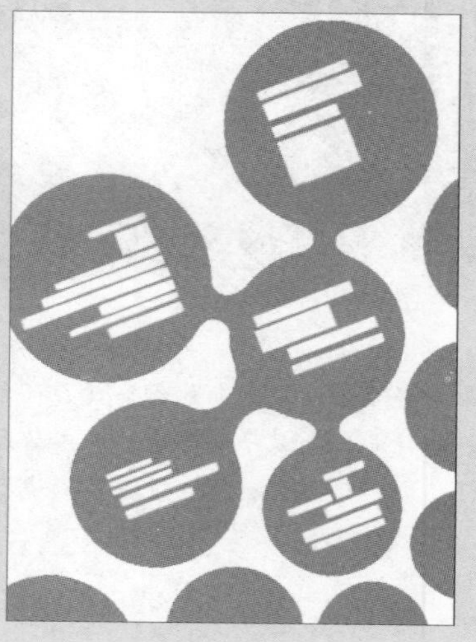

Point 01 文字编排在具象图像上

该版面是一幅招贴设计，在该版面中文字采用倾斜的形式，分别编排在大小不同且具有一定连贯性的圆形图像上、文字与图像的搭配相当紧密，使画面具有极强的视觉流动感，文字显示清晰，能够准确地进行平面设计信息传达。

Point 02 文字与图像的距离

在平面设计中，将文字编排在图像周围时应注意两者的距离关系，过于紧密会降低版面空间感，过于稀疏将失去两者之间的联系。在以下的两幅平面设计中，文字编排在图像的下侧对图像起着说明的作用。其中左侧图像中文字与上方图像之间的距离过大，显得画面像是从中间被分割开一样，使文字与图像失去联系，不符合图像信息宣传的要点。在右侧画面中，将文字适当地编排在图像的下侧，空距适中，使版面结构明确，能够清晰地完成对平面设计的信息传递功能。

文字与图像的关系

在平面广告中文字与图像有着密切的关系，在进行版面编排的过程中应注意文字与图像的色彩、位置关系，做到不破坏整个版面的视觉传达，避免造成版面混乱，导致信息传达不清晰。在文字与图片重叠编排时应注意文字的可识别性，应选用适当的色彩区分文字与图片，以免造成版面混淆，失去文字的识别性特征。下面 3 幅为电影海报作品，第一幅为正确的版面设计效果，该版面文字与图像在色彩与位置方面搭配适中，具有招贴设计的视觉冲击效果。在第二幅画面中，将文字编排在画面的中部，遮挡了画面的重要展示位置。在第三幅画面中，将文字以白色效果展示在最下侧，与背景的白色混淆，使文字显示不清晰，不符合信息传达的要求。

8.1 路径和“路径”面板

在 Photoshop 中，路径是一个较为实用的功能，使用路径可以轻松创建矢量形状，同时还能起到很多辅助作用，下面就来认识路径以及包含路径基础操作的“路径”面板。

8.1.1 路径概念释义

路径在屏幕上表现为一些不可打印、不活动的线条或矢量形状，它的主要作用是帮助用户进行精确定位和调整，同时还能配合创建不规则以及复杂的图像区域。另外，它还可以作为选区的存储工具，创建路径后可以将其转化为选区并进行存储。使用钢笔工具和自由钢笔工具都能创建路径，使用钢笔工具组中的其他工具可对路径进行修改和调整，使其更符合要求。

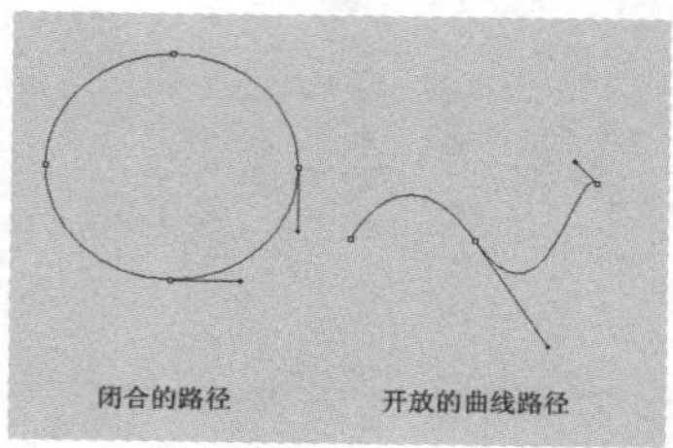

路径种类

8.1.2 认识“路径”面板

路径是由锚点和连接锚点的线段或曲线构成，每个锚点还包含了两个控制手柄，用于精确调整锚点及前后线段的曲度，拖动控制手柄即可调整线段的弯曲度，从而获得需要的边界。

执行“窗口 > 路径”命令即可显示“路径”面板，在其中可进行路径的新建、保存、复制、填充以及描边等操作，下面对“路径”面板进行详细介绍。

默认“路径”面板

带有工作路径的“路径”面板

❶ **路径缩览图和路径层名**：用于显示路径的大致形状和路径名称，双击名称后可为该路径重新命名。

❷ **“用前景色填充路径按钮”**：单击该按钮将使用前景色填充当前路径。

❸ **“用画笔描边路径”按钮**：单击该按钮可使用画笔工具和前景色为当前路径描边。

❹ **“将路径作为选区载入”按钮**：单击该按钮可将当前路径转换成选区，此时还可对选区进行其他编辑操作。

❺ **“从选区生成工作路径”按钮**：单击该按钮可将当前选区转换成路径。

8.2 绘制路径

在 Photoshop 中，路径的绘制有多种方法。除了可以通过绘制形状图层来生成路径外，针对不规则的路径需要使用钢笔工具和自由钢笔工具完成，下面就对这两种工具进行介绍。

8.2.1 使用钢笔工具

钢笔工具是一种矢量绘图工具，使用它可以精确地绘制出直线或平滑的曲线。在工具箱中单击钢笔工具即可显示其属性栏，下面对属性栏中的各选项进行介绍。

钢笔工具属性栏

❶ **图标按钮**：单击该按钮，弹出的菜单中从上到下依次为“图形”、“路径”和“像素”。

❷ **制造按钮组**：该工具按钮组中集合了路径的转换方式按钮，以便在绘制路径的过程中可以快速进行切换。

❸ **按钮选项组**：单击该选项组中按钮，可以对路径的路径操作、路径对齐和路径排列方式进行设置。

❹ **“自动添加/删除”复选框**：勾选该复选框后，将光标移动到路径上，当其变为状时，在该处单击可添加一个锚点；将光标移动到一个锚点上，当其变为状，此时单击可删除该锚点。

实战 使用钢笔工具绘制路径

01 打开"实例文件\Chapter 8\Media\茶壶.jpg"图像文件。按下快捷键 Ctrl++ 放大图像，单击钢笔工具，在图像中单击创建路径起点，如下图所示。

打开图像并绘制路径起点

02 此时在图像中会出现一个节点，沿需要创建路径的茶壶轮廓方向单击，按住左键不放并向外拖动鼠标，此时出现节点控制手柄，通过拖动鼠标使路径的弧度与茶壶壶嘴弧度一致，贴合图像边缘，如下图所示。

拖动绘制出路径节点

03 继续沿图像边缘单击并拖动鼠标绘制路径，直到当光标与创建的路径起点相连接，在起点上单击形成闭合的路径效果，如下图所示。

闭合路径

8.2.2 使用自由钢笔工具

使用自由钢笔工具可以在图像窗口中拖动绘制任意形状的路径。自由钢笔工具类似于套索工具，不同的是套索工具绘制得到的是选区，自由钢笔工具绘制得到的是路径。

使用自由钢笔工具绘制路径的方法比较简单，打开图像后在工具箱中单击自由钢笔工具，在需要创建路径的位置单击并拖动鼠标，此时光标保持按下的状态，在拖动鼠标时沿图像边缘绘制出路径。当绘制路径终点与起点重叠时，光标的形状会发生变化，此时单击即可绘制出闭合的路径。使用自由钢笔工具绘制的路径比较自由，由于受拖动鼠标的影响，因此创建的路径比较不规则。

绘制路径

闭合路径

值得注意的是，自由钢笔工具的属性栏与钢笔工具的属性栏大致相同，不同的是"自动添加/删除"复选框更换为"磁性的"复选框。勾选"磁性的"复选框，则此时的自由钢笔工具在功能上类似于磁性套索工具。在图像中单击并拖动鼠标，会随光标的移动沿自动识别的相同或相似的边缘产生一系列的锚点，此时创建的路径会自动吸附到图像的轮廓边缘。

☑ 磁性的

自由钢笔工具属性栏

绘制路径

闭合的路径

8.3 选择路径

在 Photoshop 中，使用工具绘制路径后如果需要对路径进行编辑，首先要掌握选择路径的方法。使用路径选择工具和直接选择工具都可以选择路径，下面分别对其使用方法进行介绍。

8.3.1 使用路径选择工具

路径选择工具用于选择一个或多个路径，并对其进行移动、组合、排列、变换等操作。

路径选择工具的使用方法比较简单，在图像中绘制路径后单击路径选择工具，在绘制的路径上单击，此时可以看到路径中的众多锚点，此时拖动鼠标即可对路径进行移动。在拖动鼠标的同时按住 Alt 键，即可复制得到一个相同的路径。按住 Ctrl 键同时在不同路径中单击可同时选择多个路径。

选择路径

移动后的路径

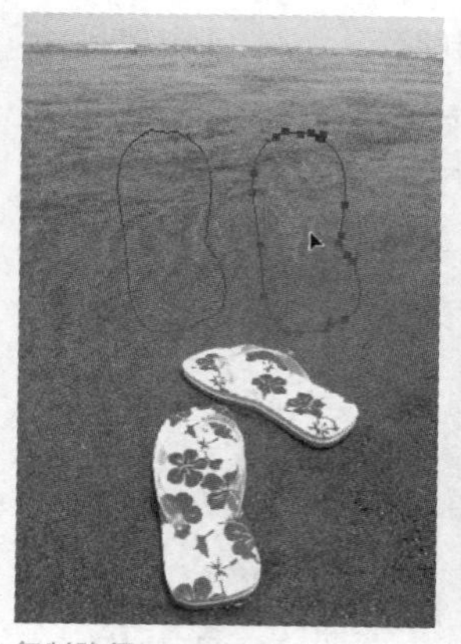

复制路径

同时选择两个路径

值得注意的是，使用路径选择工具，在属性栏中勾选“显示定界框”复选框后，在图像中可显示出路径的定界框，拖动定界框可对路径进行移动位置、缩放大小等变换操作。

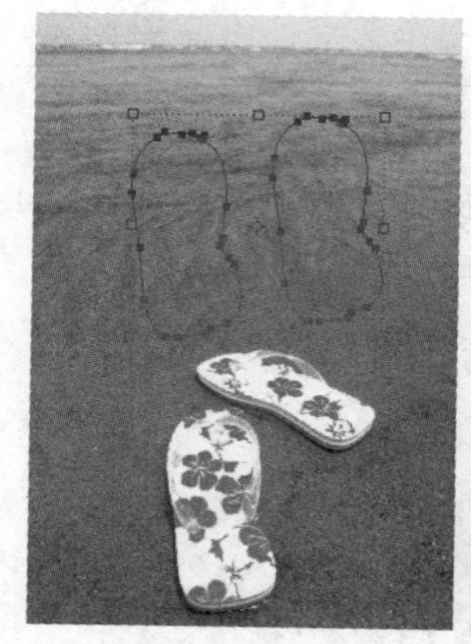

显示定界框

变换路径

8.3.2 使用直接选择工具

前面提到，路径是由锚点和连接锚点的线段或曲线构成，每个锚点还包含了两个控制手柄。在创建路径后，这些绘制选区时的锚点和控制手柄被隐藏，并不能直接看到，即使使用路径选择工具也只能在路径上看到锚点的位置。若要在路径上清楚地显示出锚点及其控制手柄，此时可使用直接选取工具来选择路径中的锚点，此外，还可以通过拖动这些锚点来改变路径的形状。值得注意的是，直接选择工具的属性栏中没有选项。

实战 直接选择工具的应用

01 打开“实例文件\Chapter 8\Media\鸡蛋.psd”图像文件。在“路径”面板中单击工作路径，显示的已有路径，如下图所示。

显示路径

“路径”面板

02 按住Alt键的同时向前滚动鼠标滚轮，放大图像。单击直接选择工具，在路径上单击显示锚点和部分锚点的控制手柄，如下图所示。

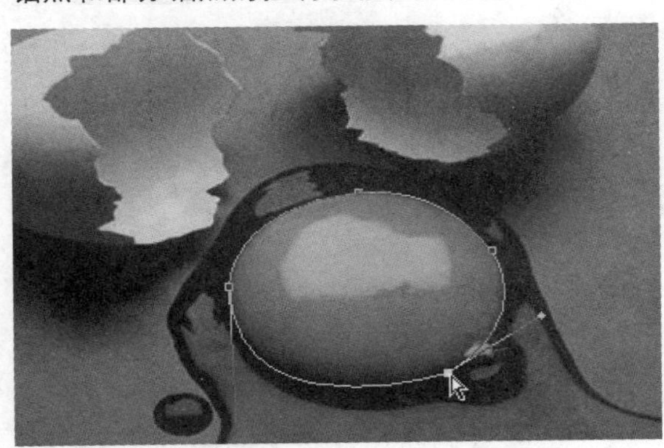

显示锚点和控制手柄

03 在图像中任意锚点的控制手柄上单击并拖动控制柄，即可改变路径的形状，如下图所示。

拖动控制手柄改变路径

8.4 使用锚点编辑工具

创建路径后可以对路径进行调整，使用锚点编辑工具可以快速改变路径的形状。锚点编辑工具包括添加锚点工具、删除锚点工具以及转换点工具，下面分别进行介绍。

8.4.1 添加锚点工具

使用添加锚点工具可以在绘制或创建的路径上添加锚点，通过添加锚点并移动锚点位置或拖动锚点控制柄的方法可以改变路径形状。

实战 添加锚点编辑路径

01 打开“实例文件\Chapter 8\Media\路牌.jpg”图像文件。单击钢笔工具，在图像中绘制出飞机形状的路径，如下图所示。

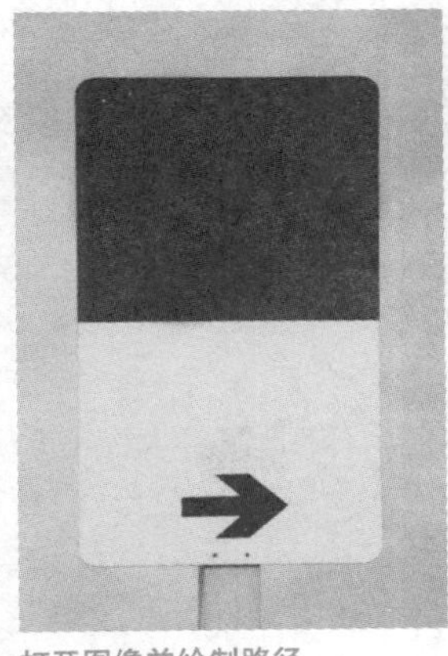

打开图像并绘制路径

02 单击添加锚点工具，将光标移动到飞机尾部，当光标变为形状时单击左键，即可添加一个锚点，如下图所示。

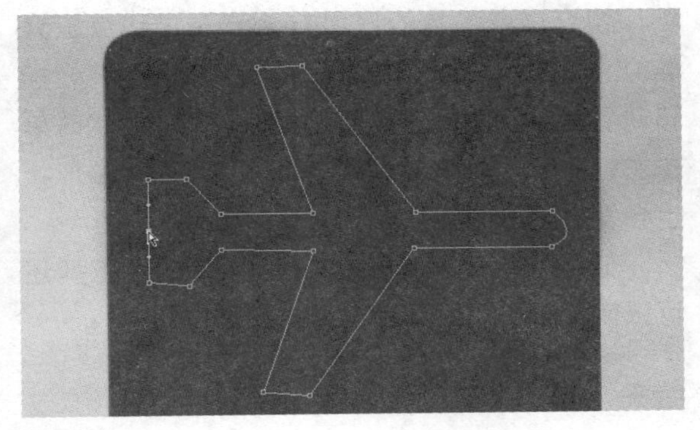

添加锚点

03 此时向右拖动该锚点即可改变飞机机尾部的形状，如下图所示。

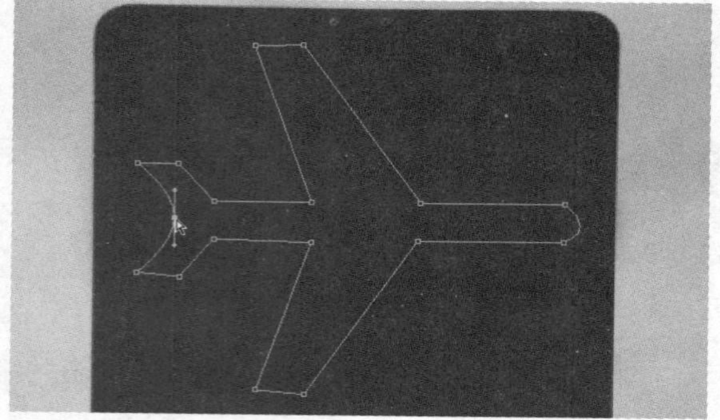

拖动锚点改变路径

04 按下快捷键 Ctrl+Enter 将路径转换为选区，并按下快捷键 Ctrl+I 反选选区，填充选区为白色，得到白色的飞机图案，取消选区，效果如下图所示。

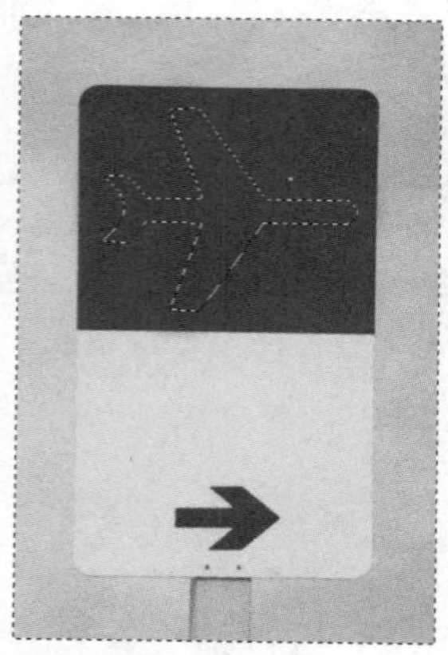

转换为选区

填充选区

8.4.2 删除锚点工具

删除锚点工具的功能与添加锚点工具相反，主要用于删除不需要的锚点。

删除锚点工具的使用方法与添加锚点工具类似。在工具箱中单击删除锚点工具，将光标移动到需要删除的锚点上，当其变为形状时单击左键即可删除该锚点，删除锚点后路径的形状也会发生相应的变化。

值得注意的是，通过使用删除锚点工具还可以使并不平滑的路径变得更加平滑。

原路径效果

单击删除锚点

删除部分锚点后的路径效果

8.4.3 锚点详解

值得注意的是，当锚点间的曲线为平滑且带有两个控制手柄时，可通过调整控制手柄来调整锚点的平滑弯曲度，此时通过锚点和两个控制手柄形成的 3 个点能清晰地进行调整。而当锚点为尖角时，此时该锚点与两个控制手柄在一个点上重叠，只能看到锚点的所在位置，而控制手柄隐藏在锚点后，3 个点重叠形成了尖角效果。

锚点为平滑时

锚点为尖角时

8.4.4 转换点工具

使用转换点工具可以将路径的锚点在尖角和平滑之间进行转换。

创建路径并使用直接选择工具显示路径锚点的控制手柄，单击转换点工具，默认情况下，锚点都处于平滑状态。在需要转换为尖角的锚点上单击即可将该锚点转换为尖角，转换为尖角后，还可在锚点上按住鼠标左键不放进行拖动，此时会出现锚点的控制手柄，拖动控制手柄即可调整曲线的形状。

原路径效果

将平滑转换为尖角后的路径效果

值得注意的是，在绘制路径时，还可以在按住 Alt 键的同时单击绘制路径中的锚点，此时即可删除锚点一侧的控制手柄，使其呈一边平滑一边尖角的状态，从而更贴合图像形状边缘。

8.5 路径的编辑

对路径的编辑操作包括对路径的选择、移动、复制、删除、显示和隐藏、存储、描边、填充以及与选区之间的相互转换等，它们是路径各种功能得以实现的重要保障。

8.5.1 选择和移动路径

在介绍路径选择工具时已经对路径的选择和移动操作有所讲解，这里不再赘述。

8.5.2 隐藏和显示路径

在 Photoshop 中打开一幅带有路径的图像时，此时路径效果并未显示在图像中。通过在"路径"面板中单击工作路径或其他路径的方式可以将其显示在图像中，显示出路径后，可按下快捷键 Ctrl+H 将显示的路径隐藏，此外，还可以执行"视图 > 显示 > 目标路径"命令将路径隐藏，隐藏的路径可通过再次按下快捷键 Ctrl+H 进行显示。

显示路径

隐藏路径后的效果

8.5.3 创建新路径

在“路径”面板中创建新路径的方法有两种，一种是通过单击“路径”面板中的“创建新路径”按钮，另一种方法是在“路径”面板中单击扩展按钮，在弹出的扩展菜单中选择“新建路径”选项。在弹出的“新建路径”对话框中可设置新建路径的名称，完成后单击“确定”按钮即可。默认情况下，若继续新建路径，其名称则会以“路径＋逐渐递增的自然数”形式出现，且在“路径”面板中依次排列在“路径 1”的下方。

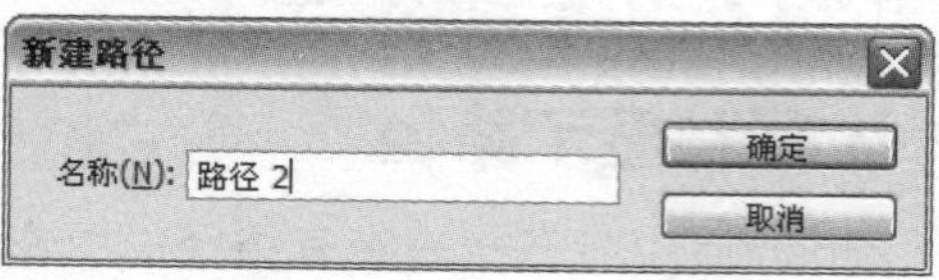

“新建路径”对话框

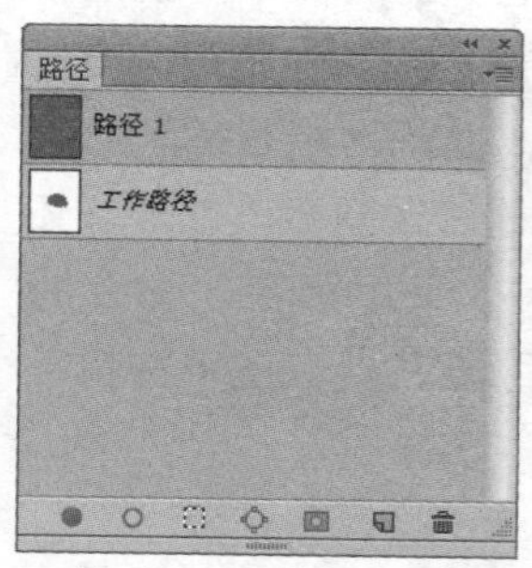

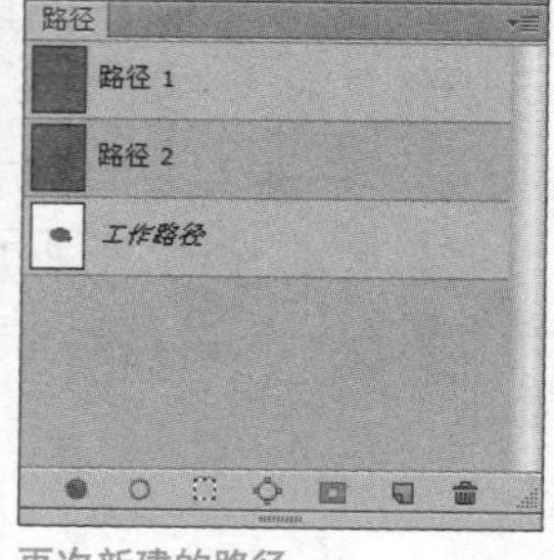

新建的路径　　再次新建的路径

8.5.4 保存工作路径

在 Photoshop 中，首次绘制的路径会默认为工作路径，若将工作路径转换为选区并填充后，这时再次绘制的路径就会自动覆盖前面绘制的路径，此时只有对工作路径进行存储，才能将路径进行保存，以便下次调用。

保存路径的方法十分简单，在“路径”面板中单击右上角的扩展按钮，在弹出的扩展菜单中选择“存储路径”选项。弹出“存储路径”对话框，在“名称”文本框中设置新的路径名称后单击“确定”按钮，即可保存路径。此时，保存的路径在“路径”面板中可以看到。

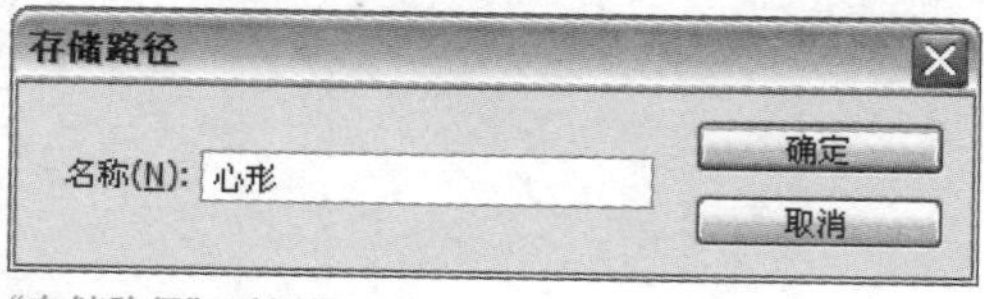

“存储路径”对话框

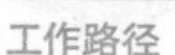

工作路径　　存储后的路径

8.5.5 复制和删除路径

复制路径有两种形式，一种是在同一个路径层中进行复制，另一种是复制带有相同路径的路径层。如果创建的路径过多，还可以对路径进行删除操作，下面分别对这两种操作进行介绍。

1. 在同一层中复制路径

在“路径”面板中选择一个路径，并在图像中选择需要复制的路径，按住 Alt 键，此时光标变化为形状，拖动路径即可复制得到新的路径。

原“路径”面板　　复制后的“路径”面板

原路径　　复制并调整大小后的路径

2. 复制路径层

复制路径层有两种方法，一种是单击“路径”面板的扩展按钮，在弹出的扩展菜单中选择“复制路径”选项，在“复制路径”对话框中输入路径名称后单击“确定”按钮，即可复制出路径层。另一种是选择需要复制的路径层，将其拖动到“创建新路径”按钮上，此时得到的路径层名称默认为当前路径名称的副本，而图像中的路径个数则没有变化。

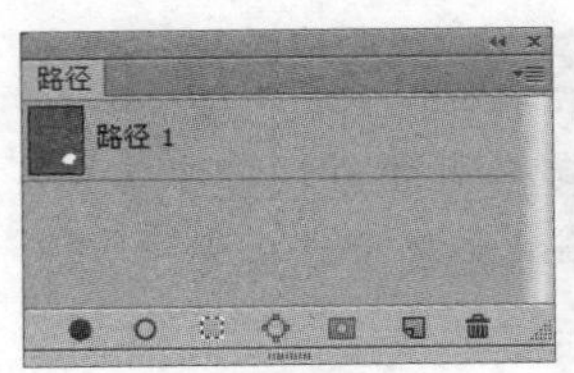

原“路径”面板

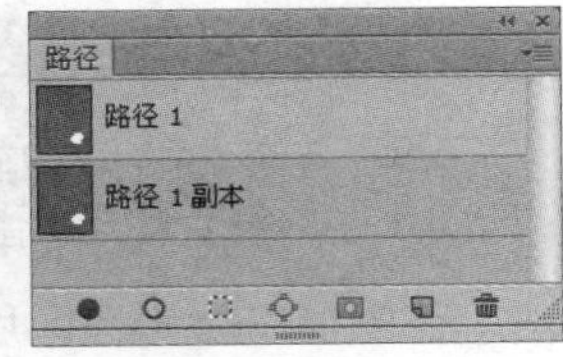

复制后的“路径”面板

原路径

复制路径后的效果

3. 删除路径

删除路径非常简单，选择需要删除的路径后将其拖动到“删除当前路径”按钮上即可，也可以通过按下 Delete 键的方式进行删除。

8.5.6 描边路径

描边的含义是在图像或物体边缘添加一层边框，而描边路径指的是沿绘制的或已存在的路径边缘添加线条效果，线条可以通过画笔、铅笔、橡皮擦和图章工具得到，同时，画笔的笔触样式和颜色也可以自定义。

实战 描边路径的应用

01 打开“实例文件\Chapter 8\Media\草原.jpg”图像文件。单击钢笔工具，在图像中单击并拖动绘制路径，如下图所示。

打开图像并绘制路径

02 继续在图像中绘制多条路径，单击路径选择工具，拖动绘制选择框，将所绘制的路径选中，在按住 Alt 键的同时拖动复制出新路径。按下快捷键 Ctrl+T 缩小路径并调整其位置。继续复制得到缩小后的路径并调整位置，如下图所示。

复制路径

03 单击画笔工具，在属性栏中设置画笔样式为“柔边圆”，并调整其大小、硬度，同时设置画笔颜色为绿色（R88、G175、B25），如下图所示。

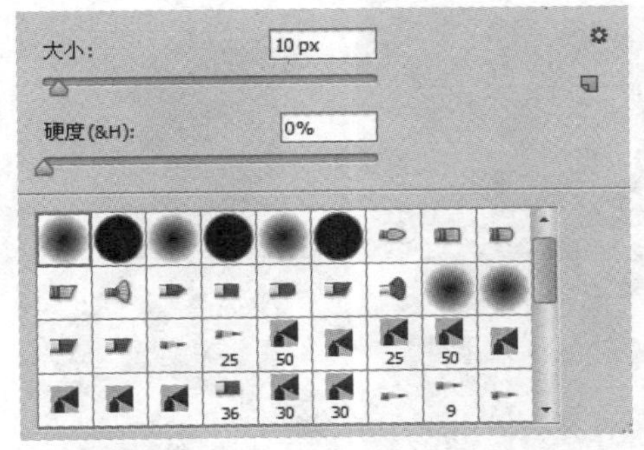

设置画笔选项

04 在“路径”面板中单击扩展按钮，在弹出的扩展菜单中选择“描边路径”选项，弹出“描边路径”对话框，设置“工具”为“画笔”，并勾选“模拟压力”复选框，完成后单击“确定”按钮，如下图所示。

描边路径

05 按下快捷键 Ctrl+H 隐藏路径后，可在图像中清楚看到使用绿色描边后的效果，为图像添加了装饰性的动感线条，如下图所示。

隐藏路径

8.5.7 填充路径

填充路径能为路径填充前景色、背景色或其他颜色，同时还可以快速为图像填充图案。若路径为线条时，按“路径”面板中显示的选区范围进行填充。

显示路径

填充路径

8.5.8 路径与选区之间的转换

路径与选区之间的转换可通过快捷键完成，也可通过“路径”面板中的相关按钮来完成。

在图像中绘制选区后按下快捷键 Ctrl+Enter 或单击“路径”面板中的“将路径作为选区载入”按钮，即可将路径转换为选区。在图像中创建选区后，在“路径”面板中单击“从选区生成工作路径”按钮，可将选区转换为路径。

8.6 使用形状工具

使用形状工具可以方便地绘制并调整图形的形状，从而创建出多种规则或不规则的形状或路径。形状工具包括矩形工具、圆角矩形工具、椭圆工具、多边形工具、直线工具以及自定形状工具等，下面分别对其进行介绍。

8.6.1 使用矩形工具

使用矩形工具可以在图像窗口中绘制任意的正方形或具有固定长宽的矩形形状。在属性栏中单击“图形”按钮，即可在图像中拖动绘制以前景色填充的矩形形状。单击“图形”按钮并在弹出的菜单中选择“路径”选项，绘制的则为矩形路径。

实战 矩形工具的应用

01 打开“实例文件\Chapter 8\Media\绿色.psd”图像文件。单击矩形工具，单击属性栏中的“像素”按钮，在“样式”面板中单击扩展按钮，在弹出的扩展菜单中选择“纹理”选项，如下图所示。

打开图像并载入样式

02 此时弹出询问对话框，单击“追加”按钮可将纹理组中的样式预设追加到“样式”面板中，单击选择“橡木”样式，如下图所示。

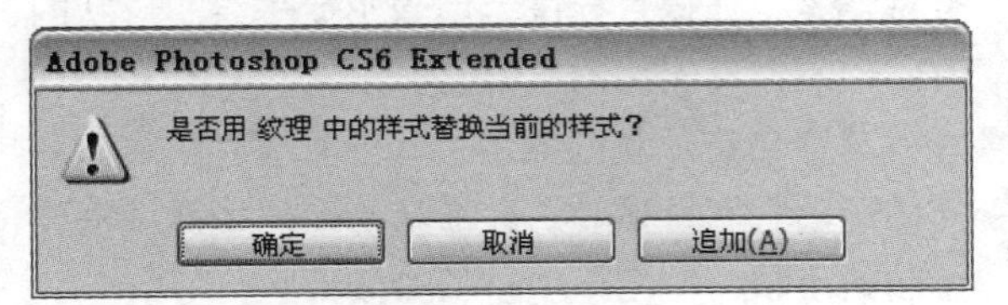

追加样式

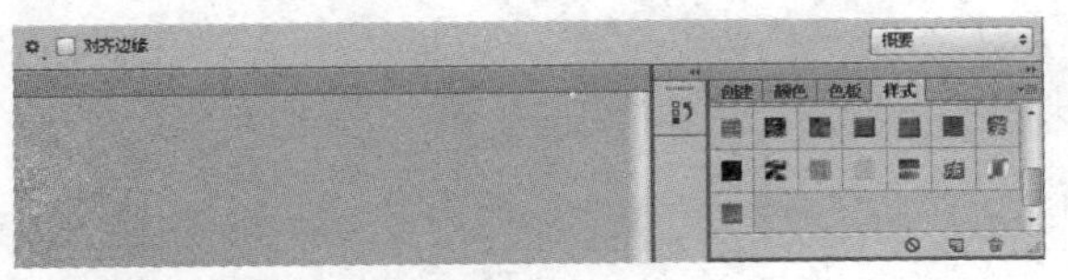

选择样式

03 沿图像边缘拖动绘制矩形形状，可以看到，绘制的形状图层自动应用了橡木样式，此时在“图层”面板中可以看到“形状 1”图层在最上端，从而遮盖了绿色图像，如下图所示。

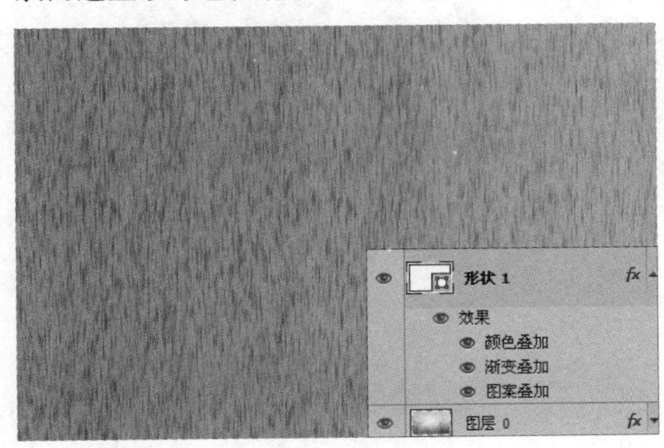

绘制形状图层

04 选择“形状1”图层，将其拖动到“图层0”下方，将图像显示出来，形成画框效果，如下图所示。

调整图层顺序

8.6.2 使用圆角矩形工具

使用圆角矩形工具可以绘制出带有一定圆角弧度的图形，它是对矩形工具的补充。圆角矩形工具的绘制和使用方法与矩形工具基本相同，不同的是使用圆角矩形工具时，在属性栏中会出现“半径”数值框，输入的数值越大，圆角的弧度也越大。

原图

绘制圆角矩形

8.6.3 使用椭圆工具

使用椭圆工具可以绘制椭圆形状和正圆形状。按住 Shift 键的同时拖动绘制，得到的就是正圆形状，在其中也可设置形状的填充效果。

实战 椭圆工具的应用

01 打开“实例文件\Chapter 8\Media\咖啡.jpg”图像文件。设置前景色为绿色（R172、G227、B211），单击椭圆工具，单击属性栏中的“像素”按钮，并设置“模式”和“不透明度”，如下图所示。

打开图像并设置工具选项

02 在图像中单击并拖动鼠标，绘制出椭圆形图形，按住Shift键的同时拖动绘制，得到多个正圆形图像，为图像添加梦幻的光点效果，如下图所示。

绘制正圆形和椭圆形图形

8.6.4 使用多边形工具和直线工具

使用多边形工具可以绘制具有不同边数的多边形和星形形状，在属性栏的“边”数值框中输入需要的边数，即可绘制相应的图形。单击“几何体选项”下拉按钮，在弹出的面板中勾选相应的复选框即可进行更多参数的设置。

使用直线工具可快速绘制出任意角度的直线，在“粗细”数值框中输入数值即可定义直线的宽度。单击“几何体选项”下拉按钮，在弹出的面板中勾选相应的复选框还可以定义直线的起点和终点，从而使直线的形状更多变。

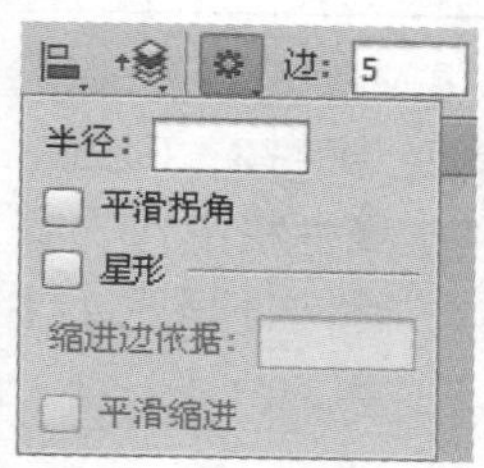

“几何体选项”面板①

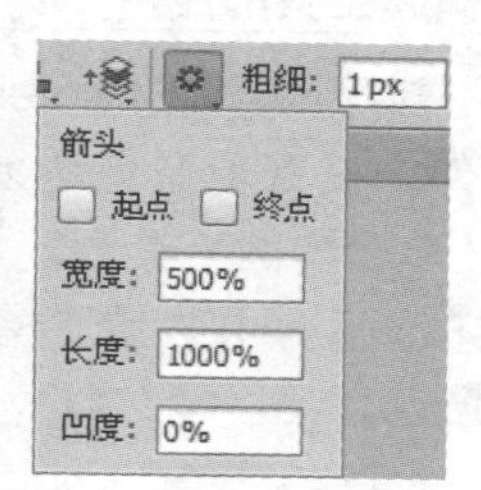

“几何体选项”面板②

8.6.5 使用自定形状工具

使用自定形状工具可快速调用系统自带的各种形状，在很大程度上节省了徒手绘制形状的时间，是非常实用的工具之一。

单击自定形状工具后，单击属性栏中的“几何体选项”下拉按钮，在形状拾取器中选择需要绘制的形状，在图像中进行绘制即可。

原图

绘制音符

8.6.6 定义自定形状

在Photoshop中，除了系统提供的形状样式之外，用户还可以自行定义形状样式，以便在创作过程中随时调用常用的形状样式，快速绘制多种形状图像效果。

实战 定义新的形状样式

01 打开“实例文件\Chapter 8\Media\菊花.png”图像文件。单击魔棒工具，在透明区域中单击建立选区，并按下快捷键Ctrl+Shift+I反选选区。单击“路径”面板中的“从选区生成工作路径”按钮，将选区转换为路径，如下图所示。

打开图像并创建选区

将选区转换为路径

02 在“图层”面板中单击“指示图层可见性”图标，隐藏菊花所在图层，此时只显示路径效果。执行“编辑 > 定义自定形状”命令，弹出“形状名称”对话框，在“名称”文本框中输入形状样式名称后单击“确定”按钮，如下图所示。

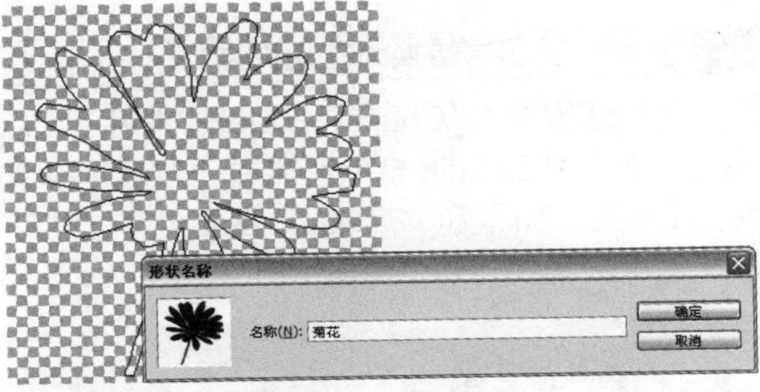

定义新的形状样式和名称

03 单击自定形状工具，在样式拾取器中可以看到刚才定义的“菊花”形状样式，单击选择该样式。打开“实例文件\Chapter 8\Media\秋英.jpg”图像文件。在图像中单击并拖动绘制形状，转换为选区后填充为橙黄色（R232、G167、B9），取消选区，如下图所示。

绘制形状并填充颜色

8.7 形状图层的编辑

使用矩形工具组中的形状工具可以创建路径，也可以创建形状图层。对于创建出的形状图层也可进行一定的编辑操作，这些编辑操作可以使形状图层和普通图层进行转换，以便使用更多 Photoshop 中的其他功能，下面进行详细介绍。

8.7.1 编辑形状图层中的形状

编辑形状图层中的形状指的是通过编辑形状图层的形状，改变形状图像的效果。

实战 编辑形状调整图像

01 打开“实例文件\Chapter 8\Media\图像.psd”文件。单击“形状 1”图层，此时其形状路径显示在图像中，如下图所示。

打开图像并显示形状路径

02 单击转换点工具，在路径上以单击显示锚点，在锚点上单击将平滑的锚点转换为尖角状态。此时可以看到，对路径进行了编辑后，形状图像效果也有所改变，如下图所示。

编辑形状

03 使用相同的方法继续对路径进行调整，改变形状图像效果，从而得到尖角形的花瓣图形，完成后按下快捷键 Ctrl+H 隐藏路径，如下图所示。

继续改变形状图像

8.7.2 合并形状图层中的形状

在对图像进行处理的过程中，可能会需要在图像中同时创建许多形状图层，如果图层过多会在一定程度上影响操作速度。确认形状图像在整个画面中的颜色、位置、大小等效果后，可以对众多的形状图层进行合并。

实战 合并形状图层

01 打开“实例文件\Chapter 8\Media\花.psd”图像文件。在“图层”面板中可以看到，该图像带有许多形状图层，如下图所示。

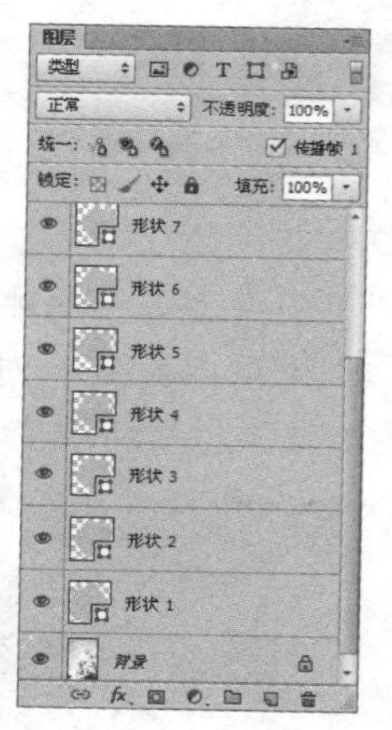

打开图像并显示“图层”面板

02 按住 Shift 键的同时单击“形状 1”和“形状 10”图层，将这些形状图层同时选中，按下快捷键 Ctrl+E 合并图层。在面板中可以看到，合并后的图层以“形状 10”命名，且合并后的图层还是形状图层，此时依然会显示其形状路径，如下图所示。

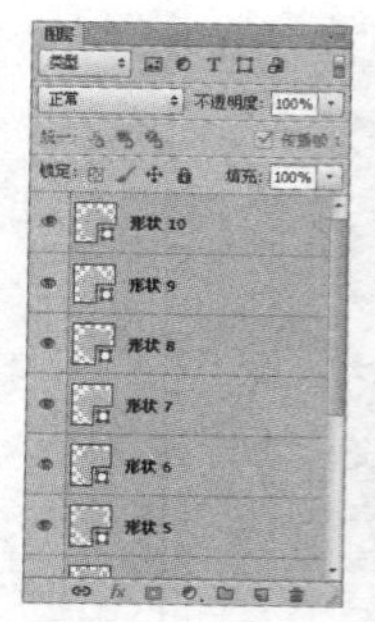

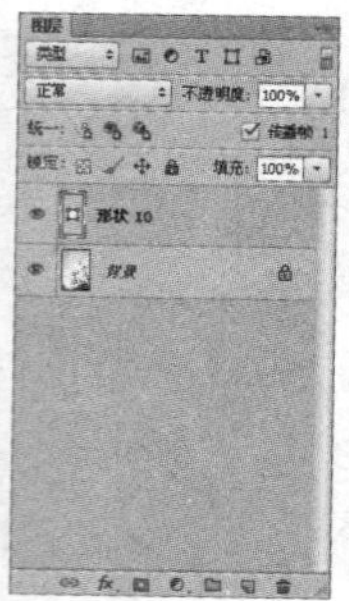

选择并合并形状图层

8.7.3 栅格化形状图层

栅格化形状图层与栅格化文字图层有所类似，这是一种将形状图层转换为普通图层的方法。与合并形状图层相同，栅格化形状图层后不能再看到其形状路径。

实战 将形状图层转换为普通图层

01 打开“实例文件\Chapter 8\Media\蜗牛.psd”图像文件。按住 Shift 键的同时在“图层”面板中单击“形状 1”和“形状 4”图层，将这些形状图层同时选中，如下图所示。

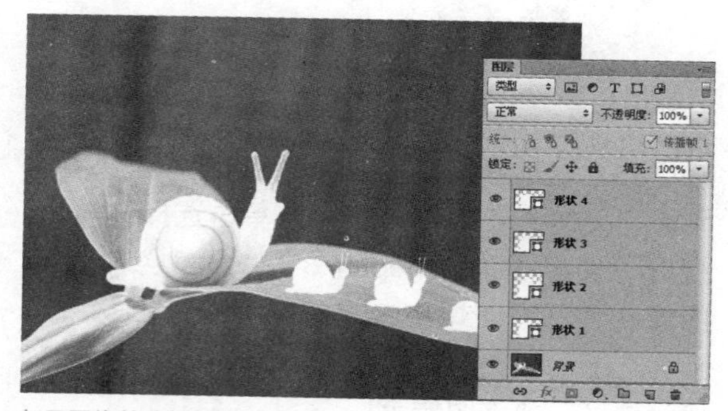

打开图像并选择形状图层

02 执行“图层 > 栅格化 > 图层”命令，即可将选择的形状图层栅格化。在“图层”面板中可以看到，栅格化后的图层不再带有形状路径缩览图，但是图像效果不变，如下图所示。

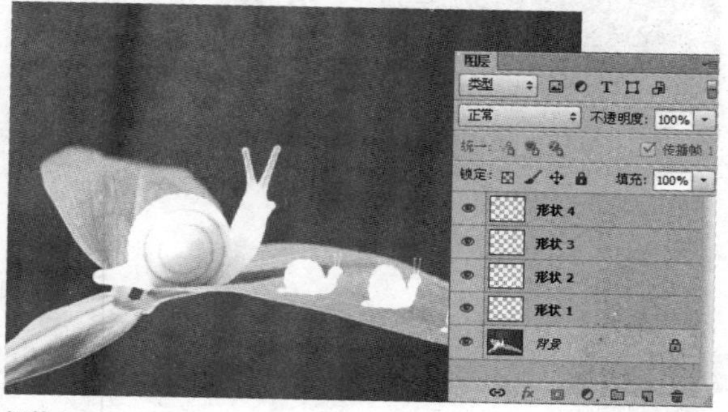

栅格化形状图层

疑难解答

001

Q 为什么使用钢笔工具绘制路径时总是进行自动填充?

A Photoshop 中的钢笔工具有 3 种模式，分别为图形、路径和像素，这几种形状分别以按钮的形式展示在属性栏中，单击相应的按钮即表示选择相应的模式。在使用钢笔绘制路径时会自动填充则表示当前使用的是“图形”模式，要使其不自动填充，只需在属性栏中单击“路径”按钮即可。

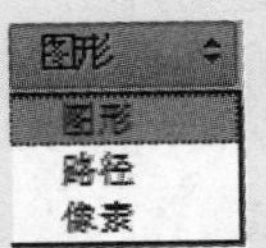

002

Q 使用自由钢笔工具绘制路径时能否同时进行细节调整?

A 单击自由钢笔工具，在其属性栏中勾选“磁性的”复选框。绘制路径时，在确定路径起点后拖动鼠标，自由钢笔工具将自动根据图像像素进行区分，吸附相同像素区域边界。若在图像像素边界不明显的图像区域，可以一边拖动鼠标一边单击添加锚点，来定位路径位置。

003

Q 钢笔工具属性栏中的路径按钮组与选框工具中的选区按钮组有何差别?

A 单击钢笔工具属性栏中的按钮弹出的选项，在功能上与选框工具属性栏中的按钮组有所类似。使用钢笔工具绘制路径的同时结合按钮组中的按钮操作，在图像中绘制路径后，按下快捷键 Ctrl+Enter 将其转换为选区时，则自动显示出与选框工具组中单击相应按钮创建选区相同的情况。

004

Q 如何删除锚点上的控制手柄?

A Photoshop 中锚点左右两侧的两个控制手柄是不能被删除的，因为两个手柄是为了保证两边路径的平衡。但在操作过程中，若需要对锚点的控制手柄进行调整，则可在按住 Alt 键的同时在锚点一侧的控制手柄上单击，此时这一侧的控制手柄恢复到锚点为尖突状的圆点位置，从而使锚点呈现出只有一侧控制手柄的状态。

005

Q 钢笔工具和自由钢笔工具的区别是什么?

A 在对图像的细节进行抠取时，钢笔工具需要一步一点地描出路径，特点是比较细腻，准确，但比较费时。而自由钢笔工具在性能上类似于磁性套索工具，它会根据图像的像素差异自动寻找物体边缘的，其特点是抠取出的图像较为粗糙，但较为省时。值得注意的是，自由钢笔工具适用于图片颜色反差较大的情况。

006

Q 为什么绘制路径后会在“图层”面板中自动创建一个形状图层?

A 不管是使用自由钢笔工具还是钢笔工具，在使用这些工具绘制路径时，若在属性栏中单击了“图形”按钮，则在绘制路径时就会在“图层”面板中自动创建一个形状图层，这表示该形状图层是以绘制的路径为形状的。若不希望在绘制路径时创建形状图层，在属性栏中单击“路径”按钮即可。

007

Q 如何处理“路径”面板扩展菜单中“复制路径”选项呈灰色显示的情况？

A 在“路径”面板中单击扩展按钮，在弹出的扩展菜单中可看到，若“复制路径”选项呈灰色显示，则表示不可用，这是由于当前路径为工作路径，不能进行复制操作。若要对当前路径进行复制，可以将工作路径存储为路径后，再执行相同的操作即可。

008

Q 在“描边路径”对话框中勾选“模拟压力”复选框的意义是什么？

A 在“描边路径”对话框中勾选“模拟压力”复选框后，此时描边的路径会模拟一种类似使用压力挤压的从重到轻的压力过程，从而使线条边缘呈现一种由粗到细的线条效果。若取消勾选该复选框，则此时描边路径的效果是粗细一致的效果。

009

Q 如何将自定形状工具的形状样式恢复到默认状态下？

A 在自定形状工具组的属性栏中单击样式旁的下拉按钮，在打开的样式拾取器中单击扩展按钮，在弹出的扩展菜单中选择“复位样式”选项，即可将拾取器中的样式恢复到默认状态。

复位形状...
载入形状...
存储形状...
替换形状...

010

Q 如何将Potoshop软件自带的形状样式追加到样式拾取器中？

A 在自定形状工具属性栏中单击“图形”下拉按钮，在打开的形状拾取器中单击扩展按钮，在弹出的扩展菜单中可以选择其他预设的形状进行绘制，Photoshop 为用户提供了如动物、箭头、画框、音乐、自然、物体、装饰和符号等多种类型的形状，在更大程度上方便用户使用。

全部
动物
箭头
艺术纹理
横幅和奖品
胶片
画框
污渍矢量包
灯泡
音乐
自然
物体
装饰
形状
符号
台词框
拼贴
Web

011

Q “编辑>定义自定形状”命令呈灰色显示的原因有哪些？

A 在 Photoshop 中，用户可自定义的内容有定义画笔预设、定义图案和定义自定形状 3 种。值得注意的是，定义前两种情况时只需执行相应的命令即可。而在定义自定形状时，若未将要定义的内容转换为路径，此时“编辑>定义自定形状”命令则呈灰色显示，表示无法使用。

定义画笔预设(B)...
定义图案...
定义自定形状...

定义画笔预设(B)...
定义图案...
定义自定形状...

012

Q 如何快速栅格化形状图层？栅格化图层和栅格化文字图层有什么区别？

A 在“图层”面板中右击需要栅格化的图层，在弹出的快捷菜单中选择“栅格化图层”选项即可栅格化形状图层。栅格化图层和文字是有区别的，文字是可以编辑的，拉大后不失真，栅格化文字就成了图像，不能进行编辑。而一般的图层都是以图形图像为主的，它的栅格化就是直接将其栅格化为普通图层，而文字则需要进行栅格化文字操作将其栅格为图像。

Chapter

09

图层的基本应用

本章从图层概念、“图层”面板讲起，对图层的选择、移动、创建、重命名等基本操作进行介绍，同时对图层的对齐、分布、链接、合并、盖印等编辑操作进行深入剖析，最后介绍图层组的创建、删除、合并等管理操作。

设计师谏言

设计需要有载体，运用于设计的载体是各种不同的图像以及相应的设计元素，而在Photoshop中承载这些图像和设计元素的则是图层，它类似一些透明的纸张，最终的设计作品就是这一张张纸叠加在一起形成的效果。

设计百宝箱

平面设计之层次

作为视觉传达艺术作品，平面设计在版面编排上通过色彩、图形和文字这 3 个元素的结合，给观者不同的空间层次感，使其产生不同的心理感受，从而进行平面广告信息的有效传递。在平面设计作品中，空间层次可以通过透视、比例、层次、色彩、肌理等多种方式实现，而不同的平面设计种类所表现的方式也有所不同。

Point 01 标志设计的空间层次表现

标志设计是具有象征意义和内涵的视觉传达符号和图形，它是传达信息的视觉载体、人类与社会之间沟通信息的视觉桥梁。现代标志设计打破了传统的视觉艺术形象，突出了标志简洁、严谨、含蓄的艺术特征，使其更具有识别性特征。标志设计中的视觉空间设计，主要依据观者对空间知觉和空间感的认识而进行。设计师通过透视法在平面上表现实体、空间深度和层次等立体效果，从而展现标志设计的空间层次感。

标志中的视觉空间层次表现技法主要有线条、光影、错觉、透视和几何图形等方式。

1. 线条

线可以看作是点移动的轨迹，它富于变化，对动、静的表现力最强，是造型中最富表现力的要素。标志设计中的视觉空间层次表现都可以概括为线的表现。

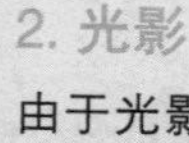

2. 光影

由于光影的方向、角度不同，必然在立体表面产生明暗，因此，标志设计中的视觉空间表现除了考虑立体本身的形体关系外，还要进行光影设计，从而充分表现其立体感、明暗度和质感。

3. 错觉

通过对标志图形元素的颜色进行调整，使其在视觉上产生错落感。

4. 透视

通过对标志图形各个面的颜色进行渐变调整，使其产生立体透视效果。

5. 几何图形

通过将多个几何图形采用不同角度或色彩的编排组合，表现形状奇特且耐人寻味的空间层次艺术效果。

Point 02 版式设计的空间层次表现

版式设计是平面设计中的重要组成部分，也是一切视觉传达艺术的舞台。版式设计通过对文字、色彩、图形这3元素进行有机结合，并运用造型要素及形式原理把构思与计划以视觉形式表现出来。版式设计中的空间层次可以通过构成版式的各要素所组合成的远、中、近3个层次来获得，这也是一种视觉幻象空间。远、中、近一般可以通过文字或图形的大、中、小比例，黑、白、灰的对比，肌理的相互衬托以及构图的前后关系等形式来获得。

Point 03 网页设计的空间层次表现

网页是基于网络生长的新媒体形式，随着社会的不断进步，网络越来越贴近生活。网页设计作为网络的一部分，主要是通过专门的设计软件进行设计，是在网络中存在的一种视觉传达。网页设计可以说是平面设计的一种延伸，是在网络中进行的一种信息宣传形式。在网页设计版面中，通过对图像、色彩以及文字的编排应用，在画面中产生动态视觉效果，从而更好地体现空间层次感。

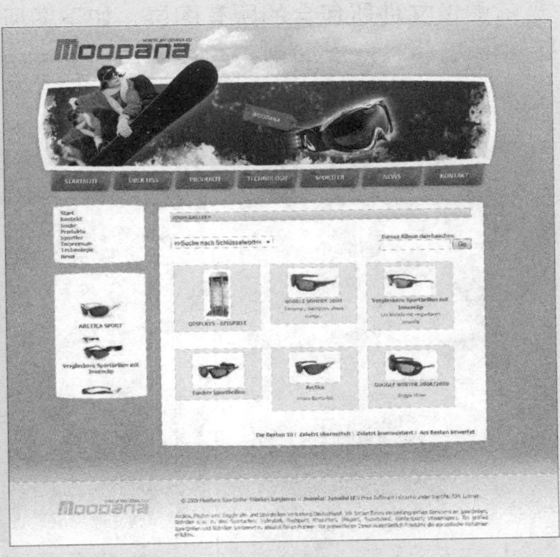

9.1 图层和“图层”面板

在 Photoshop 中对图像进行编辑，就必须对图层有所认识，它是 Photoshop 功能和设计的截体，下面就对图层以及“图层”面板进行系统介绍。

9.1.1 图层概念释义

图层可以说是 Photoshop 软件最划时代的“革命产物”，它颠覆了传统的一层式制作模式，将各种设计元素或图像信息置于一层层的图层上，通过对这些图形进行组合形成最终设计。设计作品可以是一个整体，也可以是部分图像，且由于图像的每个部分分别置于不同的图层上，还可以进行选择和调整，从而在细节上调整图像的最终效果。

9.1.2 认识“图层”面板

Photoshop 中的图像、图层和“图层”面板这 3 个概念具有一种所属关系。图像存放于图层中，而图层叠放在“图层”面板中，这样的方式是为了在更大程度上方便用户对图像进行相关调整和操作。

不管在哪种界面的工作区中，“图层”面板始终位于工作界面的右下侧位置，在其中显示了当前图像文件所包含的所有图层。如下图所示为一个由背景、文字图像和气球等设计元素组成的平面图像及其“图层”面板。

设计图像

“图层”面板

在“图层”面板中单击右上角的折叠按钮，即可将“图层”面板折叠为图标模式，再次单击该按钮即可还原。为了使用户能在真正意义上对“图层”面板有所掌握，下面对面板中的一些选项进行详细介绍。

“图层”面板

面板的图标模式

❶ **“混合模式”下拉列表**：用于设置当前图层与其他图层的颜色叠加混合的效果，在其中有多种模式可供应用户选择。

❷ **“不透明度”数值框**：用于设置当前图层的总体不透明度，默认为100%，即完全不透明，当数值为0%时则表示完全透明。

❸ **“填充”数值框**：用于设置当前图层填充后的内部不透明度。

❹ **锁定工具组**：该工具组中的按钮从左至右依次为“锁定透明像素”按钮、“锁定图像像素”按钮、“锁定位置”按钮和“锁定全部”按钮，单击各个按钮即可锁定当前图像的相应对象。

❺ **图层控制按钮组**：该组中的按钮控制着图层的基本操作，从左至右依次为“链接图层”、“添加图层样式”、“添加图层蒙版”、“创建新的填充或调整图层”、“创建新组”和“创建新图层”和“删除图层”。

❻ **“指示图层可见性”按钮**：当该图标为时即显示该图层中的图像，当该图标为时，则隐藏该图层中的图像。

❼ **图层类型搜索按钮组**：单击该组中的不同按钮，可以索引出与其相对应的图层类型。

9.2 图层的基本操作

在 Photoshop 中，熟练掌握图层的基本操作可帮助用户更好使用该软件功能。图层的基本操作包括图层的创建、选择、显示或隐藏、移动、复制以及删除等，下面分别进行介绍。

9.2.1 创建各类新图层

在 Photoshop 中图层分为很多种，包括“背景”图层、普通图层、文字图层、形状图层和调整图层，要对图层进行深入的学习，首先应该掌握各类图层的创建方法。

1. 创建普通图层

在“图层”面板中单击“创建新图层”按钮，即可在当前图层上方新建一个空白图层，此时创建的是普通图层，对图层进行的一切编辑操作都可以对它执行。

2. 创建文字图层

单击横排文字工具或直排文字工具，在图像中单击定位文本插入点，在其后输入文字，完成后在属性栏中单击“提交所有当前编辑”按钮，即可创建文字图层。

3. 创建形状图层

单击矩形工具组中的任意一个工具，然后在属性栏中单击“图形”按钮，选择相应的形状后在图像上拖动绘制形状，此时即可在“图层”面板中自动生成形状图层。

4. 创建调整图层

单击“图层”面板下方的“创建新的填充或调整图层”按钮，在弹出的菜单中选择相应的调整命令，这里选择“色相/饱和度”选项，即可在“图层”面板中创建调整图层。在“属性”面板中可设置相应参数。

下面分别展示这些不同类型的图层。

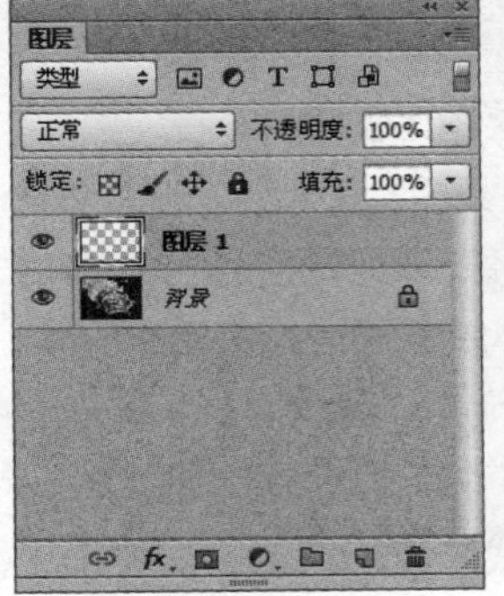

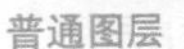
普通图层

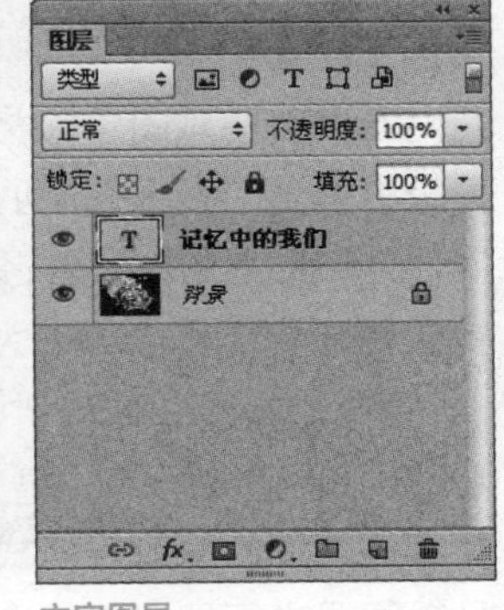

文字图层

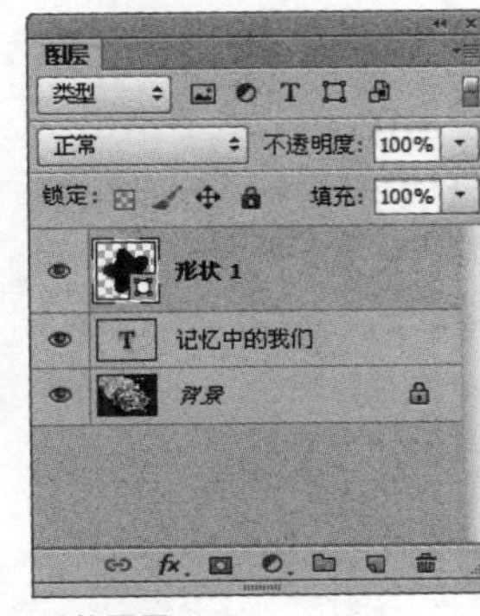

形状图层

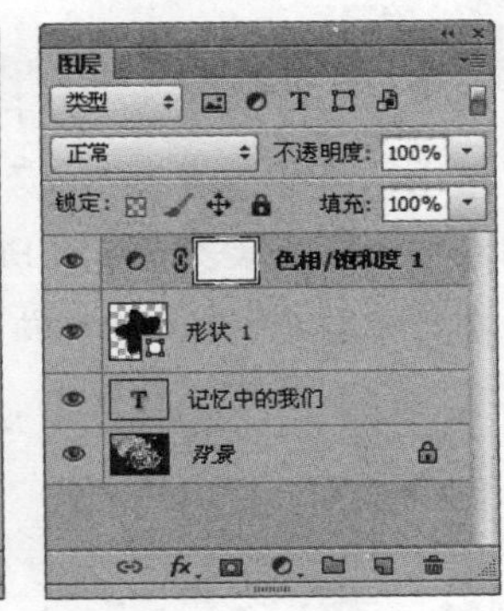

调整图层

9.2.2 选择图层

在对图像进行编辑和修饰前，要选择相应图层作为当前工作图层，此时只需将光标移动到“图层”面板上，当其变为形状时单击需要选择的图层即可。在单击第一个图层后，按住 Shift 键的同时单击最后一个图层，即可选择其间的所有图层。按住 Ctrl 键的同时单击需要选择的图层，即可选择非连续的多个图层。

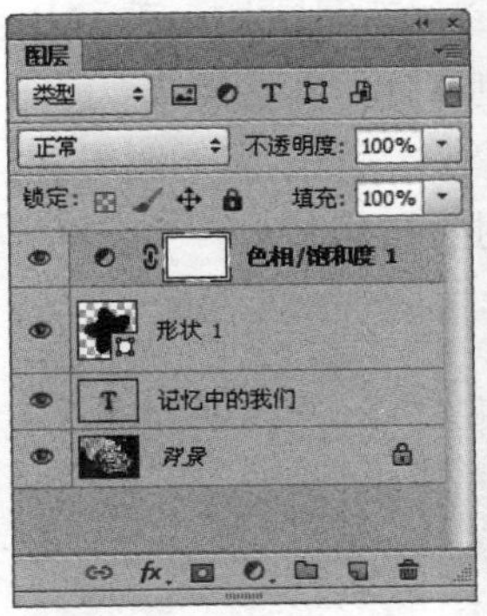

选择单个图层

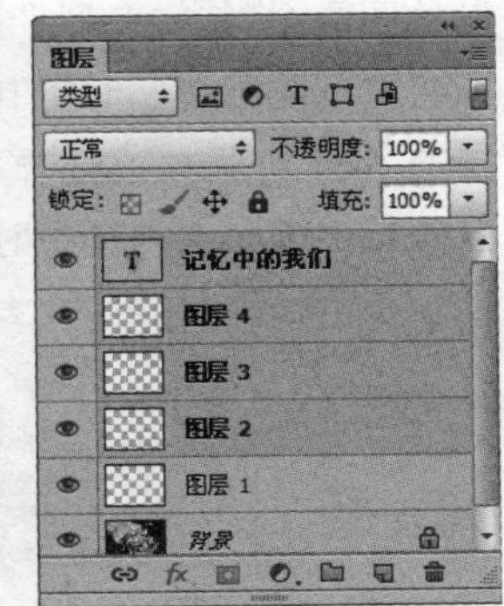

选择多个图层

PART 02 软件的功能透析

9.2.3 图层搜索

显示和隐藏图层的操作比较简单，在“图层”面板中单击“指示图层可见性”图标，当其变为时则隐藏该图层中的图像。需要再次显示图像时再次单击该图标，当其变为状态时即可显示图层。

图层搜索功能是 Photoshop CS6 中新增的功能。在“图层”面板中可通过类型、名称、效果、模式、属性、颜色等模式，使用新的图层搜索工具对图层进行搜索与排序，且搜索出的图层进行单独显示。

在“图层”面板中上方图层类型搜索工具上单击，可在弹出的下拉列表中选择搜索的方式，对那些有着众多图层的 Photoshop 项目来说，这无疑是一个非常实用的新功能。

原图层

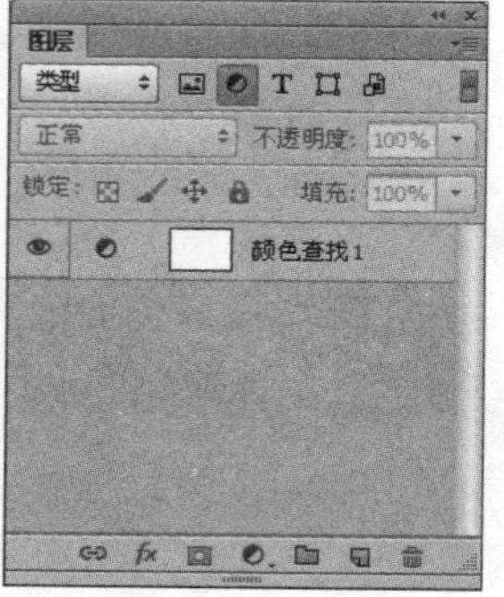
搜索调整图层

9.2.4 复制图层

复制图层可以避免因为操作失误造成的图像效果损失。在“图层”面板中单击选择需要复制的图层，将其拖曳到“创建新图层”按钮上，即可复制图层。此时复制得到的图层以“当前图层的名称＋副本”的形式进行命名。复制图层后，该图层上的图像内容同时也被复制。

选择需要复制的图层

复制图层并移动图像后的效果

9.2.5 重命名图层

重命名图层的操作比较简单，在需要重命名的图层名称上双击鼠标，图层名称呈灰底显示时在其中输入新的图层名称，按下 Enter 键即可确认重命名操作。

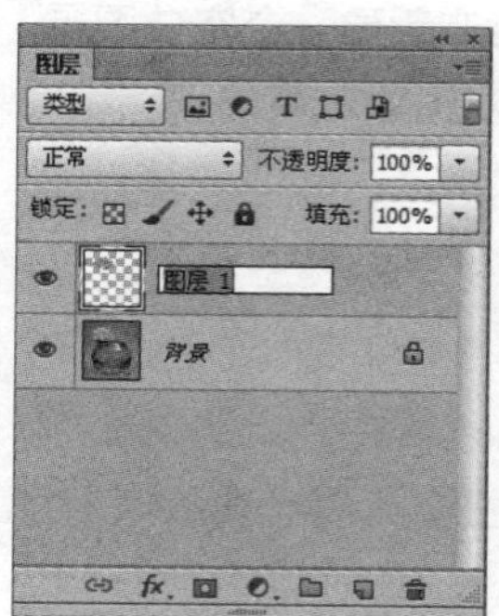
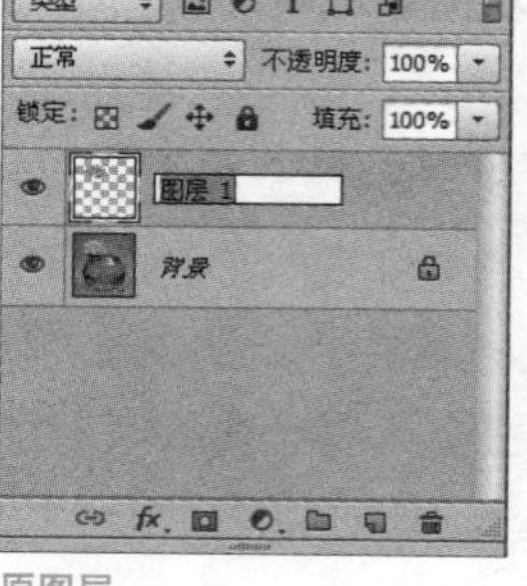
原图层

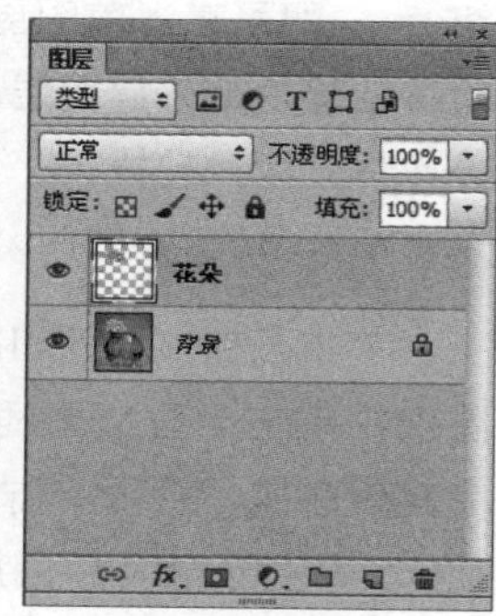
重命名后的图层

9.2.6 删除图层

在 Photoshop 中，对于不需要的图层还可以将其删除。删除图层有两种方法，一是选择需要删除的图层，将其拖动到“删除图层”按钮上，释放鼠标左键即可删除该图层，这是最常用的方法。二是执行“图层 > 删除 > 图层”命令，在弹出的询问对话框中单击“确定”按钮即可删除该图层。

询问对话框

9.2.7 移动图层

移动图层有两种理解，一种是调整图层顺序的移动，另一种是将图层移动到另一个图像中，下面分别进行介绍。

1. 调整图层顺序

图层的叠放顺序直接影响图像效果，最常用的调整方法是在“图层”面板中单击选择需要调整位置的图层，将其直接拖动到目标位置，出现黑色双线时释放鼠标左键即可。

选择图层

调整图层顺序

2. 移动到另一个图像中

这种方法是指在两个图像中移动图层。在工具箱中单击移动工具，选择需要移动的图层，然后按住鼠标左键不放并将其拖曳到另一个图像文件上，当目标图像文件上出现图标时释放鼠标左键即可。

9.3 图层的编辑

图层的编辑操作包括图层的对齐、分布、链接、锁定、合并、盖印等，掌握这些编辑操作可以在一定程度上帮助用户对图层中的图像进行调整，下面分别进行介绍。

9.3.1 对齐图层

对齐图层是指将两个或两个以上图层按一定规律进行对齐排列。其方法是在“图层”面板中选择至少两个需要对齐的图层，执行“图层 > 对齐”命令，在弹出的级联菜单中有“顶边”、“垂直居中”、“底边”、“左边”、“水平居中”和“右边”6 个级联命令可供选择。

值得注意的是，在移动工具属性栏中提供了一组对齐按钮，从左至右依次为“顶对齐”、“垂直居中对齐”、“底对齐”、“左对齐”、“水平居中对齐”和“右对齐”，在“图层”面板中选择多个图层后，单击相应的按钮也可快速执行相应的图层对齐操作。

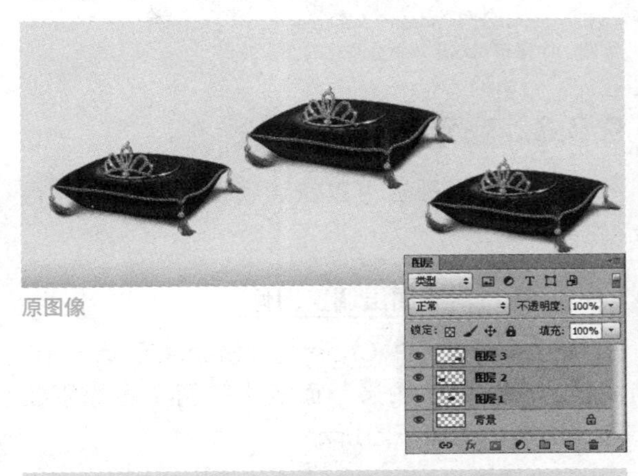

原图像

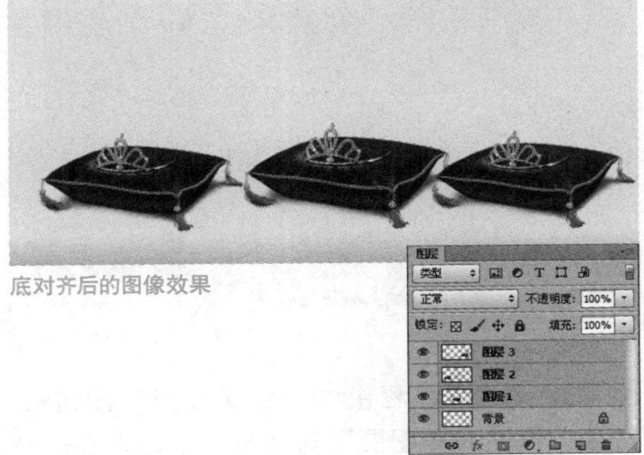

底对齐后的图像效果

9.3.2 分布图层

分布图层是指将 3 个以上的图层按一定规律在图像窗口中进行分布。在“图层”面板中选择图层后执行“图层 > 分布”命令，在弹出的级联菜单中也有“顶边”、“垂直居中”、“底边”、“左边”、“水平居中”和“右边”6 个级联命令可供选择，与对齐图层所不同的是，这里是对图层执行分布操作。

同样，移动工具属性栏中的对齐按钮组旁有一组分布按钮，从左至右依次为“顶分布”、“垂直居中分布”、“按底分布”、“按左分布”、“水平居中分布”和“按右分布”，在“图层”面板中选择多个图层后，单击相应的按钮即可快速执行相应的图层分布操作。

垂直居中分布和水平居中分布后的图像效果

9.3.3 自动对齐图层

自动对齐图层可以快速使图像沿边缘进行对齐。

实战 通过对齐图层调整图像

01 打开“实例文件\Chapter 9\Media\图标.psd”图像文件。在“图层”面板中将两个图标所在的图层选中，如下图所示。

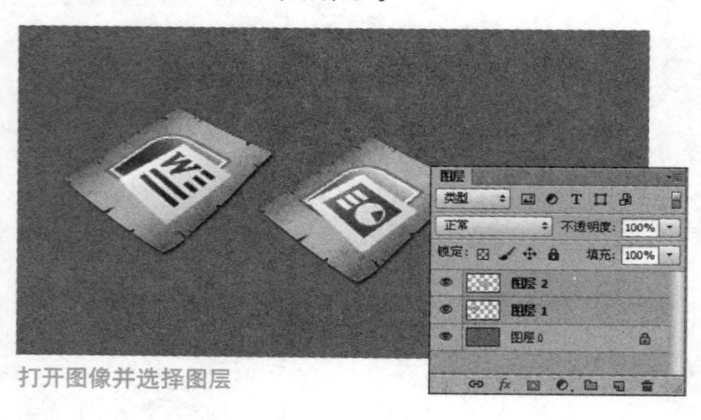

打开图像并选择图层

02 单击移动属性栏中的“自动对齐”按钮，打开“自动对齐图层”对话框，单击相应的单选按钮，完成后单击“确定”按钮即可，如下图所示。

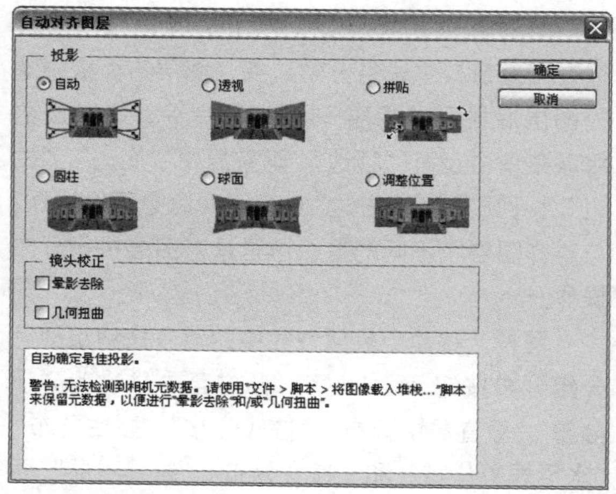

设置自动对齐样式

03 此时在图像中可以看到，两个图标完全重合，并沿图像左侧顶端对齐，如下图所示。

自动对齐图像

9.3.4 链接图层

图层的链接是指将多个图层链接在一起，链接后可同时对已链接的多个图层进行移动、变换和复制操作。其方法是在“图层”面板中同时选择需要链接的图层，至少两个图层，然后单击“链接图层”按钮即可。

链接图层

值得注意的是，链接图层后还可取消链接。此时若需取消全部链接效果，则选择所有链接后的图层，再次单击“链接图层”按钮，即可取消全部链接。若此时只需取消其中部分图层的链接状态，则只需选择该图层。再次单击“链接图层”按钮，即可同时取消选中图层的链接状态，而其他的链接图层保持不变。

取消全部链接图层

取消部分链接图层

9.3.5 锁定图层内容

为了防止对图层的误操作，可以对图层进行锁定。Photoshop为用户提供了锁定透明像素、锁定图像像素、锁定位置和锁定全部4种锁定方式。选择需要锁定的图层，在“图层”面板中单击相应的锁定按钮即可，下面分别对这些锁定工具进行介绍。

1. 锁定透明像素

单击该按钮后即锁定图像中的透明区域，此时不能对图层中的透明区域进行编辑或处理。最明显的表现为如果锁定图像透明区域，则使用渐变工具无法在图像中绘制渐变图像效果。

2. 锁定图像像素

单击该按钮后即锁定图像像素，此时只能移动图像中的像素，但不能对该图层进行编辑处理。最明显的表现为如果锁定图像像素，则使用画笔工具无法绘制图像。

3. 锁定位置

单击该按钮后即锁定图像位置，此时无法使用移动工具对图像进行移动。

4. 锁定全部

单击该按钮后即可锁定全部图像，此时无法对图像进行任何操作。

9.3.6 解锁图层

解锁图层是针对“背景”图层而设计的功能，通过解锁图层功能可将“背景”图层转换为普通图层。其方法是在“背景”图层上双击，弹出“新建图层”对话框，默认情况下“名称”为“图层0”，此时可以在“名称”文本框中重新输入新图层的名称，还可对图层的“颜色”、“模式”、“不透明度”等选项进行设置，完成后单击“确定”按钮即可将其转换为普通图层。

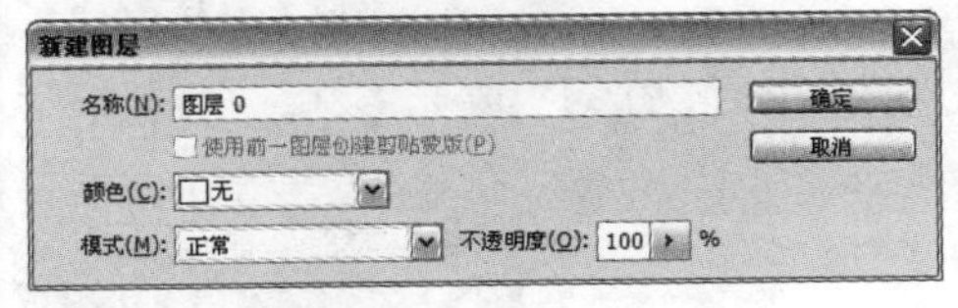

“新建图层”对话框

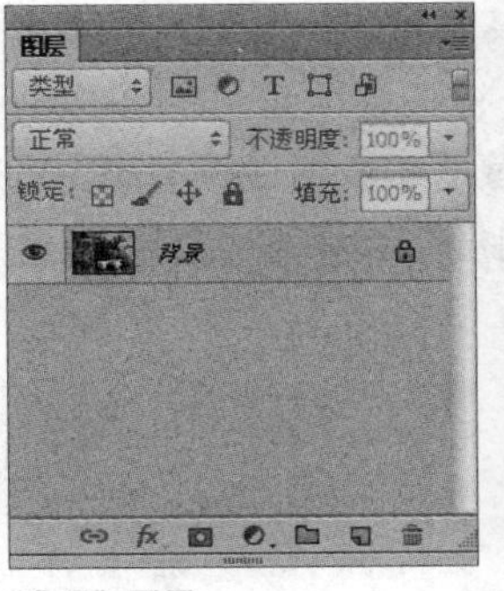

“背景”图层

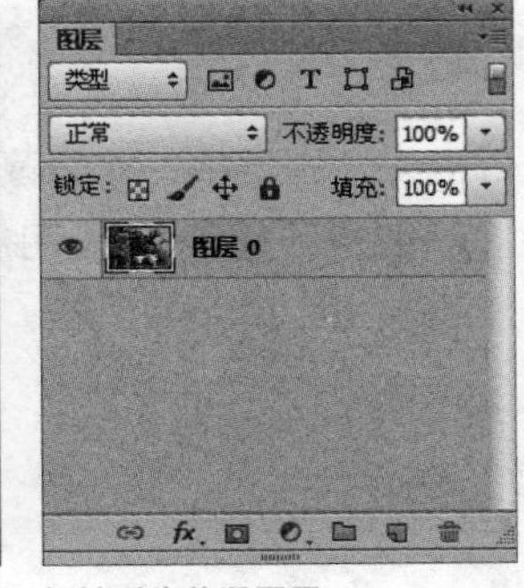

解锁后为普通图层

9.3.7 合并图层

合并图层就是将两个或两个以上图层中的图像合并到一个图层上。在处理复杂图像时会产生大量图层，此时可根据需要对图层进行合并，减少图层的数量以便操作。合并图层有3种方式，下面分别进行详细介绍。

1. 向下合并图层

向下合并图层是将当前图层与其下方紧邻的第一个图层进行合并，执行“图层 > 向下合并”命令或按下快捷键Ctrl+E即可实现。

选择图层

向下合并图层

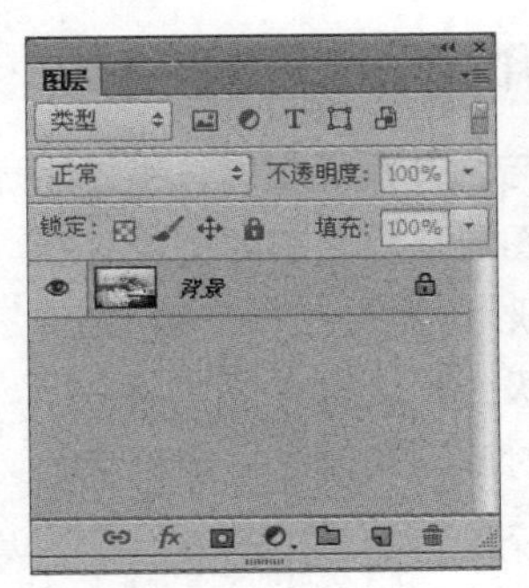

合并所有图层

值得注意的是，同时选择需要合并的全部图层，按下快捷键Ctrl+E即可将所有图层合并为一个图层。

2. 合并可见图层

合并可见图层就是将图层中可见的图层合并到一个图层中，而隐藏的图像则保持不动。执行“图层 > 合并可见图层”命令或按下快捷键 Shift+Ctrl+E 即可。

隐藏部分图层

合并可见图层

3. 拼合图像

拼合图像就是将所有可见图层进行合并，而丢弃隐藏的图层。其方法为单击“图层”面板的扩展按钮，在弹出的扩展菜单中选择“拼合图像”选项。该方法直接将所有图层拼合为“背景”图层。

选择图层

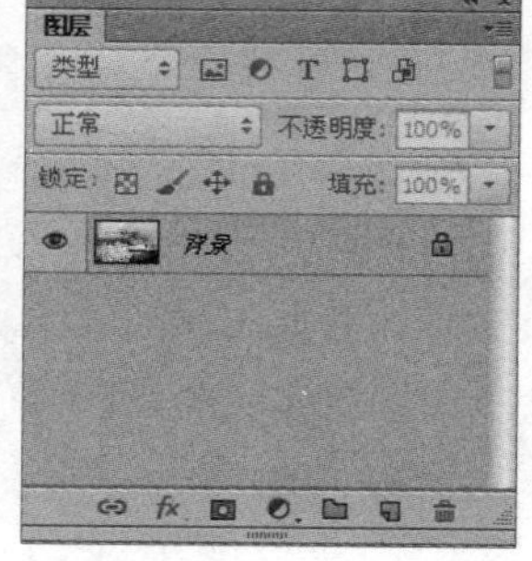

拼合图像

9.3.8 盖印图层和盖印可见图层

盖印图层在功能上与合并图层相似，不过比合并图层更实用。盖印图层是将之前对图像进行处理后的效果以图层的形式复制在一个图层上，便于继续进行编辑。它极大程度地方便了用户操作，同时也节省了操作时间，从而在一定程度上提高了工作效率。

一般情况下选择位于“图层”面板最顶层的图层，按下快捷键 Ctrl+Shift+Alt+E 盖印所有图层，此时在“图层”面板最顶部会自动生成一个盖印图层，盖印后的图层名称顺延图层中的名称数字。

原图层

盖印后的图层

值得注意的是，盖印可见图层和合并可见图层有类似之处。盖印可见图层就是将图层中未隐藏图层中的内容复制并拼合为一个图层，而隐藏图层中的图像内容则不会被拼合在其中。

9.4 图层组的管理

Photoshop 中提供了图层组这一功能，它可将各种不同的图层分门别类地归纳入到相应的图层组中，以便对图层进行管理，下面对图层组的相关操作进行介绍。

9.4.1 创建图层组

要使用图层组对图层进行管理，首先应掌握如何创建图层组。

实战 通过图层组管理图层

01 打开“实例文件\Chapter 9\Media\花园.psd”图像文件。在“图层”面板中同时选择“图层 1”～“图层 3”，如下图所示。

打开图像并选择图层

02 将这些图层拖动到“图层”面板的“创建新组”按钮 上，此时默认情况下创建图层组“组 1”，且“图层 1”、“图层 2”和“图层 3”都已归入新建的图层组中。单击图层组前的扩展按钮 ，当按钮呈 状态时即可查看图层组中包含的图层，如下图所示，再次单击该按钮即可将图层组层叠。

创建图层组并将图层移动到图层组中

9.4.2 删除图层组

不需要图层组时可以将其删除，删除图层有 3 种方法，下面分别进行介绍。

1. 单击按钮

在“图层”面板中选择需要删除的图层组，单击“删除图层”按钮 ，弹出询问对话框，单击“组和内容”按钮，表示在删除组的同时还将删除组内的图层；单击“仅组”按钮，表示将只删除图层组，保留组内的图层。

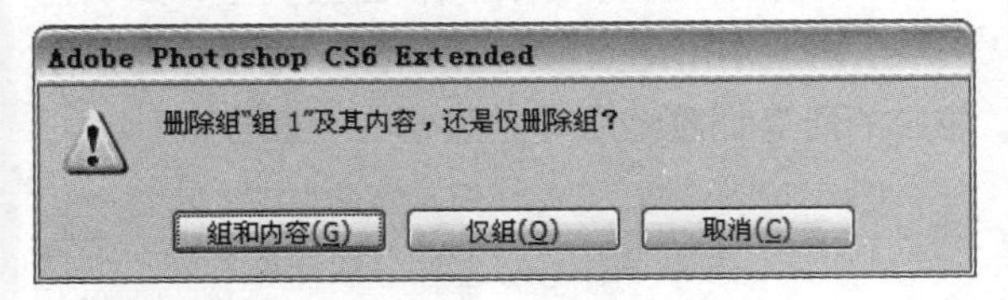

询问对话框

2. 执行菜单命令

选中需要删除的图层组后执行“图层 > 删除 > 组”命令，弹出询问对话框框，单击相应按钮执行操作。

3. 使用快捷菜单

右击需要删除的图层组，在弹出的快捷菜单中选择“删除组”选项，弹出询问对话框，单击相应按钮执行操作。

9.4.3 复制图层组

复制图层组有很多种方法，可以在菜单栏中执行“图层 > 复制组”命令，打开“复制组”对话框进行设置后单击“确定”按钮即可复制图层组。还可以通过右击图层组，在弹出的快捷菜单中选择“复制组”选项，同样可以打开“复制组”对话框。

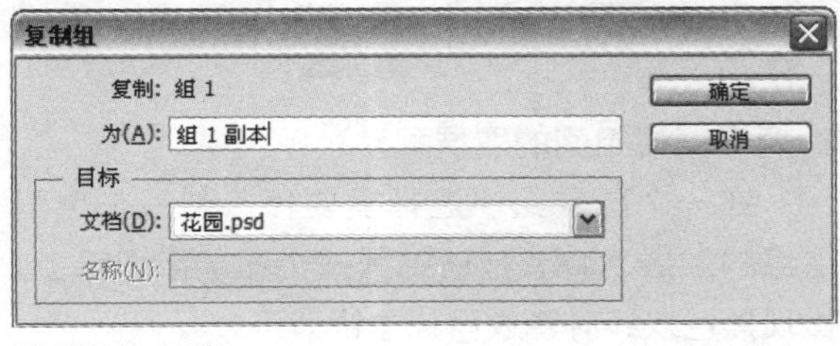

“复制组”对话框

9.4.4 移动图层组内的图层

图层组中图层的移动有几种概念，可以是在同一图层组中移入或移出，还可以在两个图层组之间进行移动，下面分别进行介绍。

1. 移入图层组

当图层处于层叠或展开状态时，选择需要移入的图层，将其拖动到图层组图标 上，当出现黑色双线时释放左键，即可将图层移入图层组中。

选择图层

移入图层组

2. 移出图层组

展开图层组并在其中选择需要移出图层组的图层，将其拖动到图层组外的任意图层上，当出现黑色双线时释放左键即可将图层移出图层组，插入到其他图层之间。

选择图层　　移出图层组

3. 两个图层组间的图层移动

在一个图层组中选择需要移入到另一个图层组的图层，将其拖动到另一个图层组图标上，出现黑色双线时释放鼠标左键即可。

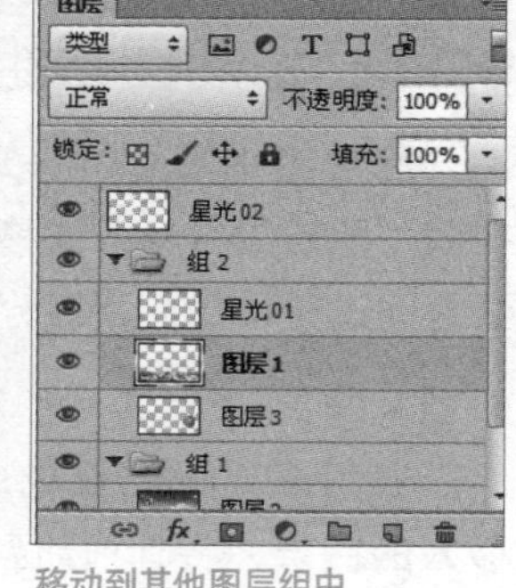

选择图层　　移动到其他图层组中

9.4.5 合并图层组

合并图层组是指将一个图层组中的所有图层合并为一个图层，其方法有几种，下面分别进行介绍。

1. 使用快捷菜单

右击选中需要合并的图层组，在弹出的快捷菜单中选择“合并组”选项即可。

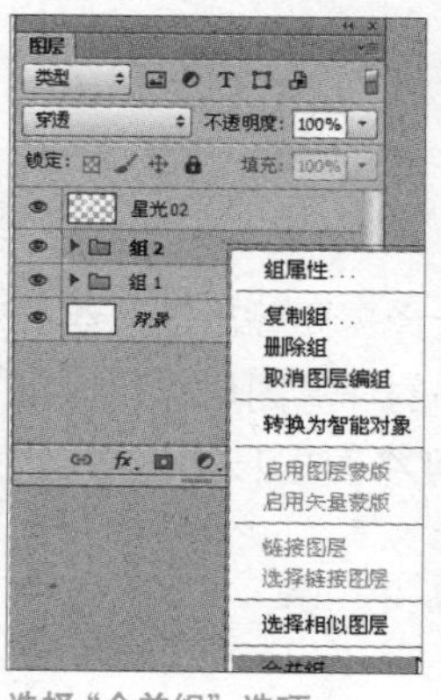

选择“合并组”选项　　合并图层组

2. 执行菜单命令

单击选中需要合并的图层组，然后执行“图层 > 合并组”命令，或者按下快捷键 Ctrl+E，将其合并为一个图层。

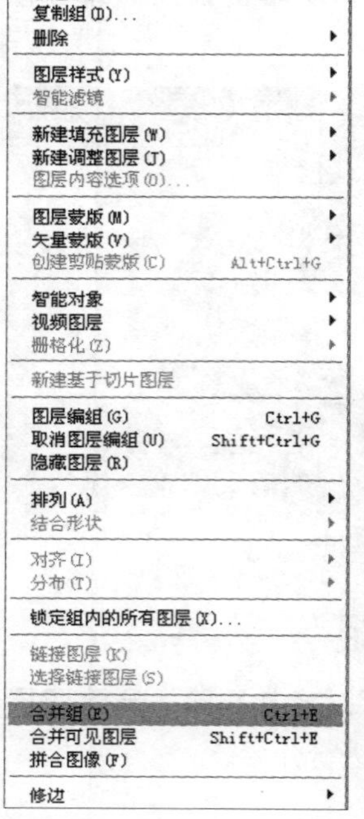

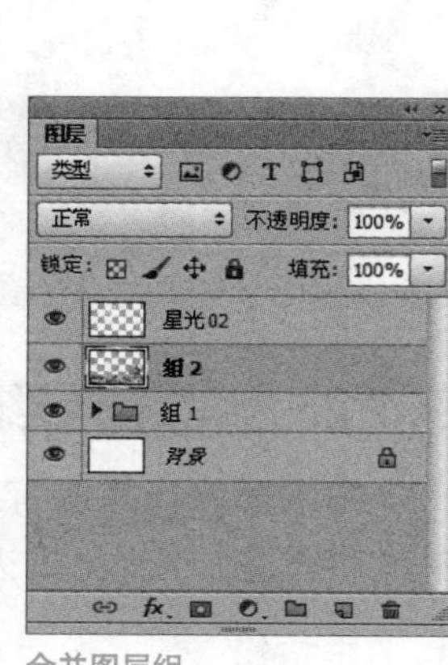

执行菜单命令　　合并图层组

9.4.6 搜索图层

在 Photoshop 中，还有一个功能是搜索指定的图层类型，通过这个功能对图层进行搜索，可不受图层组的限制。选择一种图层类型，如调色图层，然后在相应按钮上单击，此时将当前图像中的所有调整图层单独显示在“图层”面板中。

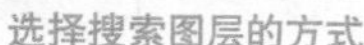

选择搜索图层的方式　　单独显示搜索到的图层

疑难解答

001

Q 如何使用“新建图层”对话框创建新建图层？

A 除了可以单击“创建新图层”按钮新建图层外，也可以使用“新建图层”对话框创建新图层。单击“图层”面板的扩展按钮，在弹出的扩展菜单中选择“新建图层”选项，弹出“新建图层”对话框，在其中设置图层名称后单击“确定”按钮即可新建图层。按下快捷键Ctrl+Shift+N也可弹出“新建图层”对话框。

002

Q 删除图层的方法还有哪些？

A 选择图层后单击“删除图层”按钮，弹出询问对话框，在其中单击“是”按钮，即可删除该图层。此外还可以使用与新建图层相似的方法，使用“图层”面板的扩展菜单对图层进行删除操作。值得注意的是，若此时在其对话框中勾选了“不再显示”复选框，在下次执行相同操作时则不会弹出该对话框。

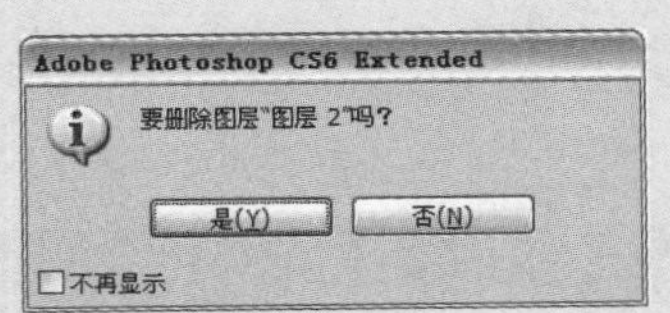

003

Q 合并图层和链接图层有什么区别？

A 合并图层是把不同的图层合并为一个图层，而链接图层则是把不同的图层链接在一起，此时移动图像则所有链接的图层一起移动，但它们还是相对独立的图层。如果取消链接，它们还是单独的图层。如图所示分别为合并图层和链接图层的“图层”面板示意图。

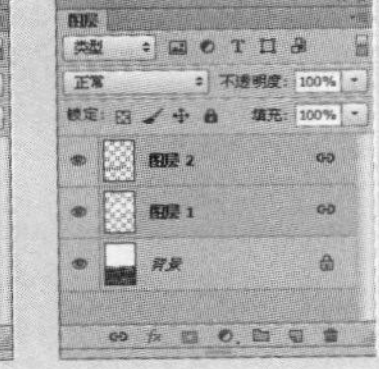

004

Q 如何快速对多个图层进行显示和隐藏操作？

A 在图像处理过程中，需要创建几十甚至上百个图层对图像效果进行调整。若要隐藏和显示这些图层会比较费时费力。此时若在按住Alt键的同时单击“背景”图层前的“指示图层可见性”图标，即可快速隐藏除“背景”图层外的所有图层，再次执行相同的操作即可显示全部图层。

005

Q 锁定图像位置后有哪些禁忌？

A 锁定图像位置后无法使用移动工具对图像进行移动，若此时使用移动工具在图像中单击，则会弹出警示框，在其中单击“确定”按钮即可将其关闭。

006

Q 锁定图层内容的几个工具能否同时对图像进行锁定？

A 在“图层”面板中，这些锁定图层内容的按钮是可以搭配使用的，此时仅需要单击相应的按钮，即可对图像相应的部分进行锁定。单击“锁定全部”按钮后，此时其他的3个按钮即自动退出选择，锁定图层内容后还可单击相应的按钮取消锁定。

007

Q 在“图层”面板中看不见图层缩览图时怎么办?

A “图层”面板除了正常的显示模式外，还有图标模式和简化模式。在“图层”面板顶部的中间灰色部分双击即可显示“图层”面板的简化模式，此时“图层”面板呈灰色的长条状。它可避免在图像处理时面板过宽遮挡图像的问题，再次双击该按钮就可以显示图层缩览图。

008

Q 锁定透明像素的作用和意义是什么?

A 锁定透明像素是指透明的像素被锁定，此时不能在锁定层的图像上进行颜色的填充、上色等操作，该命令可以保护透明区域在有其他作用的情况下不被意外上色。如绘制一个蓝色的矩形，填充矩形为绿色后会发现矩形边缘会有蓝色的像素，此时若是在锁定透明像素后再填充绿色，则不会发生填充不完全的情况。

009

Q “图层”面板中的“填充”与“不透明度”选项的区别是什么?

A “不透明度”针对的是图层，调整了不透明度，整个图层的透明度都会改变，而填充针对的是所选择范围内填充颜色的透明度改变。最明显的区别就是如果为图层添加了图层样式，调整“不透明度”的数值则图像和添加的图层样式的效果都有所改变；此时若只调整“填充”的数值，则改变的只是图像的透明显示效果，而添加的图层样式部分保持不动。

010

Q 创建图层组后，还能在该图层组中继续创建图层组吗?

A 在 Photoshop 中，不仅可以创建图层组对图层进行管理，在创建的图层组中还可以对相同类型的图层再次进行归类整理，也就是在图层组中再包含图层组，形成类似于根目录的结构，其创建方法与图层组的创建方法相同。

011

Q 如何链接图层组?

A 不仅图层可以进行链接，图层组也可以进行链接，其方法与图层的链接方法相同。只需同时选择需要链接的图层组，单击“链接图层”按钮即可。此时展开图层组，图层中的所图层都进行了链接。

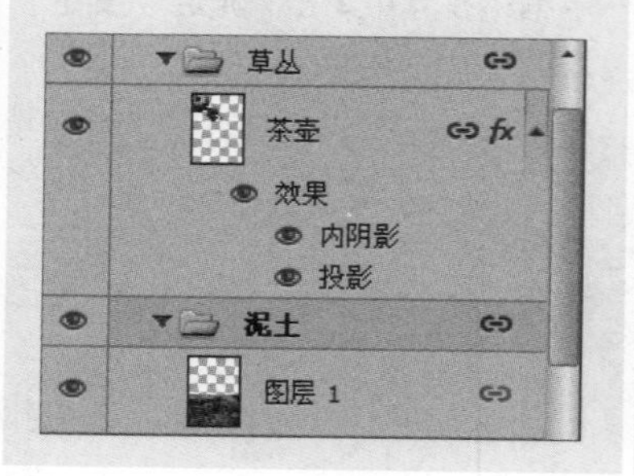

012

Q 多个图层组也可以进行合并吗?

A 除了可以将一个图层组合并为一个图层外，还可以对两个或多个图层组进行合并。在按住 Ctrl 键的同时选中要合并的两个或多个图层组，按下快捷键 Ctrl+E 将其合并，合并后所有图层合并为一个图层。

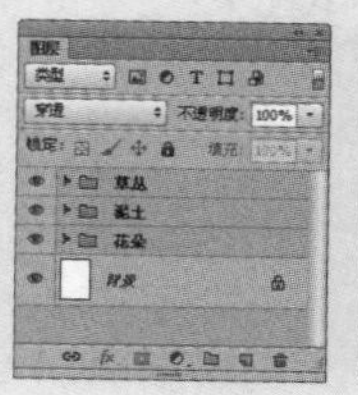

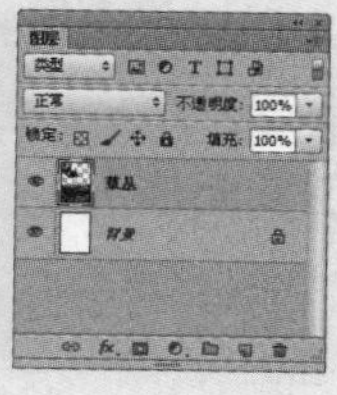

Chapter

10

图层的高级应用

本章将着重介绍针对各种图层混合模式的特点以及图层样式的应用、编辑与管理操作。读者通过对本章的学习将能够充分理解图层的高级操作，综合利用图层的高级应用对图像进行创意设计。

设计师谏言

图层是Photoshop软件承载设计元素的载体，对图层进行的调整就是对图像进行调整，这些调整可以是对图层混合模式的调整，也可以是对图层不透明度的调整，还可以是为图层添加图层样式，如投影、外发光、斜面和浮雕等。通过对图层这个载体进行多方面的高级调整，即可使图像呈现出丰富多彩、奇幻华丽的图像效果。

设计百宝箱

平面设计之图像的排列

图像是平面设计中的重要构成元素，可以使人们联想到事物的各种特性，具有信息传达的直接性。从视觉角度上看，图片与图形更具有视觉冲击力，能够很好地吸引观者的目光，使信息传达更方便。但图像作为一种直接、形象、快速的传递方式，在平面设计中有着重要的地位，不同的图像运用在版面中所产生的效果也不同，下面主要对图像编排的具体应用进行介绍。

Point 01 图像的比例和分布

在平面设计中，图片的比例与分布影响着整个版面的跳跃率。所谓跳跃率是指在版面中最小面积图形与最大面积图形之间的比率，比例越小越能显示出画面的稳定与安静，比例越大则表现出强烈的视觉冲击。

优秀作品展示

范例分析

在该版面中，图片与图片之间采用相同间距的排列方式，使整个画面整齐且具有透气感，将部分图像进行放大处理，更加强了版面的跳跃率。

该版面中部分图片超出边框，不规则的编排方式显得过于突兀，使版面显得杂乱，这是版式设计中忌讳的排列方式。

该版面中图片的间距不一，使版面结构显得不规整，没有一定规律性，容易造成版面的不协调感。

该版面中将图片紧密地编排在一起，形成完整的整体效果，加强了主题的体现。

Point 02 图片的位置与方向

在编排图片时，还应该注意图片的上下位置与方向关系。所谓图片的位置主要是指图片的上下位置关系。在版式设计中处理人物图片的时候，如果人物图片较多且采用纵向编排，应该特别注意其上下关系，必须考虑到照片类别等方面的因素。而图片的方向性则主要表现在图片本身的画面元素，它影响着整个版面的视觉效果。图片的方向可以通过图片上人物的姿势、视线等来确定，所以在选择图片时就应该留意版式的需要。

优秀作品展示

范例分析

对比上面两幅图，可以明显地看出左侧的编排效果要比右侧的效果更好，因为它在版面上具有视线的统一性特征，更符合观者的习惯。

上面两幅图中，右侧版面将全身人物图片放置在局部人物图片的上侧，使画面产生了不协调感，左侧的编排效果更符合阅读习惯的上下位置关系。

10.1 设置图层混合效果

在 Photoshop 中，图层的混合效果受图层不透明度和图层混合模式这两个参数的影响。不透明度决定了图像的透明融合效果，而图层混合模式则决定了当前图层中的图像像素与下层像素进行混合的方式，下面分别进行介绍。

10.1.1 设置图层不透明度

图层的不透明度直接影响图像的透明效果，对其进行调整可淡化当前图层中的图像。在“图层”面板的“不透明度”数值框中输入相应的数值即可。数值的取值范围在 0%～100% 之间，当值为 100% 时图层完全不透明，为 0% 时图层完全透明。

不透明度为 100% 的效果　　不透明度为 60% 的效果

10.1.2 设置图层混合模式

在“图层”面板的“混合模式”下拉列表中，Photoshop 提供了“正常”、“溶解”、“变暗”、“正片叠底”、“颜色加深”、“线性加深”、“深色”、“变亮”、“滤色”、“颜色减淡”、“线性减淡”、“浅色”、“叠加”、“柔光”、“强光”、“亮光”、“线性光”、“点光”、“实色混合”、“差值”、“排除”、“减去”、“划分”、“色相”、“饱和度”、“颜色”和“明度”共 27 种混合模式以供用户选择使用。

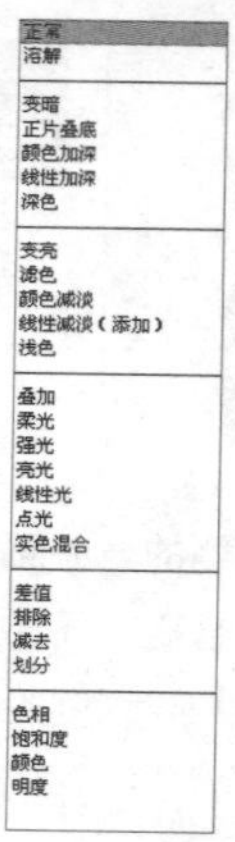

正常
溶解

变暗
正片叠底
颜色加深
线性加深
深色

变亮
滤色
颜色减淡
线性减淡（添加）
浅色

叠加
柔光
强光
亮光
线性光
点光
实色混合

差值
排除
减去
划分

色相
饱和度
颜色
明度

混合模式

选择选项即可为当前图层应用相应的混合模式，通过改变图层的混合模式往往可以得到许多意想不到的特殊效果，为图像的效果增色。

实战　图层混合模式的调整

01 打开“实例文件 \Chapter 10\Media\ 广告人物 . psd”图像文件。在“图层”面板中选择“背景 副本”图层，如下图所示。

打开图像并选择图层

02 在“图层”面板的“混合模式”下拉列表中选择“柔光”选项，设置为“柔光”模式后人物清晰度有所加强，同时也增加了一定的对比度，使图像更具有质感，如下图所示。

设置图层混合模式

值得注意的是，在“柔光“混合模式下图像颜色变暗或变亮具体取决于混合色，此效果与聚光灯照在图像上相似。

下面以“实例文件\Chapter 10\Media\封面psd”图像文件为例，分别设置“图层1”的图层混合模式，这里选择一些较为常用的图层混合模式进行效果展示。同时结合对图层混合模式的作用与原理进行介绍，使读者能更充分地理解图层混合模式的作用。

❶ **变暗**：其原理是查看每种颜色的颜色信息，选择基色或混合色中较暗的颜色作为结果色，比混合色亮的像素将被替换，比混合色暗的像素保持不变。

❷ **正片叠底**：根据图像每个通道中的颜色信息，将基色与混合色复合，与白色混合后不会产生变化。

❸ **颜色加深**：根据图像每个通道中的颜色信息通过增加对比度使基色变暗以反映混合色。

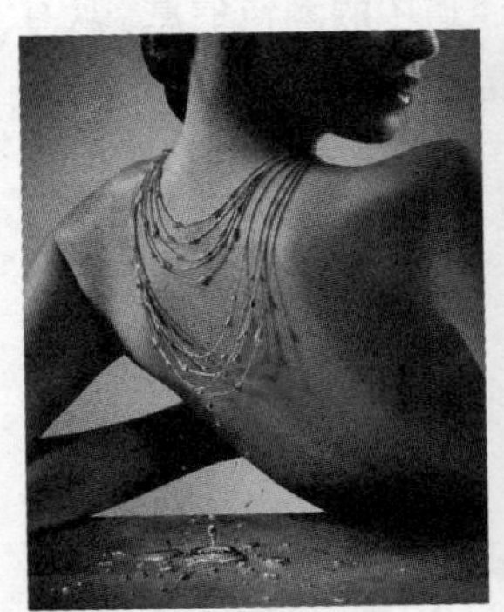

“正常”模式下的效果

“变暗”模式下的效果

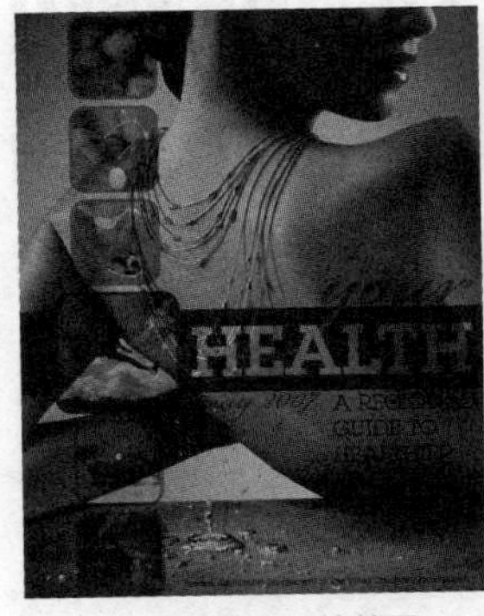

“正片叠底”模式下的效果

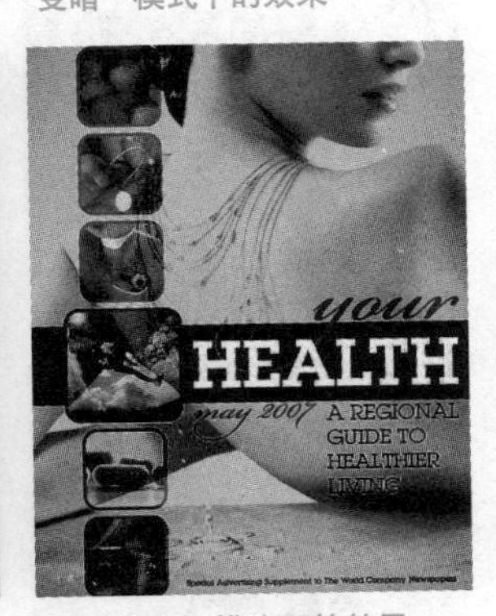

“颜色加深”模式下的效果

❹ **线性加深**：根据图像每个通道中的颜色信息通过减小亮度使基色变暗以反映混合色。

❺ **深色**：根据图像每个通道中的混合色和基色的总和显示值较小的颜色。从基色和混合色中选择最小的通道值来创建结果色，该模式下图像自身的混合色不产生变化。

❻ **变亮**：查看每个通道中的颜色信息，并选择基色或混合色中较亮的颜色作为结果色，比混合色暗的像素保持不变。

❼ **滤色**：根据图像每个通道中的颜色信息，将混合色的互补色与基色复合。结果色总是较亮的颜色，用黑色过滤时颜色保持不变。

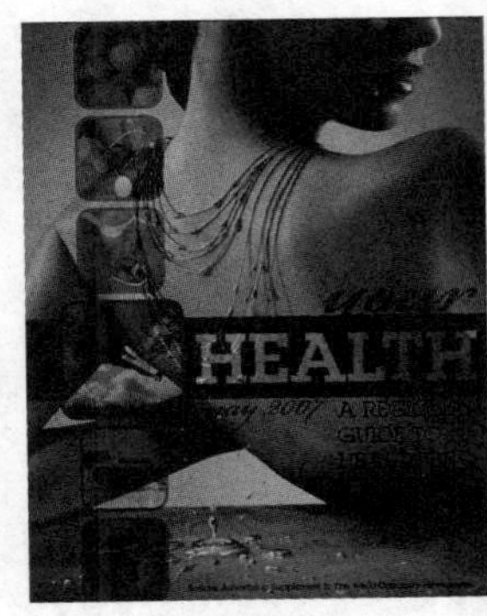

“线性加深”模式下的效果

“深色”模式下的效果

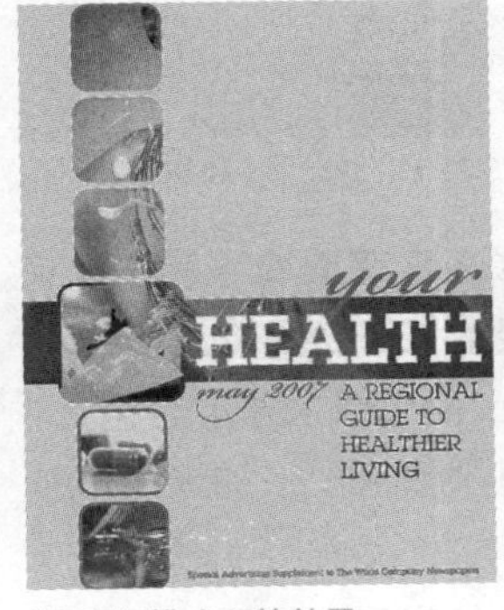

“变亮”模式下的效果

“滤色”模式下的效果

❽ **颜色减淡**：根据图像每个通道中的颜色信息，并通过减小对比度使基色变亮以反映混合色，与黑色混合则不发生变化。

❾ **线性减淡**：查看每个通道中的颜色信息，通过增加亮度使基色变亮以反映混合色，与黑色混合则不发生变化。

❿ **浅色**：比较混合色和基色所有通道值的总和并显示较大的颜色。该模式下不会发生第三种颜色，因为它将从基色和混合色中选择最大的通道值来创建结果色。

⓫ **叠加**：复合或过滤颜色，具体取决于基色。图案或颜色在现有像素上叠加，同时保留基色的明暗对比，不替换基色。

“颜色减淡”模式下的效果

“线性减淡”模式下的效果

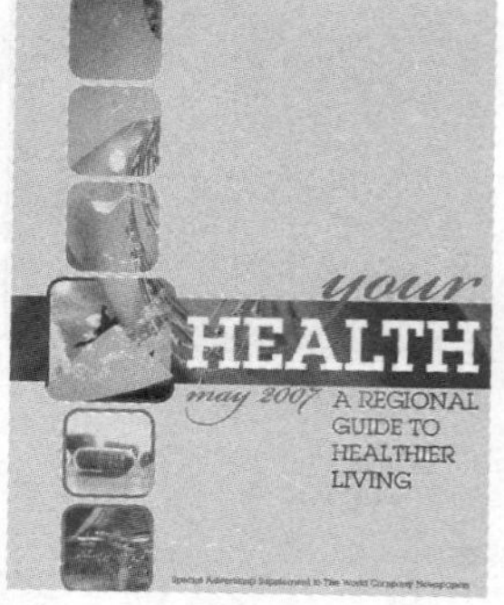

“浅色”模式下的效果

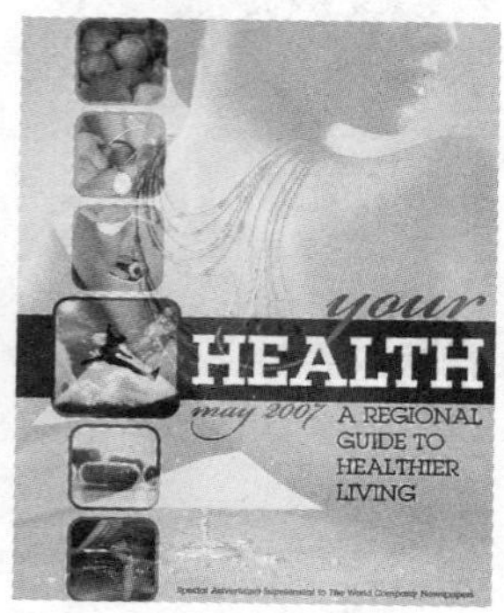

“叠加”模式下的效果

⑫ **柔光**：该模式下图像颜色变暗或变亮具体取决于混合色，此效果与聚光灯照在图像上相似。

⑬ **强光**：复合或过滤颜色，具体取决于混合色。

⑭ **亮光**：通过增加或减小对比度，来加深或减淡颜色。

⑮ **线性光**：通过减小或增加亮度来加深或减淡颜色，具体取决于混合色。

“柔光”模式下的效果

“强光”模式下的效果

“亮光”模式下的效果

“线性光”模式下的效果

⑯ **点光**：根据混合色替换颜色，如果混合色比50%黑色亮，则替换比混合色暗的像素，而不改变比混合模式亮的像素。

⑰ **实色混合**：将混合颜色的红色、绿色和蓝色通道值添加到基色的RGB值。

⑱ **差值**：根据图像每个通道中的颜色信息，从基色中减去混合色或从混合色中减去基色。

⑲ **排除**：创建一种与“差值”模式相似但对比度更低的效果，与白色混合将反转基色值，与黑色混合则不发生变化。

“点光”模式下的效果

“实色混合”模式下的效果

“差值”模式下的效果

“排除”模式下的效果

⑳ **减去和划分**：这两种混合模式是Photoshop CS5中新增加的混合模式，CS6中继续延用。“减去”模式的原理是查看每个通道中的颜色信息，并从基色中减去混合色，在 8 位和 16 位图像中，任何生成的负片值都会剪切为零。而“划分”模式的原理则是通过查看每个通道中的颜色信息，并从基色中分割混合色。

㉑ **色相**：使用基色的明亮度和饱和度以及混合色的色相创建结果色，也就是说结果色的明度和饱和度是取决于基色中间位置的颜色，而色相是取决于混合色中间位置的颜色。

㉒ **饱和度**：使用基色的模拟高度和色相以及混合色的饱和度创建结果色。在无饱和度（灰色）的区域上使用此模式，绘画不会发生任何变化。

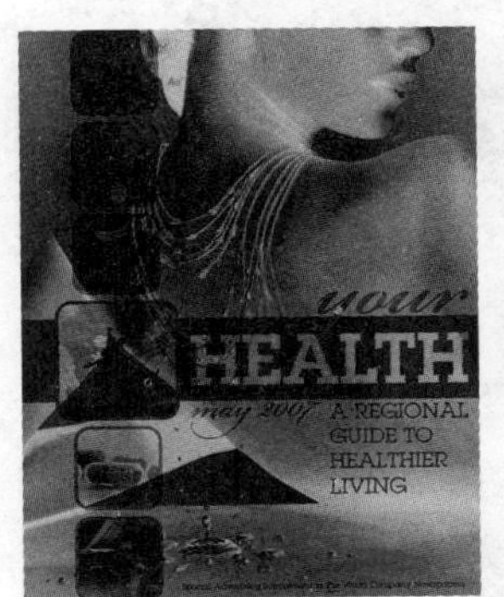

“减去”模式下的效果

“划分”模式下的效果

“色相”模式下的效果

“饱和度”模式下的效果

㉓ **颜色**：使用基色的亮度以及混合色的色相和饱和度创建结果色。这样可以保留图像中的灰阶，对于给单色图像上色和给彩色图像着色都非常有用。

㉔ **明度**：使用基色的色相和饱和度以及混合色的亮度创建结果色。

“颜色”模式下的效果

“明度”模式下的效果

10.1.3 设置混合选项

执行“图层 > 图层样式 > 混合选项”命令，即可打开“图层样式”对话框。在左侧列出的选项最上方就是“混合选项：默认”，此时若勾选下列复选框，其标题将会变成“混合选项：自定义”。下面对其右侧面板中的选项进行介绍。

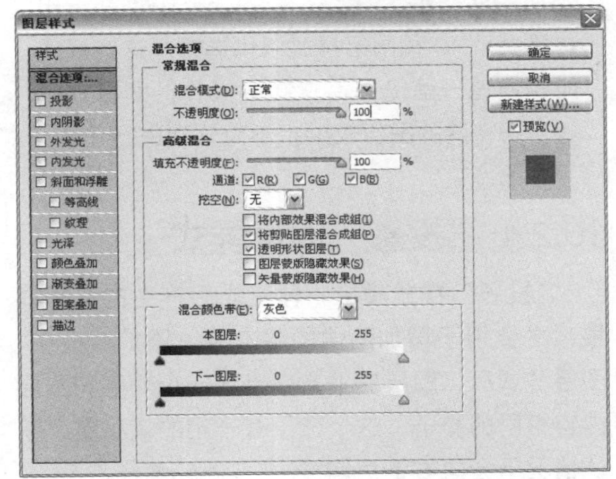

“图层样式”对话框

❶ **“不透明度”数值框**：该选项与“图层”面板中“不透明度”数值框的作用是一样的。在这里修改不透明度，“图层”面板中的设置也会有相应的变化。该选项的参数影响的是整个图层的内容。

❷ **“填充不透明度”数值框**：对该选项进行调整只会影响图层本身的内容，不会影响图层样式的效果。在调节该选项可将图层调整为透明，同时保留图层样式的效果。在该选项的调整滑块下有3个复选框，勾选相应的复选框即可设置填充不透明度所影响的色彩通道。

❸ **“挖空”下拉列表**：在其中可以设置3种挖空方式，分别是“深”、“浅”和“无”选项，主要用于设置当前层在下面的层上“打孔”并显示下面层内容的方式。若没有“背景”图层，当前层就会在透明层上打孔。

❹ **“混合颜色带”下拉列表**：混合颜色带可以用来进行高级颜色调整。可分别对“灰色”、“红”、“绿”和“蓝”选项进行设置。通过拖动滑块可使混合效果只作用于图片中的某个特定区域，当然还可对每一个颜色通道进行不同的设置，若需要同时对3个通道进行设置则选择“灰色”选项。

10.2 应用图层样式

为图层添加图层样式即为图层上的图形添加一些特殊的效果。Photoshop CS6 为用户提供了 10 种图层样式以供选择。这些样式能够通过一些简单而快捷的操作，即可轻松地得到特殊的图像效果，下面分别进行介绍。

10.2.1 “投影”图层样式

“投影”样式模拟物体受光后产生的投影效果，主要用于增加图像的层次感。添加“投影”图层样式后，图层的下方会出现一个轮廓和图层内容相同的影子，这个影子有一定的偏移量，默认情况下会向右下角偏移。

实战 应用“投影”图层样式

01 打开“实例文件\Chapter 10\Media\卡通画.psd”图像文件。在“图层”面板中单击选择“图层 1”，如下图所示。

打开图像并选择图层

02 双击“图层 1”图层，打开“图层样式”对话框，勾选左侧“样式”列表框中的“投影”复选框，在右侧面板中拖动滑块设置参数，并单击“混合模式”旁的色块，在弹出的对话框中设置颜色为蓝色（R36、G115、B143），完成后单击“确定”按钮，如下图所示。

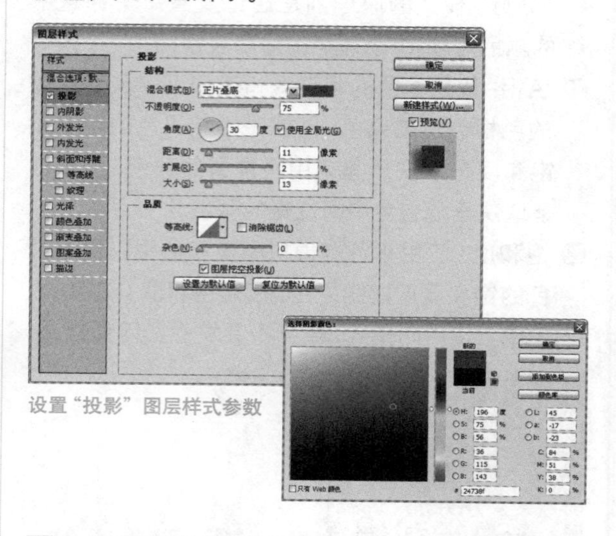

设置“投影”图层样式参数

03 此时在图像中可以看到，为心形状图案添加了蓝色的投影效果，如下图所示。

查看“投影”效果

10.2.2 “内阴影”图层样式

“内阴影”样式是指沿图像边缘向内产生投影效果，刚好与“投影”图层样式产生效果的方向相反。

添加了“内阴影”图层样式后的图层上方会多出一个透明的颜色图层，默认情况下其混合模式是“正片叠底”，“不透明度”为 75%。“投影”图层样式可以理解为一个光源照射平面对象的效果，而“内阴影”图层样式则可以理解为光源照射球体的效果。

原文字效果

添加"内阴影"图层样式

10.2.3 发光图层样式

发光图层样式包括两种，一种是"外发光"，一种是"内发光"。为图层添加"外发光"样式是在图像边缘的外部添加发光效果，发光颜色默认为黄色，可以编辑渐变进行发光设置，而"内发光"图层样式在添加效果后的发光方向上与"外发光"图层样式刚好相反。

原图

为花朵添加"外发光"图层样式

10.2.4 "斜面和浮雕"图层样式

"斜面和浮雕"图层样式用于增加图像边缘的明暗度，并增加投影来使图像产生不同的立体感。

实战 应用"斜面和浮雕"图层样式

01 打开"实例文件\Chapter 10\Media\夏天.psd"图像文件。在"图层"面板中单击选择文字图层，如下图所示。

打开图像并选择图层

02 双击文字图层，在弹出的"图层样式"对话框中勾选"斜面和浮雕"复选框，在右侧面板中设置"样式"为"枕状浮雕"，并拖动滑块调整相关参数，完成后单击"确定"按钮，如下图所示。

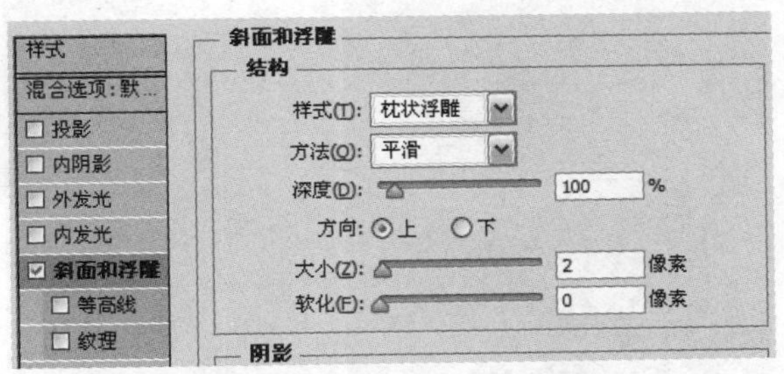

设置"斜面和浮雕"图层样式参数

03 此时可以看到，在文字边缘添加了向内凹陷的浮雕效果，如下图所示。

查看“斜面与浮雕”图层样式效果

10.2.5 “光泽”图层样式

“光泽”样式可在图像上填充明暗度不同的颜色并在颜色边缘部分产生柔化效果，常用于制作光滑的磨光或金属效果。

原图

为主体添加“光泽”图层样式

10.2.6 叠加类图层样式

这里将“颜色叠加”、“渐变叠加”以及“图案叠加”图层样式都归入叠加类图层样式的范畴，下面分别对其进行介绍。

“颜色叠加”图层样式是最简单的图层样式，相当于使用一种颜色覆盖在图像表面，为图层着色。为图像添加“颜色叠加”图层样式就如同使用画笔工具沿图像涂抹上一层颜色，不同的是由“颜色叠加”图层样式叠加的颜色不会破坏原图像。

值得注意的是，与“颜色叠加”类似的“渐变叠加”图层样式是使用一种渐变颜色覆盖在图像表面，而“图案叠加”图层样式就是使用一种图案覆盖在图像表面。

实战 应用叠加类图层样式

01 打开“实例文件\Chapter 10\Media\彩妆人物.jpg”图像文件。设置前景色为粉红色（R252、G162、B170），单击魔棒工具，在图像中灰蓝色的背景上单击创建选区，如下图所示。

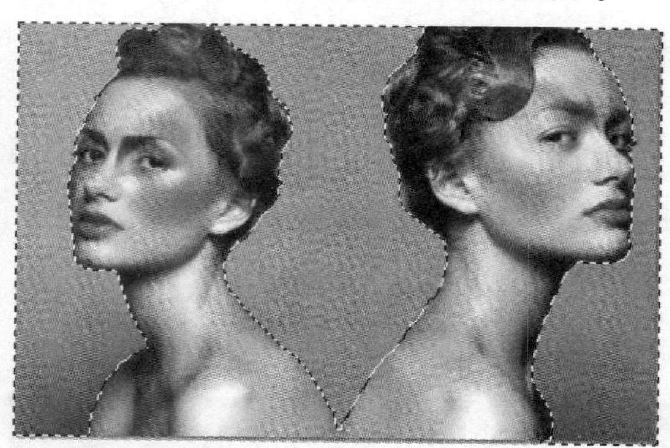
打开图像并创建选区

02 按下快捷键 Ctrl+J 复制得到“图层 1”，并按下快捷键 Ctrl+D 取消选区，双击“背景”图层，解锁“背景”图层为“图层 0”，如下图所示。

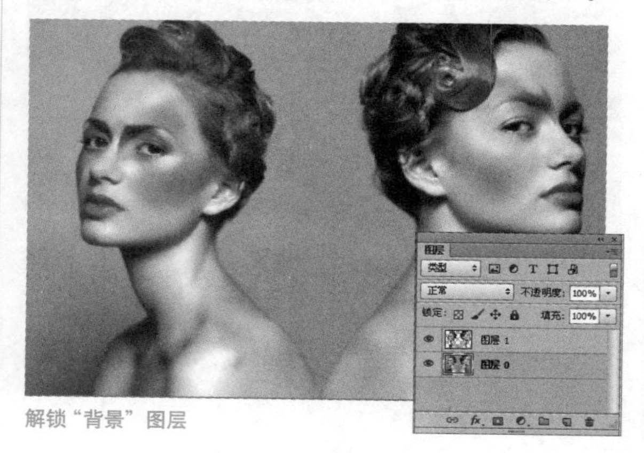

解锁“背景”图层

03 打开“图层样式”对话框，勾选左侧的“渐变叠加”复选框，在右侧面板中设置“渐变”为“透明条纹渐变”，拖动滑块设置参数，此时在图像中可以预览到添加“渐变叠加”图层样式后的效果，如下图所示。

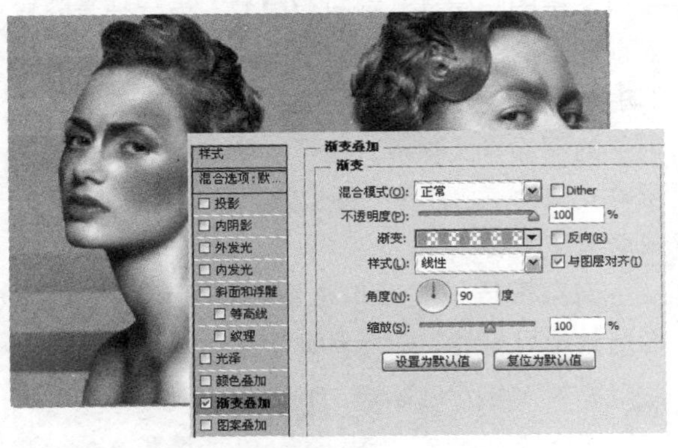

设置“渐变叠加”图层样式参数

04 在左侧勾选“图案叠加”复选框，单击“图案”旁的下拉按钮，在拾取器中单击扩展按钮 ，在弹出的扩展菜单中选择“彩色纸”选项，在弹出的对话框中单击“追加”按钮，并设置图案样式为“黄格纸”，调整参数后单击“确定”按钮，如下图所示。

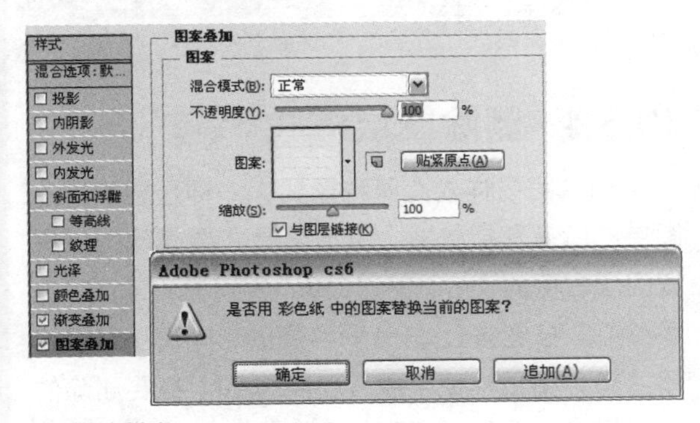

追加图案样式

05 此时在图像中可以看到，背景的图像效果有所改变，如下图所示。

查看图层样式效果

10.2.7 设置“描边”图层样式

“描边”图层样式使用一种颜色沿图像边缘填充某种颜色。

实战 应用“描边”图层样式

01 打开“实例文件\Chapter 10\Media\广告.psd”图像文件。在“图层”面板中单击选择“图层 1”，如下图所示。

打开图像并选择图层

02 弹出“图层样式”对话框，勾选左侧的“描边”复选框，设置“渐变”为“透明彩虹渐变”，调整参数后单击“确定”按钮，如下图所示。

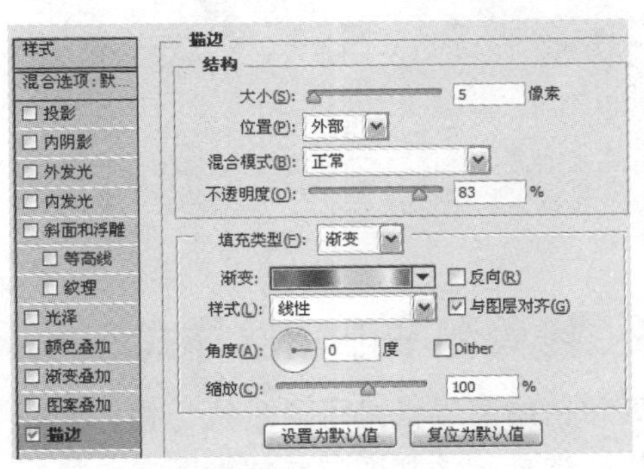

设置“描边”图层样式的参数

03 此时可以看到，为广告中人物边缘添加了彩色描边效果，如下图所示。

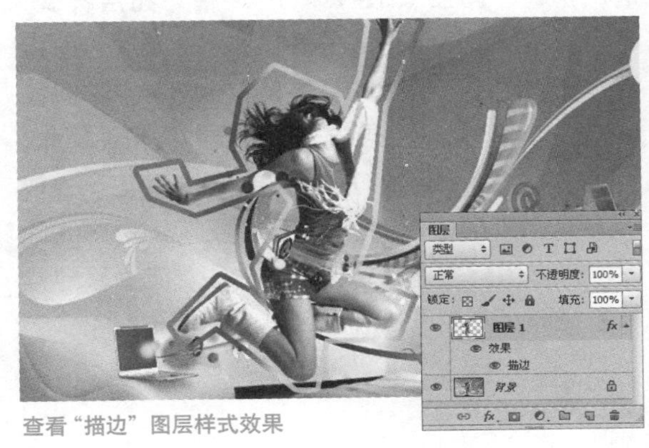

查看“描边”图层样式效果

10.3 编辑与管理图层样式

为图层添加图层样式后，还可以折叠和展开对图层样式进行查看，同时还能对图层样式进行复制、隐藏、缩放等编辑操作，下面分别进行介绍。

10.3.1 折叠和展开图层样式

为图层添加图层样式后，在图层右侧会显示一个“指示图层效果”图标。当三角形图标指向下端时，该图层上的所有图层样式折叠到一起，单击该按钮，图层样式将展开，可以在“图层”面板中清晰地看到为图层添加的具体图层样式。此时三角形图标指向上端，再次单击可执行相反的操作。

折叠的图层样式

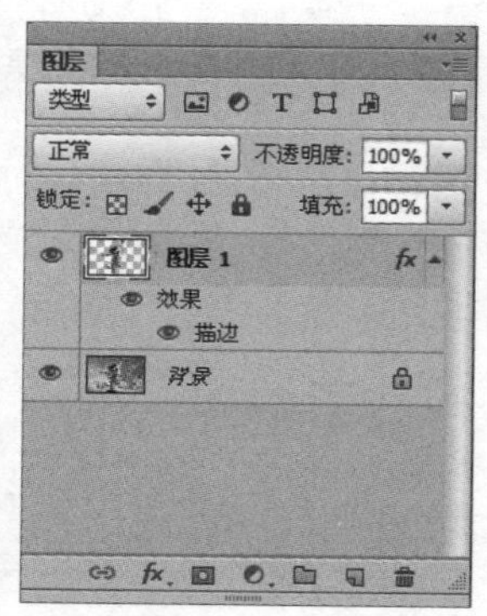
展开的图层样式

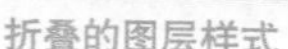

10.3.2 拷贝和粘贴图层样式

拷贝和粘贴图层样式可通过执行相关命令进行操作，选择已添加图层样式的图层，执行“图层 > 图层样式 > 拷贝图层样式”命令，复制该图层样式，再选择需要粘贴图层样式的图层，执行“图层 > 图层样式 > 粘贴图层样式”命令，粘贴该图层样式的操作即可完成。还可以通过在“图层”面板的扩展菜单中选择“拷贝图层样式”或“粘贴图层样式”选项进行相关操作。

值得注意的是，复制图层样式还有一种快捷方式，即按住 Alt 的同时将要复制图层样式的图层效果图标拖动到要粘贴的图层上，释放鼠标左键即可复制图层样式到其他图层中。

10.3.3 隐藏和显示图层样式

隐藏图层样式有两种形式，一种是隐藏所有图层样式，选择任意图层，执行“图层 > 图层样式 > 隐藏所有效果”命令，此时该图像中所有图层的图层样式都将被隐藏。另一种是隐藏当前图层的图层样式，单击已添加图层样式前的“切换所有图层效果可见性”图标，即可将当前层的图层样式隐藏。还可以单击其中某一种图层样式前的“切换单一图层效果可见性”图标，只隐藏该图层样式。

隐藏图层样式后单击图层样式前的“切换图层效果可见性”图标即可重新显示。

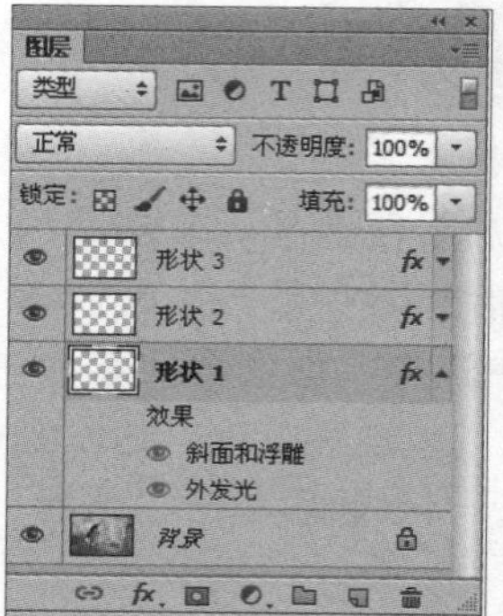
隐藏全部图层样式

隐藏部分图层样式

10.3.4 删除图层样式

删除图层样式有两种形式。一种是删除当前图层的所有图层样式，其方法是将要删除图层样式图层右侧的“指示图层效果”图标拖动到“删除图层”按钮上。另一种是删除同一图层中运用的部分图层样式，展开图层样式，将要删除的图层样式拖动到“删除图层”按钮上，即可删除该图层样式，而其他图层样式依然保留。

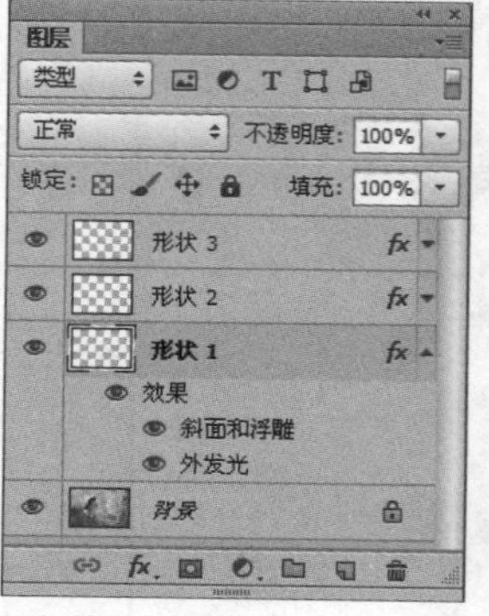
添加的图层样式

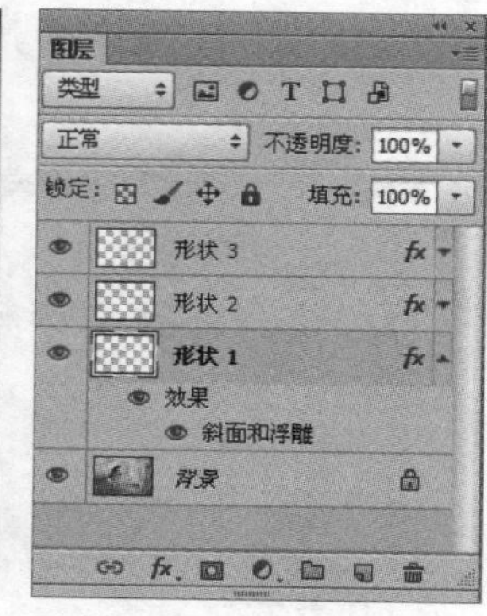
删除部分图层样式

10.3.5 缩放图层样式

缩放图层样式可以在保持统一性的基础上对添加图层样式的图层效果进行调整。其方法是选择添加了图层样式的图层，执行“图层 > 图层样式 > 缩放效果”命令或在添加了图层样式的图层上右击，在弹出的快捷菜单中选择“缩放效果”选项，在弹出的“缩放图层效果”对话框中设置缩放参数后单击“确定”按钮即可完成操作。此时在图像中即可看到图层样式效果明显有所改变。

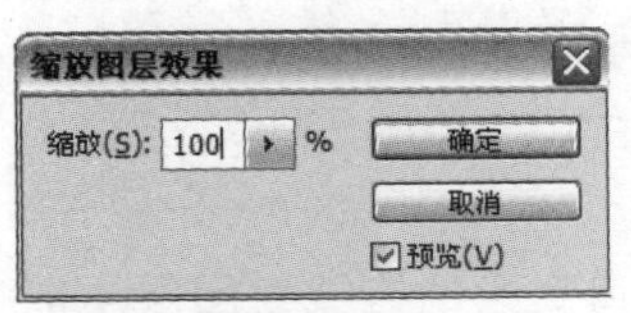

“缩放图层效果”对话框

10.3.6 将图层样式转换为图层

将图层样式转换为图层，通过将已经添加了图层样式的图层转换为智能对象的方式将其转换为图层。其方法是右击已添加图层样式的图层，在弹出的快捷菜单中选择“转换为智能对象”选项即可。

值得注意的是，转换后的图层和普通图层有所区别，此时的图层是智能图层，因此对图层上的图像进行放大或缩小之后，该图层的分辨率也不会发生变化。

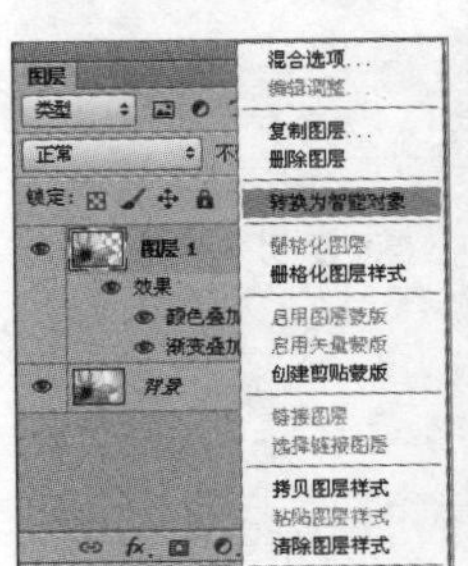

选择选项

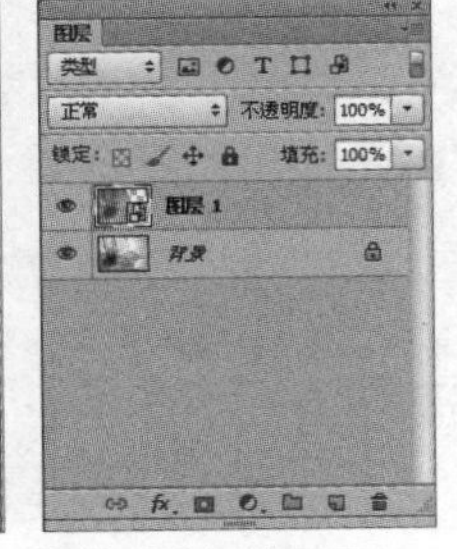

转换后的智能图层

10.4 “样式”面板的应用

“样式”面板主要用于放置和运用预设的图层样式，在其中可以将预设的图层样式快速应用到图像中，也可以对样式进行新建、载入、删除、替换、复位等编辑与管理操作。

10.4.1 应用样式

在“基本功能”和“设计”工作界面中都默认显示了“样式”面板，在其他工具界面中执行“窗口 > 样式”命令将“样式”即可显示出来。

“样式”面板中的样式实质是各种图层样式的预设，通过为图层应用样式可以快速为图像添加一些预先设置好的特殊图层样式。

实战 样式的应用

01 打开“实例文件\Chapter 10\Media\微距.psd”图像文件，在“图层”面板中单击选择“图层 1”，如下图所示。

打开图像并选择图层

02 在“样式”面板中单击选择“褪色照片（图像）样式，如下图所示。

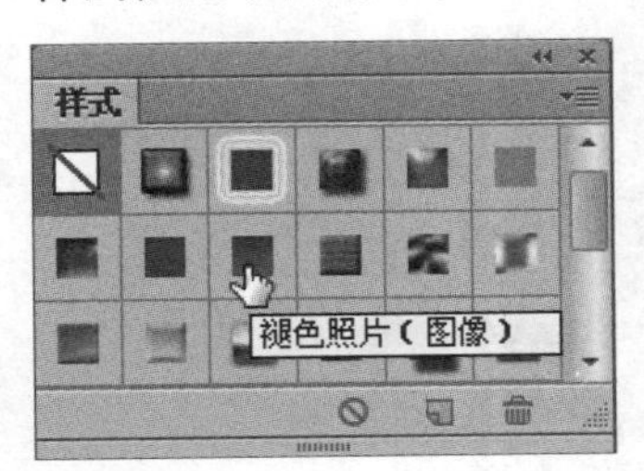

选择样式

03 此时在图像中可以看到，图像效果快速发生变换，在“图层”面板中也可以看到，“图层 1”添加了相应的图层样式，如下图所示。

查看应用样式后的图像效果

10.4.2 管理样式

对样式的管理操作包括添加样式、复位样式、新建样式、载入样式、存储样式、替换样式等，下面分别进行介绍。

1. 添加样式

除了“样式”面板中默认的 19 个样式外，还可将系统自带的其他样式添加到“样式”面板中。方法是单击“样式”面板的扩展按钮，在弹出的扩展菜单中，Photoshop 为用户提供了抽象样式、按钮、虚线笔划、DP 样式、比例按钮、图像效果、KS 样式、摄影效果、文字效果 2、文字效果、纹理、Web 样式等 12 种样式组。单击这些选项，在弹出的询问对话框中单击“追加”按钮即可将该样式组中的样式添加到“样式”面板中。

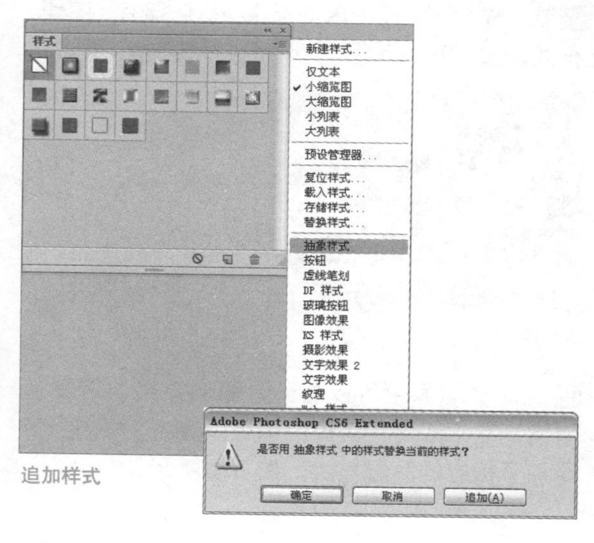

追加样式

2. 复位样式

在添加样式后，若“样式”面板中的样式太多，还可将样式复位到默认状态。单击“样式”面板中的扩展按钮，在弹出的扩展菜单中选择“复位样式”选项，在弹出的询问对话框中单击“确定”按钮即可将“样式”面板复位到默认状态。

询问对话框

3. 新建样式

新建样式是通过自定义的方式为图层添加适当的图层样式后，对该图层样式进行保存，以便下次能快速调用。

实战 新建样式的应用

01 打开“实例文件 \Chapter 10\Media\ 花鸟 .psd”图像文件。在“图层”面板中单击“形状 1”图层后的“指示图层效果”下拉按钮，展开图层样式，如下图所示。

打开图像并展开图层样式

02 在“样式”面板中单击“创建新样式”按钮，弹出“新建样式”对话框，勾选相应的复选框后在“名称”文本框中输入新样式名称，单击“确定”按钮，如下图所示。

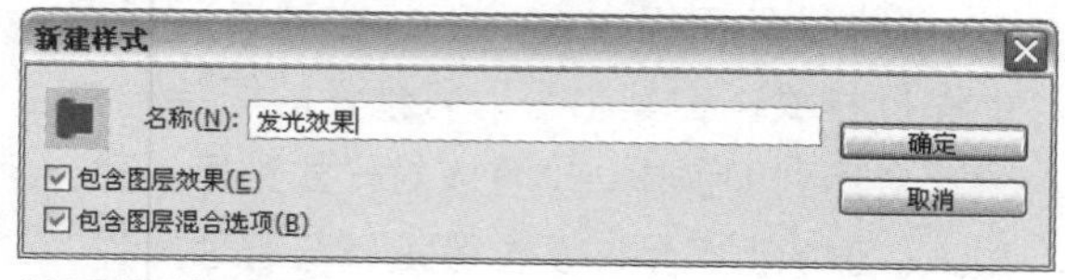

“新建样式”对话框

03 此时在“样式”面板中可以看到新添加的样式，如下图所示。

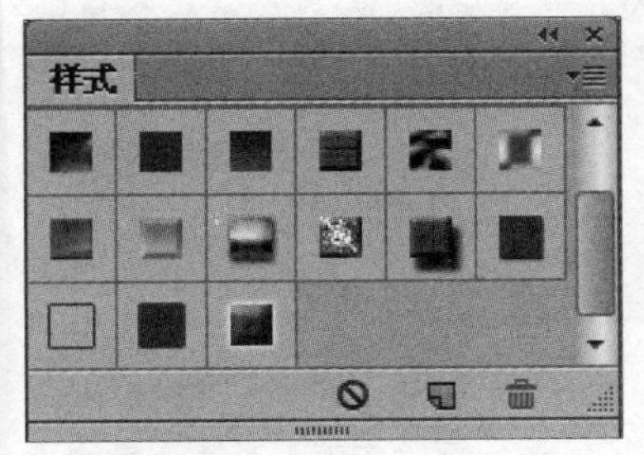

查看新添加样式

04 在“图层”面板中分别选择“形状 2”和“形状 3”图层，在“样式”面板中单击新建的样式，即可快速地为图像应用相应的图像效果，如下图所示。

快速应用样式

4. 删除样式

删除样式的方法非常简单，在需要删除的样式上右击，在弹出的快捷菜单中选择“删除样式”选项即可。

5. 存储样式

在“样式”面板中还可以对常用的样式进行归类整理，并将其存储为一个样式组，以便快速查找和使用，避免重复执行添加样式和复位样式的操作。

存储样式前可对常用的样式进行添加，而对于一些不常用的样式则可进行删除样式操作。完成后单击“样式”面板中的扩展按钮，在弹出的扩展菜单中选择“存储样式”选项，弹出“存储”对话框，设置存储路径后在“文件名”文本框中输入新样式组名称，完成后单击“保存”按钮即可。此时在存储位置即可看到相应名称的 .ASL 格式的文件。

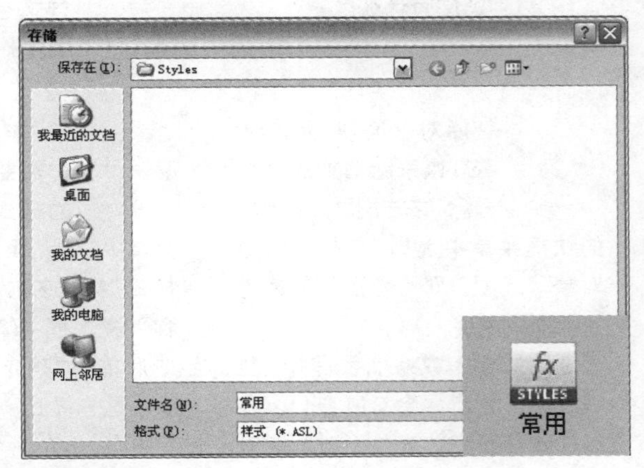

“存储”对话框

6. 载入样式

在 Photoshop 中载入样式可在一定程度上增加样式使用的灵活性，载入样式的方法是单击“样式”面板中的扩展按钮，在弹出的扩展菜单中选择“载入样式”选项。弹出“载入”对话框，在其中找到样式的存储路径，单击需要载入的样式后单击“载入”按钮即可，此时在“样式”面板中即可看到新载入的样式。

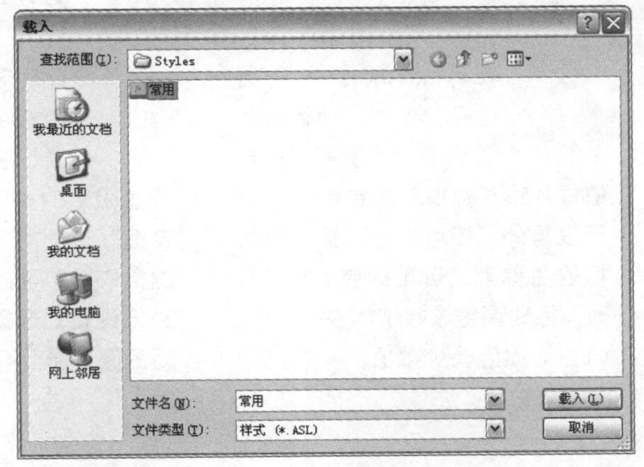

“载入”对话框

疑难解答

001

Q 智能对象图层与普通图层有什么区别?

A 智能对象是Photoshop CS3以来新增加的一个概念，右击图层，在弹出的快捷菜单中选择“转换为智能对象”选项，即可将图像转换为智能对象图层 。

普通图层放大或缩小之后再调整其大小，分辨率会有所变化，容易形成马赛克效果。而对智能对象图层中的图像进行放大或缩小操作时，该图层的分辨率则不会发生变化，这也是它区别于普通图层的关键之处。

002

Q “样式”面板中的各种样式是否可以进行重命名操作?

A 在“样式”面板中，右击需要执行重命名操作的样式，在弹出的快捷菜单中选择“重命名样式”选项，打开“样式名称”对话框，在“名称”文本框中输入新的名称，完成后单击“确定”按钮，即可重命名这些样式。

003

Q 如何快速选择合适的图层混合模式?

A 在众多的混合模式中，要确定哪一种混合模式才是最适合当前图层的，逐个操作十分繁琐。此时，先选择需要调整混合模式的图层，单击“混合模式”下拉列表，使其呈灰色显示后，快速向上或向下滚动鼠标滚轮即可快速为图像依次应用各种图层混合模式，结合图像对效果进行查看，便能快速找到最适合当前图层的图层混合模式。

004

Q 如何快速对参数值进行调整?

A 在Photoshop中，不管是在属性栏、面板或对话框中，除了可以在数值框中输入数值，对参数选项进行设置外，还可将光标置于数值框的名称上，当光标变为形状时，拖动调整该数值框中的参数，向左拖动为减少数值，向右拖动为增加数值。

005

Q “内阴影”图层样式在颜色参数相同的条件下为什么效果不同?

A 此时需要注意“内阴影”面板中“等高线”的样式，它在一定程度上影响着阴影的整体效果。单击“等高线”选项的下拉按钮，在弹出的拾取器中可以对等高线的样式进行设置，选择不同的样式即可为图像添加出不同的内阴影效果。

006

Q “内发光”和“内阴影”图层样式有何区别?

A 若分别为一个圆环形的图像添加“内发光”图层样式和“内阴影”图层样式，在发光和阴影颜色相同的情况下就会发现，“内阴影”图层样式是让光线从某一个角度进行照射，并不是360°全部都有阴影效果，而“内发光”图层样式则是沿整个圆环外围添加颜色效果。

Chapter 11

图层与蒙版的结合应用

本章主要对图层蒙版、矢量蒙版和剪贴蒙版的应用以及编辑操作进行讲解，此外，还对填充与调整图层的应用以及“图层复合”面板的相关知识进行了介绍，通过本章的学习可以真正掌握蒙版、调整图层以及其结合应用。

设计师谏言

Photoshop巧妙地将蒙版的概念引入图层，从根本上扩展了图层的功能和表现效果。有了蒙版，图像处理操作更为简洁，图像效果也更为自然，同时它成就了一种图像合成的技法，从而为设计师的艺术创想提供了更多的技术支持。

设计百宝箱 版式设计之视觉流程

每一个平面设计版面都有一个视觉流向，如果想在视觉上有所突破，就必须在视觉流向上下足功夫。版面构成的视觉流程主要是指平面上各种不同元素的主次或先后关系。在解读或认识一些平面作品时需要按照一定的先后顺序和主次关系，设计师在编排过程中会特意采用某种形式来引导观者的视觉流向，这就是平面设计中的视觉流程。下面分别对平面设计中常用的几种视觉流程进行介绍。

Point 01 单向视觉流程

所谓单向视觉流程是指按照某种方向进行反复阅读的视觉流程规律，它是引导读者的一种视觉走向，使版面的视觉走向更简洁明了。需要注意的是，视觉流程的编排在展现设计师个性的同时也要符合视觉习惯，过分夸张反而会适得其反，下面 3 幅平面设计作品运用的都是单向视觉流程版面。

Point 02 重心视觉流程

在观看平面设计作品时，观者的视线接触画面后常常会迅速地由左上角到左下角，再通过中心部分从右上角移至右下角，最后回到画面中最吸引视线的中心视圈停留下来，这个中心点就是视觉的重心。视觉重心可以使版面具有稳定的视觉效果，给观者可信赖的心理感受，如下图所示。

Point 03 反复视觉流程

反复视觉流程就是以相同或者相似的元素反复排列在画面中，给人视觉上的重复感。反复视觉流程版面具有图像的重复性特征，这增强了图形的识别性，增加了画面的生动感，形成了画面的统一性与连续性。给人整齐、稳定且有规律的感觉，增添了整个平面设计版面的节奏与韵律。

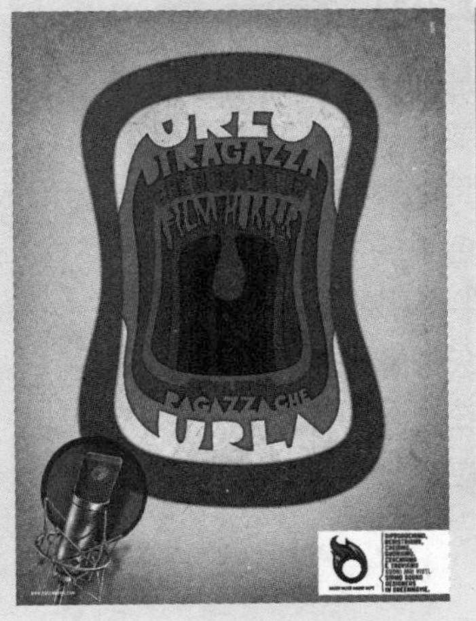

Point 04 导向视觉流程

所谓导向视觉流程，就是设计师在进行平面设计编排时，采用一种手法引导观者按照自己的思路进行版面阅读，从而形成一种整体、统一的画面效果。

Point 05 散点视觉流程

所谓散点视觉流程就是将图片或文字散开编排在版面的各个部位，使版面充满自由轻快之感。编排散点视觉流程版面时应注意图片大小、主次的搭配、方形图与退底图的配置，同时还应考虑版面的疏密、均衡、视觉方向等。散点视觉主要分为发射形和打散形。发射形具有一定的方向规律感，发射中心就是视觉的焦点，所有元素都向中心集中或由中心散开，具有强烈的视觉效果。打散形则是使用一种把事物分解再组合的构成方法，将一个完整的图像分成若干个部分，然后根据版式设计构成原则进行重组，构成一种新的版面设计效果。这种方法可以帮助了解版面内部结构，从不同的角度观察事物，使用分割的结构元素组合成一种新的形态，会产生不一样的美感。

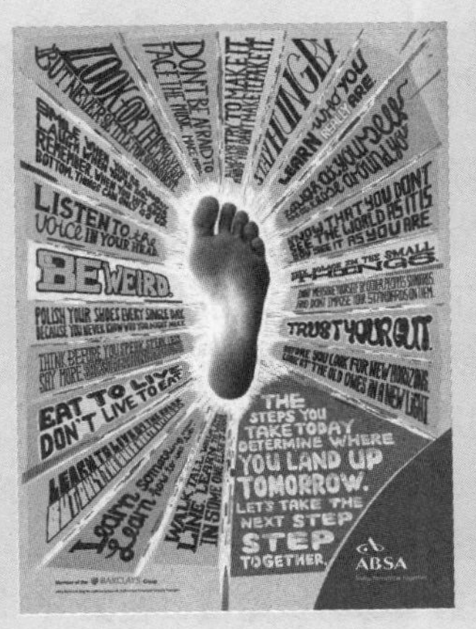

11.1 应用图层蒙版

Photoshop 中的蒙版是一种特殊的图像处理方式。它可以对不需要编辑的部分图像进行保护，起到隔离的作用。蒙版中白色区域的图像被完全保留，黑色区域中的图像不可见，灰色区域的图像呈半透明效果。

蒙版分为快速蒙版、矢量蒙版、图层蒙版和剪贴蒙版 4 个种类，在这一小节中只对图层蒙版的添加、删除、应用等相关操作进行介绍。

11.1.1 图层蒙版释义

图层蒙版大大方便了对图像的编辑，通过使用画笔工具在蒙版上涂抹，可以只显示需要被编辑的部分图像。图层蒙版依附于图层而存在，如下图"图层"面板中的"图层 1"所示，该图已经添加了图层蒙版，此时的图层由图层缩览图和图层蒙版缩览图组成。

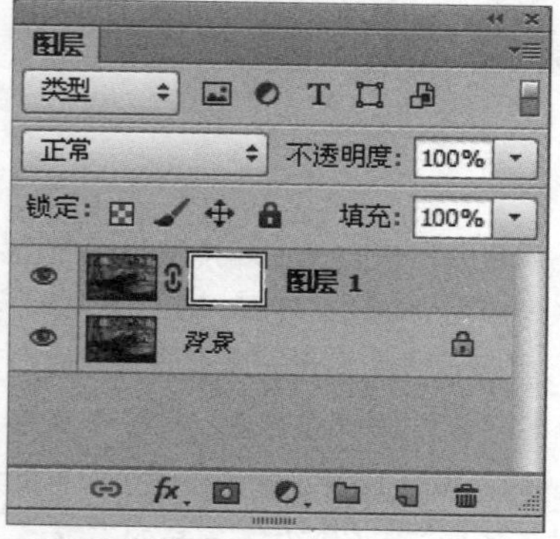

添加图层蒙版

11.1.2 添加与删除图层蒙版

Photoshop 中添加图层蒙版有两种情况：一是当图层中没有选区时，在"图层"面板上选择图层后单击"图层"面板下方的"添加图层蒙版"按钮，即可为该图层创建图层蒙版。二是当图层中有选区时，在"图层"面板上选择该图层后单击"图层"面板下方的"添加图层蒙版"按钮，此时选区内的图像被保留，蒙版中该区域的颜色为白色，选区外的图像将被隐藏，在蒙版上显示为黑色。

没有选区的情况下创建的图层蒙版和图像效果

在选区基础上创建的图层蒙版和图像效果

添加图层蒙版后还可以将其删除，删除图层蒙版有两种方法，一种是在"图层"面板中右击需要删除的图层蒙版缩览图，在弹出的快捷菜单中选择"删除图层蒙版"选项即可删除图层蒙版。另一种是选择需要删除的图层蒙版缩览图，并将其拖动到"删除图层"按钮上，释放鼠标左键，在弹出的询问对话框中单击"删除"按钮即可删除图层蒙版。

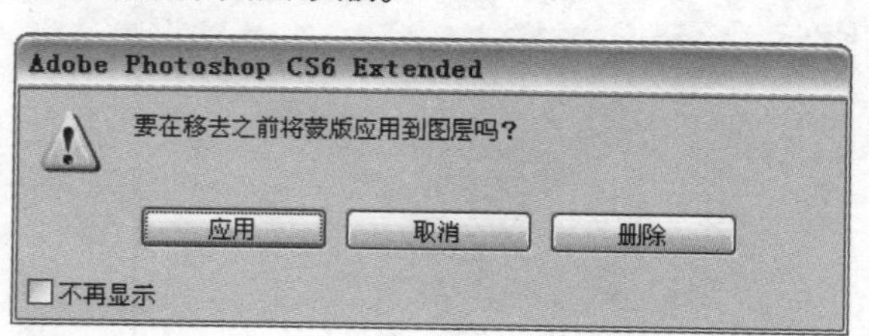

询问对话框

11.1.3 移动和复制图层蒙版

蒙版和图层样式一样，都是可以进行移动和复制操作的，下面分别对其进行介绍。

1. 移动图层蒙版

移动图层蒙版的方法是在“图层”面板中单击选择已添加图层蒙版的图层，单击选择该图层的蒙版缩览图，将其拖动到另一个图层中，即移动了图层蒙版。此时原来添加图层蒙版的图层图像则全部显示，此时图像效果也会随之改变。

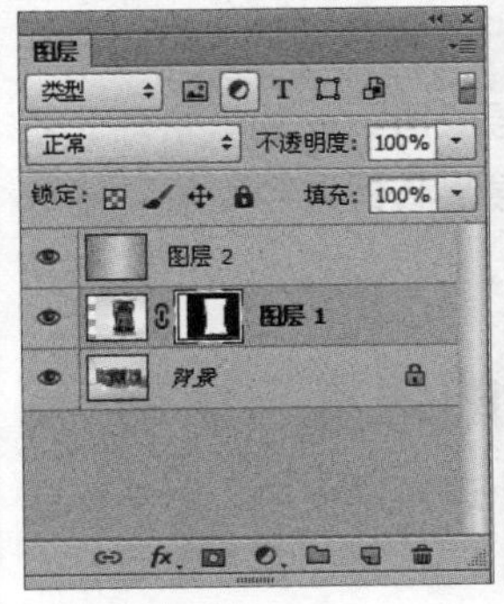
原“图层”面板

移动图层蒙版

2. 复制图层蒙版

复制图层蒙版的方法是在“图层”面板中单击选择已添加图层蒙版的图层，单击选择该图层的蒙版缩览图，按住 Alt 键的同时将其拖动到另一个图层中，则复制了图层蒙版。

原“图层”面板

复制图层蒙版

值得注意的是，即使对相同图层进行移动图层蒙版和复制图层蒙版操作，在图像中所得到的图像效果也是完全不同的。

11.1.4 停用与启用图层蒙版

停用蒙版和启用蒙版可以帮助用户对比观察图像使用蒙版前后的效果。按住 Shift 键的同时单击图层的蒙版缩览图，即可暂时停用图层蒙版，此时图层蒙版缩览图中会出现一个红色的“×”标记，而图像中使用蒙版遮盖的区域也会同时显示出来。如果要重新启用图层蒙版，只需再次在按住 Shift 键的同时单击图层蒙版缩览图即可。

停用图层蒙版效果

重新启用图层蒙版

11.1.5 应用图层蒙版

应用图层蒙版是指将蒙版中黑色区域对应的图像隐藏，白色区域对应的图像保留，灰色过渡区域对应的图像部分像素被删除，以合成为一个图层，其功能类似于合并图层。应用图层蒙版的方法为在图层蒙版缩览图上右击鼠标，在弹出的快捷菜单中选择“应用图层蒙版”选项即可。

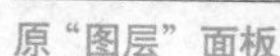

原“图层”面板

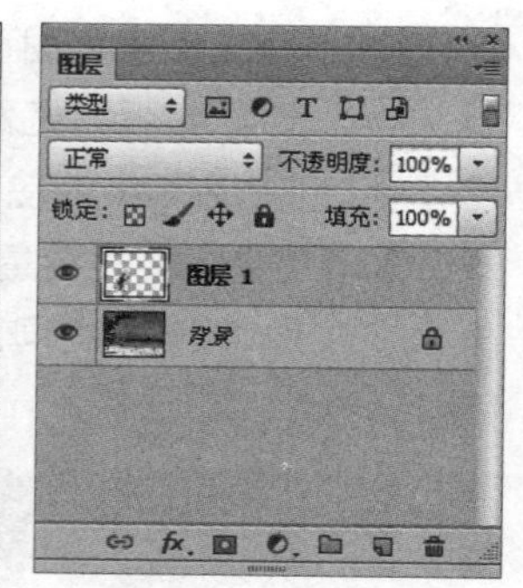

应用图层蒙版

11.1.6 图层与图层蒙版的链接

添加图层蒙版后图层缩览图和图层蒙版缩览图之间有一个“指示图层蒙版链接到图层”图标。在“图层”面板中单击该图标即可取消图层和图层蒙版之间的链接，此时使用移动工具移动图像，蒙版不会跟随移动，图像效果也会随之发生相应的变化。

图像效果

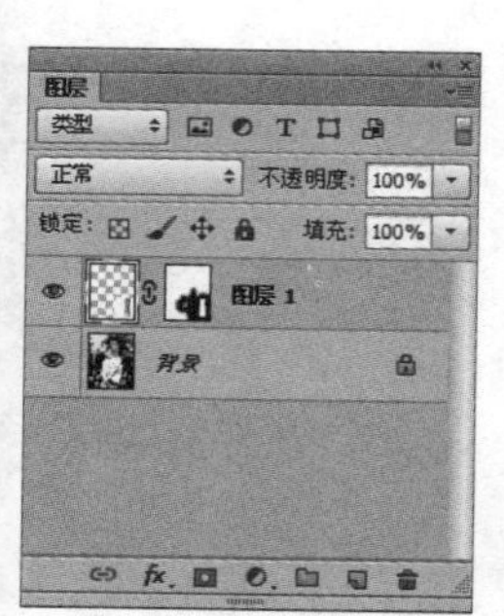

“图层”面板

链接状态下移动后的图像效果和“图层”面板

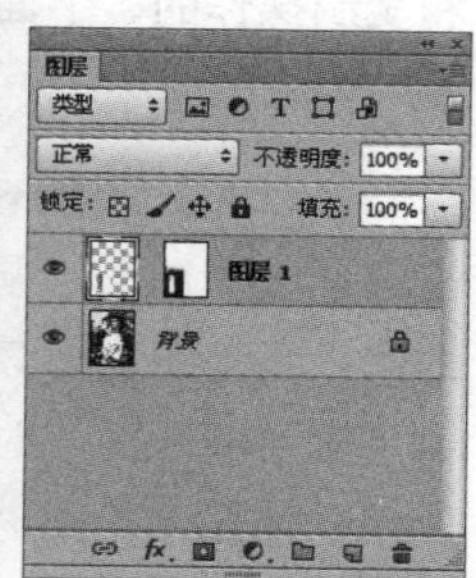

取消链接状态下移动后的图像效果和“图层”面板

取消链接图层和图层蒙版之间的链接后，还可以再次单击“指示图层蒙版链接到图层”图标，将两者再次进行链接。

11.1.7 图层蒙版的编辑与运用

在实际对图像进行处理的过程中，图层蒙版的主要功能是帮助用户进行图像合成方面的操作处理。

实战 编辑图层蒙版

01 打开“实例文件\Chapter 11\Media”文件夹中的草原.jpg和树.jpg图像文件。使用移动工具将“树”图像拖曳到草原图像中，生成“图层1”，如下图所示。

打开图像并选择图层

02 单击魔棒工具，保持默认容差值，按住Shift键的同时在蓝色的天空和白云部分单击，创建连续选区，并按下快捷键Ctrl+Shift+I反选选区，得到如下图所示选区。

创建选区

03 在保持选区的情况下单击“图层”面板下方的“添加图层蒙版”按钮，创建图层蒙版。此时选区中的图像在图层蒙版缩览图中呈白色显示，即被保留，选区外的图像呈黑色显示，即被隐藏，得到的图像效果如下图所示。

创建图层蒙版

11.1.8 “调整边缘”命令的运用

“调整边缘”命令是 Photoshop CS5 版本中的新增功能，利用“调整边缘”命令可以对选区进行调整。使用“调整边缘”命令在原有的基础上进行改进，可以针对细致毛发的图像进行图像抠取操作。

实战 使用“调整边缘”命令抠取图像

01 打开“实例文件\Chapter 11\Media\小狗 .png”图像文件。单击魔棒工具，保持默认容差值，按住 Shit 键的同时在图像的黄色背景区域单击，创建选区，如下图所示。

打开图像并创建选区

02 按下快捷键 Ctrl+Shift+I 反选选区，从而激活“选择”菜单下的“调整边缘”命令，如下图所示。

反选选区

03 执行“选择 > 调整边缘”命令，弹出“调整边缘”对话框，在其中设置各项参数值，同时勾选“净化颜色”复选框，激活相关选项，如下图所示。

设置参数选项

04 继续在打开的对话框中单击“调整半径工具扩展检测区域”按钮，然后将光标移动到图像中，对小狗周围的毛发进行涂抹，隐藏多余的边缘部分，如下图所示。

涂抹调整细节

05 完成相关调整后在“调整边缘”对话框中单击“确定”按钮，即可将小狗图像从黄色背景中抠取出来，并在生成新图层的同时将黄色背景部分以图层蒙版的形式隐藏。此时可以看到，抠取的小狗图像边缘的毛发非常清晰，同时毛发间的图像也隐藏得非常干净，如下图所示。

抠取出图像

值得注意的是，这样的方法既可用于对动物图像进行抠图，也可用于对人物发丝部分的细致抠图，在“蒙版”面板中通过单击相应的按钮或调整参数，也可以对图像效果进行编辑。

11.1.9 “属性”面板中的蒙版选项

执行“窗口>属性”命令，即可将“属性”面板显示出来，选择“蒙版”选项，然后在“属性”面板中可对蒙版参数进行设置和调整。

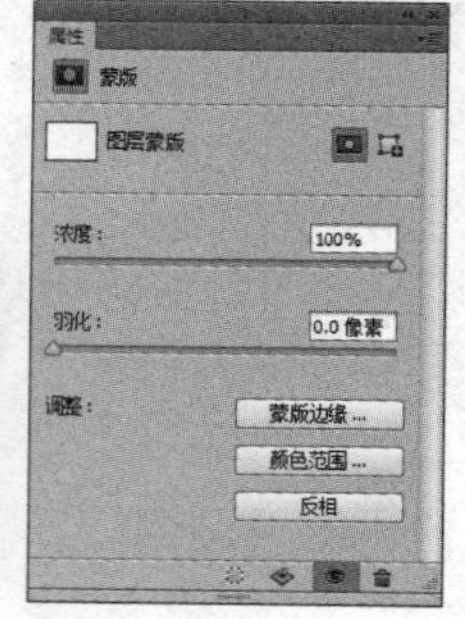

“创建”面板中的“蒙版”选项　“属性”面板

❶ **“添加用户蒙版”按钮**：单击该按钮即可创建图层蒙版，从而也激活了“蒙版”属性面板中的选项和相关按钮。

❷ **“添加矢量蒙版”按钮**：单击该按钮即可创建矢量蒙版，此时“蒙版”属性面板中仅有“浓度”和“羽化”选项被激活。

❸ **“浓度”数值框**：拖动滑块即可调整浓度参数，此时的浓度是指被蒙版区域的不透明度。

❹ **“羽化”数值框**：拖动滑块即可调整浓度参数，此时的羽化值指的是选区边缘的羽化强度。

添加图层蒙版后设置不同参数后的效果

❺ **“蒙版边缘”按钮**：单击该按钮即可打开“调整蒙版”对话框，该对话框和执行“调整边缘”命令打开的“调整边缘”对话框是相同的。

❻ **“颜色范围”按钮**：单击该按钮即可打开“色彩范围”对话框，该对话框和使用“色彩范围”命令打开的“色彩范围”对话框是相同的。

❼ **“反相”按钮**：单击该按钮，则原来黑色显示的区域变为白色显示，白色显示的区域变为黑色显示，此时图像的效果也相应发生了变化。

添加图层蒙版后的图像效果和面板

反相后的图像效果和面板

⑧ **“从蒙版中载入选区”按钮**：单击该按钮即可在图像中显示出创建蒙版的选区。

⑨ **“应用蒙版”按钮**：单击该按钮即可将蒙版和图像进行合并，形成一个整体的图层效果。

⑩ **“停用/启用蒙版”按钮**：单击该按钮即可在图像中停用蒙版或启用蒙版。

⑪ **“删除蒙版”按钮**：单击该按钮即可将添加的蒙版删除，这里不单是指图层蒙版，任何一种蒙版都可以。

11.2 应用矢量蒙版

Photoshop 中的矢量蒙版与图层蒙版一样，同样依附图层而存在，本小节对矢量蒙版的添加与删除、停用与启用、编辑与应用以及将矢量蒙版转换为图层蒙版等操作进行介绍。

11.2.1 矢量蒙版释义

矢量蒙版的实质是使用路径制成蒙版，对路径覆盖的图像区域进行隐藏，使其不显示，而仅显示无路径覆盖的图像区域。

11.2.2 添加矢量蒙版

矢量蒙版可以通过使用形状工具在绘制形状的同时创建，也可以通过路径来创建。

1. 通过形状工具添加矢量蒙版

单击自定形状工具，在属性栏中选择一种形状样式，并单击“图形”按钮。在图像中单击并拖动鼠标，即可绘制出以白色前景色填充的形状，在“路径”面板中可以看到，此时创建的形状即创建了一个带有矢量蒙版的图层。

添加的矢量蒙版

2. 通过路径添加矢量蒙版

通过绘制路径添加矢量蒙版的方法，实质上是通过在图像中需要保存的区域绘制路径。可以使用钢笔工具或形状工具类的工具进行路径的绘制，也可使用选框工具绘制选区后将选区转换为路径，然后执行“图层 > 矢量蒙版 > 当前路径”命令，此时在“图层”面板中可以看到，在添加路径的图层中添加了矢量蒙版，保留了路径覆盖区域的部分图像。

绘制的路径

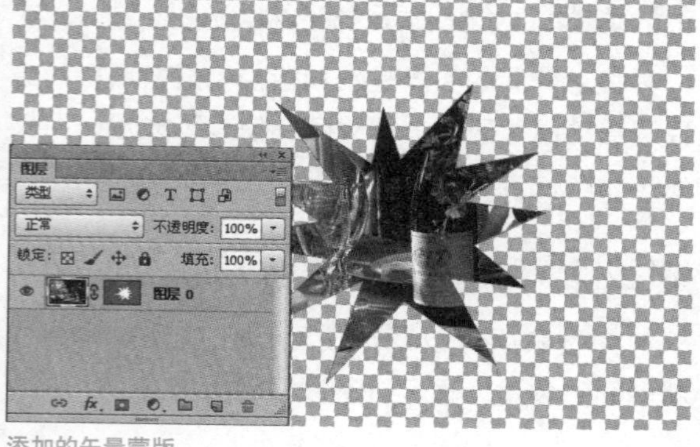

添加的矢量蒙版

3. 通过按钮添加矢量蒙版

若是通过按钮添加矢量蒙版，则必须是在该图层已经添加图层蒙版的前提下。选择已经添加了图层蒙版的图层，单击“创建”面板中“蒙版”选项下的“添加矢量蒙版”按钮，即可添加矢量蒙版，此时的矢量蒙版缩览图即会出现在图层蒙版缩览图之后。

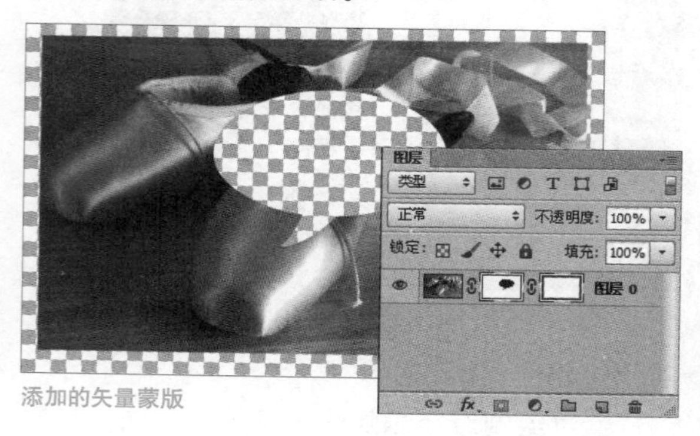

添加的矢量蒙版

11.2.3 删除矢量蒙版

和图层蒙版一样，添加矢量蒙版后也可以将其删除，删除图层蒙版有两种方法。

1. 使用快捷菜单删除矢量蒙版

可在“图层”面板中右击需要删除的图层矢量蒙版缩览图，在弹出的快捷菜单中选择“删除矢量蒙版”选项，即可删除矢量蒙版。

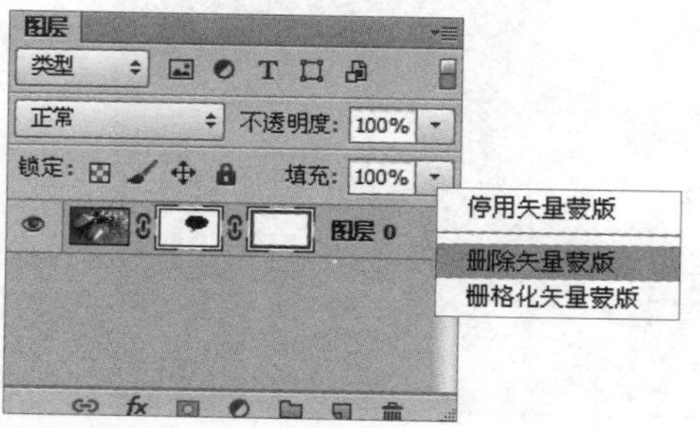

在快捷菜单中选择“删除矢量蒙版”选项

2. 使用按钮删除矢量蒙版

选择需要删除图层的矢量蒙版缩览图，并将其拖动到“删除图层”按钮上，释放鼠标左键，在弹出的询问对话框中单击“确定”按钮，即可删除矢量蒙版。

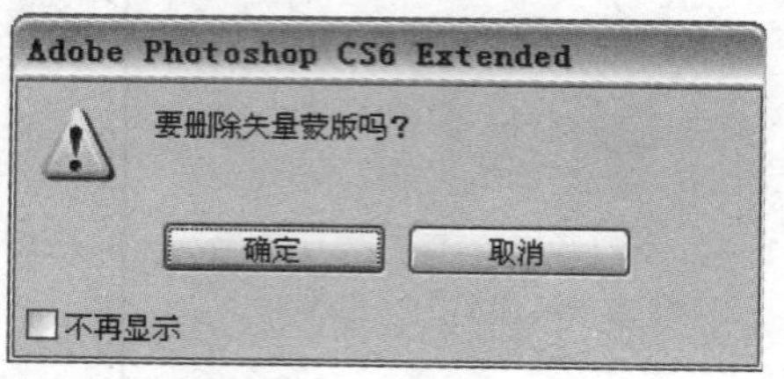

询问对话框

11.2.4 停用与启用矢量蒙版

停用蒙版和启用矢量蒙版的方法与图层蒙版的操作方法相同。在按住 Shift 键的同时单击矢量蒙版缩览图，即可暂时停用矢量蒙版，此时矢量蒙版缩览图中会出现一个红色的“×”标记，而图像中使用蒙版遮盖的区域也会同时显示出来。如果需要重新启用矢量蒙版，只需再次在按住 Shift 键的同时单击矢量蒙版缩览图即可。

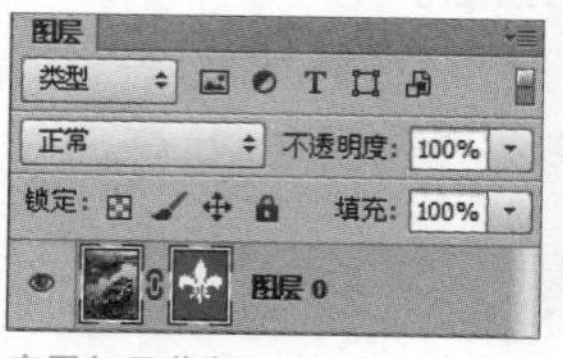

启用矢量蒙版

停用矢量蒙版

11.2.5 将矢量蒙版转换为图层蒙版

在对矢量蒙版的编辑中，还可以将矢量蒙版转换为图层蒙版，其方法是在矢量蒙版缩览图上右击，在弹出的快捷菜单中选择“栅格化矢量蒙版”选项，即可将矢量蒙版栅格化为图层蒙版。

此外，还可以通过执行“图层 > 栅格化 > 矢量蒙版”命令将矢量蒙版转换为图层蒙版，此时在“图层”面板中可以看到，转换后的蒙版颜色有所变化，矢量蒙版以灰色调显示，而图层蒙版是以黑白调显示的。

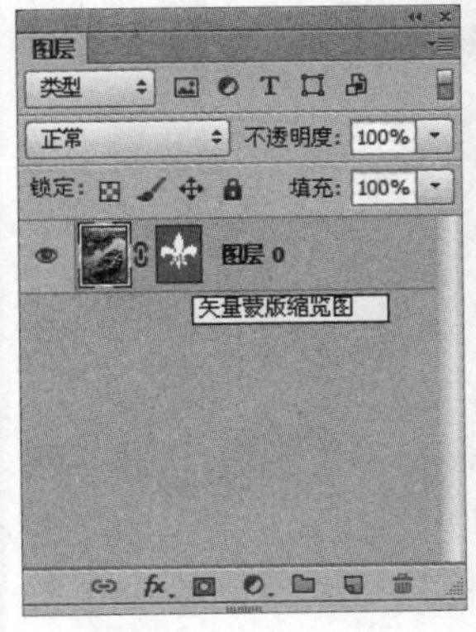

矢量蒙版

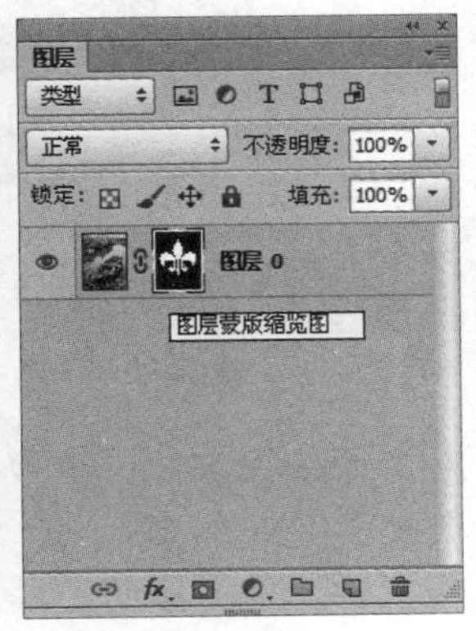

转换后的图层蒙版

11.2.6 矢量蒙版的编辑与运用

在对图像进行处理的过程中，矢量蒙版多用于使图像快速形成形状或直观的图形效果。

实战 矢量蒙版的应用

01 打开“实例文件\Chapter 11\Media\摩天轮.psd”图像文件。在“图层”面板中单击选择“图层 1”图层，如下图所示。

打开图像并选择图层

02 单击椭圆选框工具，按住 Shift 键的同时在图像中单击并拖动鼠标，绘制出连续的选区，如下图所示。

创建选区

03 在“路径”面板中单击“从选区生成工作路径”按钮，此时在图像中可以看到，选区变为了路径，如下图所示。

转换选区为路径

04 执行“图层 > 矢量蒙版 > 当前路径”命令，为“图层 1”添加矢量蒙版，此时可以看到，被蒙版区域保留，未被蒙版区域则隐藏，从而显示出黄色的背景图像，如下图所示。

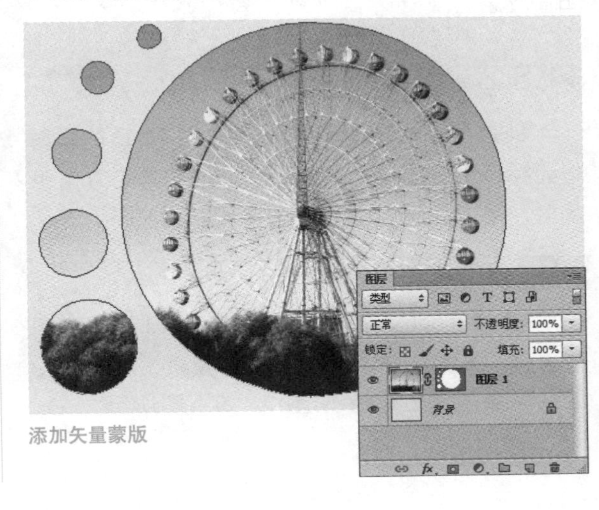

添加矢量蒙版

05 单击直接选择工具，在最大的圆上单击显示锚点，拖动控制手柄调整路径，图像显示区域跟随路径形状一同变化，如下图所示。

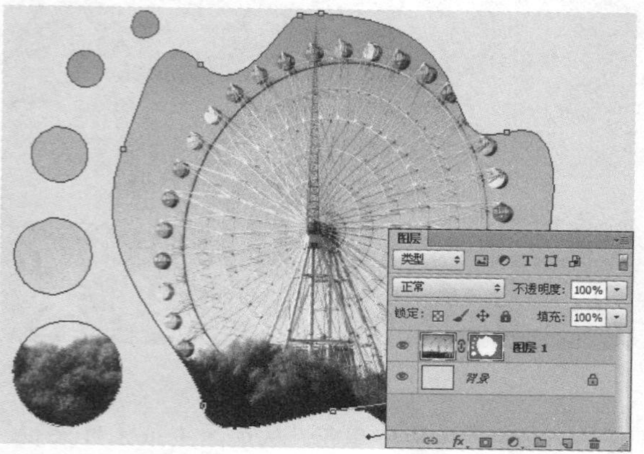

编辑路径调整图像效果

11.3 应用剪贴蒙版

和图层蒙版、矢量蒙版相比，剪贴蒙版较为特殊，在本小节中就将对剪贴蒙版的创建以及释放操作进行详细介绍，使读者真正理解剪贴蒙版的作用。

11.3.1 剪贴蒙版释义

剪贴蒙版的原理是使用处于下方图层的形状来限制上方图层的显示状态。剪贴蒙版由两部分组成，一部分为基层，即基础层，用于定义显示图像的范围或形状。另一部分为内容层，用于存放将要表现的图像内容。使用剪贴蒙版可以在不影响原图像的情况下，有效地完成剪贴制作。

11.3.2 创建剪贴蒙版

创建剪贴蒙版的方法是在按住 Alt 键的同时将光标移至两图层间的分隔线上，当其变为形状时，单击鼠标左键即可创建剪贴蒙版。

实战 剪贴蒙版的应用

01 打开“实例文件\Chapter 11\Media\电脑组合.jpg”图像文件。单击多边形套索工具，沿着显示器内侧边缘绘制选区，如下图所示。

打开图像并创建选区

02 按下快捷键 Ctrl+J 复制得到“图层 1”，并打开“实例文件\Chapter 11\Media\特效.jpg”图像文件。使用移动工具将其拖曳到电脑组合图像中，生成“图层 2”，如下图所示。

创建新图层

03 按下快捷键 Ctrl+Alt+G 创建剪贴蒙版，将特效图像贴入显示器屏幕中，如下图所示。

创建剪贴蒙版

04 此时可以看到，贴入显示器中的图像没有放置在中心部位，使用移动工具将其拖曳到显示器中心位置，如下图所示。

编辑剪贴蒙版

11.3.3 释放剪贴蒙版

创建剪贴蒙版后还可对剪贴蒙版进行释放，释放剪贴蒙版后图像效果将回到原始状态。释放剪贴蒙版的方法十分简单，选择创建剪贴蒙版后的图层，即选择图层前带有图标的内容层，再次按下快捷键 Ctrl+Alt+G 即可释放剪贴蒙版。

创建的剪贴蒙版

释放后的剪贴蒙版

11.4 填充与调整图层

填充图层和调整图层都是较为特殊的图层，在这类图层上不承载任何图像像素，但是它可以包含一种填充命令或图像调整命令，可以使用相应的命令对图像进行调整。下面分别介绍填充图层和调整图层的创建和编辑方法。

11.4.1 创建和编辑填充图层

严格来说，填充图层也属于调整图层，它是调整图层中的一个类别。使用填充图层可以对某一个图层进行上色或进行渐变或图案填充。

实战 填充图层的应用

01 打开“实例文件\Chapter 11\Media\剪影人物.jpg”图像文件。单击魔棒工具，在背景上单击创建选区，如下图所示。

打开图像并创建选区

02 保持选区的情况下单击“图层”面板下方的“创建新的填充或调整图层”按钮，在弹出的菜单中选择“渐变”选项。弹出对话框单击渐变色条旁的三角形下拉按钮，追加“简单”渐变样式组的渐变样式，并设置渐变样式为“青色”，如下图所示。

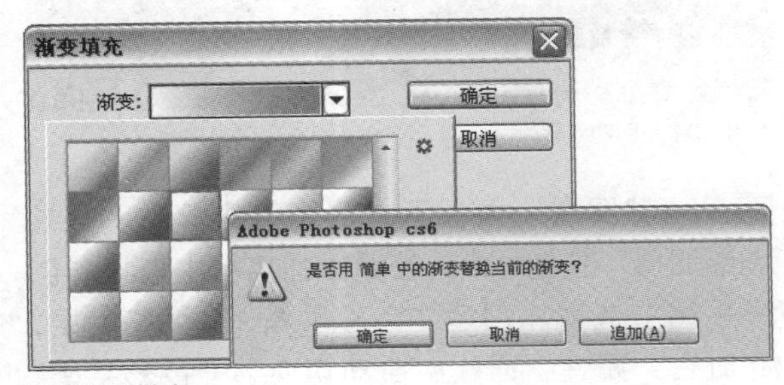

设置渐变样式

03 继续调整相应参数后在“渐变填充”对话框中单击“确定”按钮，此时可以看到，“背景”图层填充了青色渐变效果，如下图所示。

应用填充图层

11.4.2 创建和编辑调整图层

这里的调整图层是与“图像 > 调整”级联命令中相关调色命令对应的，可用于创建相应的调整图层，如亮度 / 对比度、色阶、曲线、曝光度、色彩平滑、照片滤镜等。

创建调整图层的方法是单击“图层”面板下方的“创建新的填充或调整图层”按钮，在弹出的菜单中选择相应的选项，在“调整”面板中设置参数后单击“确定”按钮，即可在“图层”面板中创建调整图层。

实战 调整图层的应用

01 打开“实例文件\Chapter 11\Media\女孩.jpg”图像文件。单击磁性套索工具，在图像中沿人物图像边缘绘制选区，如下图所示。

打开图像并创建选区

02 单击“图层”面板下方的“创建新的填充或调整图层”按钮，在弹出的菜单中选择“色彩平衡”选项。创建“色彩平衡 1”调整图层，此时在“属性”面板中自动切换到“色彩平衡”调整面板中，在其中设置参数，如下图所示。

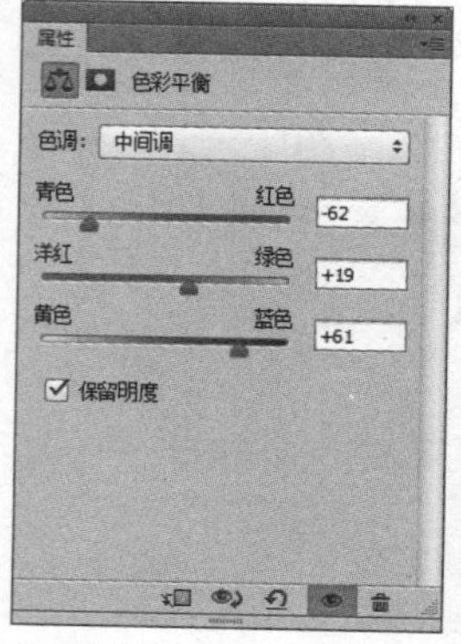

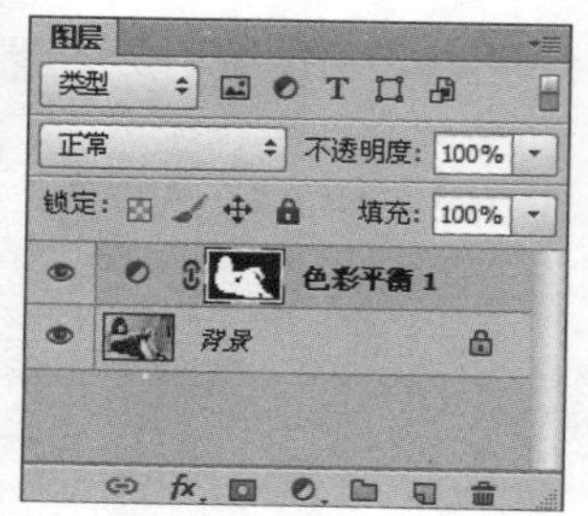

设置“色彩平衡”调整图层参数

03 完成参数设置后在工作界面中单击“图层”面板，显示出“图层”面板，此时可以看到，人物图像的色调有所变化，如下图所示。

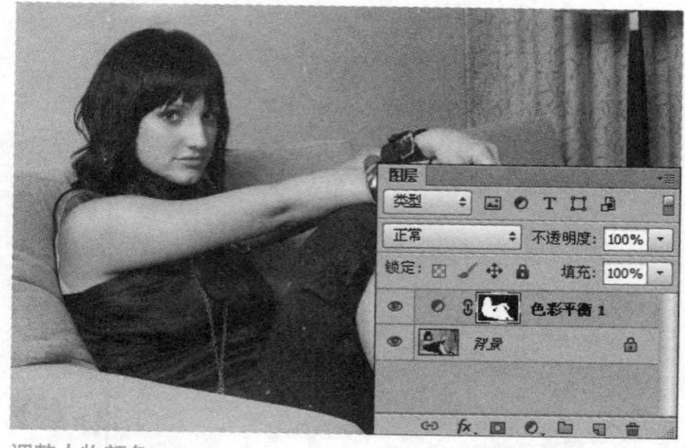

调整人物颜色

04 按住 Ctrl 键的同时单击“色彩平衡 1”调整图层蒙版缩览图，载入人物选区，并按下快捷键 Ctrl+Shift+I 反选选区，如下图所示。

载入并反选选区

05 使用相同的方法继续创建“色彩平衡 2”调整图层，在“属性”面板中设置参数，将背景图像调整为粉红色，如下图所示。

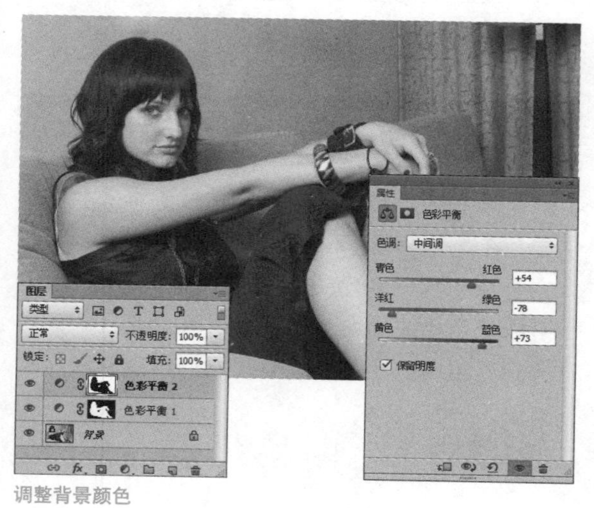

调整背景颜色

11.5 应用“图层复合”面板

为了能更好地对在 Photoshop 中设计的平面作品进行展示，通常情况下会创建页面版式的多个复合图稿。而此时使用“图层复合”功能，即可在一个单独的 Photoshop 文件中创建、管理和查看版面的多个版本，下面首先来认识一下“图层复合”面板。

11.5.1 认识“图层复合”面板

“图层复合”功能其实是“图层”面板中各种图像效果状态的快照。执行“窗口>图层复合”命令即可显示出“图层复合”面板，下面对其中的选项进行介绍。

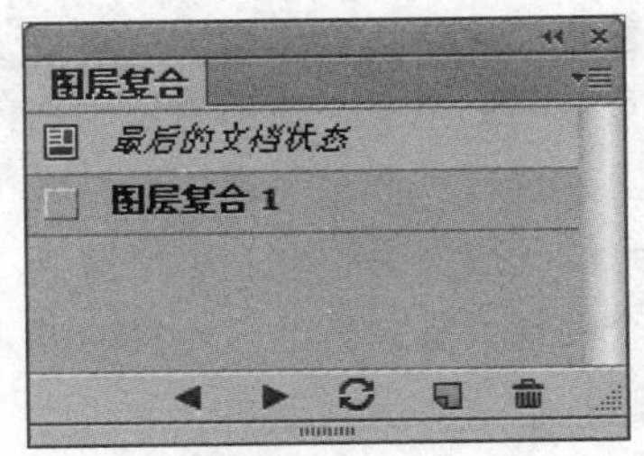

“图层复合”面板

❶ **“应用选中的上一个图层复合”按钮**：单击该按钮即可选择当前选择图层复合的上一个图层复合。

❷ **“应用选中的下一个图层复合”按钮**：单击该按钮即可选择当前选择图层复合的下一个图层复合。

❸ **“更新图层复合”按钮**：单击该按钮即可刷新当前选择的图层复合。

❹ **“创建新的图层复合”按钮**：单击该按钮即可创建新的图层复合，即快照效果。

❺ **“删除图层复合”按钮**：单击该按钮即可将当前选中的图层复合删除。

❻ **“图层复合”图标**：当该图标出现在哪一个图层复合层的前方，即表示该层为当前选定的图层复合。

值得注意的是，当“图层复合”图标出现在“最后的文档状态”的前方时，表示图像显示状态为该图像的最终状态。

11.5.2 创建图层复合

在工作区中执行“窗口 > 图层复合”命令，显示“图层复合”面板。单击“图层复合”面板下方的“创建新的图层复合”按钮。弹出“新建图层复合”对话框，在“名称”文本框中可重命名该图层复合，并可根据不同的需要选择性地勾选“可见性”、“位置”和“外观”复选框，同时，在“注释”文本框中可添加对该图层复合的说明性注释，完成后单击“确定”按钮，即可创建图层复合。

值得注意的是，若要复制图层复合，可在“图层复合”面板中选择相应的复合，然后将该复合拖曳到“创建图层复合”按钮上即可。

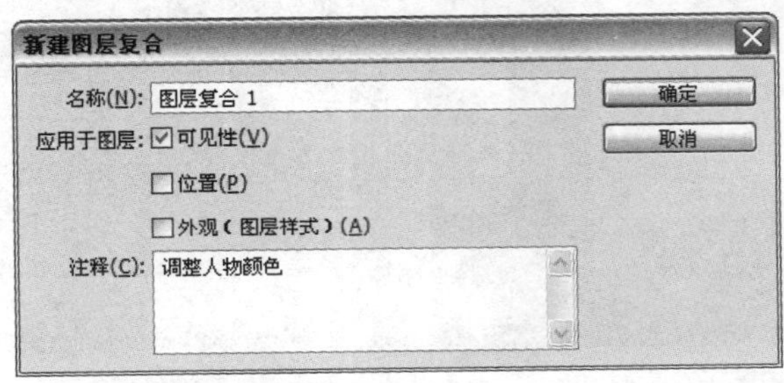

“新建图层复合”对话框

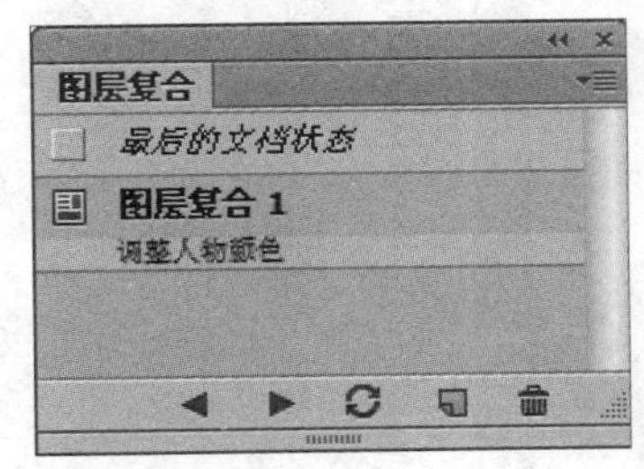

创建的图层复合

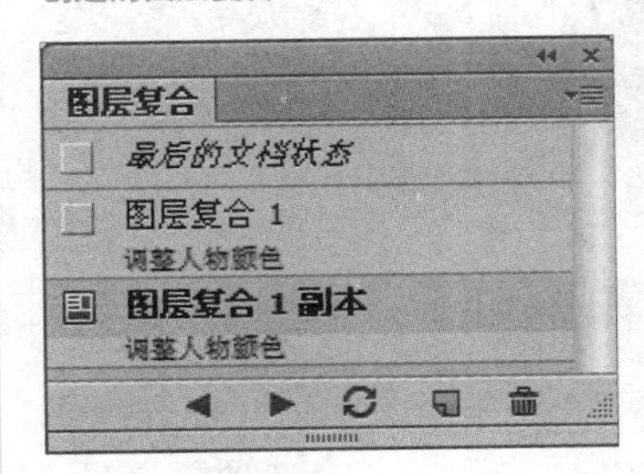

复制的图层复合

11.5.3 应用并查看图层复合

在“图层复合”面板中，若要查看图层复合，首先需要应用它，其方法是单击选定复合旁边的“图层复合”图标。而如果需要循环查看所有图层复合，可以单击面板中的“应用选中的上一个图层复合”按钮或“应用选中的下一个图层复合”按钮，即可在多个图层复合之间进行快速切换。若要将文档恢复到选择图层复合之前的状态，可单击面板顶部的“最后的文档状态”旁边的“图层复合”图标。

图像效果

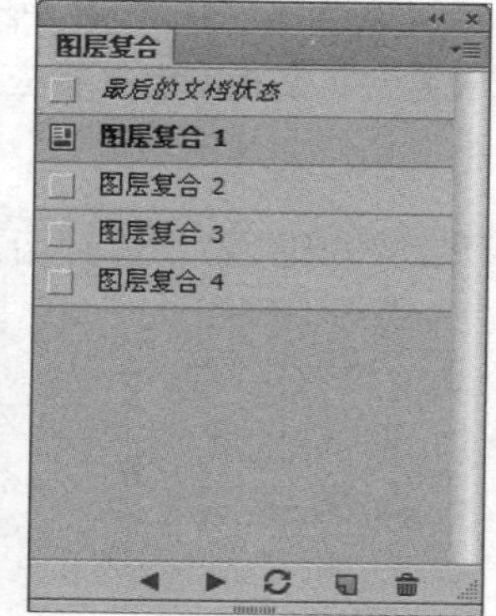

应用的图层复合

图像效果

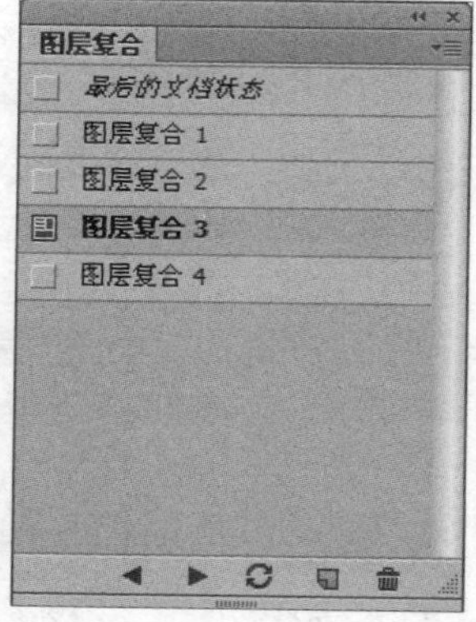

应用的图层复合

11.5.4 更改和更新图层复合

在“图层复合”面板中右击图层复合后，在弹出的快捷菜单中选择“图层复合选项”选项，在弹出的对话框中可对图层的可见性、位置或样式进行更改。完成更改后可单击面板底部的“更新图层复合”按钮，即可将图层复合更新到当前状态。

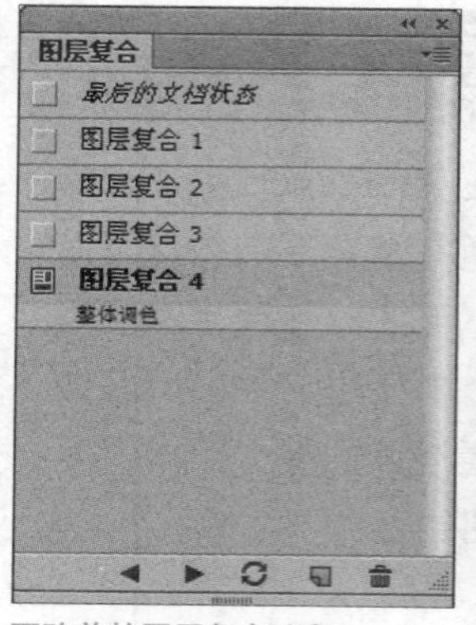

更改前的图层复合注释

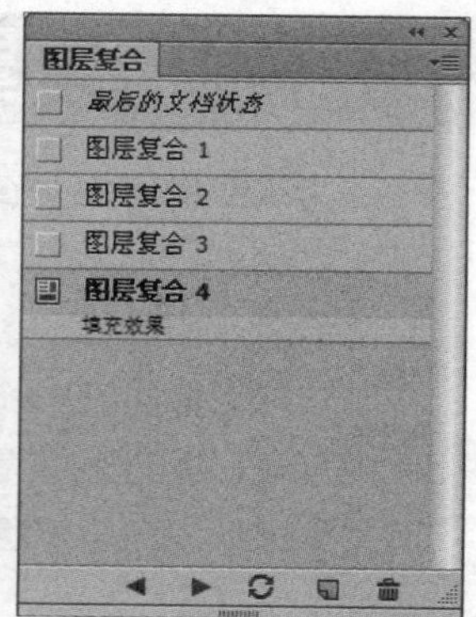

更新后的图层复合注释

11.5.5 清除图层复合警告

某些操作会引发不能完全恢复图层复合的情况，例如删除图层、合并图层或将图层转换为背景时就会发生这种情况。在这种情况下，图层复合名称旁边会显示警告图标。

单击警告图标可以看到消息，该消息说明图层复合无法正常恢复。选择“清除”选项可移去警告图标，并使其余的图层保持不变。忽略警告可能导致一个或多个图层丢失，其他已存储的参数可能会保留下来。

右键单击警告图标或按住 Ctrl 键的同时单击警告图标，即可在弹出的菜单中选择“清除图层复合警告”或“清除所有图层复合警告”命令清除警告。

11.5.6 删除图层复合

在“图层复合”面板中选择图层复合后单击面板中的“删除图层复合”按钮，即可将其删除。也可以通过单击面板的扩展按钮，在弹出的扩展菜单中选择“删除图层复合”选项进行删除。此外，选择图层复合将其拖动到“删除图层复合”按钮上，也可以删除图层复合。

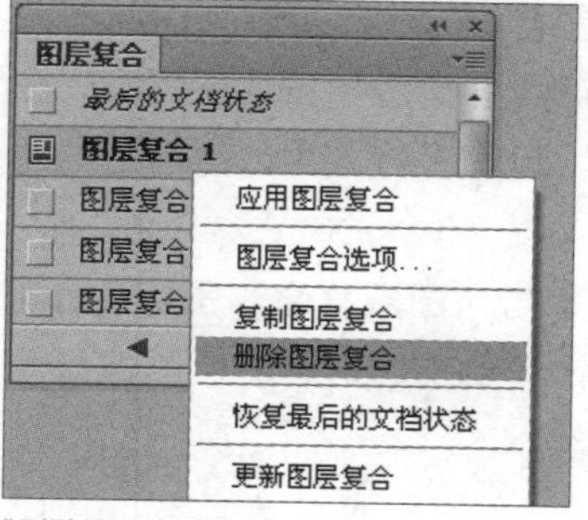

“删除图层复合”选项

11.5.7 将图层复合导出到文件

使用“图层复合”面板，结合使用脚本功能可以将PSD格式的文件导出为PDF格式的文件，从而拓宽图像的应用领域。

实战 图层复合导出到文件的应用

01 打开“实例文件\Chapter 11\Media\昆虫. psd”图像文件。执行“窗口 > 图层复合”显示出“图层复合”面板，如下图所示。

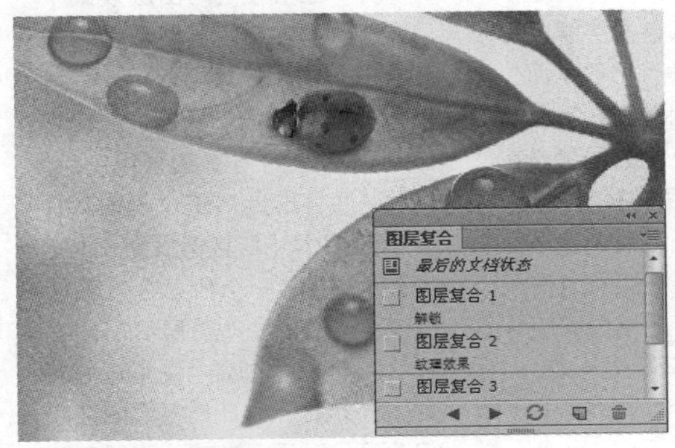

打开图像并显示面板

02 执行“文件>脚本>将图层导出到文件”命令，弹出“将图层导出到文件”对话框，如下图所示。

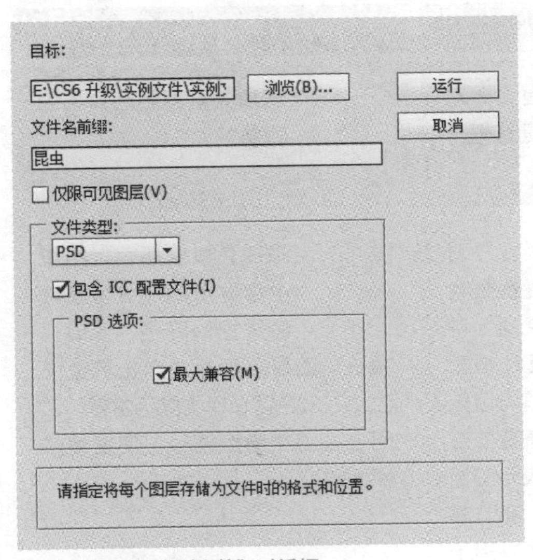

打开“将图层导出到文件”对话框

03 单击“浏览”按钮，弹出“选择文件夹”对话框，进入文件的路径后单击“新建文件夹”按钮，创建一个新的文件夹，以便单独存储该文件，如下图所示。完成后单击“确定”按钮返回到“将图层导出到文件”对话框中。

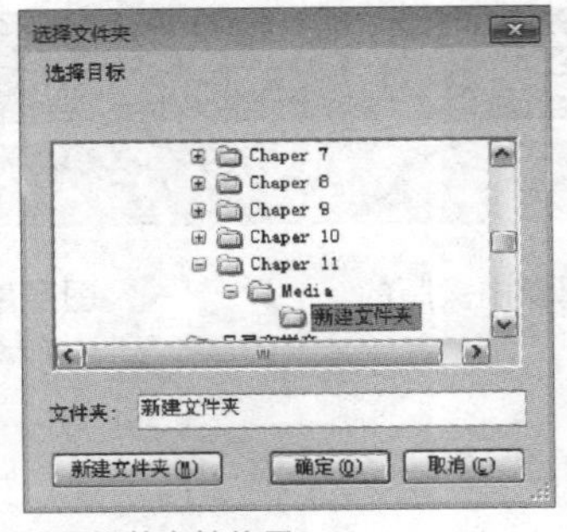

设置文件存储位置

04 在“将图层导出到文件”对话框中单击“文件类型”下拉按钮，在下拉列表中选择PDF选项，完成后单击“运行”按钮。此时软件自动对图像进行处理，完成后在弹出的“脚本警告”对话框中单击“确定”按钮即可，如下图所示。

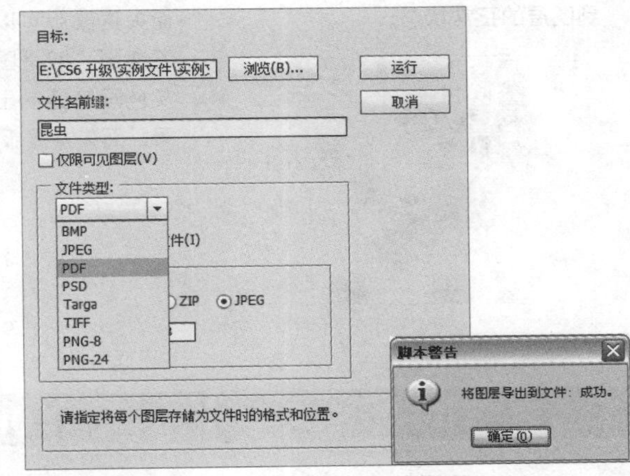

设置文件类型

05 在存放文件的路径中即可看到导出为PDF格式的图像文件，双击图标即可将其打开，如下图所示。

打开 PDF 查看图像

疑难解答

001

Q 如何查看图像中蒙版的涂抹效果？

A 如果需要单独查看图像蒙版的效果，在按住Alt键的同时单击图层蒙版缩览图，即可在图像中显示蒙版涂抹的黑白效果，以便用户对蒙版显示效果进行查看。查看后再次执行相同的操作，即可返回到图层的正常状态。

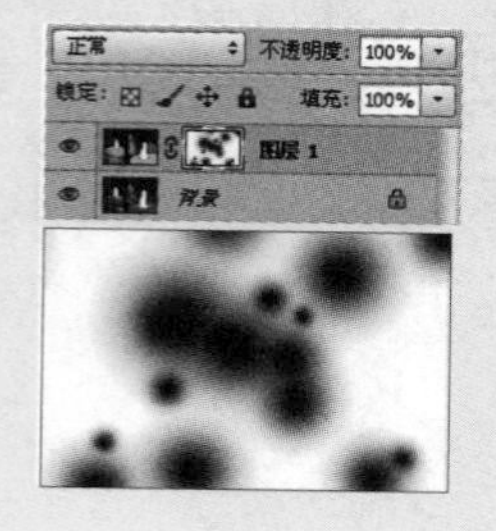

002

Q 图层蒙版与矢量蒙版的区别有哪些？

A 它们的区别主要有以下几点：一是产生的途径不同。二是图层蒙版可以通过画笔工具进行修改，而矢量蒙版只能使用钢笔工具等矢量编辑工具修改。三是图层蒙版在放大后边缘会出现马赛克现象，而矢量蒙版可以任意放大缩小而不变形。四是图层蒙版可以使用灰色画笔绘制出半透明的蒙版效果，而矢量蒙版做不到这一点。

003

Q 图层蒙版与矢量蒙版的区别有哪些？

A 在 Photoshop 中，创建图层复合与图层效果不同，在图层复合之间无法更改智能滤镜设置。一旦将智能滤镜应用于一个图层，则它将出现在图像的所有图层复合中。同时，在导出为 PDF 文件时，它将 PSD 图像中所包含的每一个图层单独导出为一个独立的 PDF 格式文件。若在“将图层导出到文件”对话框中勾选“仅限可见图层”复选框，则此时导出的图层仅为可见图层，隐藏的图层则不会被导出。

004

Q “图层”面板底部的“添加矢量蒙版”按钮的位置在哪里？

A 在没有添加图层蒙版时，“图层”面板底部会显示“添加图层蒙版”按钮 。而在添加图层蒙版后，再次将光标移动到原来的“添加图层蒙版”按钮 上，此时该按钮的名称已自动变为“添加矢量蒙版”，按钮未变，实质上是其作用发生了变化。

005

Q 在“新建图层复合”对话框中的 3 个复选框分别是何含义？

A 在“新建图层复合”对话框中的 3 个复选框代表图层复合记录的 3 种类型。勾选“可见性”复选框表示图层是显示状态，取消勾选则表示该复合记录的是该隐藏图层的状态。“位置”复选框表示图像在文档中的位置，而“外观”复选框表示是否将图层样式应用于图层和图层的混合模式。

006

Q 添加矢量蒙版后如何隐藏路径？

A 添加矢量蒙版后，图像中会显示添加矢量蒙版时依据的路径，此时只需在“图层”面板中单击其他图层或在灰色区域单击鼠标左键，即可在图像中隐藏路径，使图像效果更自然。

Chapter 12

破译通道全功能

通道在存储颜色信息和选择范围方面具有强大的功能，本章介绍了通道的种类、创建、选择、隐藏和显示、复制、编辑等操作，同时将通道编辑操作与实际应用相结合，使读者通过本章的学习充分掌握通道的全部功能。

设计师谏言

设计需要奇思妙想，才能创作出与众不同的作品。在Photoshop中，通道就是一个神奇所在。它整合了图层和调整命令的许多功能，通过在通道中进行相应操作，如编辑通道、通道计算或通道转换，都可以得到奇异非凡的图像效果。

设计百宝箱 版式设计之版面排列

版面的排列主要表现为版面上各类元素的和谐搭配，在编排的过程中必须做到信息传达的逻辑关系一致、主次分明、表现合理。版面设计主要表现为视觉传达，要做到在视觉上引人注目，就要在版式上有所突破，展现个性化设计。下面针对版式设计中常用的编排方式进行介绍。

Point 01 版面的大小比例

版面的主要构成元素是文字、图形、色彩等，通过点、线、面的组合与排列构成，并采用夸张、比喻、象征等手法来体现视觉效果，既美化版面，又可以提高传达信息的效率。所谓版面的大小比例，指的是画面中各元素间的比例关系。图片与文字信息越多，整个版面的大小比例越小。版面大小的比例，即近大远小，产生近、中、远的空间层次。

Point 02 对称版面

对称版面就是以中轴线为轴心的上下对称、左右对称和以原点为基准的散点放射性对称。对称画面的特点是画面平衡、庄严，给人以高品质、可信赖的感觉。对称版面在版式设计中运用十分普遍，但若处理不当容易产生呆板、单调的感觉。在对称画面中可以采用一些方法来控制画面的布局，在保证画面对称的同时对左右对称的版面进行一些变化，可以增添画面的看点，给人生动、活泼和明确的视觉效果。

Point 03 黄金分割版面

黄金分割是希腊建筑美学的基准法则之一（1:1.618），由于黄金比例是前人创造的一种接近完美的比例，因此它一直影响着社会美学。在平面设计艺术中，设计师常把黄金分割比例用在选择纸张大小上，以此来实现设计的平衡。

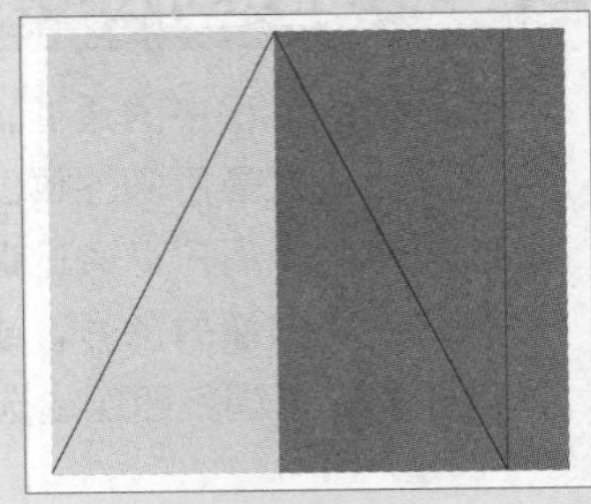

Point 04 四边和中心版面

所谓四边与中心版面是指将版面重要信息以四角与中心的形式编排在版面中。四边是指将版心边界的四点连接起来的斜线，而得到的交叉点就是中心。编排时，通过四边和中心结构可以使版面具有更多样化的视觉效果。中心点可以使画面产生横、竖居中的平衡效果。

Point 05 破型版面

所谓破型版面就是在版式设计中，将图形或文字元素打破平衡、打破拘束、自由散乱地进行编排的版面。在平面设计作品中重要的是元素间的互相关联，通过打破型的图像进行重组编排，增添了画面的元素重组效果，更具有设计感且能加深受众对该作品的印象。破型也是版式设计中一种很有效的排列方式。破型的设计表现出一种创意，打破传统的网格结构自由发挥想象，同时这样的版式设计也是很难控制的，在进行破型的版式编排时应注意把持尺度，不能太过凌乱，必须考虑到观者是否能够辨别并从中获得信息，这才是版式设计的主要目的所在。

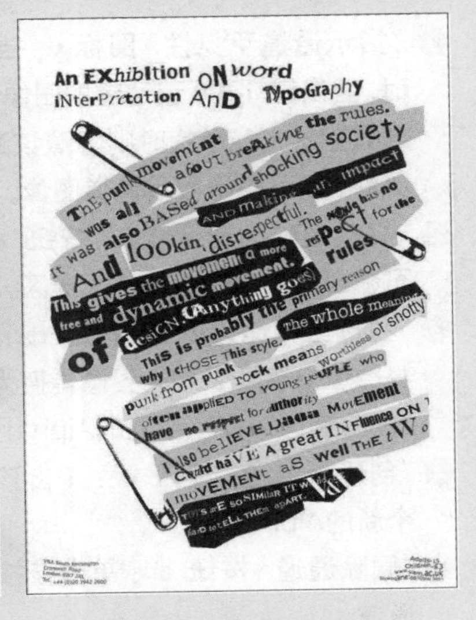

12.1 通道和“通道”面板

Photoshop 中的通道，从概念上来讲与图层类似，它是用来存放图像的颜色信息和选区信息的。用户可通过调整通道中的颜色信息来改变图像的色彩，或对通道进行相应的编辑操作以调整图像或选区信息。

12.1.1 “通道”面板

在 Photoshop CS6 中，每一个较为成熟的功能都有面板与其对应。通道也不例外，执行“窗口 > 通道”命令即可显示“通道”面板。

默认情况下，“通道”面板中是没有通道的，在 Photoshop 中打开一个图像文件后，在“通道”面板中即显示出以当前图像文件的颜色模式为基础的相应通道。下面对“通道”面板中的按钮进行详细介绍。

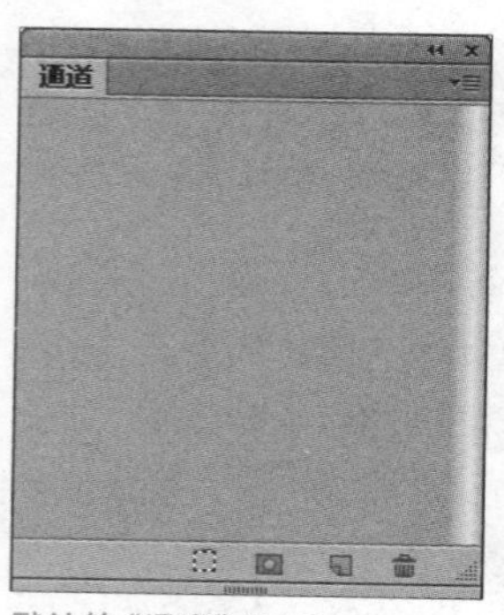

默认的“通道”面板

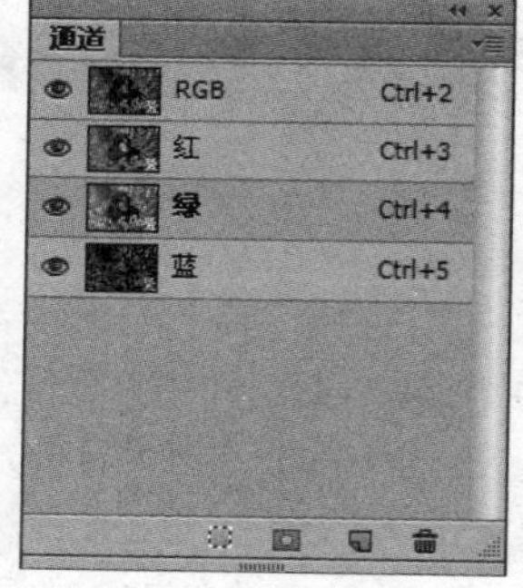

添加图像的“通道”面板

❶ **“指示通道可见性”图标**：当图标为形状时，图像窗口显示该通道的图像，单击该图标，当图标变为形状时则隐藏该通道的图像，再次单击即可再次显示通道图像。

❷ **“将通道作为选区载入”按钮**：单击该按钮可将当前通道快速转化为选区。

❸ **“将选区存储为通道”按钮**：单击该按钮可将图像中选区之外的图像转换为一个蒙版的形式，将选区保存在新建的Alpha通道中。

❹ **“创建新通道”按钮**：单击该按钮可创建一个新的Alpha通道。

❺ **“删除通道”按钮**：单击该按钮可删除当前通道。

12.1.2 通道的类型

通道是 Photoshop 重要的功能之一，它与图像的格式息息相关，同时也与图像颜色模式相关，颜色模式的不同决定了通道的数量和模式。通道主要分为颜色通道、专色通道、Alpha 通道和临时通道 4 种，下面分别对其进行介绍。

1. 颜色通道

对图像的处理有一大部分是在对图像颜色进行调整，而其实质是在编辑颜色通道。颜色通道是用来描述图像色彩信息的彩色通道，图像的颜色模式决定了通道的数量，“通道”面板上储存的信息也与之相关。每个单独的颜色通道都是一幅灰度图像，仅代表这个颜色的明暗变化。如 RGB 模式下会显示 RGB、红、绿和蓝 4 个颜色通道；CMYK 模式下会显示 CMYK、青色、洋红、黄色和黑色 5 个颜色通道；灰度模式只显示一个灰度颜色通道；Lab 模式下会显示 Lab、明度、a 和 b4 个通道。

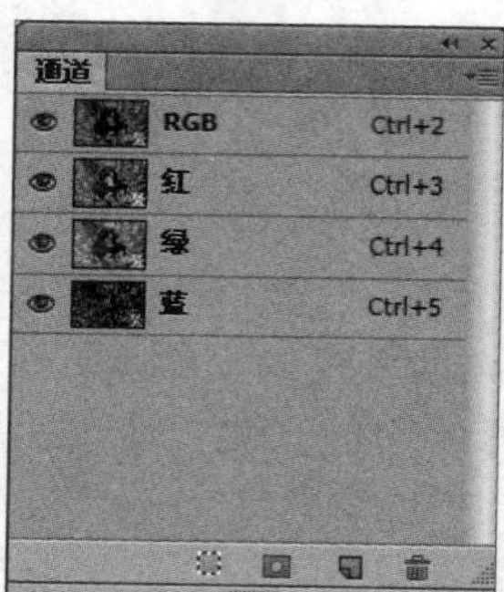
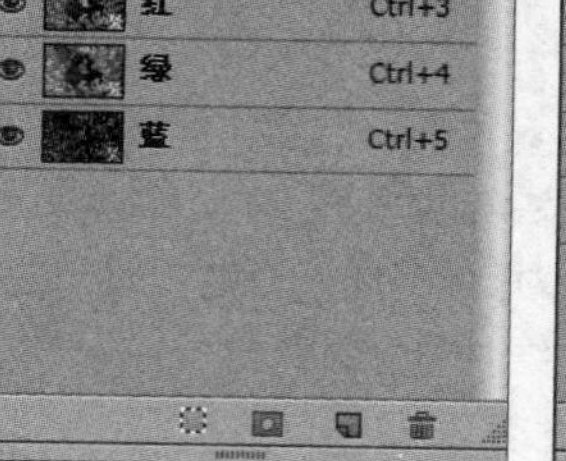

RGB 模式下的“通道”面板

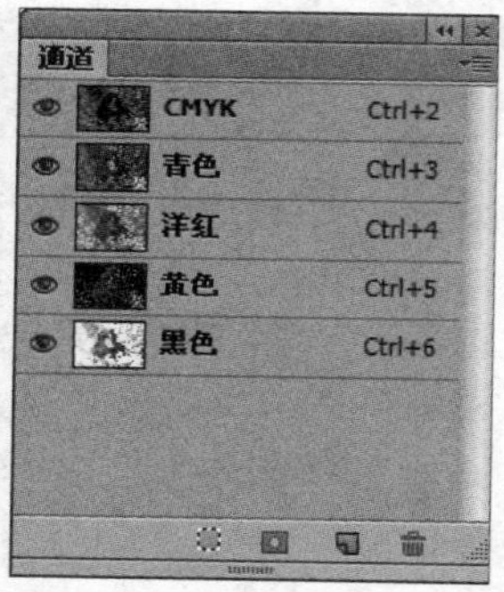

CMYK 模式下的“通道”面板

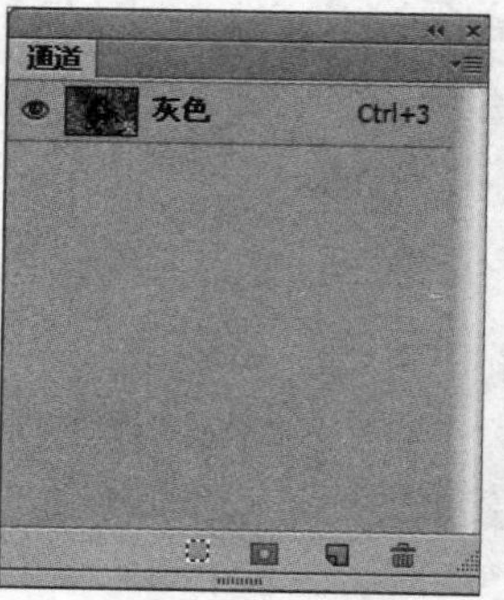

灰度模式下的“通道”面板

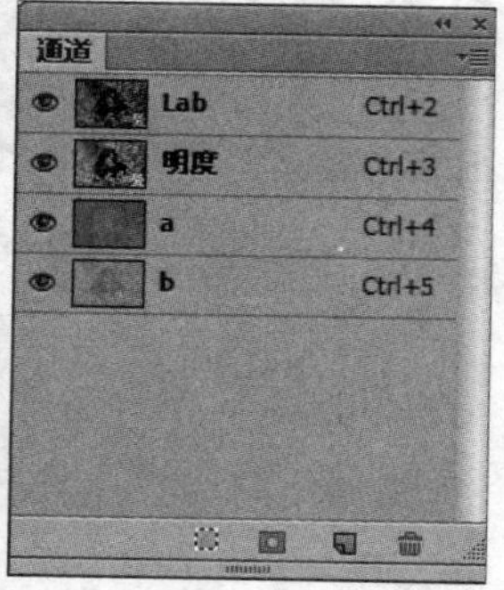

Lab 模式下的“通道”面板

2. 专色通道

专色通道是一类较为特殊的通道，它可以使用除青色、洋红、黄色和黑色以外的颜色来绘制图像，用特殊的预混油墨来替代或补充印刷色油墨，常用于需要专色印刷的印刷品。值得注意的是，除了默认的颜色通道外，每一个专色通道都有相应的印板，在打印输出一个含专色通道的图像时，必须先将图像模式转换到多通道模式下。

创建专色通道的方法是在“通道”面板中单击扩展按钮，在弹出的扩展菜单中选择“新建专色通道”选项。弹出“新建专色通道”对话框，在其中可以设置专色通道的颜色和名称，完成后单击“确定”按钮即可新建专色通道。

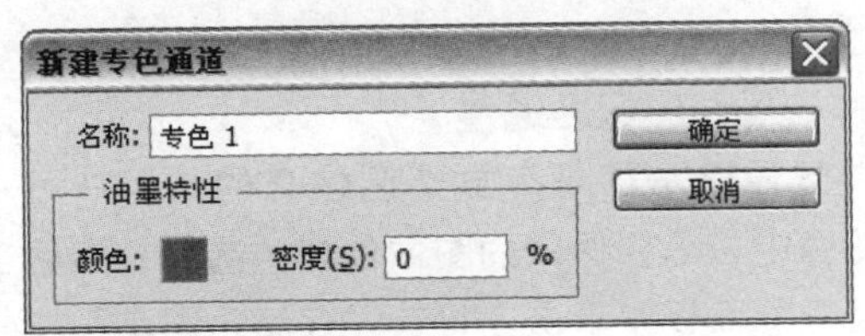

“新建专色通道”对话框

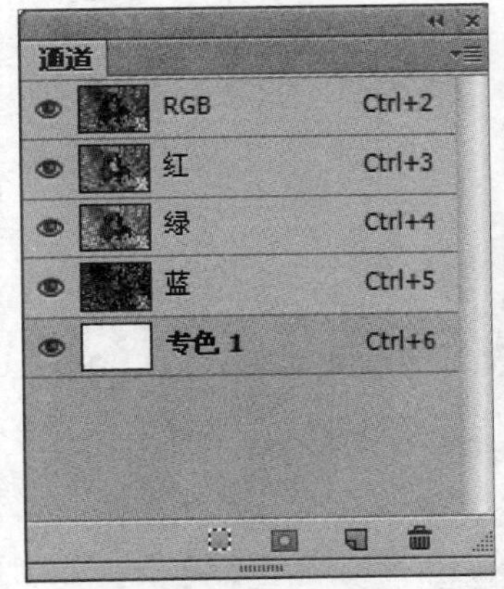

创建了专色通道的“通道”面板

新建通道...
复制通道...
删除通道
新建专色通道...
合并专色通道(G)
通道选项...
分离通道
合并通道...
面板选项...
关闭
关闭选项卡组

扩展菜单

3. Alpha 通道

Alpha 通道相当于一个 8 位的灰阶图，它使用 256 级灰度来记录图像中的透明度信息，可用于定义透明、不透明和半透明区域。Alpha 通道可以通过“通道”面板创建，新创建的通道默认为 Alpha X（X 为自然数，按照创建顺序依次排序）。Alpha 通道主要用于存储选区，它将选区存储为“通道”面板中可编辑的灰度蒙版。

创建 Alpha 通道的方法是，首先在图像中使用相应的选区工具创建需要保存的选区，然后在“通道”面板中单击“创建新通道”按钮，新建 Alpha 1 通道。此时在图像窗口中保持选区，填充选区为白色后取消选区，即在 Alpha 1 通道中保存了选区，保存选区后可随时重新载入该选区或将该选区载入到其他图像中。

创建选区

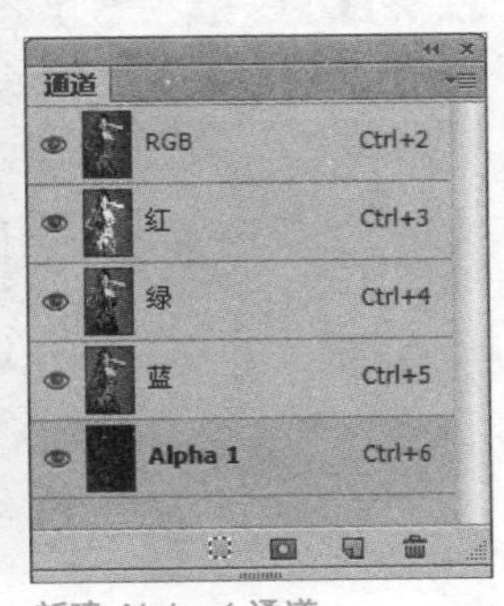

新建 Alpha 1 通道

填充选区为白色

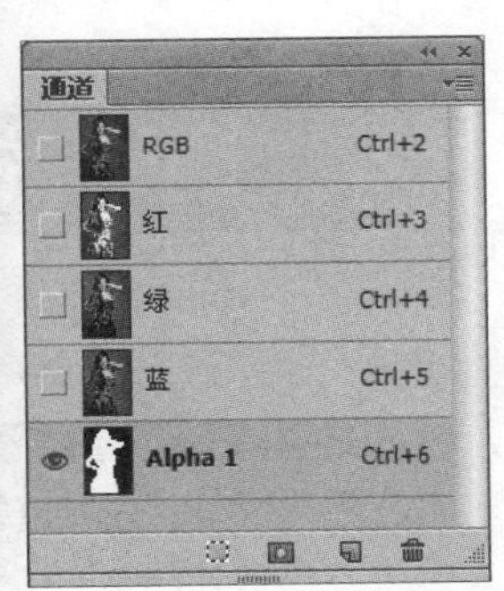

保存选区后的 Alpha 1 通道

4. 临时通道

临时通道是在“通道”面板中暂时存在的通道。临时通道存在的条件是必须已经添加了图层蒙版或者进入到快速蒙版编辑状态的情况下。

此时 Photoshop 会在“通道”面板中自动生成临时蒙版，通道会以图层蒙版或快速蒙版的名称进行命名。而当删除图层蒙版或退出快速蒙版编辑状态时，在“通道”面板中的临时通道就会自动消失。

原图像

快速蒙版编辑状态下的临时通道

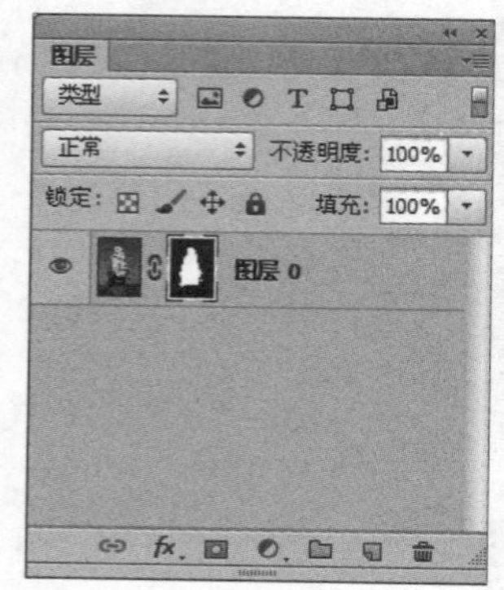

添加图层蒙版

自动创建的临时通道

12.2 通道的基本操作

在 Photoshop 中，掌握通道的基本操作非常必要，这是对通道进行实际运用的前提。通道的基本操作包括通道的创建、选择、显示和隐藏、复制、删除等，下面分别进行介绍。

12.2.1 创建新通道

颜色通道是在打开图像时就自动生成的，而其他类型的通道则都需要创建，创建通道分为创建空白通道和创建带选区的通道两种。

1. 创建空白通道

空白通道是指创建的通道属于选区通道，但选区中没有图像等信息。创建新通道可以更加方便地对图像进行编辑，其创建方法有两种。一种是在“通道”面板中单击“创建新通道”按钮，即可新建一个空白通道，新建的空白通道在图像窗口中显示为黑色。

还有一种是通过扩展菜单选项创建的。在“通道”面板中单击右上角的扩展按钮，在弹出的扩展菜单中选择“新建通道”选项。弹出“新建通道”对话框，在其中设置新通道的名称等参数后单击“确定”按钮即可。

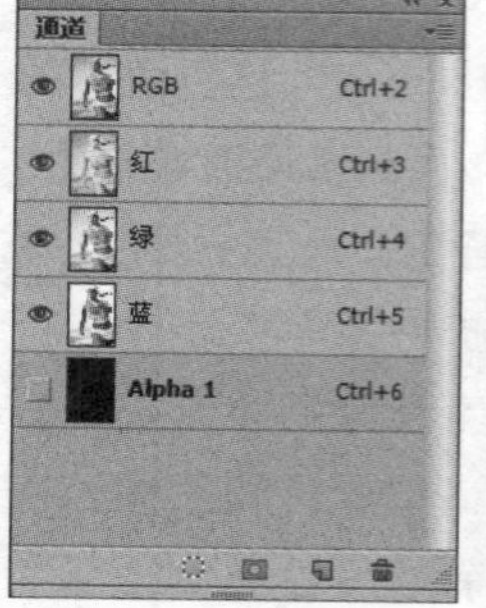

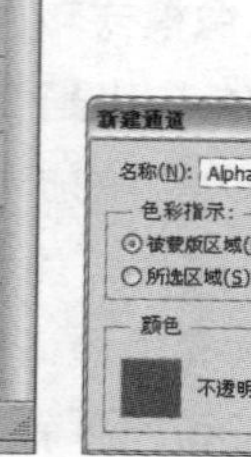

新建的通道

“新建通道”对话框

2. 通过选区创建选区通道

选区通道是用于存放选区信息的，用户可以在图像中将需要保留的图像创建为选区，然后在“通道”面板中单击“将选区存储为通道”按钮，即可快速创建带有选区的 Alpha 通道。

创建的选区

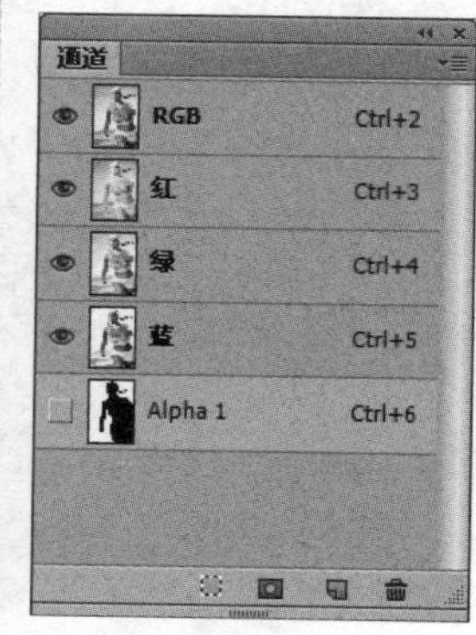

创建的 Alpha 通道

12.2.2 选择通道

选择通道的方式较为简单，在“通道”面板中单击即可选择一个通道，选中的通道呈深灰色显示，其他通道自动隐藏。此时可以看到，图像呈黑、白、灰效果显示。

值得注意的是，若此时单击选择的通道为“通道”面板中最顶端的通道，则即可选择全部的通道。

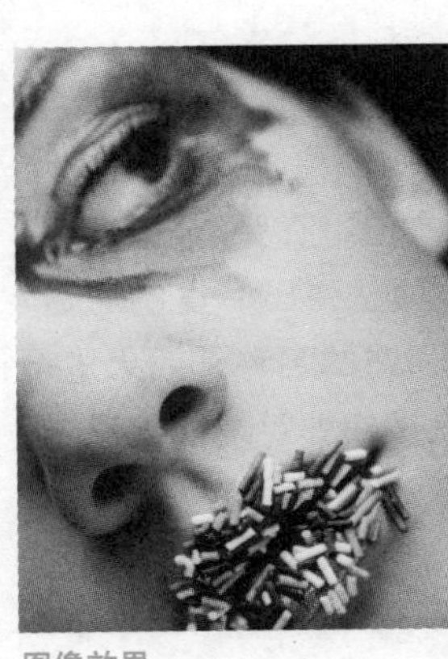

图像效果

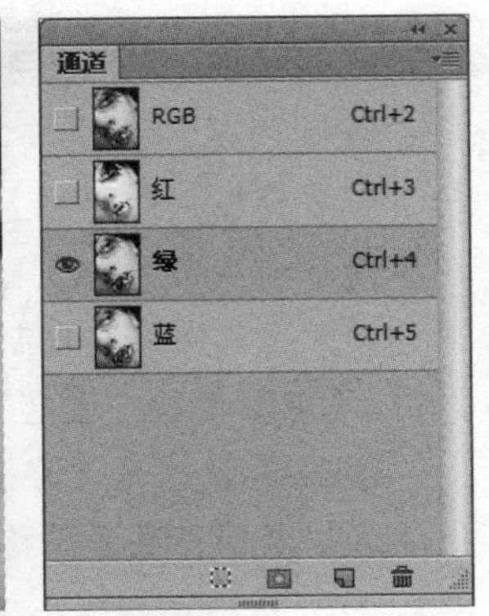

选择一个通道

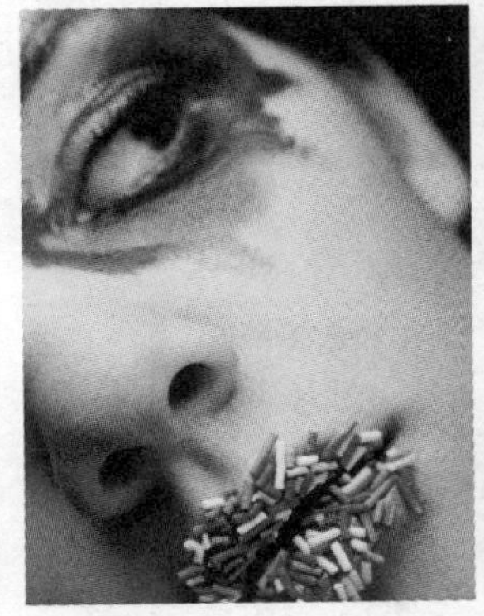

图像效果

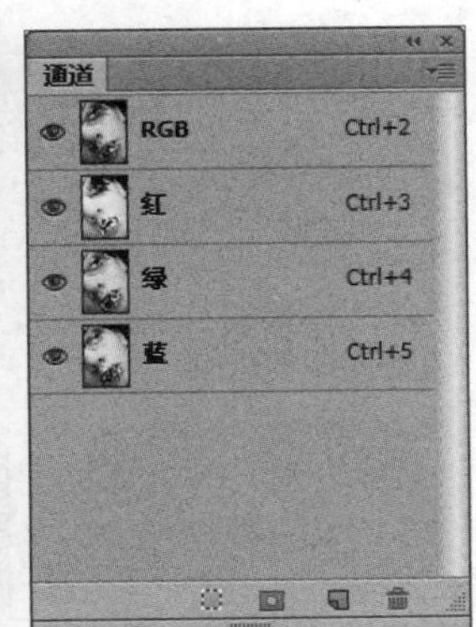

选择全部通道

12.2.3 隐藏和显示通道

显示和隐藏通道可由于应用情况的不同分为两种，一种是在创建的Alpha通道中进行显示和隐藏操作，另一种是针对原有通道进行显示和隐藏。下面分别对其进行介绍。

1. 针对创建的Alpha通道

显示通道是将通道中的图像内容显示出来，若此时通道中有选区，则在图像中显示选区内的图像，而选区外的图像则以50%透明的红色进行遮盖。

隐藏通道则是将创建的通道进行隐藏，此时图像无变化。隐藏通道需要单击“指示通道可见性”图标，当图标变为形状时则隐藏该通道的图像，再次单击使图标变为形状时，图像窗口显示该通道的图像。

图像效果

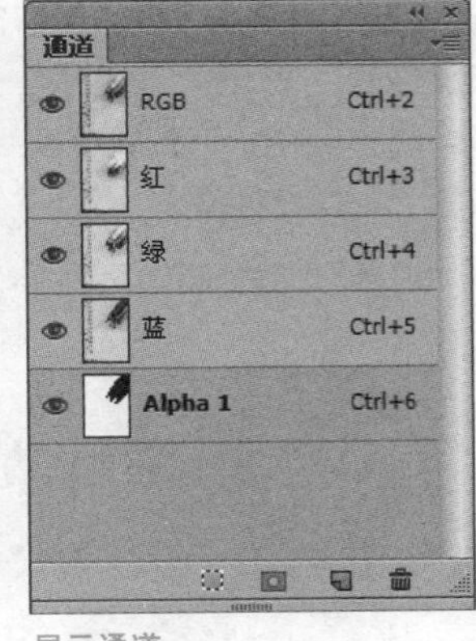

显示通道

图像效果

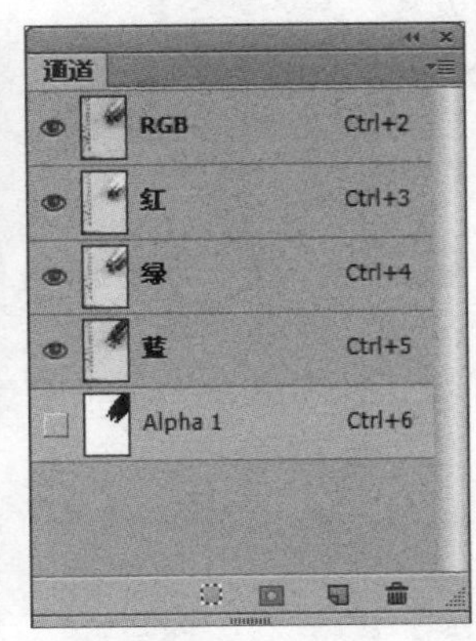

隐藏通道

2. 针对原有通道进行显示和隐藏

在原有通道中进行显示和隐藏可以帮助读者对图像效果进行不同的偏色显示。

实战 隐藏通道对图像效果的影响

01 打开“实例文件\Chapter 12\Media\波普图像.jpg”图像文件。在“通道”面板中可以看到，此时所有通道都出于显示状态，如下图所示。

打开图像并显示所有通道

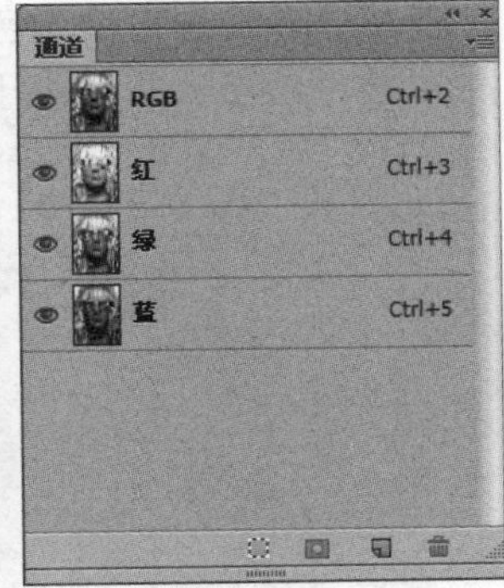

“通道”面板

02 在“通道”面板中单击“蓝”通道前的“指示通道可见性”图标，隐藏该通道颜色信息，此时图像由于缺少蓝色，所以图像效果整体偏黄，如下图所示。

图像效果

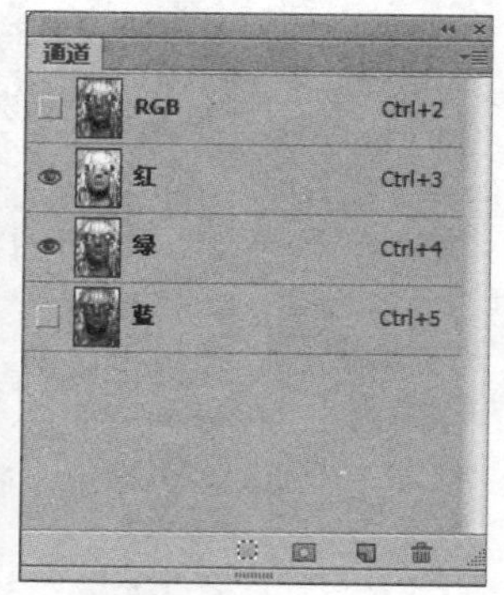

隐藏部分通道

03 单击“绿”通道前的“指示通道可见性”图标，隐藏“绿”通道颜色信息，并将“蓝”通道显示出来，由于图像缺少绿色而整体偏洋红，如下图所示。

图像效果

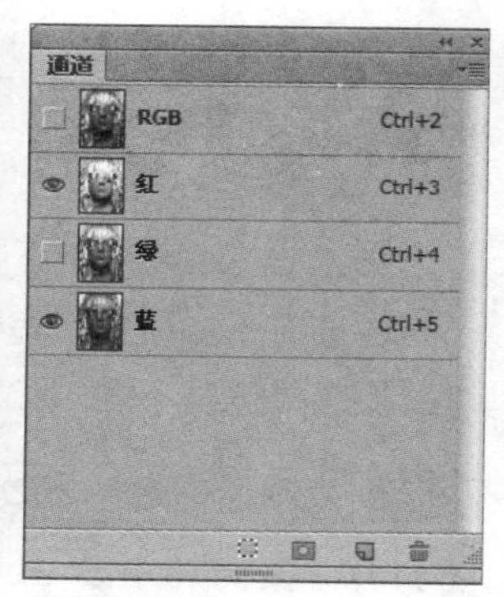

隐藏部分通道

04 单击“红”通道前的“指示通道可见性”图标，隐藏红通道的颜色信息，显示“绿”通道的颜色信息。此时由于图像缺少红色而整体偏青色，如下图所示。

图像效果

隐藏部分通道

12.2.4 复制通道

复制通道的方法与复制图层的方法基本一样，在需要复制的通道上右击，在弹出的快捷菜单中选择“复制通道”选项。弹出“复制通道”对话框，在其中可对复制通道的名称、效果进行设置,完成后单击“确定”按钮即可复制出通道。

值得注意的是，在默认情况下，复制得到的通道以其原有通道名称加上副本进行命名。

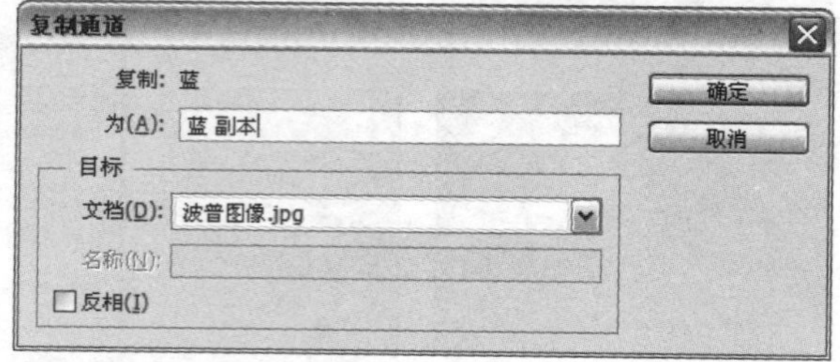

“复制通道”对话框

图像效果

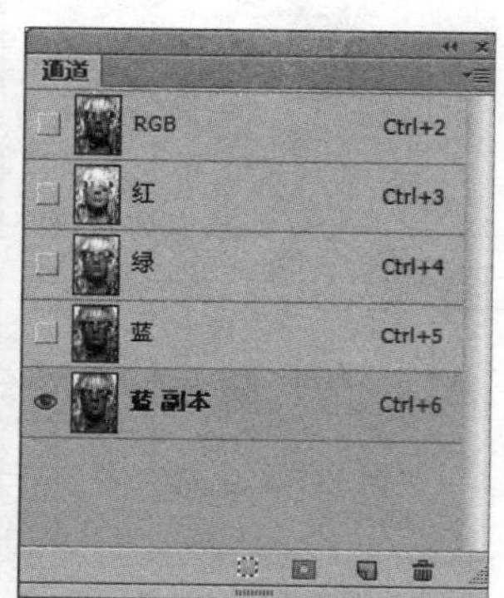

复制出的通道

12.2.5 删除通道

删除通道的方法比较简单，选择需要删除的通道后，将其拖动到“删除通道”按钮上，即可删除该通道。

值得注意的是，若删除的同时是复制或创建的通道，此时图像模式不会发生变化。若删除的通道为图像原有的通道，则此时图像的颜色模式将有所改变。

实战 删除通道对图像效果的影响

01 打开“实例文件\Chapter 12\Media\街灯.jpg”图像文件。在“通道”面板中可以看到所有通道，此图像为RGB颜色模式，如下图所示。

打开图像并显示通道

02 在“通道”面板中单击“蓝”通道，并将其拖动到“删除通道”按钮上，删除“蓝”通道，此时图像效果发生变化。执行“图像 > 模式”命令，在级联菜单中可以看到，图像模式由原来的RGB颜色模式变为“多通道”模式，如下图所示。

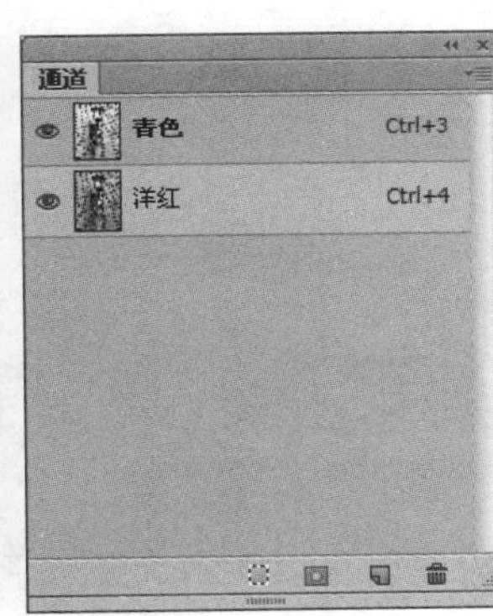

选择并删除“蓝”通道

12.2.6 重命名通道

重命名通道的方法与重命名图层相同，只需在需要调整名称的通道名称上双击，重新输入新的名称，完成后按Enter键确认输入即可。

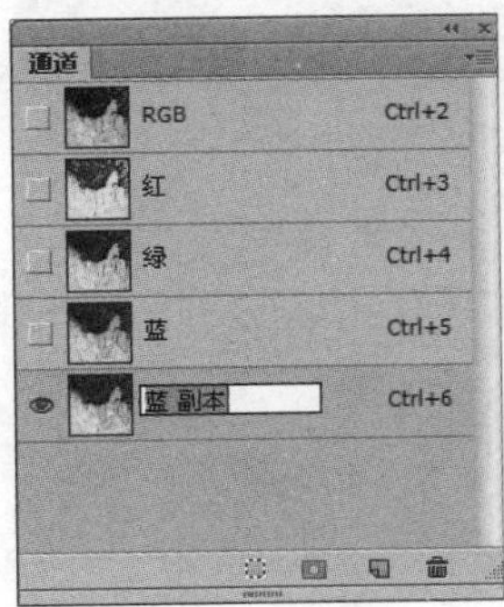

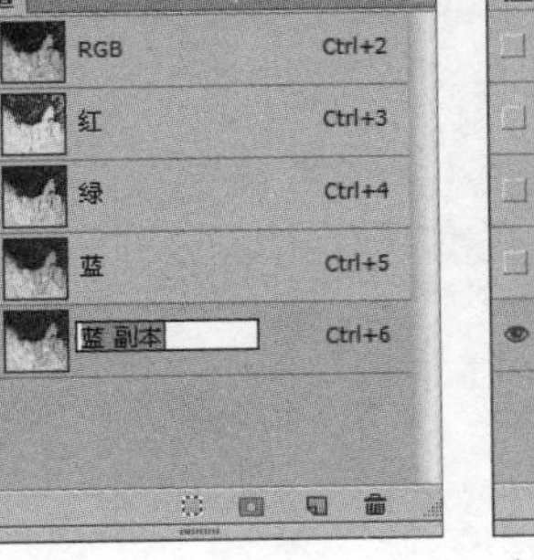

原通道

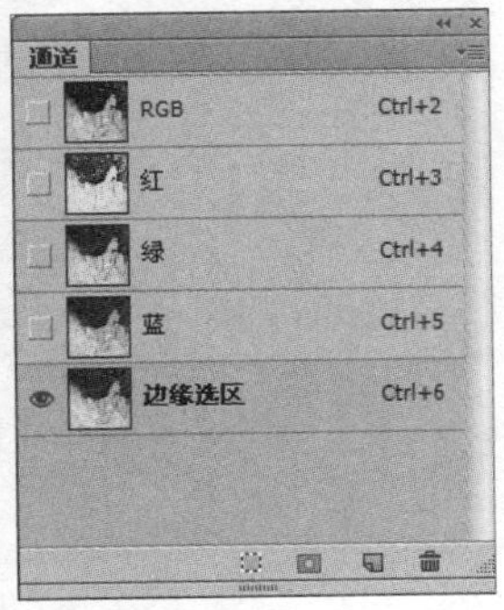

重命名后的通道

12.2.7 将通道作为选区载入

在Photoshop中可以将通道作为选区载入，以便对图像中相同的颜色取样进行调整。其操作方法是在“通道”面板中选择通道后单击“将通道作为选区载入”按钮，即可将当前的通道快速转化为选区。

载入选区

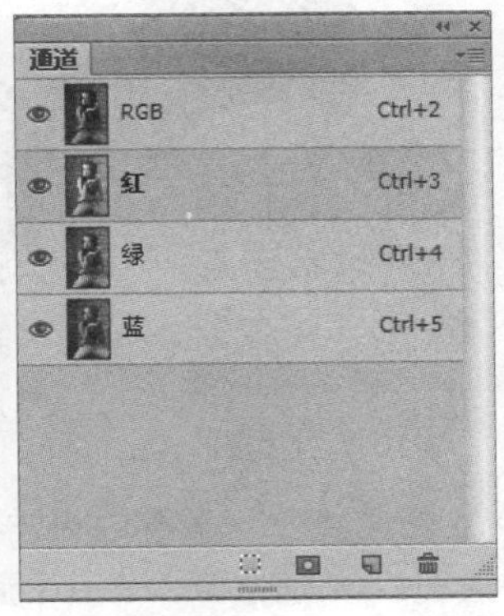

选择的通道

12.2.8 编辑Alpha通道

在对图像进行调整时，对创建的Alpha通道还可进行相应的编辑操作，使通道得到的选区更适合使用环境，这里的Alpha通道在功能上相当于蒙版。

实战 编辑Alpha通道调整图像效果

01 打开“实例文件\Chapter 12\Media\特效.jpg”图像文件。单击磁性套索工具，在图像中建筑边缘拖动绘制选区，并按下快捷键Ctrl+Shift+I反选选区，如下图所示。

打开图像并创建选区

02 在“通道”面板中单击“创建新通道”按钮，新建一个Alpha通道，显示为Alpha 1。填充选区为白色，此时白色表示未被蒙版遮住的选择区域，如下图所示。

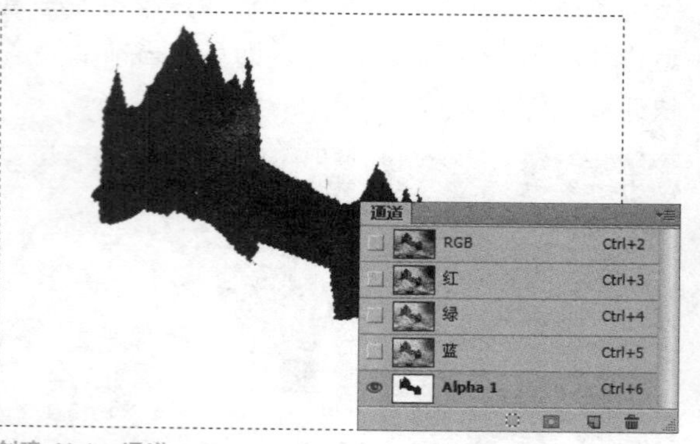

创建 Alpha 通道

03 在“通道”面板中单击RGB通道，显示所有通道，同时隐藏Alpha 1通道，在图像中仅显示选区，如下图所示。

显示选区

04 单击“绿”通道，按下快捷键Ctrl+M，在弹出的对话框中调整曲线，从而调整图像色调，完成后单击“确定”按钮，如下图所示。

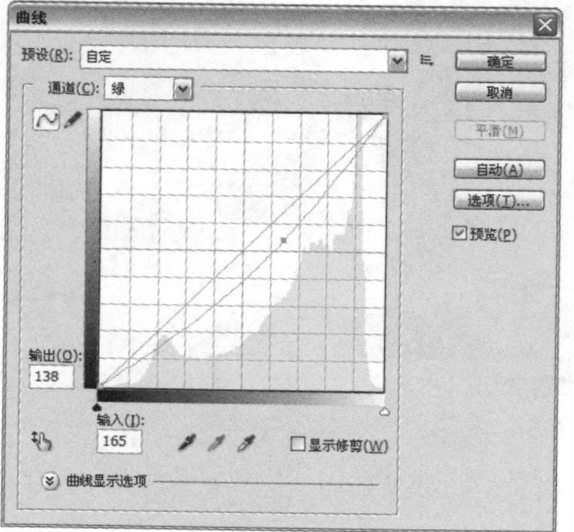

调整图像曲线

05 此时在图像中可以看到，选区部分图像的色调发生了变化，如下图所示。

查看图像效果

06 在“通道”面板中分别单击“红”通道和“蓝”通道，分别针对两个通道调整色阶参数和曲线，完成后单击“确定”按钮，如下图所示。

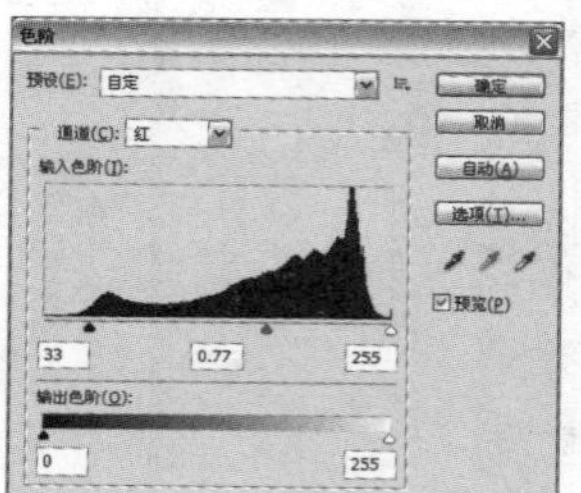

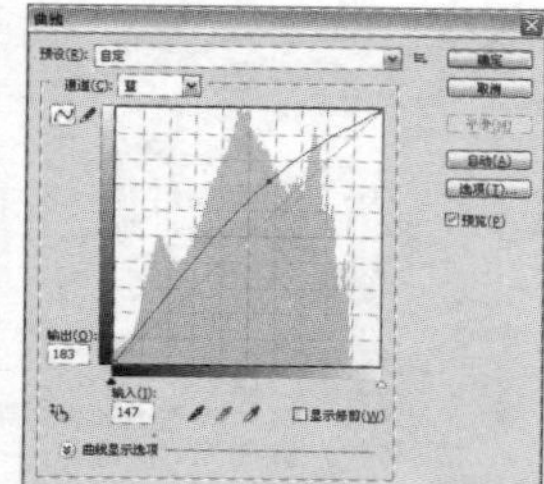

调整图像色阶和曲线

07 此时可以看到，经过了对“红”通道和“蓝”通道的调整后，图像选区的部分色调变为了冷色调的灰蓝色，如下图所示。

查看图像效果

08 再次单击“红”通道，按下快捷键 Ctrl+L，在弹出的“色阶”对话框中设置参数，从而恢复了图像一定的色调。完成后单击“确定”按钮，按下快捷键 Ctrl+Shift+I 反选选区，如下图所示。

调整图像色阶并反选选区

09 分别单击“蓝”通道和“红”通道，并分别按下快捷键 Ctrl+L 和 Ctrl+M，在弹出的对话框中分别设置色阶参数和调整曲线，完成后单击“确定”按钮，如下图所示。

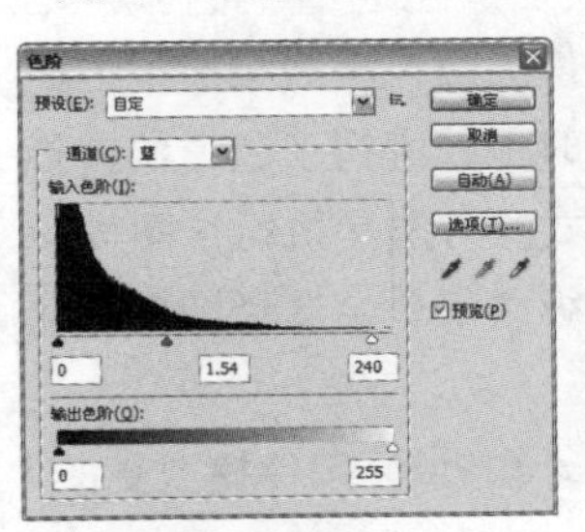

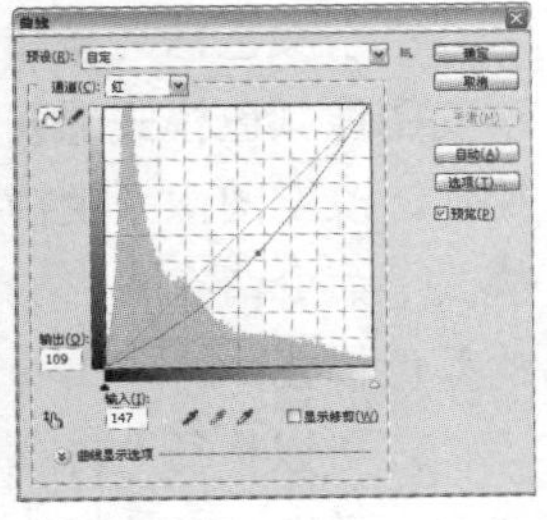

调整图像色阶和曲线

10 此时可以看到，利用Alpha通道保存选区并分别对各个通道进行调整后，使图像整体偏蓝色，如下图所示。

查看图像效果并取消选区

12.3 通道的编辑与应用

使 Photoshop 中，还可以对通道进行分离和合并，并能对其执行“应用图像”以及“计算”等命令，从而使图像效果更多变，下面分别进行介绍。

12.3.1 通道的合并和分离

在 Photoshop 中可以将通道拆分为几个灰度的图像，当然也可以将拆分后的通道进行全部组合或选择性地部分组合，这就是常说的分离通道和合并通道。

1. 分离通道

分离通道是将通道中的颜色或选区信息分别存放在不同的独立灰度模式的图像中。分离通道后也可对单个通道中的图像进行操作，常用于无须保留通道的文件格式，而需保存单个通道信息等情况。

在 Photoshop 中打开一张 RGB 颜色模式的图像，在“通道”面板中单击扩展按钮，在弹出的扩展菜单中选择“分离通道”选项，此时软件自动将图像分离为 3 个灰度图像。

原图

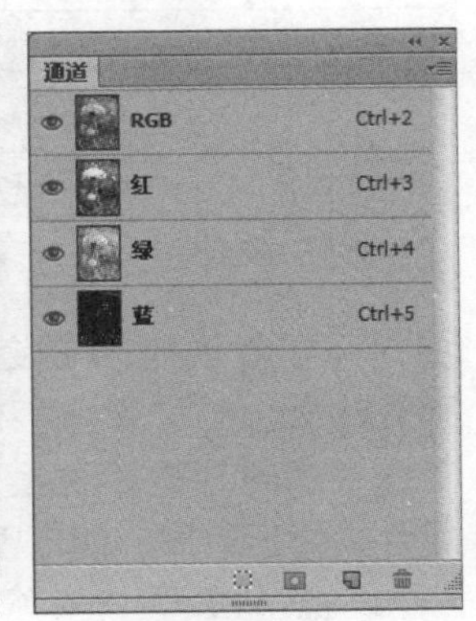

分离前的“通道”面板

分离出通道后的图像效果

2. 合并通道

对图像进行分离操作后还能对其进行合并通道的操作。合并通道是指将分离后的通道图像重新组合成一个新图像文件。通道的合并其使用面更为广泛，它类似于简单的通道计算，能同时将两幅或多幅图像中经过分离后的，单独的通道灰度图像有选区的进行合并。

实战 合并通道的应用

01 打开“实例文件\Chapter 12\Media\2.jpg”图像文件。在“通道”面板中将其分离，如下图所示。

打开图像并分离通道

02 在“通道”面板中单击扩展按钮，在弹出的扩展菜单中选择“合并通道”选项。弹出“合并通道”对话框，在其中设置合并通道后图像的模式，完成后单击“确定”按钮，如下图所示。

“合并通道”对话框

03 打开“合并 RGB 通道”对话框，在其中可分别针对“红色”、“绿色”和“蓝色”通道进行选择，若保存通道对应不更换，即单击“确定”按钮后合并原图效果，如下图所示。

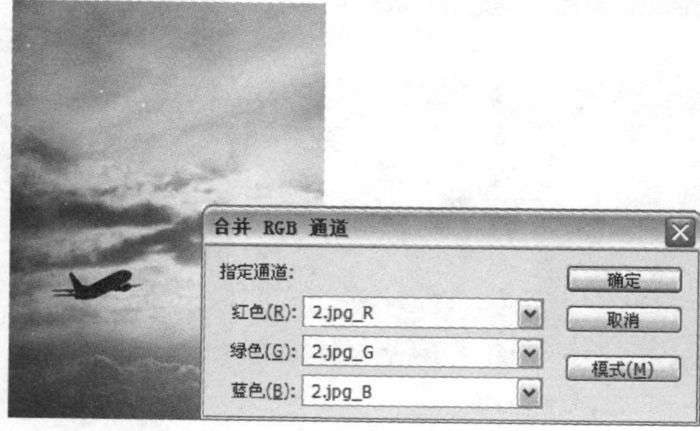

合并通道为原图像

04 若在打开的“合并 RGB 通道”对话框中调整了红色、绿色和蓝色通道，则单击“确定”按钮后合并得到的图像效果会有所改变，如下图所示。

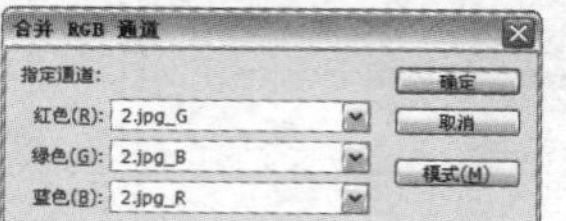

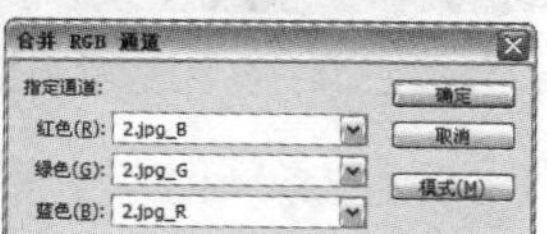

合并通道后的图像效果

12.3.2 通道的转换

通道的转换是指改变颜色通道中的颜色信息。由于颜色信息与图像的颜色模式相关，因此改变图像颜色模式的同时也就进行了通道的转换操作。改变图像颜色模式的方法是执行“图像 > 模式”命令，在弹出的级联菜单中选择需要转化的颜色模式。

还可以执行“文件 > 自动 > 条件模式更改”命令，弹出“条件模式更改”对话框，在其中可以快速修改图像颜色模式。其中“源模式”选项组用于设置用以转换的颜色模式，单击“全部”按钮可勾选所有复选框，“目标模式”选项组用于设置图像最终要转换成的颜色模式。

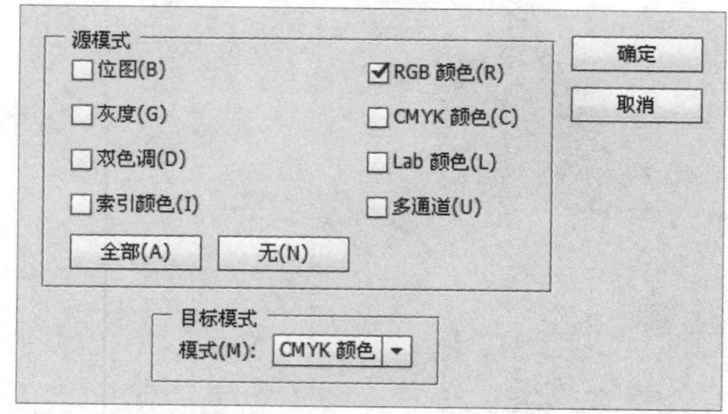

“条件模式更改”对话框

12.3.3 通道的计算

通道的计算是指将两个来自同一源图像或多个源图像的通道以一定的模式进行混合，其实质是合并通道的升级。对图像进行通道运算能得到较为特殊的选区，也可以通过调整混合模式的方法将一幅图像融合到另一幅图像中。

实战 通道计算的应用

01 打开“实例文件\Chapter 12\Media”文件夹中的风景.jpg和蓝天.jpg图像文件。使用移动工具将蓝天图像拖动到风景图像中，生成“图层1”，将其置于如下图所示位置。

打开图像并移动图像

02 执行“图像>计算”命令，打开“计算”对话框，分别在“源1”和“源2”选项组中对“图层”和“通道”选项进行设置，并设置混合模式为“变亮”，完成后单击“确定”按钮，如下图所示。

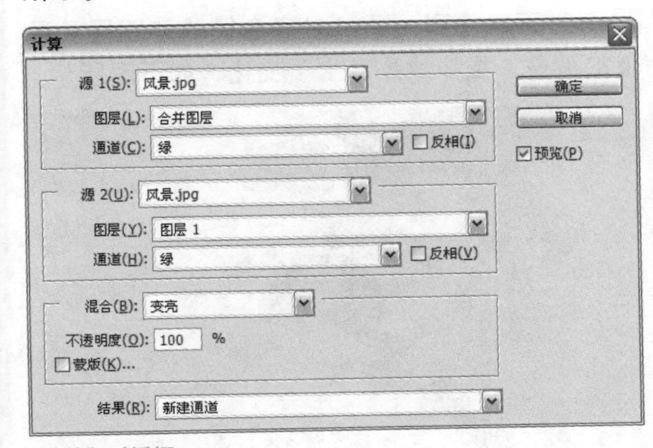

“计算”对话框

03 此时在“通道”面板中会自动生成一个新的Alpha 1通道。隐藏除Alpha 1之外的其他通道，此时图像呈黑白效果显示，如下图所示。

计算后生成新通道

04 单击RGB通道前的“指示通道可见性”图标 显示全部通道，显示出融合后的图像效果，此时红色区域表现新通道选择的区域，如下图所示。

显示通道

05 单击Alpha 1通道前的“指示通道可见性”图标 隐藏通道，将红色区域取消显示。在“图层”面板中单击“创建新图层”按钮 ，新建“图层2”，在按住Ctrl键的同时单击Alpha 1通道缩览图，载入通道选区，如下图所示。

载入Alpha 1通道选区

06 填充通道为白色，此时可以看到，由于选区呈半透明效果，因此同时显示出“图层 1”中的蓝色图像效果，如下图所示。

填充通道选区

07 单击“图层 1”前的“指示图层可见性”图标，隐藏该图层，此时可以看到，隐藏“图层 1”后还可看到花朵的效果，如下图所示。

隐藏图层

12.3.4 “应用图像”命令

“应用图像”命令可以对本图像的图层和通道进行混合，也可以对两幅图像的图层和通道进行混合。执行“图像 > 应用图像”命令，弹出“应用图像”对话框，其中“源”下拉列表用于设置选中的图像文件，“图层”下拉列表中用于设置当前图像文件中所选中的图层，“通道”下拉列表用于设置当前选中图层中所选中的通道，“混合”下拉列表用于设置当前选中通道的混合模式，勾选“蒙版”复选框可将编辑区域保存在蒙版中。

实战 使用“应用图像”命令调整图像

01 打开“实例文件\Chapter 12\Media\花朵.jpg”图像文件，如下图所示。

打开图像

02 执行“图像 > 应用图像”命令，弹出“应用图像”对话框，分别在“图层”、“通道”和“混合”下拉列表中选择相应的选项，勾选“蒙版”复选框，继续设置图层和通道，完成后单击“确定”按钮，如下图所示。

应用图像
源(S): 花朵.jpg
图层(L): 背景
通道(C): 红 □反相(I)
确定
取消
☑预览(P)
目标: 花朵.jpg(RGB)
混合(B): 变亮
不透明度(O): 100 %
□保留透明区域(T)
☑蒙版(K)...
图像(M): 花朵.jpg
图层(A): 背景
通道(N): 绿 □反相(V)

“应用图像”对话框

03 此时可以看到，通过对混合模式和图层及通道的调整，图像效果发生了变化，如下图所示。

查看图像效果

疑难解答

001

Q 创建通道后再次打开图像时，创建通道无法显示的原因是什么？

A 创建通道后，由于Photoshop并没有对这些通道进行存储。另外，这和图像文件的保存格式也有一定的关系。在Photoshop中，只有将图像文件存储为PSD格式或其他不合并通道的图像文件格式，再次打开图像文件时才可以看到创建的Alpha通道和专色通道中的信息。

002

Q 通道的偏色显示效果由什么来决定？

A 通道的偏色显示由原有通道的数量决定，通道的数量又是由图像的颜色模式决定的。原通道的数量越多，则显示出的偏色效果也越多。如RGB颜色模式下有复合通道RGB、红、绿和蓝4个通道，那么偏色显示的情况就是这几个通道显示和隐藏的搭配，共有红绿、红蓝和蓝绿3种。

003

Q 单击选择一个通道，为什么图像颜色显示为黑白效果？

A 单击选择任意一个颜色通道时，图像颜色显示为黑白效果。这是由于在Photoshop中，通道是将彩色的图像以黑色、白色和灰色3种颜色来显示。若是RGB模式下的图像，单击“红”通道后，图像显示为灰度下的黑白效果，黑色区域越多则表示该图像中红色的元素越多，反之则越少。

004

Q 通道的作用有哪些？它可以制作哪些特殊效果？

A 通道在存储图像的颜色信息和选择范围的功能上十分强大。它最基本的作用是用于分色，其次是用于特殊存储。使用分色功能可以抠取毛发、美白人物、调整图像的偏色问题、使图像偏色达到特殊效果、还有供专色打印使用等。存储选区功能使用图层和路径也可以达到的，但使用通道存储选区后还可以配合滤镜调整出特殊的图像效果。

005

Q 如何快速地载入通道中的选区？

A 按住Ctrl键的同时单击颜色通道缩览图，即可将通道作为选区载入。按住Ctrl+Shift键的同时单击多个颜色通道的缩览图，可同时载入多个通道的选区，软件会自动将这些选区相加。默认情况下，载入的为通道的白色区域和灰色区域的选区。

006

Q 为什么不能对红、绿、蓝等颜色通道进行重命名？

A 在Photoshop中，位于“通道”面板顶层的复合通道是不可复制、不可删除、不可重命名的。而单独的颜色通道和选区通道的名称是系统自定的，不能对其进行重命名、移动等编辑操作，但可以对其进行复制操作。

007

Q 为什么可以对青色、洋红等颜色通道进行重命名？

A 这是由于该图像的模式为“多通道”模式。此时的通道是以各个通道叠加形成的，每个通道为单独的存在，该模式下的通道没有复合通道，因此可以对每个通道进行重命名操作。

008

Q 哪些通道不能进行分离通道的操作？

A 当需要在不能保留通道的文件格式中保留单个通道信息时，“分离通道”功能非常有用。在Photoshop中，不能分离和重新合并带有专色通道的图像，此时的专色通道将作为Alpha通道进行添加，只能分离拼合图像的通道。

009

Q 如何快速隐藏和显示全部通道？

A 单击某个颜色通道前的“指示通道可见性”图标，即可隐藏复合通道和该颜色通道。单击复合通道前的该图标，则可快速隐藏复合通道和所有颜色通道。单击某个颜色通道前面的该图标，并向上或向下连续拖动，可连接隐藏多个连续的通道。显示通道的操作方法与隐藏通道相同。

010

Q 合并后的通道以及分离后的通道分别以什么方式进行命名？

A 对图像进行合并通道后，图像的文件名称会以合并通道的次序，以“未标题-1”为格式，依次增加自然数的方法进行自动命名。而对图像进行分离通道后，图像以图像名称+文件格式+R、G、B的名称格式显示。值得注意的是，未合并的PSD格式文件无法进行分离通道的操作。

011

Q 合并通道能否在两个图像中进行？

A 合并通道除了可以在一个图像中对多个原有通道进行外，也可将两个或多个图像的通道进行合并。但值得注意的是，要进行两个图像通道的合并，这两个图像文件的大小和分辨率必须相同，不然无法进行通道的合并。

012

Q 可以对两个颜色模式不同的图像使用“应用图像”命令吗？

A 在Photoshop中，“应用图像”命令操作在原理上与“计算”命令有类似之处，不仅可以对一个图像进行应用图像操作，也可以在两个图像之间进行。不过需要注意的是，若两个图像的颜色模式不同，则需要在应用图像之前，先对两个图像中不相同的单个颜色通道进行复制，将其粘贴到其中一个图像中，创建出多个通道，以供应用图像时选用。值得注意的是，复合通道不能进行复制。

Chapter 13

解析滤镜全功能

滤镜将各类特殊效果进行了整合和归类，掌握滤镜的使用方法以及上百种滤镜的应用是一个优秀设计师的必修课程。本章分别对智能滤镜、独立滤镜、滤镜库和 13 组滤镜中各种滤镜的原理及应用效果进行了讲解和图示。

设计师谏言

有了好的创意，还需要得力的工具将创意付诸实践。Photoshop中的滤镜就是一个非常实用的功能，它像是覆盖在图像上的一层“魔术玻璃”，使用它可以使图像按照预定的创意设计，呈现出丰富多彩的视觉特效。

设计百宝箱

版式设计之纸张应用

平面设计作为视觉传达设计，在视觉传达的过程中必须要有相应的媒介进行信息承载，才能很好地进行平面信息传播，常见的媒介有电视、电脑、户外站牌、纸张等。根据不同的平面设计内容进行媒介载体的选择，有助于平面设计信息更好地进行传达。下面主要针对平面设计中的纸张进行详细介绍。

不同纸张展示

在印刷时会采用不同的纸张印刷，纸张本身的差异、产生的色彩差异以及给人视觉感受的差异都有所不同。比如铜版纸比亚光纸在光泽上感觉要亮一些，因为铜版纸的表面更加光滑。亚光纸的表面属于比较粗糙的类别，因此在触觉上比铜版纸更厚一些。下面我们来了解一下纸张的具体种类，在平面设计中常用的主要有铜版纸、亚光纸、新闻纸等。

Point 01 铜版纸

铜版纸又称涂料印刷纸，是以原纸涂抹白色涂料制成的高级印刷纸。铜版纸为平板纸，尺寸为 787mm×1092mm 或 880mm×1230mm，定量为 70g/ 平方米 ~250g/ 平方米。铜版纸有单面铜版纸、双面铜版纸、无光泽铜版纸、布纹铜版纸之分。铜版纸的表面具有一层白色的浆料，通过亚光而制成，铜版原纸要求厚薄均匀，伸缩性小，强度较高，纸张表面光滑，白度比较高，对油墨的吸收良好。它主要用于印刷高级书刊的封面和彩色画片、插图、各种精美的商品广告、商品包装、样本、商标等。

铜版纸印刷产品

Point 02 亚光纸

亚光纸表面无涂层或使用亚光涂层，表面平滑、防污性好、不透明、光泽性差、吸墨性好、干燥速度快，适合滚筒印刷方式，可使用一般树脂型油墨。与铜版纸相比，亚光纸不太反光。使用亚光纸印刷的图案，虽没有铜版纸色彩鲜艳，但图案比铜版纸更细腻。印刷时油墨不宜太稀，否则会因为纸张吸墨量太大而导致墨色黯淡，视觉效果降低。使用亚光纸印出的画面具有立体感，文字便于阅读。因而这种纸广泛地用于印刷杂志、画报、广告、精美挂历、人物摄影图等。

亚光纸印刷产品

Point 03 新闻纸

新闻纸也被称为白报纸，是印刷报刊及书籍的主要用纸。新闻纸具有纸质松轻、吸墨性能好、弹性较好等特点。吸墨性能好，就保证了油墨能较好地印刷在纸面上。另外，新闻纸表面进行亚光后两面平滑，不起毛，从而保证了两面印迹都比较清晰饱满。新闻纸有一定的机械强度，不透明性能好，适合于高速轮转机印刷。

新闻纸是以机械木浆为主要原材料，含有大量木浆与其他杂质，不宜长期保存。保存时间过长，纸张会发黄变脆、抗水性能差、不宜书写等。在印刷过程中必须使用印报油墨或书籍油墨，油墨粘度不宜过高，平版印刷时必须严格控制版面水分。因此，新闻纸适用于报纸、期刊、课本、连环画等正文用纸。

INTERNASIONAL

PBB Siapkan Laporan Terbaru

Junta Tolak Demokrasi Barat

Chavez kian Meradang

2,8 juta

AS-Jepang Tingkatkan Sanksi

Musharraf Tolak Tentukan Waktu

新闻纸印刷产品

13.1 认识滤镜

Photoshop 的滤镜就如同摄影师在照相机镜头前安装的各种特殊镜片一样，它能在很大程度上丰富图像效果，使一张张普通的图像或照片变得更加生动。

13.1.1 滤镜的概念

滤镜也称为“滤波器”，是一种特殊的图像效果处理技术，它遵循一定的程序算法，以像素为单位对图像中的像素进行分析，并对其颜色、亮度、饱和度、对比度、色调、分布、排列等属性进行计算和变换处理，从而完成原图像部分或全部像素属性参数的调节或控制。

13.1.2 认识滤镜菜单

在 Photoshop 中单击菜单栏中的“滤镜”菜单，可以看到级联菜单中包括多个滤镜组，在滤镜组中又有多个滤镜命令。单一滤镜效果是直观的，用户也可通过执行多次滤镜命令为图像添加不一样的效果。

(1) 第一行显示最近使用过的滤镜，若未使用过滤镜则呈灰色显示。

(2)“转换为智能滤镜”命令可整合多个不同滤镜，对滤镜效果的参数进行调整和修改，使图像处理过程更智能化。

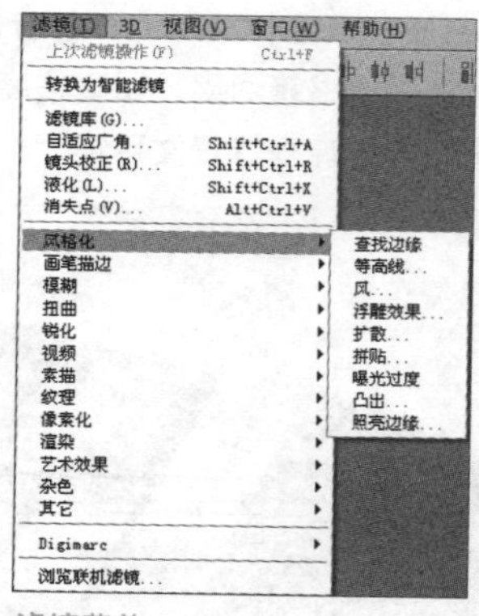

滤镜菜单

(3)“自适应广角”、“镜头校正”、“液化”和“消失点”这 4 个滤镜为 Photoshop CS6 中的独立滤镜，未归入滤镜库或其他滤镜组，单击选择后即可使用。

(4) 从“风格化”到“其他”这部分是 Photoshop 为用户提供的 13 类滤镜组，每一个滤镜组中又包含有多个滤镜命令，执行相应的命令即可使用这些滤镜。

(5) 若在 Photoshop 中已安装外挂滤镜，则会将安装的外挂滤镜显示在 Digimarc（水印）下方。

13.1.3 滤镜的作用范围

Photoshop CS6 为用户提供了上百种滤镜，其作用范围仅限于当前正在编辑的、可见的图层或图层中的选区。若图像此时没有选区，软件则将当前图层上的整个图像视为当前选区。若图像中存在选区，则滤镜命令的效果只会作用于选区内的图像。

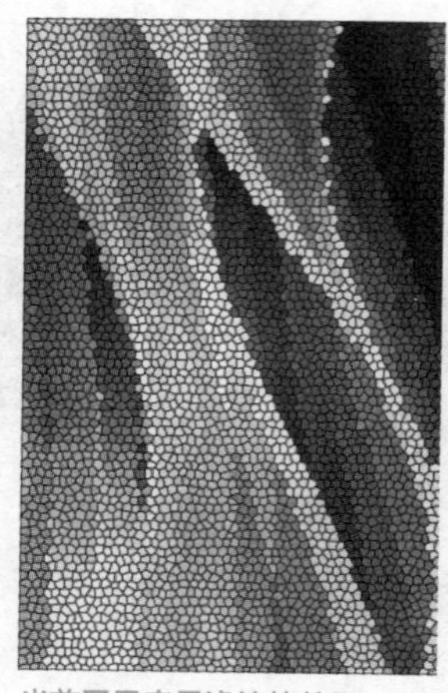
当前图层应用滤镜的效果

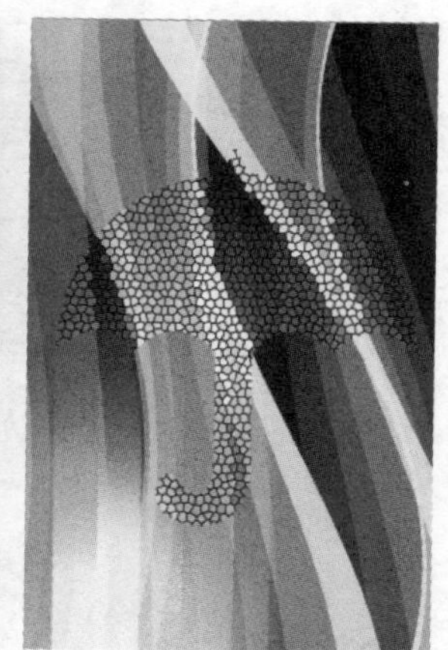
选区内图像应用滤镜的效果

13.1.4 滤镜的操作方法

滤镜的种类虽多，但真正的操作方法却大同小异。选择图层后在图像中确定滤镜的作用范围，执行菜单命令，在级联菜单中选择滤镜组中的滤镜。此时，有参数设置对话框的滤镜将弹出其参数设置对话框，设置参数后单击“确定”按钮即可。而对于没有参数设置对话框的滤镜，软件将自动执行。

实战 滤镜的基本操作

01 打开“实例文件\Chapter 13\Media\麦子.jpg”图像文件，使用套索工具绘制选区，如下图所示。

打开图像并绘制选区

02 按下快捷键 Ctrl+Shift+I 反选选区，按下快捷键 Shift+F6 打开“羽化选区”对话框，设置“羽化半径”后单击“确定”按钮，如下图所示。

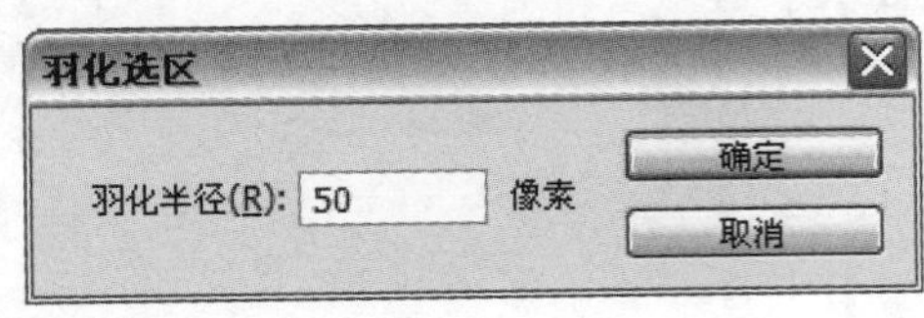

羽化选区

03 此时选区边缘得到柔化，执行菜单栏中的“滤镜 > 模糊 > 高斯模糊”命令，打开“高斯模糊”对话框，在其中设置“模糊半径”后单击“确定”按钮，如下图所示。

使用“高斯模糊”滤镜

04 按下快捷键 Ctrl+D 取消选区，此时在图像中可以看到，除麦子部分的图像未发生变化外，其余图像变得更模糊，如下图所示。

查看滤镜效果

值得注意的是，若对滤镜效果不满意，可按下快捷键 Ctrl+Z 返回到上一步的操作中。如果认为滤镜效果不够强烈，需要加强相同的滤镜效果，则可以按下快捷键 Ctrl+F，快速为图像再次运用相同的滤镜效果。

13.1.5 重复使用滤镜

Photoshop 中的滤镜是可以重复使用的，重复使用有两种概念，一是重复使用相同的滤镜，二是继续使用其他的滤镜调整图像效果。

原图

使用“拼缀图滤镜”效果

重复使用“拼缀图滤镜”效果

使用“波浪”滤镜效果

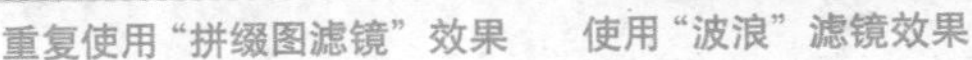

13.2 智能滤镜与智能对象

智能对象和智能滤镜是一对相连的概念。为图像添加智能滤镜的同时，Photoshop 会自动将该图层转换对智能对象，即智能图层；若此时的图层本来就是智能图层，则为图像应用任何滤镜都将自动显示为智能滤镜。下面首先对智能对象的相关操作进行介绍，为后面进一步学习智能滤镜的应用与编辑打好基础。

13.2.1 智能对象的相关操作

在前面的章节中已经讲过，将带有图层样式的图层转换为智能对象后，此时图层上的图像就是智能对象，对智能对象进行放大和缩小操作，图像效果不会影响图像像素的分辨率。智能对象的操作包括智能对象的创建与编辑，下面分别进行介绍。

1. 创建智能对象

在需要进行转换的图层上右击，在弹出的快捷菜单中选择“转换为智能对象”选项，即可将该图层中的图像转换为智能对象，即创建出了智能对象，此时在该图层缩览图的右下角出现了智能对象的图标。值得注意的是，转换为智能对象后按下快捷键Ctrl+T，在图像中显示出自由变换控制框，控制框的形状也有所不同。

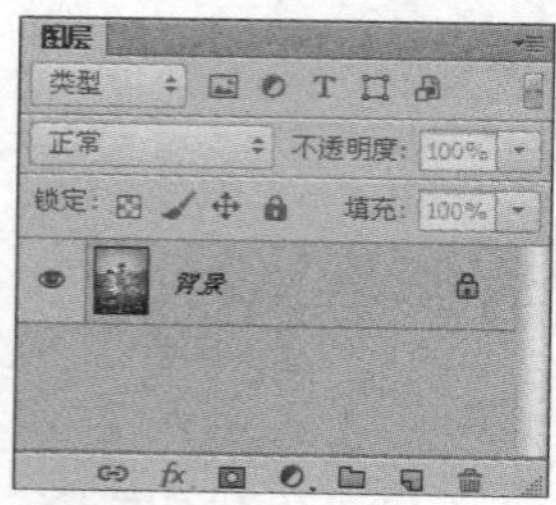

普通图层

智能图层

普通图像的自由变换控制框

智能对象的自由变换控制框

2. 编辑智能对象

继续在转换为智能对象的图层上右击，在弹出的快捷菜单中更多选项被激活了，下面分别进行介绍。

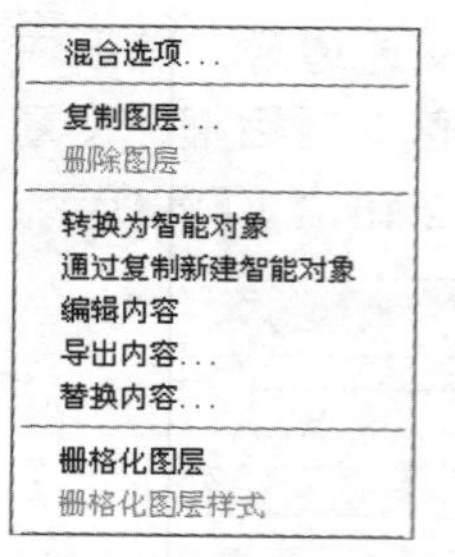

打开的快捷菜单

❶ 选择“通过复制新建智能对象”选项，即可在“图层”面板中快速复制得到副本图层，副本图层同样为智能对象。

❷ 选择“编辑内容”选项，会弹出询问对话框，单击“确定”按钮即可将智能对象单独作为一个图像文件在Photoshop中单独打开。

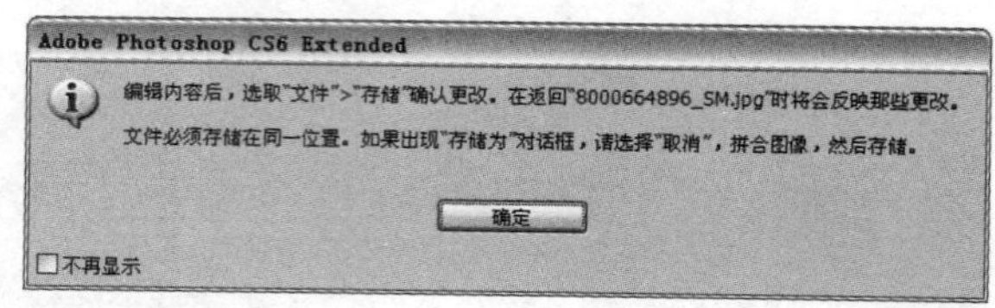

询问对话框

❸ 选择“导出内容”选项，弹出“存储”对话框，设置存储路径后单击“保存”按钮，即可将该智能对象以PSD格式进行存储。

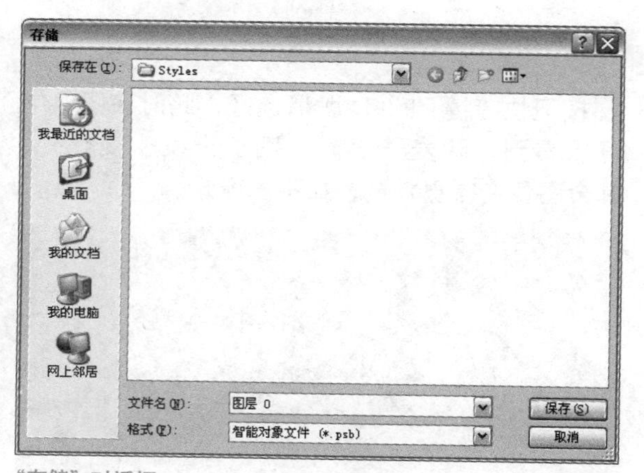

“存储”对话框

❹ 选择“替换内容”选项，弹出“置入”对话框，在其中可按存储路径选择任意PSD格式图像文件，单击“置入”按钮，即可将新的图像替换原有的智能对象。

"置入"对话框

❺ 选择"栅格化图层"选项，即可将智能对象图层栅格化为普通图层。

13.2.2 应用与调整智能滤镜

智能滤镜结合智能对象而产生，可以将整幅图像或选择的图层转换为智能对象，以启用可重新编辑的智能滤镜。

实战 智能滤镜的应用与调整

01 打开"实例文件\Chapter 13\Media\海边.png"图像文件，执行"滤镜 > 转换为智能对象"命令，在弹出的询问对话框中单击"确定"按钮即可启用智能滤镜，此时在该图层的缩览图右下角出现了智能对象的图标，如下图所示。

打开图像并启动智能滤镜

02 执行"滤镜>画笔描边>墨水轮廓"命令，在滤镜库中设置参数，完成后单击"确定"按钮，如下图所示。

应用"墨水轮廓"滤镜

03 此时可以看到图像效果发生了变化，且在"图层"面板中可以看到，应用的"画笔描边"滤镜已附在智能滤镜层的下方，以便于对使用过的所有滤镜进行管理，如下图所示。

查看图像效果和智能滤镜

04 继续执行"滤镜 > 模糊 > 高斯模糊"命令，打开"高斯模糊"对话框，设置"模糊半径"后单击"确定"按钮，如下图所示。

应用"高斯模糊"滤镜

05 此时可以看到图像效果再次发生了变化，且在“图层”面板中智能滤镜层的下方又添加了“高斯模糊”滤镜层，并层叠在“墨水轮廓”滤镜层上方，如下图所示。

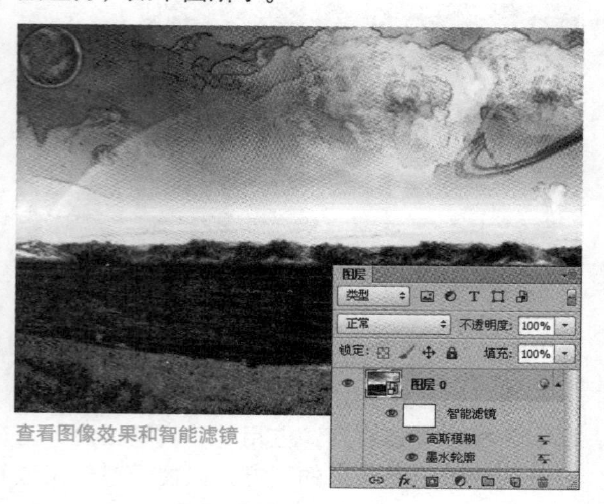

查看图像效果和智能滤镜

06 若此时觉得图像效果还不够理想，可双击“高斯模糊”滤镜层右侧的“双击以编辑滤镜混合选项”按钮，打开“混合选项”对话框，设置混合模式和不透明度后单击“确定”按钮。此时图像效果中的模糊部分与底层图像的混合模式发生变化，图像显得更明亮，如下图所示。

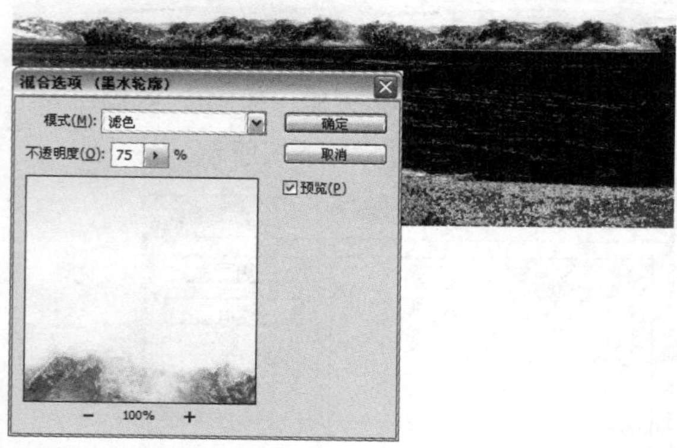

编辑已应用的“高斯模糊”滤镜

07 继续双击“墨水轮廓”滤镜层右侧的“双击以编辑滤镜混合选项”按钮，在弹出的询问对话框中单击“确定”按钮，此时继续打开“混合选项”对话框，设置不透明度后单击“确定”按钮，如下图所示。

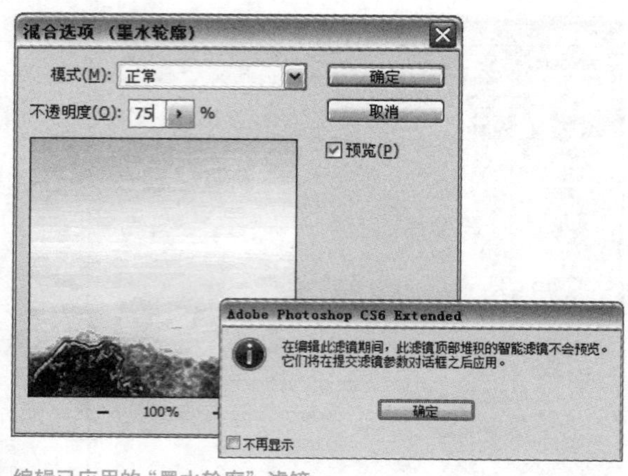

编辑已应用的“墨水轮廓”滤镜

08 此时可以看到通道对已经应用的滤镜效果的编辑，图像效果再次发生了变化，且在“图层”面板中智能滤镜层的下方还是保持两种滤镜未变，如下图所示。

查看图像效果和智能滤镜

13.2.3 编辑智能滤镜蒙版

应用智能滤镜后，在图层下方会出现智能滤镜层，它的功能更像是一个图层组，对图像应用的所有滤镜都出现在智能滤镜层下方。而选择该层后，还可对智能滤镜蒙版进行编辑，编辑该蒙版时，图像应用滤镜区域也会随之发生变化。

实战 智能滤镜蒙版的编辑

01 打开“实例文件\Chapter 13\Media\个性人物.psd”图像文件，此时在“图层”面板中可以看到已应用的滤镜，如下图所示。

打开图像并查看已应用的滤镜

02 在“图层”面板中的智能滤镜层单击选择滤镜效果蒙版缩览图，使其呈双黑线显示，表示选择了该缩览图，如下图所示。

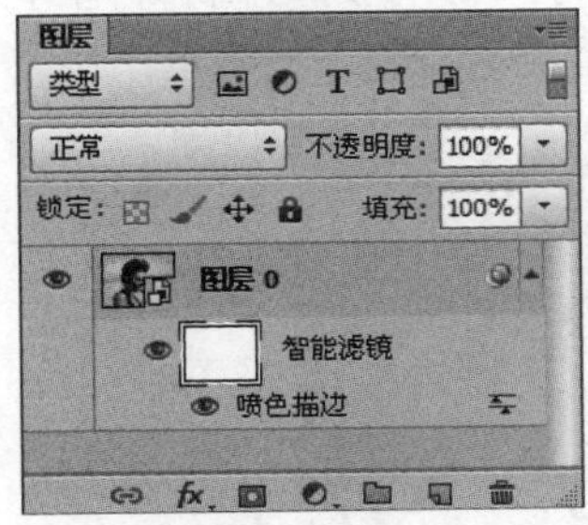

选择蒙版缩览图

03 单击画笔工具，设置颜色为黑色、画笔样式为柔边圆，调整画笔大小，在图像中人物脸部和手部涂抹，此时图像中被涂抹过的图像区域应用的喷色描边效果被除去，还原出人物原有图像的效果，如下图所示。

编辑智能滤镜蒙版

13.3 独立滤镜

在 Photoshop 中独立滤镜自成一体，它不包含任何级联菜单命令，直接选择即可使用。Photoshop CS 版本中提供了“镜头矫正”、“液化”和“消失点”3 种独立滤镜，下面分别对这 3 种独立滤镜进行详细的介绍。

13.3.1 “镜头校正”滤镜

在 Photoshop CS6 中，使用镜头矫正命令能轻松地对图像或照片中的建筑物以及人物进行调整，纠正失真的物体与色彩，使画面效果更真实，其具体操作如下。

执行“滤镜 > 镜头校正”命令，打开“镜头校正”对话框，在“自动校正”选项卡中的“搜索条件”项目栏中可以设置相机的品牌、型号和镜头型号等选项。设置后激活相应选项，此时在“矫正”选项栏中勾选相应的复选框即可校正相应选项。

实战 “镜头校正”滤镜的应用

01 打开“实例文件\Chapter 13\Media\树.jpg”图像文件，由于摄影角度的偏差，不利于照片的观看，如下图所示。

打开图像并查看图像效果

02 执行“滤镜>镜头校正”命令，打开“镜头校正”对话框。在右侧的“自定”选项卡中设置“移去扭曲”和“角度”，预览到较为合适的图像效果后单击“确定”按钮，如下图所示。

设置"镜头校正"滤镜参数

03 此时在图像中可以看到，图像中树的倾斜角度有所改善，得到校正的效果如下图所示。

查看图像效果

13.3.2 "液化"滤镜

"液化"滤镜的原理是使图像以液体形式进行流动变化，在适当的范围内用其他部分的像素图像替代原来的图像像素。"液化"滤镜运用最多的是对照片的修改，使用它可以对图像进行收缩、膨胀、旋转等操作，以帮助用户快速对照片人物进行瘦脸、瘦身。值得注意的是，在使用"液化"滤镜为人物照片瘦脸或瘦身时，不宜拖动太多像素图像，以免过度调整影响视觉效果。

实战 "液化"滤镜的应用

01 打开"实例文件\Chapter 13\Media\人物.jpg"图像文件，执行"滤镜 > 液化"命令，打开"液化"对话框，在其右侧设置相关参数，如下图所示。

设置"液化"滤镜参数

02 单击缩放工具，在预览区单击放大图像，使用画笔在人物左侧脸部单击并向右拖动，修复颧骨部分，然后再对人物下颚和手臂等地方进行拖动，为人物进行瘦身，如下图所示。

液化人物颧骨

03 完成后单击"确定"按钮，此时在图像中可以看到，经过"液化"滤镜的调整，不管是脸部还是手臂都瘦削了，人物显更加纤细，如下图所示。

查看图像效果

13.3.3 “消失点”滤镜

使用“消失点”滤镜可以在选定的图像区域内进行复制、粘贴图像等操作，操作对象会根据选定区域内的透视关系进行自动调整，以适配透视效果，多用于置换画册、宣传单以及CD盒封面等图像的制作中。

实战 “消失点”滤镜的应用

01 打开“实例文件\Chapter 13\Media\海报.jpg”图像文件，按下快捷键Ctrl+A全选图像，并按下快捷键Ctrl+C对选中图像进行复制，如下图所示。

打开图像并复制选区

02 再打开“实例文件\Chapter 13\Media\杂志.jpg”图像文件，执行“滤镜 > 消失点”命令，打开“消失点”对话框，然后单击选择创建平面工具，在杂志图像右侧平面上单击确定4个点，此时将自动创建出网格平面，如下图所示。

创建平面

03 按下快捷键Ctrl+V，将复制的海报图像粘贴到该对话框中，并拖动鼠标将图像拖曳到平面中，当靠近创建平面时软件自动将图像吸附到平面中，如下图所示。

移动图像

04 在“消失点”对话框中单击变换工具，在图像边缘出现控制框，拖动控制框适当缩小图像效果，使其和杂志大小相近，如下图所示。

调整图像位置

05 在“消失点”对话框中单击“确定”按钮，可以看到杂志右侧的图像被新建平面中的图像覆盖，同时覆盖区域自动应用了一定的透视效果，使替换效果在视觉上更统一，如下图所示。

查看图像效果

13.3.4 “自适应广角”滤镜

自适应广角滤镜是 Photoshop CS6 新增的一个拥有独立界面、独立处理过程的滤镜，使用它可以帮助用户轻松纠正超广角镜头拍摄图像的扭曲程度，例如常见的“地平线”修正。

实战 “自适应广角”滤镜的应用

01 打开“实例文件\Chapter 13\Media\金字塔.jpg”图像文件，由于镜头广角畸变使画面扭曲，影响照片效果，如下图所示。

打开图像

02 执行“滤镜 > 自适应广角”命令，打开“自适应广角”对话框。在左侧的工具栏中单击“约束工具”，在水平面上拖动一条直线，适当调整缩放比例，预览到较为合适的图像效果后单击“确定”按钮，如下图所示。

设置“自适应广角”滤镜参数

03 此时在图像中可以看到，图像中的镜头扭曲有所改善，得到校正后的效果如下图所示。

查看图像效果

13.4 认识滤镜库

滤镜库将 Photoshop 提供的滤镜大致进行了归类划分，将常用且较为典型的滤镜收录其中。使用滤镜库可以同时运用多种滤镜，还可以对图像效果进行实时预览，在很大程度上提高了图像处理的灵活性。下面就来认识一下滤镜库。

13.4.1 认识滤镜库界面

在 Photoshop 的滤镜库中收罗了“风格化”、“画笔描边”、“扭曲”、“素描”、“纹理”和“艺术效果”等 6 组滤镜。执行“滤镜 > 滤镜库”命令，打开“滤镜库”对话框，即可看到滤镜库界面，下面对其选项进行介绍。

“滤镜库”界面

❶ **预览框**：可预览图像的变化效果，单击底部的⊟或⊞按钮，可缩小或放大预览框中的图像。

❷ **滤镜面板**：在该区域中显示了“风格化”、“画笔描边”、“扭曲”、“素描”、“纹理”和“艺术效果”这6组滤镜。单击每组滤镜前面的三角形图标▶，即可展开该滤镜组，可看到该组中所包含的具体滤镜，再次单击▼图标则可折叠隐藏滤镜。

❸ **按钮**：单击该按钮可隐藏或者显示“滤镜”面板。

❹ **参数设置区**：在该区域中可设置当前所应用滤镜的各种参数值和选项。

13.4.2 编辑滤镜列表

滤镜列表位于滤镜库界面右下角，用于显示对图像使用过的滤镜，起到查看滤镜效果的作用。

添加多个滤镜的列表

默认情况下单击选择的当前滤镜会自动出现在滤镜列表中，当前选择的滤镜效果图层呈灰底显示。如需对图像应用多种滤镜，则需单击“新建效果图层”按钮，此时创建的是与当前滤镜相同的效果图层，单击需要执行的其他滤镜即可将其添加到列表中。同样的，如果对添加的滤镜效果不满意，则可单击“删除效果图层”按钮，将该滤镜效果删除。

13.5“风格化”滤镜组

滤镜组是将功能类似的滤镜归类编组，“风格化”滤镜组中的滤镜主要通过置换像素并且查找和提高图像中的对比度，产生一种绘画或印象派艺术效果。

13.5.1 认识“风格化”滤镜组

“风格化”滤镜组包括了“查找边缘”、“等高线”、“风”、“浮雕效果”、“扩散”、“拼贴”、“曝光过度”、“凸出”和“照亮边缘”等9种滤镜。

值得注意的是，“风格化”滤镜组中只有“照亮边缘”滤镜收录在滤镜库中，而其他滤镜则可通过执行“滤镜 > 风格化”命令，在级联菜单中选择实现。下面分别对这些滤镜的原理进行介绍，同时对执行相应滤镜命令后的图像效果进行展示，起到一种速查的作用。

❶ **查找边缘**：该滤镜能查找图像中主色块颜色变化的区域，并将查找到的边缘轮廓描边，使图像看起来像用笔刷勾勒的轮廓。

❷ **等高线**：该滤镜可以沿图像亮部区域和暗部区域的边界绘制颜色比较浅的线条效果。执行完“等高线”滤镜后，计算机会把当前文件图像以线条的形式显现。

❸ **风**：该滤镜可以将图像的边缘进行位移创建出水平线，从而模拟风的动感效果，是制作纹理或为文字添加阴影效果时常用的滤镜工具，在其对话框中可以设置风吹效果样式以及风吹方向。

原图

应用“查找边缘”滤镜

应用“等高线”滤镜

应用“风”滤镜

④ **浮雕效果**：该滤镜能通过勾画图像的轮廓和降低周围色值来产生灰色的浮凸效果。执行该滤镜命令后图像会自动变为深灰色，为图像制作凸出的视觉效果。

⑤ **扩散**：该滤镜通过随机移动像素或明暗互换，使处理后的图像看起来更像是透过磨砂玻璃观察的模糊效果。

⑥ **拼贴**：该滤镜会根据参数设置对话框中设定的值将图像分成小块，使图像看起来像是由许多画在瓷砖上的小图像拼成的效果。

⑦ **曝光过度**：该滤镜能产生图像正片和负片混合的效果，类似摄影中的底片曝光。

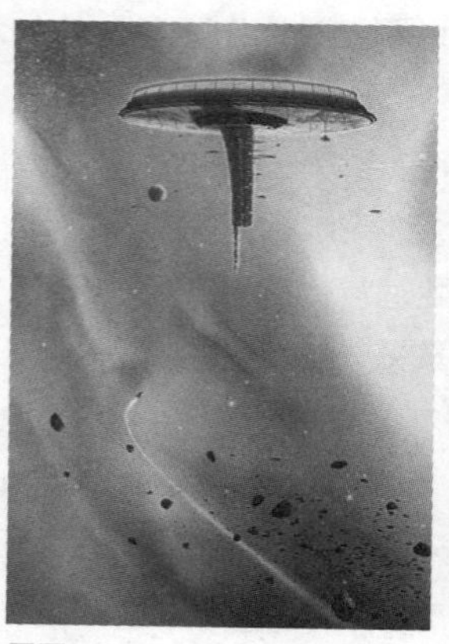

原图

应用“浮雕效果”滤镜

应用“扩散”滤镜

应用“拼贴”滤镜

⑧ **凸出**：该滤镜根据设置的不同选项，为选区或整个图层上的图像制作一系列块状或金字塔的三维纹理，比较适用于制作刺绣或编织工艺所用的一些图案。

⑨ **照亮边缘**：该滤镜可以使图像产生比较明亮的轮廓线，形成类似霓虹灯的亮光效果。

应用“凸出”滤镜

应用“照亮边缘”滤镜

13.5.2 应用“风”滤镜

“风”滤镜是“风格化”滤镜组中较为典型的滤镜命令，它可以单独使用，也可以与其他滤镜结合使用，为图像带来不同的视觉效果。

实战 “风”滤镜的应用

01 打开“实例文件\Chapter 13\Media\车.png”图像文件，单击磁性套索工具，在图像中沿车边缘单击并拖动绘制选区，如下图所示。

打开图像并创建选区

02 按下快捷键Ctrl+Shit+I反选选区，并执行“滤镜 > 模糊 > 动感模糊”命令，在“动感模糊”对话框中设置参数后单击“确定”按钮，如下图所示。

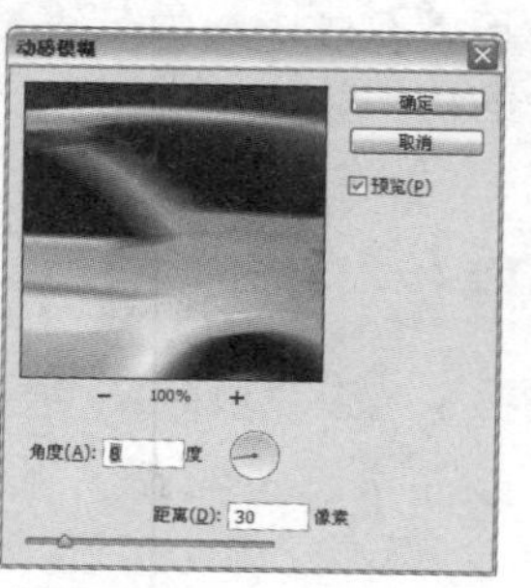

应用“动感模糊”滤镜

03 此时在图像中可以看到，背景图像产生了一种运动带来的模糊效果，这是为车的运动效果进行铺垫调整，如下图所示。

查看“动感模糊”滤镜效果

04 继续按下快捷键Ctrl+Shit+I反选选区，将车图像选中后执行“滤镜>风格化>风”命令，打开“风”对话框，单击相应的单选按钮后单击“确定”按钮，如下图所示。

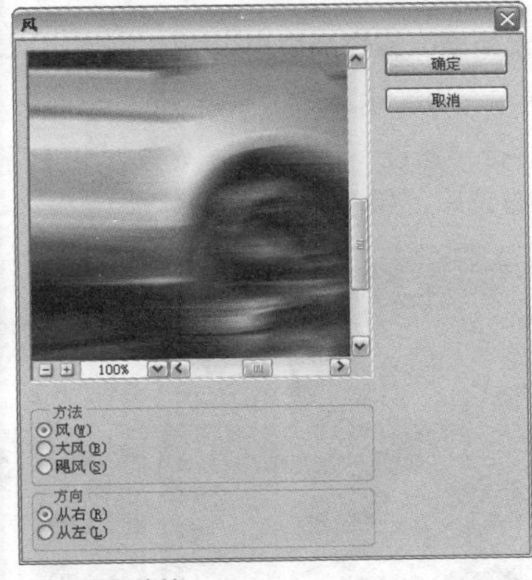

应用“风”滤镜

05 此时产生的线条效果还不是很明显，按下快捷键Ctrl+F再次使用“风”滤镜，加强效果后按下快捷键Ctrl+D取消选区，如下图所示。

加强滤镜效果

13.6 “画笔描边”滤镜组

使用“画笔描边”滤镜组中的滤镜可以模拟出不同画笔或油墨笔刷勾画图像的效果，使图像产生各种绘画效果。

13.6.1 认识“画笔描边”滤镜组

“画笔描边”滤镜组包括了“成角的线条”、“墨水轮廓”、“喷溅”、“喷色描边”、“强化的边缘”、“深色线条”、“烟灰墨”和“阴影线”等8种滤镜，全部收录在滤镜库中。下面分别对这些滤镜的原理进行介绍，同时对滤镜效果进行展示，若效果相似的滤镜，则仅挑选其中一些进行图像展示。

1. **成角的线条**：该滤镜可以产生斜笔画风格的图像，类似于使用画笔按某一角度在画布上用油画颜料所涂画出的斜线，线条修长、笔触锋利，也被称为倾斜线条滤镜。
2. **墨水轮廓**：该滤镜可在图像的颜色边界处模拟油墨绘制图像轮廓的风格，从而产生钢笔油墨风格效果。
3. **喷溅**：该滤镜可以使图像产生一种按一定方向喷洒水花的效果，画面看起来有如被雨水冲刷过一样。在相应的对话框中可设置喷溅的范围、喷溅效果的轻重程度。
4. **喷色描边**：“喷色描边”滤镜和“喷溅”滤镜效果相似，可以产生如同在画面上喷洒水后形成的效果，或有一种被雨水打湿的视觉效果，不同的是它还能产生斜纹飞溅效果。

原图

应用“成角的线条”滤镜

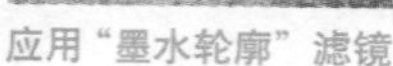
应用“墨水轮廓”滤镜

应用“喷溅”滤镜

❺ **强化的边缘**：该滤镜可以对图像的边缘进行强化处理。设置高的边缘亮度控制值时，强化效果类似白色粉笔；设置低的边缘亮度控制值时，强化效果类似黑色油墨。

❻ **深色线条**：该滤镜通过使用短而密的线条来绘制图像中的深色区域，使用长而白的线条来绘制图像中颜色较浅的区域，从而产生一种很强的黑色阴影效果。

❼ **烟灰墨**：该滤镜可以通过计算图像中像素值的分布，对图像进行概括性的描述，进而产生用饱含黑色墨水的画笔在宣纸上进行绘画的效果。它能使带有文字的图像产生更特别的效果，也被称为书法滤镜。

❽ **阴影线**：该滤镜可以产生具有十字交叉线网格风格的图像，如同在粗糙的画布上使用笔刷画出十字交叉线时所产生的效果，给人一种随意编制的感觉。

原图

应用“深色线条”滤镜

应用“烟灰墨”滤镜

用“阴影线”滤镜

13.6.2 应用“墨水轮廓”滤镜

“墨水轮廓”滤镜是“画笔描边”滤镜组中较为典型的滤镜，该滤镜又被称为“彩色速写”滤镜。其“线条长度”选项调整的是当前文件图像油墨概况线长的长度。“墨水轮廓”滤镜常用于制作钢笔淡彩画效果。

实战 “墨水轮廓”滤镜的应用

01 打开“实例文件\Chapter 13\Media\ 鸟.jpg”图像文件，执行“滤镜 > 画笔描边 > 墨水轮廓”命令，打开滤镜库，如下图所示。

打开图像并执行“墨水轮廓”滤镜命令

02 在打开的对话框中单击左下角的⊟按钮，将图像缩小，并在右侧参数设置区中拖动滑块设置“描边长度”、“深色强度”以及“光照强度”的参数。此时在预览区中图像效果由于参数的变化而发生了变化，在确认调整效果后单击“确定”按钮，如下图所示。

应用"墨水轮廓"滤镜

03 此时在图像中可以看到，图像呈现出一种类似钢笔绘制的淡彩画效果，如下图所示。

查看滤镜效果

04 按下快捷键 Ctrl+J 复制得到"图层 1"，并设置该图层的混合模式为"叠加"，"不透明度"为 50%，加强钢笔画的明亮度，如下图所示。

设置图像混合模式和"不透明度"

13.7 "模糊"滤镜组

"模糊"滤镜组中的滤镜多用于不同程度地减少相邻像素间颜色差异的图像，使该图像产生柔和、模糊的效果。

13.7.1 认识"模糊"滤镜组

"模糊"滤镜组中包括了"场景模糊"、"光圈模糊"、"倾斜模糊"、"表面模糊"、"动感模糊"、"方框模糊"、"高斯模糊"、"进一步模糊"、"径向模糊"、"镜头模糊"、"模糊"、"平均"、"特殊模糊"和"形状模糊"等 14 种滤镜。使用时只需执行"滤镜 > 模糊"命令，在弹出的级联菜单中选择相应的滤镜命令即可。下面分别对这些滤镜的原理进行介绍，并对一些典型滤镜进行图像效果展示。

① **场景模糊**：该滤镜通过在画面单击创建定点，并分别调整定点的模糊强度来调整画面的最终效果。

② **光圈模糊**：该滤镜对指定区域外的范围进行模糊处理，并通过调整区域的形状和大小及区域外的模糊程度，制作出具有光圈模糊的效果。

③ **倾斜模糊**：该滤镜对边缘以外的区域进行模糊，在操作的时候可以调整模糊区域的角度和中心位置。倾斜模糊是把当前图像的图像沿着倾斜的角度沿发射状进行拉伸。

④ **表面模糊**：该滤镜对边缘以内的区域进行模糊，在模糊图像时可保留图像边缘，用于创建特殊效果以及去除杂点和颗粒，从而产生清晰边界的模糊效果。

原图

应用"表面模糊"滤镜

⑤ **动感模糊**：该滤镜模仿拍摄运动物体的手法，通过使像素进行某一方向上的线性位移来产生运动模糊效果。动感模糊是把当前图像的像素向两侧拉伸，在对话框中可以对角度及拉伸的距离进行调整。

⑥ **方框模糊**：该滤镜以邻近像素颜色平均值为基准模糊图像。

⑦ **高斯模糊**：该滤镜可根据数值快速地模糊图像，产生很好的朦胧效果。

⑧ **进一步模糊**：与“模糊”滤镜产生的效果一样，但效果强度会增加到3～4倍。

⑨ **径向模糊**：该滤镜可以产生具有辐射性的模糊效果，模拟相机前后移动或是旋转产生的模糊效果。

应用“高斯模糊”滤镜

应用“径向模糊”滤镜

⑩ **镜头模糊**：该滤镜可以模仿镜头的景深效果，对图像的部分区域进行模糊。

⑪ **模糊**：该滤镜可以使图像变得模糊一些，能够去除图像中明显的边缘或非常轻度的柔和边缘，如同在照相机的镜头前加入柔光镜所产生的效果。

⑫ **平均**：该滤镜可找出图像或选区的平均颜色，然后用该颜色填充图像或选区以创建平滑的外观。

⑬ **特殊模糊**：该滤镜能找出图像的边缘并对边界线以内的区域进行模糊处理。它的好处是在模糊图像的同时仍使图像具有清晰的边界，有助于去除图像色调中的颗粒、杂色，从而产生一种边界清晰而中心模糊的效果。

⑭ **形状模糊**：该滤镜使用指定的形状作为模糊中心进行模糊。

原图

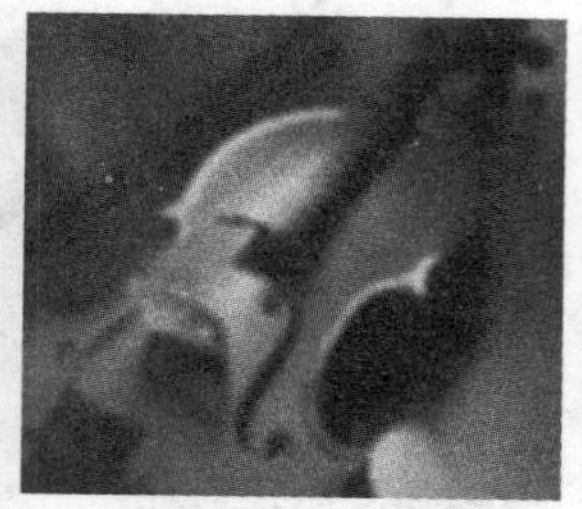
应用“高斯模糊”滤镜

应用“特殊模糊”滤镜

应用“形状模糊”滤镜

13.7.2 应用“高斯模糊”滤镜

“高斯模糊”滤镜是“模糊”滤镜组中较为典型的滤镜，执行“图像＞模糊＞高斯模糊”命令后会弹出参数设置对话框，在其中可以拖动滑块来对当前图像模糊的程度进行调整，常用于制作模拟相机景深的效果。

实战 “高斯模糊”滤镜的应用

01 打开“实例文件\Chapter 13\Media\百合. jpg”图像文件，单击磁性套索工具，沿百合花边缘绘制选区，如下图所示。

打开图像并绘制选区

02 按下快捷键 Ctrl+Shit+I 反选选区，执行“滤镜 ＞ 模糊 ＞ 高斯模糊”命令，打开“高斯模糊”对话框，设置模糊“半径”后单击“确定”按钮，如下图所示。

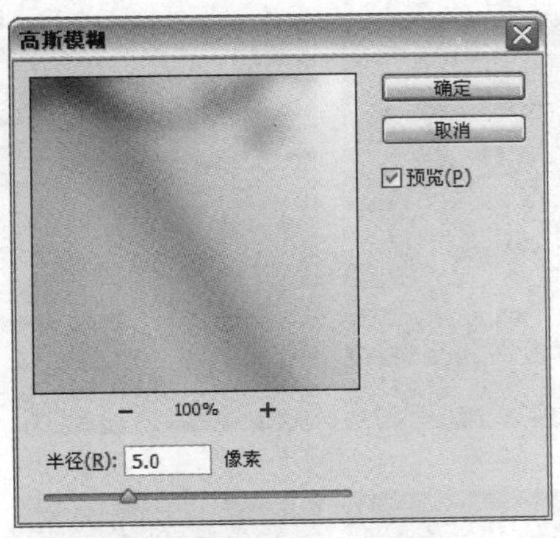

应用“高斯模糊”滤镜

03 此时在图像中可以看到，百合花下的书籍部分图像添加了朦胧效果，如下图所示。

查看滤镜效果

04 按下快捷键 Ctrl+J 复制得到“图层 1”，设置该图层的混合模式为“叠加”、“不透明度”为 50%，加强图像亮度，让百合花白色的边缘出现一层亮度感的朦胧光线效果，如下图所示。

设置图像混合模式和“不透明度”

13.8 “扭曲”滤镜组

“扭曲”滤镜组中的滤镜主要用于对平面图像进行扭曲，使其产生旋转、挤压和水波等变形效果。

13.8.1 认识“扭曲”滤镜组

“扭曲”滤镜组包括了“波浪”、“波纹”、“玻璃”、“海洋波纹”、“极坐标”、“挤压”、“扩散亮光”、“切变”、“球面化”、“水波”、“旋转扭曲”和“置换”等 13 种滤镜，仅“玻璃”、“海洋波纹”和“扩散亮光”收录在库中。这些滤镜运行时会占用较多的内存空间，下面分别对这些滤镜的原理进行介绍，并对一些典型滤镜进行图像效果展示。

❶ **波浪**：该滤镜可以根据设定的波长和波幅产生波浪效果。

❷ **波纹**：该滤镜可以根据参数设定产生不同的波纹效果。

原图

应用波浪滤镜

❸ **玻璃**：该滤镜能够模拟透过玻璃观看图像的效果。

❹ **海洋波纹**：该滤镜为图像表面增加随机间隔的波纹，使图像产生类似海洋表面的波纹效果，有“波纹大小”和“波纹幅度”两个参数值。

❺ **极坐标**：该滤镜可以将图像从直角坐标系转化成极坐标系，或从极坐标系转化为直角坐标系，产生极端变形效果。

❻ **挤压**：该滤镜可以使全部图像或选区图像产生向外或向内挤压的变形效果。

原图

应用“海洋波纹”滤镜

应用“极坐标”滤镜

应用“挤压”滤镜

⑦ **扩散亮光**：该滤镜能使图像产生光热弥漫的效果，常用于表现强烈光线和烟雾效果，也被人称为漫射灯光滤镜。

⑧ **切变**：该滤镜能根据用户在对话框中设置的垂直曲线，来使图像发生扭曲变形。

⑨ **球面化**：该滤镜能使图像区域膨胀，形成类似将图像贴在球体或圆柱体表面的效果。

⑩ **水波**：该滤镜可模仿水面上产生的波纹和旋转效果。值得注意的是，在“样式”下拉列表中可对样式进行设置，使水波呈现出不同的效果。

⑪ **旋转扭曲**：该滤镜可使图像产生类似于风轮旋转的效果，甚至可以产生将图像置于一个大旋涡中心的螺旋扭曲效果。

⑫ **置换**：该滤镜可使图像产生移位效果，移位的方向不仅跟参数设置有关，还跟位移图有密切关系。如果置换图的大小与选区大小相同，则选择置换图适合图像的方式。选择“伸展以适合”调整置换图大小，选择“拼贴”通过在图案中重复置换图案填充选区。

原图

应用“切变”滤镜

应用“水波”滤镜

应用“旋转扭曲”滤镜

13.8.2 应用“旋转扭曲”滤镜

“旋转扭曲”滤镜是“扭曲”滤镜组中较为典型的滤镜，使用该滤镜能旋转图像，常用于快速制作带有弧度的线条效果。

实战 “旋转扭曲”滤镜的应用

01 打开“实例文件\Chapter 13\Media\小广告.psd”图像文件，单击画笔工具，设置画笔样式为柔边圆，颜色为蓝色（R72、G173、B183），并调整画笔大小和硬度，如下图所示。

打开图像并设置工具选项

02 在图像中单击绘制一个蓝色的圆点，并按下快捷键 Ctrl+T，显示自由变换控制框，如下图所示。保持水平位置不动，在垂直方向上将蓝色圆点压成扁平状。

绘制图像并调整图像

03 按下 Enter 键确认变换，此时圆形变为一条横线效果，如下图所示。

确认图像变换

04 执行“滤镜 > 扭曲 > 旋转扭曲”命令，打开“旋转扭曲”对话框，调整角度后单击“确定”按钮，如下图所示。

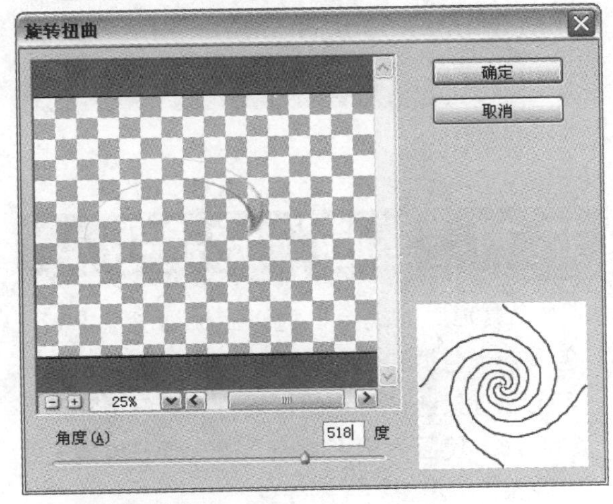

应用“旋转扭曲”滤镜

05 使用移动工具调整旋转后成为曲线的浅蓝色线条，如下图所示。

移动图像

13.9 “锐化”滤镜组

“锐化”滤镜组中的滤镜主要是通过增强图像相邻像素间的对比度，使图像轮廓分明、纹理清晰，从而减弱图像的模糊程度。

“锐化”滤镜组的效果与“模糊”滤镜组的效果正好相反。该滤镜组提供了“USM 锐化”、“锐化”、“进一步锐化”、“锐化边缘”、“智能锐化”等 5 种滤镜，下面分别进行介绍，并对常用滤镜进行效果展示。

1. **USM锐化**：该滤镜是通过锐化图像的轮廓，使图像的不同颜色之间生成明显的分界线，从而达到图像清晰化的目的。该滤镜有参数设置对话框，用户可以在其中设定锐化的程度。
2. **锐化**：该滤镜可以增加图像像素之间的对比度，使图像清晰化。
3. **进一步锐化**：该滤镜和“锐化”滤镜作用相似，只是锐化效果更加强烈。
4. **锐化边缘**：该滤镜同“USM锐化”滤镜类似，但它没有参数设置对话框，且只对图像中具有明显反差的边缘进行锐化处理，如果反差较小，则不会锐化处理。
5. **智能锐化**：该滤镜可设置锐化算法，或控制在阴影和高光区域中进行的锐化量，从而获得更好的边缘检测并减少锐化晕圈，是一种高级锐化方法。可分别单击“基本”和“高级”单选按钮，以扩充参数设置范围。

原图

应用"USM 锐化"滤镜

应用"进一步锐化"滤镜

应用"智能锐化"滤镜

13.10 "视频"滤镜组

"视频"滤镜组较为特殊，其中的滤镜较少，主要作用是用于将视频图像和普通图像进行转换，相对其他滤镜来说使用不频繁。

13.10.1 认识"视频"滤镜组

"视频"滤镜组中包括"NTSC 颜色"和"逐行"两种滤镜，使用这两种滤镜可以将视频图像和普通图像进行相互转换。

❶ **NTSC颜色**：使用该滤镜可以将图像颜色限制在电视机重现可接受的范围之内，以防止过度饱和颜色渗透到电视扫描行中。其原理是通过消除普通视频显示器上不能显示的非法颜色，使图像可被电视正确显示。

❷ **逐行**：该滤镜是通过移去视频图像中的奇数或偶数隔行线，使在视频上捕捉的运动图像变得平滑。

13.10.2 应用"逐行"滤镜

"NTSC 颜色"滤镜没有参数设置对话框，可直接进行颜色的转换，而"逐行"滤镜有参数设置对话框，可对其奇数或偶数进行设置。

实战 "逐行"滤镜的应用

01 打开"实例文件\Chapter 13\Media\彩色.jpg"图像文件，如下图所示。

打开图像

02 执行"滤镜 > 视频 > 逐行"命令，打开"逐行"对话框，分别单击相应的单选按钮，完成后单击"确定"按钮即可将视频图像转换为普通的图像，并使其更加平滑，如下图所示。

应用"逐行"滤镜

13.11 "素描"滤镜组

"素描"滤镜组中的滤镜根据图像中高色调、半色调和低色调的分布情况，使用前景色和背景色按特定的运算方式进行填充添加纹理，使图像产生素描、速写及三维的艺术效果。

13.11.1 认识“素描”滤镜组

“素描”滤镜组包括了“半调图案”、“便条纸”、“粉笔和炭笔”、“铬黄”、“绘图笔”、“基底凸现”、“水彩画纸”、“撕边”、“石膏效果”、“炭笔”、“炭精笔”、“图章”、“网状”和“影印”等14种滤镜，且全部收录在滤镜库中。下面分别对这些滤镜的原理进行介绍，并对一些典型滤镜进行图像效果展示。

❶ **半调图案**：该滤镜可以使用前景色和背景色将图像以网点效果显示。

❷ **便条纸**：该滤镜可以使图像以当前的前景色和背景色混合产生凹凸不平的草纸画效果，其中前景色作为凹陷部分，而背景色作为凸出部分。

❸ **粉笔和炭笔**：该滤镜可以重绘高光和中间调，并使用粗糙粉笔绘制纯中间调的灰色背景。阴影区域使用黑色对角炭笔线条替换。炭笔使用前景色绘制，粉笔使用背景色绘制。

原图

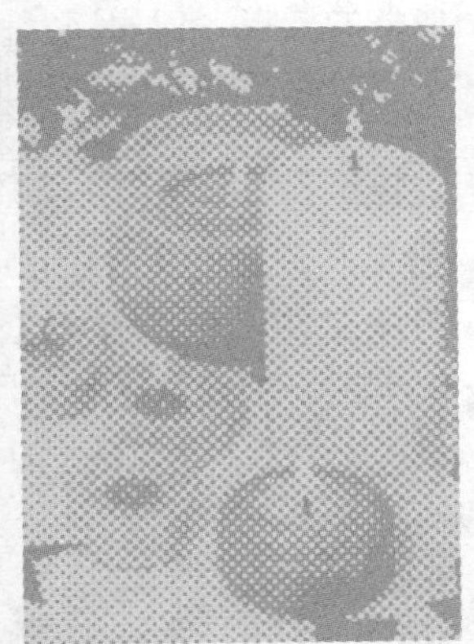

应用“半调图案”滤镜

应用“便条纸”滤镜

应用“粉笔和炭笔”滤镜

❹ **铬黄**：该滤镜模拟液态金属效果。使用后图像的颜色将失去，只存在黑灰两种颜色，但表面会根据图像显示出铬黄纹理。

❺ **绘图笔**：该滤镜将以前景色和背景色生成钢笔画素描效果，图像中没有轮廓，只有变化的笔触效果。

❻ **基底凸现**：该滤镜主要用来模拟粗糙的浮雕效果，并用光线照射强调表面变化的效果。图像的暗色区域使用前景色，而浅色区域则使用背景色。

❼ **石膏效果**：该滤镜的原理是通过立体石膏复制图像，然后使用前景色和主背景色为图像上色。较暗区域上升，较亮区域下沉。

原图

应用“铬黄”滤镜

应用“基底凸现”滤镜

应用“石膏效果”滤镜

❽ **水彩画纸**：该滤镜产生在潮湿纤维上绘制的效果，颜色溢出、混合产生渗透的效果。

❾ **撕边**：该滤镜重新组织图像为被撕碎的纸片效果，然后使用前景色和背景色为图片上色，比较适合对比度高的图像。

⑩ **炭笔**：该滤镜可以使图像产生炭精画的效果，图像中主要的边缘使用粗线绘画，中间色调使用对角细线条素描。前景色代表笔触的颜色，背景色代表纸张的颜色。

⑪ **炭精笔**：该滤镜模拟使用炭精笔在纸上绘画的效果。

⑫ **图章**：该滤镜使图像简化、突出主体，看起来像是用橡皮或木制图章盖上去的效果，一般用于黑白图像。

原图

应用“水彩画纸”滤镜

应用“撕边”滤镜

应用“炭笔”滤镜

应用“炭精笔”滤镜

应用“图章”滤镜

⑬ **网状**：该滤镜使用前景色和背景色填充图像，在图像中产生一种网眼覆盖的效果。同时模仿胶片感光乳剂的受控收缩和扭曲的效果，使图像的暗色调区域好像被结块，高光区域好像被轻微颗粒化。

⑭ **影印**：该滤镜使图像产生类似印刷中影印的效果。使用“影印”滤镜之后会把之前的色彩去掉，当前图像只存在棕色。

应用“网状”滤镜

应用“影印”滤镜

13.11.2 应用“半调图案”滤镜

“半调图案”滤镜是“素描”滤镜组中较为典型的滤镜，使用该滤镜结合选区能快速制作出不同效果不同颜色的半调图案。

实战 “半调图案”滤镜的应用

01 打开“实例文件\Chapter 13\Media\山村.jpg”图像文件，单击魔棒工具，在图像出白色区域单击，创建选区，如下图所示。

打开图像并创建选区

02 按下快捷键Ctrl+Shit+I反选选区，按下D键还原默认的前景色和背景色。执行“滤镜>素描>半调图案”命令，在打开的对话框中设置参数，完成后单击“确定”按钮。此时可以看到，选择区域中以黑白色图像圆点覆盖图像，显示图像效果如下图所示。

应用“半调图案”滤镜

03 继续按下快捷键Ctrl+Shit+I反选选区，将天空部分选中，并设置前景色为灰色（R181、G198、B208），背景色为蓝色（R224、G248、B250）。按下快捷键Ctrl+F,再次执行“半调图案”滤镜，此时天空部分被灰色和蓝色的圆点填充，如下图所示。

继续应用“半调图案”滤镜

13.12 “纹理”滤镜组

“纹理”滤镜组中的滤镜主要用于生成具有纹理效果的图案，使图像具有质感。该滤镜在空白画面上也可以直接工作，并能生成相应的纹理图案。使用“纹理”滤镜组中的滤镜可以使图像产生深度感和材质感。

13.12.1 认识“纹理”滤镜组

“纹理”滤镜组包括了“龟裂缝”、“颗粒”、“马赛克拼贴”、“拼缀图”、“染色玻璃”和“纹理化”等6种滤镜，且全部收录在滤镜库中。下面分别对这些滤镜的原理进行介绍，并对一些典型滤镜进行图像效果展示。

❶ **龟裂缝**：该滤镜可以使图像产生龟裂纹理，从而制作出具有浮雕样式的立体图像效果。

❷ **颗粒**：该滤镜可以在图像中随机加入不规则的颗粒来产生颗粒纹理效果。

❸ **马赛克拼贴**：该滤镜用于产生类似马赛克拼成的图像效果，它制作出的是位置均匀分布但形状不规则的马赛克。

❹ **拼缀图**：该滤镜在“马赛克拼贴”滤镜的基础上增加了一些立体感，使图像产生一种类似于建筑物上使用瓷砖拼成图像的效果。

原图

应用“龟裂缝”滤镜

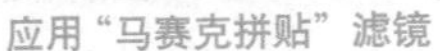

应用“马赛克拼贴”滤镜

应用“拼缀图”滤镜

❺ **染色玻璃**：该滤镜可以将图像分割成不规则的多边形色块，然后使用前景色勾画其轮廓，产生一种视觉上的彩色玻璃效果。

❻ **纹理化**：该滤镜可以向图像中添加不同的纹理，使图像看起来富有质感。非常适用于处理含有文字的图像，从而使文字呈现比较丰富的特殊效果。

应用"染色玻璃"滤镜

应用"纹理化"滤镜

13.12.2 应用"拼缀图"滤镜

使用"拼缀图"滤镜能快速为图像添加带有一定立体效果的拼贴效果。

实战 "拼缀图"滤镜的应用

01 打开"实例文件\Chapter 13\Media\红茶.jpg"图像文件，单击磁性套索工具，沿图像中杯子的边缘绘制选区，如下图所示。

打开图像并绘制选区

02 按下快捷键Shift+F6，打开"羽化选区"对话框，设置"羽化半径"后单击"确定"按钮羽化选区，并按下快捷键Ctrl+Shit+I反选选区，如下图所示。

羽化选区并反选选区

03 执行"滤镜 > 纹理 > 拼缀图"命令，设置参数后单击"确定"按钮。此时可以看到，选区中的图像形成了一种方块拼贴效果，如下图所示。

应用"拼缀图"滤镜

04 按下快捷键Ctrl+Shit+I反选选区，执行"滤镜>纹理>纹理化"命令，设置参数后单击"确定"按钮并取消选区，此时可以看到，图像中形成了多种纹理效果，如下图所示。

应用"纹理化"滤镜

13.13 "像素化"滤镜组

"像素化"滤镜组中的多数滤镜是通过将图像中相似颜色值的像素转化成单元格的方法，使图像分块或平面化，从而将图像分解成肉眼可见的像素颗粒，如方形、点状等。视觉上像是图像被转换成由不同色块组成的图像。

13.13.1 认识"像素化"滤镜组

"像素化"滤镜组提供了"彩块化"、"彩色半调"、"点状化"、"晶格化"、"马赛克"、"碎片"和"铜版雕刻"等7种滤镜。这些滤镜都没有收录在滤镜库中，下面分别对这些滤镜的原理进行介绍，并对一些典型滤镜进行图像效果展示。

❶ **彩块化**：该滤镜使图像中的纯色或相似颜色凝结为彩色块，从而产生类似宝石刻画般的效果，该滤镜没有参数设置对话框。

❷ **彩色半调**：该滤镜可以将图像中的每种颜色分离，将一幅连续色调的图像转变为半色调的图像，使图像看起来类似彩色报纸印刷效果或铜版化效果。

❸ **点状化**：该滤镜在图像中随机产生彩色斑点，点与点间的空隙使用背景色填充，从而产生一种点画派作品效果。

❹ **晶格化**：该滤镜可以将图像中颜色相近的像素集中到一个多边形网格中，从而把图像分割成许多个多边形的小色块，产生晶格化的效果，也被称为"水晶折射"滤镜。

原图

应用"彩色半调"滤镜

应用"点状化"滤镜

应用"晶格化"滤镜

❺ **马赛克**：该滤镜可将图像分解成许多规则排列的小方块，实现图像的网格化，每个网格中的像素均使用本网格内的平均颜色填充，从而产生类似马赛克般的效果。

❻ **碎片**：该滤镜将图像的像素复制4遍，然后将它们平均位移并降低是不透明度，从而形成一种不聚焦的重视效果，该滤镜没有参数设置对话框。

❼ **铜版雕刻**：该滤镜能够使用指定的点、线条和笔画重画图像，产生版刻画的效果。

应用"马赛克"滤镜

应用"铜版雕刻"滤镜

13.13.2 应用"马赛克"滤镜

使用"像素化"滤镜组中的滤镜能适度变形图像的像素，重新构成新的图像效果，"马赛克"滤镜一般用于在图像上制作朦胧的空间效果。

实战 "马赛克"滤镜的应用

01 打开"实例文件\Chapter 13\Media\吉他人物.jpg"图像文件，单击魔棒工具，在图像灰色区域连续单击创建选区，如下图所示。

打开图像并创建选区

02 执行“滤镜 > 像素化 > 马赛克”命令，设置单元格的大小，单元格参数值越大，显示的马赛克效果也越大，完成后单击“确定”按钮，如下图所示。

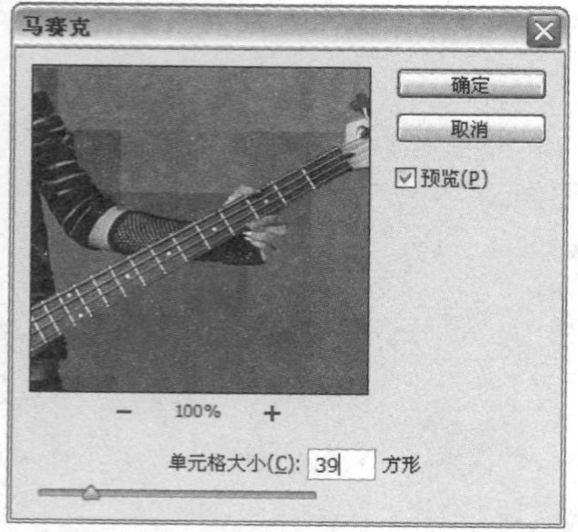

应用“马赛克”滤镜

03 取消选区后可以看到，为单调的背景添加了一定的马赛克效果，如下图所示。

查看滤镜效果

13.14 “渲染”滤镜组

“渲染”滤镜组中的滤镜不同程度地使图像产生三维造型效果或光线照射效果，从而为图像添加特殊的光线，如云彩、镜头折光等。

13.14.1 认识“渲染”滤镜组

“渲染”滤镜组为用户提供了“云彩”、“分层云彩”、“光照效果”、“镜头光晕”和“纤维”等5种滤镜，这些滤镜都没有收录在滤镜库中。下面分别对这些滤镜的原理进行介绍，并对其进行图像效果展示。

❶ **分层云彩**：该滤镜可以使用前景色和背景色对图像中的原有像素进行差异运算，产生的图像与云彩背景混合并反白的效果。

❷ **光照效果**：该滤镜包括17种不同的光照风格、3种光照类型和4组光照属性，可以在RGB图像上制作出各种光照效果，也可加入新的纹理及浮雕效果，使平面图像产生三维立体的效果。

❸ **镜头光晕**：该滤镜通过使用不同类型的镜头，为图像添加模拟镜头产生的眩光效果，这是摄影技术中一种典型的光晕效果处理方法。

原图

应用“分层云彩”滤镜

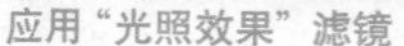

应用“光照效果”滤镜

应用“镜头光晕”滤镜

❹ **纤维**：该滤镜用于将前景色和背景色混合填充图像，从而生成类似纤维的效果。

❺ **云彩**：该滤镜是惟一能在空白透明层上工作的滤镜。它不使用图像现有像素进行计算，而使用前景色和背景色计算。使用它可以制作出天空、云彩、烟雾等效果。

应用“纤维”滤镜

应用“云彩”滤镜

13.14.2 应用“光照效果”滤镜

“光照效果”滤镜是“渲染”滤镜组中最为重要的一个滤镜。执行该命令后，在弹出的对话框中可以调整光照效果的范围以及大小。

实战 “光照效果”滤镜的应用

01 打开“实例文件\Chapter 13\Media\花纹.jpg”图像文件，执行“滤镜 > 渲染 > 光照效果”命令，打开“光照效果”对话框，设置“样式”为“聚光灯”，调整“预设”为“三处点光”并调整点光的范围和位置及光照的方向，调整右侧的参数值后单击“确定”按钮，如下图所示。

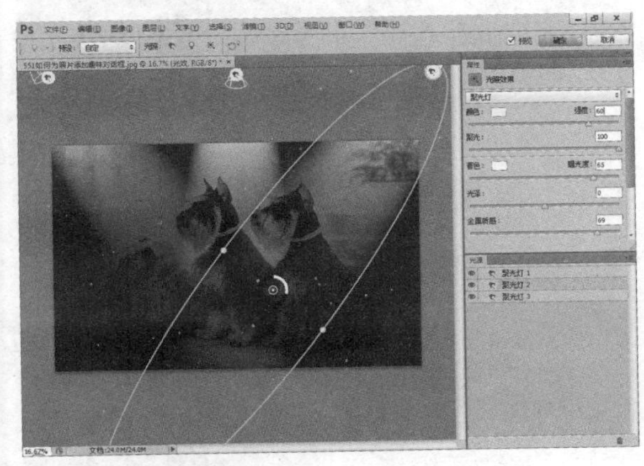

应用“光照效果”滤镜

02 此时在图像中可以看到，图像中模拟出 3 束从上向下照射的光线，其他光线未照射到的区域图像颜色较为暗淡，如下图所示。

查看滤镜效果

03 继续执行“滤镜 > 渲染 > 镜头光晕”命令，打开“镜头光晕”对话框，单击相应的单选按钮后在其缩览图中单击并移动光源线，确定镜头位置，完成后单击“确定”按钮，如下图所示。

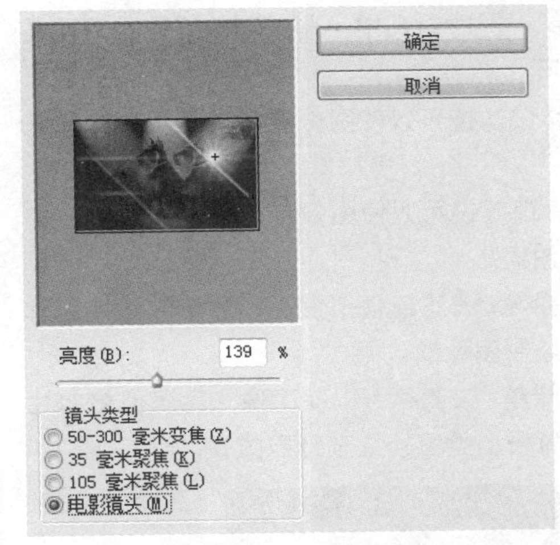

应用“镜头光晕”滤镜

04 此时可以看到，再次为图像添加了一束光线效果，使图像更具视觉效果，如下图所示。

查看滤镜效果

13.15 “艺术效果”滤镜组

“艺术效果”滤镜组就像一位融合各大家风格、技巧的大师，可以使普通的图像变为绘画形式不拘一格艺术作品。

13.15.1 认识“艺术效果”滤镜组

“艺术效果”滤镜组包括了“油画”、“壁画”、“彩色铅笔”、“粗糙蜡笔”、“底纹效果”、“调色刀”、“干笔画”、“海报边缘”、“海绵”、“绘画涂抹”、“胶片颗粒”、“木刻”、“霓虹灯光”、“水彩”、“塑料包装”和“涂抹棒”等16种滤镜，且全部收录在滤镜库中。下面分别对这些滤镜的原理进行介绍，同时对其中一些典型的滤镜进行图像效果展示。

❶ **油画**：该滤镜可以使图像产生油画一样的纹理效果。

❷ **壁画**：该滤镜可以使图像产生壁画一样的粗犷风格效果。

❸ **彩色铅笔**：该滤镜模拟使用彩色铅笔在纯色背景上绘制图像的效果。

❹ **粗糙蜡笔**：该滤镜可以使图像产生类似蜡笔在纹理背景上绘图的纹理浮雕效果。

原图

应用“油画”滤镜

应用“壁画”滤镜

应用“彩色铅笔”滤镜

应用“粗糙蜡笔”滤镜

❺ **底纹效果**：该滤镜可以根据所选的纹理类型使图像产生相应的底纹效果。

❻ **调色刀**：该滤镜可以使图像中相近的颜色相互融合，减少细节，从而产生写意效果。

❼ **干笔画**：该滤镜模仿使用颜料快用完的毛笔进行作画，从而产生一种干枯的油画效果。

❽ **海报边缘**：该滤镜的作用是增加图像对比度并沿边缘的细微层次加上黑色，能够产生具有招贴画边缘效果的图像。

❾ **海绵**：该滤镜可以使图像产生类似海绵浸湿的图像效果。

原图

应用“底纹效果”滤镜

应用“调色刀”滤镜

应用“干笔画”滤镜

应用“海报边缘”滤镜

应用“海绵”滤镜

⑩ **绘画涂抹**：该滤镜模拟手指在湿画上涂抹的模糊效果。

⑪ **胶片颗粒**：该滤镜能够在给原图像加上一些杂色的同时，调亮并强调图像的局部像素，它可以产生一种类似胶片颗粒的纹理效果。

⑫ **木刻**：该滤镜使图像好像由粗糙剪切的彩纸组成，高对比度图像看起来像黑色剪影，而彩色图像看起来像由几层彩纸构成。

⑬ **霓虹灯光**：该滤镜能够产生负片图像或与此类似的颜色奇特的图像效果，有一种氖光照射的效果，同时也营造出虚幻朦胧的感觉。单击颜色色块，还能对霓虹的颜色进行设置，从而丰富图像效果。

⑭ **水彩**：该滤镜可以描绘出图像中景物的形状，同时简化颜色，进而产生水彩画的效果。

原图

应用“绘画涂抹”滤镜

应用“胶片颗粒”滤镜

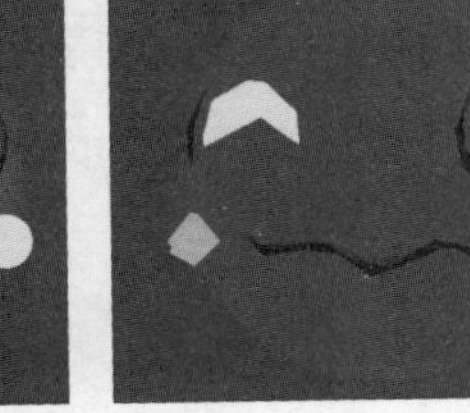

应用“木刻”滤镜

应用“霓虹灯光”滤镜

应用“水彩”滤镜

⑮ **塑料包装**：该滤镜可以产生塑料薄膜封包的效果，使模拟出的塑料薄膜沿着图像的轮廓线分布，从而令整幅图像具有鲜明的立体质感。

⑯ **涂抹棒**：该滤镜可以产生使用粗糙物体在图像上进行涂抹的效果，它能够模拟在纸上涂抹粉笔画或蜡笔画的效果。

应用“塑料包装”滤镜

应用“涂抹棒”滤镜

13.15.2 应用“绘画涂抹”滤镜

“绘画涂抹”滤镜可用于制作油画效果的图像，在滤镜对话框中的“画笔类型”下拉列表中可对类型进行设置，默认为“简单”选项，而“未处理光照”选项表示光照效果比较强；“未处理深色”选项表示图像所有颜色成为深色；“宽锐化”表示锐化程度要比简单效果强；“宽模糊”选项表示图像进行模糊效果；“火花”选项表示模仿火花的质感。

实战 “绘画涂抹”滤镜的应用

01 打开“实例文件\Chapter 13\Media\小孩.jpg”图像文件，执行“滤镜 > 艺术效果 > 绘画涂抹”命令，在滤镜库对话框中设置各项参数和选项，完成后单击“确定”按钮，此时的图像已带有绘画笔触效果，如下图所示。

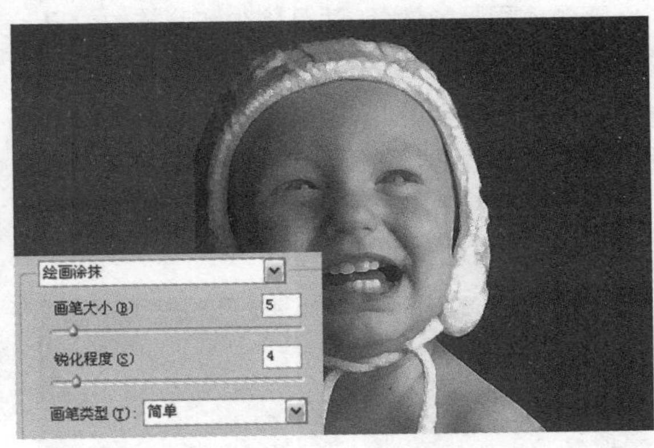

应用“绘画涂抹”滤镜

02 按下快捷键 Ctrl+L，打开“色阶”对话框，调整参数后单击“确定”按钮，加强图像明暗对比，使油画效果更强烈，如下图所示。

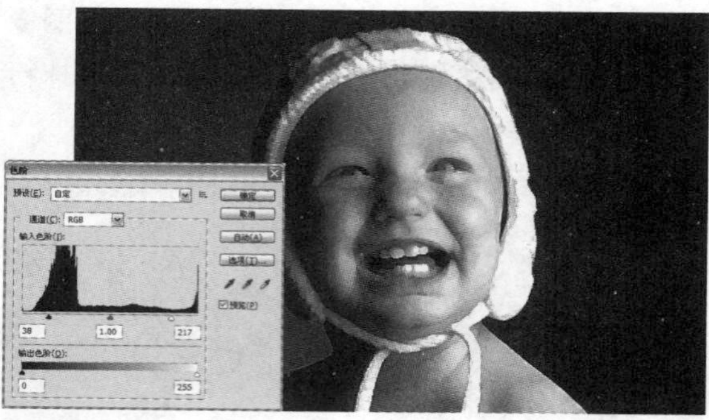

调整色阶

13.16 “杂色”滤镜组

“杂色”滤镜组中的滤镜可以给图像添加一些随机产生的干扰颗粒，即噪点，也可以淡化图像中的噪点，同时还能为图像去斑。

13.16.1 认识“杂色”滤镜组

“杂色”滤镜组包括了“减少杂色”、“蒙尘与划痕”、“去斑”、“添加杂色”和“中间值”等 5 种滤镜。这些滤镜都没有收录在滤镜库中，下面分别对这些滤镜的原理进行介绍，同时对一些典型的滤镜图像进行效果展示。

❶ **减少杂色**：该滤镜用于去除扫描照片和数码相机拍摄照片时产生的杂色。

❷ **蒙尘与划痕**：该滤镜通过将图像中有缺陷的像素融入周围的像素，达到除尘和涂抹的效果，适用于处理扫描图像中的蒙尘和划痕。

❸ **去斑**：该滤镜通过对图像或选区内的图像进行轻微的模糊、柔化，达到掩饰细小斑点、消除轻微折痕的作用。这种模糊可在去掉杂色的同时保留原来图像的细节。

原图

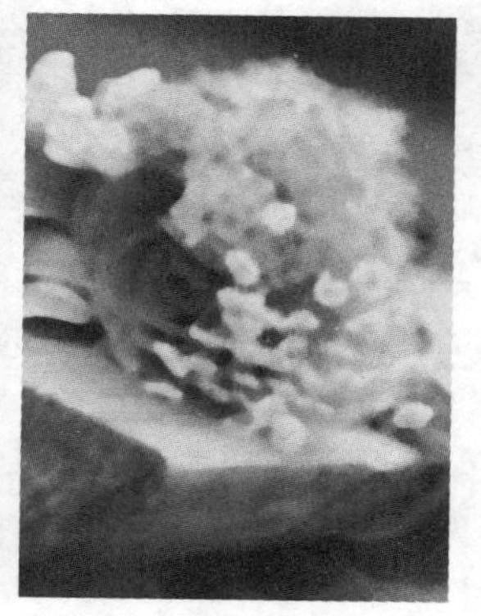

应用“蒙尘与划痕”滤镜

❹ **添加杂色**：该滤镜可为图像添加一些细小的像素颗粒，使其混合到图像里的同时产生色散效果，常用于添加杂点纹理效果。

❺ **中间值**：该滤镜可以采用杂点和其周围像素的折中颜色来平滑图像中的区域，也是一种可用于去除杂色点的滤镜，可以减少图像中杂色的干扰。

应用“添加杂色”滤镜

应用“中间值”滤镜

13.16.2 应用“添加杂色”滤镜

“添加杂色”滤镜是非常实用的滤镜，使用它能快速将图像做旧，结合“模糊”滤镜组还可以产生类似雨丝的效果。

实战 “添加杂色”滤镜的应用

01 打开“实例文件\Chapter 13\Media\户外.jpg”图像文件，新建“图层 1”，如下图所示。

打开图像并新建图层

02 填充“图层 1”为蓝色（R14、G174、B220），执行“滤镜 > 杂色 > 添加杂色”命令，在“添加杂色”对话框中勾选“单色”复选框，设置分布方式和数量后单击“确定”按钮。执行“滤镜 > 模糊 > 动感模糊”命令，在弹出的对话框中设置参数，单击“确定”按钮，如下图所示。

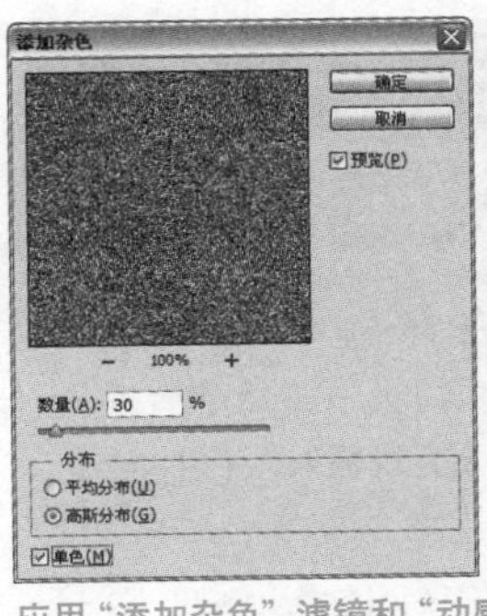
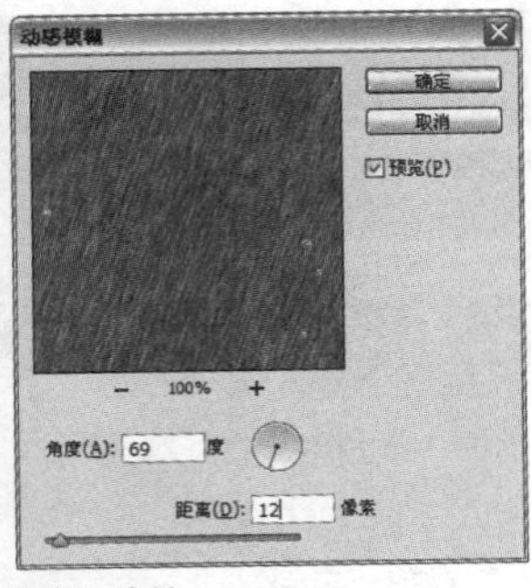
应用“添加杂色”滤镜和“动感模糊”滤镜

03 设置“图层1”的混合模式为“滤色”，“不透明度”为60%，此时可透过雨丝效果看到下一层的图像，如下图所示。

设置混合模式和“不透明度”

04 按下快捷键Ctrl+L，打开“色阶”对话框，调整参数后单击“确定”按钮，加强图像对比，使雨丝效果更清晰，如下图所示。

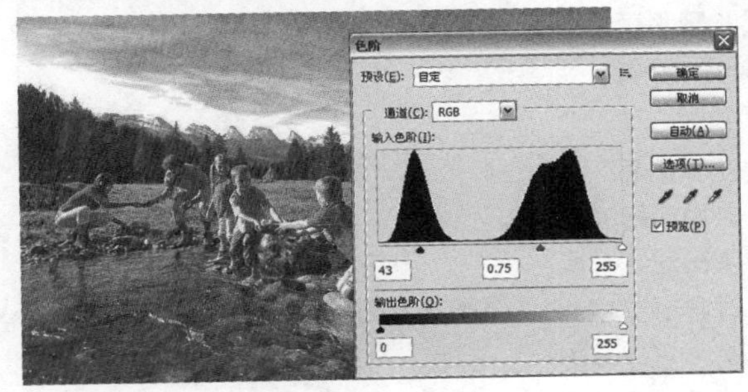
调整色阶

13.17 “其他”滤镜组

“其他”滤镜组包括了“高反差保留”、“位移”、“自定”、“最大值”和“最小值”5种滤镜。由于这类滤镜组中的滤镜运用环境都较为特殊，因此没有收录在滤镜库中。下面分别对其原理和一些典型的滤镜进行图像效果展示。

❶ **高反差保留**：该滤镜用于删除图像亮度中具有一定过度变化的部分图像，保留色彩变化最大的部分，使图像中的阴影消失而突出亮点，与“浮雕效果”滤镜功能类似。

❷ **位移**：该滤镜可以在参数设置对话框中调整参数值，从而控制图像的偏移。

❸ **自定**：该滤镜是可以让用户定义自己的滤镜。用户可以控制所有被筛选的像素的亮度值。每一个被计算的像素由编辑框组中心的编辑框来表示。值得注意的是，在工作时Photoshop将重新计算图像或选择区域中的每一个像素亮度值。

❹ **最大值**：该滤镜向外扩展白色区域并收缩黑色区域。

❺ **最小值**：该滤镜向外扩展黑色区域并收缩白色区域。

原图

应用“高反差保留”滤镜

应用“自定”滤镜

应用“最大值”滤镜

疑难解答

001

Q 对图像使用相同的滤镜而效果却不同，其原因是什么？

A 在对图像使用滤镜前应注意图像的分辨率。在Photoshop中，即使设置的滤镜参数相同，若图像的分辨率不同，得到的滤镜效果也会大相径庭。如图所示是分辨率分别为200和72时的“波浪”滤镜效果。

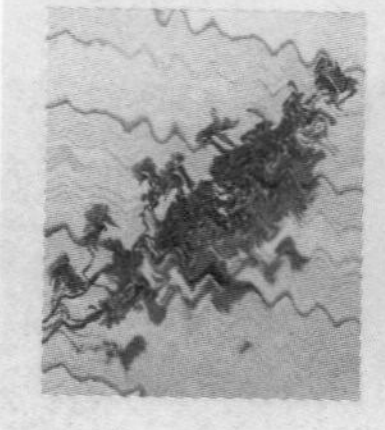
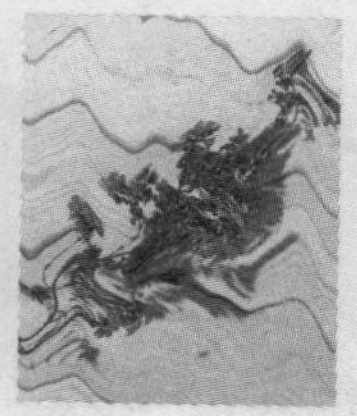

002

Q 为什么“滤镜”菜单中有些命令呈灰色显示的？

A 这是图像颜色模式不同造成的。在Photoshop中，R G B颜色模式的图像可以使用Photoshop CS5中的所有滤镜，而“位图”模式、16位灰度图、“索引”模式和48位RGB模式等图像色彩模式则无法使用滤镜，某些色彩模式如CMYK模式，只能使用部分滤镜，“画笔描边”、“素描”、“纹理”以及“艺术效果”等类型的滤镜都无法使用。

003

Q 在Photoshop中，什么情况下会自动转换为智能对象？

A 在Photoshop中，将一幅图像直接拖动到工作区中打开的图像上，此时该图像将自动转换为智能对象，从而方便对图像进行大小调整。

004

Q “半调图案”滤镜和“彩色半调”滤镜有什么区别？

A “半调图案”滤镜和“彩色半调”滤镜都可以为图像创建网点效果。不同的是，“半调图案”滤镜是基于前景色和背景色创建各种图案类型的单色网点效果，而“彩色半调”滤镜则是将图片像素化的一种方式，即用C（青色）、M（洋红色）、Y（红色）和K（黑色）4种单一颜色的圆圈图样来表达图像。

005

Q 如何删除智能滤镜层下的滤镜层？删除后对图像效果有什么影响？

A 在应用智能滤镜后，在该图像中应用的所有滤镜都会依次出现在智能滤镜层的下方。此时若对其中的某个滤镜效果不满意，可以单击选择该滤镜层，将其拖动到“删除图层”按钮上，即可将该滤镜图层删除。此时可看到，由于应用该滤镜而得到的图像效果则自动消失，恢复到未添加该滤镜时的图像效果。

006

Q “镜头校正”对话框中的各个工具的作用和意义是什么？

A 单击缩放工具后在预览窗口中单击可将图像放大。单击抓手工具后在预览框中单击并拖动预览图像，可以方便察看图像。单击移去扭曲工具，在预览区中拖动即可将向图像的中心或者偏移图像的中心移动，手动校正球面凸出的图像。单击拉直工具，可在预览区中绘制一条线，将图像拉直到新的横轴或纵轴。单击移动网格工具，即可在预览区中移动网格。

Chapter 14

诠释3D与动画功能

3D 功能和动画功能都是在平面设计基础上对 Photoshop 功能的一种扩充。本章剖析了对 3D 对象的调整和编辑、视频图层创建、素材替换以及帧视频等内容。通过对本章的学习，读者可以真实体会 Photoshop 的 3D 视觉效果和动画魅力。

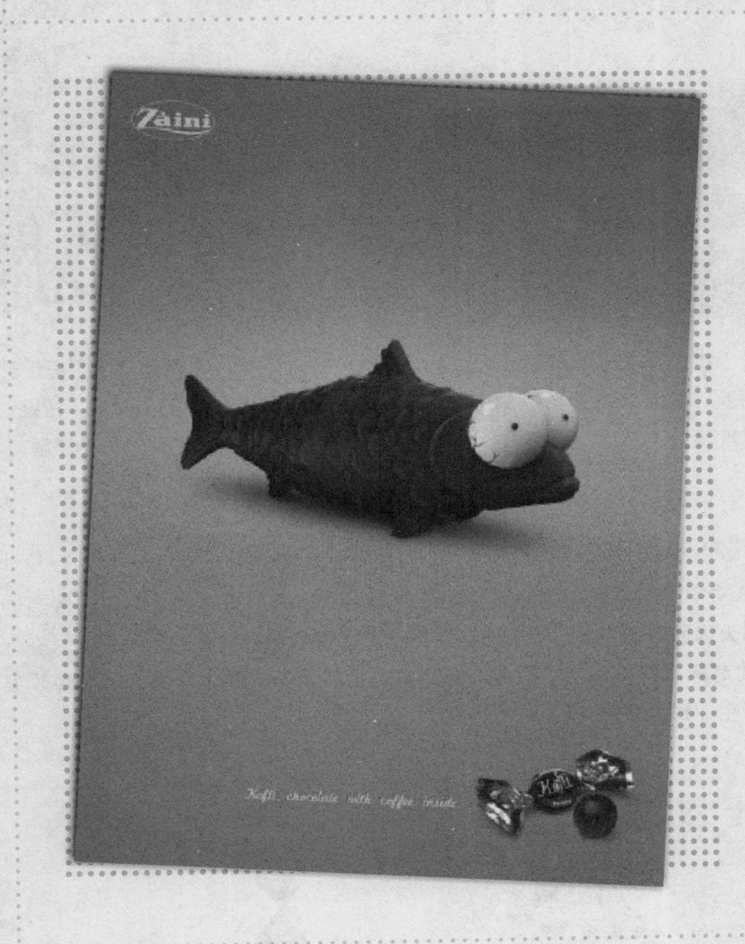

设计师谏言

Photoshop的3D功能可看作是借助全新光线描摹的渲染引擎，这些功能的优点就在于，可以直接在3D模型上绘图或将2D图像转换为3D对象。Photoshop中的动画功能则是平面图像的变革，它的实质是对一段时间内显示的一系列平面图像的连续展示。

设计百宝箱

版式设计之巧用立体图像

随着社会的不断进步，在平面设计中仅仅依靠以往惯用的平面视觉元素已略显贫乏。在现代平面版式设计中，为了使图像效果更具有视觉冲击力，除了应用独特的色彩与图像之外，设计师通常还会采用立体图像增加画面的空间感。在平面设计版面中运用立体图像，可以将传统的二维平面表现向三维、四维等多维空间发展，构建出更具有表现力的新视觉传播语言，这样可以丰富平面广告的表现形式，增强画面的视觉冲击力，从而达到吸引观者目光的目的。

在平面设计中，想要使二维的平面图像具有三维甚至更多维的视觉效果，并借此表达平面设计作品信息，需要通过空间的建构和立体感觉来实现。立体图像如今已广泛应用于平面设计的标志、广告、招贴、灯箱等广告媒介类型中，具有极强的视觉冲击力。下面主要针对具体的平面设计类型进行立体空间效果的了解。

Point 01 标志设计中的立体图像表现

标志设计是一种由特殊文字或图像组成的大众信息传播符号，它的基本功能是以图形传递信息，表现其内在的含义和特点，并以此作为沟通的媒介。它借鉴和运用符号，并赋予符号更多的艺术含义。在标志设计中立体图像的应用较为广泛，通过对标志符号形状、颜色、光影等方面的调整，制作标志立体透视效果，可以增加标志的看点，从而更好地进行企业形象宣传。

优秀作品展示

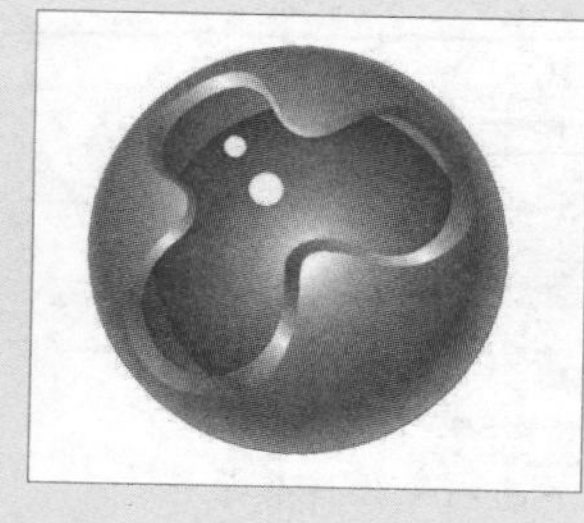

范例分析

1. 侧面反射高光，使标志图案立体效果更加强烈。
2. 标志顶部阴影，实现立体效果一定需要阴影过渡。
3. 标志侧面阴影，如果希望标志浮出平面，侧面阴影必不可少，它可以加强标志立体效果。
4. 标志正面是衡量标志是否在一个平面上的标准。
5. 标志下侧阴影，用于加强标志立体效果，使其更逼真。

平面广告中立体图像表现

在平面广告设计版面中，通常会借助具有一定透视效果的图像，以及应用文字及图形的透视效果来展示画面的立体感。通过这种表现手法的应用，可以加强广告画面的视觉冲击力，使画面效果更有看点，吸引广大消费者的目光，从而达到产品促销的目的。

优秀作品展示

范例分析

1. 广告底面背景，是该广告画面中的平面展示效果。
2. 背景侧面颜色过渡，表现画面向外延伸的视觉效果。
3. 文字的阴影，结合文字的表面制作立体文字。
4. 文字的表面，通过阴影的衬托呈现出立体文字效果。
5. 作为视觉效果最近的元素，汽车加强了整个广告画面的透视立体感。

14.1 3D对象和3D工具

Photoshop 中的 3D 功能除了可以通过菜单命令进行操作外，还可以在工具栏中使用移动工具、3D 材质吸管工具、3D 材质拖放工具等进行操作，下面就来对工具的相应功能进行介绍。

14.1.1 认识3D对象工具属性栏

在工具箱中选择移动工具，即可显示其属性栏，再选择变换按钮组即可对三维对象和摄像机机位进行控制，下面对变换按钮组工具进行介绍。

变换按钮组

变换按钮组：在该按钮组中从左到右依次为“旋转3D对象”按钮、“滚动3D对象”按钮、“拖动3D对象”按钮、“滑动3D对象”按钮、“缩放3D对象”按钮，单击相应的按钮即可快速切换到相应的3D工具，从而对图像进行相应的变化操作。

14.1.2 认识3D对象视图界面

打开或者创建 3D 对象后，即可在工作界面显示 3D 对象的视图界面，在这里可以调整 3D 对象的视图，并且可以交换主视图和辅助视图。

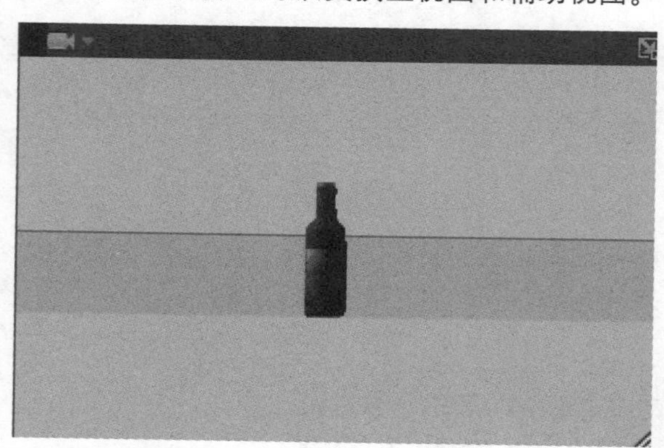

3D 对象视图界面

❶ **“选择视图/照相机”按钮**：单击该按钮即可弹出下拉列表，在其中可对摄像机的机位进行预设，提供了9种视图供用户选择，以便快速定位对象的显示视图。

❷ **“交换主视图和辅助视图”按钮**：单击该按钮即可在主视图和辅助视图之间进行切换。

默认视图

俯视图

14.1.3 3D对象的变换

在 Photoshop CS6 中，可运用移动工具属性栏中变换按钮组中的工具对 3D 对象进行变换，这些变换操作包括旋转、滚动、平移、滑动、比例缩放等，下面分别进行介绍。

1. 旋转 3D 对象

单击 3D 对象旋转工具，将光标移动到图像中，此时当光标变为形状时在画面中单击并任意拖动，此时 3D 对象即可进行三维空间内的旋转，即沿 X 或 Y 或 Z 轴进行旋转。

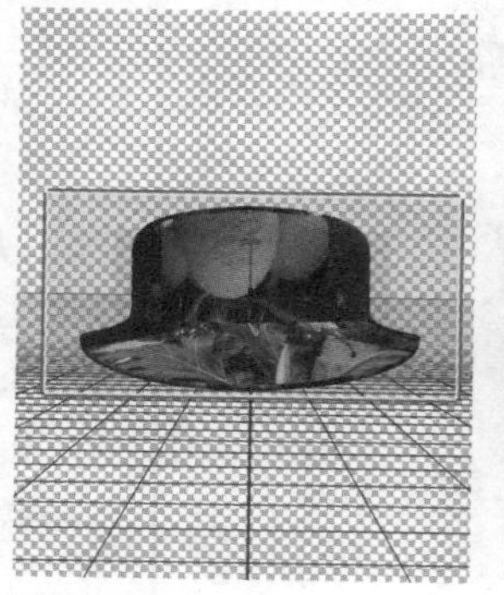

原 3D 对象

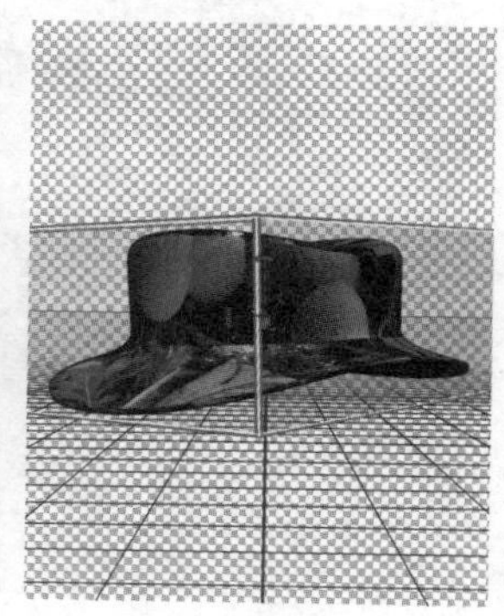

旋转后的 3D 对象

2. 滚动 3D 对象

单击 3D 对象滚动工具，此时将滚动约束在两个轴之间，即沿 X、Y 轴、X、Z 轴或 Y、Z 轴进行旋转，启用的轴之间出现黄色的连接色块。此时只需在两轴之间单击并拖动鼠标即可调整 3D 对象的滚动效果。值得注意的的是，此时也可以在图像中单击并拖动鼠标，直接对对象进行滚动变换。

原 3D 对象

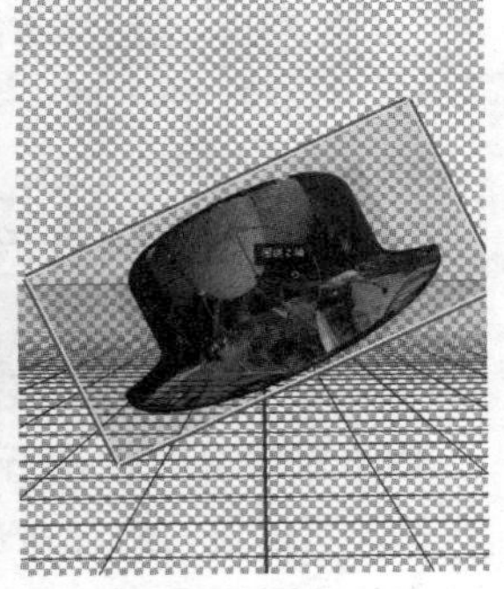
沿 Z 轴滚动后的对象

3. 拖动 3D 对象

单击 3D 对象拖动工具，单击并任意拖动鼠标，此时 3D 对象将在三维空间中进行平移运动。此时在图像中可以看到，由于平移后图像角度的改变，此时图像的显示效果也有所变化。

原 3D 对象

平移后的 3D 对象

4. 滑动 3D 对象

单击 3D 对象滑动工具，单击并拖动鼠标调整 3D 对象的前后感。向上拖动鼠标时，图像效果向后退，向下拖动鼠标时，图像效果则向前突出。

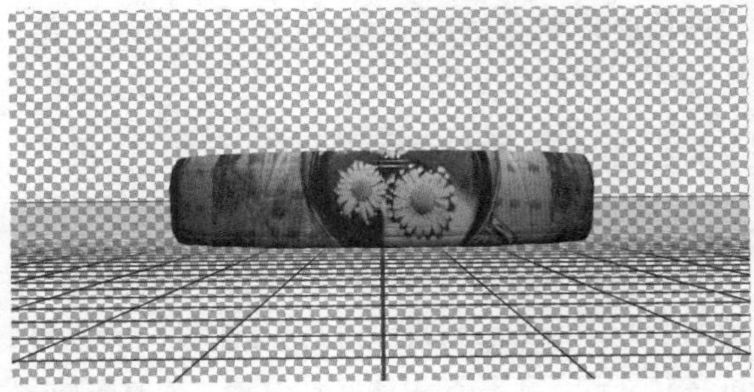
原 3D 对象

滑动后的 3D 对象

5. 缩放 3D 对象

单击 3D 对象缩放工具，单击并拖动鼠标对 3D 对象进行等比例缩放操作，此时水平拖动不会改变对象大小。

原 3D 对象

缩放后的 3D 对象

14.2 诠释3D面板

在 Photoshop 中为 3D 功能提供了单独的面板，使用该面板可以通过众多的参数来控制、添加或修改场景、材质、网格和灯光等各种设置。

14.2.1 显示3D面板

执行“窗口 >3D”命令，即可在 Photoshop 工作区中打开 3D 面板，打开 3D 面板后显示相关的 3D 组件，此时该面板吸附在工具区的左侧。可将其拖动到工具区中的其他位置，使其形成一个单独的面板。值得注意的是，在“图层”面板中双击图层缩览图也可打开 3D 面板。

或者单击属性栏中的“概要”按钮，在弹出的下拉列表中选择 3D 选项，即可在 Photoshop 工作区中打开 3D 面板，其顶部按钮组从左至右依次为“滤镜：整个场景”按钮、“滤镜：网格”按钮、“滤镜：材质”按钮、“滤镜：光源”按钮，单击各个按钮即可显示出相应的“属性”面板。

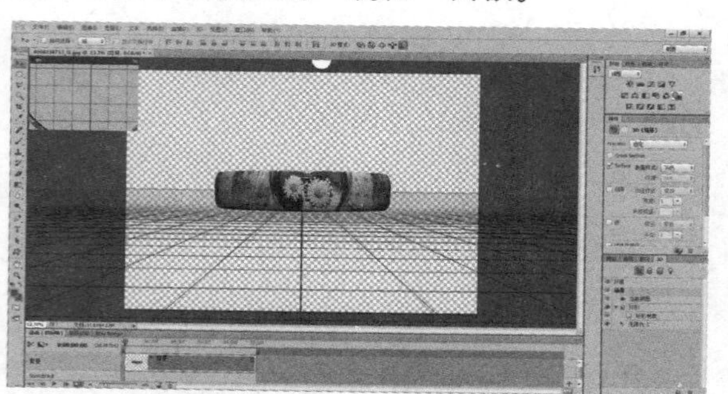

“概要”工作区中打开的 3D 面板

3D 工作区

14.2.2 详解3D“属性”面板

默认情况下，打开后的 3D“属性”面板为 3D 场景下的“属性”面板，此时还可通过 3D 面板顶部的按钮组件选择场景、网格、材质或光源。单击任意一个按钮，即可显示相应的“属性”面板选项，下面分别进行介绍。

1.“场景”属性面板

❶ 顶部按钮组：从左至右依次为“滤镜：整个场景”按钮、“滤镜:网格”按钮、“滤镜：材质”按钮、“滤镜：光源”按钮，单击各个按钮即可显示出相应的面板。

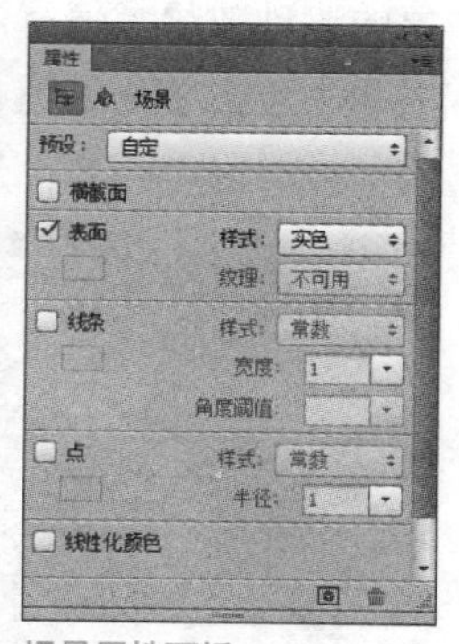

场景属性面板

❷ **“渲染设置”下拉列表**：用于对渲染效果进行控制，可以进行自定义渲染设置。其中为用户提供了多重预设效果，选择选项即可应用相应的预设。

❸ **“横截面”复选框**：勾选该复选框则激活下方的灰色面板，在其中可对位移、倾斜等进行设置，此时看到的是3D对象的横截面效果。

横截面效果

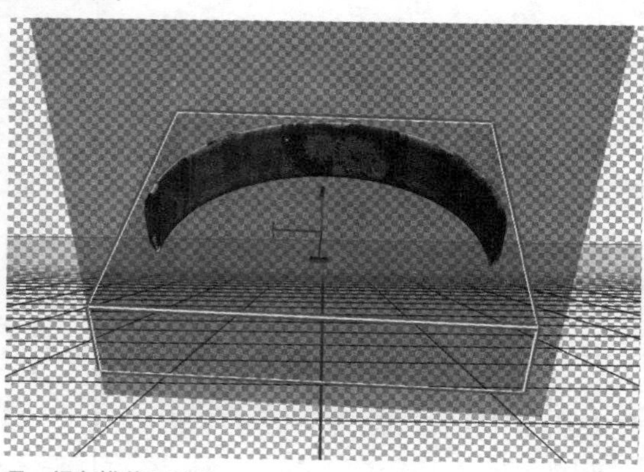

另一视角横截面效果

❹ **“面”复选框：**勾选该复选框则激活该选项下的灰色面板，在其中可以对3D对象的表面样式和纹理进行设置，此时看到3D对象的面状效果。

面状效果

❺ **“线”复选框：**勾选该复选框则激活该选项下的灰色面板，在其中可以对3D对象的边缘样式、宽度和角度阈值进行设置，此时看到3D对象的线状效果。

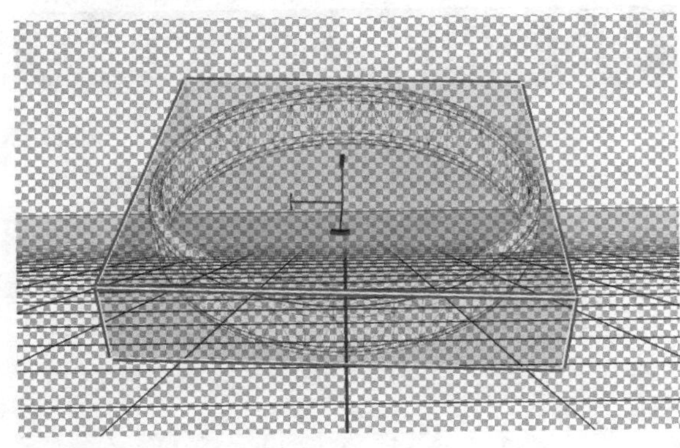

线状效果

❻ **“点”复选框：**勾选该复选框则激活该选项下的灰色面板，在其中可以对3D对象的样式和半径进行设置，此时看到3D对象的面状效果。

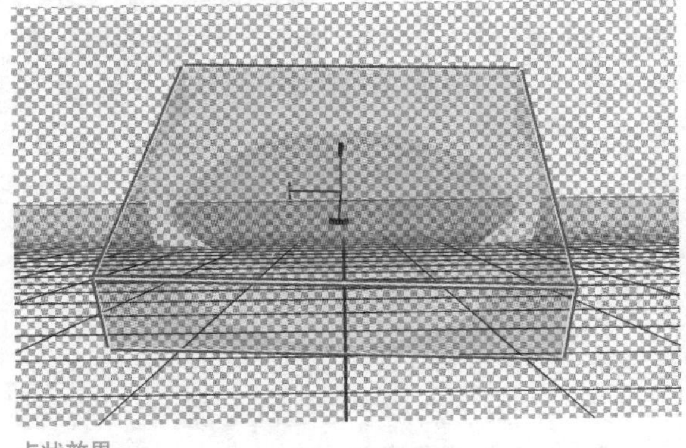

点状效果

2.“环境”属性面板

❶ **“全局环境色”色块：**用于设置全局环境色，单击色块即可对全局环境色进行设置和调整。

❷ **IBL复选框：**勾选该复选框则激活下方灰色面板，在其中可对颜色和阴影进行设置。

❸ **“地平面”选项组：**在选项组中可以对阴影和反射的颜色进行设置和调整，并且可以调整颜色的不透明度和粗糙度。

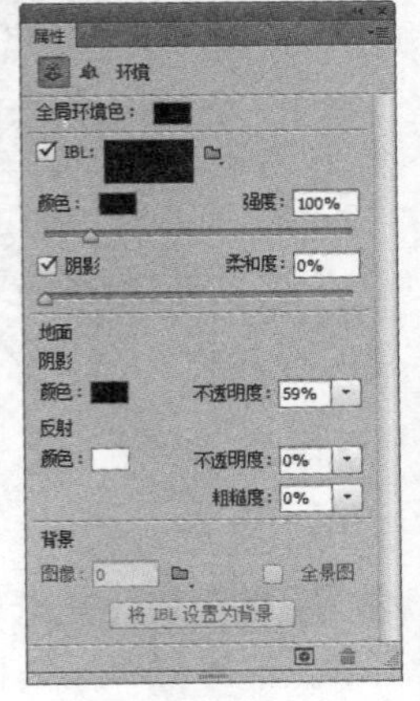

“环境”属性面板

3.“3D 相机”属性面板

❶ **视图：**用于设置显示3D对象的视图，在下拉菜单中为用户提供了9种视图供用户选择，并且可以对设定的视图进行保存，以便快速定位对象的显示视图。

❷ **“视角”和“正交”按钮：**单击按钮即可在视角和正交间进行切换。

❸ **视野：**在视野数值框中设置数值，即可对视野范围进行调整。

❹ **景深：**在距离和深度数值框中设置数值，对景深效果进行调整。

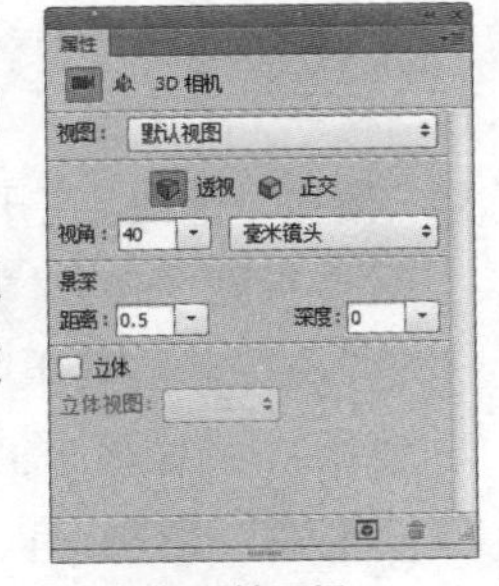

“相机”属性面板

4.“坐标”属性面板

在面板中可以查看和设置 3D 对象的 X、Y、Z 轴的坐标值及角度。

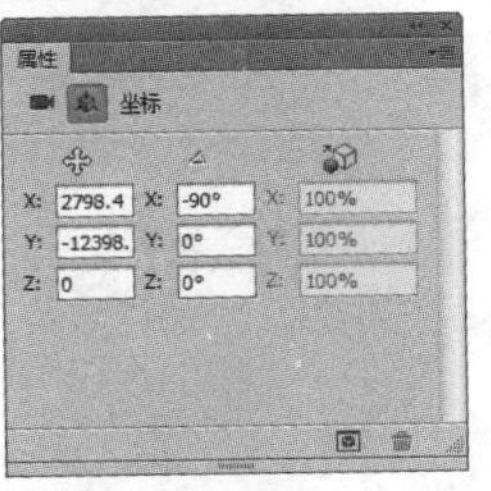

“坐标”属相面板

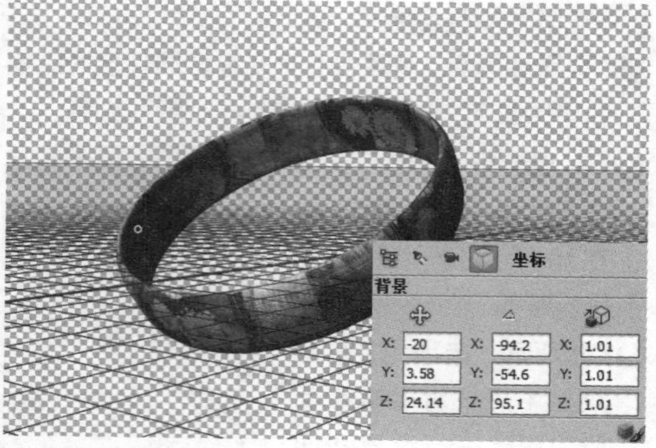

3D 对象坐标显示

5. "网格" 属性面板

❶ **"捕捉阴影" 复选框**：勾选该复选框后，可在"光线跟踪"渲染模式下控制选定的网格是否在其表面显示来自其他各网格的阴影。

❷ **"投影" 复选框**：勾选该复选框后，可控制选定网格是否在其他网格表面产生投影。

❸ **"不可见" 复选框**：勾选该复选框后可隐藏网格，但会显示其表面的所有阴影。

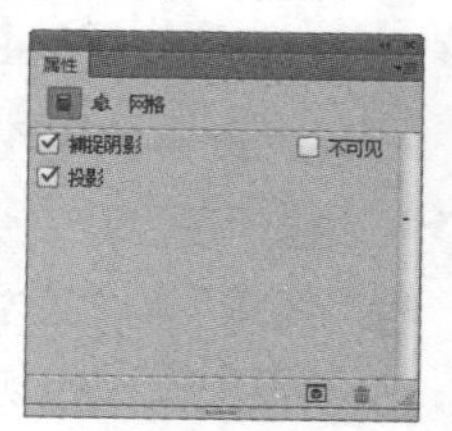

"网格" 属性面板

6. "材质" 属性面板

❶ **"漫射" 色块**：用于设置材质的颜色，单击色块可选择赋予3D对象材质的颜色，单击其后的按钮，在弹出的菜单中可选择"载入纹理"选项，使用2D图像覆盖3D对象表面，赋予其材质。

❷ **"环境" 色块**：单击色块即可设置环境颜色，此时设置的颜色用于存储 3D 对象周围的环境图像。

❸ **"折射" 数值框**：用于设置折射率，当表面样式设置为"光线跟踪"时，折射数值框中的默认值为1。

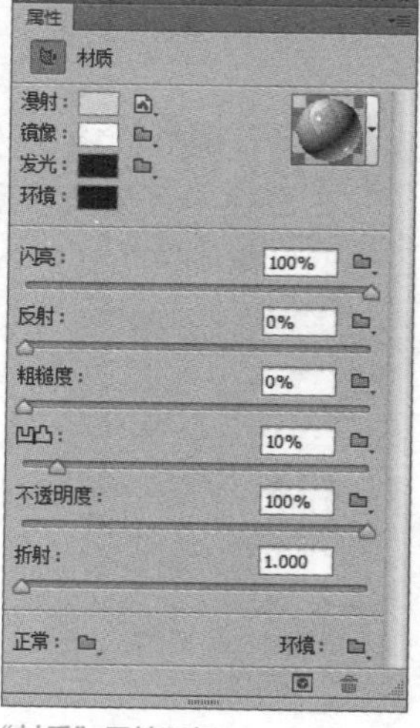

"材质" 属性面板

7. "无限光" 属性面板

❶ **预设**：在下拉列表中提供用户多重预设效果，选择选项即可应用相应的效果。

❷ **"无限光" 类型**：用于显示3D模型中的无限光信息，无限光是从一个方向平面照射的。

❸ **颜色**：用于设置光源的颜色，单击色块即可在打开的对话框中设置光源颜色。

❹ **"阴影" 复选框**：勾选该复选框则即可对阴影的边缘进行设置。用户可以通过拖动滑块或在"柔和度"数值框中输入数值进行设置。

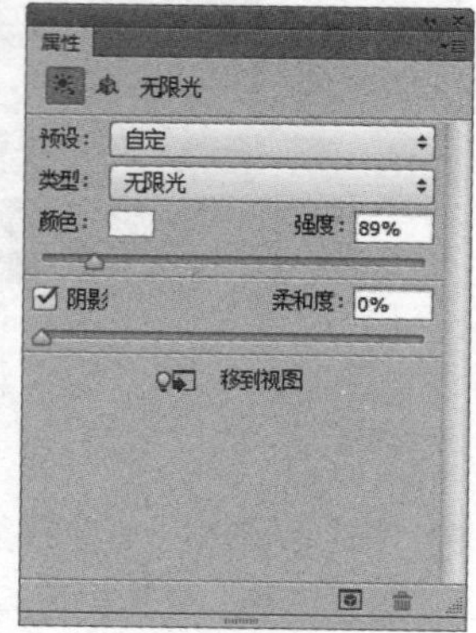

"无限光" 属性面板

14.3 3D图像调整与编辑

在Photoshop中，可通过3D命令以2D的图层为基础生成各种基本的3D对象。创建3D对象后还可以使用3D工具对图像进行移动或旋转等操作。使用3D命令对图像进行渲染、添加光源等操作，可使图像效果更多变。下面分别对这些调整和编辑操作进行介绍。

14.3.1 创建3D明信片

创建 3D 明信片命令可将二维图像转换为三维图像。打开一幅图像，执行"窗口 >3D" 命令，并在 3D 面板中单击"3D 明信片" 单选按钮，然后单击"创建" 按钮即可将 2D 图形转换为 3D 明信片效果。此时"图层" 面板中自动新建一个 3D 图层，可以使用 3D 工具对图像进行移动或旋转等编辑。

实战 3D明信片的创建

01 打开"实例文件\Chapter 14\Media\树叶 .jpg" 图像文件，由于启用了 OpenGL 绘图功能，因此会自动在图像周围添加了一定的阴影效果，如下图所示。

打开图像

02 在 3D 面板中单击“3D 明信片”单选按钮，然后单击“创建”按钮，此时“图层”面板中自动新建一个 3D 图层，同时 2D 的图形转换为 3D 图形。单击移动工具，在属性栏中单击旋转 3D 对象工具，在图像中单击并拖动即可旋转图像，效果如下图所示。

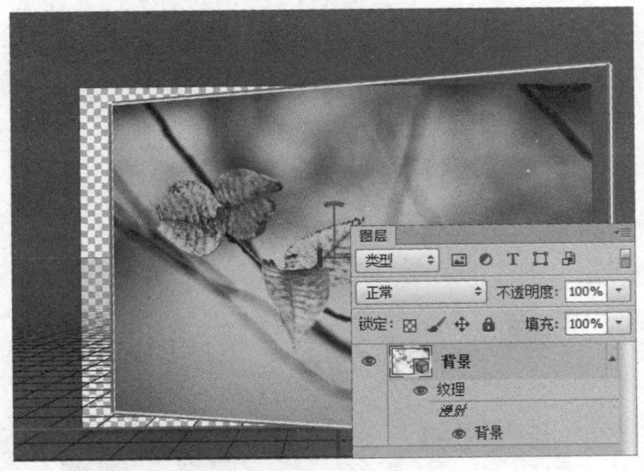

将 2D 图形转换为 3D 对象并进行旋转

03 在 3D 面板中，单击“滤镜：光源”按钮，然后在“属性”面板中单击“全局环境色”后的色块，设置颜色为黄色（R227、G220、B28），单击“确定”按钮，如下图所示。

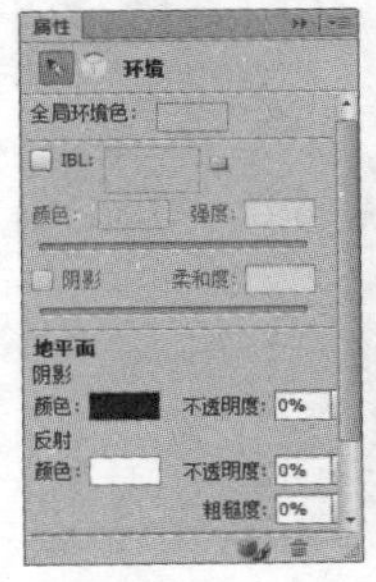

设置环境色

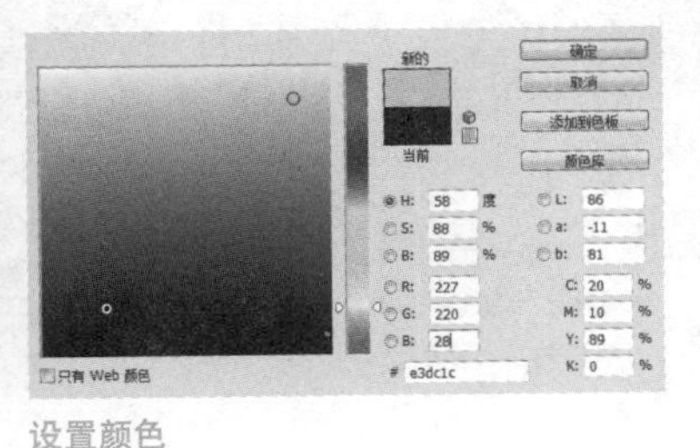

设置颜色

04 此时在图像中可以看到，图像效果发生变化，3D 对象添加了绿色的全局环境色，效果如下图所示。

查看图像效果

14.3.2 创建与编辑3D模型

创建 3D 模型是基于当前 2D 图像创建简单的 3D 形状，Photoshop 提供了锥形、立方体、圆柱体、易拉罐、球体等多个预设，可帮助用户快速完成 3D 模型的创建。

实战 3D模型的创建与编辑

01 打开“实例文件\Chapter 14\Media\彩色光. jpg”图像文件，此时由于启用了 OpenGL 绘图功能，因此会自动在图像周围添加了一定的阴影效果，如下图所示。

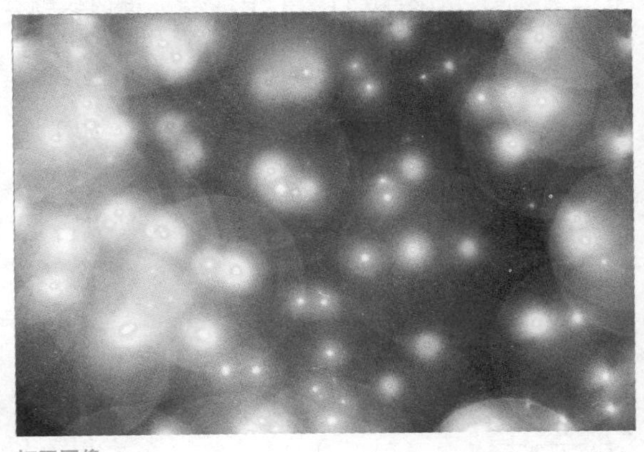
打开图像

02 执行“窗口 >3D”命令，在弹出的 3D 面板中单击“从预设创建 3D 形状”单选按钮，并在下拉列表中选择“易拉罐”选项。此时基于 2D 图像创建了一个 3D 的易拉罐对象，并在“图层”面板自动新建一个 3D 图层，如下图所示。

转换为3D模型

03 单击3D对象旋转工具，在图像中单击并拖动即可旋转图像，效果如下图所示。

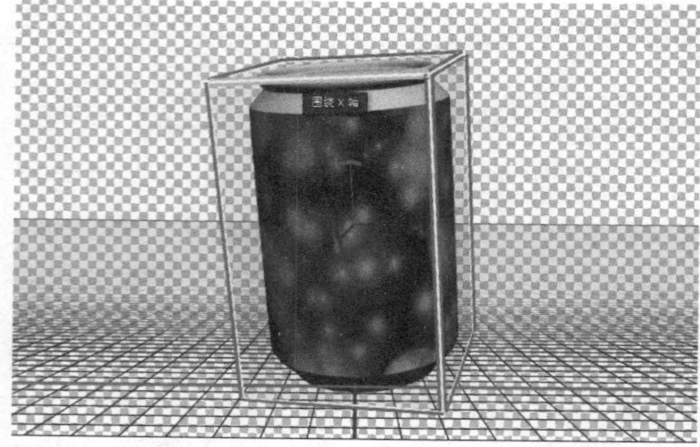

旋转3D对象

04 在“3D”面板中单击“盖子材质选项”，快速切换到“属性”面板中。单击“漫射”后的下拉图标，在弹出的菜单中选择“替换纹理”选项。弹出“打开”对话框，在其中选择新建的图像，打开“实例文件\Chapter 14\Media\彩色.jpg”图像文件，单击“打开”按钮，如下图所示。

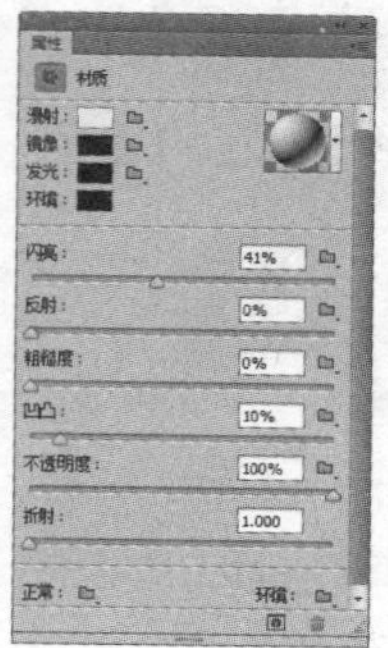

载入纹理

选择纹理图像

05 此时Photoshop将自动执行相应的操作，在图像中可以看到，易拉罐的盖子部分被彩色图像覆盖，被赋予了彩色的材质感，效果如下图所示。

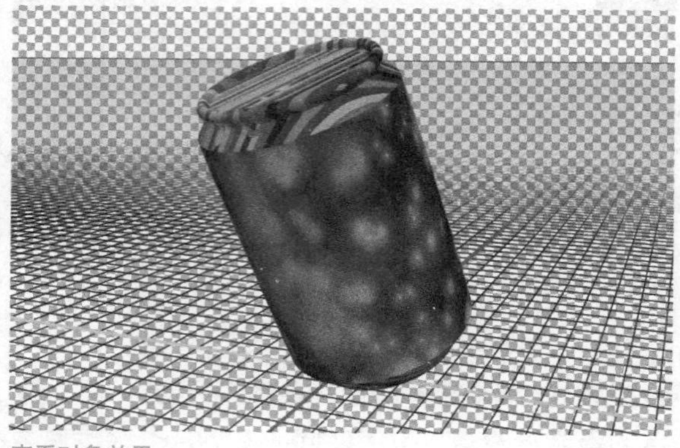

查看对象效果

14.3.3 栅格化3D图层

当使用3D工具或其他命令对3D对象完成相应的编辑操作后，可对3D图层进行栅格化，将其转换为2D图层。栅格化3D图层后会保留3D场景的外观，但其格式则为普通图层。

栅格化3D图层的方法是在“图层”面板中右击该图层，在弹出的快捷菜单中选择“栅格化”选项。即可将3D图层转换为普通图层。

3D图层和图像效果

普通图层和图像效果

14.3.4 创建灰度网格

在 3D 面板中单击“从灰度新建 3D 网格”单选按钮，然后单击“创建”按钮，可以将图像转换为深度映射效果，从而将明度值转换为深度不一的表面。原图像中较亮的区域生成表面凸出的区域，较暗的取样则生成凹下的区域。

Photoshop 将深度映射应用于平面、双平面、圆柱体和球体这 4 个形状，以创建 3D 模型。

原图像

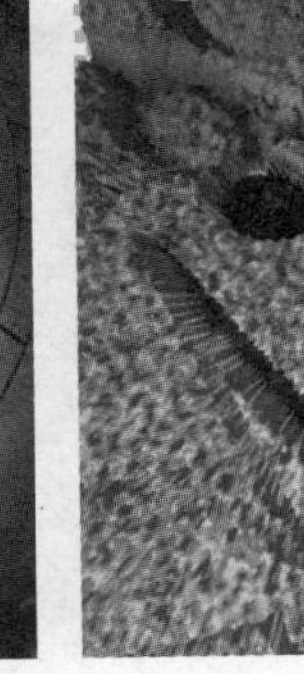
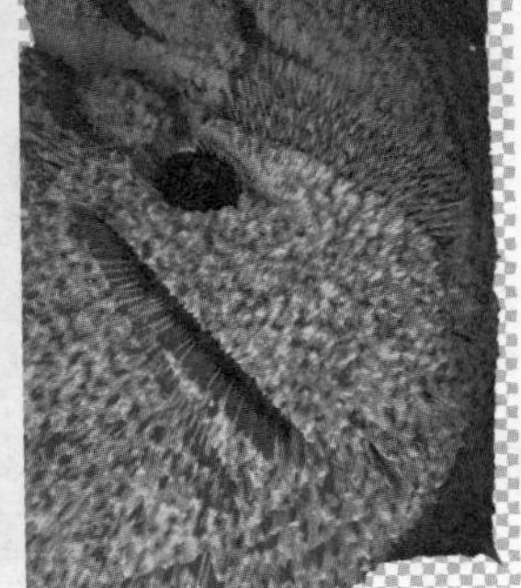
“平面”形状

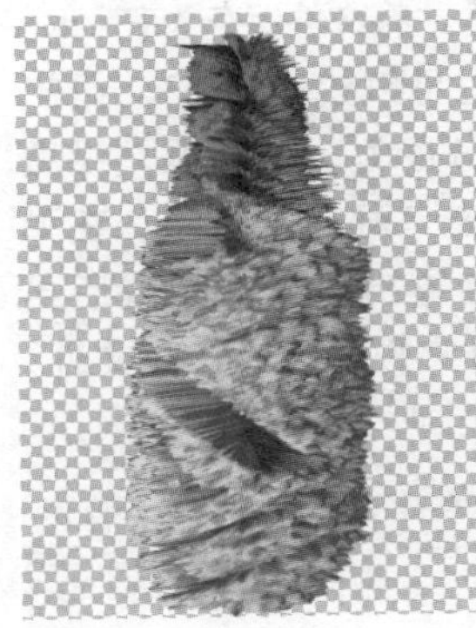
“圆柱体”形状

“球体”形状

14.3.5 “3D凸纹对象”选项

在 Photoshop 中，要针对选区创建 3D 对象则需要使用到“3D 凸纹对象”选项。在创建了选区或路径的情况下可以使用该命令，它可针对选区或路径的内容进行 3D 对象创建。执行“窗口 > 3D”命令，打开 3D 面板，然后在“属性”面板中设置参数，下面对参数选项进行介绍。

❶ **网格**：在其中的“图像预设”下拉列表中可以选择系统预设的模型效果，并可对3D对象的阴影和投影进行设置。

❷ **材质**：可分别选择3D模型不同部分的使用材质，从而调整3D效果。

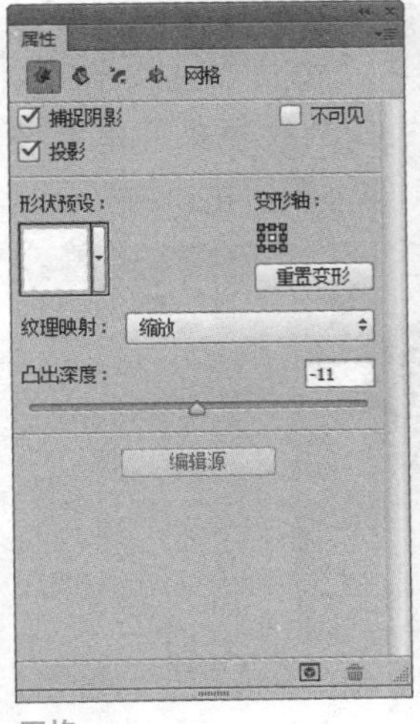

网格

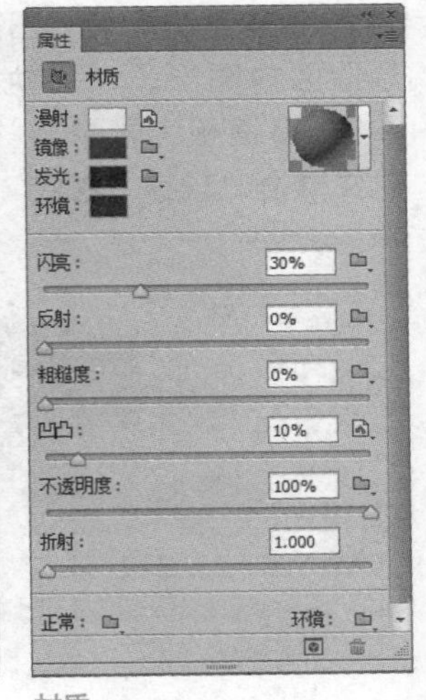

材质

3D 相机

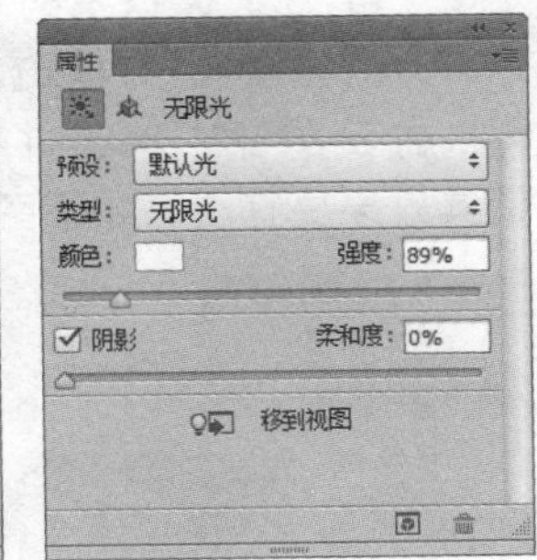

无限光

❸ **3D照相机**：可分别对视图和视野及3D对象的景深进行调整设置。

❹ **无限光源**：主要针对3D模型选择不同的场景进行渲染，如光照类型、视图效果、渲染设置等。

实战 针对选区创建3D对象

01 打开“实例文件\Chapter 14\Media\气球.jpg”图像文件，单击矩形选框工具，在图像中拖动绘制矩形选区，如下图所示。

打开图像并绘制选区

02 双击解锁“背景”图层，然后反选选区并删除选区内图形。然后执行“窗口 >3D”命令，弹出 3D 面板，再单击“3D 凸纹对象”单选按钮并单击“创建”按钮，如下图所示。

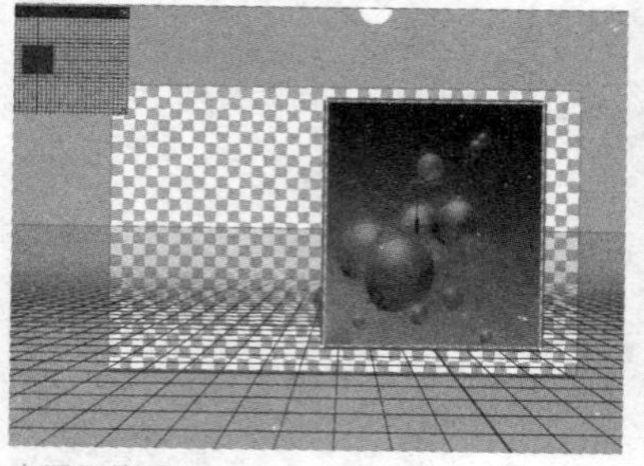

查看图像效果

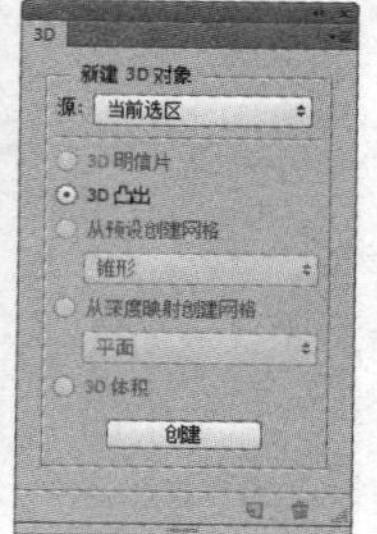

点选“3D 凸纹对象”

03 在“属性”面板中的“变形”选项组中单击选择一个形状，并单击“旋转 3D 对象”按钮，再在图像中单击并拖动，旋转形状效果，使其效果更直观，如下图所示。

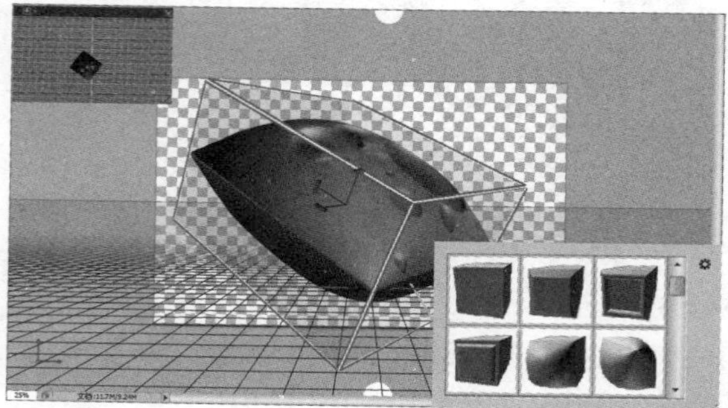

设置 3D 形状

04 继续在“属性”面板的各个选项组中设置参数，设置过程中可结合“旋转 3D 对象”按钮对效果进行查看，完成后单击工具箱中任意按钮，如下图所示。

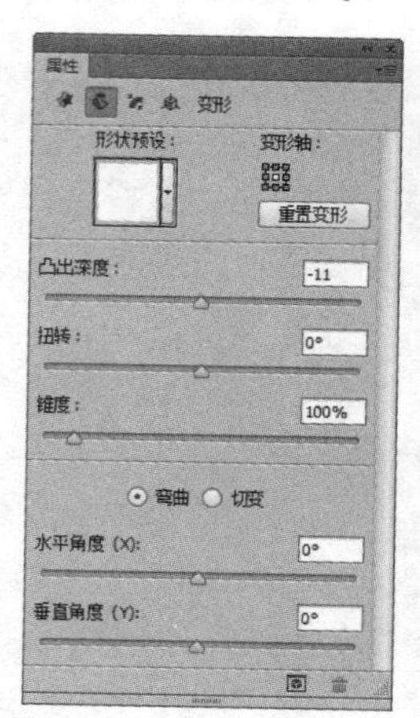

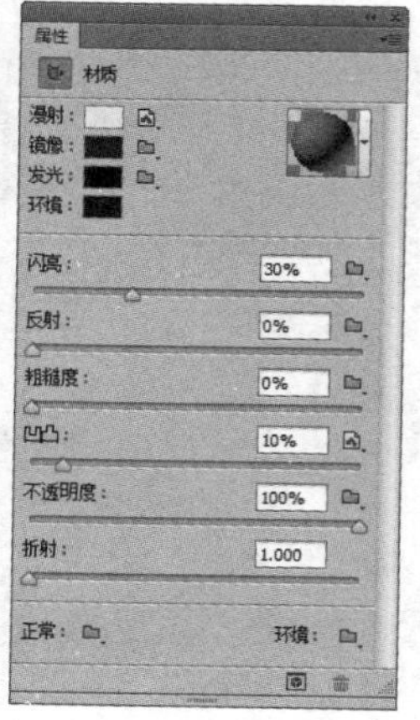

设置凸纹参数和选项

05 此时可以看到，通过选区结合“3D 凸纹对象”选项快速赋予图像 3D 形状效果，创建了一个抱枕形状的 3D 对象。单击 3D 对象缩放工具，将抱枕对象适当放大，如下图所示。

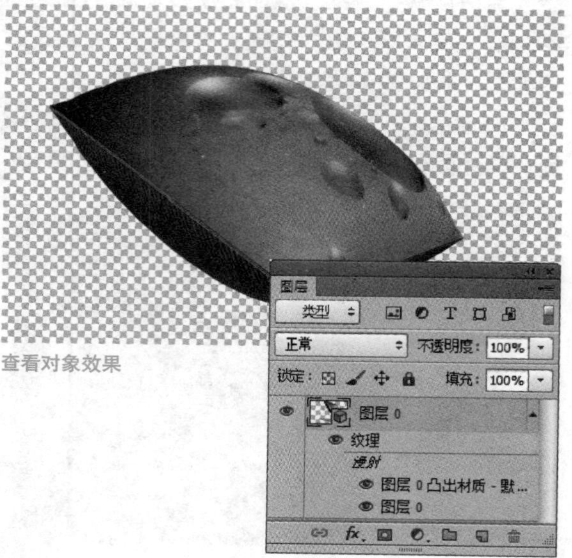

查看对象效果

06 执行“文件 > 存储”命令，将文件保存为 Photoshop 自带的文件格式，也可以执行“3D> 导出 3D 图层”命令，弹出“另存为”对话框，设置名称和 3D 格式文件后单击“确定”按钮。在弹出的对话框中进一步设置导出选项，完成后再次单击“确定”按钮，将文件导出为 3D 文件，如下图所示。

导出 3D 文件

值得注意的是，虽然导出文件的格式不同，但都可以在相应的存储位置找到导出后的 3D 格式文件，同时也将“背景”图层自动存储为单独的 PSD 格式文件。

14.4 应用视频图层

使用 Photoshop 可以编辑视频的各个帧、图像序列文件、编辑视频和动画。除了可以使用任意 Photoshop 工具在视频上进行编辑和绘制外，还可以对其使用滤镜，进行蒙版、变换等编辑。在 Photoshop 中还可以将编辑后的视频图层存储为 PSD 格式文件，使其能在 Premiere Pro 和 After Effects 等应用程序中进行播放。下面对视频图层的创建、编辑等操作进行介绍。

14.4.1 创建视频图层

在 Photoshop 中，可以通过将视频文件添加为新图层或创建空白图层的方法来创建新的视频图层。

1. 打开文件

执行“文件 > 打开”命令，直接打开一个包含视频的文件，此时在“图层”面板中将显示对应的视频图层。

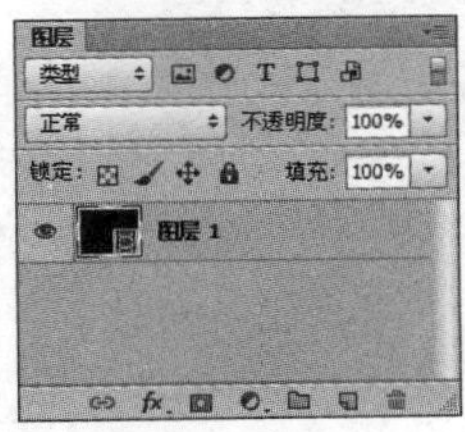

新建视频图层

2. 将视频文件添加为新的视频图层

执行“图层 > 视频图层 > 从文件新建视频图层”命令，在弹出的“添加视频图层”对话框中选择视频或图像序列文件，然后单击“打开”按钮，在原始图层的基础上添加新的视频图层。

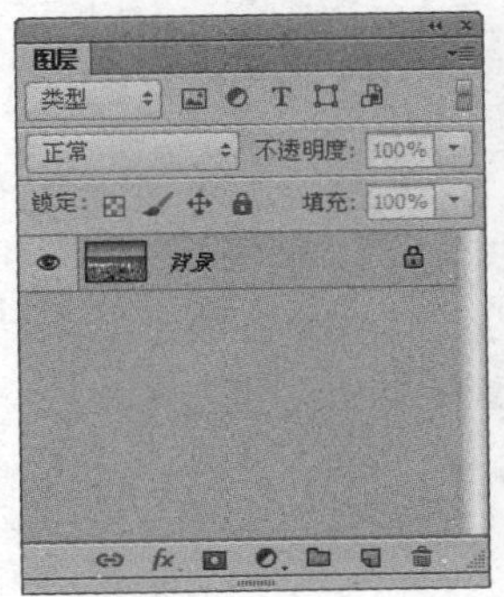

创建视频图层前

创建视频图层后

3. 添加空白视频图层

执行“图层 > 视频图层 > 新建空白视频图层”命令，即可添加空白的视频图层。

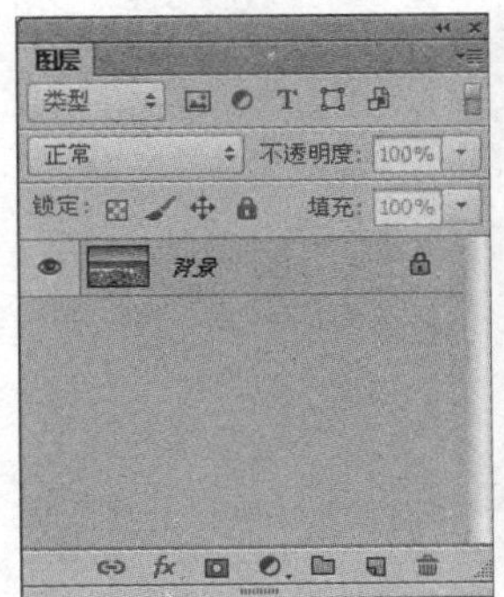

创建视频图层前

创建空白视频图层后

14.4.2 替换素材和解释素材

Photoshop 会试图保持源视频文件和视频图层之间的链接，如果由于某些原因导致视频图层和引用源文件之间的链接损坏，在“图层”面板中将出现黄色叹号形状的警告图标，此时将会中断文件与视频图层之间的链接。

执行“图层 > 视频图层 > 替换素材”命令，在弹出的对话框中将视频图层重新链接到源视频文件，也可选择其他的视频文件进行链接。完成后即可在“图层”面板中看到替换素材后的视频图层。

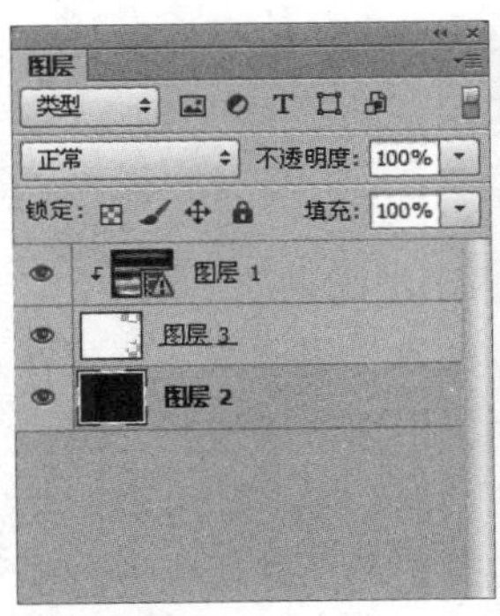

视频链接损坏

替换视频素材

值得注意的是，如果要使用包含 Alpha 通道的视频或图像序列，则一定要使用“解释素材”命令，指定 Photoshop 如何解释已打开或导入的视频 Alpha 通道和帧速率。

选择要解释的视频图层后，执行“图层 > 视频图层 > 解释素材”命令，打开“解释素材”对话框，下面分别对其选项进行介绍。

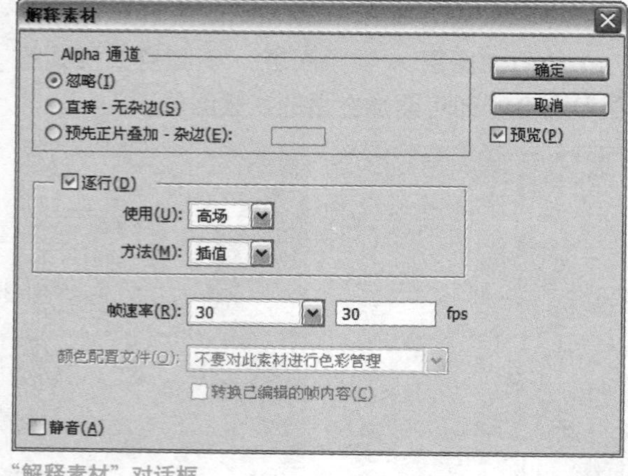

"解释素材"对话框

❶ **"Alpha通道"选项组**：在其中单击不同的单选按钮即可指定解释视频图层中Alpha通道的方式。需要注意的是，在素材包括Alpha通道时此选项组才可用。单击"预先正片叠加"单选按钮，即可对通道使用预选正片叠底所使用的杂边颜色。

❷ **"帧速率"下拉列表**：在该下拉列表中可指定每秒播放的视频帧数。

❸ **"颜色配置文件"下拉列表**：在该下拉列表中可选择一个配置文件对视频图层中的帧或图像进行色彩管理。

14.4.3 视频图层的编辑

下面介绍在 Photoshop 中对各个视频帧中进行的相关编辑操作，包括创建动画、添加内容以及清除不必要的细节效果。

1. 指定图层在视频或动画中出现的时间

Photoshop 提供了多种方法用于指定图层在视频或动画中出现的时间，下面分别进行介绍。

第一种是在"动画"面板中选择图层，然后将光标放置在图层持续时间栏的开头，当出现黑色双向箭头时单击并拖动，即可调整该图层时间栏的显示。不显示的区域呈透明显示，显示的区域呈紫色显示。定位出点的方式和定位入点的方式相同，不同的是要将光标移动到图层持续时间栏的结尾位置。

拖动时间栏指定入点

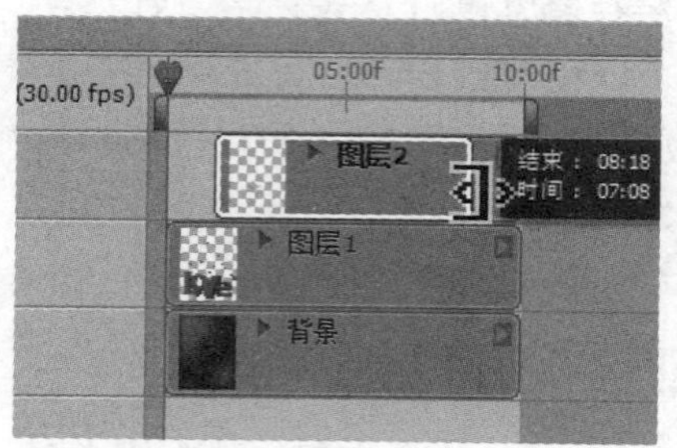

拖动时间栏指定出点

第二种方法是在"动画"面板中选择紫色图层，在持续时间栏上单击并直接拖动，将其拖动到指定出现的时间轴部分即可。

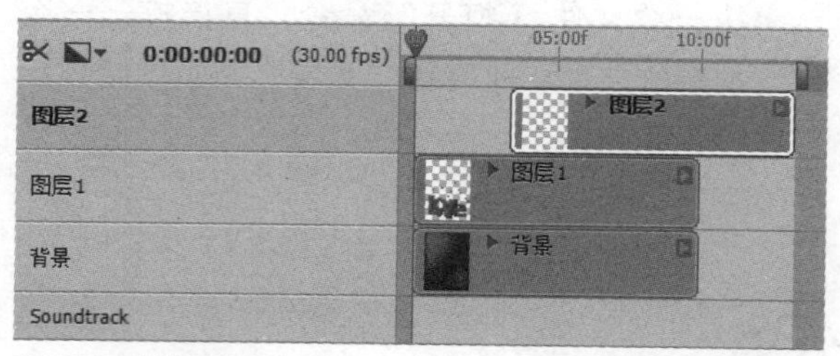

拖动图层持续时间栏

第三种方法是将当前时间指示器拖动到要作为新的入点或出点的帧上，并在"动画"面板中单击扩展按钮，在弹出的扩展菜单中选择"将图层开头裁切为当前时间"选项即可。

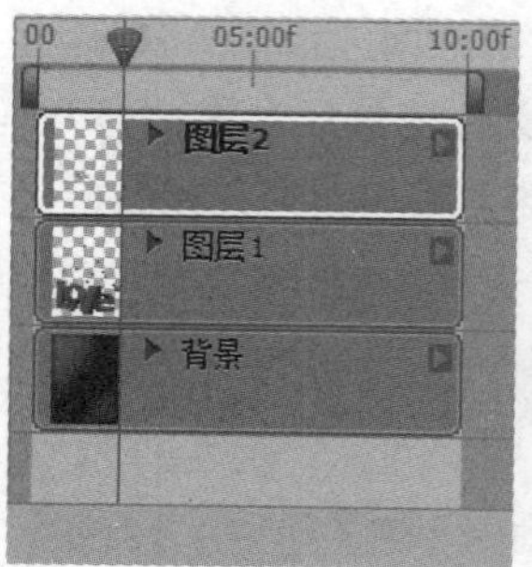

拖动时间指示器

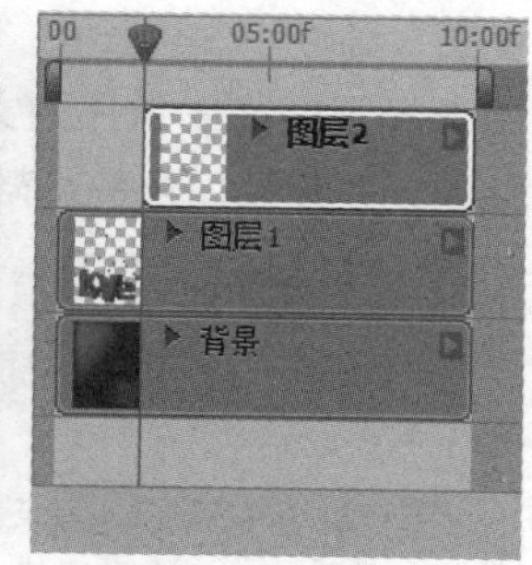

将图层开头裁切为当前时间

第四种方法是设置关键帧，更改图层在特质时间或帧位置的“不透明度”，从而指定图像时显示或隐藏。当“不透明度”为100%时为显示，当“不透明度”为0%时为隐藏。

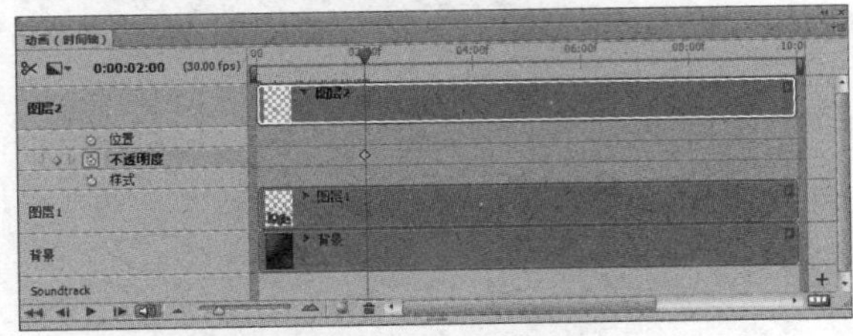
设置图层显示的关键帧，图像“不透明度”为100%

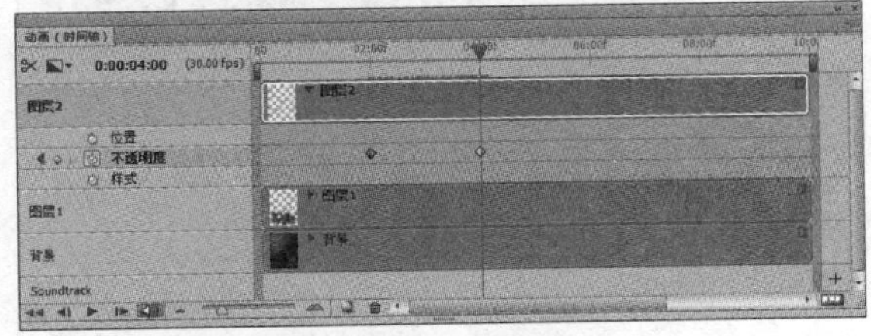
设置图层隐藏的关键帧，图像“不透明度”为0%

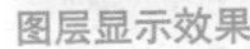
图层显示效果　　图层隐藏效果

2. 设置工作区

工作区域是指在“动画”面板中时间轴显示的区域。调整工作区的大小非常简单，将光标移动到“工作区域开头”图标或“工作区域结尾”图标上。当光标变为黑色双向箭头时单击并拖动相应的图标，即可调整工作区域的大小。

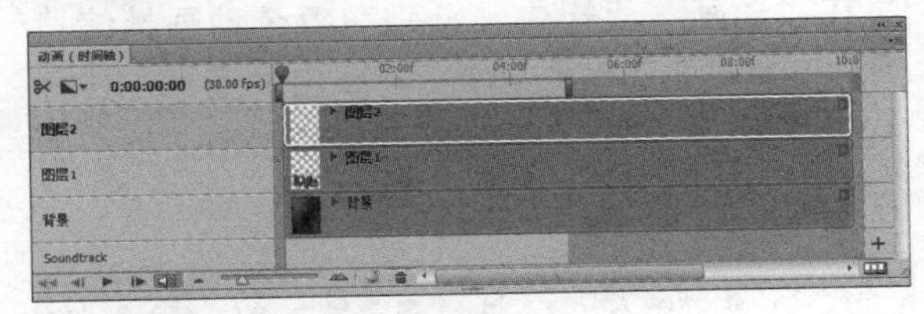
调整工作区域大小

3. 撤销工具区和抽出工作区

在“动作”面板中单击扩展按钮，在弹出的扩展菜单中选择“撤销工作区域”选项或“抽出工作区域”选项，对视频或动画图层上的部分内容进行删除。

值得注意的是，执行该操作的前提是对工作区域进行了大小调整，调整后选择相应的选项，即可删除选定图层中素材的某个部分，而将统一持续时间的间隙保留为已移去的部分。

4. 拆分图层

拆分图层是指在指定帧处将视频图层拆分为各个新的视频图层。

拆分图层的方法是在“动画”面板中单击扩展按钮，在弹出的扩展菜单中选择“拆分图层”选项。值得注意的是，拆分后，选定图层将被复制并显示在面板中原始视频图层的上方。原始图层从开头裁切当前时间，而复制得到的图层从结尾裁切当前时间。

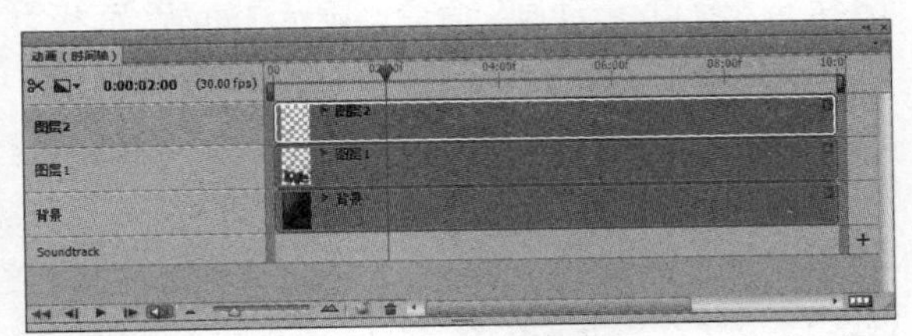
原始图层

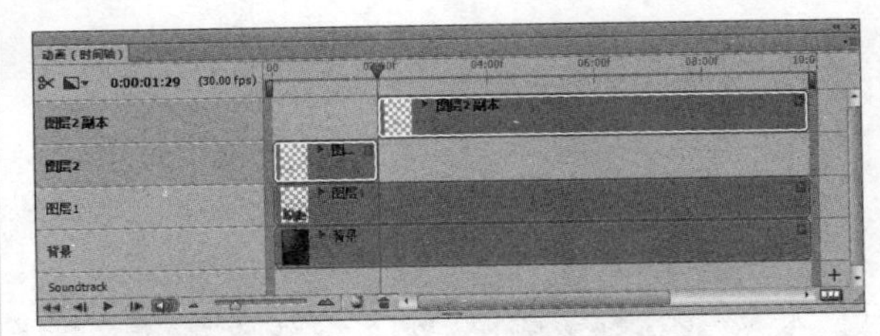
拆分图层的效果

14.5 帧动画和时间轴动画

在Photoshop中使用“动画（帧）”面板创建动画帧，每个帧表示一个图层配置。也可以通过“动画（时间轴）”面板使用时间轴和关键帧创建动画，下面分别进行介绍。

14.5.1 创建帧动画

帧动画主要针对的是图层的配置来进行的。

实战 创建帧动画效果

01 打开“实例文件\Chapter 14\Media\图像.psd”图像文件，单击“指示图层可见性”按钮，将除“背景”图层外的所有图层隐藏，图像效果如下图所示。

打开图像并隐藏图层

02 执行“窗口 > 动画”命令，显示“动画”面板，此时默认情况下显示为一个动画帧，如下图所示。

显示“动画”面板

03 在“动画”面板中单击“复制所选帧”按钮，复制出第二个动画帧，并在“图层”面板中单击“图层 2”的“指示图层可见性”按钮，显示“图层 2”，如下图所示。

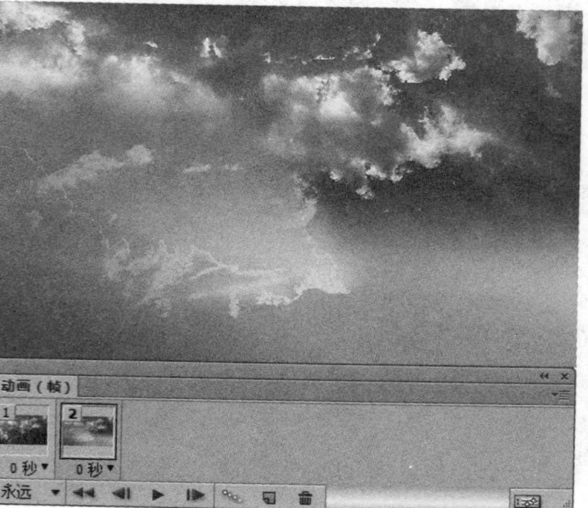

复制动画帧并显示“图层 2”

04 再次在“动画”面板中单击“复制所选帧”按钮，复制出第 3 个动画帧，在“图层”面板中将“图层 3”显示出来，如下图所示。

继续复制动画帧并显示图层

05 使用相同的方法，陆续将“图像”文件中除“背景”图层外的 5 个图层显示出来，并在“动画”面板中创建出 6 个动画帧，如下图所示。

复制动画帧并显示其他图层

06 在“动画”面板中，分别在每个动画帧缩览图右下角单击下拉按钮，在弹出的面板中选择 0.2 选项，将该帧的播放时间设置为 0.2 秒，如下图所示。

设置播放时间

07 选择第6帧，单击“过渡动画帧”按钮，打开“过渡”对话框并设置添加的帧数及过渡方式后，单击“确定”按钮，如下图所示。

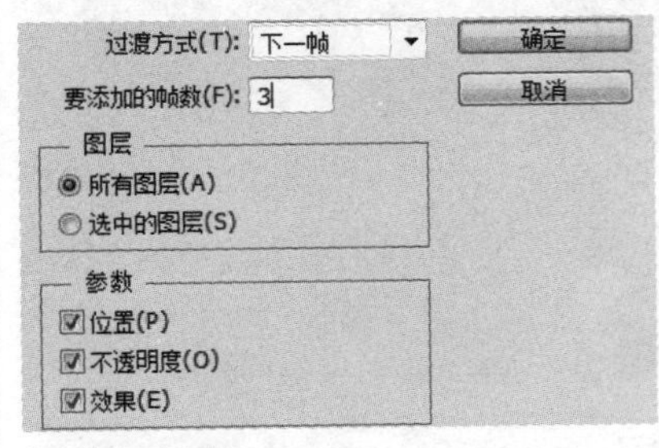

“过渡”对话框

08 此时在“动画”面板中可以看到，在第6帧后新添加了3个动画帧，如下图所示。

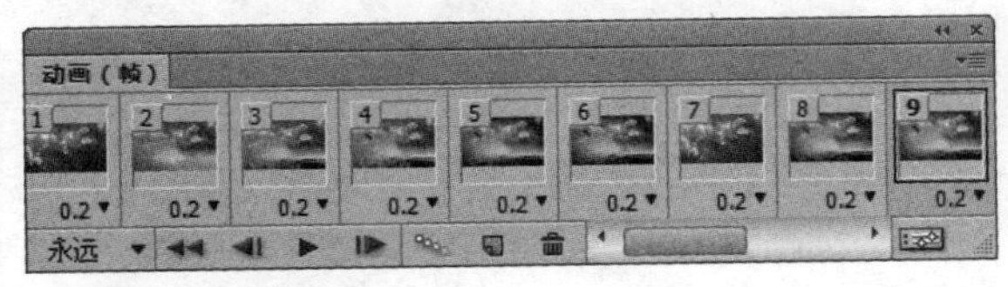

查看添加的动画帧

09 单击第9帧，在该动画帧的缩览图右下角单击下拉按钮，在弹出的面板中选择1选项，将该帧动画的播放时间设置为1秒。完成后单击“播放动画”按钮，此时在图像中预览动画效果，如下图所示。

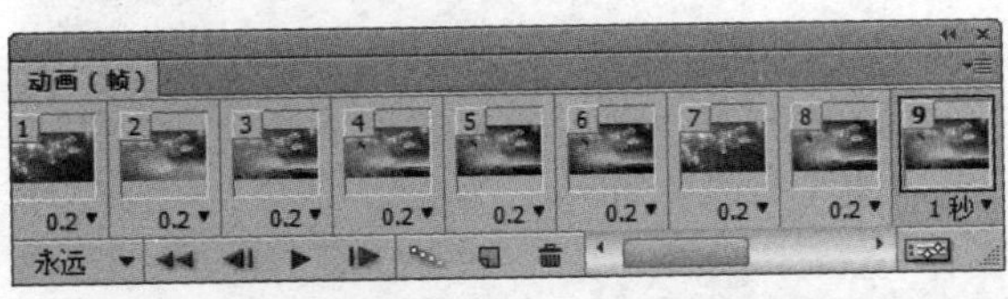

预览动画效果

14.5.2 创建时间轴动画

时间轴动画中有个概念叫关键帧，在“动画”面板中可通过在时间轴中添加关键帧设置各个图层在不同时间的变换，从而创建动画效果。

可以使用时间轴上自身控件质感的调整图层的帧持续时间，设置图层属性的关键帧并将视频的某一部分指定为工作区域。

实战 时间轴动画的创建

01 打开“实例文件\Chapter 14\Media\网.psd”图像文件，执行“窗口 > 动画”命令显示“动画”面板。单击“转换为时间轴动画”按钮，将“动画”面板转换到“时间轴”动画下的状态，如下图所示。

打开图像

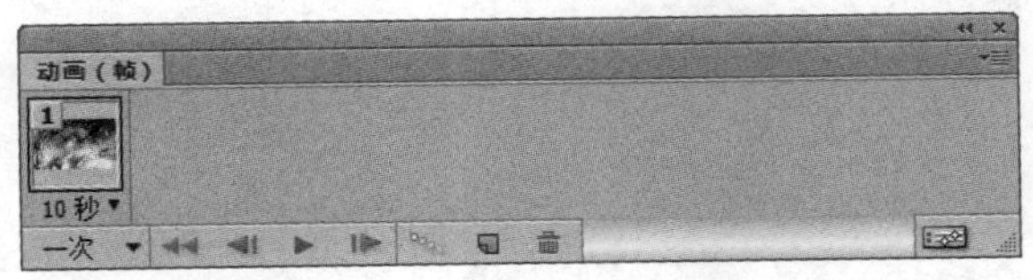

“动画（帧）”面板

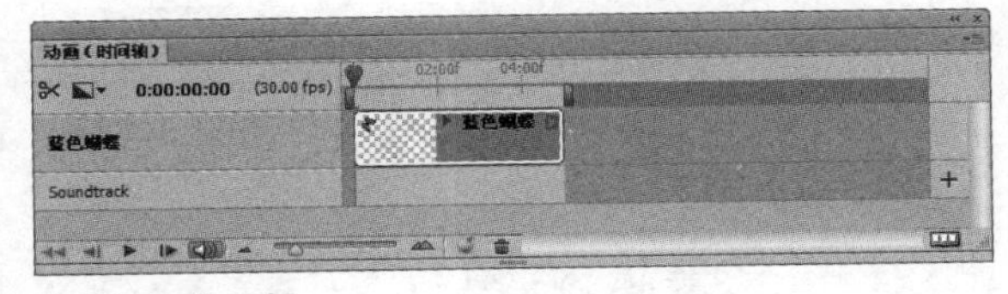

转换“动画”面板

02 在“动画”面板中单击扩展按钮，在弹出的扩展菜单中选择“文档设置”选项，打开“文档设置”对话框，在“持续时间”中设置新的时间后单击“确定”按钮，如下图所示。

设置持续时间

03 此时在“动画”面板中可以看到时间轴上的时间有所变化，如下图所示。

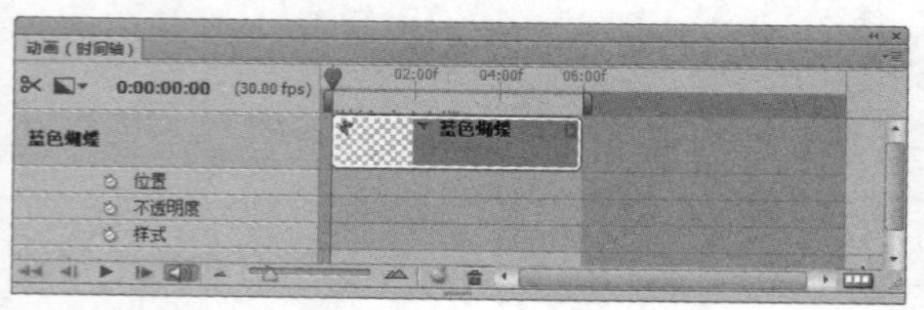

查看时间轴

04 单击“位置”选项前的“时间-变换秒表”按钮，在入点时间位置创建一个位置关键帧，在该位置出现一个黄色菱形小方块，表示该帧即为关键帧。使用相同的方法在“不透明度”选项的该位置也创建一个不透明的关键帧。在“图层”面板中设置“蓝色蝴蝶”图层的“不透明度”为 50%，此时图像效果如下图所示。

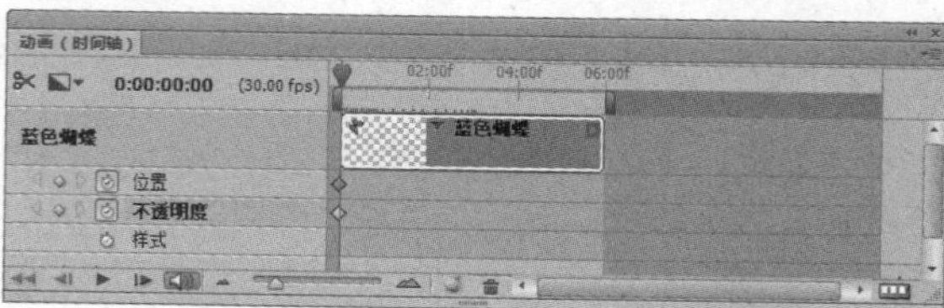

在入点创建关键帧

05 在“动画”面板中拖动时间指示器到 01:00 时间码的位置后，设置“蓝色蝴蝶”图层的“不透明度”为 100%，此时自动在该时间创建一个关键帧，对该变换进行记录。同时单击移动工具，将蝴蝶的位置进行拖动，此时也自动在该时间位置创建一个记录图像位置移动的关键帧，图像效果如下图所示。

继续插入关键帧

06 继续在“动画”面板中拖动时间指示器到 02:00 时间码的位置，并使用移动工具调整文字位置，自动创建关键帧记录位置。拖动时间指示器到 03:00 时间码的位置，设置“蓝色蝴蝶”图层的“不透明度”为 20%，自动创建关键帧，记录图像透明和不透明效果，此时在图像中可以看到蝴蝶出现淡淡的透明效果。

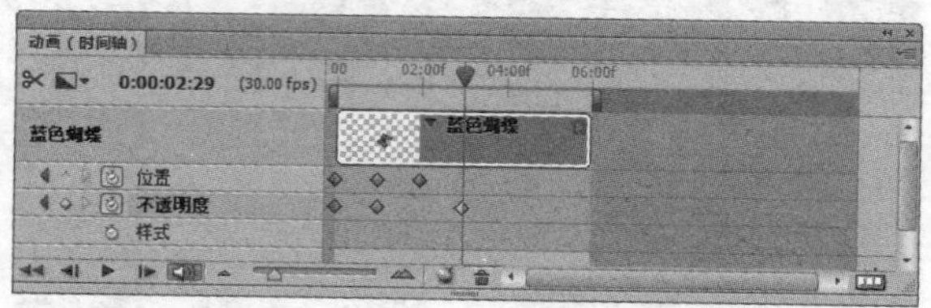

再次插入关键帧

07 继续拖动时间指示器到04:00时间码的位置，设置“蓝色蝴蝶”图层的“不透明度”为100%，自动创建一个记录图像不透明度的关键帧，此时将蝴蝶图像重新显示在图像中，如下图所示。

继续插入关键帧

08 继续拖动时间指示器到05:00时间码的位置，将“蓝色蝴蝶”图层的“不透明度”调整为0%，自动创建一个关键帧，通过这两个步骤中关键帧的设置，使蝴蝶在该位置出现闪烁效果，如下图所示。

插入关键帧制作闪烁效果

09 将时间指示器拖动到接近05:16时间码位置，设置“蓝色蝴蝶”图层的“不透明度”为100%，拖动蝴蝶，使其向右移动，完成全部关键帧的创建，图像效果如下图所示。

继续插入关键帧

10 拖动时间指示器到接近06:00时间码位置，将蝴蝶调整到图像外，使其消失，添加关键帧，图像效果如下图所示。

继续插入关键帧

11 单击“播放”按钮▶预览动画效果，蝴蝶从左上角逐渐明显地移动到图像中心，并在图像中心进行闪烁，然后继续向右移动直到消失。

疑难解答

001

Q 如何在图像中显示 3D 操纵杆？

A 3D 操纵杆需要 OpenGL 绘图功能的支持，按下快捷键 Ctrl+K 打开“首选项”对话框。在“性能”选项面板中勾选“使用图形处理器”复选框，完成后单击“确定”按钮，从而启用了 3D 加速功能。此时重新启动 Photoshop，即可在 3D 图像中显示 3D 操纵杆。

002

Q 在 Photoshop 中如何校正像素长宽比？

A 在 Photoshop CS6 中执行“视图 > 像素长宽比校正”命令即可校正像素长宽比。使用该命令可以查看图像在由方形像素组成的显示器上的显示效果。值得注意的是，像素长宽比校正仅用于预览。

003

Q 有快捷键可以控制视频或动画的播放吗？

A 在“动画”面板中单击“播放动画”按钮▶即可播放动画。或者按下空格键对动画或视频进行自动播放，再次按下空格键时，视频或者动画即会停止部分。

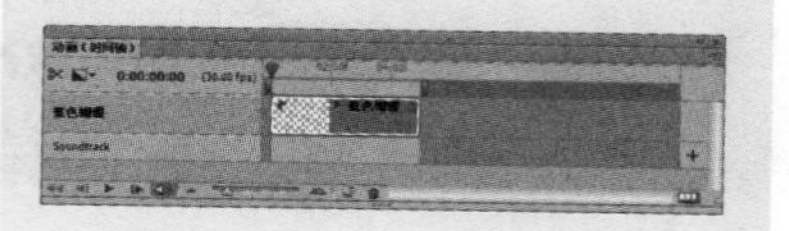

004

Q 时间轴动画中的出点和入点是什么含义？

A 在一段视频或动画中，第一个出现的帧被称为“入点”，而最后一个出现的帧被称为“出点”。掌握出点和入点的概念，能更好地帮助读者理解时间轴动画的编辑理念。如下图所示，从左至右的蓝色按钮分别为入点和出点。

005

Q 如何在 3D 面板中启用“删除光源”按钮？

A 3D 面板中的“删除光源”按钮不可用是因为没有在场景栏中选择相应的光源。在 3D 面板的场景栏中单击选择了相应的光源后会自动激活 3D 面板中的“删除光源”按钮，此时单击该按钮则将选择的光源删除，图像效果也会因为光源被删除而发生变化。

006

Q 如何让动画只播放一次或 3 次？

A 在“动画”面板中单击“播放动画”按钮▶，即可播放动画。此时默认为循环播放，若要对此进行调整可单击“永远”按钮旁的下拉按钮▾，在弹出的菜单中选择“一次”选项即只播放一次动画，选择“3 次”选项则播放 3 次，可根据实际情况调整播放设置。

Chapter

15

动作与自动化

动作和自动化命令是 Photoshop 用于减少重复操作、提高工作效率和操作精准度的重要功能。本章将讲解动作的创建、编辑和应用操作，同时介绍最常用的自动化命令，如“批处理”、“合成全景图”、“合并到 HDR Pro”命令等。

设计师谏言

在设计中常常有一些操作需要重复进行，且操作步骤较为简单，此时就可以使用Photoshop中的动作和自动化功能。动作可以快速自动地对图像进行相关操作和调整，而自动化命令则可以快速进行批量处理，从而提高操作流程的精准度和设计作品的制作速度。

设计百宝箱 平面设计之印刷前期准备

平面设计作品使用电脑进行版面编排以后还只是平面化的效果图，对作品进行输出后才能真正成为商业成品。印刷前期的准备工作与输出质量息息相关，也会影响到整个成品的最终效果。在进行作品输出前，需要根据作品应用的领域及方式进行最后的版面检查，这也是平面设计中的一个关键步骤。下面针对平面设计印刷前的准备知识进行讲解，希望帮助读者完整地掌握平面设计制作的全过程。

Point 01 出血

平面设计中出血的主要作用是为了保证版面的完整性，避免版面中的重要信息被切除。在版面编排中出血非常重要，它影响着整个版式设计的视觉效果以及版面结构。一般出血部分是在版面的四周沿边多留 3mm，也就是说要比成品的尺寸多 3mm，从而确保版面的完整性。如果需要制作 A4 大小的文件，而成品尺寸的要求是 210mm×285mm，那么在建立页面尺寸时就需要做成 216mm×291mm。

出血线标注

报纸广告是不需要留出血的，因为报纸广告不需要裁切。照片类产品的制作一般按照成品也不需要留出血。喷绘与写真类制品主要用于户外或装裱使用，在制作过程中需要根据实际应用来考虑留边数量。出血要根据具体情况进行考虑，如果加上版面美观方面的考虑，有时甚至需要留出 1 厘米 ~2 厘米的边。在处理 DM 的异型版面时，出血的大小可根据版面的需要适当加大，以保证 DM 单折叠后效果的美观与信息的完整性。

Point 02 线法规定

在平面设计中需要使用不同的线条对版面进行划分，区分版面中什么是有效版面，什么是会被切除的面积，下面就对平面设计中常用的角线与十字规线进行介绍。

1. 角线

角线是在拼版或印后加工裁切中校准使用的，在发菲林片之前必用。角线一般设置线长为 5mm，线宽为 0.07mm，分别在版面的四角。图文印入纸张，四角的角线也必须印齐全。在版面编排时应注意角线的设置。由于采用 CMYK 四色印刷，角线也分为四色，CMYK 颜色版面都要有角线才能套位。如果只印刷成单一的黑色，其他三块板没有角线就很难套准，这将给印刷带来巨大困难。

2. 十字规线

十字规线主要用于检查版面套印情况，多色印刷校版时通常以这种十字线是否套准为依据。对于两色以上需要套准的印版来说，十字线具有非常重要的作用，是不可缺少的。校版至少需要有两个十字线，一般会根据版面的大小和套准的要求设置多个十字线。如果只有两个十字线，则通常放置在纸张左右两边的中间位置，其他更多的十字线则作为校准的参考。当版面非常紧张时也可采用丁字线，使丁字线的竖边紧贴着图文部分，分别编排在版面的四角。更节省的方法是把十字线放置在成品上，但必须放置在成品成型后外观不可能看到的位置。这样当纸边裁切出现波浪边时，也可准确检查印刷过程中的拉规工作是否稳定。

角线

十字规线

Point 03 文字与图片输出要求

在平面设计中，文字与图片的输出设置直接影响输出后平面设计的成品效果。因此，图片与文字的输出设置非常重要。在图像的输出过程中，分辨率会直接影响整个图像的效果。图像的分辨率即图像中每英寸图像所含的点或像素。相同打印尺寸的图像，高分辨率图像比低分辨率图像所含的像素更多，且像素点较小，因此印刷效果也更精美。下面分别对文字与图像输出前的要求进行介绍。

1. 文字

文字作为平面设计中的主要信息传递要素，在输出文件之前首先要对文字的准确性进行核实，以确保信息的准确性。在印刷黑色文字时，需要将文字由四色文字改为单色文字，如 C0、M0、Y0、K100，单色文字印刷可以避免套印不准时出现的重影现象。

2. 图片

在编排过程中，输出成品的分辨率一般要在 300dpi 以上。如果图片分辨率过低，印刷效果就会很模糊。另外，印刷图像的颜色模式应为 CMYK，要将其他模式转为 CMYK 模式，避免印刷成品出现色彩偏差过大的情况。

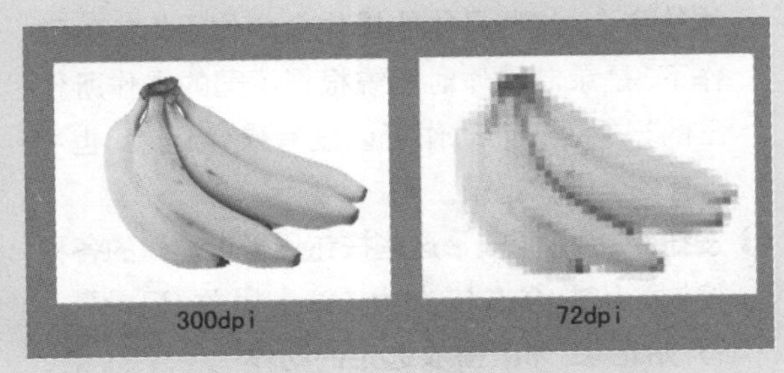

高分辨率与低分辨率的对比

15.1 动作的应用

动作是Photoshop中的一大特色功能，它是指在单个文件或一批文件上播放一系列的任务集合，它将执行过的操作、命令及参数记录下来，当需要再次执行相同操作或命令时可以快速调用，从而实现高效设计。

15.1.1 认识“动作”面板

要运用动作对图像进行调整，首先应对“动作”面板有一个全面的掌握。通过“动作”面板可进行动作的创建、载入、录制和播放等操作。执行“窗口 > 动作”命令即可显示“动作”面板，下面分别对面板中的选项进行详细介绍。

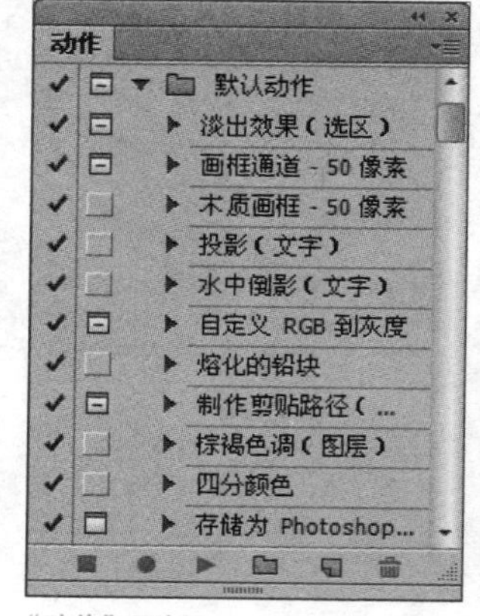

“动作”面板

❶“默认动作”组：打开“动作”面板后可以看到，默认情况下仅“默认动作”一个动作组，其功能与图层组类似，用于将各个动作进行归类，将相似的动作收罗在该动作组中。

❷单个动作：单击动作组前面的三角形图标▶即可展开该动作组，在其中可看到该组中具体包含的动作。这些动作是由多种操作构成的一个命令集合。

❸操作命令：单击动作前面的三角形图标▶即可展开该动作，在其中可以看到动作中所包含具体的命令，这些具体的操作命令位于相应的动作下，是录制动作时系统根据不同的操作所作出的记录，一个动作可以没有操作记录，也可以有多个操作记录。

❹按钮组■ ● ▶：这些按钮用于对动作的各种控制，从左至右依次为“停止播放/记录”、“开始记录”和“播放选定的动作”。

❺“创建新组”按钮：单击该按钮即可创建一个新的动作组，弹出“新建组”对话框，在其中即可设置新创建动作组的名称。

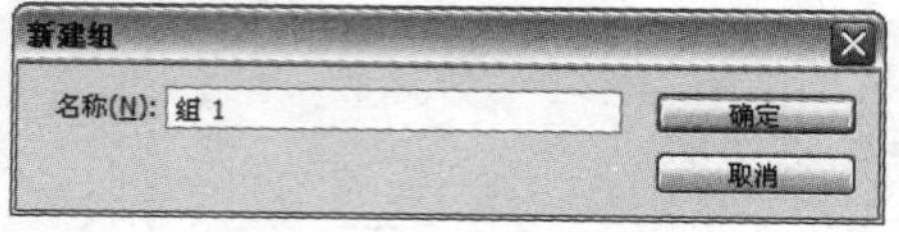

“新建组”对话框

❻“创建新动作”按钮：单击该按钮即可弹出“新建动作”对话框，在“名称”文本框输入名称即可。

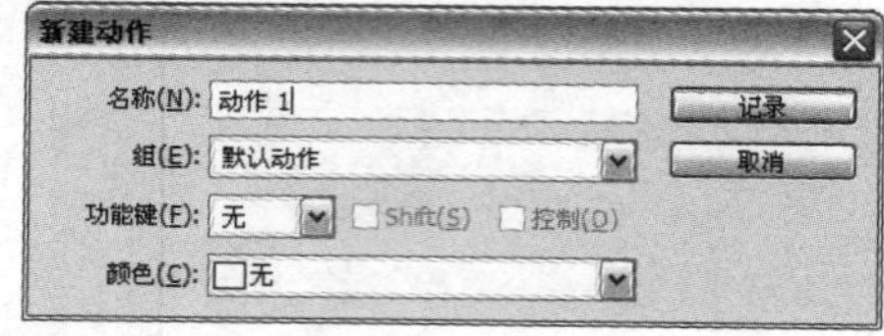

“新建动作”对话框

❼“删除”按钮：单击该按钮即可打开询问对话框，单击“确定”按钮即可将选择的动作或动作组删除。

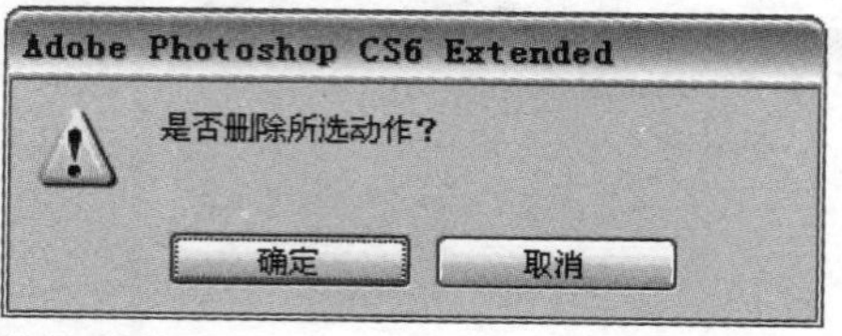

询问对话框

15.1.2 应用预设动作

应用动作预设是指将“动作”面板中已经录制的动作应用于图像文件或相应的图层上。其方法为选择需要应用预设的图层，在“动作”面板中选择需执行的动作，单击“播放选定的动作”按钮▶即可运行该动作。

实战 动作预设的应用

01 打开“实例文件\Chapter 15\Media\奇幻风景.jpg”图像文件，执行“窗口 > 动作”命令显示“动作”面板，如下图所示。

打开图像并显示“动作”面板

02 在“动作”面板中的“默认动作”组中选择“棕褐色调”，并单击面板的“播放选定的动作”按钮▶，如下图所示。

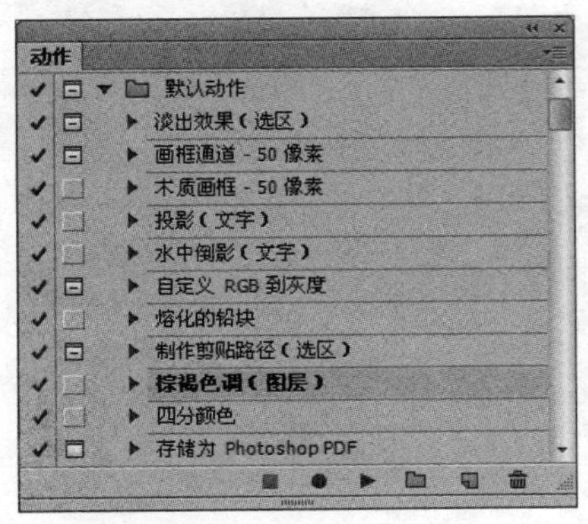

选择并播放动作

03 Photoshop 自动执行相应的命令和操作，在快速完成操作后可以看到，图像效果发生了改变。此时在“图层”面板中也可以看到，执行了相应的操作后“图层”面板上的图层也有所改变，如下图所示。

查看图像效果

15.1.3 创建新动作

除了 Photoshop 软件自带的这些动作组和动作以外，还可以将常用的操作或一些带有自创性的操作和命令创建为新的动作，以便使用时能快速调用，提高工作效率。这需要使用到“开始记录”按钮●和“停止播放/记录”按钮■。

实战 新动作的创建

01 打开“实例文件\Chapter 15\Media\静物.jpg”图像文件，执行“窗口 > 动作”命令显示出“动作”面板，如下图所示。

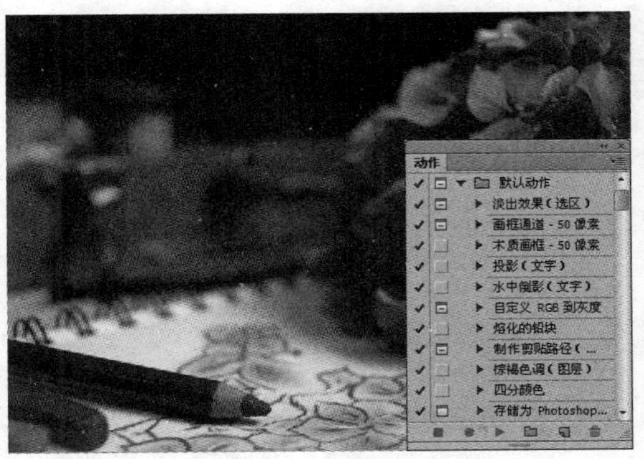

打开图像并显示“动作”面板

02 单击面板底部的“创建新组”按钮，在弹出的对话框中输入动作组名称后单击“确定”按钮。再单击“创建新动作”按钮，在弹出的对话框中输入名字，完成后单击“开始记录”按钮。此时处于动作录制状态时，“开始记录”按钮呈红色状态●显示。如下图所示。

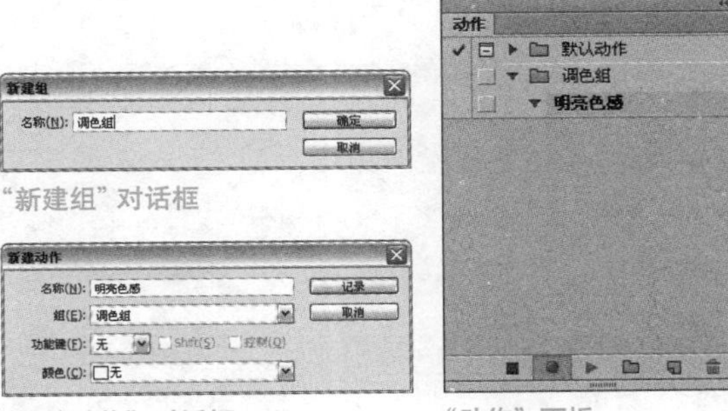

“新建组”对话框

“新建动作”对话框

“动作”面板

03 按下快捷键 Ctrl+M，弹出“曲线”对话框，添加并拖动锚点调整图像，完成后单击“确定”按钮。此时在“动作”面板上的“明亮色感”动作中记录了一个操作，如下图所示。

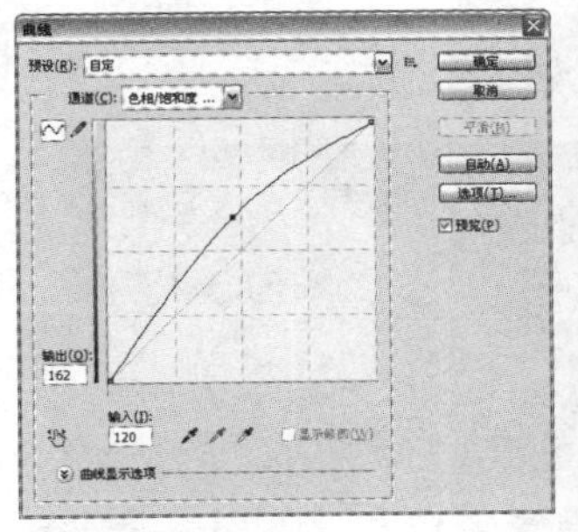

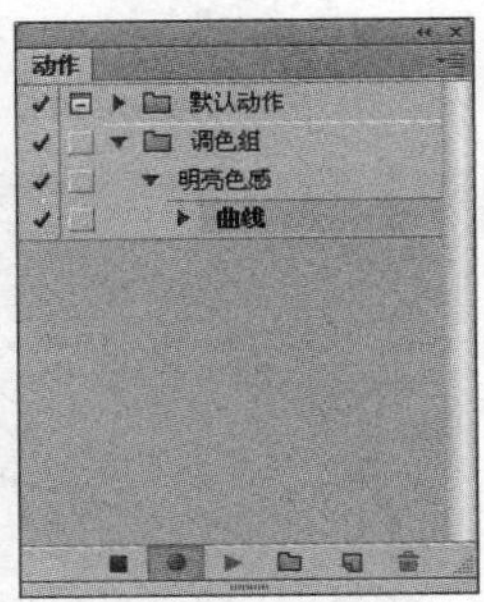

“曲线”对话框

“动作”面板

04 按下快捷键 Ctrl+L，打开“色阶”对话框，拖动滑块调整图像，完成后单击“确定”按钮。此时“明亮色感”动作中又增加了“色阶”命令操作的记录，如下图所示。

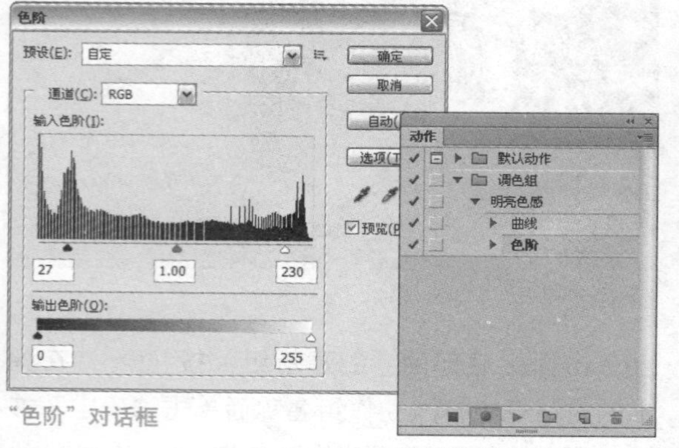

“色阶”对话框

“动作”面板

05 按下快捷键 Ctrl+U，打开“色相 / 饱和度”对话框。选择“红色”选项拖动滑块调整参数，完成后单击“确定”按钮，“明亮色感”动作中即记录相应的操作，如下图所示。

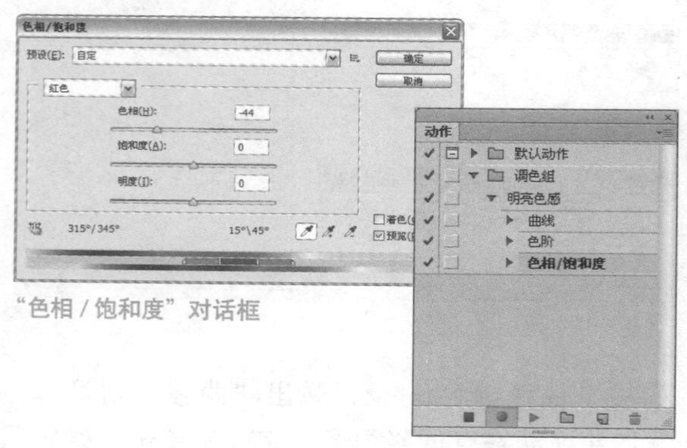

“色相 / 饱和度”对话框

“动作”面板

06 对效果满意后单击“停止播放 / 记录”按钮 ，即可退出动作的记录状态，完成动作的创建，此时图像效果及面板如下图所示。

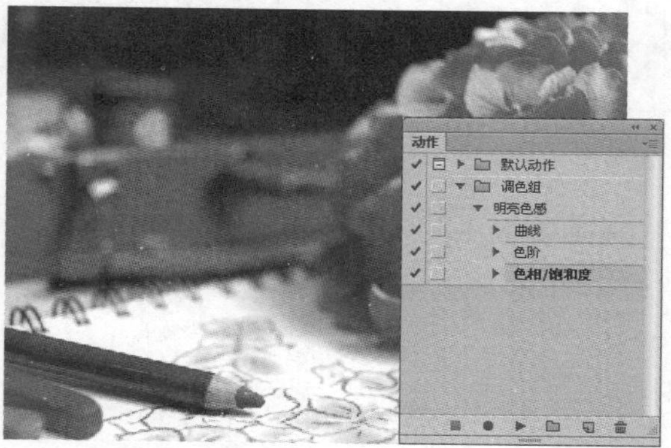

查看效果并退出动作记录状态

07 打开“实例文件 \Chapter 15\Media\ 花 .jpg”图像文件，如下图所示。

打开图像

08 在“动作”面板的“调色组”动作组中选择“明亮色感”动作，单击“播放选定的动作”按钮 ，此时 Photoshop 自动执行相应操作，得到的效果如下图所示。

应用新建的动作调整后的效果

15.1.4 添加动作组

除了默认动作组外，Photoshop 自带了多个动作组，每个动作组中包含了许多同类型的动作。在 Photoshop 的“动作”面板中单击扩展按钮 ，在弹出的扩展菜单中选择相应的动作选项，即可将其载入到“动作”面板中。这些可添加的动作组包括“命令”、“画框”、“图像效果”、“LAB- 黑白技术”、“制作”、“流星”、“文字效果”、“纹理”和“视频动作”。

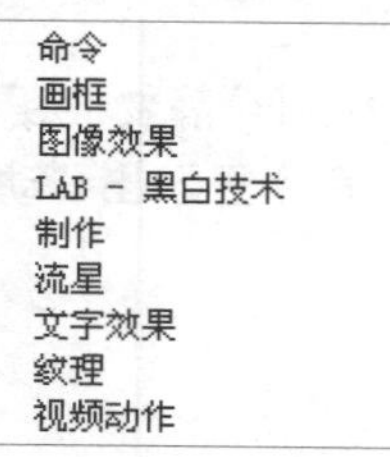

可载入的动作组

实战 添加并应用动作调整图像

01 打开“实例文件\Chapter 15\Media\风景.jpg”图像文件，执行“窗口 > 动作”命令显示“动作”面板，如下图所示。

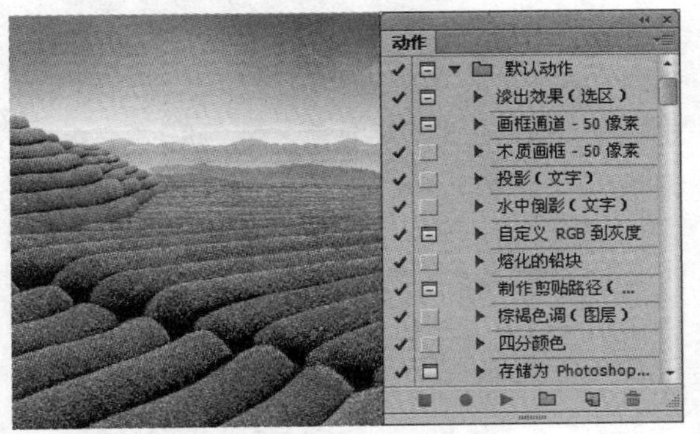

打开图像并显示“动作”面板

02 在“动作”面板中单击扩展按钮，在弹出的扩展菜单中选择“图像效果”选项，此时该动作组和其中的所有动作全部显示在“动作”面板中。单击“柔和分离色调”动作后单击“播放选定的动作”按钮，Photoshop 自动执行相应操作，如下图所示。

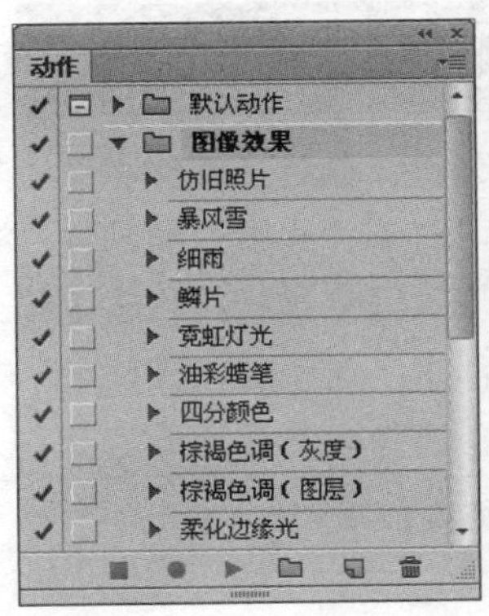

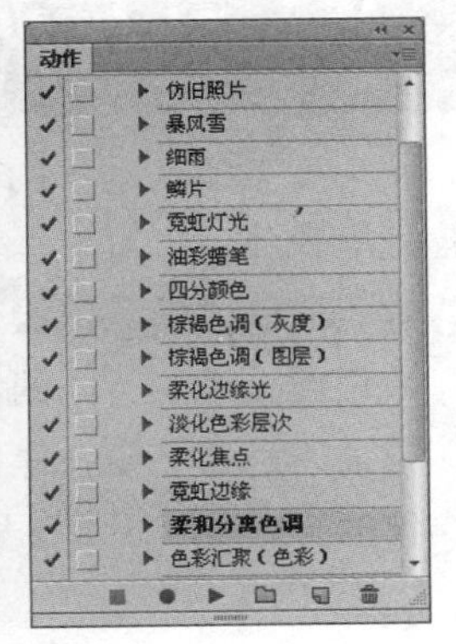

添加的动作组

03 此时可以看到应用动作预设后的图像效果，如下图所示。

查看图像效果

15.1.5 存储动作

存储动作就是将新建或调整后的动作进行保存，以便可以随时调用。而载入动作和存储动作则刚好相反，是要对存储为动作格式的文件进行调用。

实战 存储动作的应用

01 打开“实例文件\Chapter 15\Media\可乐.jpg”图像文件，执行“窗口 > 动作”命令显示“动作”面板，如下图所示。

打开图像并显示“动作”面板

02 依次在“动作”面板中单击“创建新组”按钮和“创建新动作”按钮，在弹出的相应对话框中设置动作组和动作的名称，完成后单击“记录”按钮进入录制状态，如下图所示。

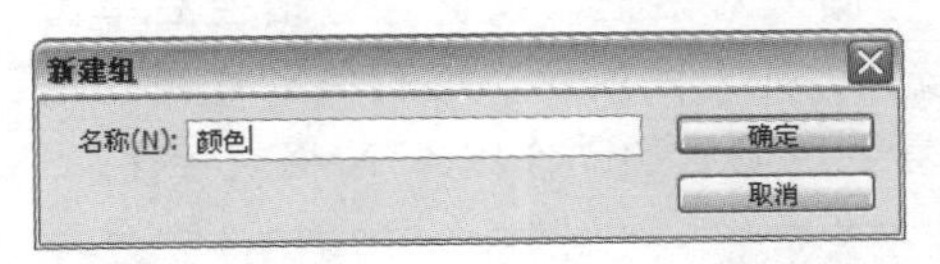

“新建组”对话框

“新建动作”对话框

03 按下快捷键 Ctrl+U，弹出“色相 / 饱和度”对话框，设置参数后单击“确定”按钮。此时在“动作”面板中可以看到，“奇异颜色”动作下所执行的操作命令，如下图所示。

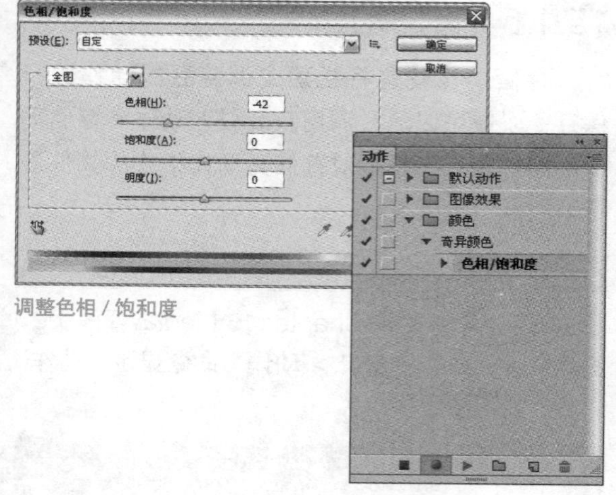

调整色相 / 饱和度

“动作”面板

04 在“动作”面板中单击“停止播放 / 记录”按钮■，退出动作的记录状态。单击选择“颜色”动作组，单击面板的扩展按钮，在弹出的扩展菜单中选择“存储动作”选项，如下图所示。

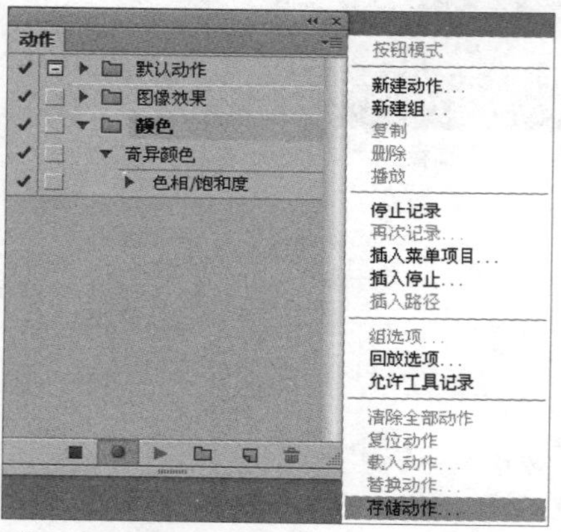

选择“存储动作”选项

05 弹出“存储”对话框，设置存储路径后单击“确定”按钮，如下图所示。在存储动作组的路径下可以看到存储后的动作以 ATN 格式存在。

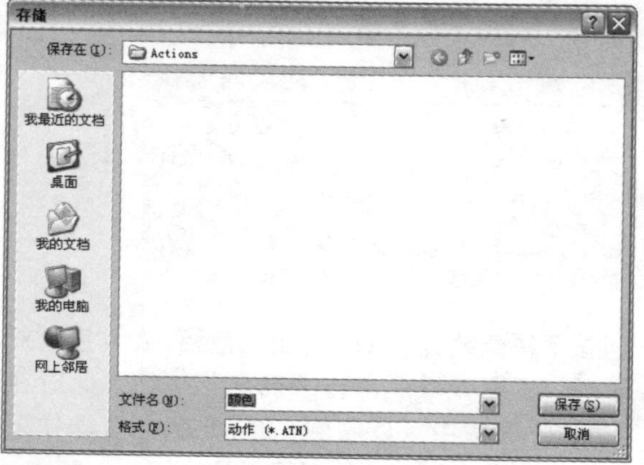

存储动作

15.1.6 载入动作

载入动作是指将已经存储或是下载的 ATN 格式的动作文件载入到“动作”面板中，以便对其进行应用。其方法是在“动作”面板中单击扩展按钮，在弹出的扩展菜单中选择“载入动作”选项。在弹出的“载入”对话框中选择动作，单击“载入”按钮，即可将其载入到“动作”面板中。

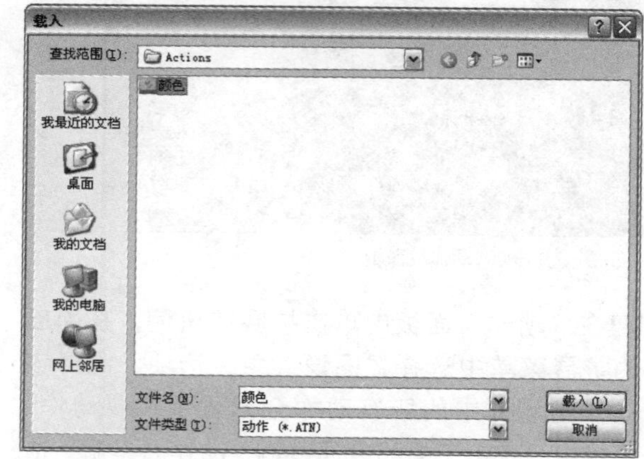

“载入”对话框

15.2 动作的应用

在掌握了动作的预设、创建、存储和载入等操作后，可以学习对创建或默认的动作进行进一步的编辑操作，以使这些动作在更大程度上满足不同的需求。这些编辑操作包括插入调整命令、停止语句以及设置播放动作的方式等，下面分别进行介绍。

15.2.1 插入一个调整命令

插入一个调整命令是指在动作预设或新创建的动作中添加一个调整命令，使动作成为一个新的动作，从而使运用该动作的图像呈现出不同的效果。

实战 在动作中插入调整命令

01 打开“实例文件\Chapter 15\Media\晨光.jpg”图像文件，在“动作”面板中选择“四分颜色”动作组并单击“播放选定的动作”按钮►，应用动作预设，效果如下图所示。

打开图像并应用动作预设

02 在“动作”面板中单击“四分颜色”动作组前面的三角形图标▶，展开该动作组，选择最后一个动作后单击“开始记录”按钮●，如下图所示。

展开动作组

03 执行“图像 > 调整 > 照片滤镜”命令，弹出“照片滤镜”对话框，设置颜色和浓度后单击“确定”按钮，如下图所示。

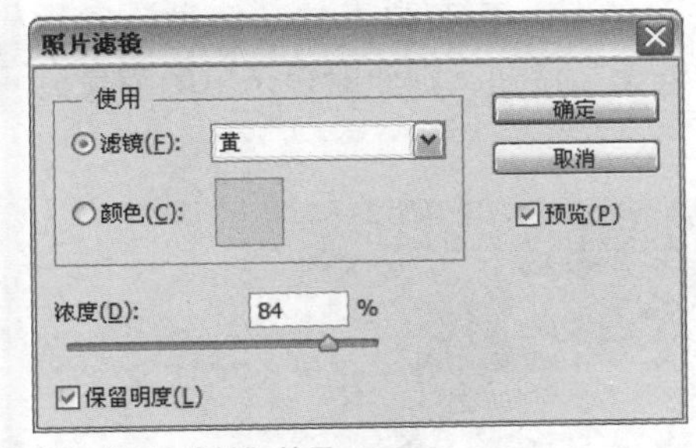

添加“照片滤镜”效果

04 单击“停止播放/记录”按钮■，此时，在“四分颜色”动作中插入了“照片滤镜”动作，图像效果也得到调整，如下图所示。

查看图像效果

值得注意的是，此时若在“历史记录”面板中单击“晨光”图像，将图像恢复到原始状态后。再次选择“四分颜色”选项并单击“播放选定的动作”按钮▶应用动作预设，则可以一步到位得到最后的图像效果。

“历史记录”面板

15.2.2 插入停止语句

插入停止语句是通过应用“插入停止”命令使动作中包含停止，以便执行一些如使用绘画工具绘制不同线条等无法记录的任务。完成后单击“播放选定的动作”按钮▶后仍可继续执行相应的命令。

值得注意的是，在动作停止时会弹出对话框提示继续执行后续动作前需要完成的操作，或是需要单击询问对话框中的“继续”按钮，使操作继续执行而不停止。

实战 在动作中插入停止语句

01 打开“实例文件\Chapter 15\Media\植物.jpg”，在“动作”面板中选择“棕褐色调”动作选项，选择“建立图层”操作，如下图所示。

打开图像并选择动作操作

02 在“动作”面板中单击扩展按钮，在弹出的扩展菜单中选择“插入停止”选项，弹出“记录停止”对话框。在信息框中输入相应的提示内容，并勾选“允许继续”复选框，完成后单击“确定”按钮，如下图所示。

插入停止语句

03 此时在“动作”面板中可以看到，在选择的动作后插入了停止语句，如下图所示。

查看插入的停止语句

04 重新选择“棕褐色调”动作并单击“播放选定的动作”按钮，在自动执行到该操作时弹出“信息”对话框，单击“停止”按钮可以使该动作的操作停止，如下图所示。

“信息”对话框

05 单击矩形选框工具，在图像中拖动绘制选区，并按下快捷键 Ctrl+Shift+I 反选选区，如下图所示。

创建选区并反选选区

06 此时单击“播放选定的动作”按钮播放后续的操作，得到的图像效果如下图所示。此时可以看到，后续命令调整后的效果仅限于选区中的图像。

调整效果

值得注意的是，若在弹出的“信息”对话框中单击“继续”按钮，则此时显示出的图像效果完全不同。

不同的图像效果

15.2.3 设置播放动作的方式

在 Photoshop 中还可以通过设置“回放选项”命令设置回放性能以及是否为语音注释而暂停。使动作以设定的速度播放，以便细致地查看动作中的每一个命令的执行过程和效果。

其方法是在“动作”面板中单击扩展按钮，在弹出的扩展菜单中选择“回放选项”选项。弹出“回放选项”对话框，单击相应的单选按钮，设置播放方式后单击“确定”按钮即可。此时再次执行播放动作的操作，则按设置的方式进行。下面对其选项进行详细介绍。

❶ **加速**：默认情况下选中“加速”单选按钮，表示以没有间断的性能方式应用动作以及默认的正常速度播放动作。

❷ **逐步**：单击该单选按钮，表示逐个完成每个命令并重绘图像，再执行动作中的下一个命令或操作。

❸ **暂停**：单击该单选按钮，可指定执行动作中每个命令之间的暂停时间量。

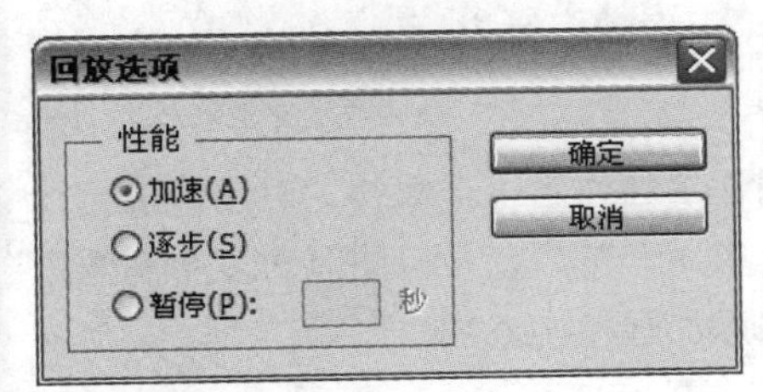

“回放选项”对话框

15.3 自动化命令的应用

在 Photoshop 中，除了可以应用相关的动作操作提升对图像的编辑速度外，Photoshop 还提供了一系列自动化命令帮助用户成批量地对图像进行编辑处理。

这些自动化命令包括批量处理图像、创建快捷批处理、裁剪并修齐照片、合成全景图等，下面对其一一进行详细介绍。

15.3.1 批处理

批处理图像即成批量地对图像进行整合处理。“批处理”命令可以自动执行“动作”面板中已定义的动作命令，即将多步操作组合在一起作为一个批处理命令，将其快速应用于多张图像，同时对多张图像进行处理。使用“批处理”命令在很大程度上节省了工作时间，提高了工作效率。

实战 使用“批处理”命令调整图像色调

01 在执行相应的操作前分别新建两个文件夹，设置名称为“图像”和“调整后”，“图像”文件夹用于放置需要批处理的图像文件，“调整后”文件夹用于放置批处理后的图像文件，如下图所示。

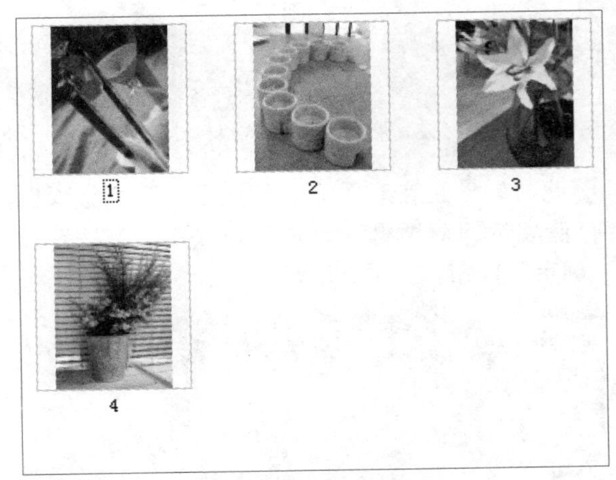

新建文件夹并将需要调整的图像放入文件夹中

02 执行“文件 > 自动 > 批处理”命令，弹出“批处理”对话框，在“动作”下拉列表中设置对图像进行处理的动作后单击“选择”按钮。在弹出的对话框中指定需要处理的图像所在的文件夹，可以看到在“选择”按钮后出现了需要处理的文件的路径，如下图所示。

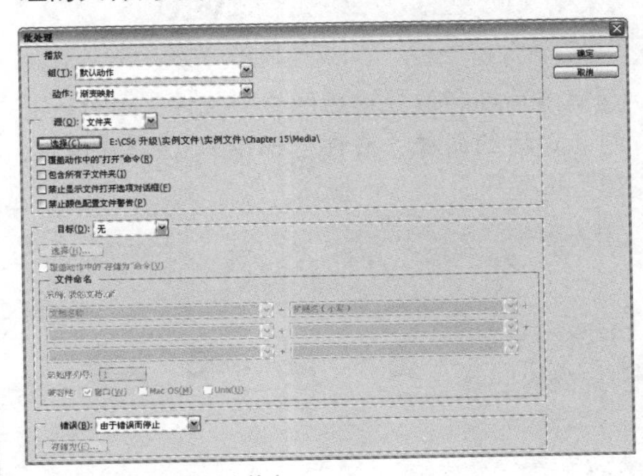

设置执行批处理的源文件夹

03 在“目标”下拉列表中选择“文件夹”选项，单击“选择”按钮，在弹出的对话框中指定存放处理后图像的文件夹。并在“文件命名”选项组中设置图像文件重命名的方式，完成后单击“确定”按钮，如下图所示。

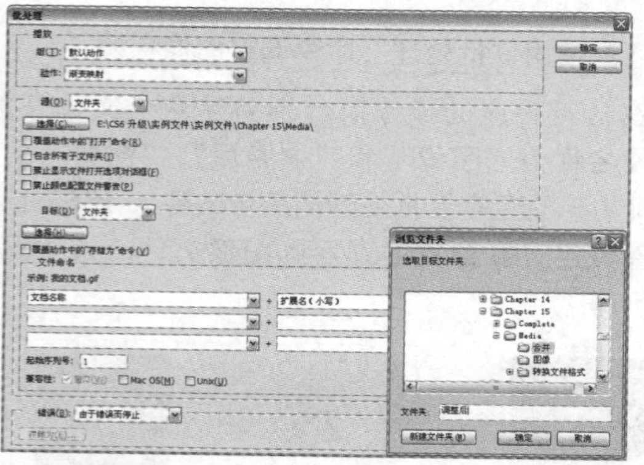

设置目标文件夹以及文件名称

04 此时软件正在对图像进行处理，会相继弹出存储和询问对话框，分别单击“保存”按钮和“确定”按钮，如下图所示。

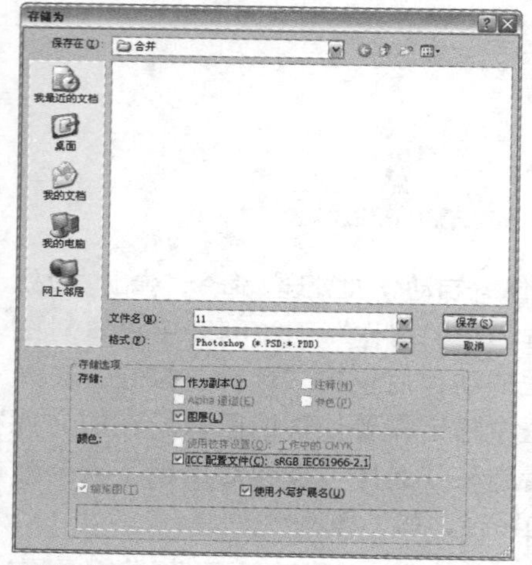

存储文件

05 完成后在存放处理后图像的文件夹中可以看到处理后的图像，文件全部以 PSD 格式保存，如下图所示。

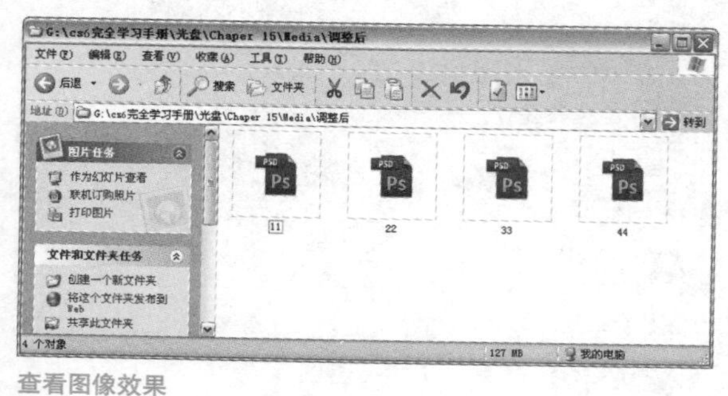

查看图像效果

批处理后的图像效果

15.3.2 创建快捷批处理

使用“快捷批处理”命令可将系统默认或新创建的动作单独作为一个载体，对图像进行批量处理。其应用非常广泛，可同时对多个图像进行操作，如添加画框、添加水印等。

实战 创建快捷批处理动作

01 执行“文件 > 自动 > 创建快捷批处理”命令，在打开的对话框中单击“选择”按钮，在弹出的对话框中指定快捷批处理动作的存储位置。设置文件名后单击“保存”按钮，此时在“选择”按钮后出现了存储快捷批处理的路径，如下图所示。

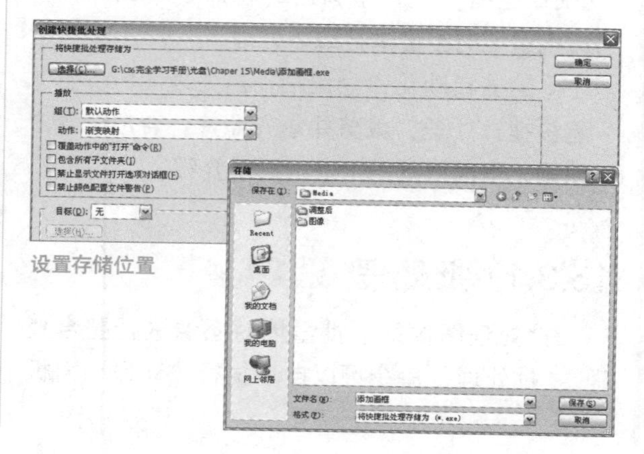

设置存储位置

02 在“创建快捷批处理”对话框的“播放”选项组中设置“组”和“动作”，完成后单击“确定”按钮。此时在存储路径处可以看到已创建的“快捷批处理”图标，如下图所示。

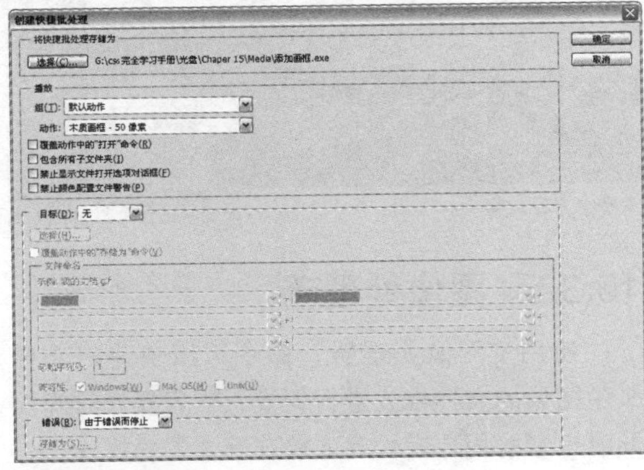

设置批处理动作

03 打开“实例文件\Chapter 15\Media\矢量.jpg”图像文件，将其拖动到“添加画框”快捷批处理图标上，此时软件将自动为图像添加画框。在执行动作时会弹出“信息”对话框，此时单击“继续”按钮即可进行播放动作，快速调整图像，其效果如下图所示。

应用快捷批处理

15.3.3 裁剪并修齐照片

使用“裁剪并修齐照片”命令，不仅可以将图像中不必要的部分最大限度的裁剪，还能自动调整图像的倾斜度，多应用于对打印图像的分解上。

实战 “裁剪并修齐照片”命令的应用

01 打开“实例文件\Chapter 15\Media\打印.psd”图像文件，可以看到该图像上有 4 张照片且排列不整齐，如下图所示。

打开图像并查看图像效果

02 执行“文件 > 自动 > 裁剪并修齐照片”命令，软件自动将同在一幅图像上的 4 张照片裁剪为单独的图像文件，且图像的倾斜也得到了修正。每个图像文件的文件名都以原图像副本加自然数序号的方式进行命名，如下图所示。

裁剪并修齐照片图像

15.3.4 合成全景图

所谓全景图就是使用广角镜头拍摄的大幅画面图像，这类图像往往呈现一种大气、开阔的感受。其实使用普通相机拍摄角度相同的多张图像后，在 Photoshop 中使用 Photomerge 命令进行合成，也能快速得到全景图像。

实战 全景图的合成

01 打开“实例文件\Chapter 15\Media”文件夹中的图1.jpg、图2.jpg 和图 3.jpg 文件，如下图所示。

打开图像

02 执行“文件 > 自动 >Photomerge”命令，弹出 Photomerge 对话框，在其中单击“添加打开的文件”按钮，此时打开的图像被添加到文件列表框中，完成后单击“确定”按钮，如下图所示。

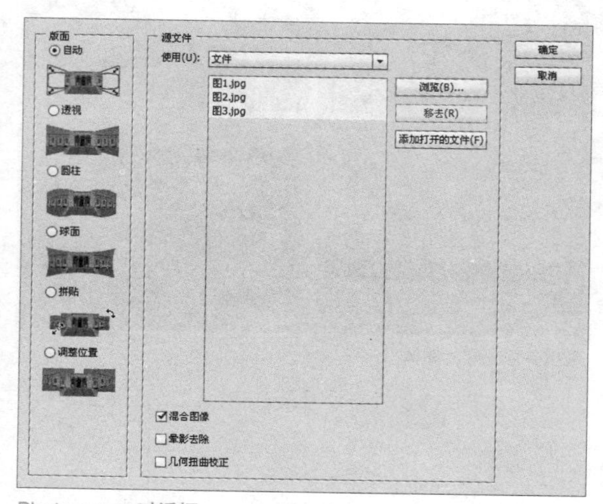

Photomerge 对话框

03 软件会自动对图像进行合成，完成后得到以“未标题 - 全景图 1”命名的 PSD 文件，在“图层”面板也可以看到调整后的图层，如下图所示。

查看全景图效果

15.3.5 图像处理器

使用“图像处理器”命令可以快速对文件夹中图像的文件格式进行转换，节省操作时间的同时也帮助用户轻松完成繁杂而重复的操作。

实战 “图像处理器”命令的应用

01 在计算机的相应位置新建一个文件夹，将需要转换图像格式的图像文件放置在其中，如下图所示。

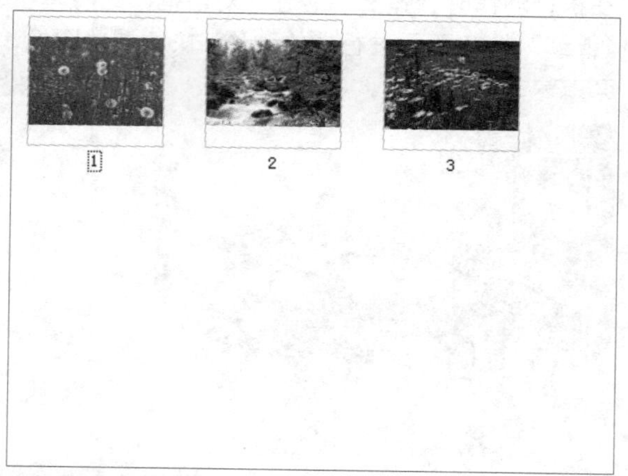

新建文件夹加并放置图像文件

02 执行“文件 > 脚本 > 图像处理器”命令，在打开的对话框中单击“选择文件夹”按钮，在弹出的对话框中按路径选择上一步中新建的“转换文件格式”文件夹，单击“确定”按钮，如右图所示。

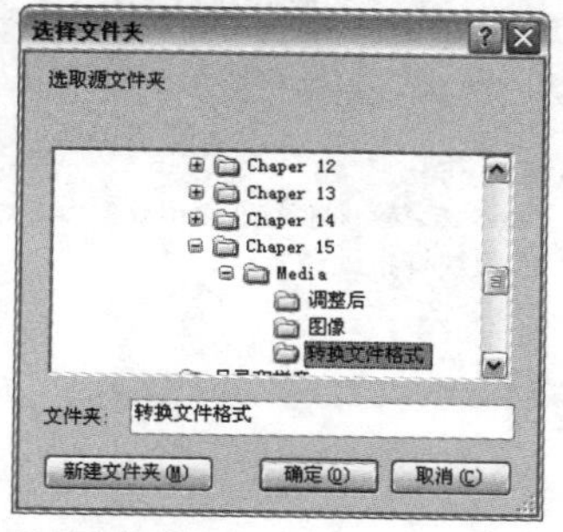

设置文件夹位置

03 在“图像处理器”对话框中取消勾选“存储为 JPEG”复选框，勾选“存储为 TIFF”复选框，完成后单击“运行”按钮，如下图所示。

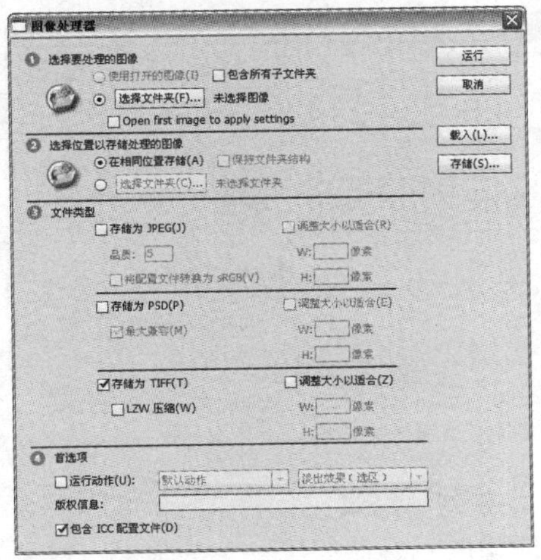

设置文件格式

04 此时软件自动对图像进行处理，完成后在原图像所在位置下自动生成一个新的文件夹，并以转换后的图像格式名称命名该文件夹，如下图所示。

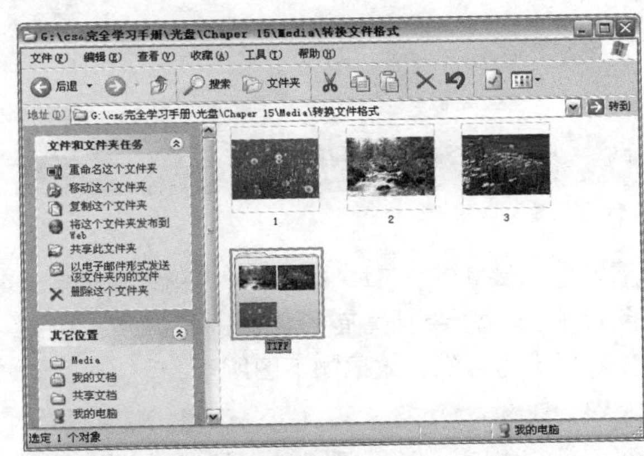

使用图层处理器转换格式

15.3.6 合并到HDR Pro

“合并到 HDR Pro”命令是一个增强型的功能，使用“合并到 HDR Pro”命令可以创建写实或超现实的 HDR 图像。

“合并到 HDR Pro”命令在其功能原理上借助了自动消除叠影以及对色调映像，它可以更好地调整控制图像，从而获得更好的效果，甚至可以使单次曝光的照片获得 HDR 图像的外观。

实战 “合并到HDR Pro”命令的应用

01 执行“文件 > 自动 > 合并到 HDR Pro”命令，打开“合并到 HDR Pro”对话框，单击“浏览”按钮，在“打开”对话框中选择需要合并的图像后单击“确定”按钮，如下图所示。

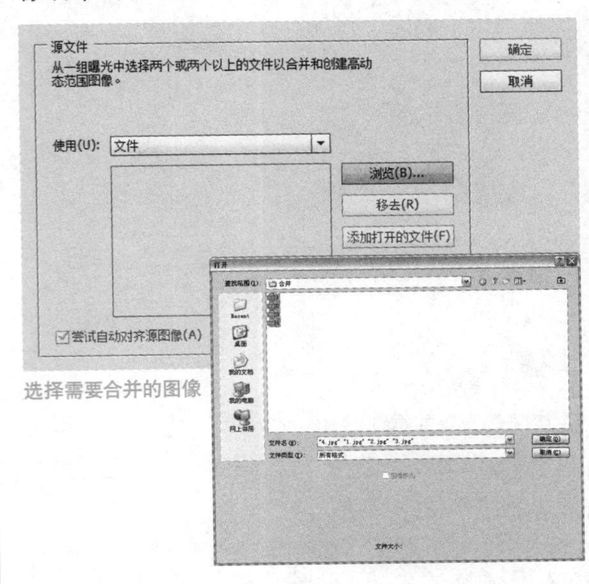

选择需要合并的图像

02 返回“合并到 HDR Pro”对话框，在其文件栏中已载入需要合并的图像，勾选“尝试自动对齐源图像”复选框并单击“确定”按钮，如下图所示。

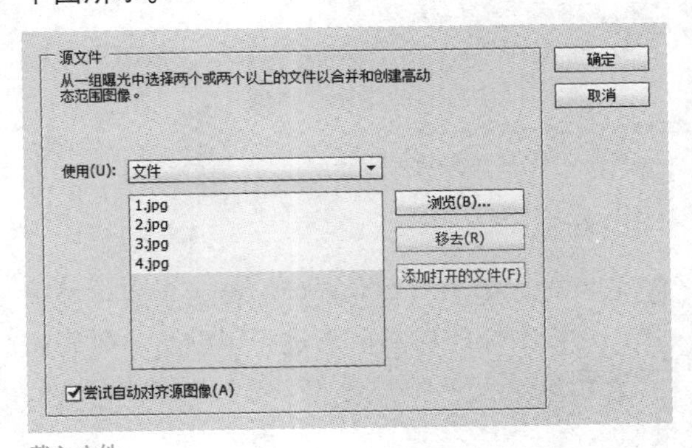

载入文件

03 此时图像中可以看到，软件自动将选择的图像分为不同的图层载入到一个文档中，并自动对齐图层，如下图所示。

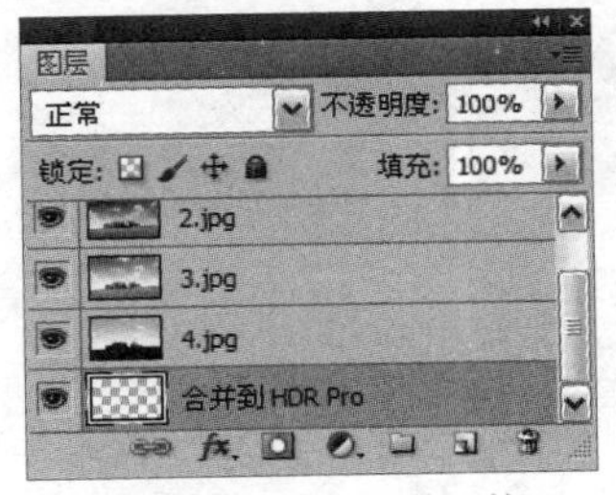

自动合并图像为一个图像文件

04 弹出“手动设置曝光值”对话框，在对话框中单击 > 按钮以察看前后的图像，并单击 EV 单选按钮，激活后面的数值框，在其中设置数值后单击“确定”按钮，如下图所示。

设置曝光度

05 打开“合并到 HDR”对话框，在对话框中设置参数，调整图像效果，完成后单击“确定”按钮，如下图所示。

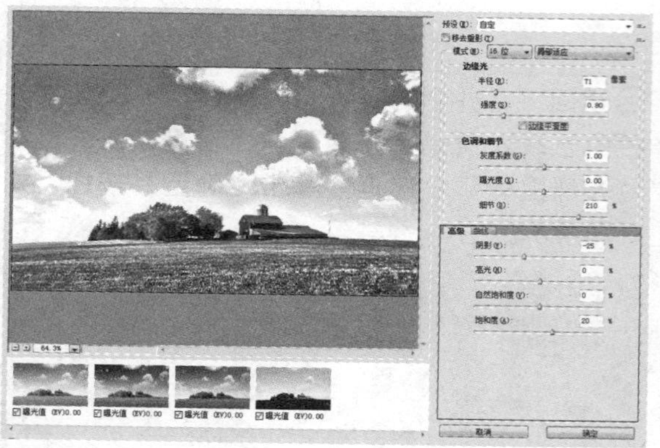

设置参数

06 此时可以看到，合并后的图像效果锐化度更强，几幅图像的自然色调进行了融合，效果如下图所示。

查看合并效果

07 按下快捷键 Ctrl+U，弹出“色相 / 饱和度”对话框，设置参数后单击“确定”按钮，如下图所示。

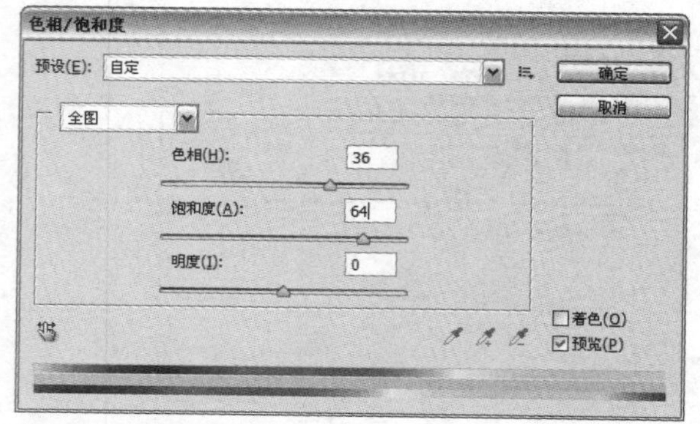

调整图像的色相和饱和度

08 此时可以看到，经过“色相 / 饱和度”命令的调整，图像的色彩感有了一定的加强，效果如下图所示。

查看图像效果

09 此时图像颜色过于单一，结合“图像 > 调整 > 色彩平衡”命令对画面的色调进行调整，让整体效果更为自然，效果如下图所示。

调整图像的色彩平衡

疑难解答

001

Q 如何快速复制动作或动作中的命令？

A 复制动作或动作中的操作命令的方法与复制图层有相似之处，在按住Alt键的同时将动作或命令拖动到“动作”面板中的新位置。当突出显示行出现在所需位置时释放鼠标左键即可。复制后的动作以“原动作的名称＋副本＋自然数”的格式进行命名。

002

Q “批处理”对话框中的“包含所有的子文件夹”复选框有何含义？

A 当遇到需要同时批量处理的图像很多，放置在同一个文件夹下且还带有子文件夹时，则需要在进行批处理的过程中在“批处理”对话框中勾选“包含所有的子文件夹”复选框。勾选后即可同时对子文件夹中的图像执行批量处理。如果不勾选该复选框，则只对单幅图像进行操作，子文件夹中的图像则保持不变。

003

Q 如何将“动作”面板切换到按钮模式？

A 在“动作”面板中单击扩展按钮，在弹出的扩展菜单中选择“按钮模式”选项，此时将“动作”面板中的默认动作组将切换到按钮形式的显示模式，该模式仅按照名称查看动作。

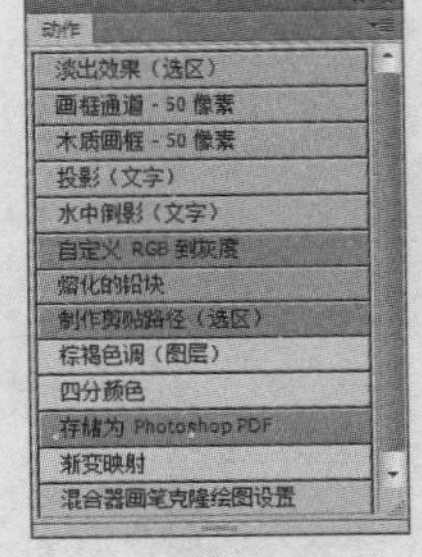

004

Q 如何只应用一个动作中的一部分命令或操作？

A 在“动作”面板中选择相应的动作，然后单击该动作前面的三角形图标，展开以查看该动作执行过的命令。选择相应的命令后单击“播放选定的动作”按钮，即可从选择的命令开始向下执行操作，选择命令之前的操作则跳过不执行。

005

Q 如何将图像文件转化为多个不同格式的文件？

A 在使用“图像处理器”功能时，在“图像处理器”对话框的“文件类型”选项组中，用户可同时勾选文件类型复选框，这样即可运用“图像处理器”功能，将文件夹中的文件同时转换为多种文件格式的图像。

006

Q 执行“裁剪并修齐照片”命令时，有哪些事项需要注意？

A 在执行“裁剪并修齐照片”命令时，裁剪并修齐照片前需预先确定各照片之间的间距，其间距必须大于或等于3mm。其原因是系统在应用“裁剪并修齐照片”命令时会把两幅间隔距离过小的照片视为同一张照片，从而无法完成裁剪操作。

软件的实战应用

本篇重点

该篇是全书的第三个篇幅，为软件实战应用篇，共分为 5 个章节，分别对 Photoshop CS6 软件在图像处理、平面广告设计、包装设计、产品造型设计和网页界面设计这 5 大设计领域的实际应用进行了介绍。同时结合多种软件功能与行业设计理念，选取各个设计领域中的典型案例进行效果制作及详细步骤展示。读者在理解和掌握 Photoshop CS6 的全部功能后，通过对本篇的学习可以对这些功能进行多种方式的综合运用，从而真正达到“学以致用”的目的。

Chapter 16

图像处理

图像处理是 Photoshop 实战应用中的一个重要门类，它将软件的调色和修复功能应用在数码照片的调色及修饰上，同时使用合成方面的技术赋予普通照片各种不同的特殊视觉效果和风格。本章将充分体现 Photoshop CS6 在图像处理方面的优势。

设计师谏言

图像处理是使用计算机对图像进行分析及数字化处理，最终达到所需视觉效果的一门处理技术。它既包括对照片等图像素材进行调整和修饰，也包括使用素材进行图像创意合成，掌握使用Photoshop进行图像处理的技能，方可在进行平面设计时驾轻就熟，发挥游刃有余。

16.1 调整柔美效果

理念解析 该案例通过对人物整体色调的调整来柔化图像效果，从而达到美化数码照片的目的。

表现技法 主要运用 Photoshop CS6 的修补工具对照片细节进行修复和调整，同时结合多种调色命令以及通道的相关操作对图像进行色调柔化处理。

最终路径 实例文件\Chapter 16\Complete\人物照.psd

难度指数 ★★★☆☆

01 打开图像

打开“实例文件\Chapter 16\Media\16.1\人物照.jpg”图像文件❶，按下快捷键 Ctrl++ 放大图像效果，此时可以看到人物脸部有一些散乱的细微发丝❷。

02 解锁“背景”图层

在“图层”面板中双击“背景”图层❶，打开“新建图层”对话框，单击“确定”按钮，将“背景”图层解锁为“图层 0”❷，此时仅解锁图层，图像效果不变❸ 。

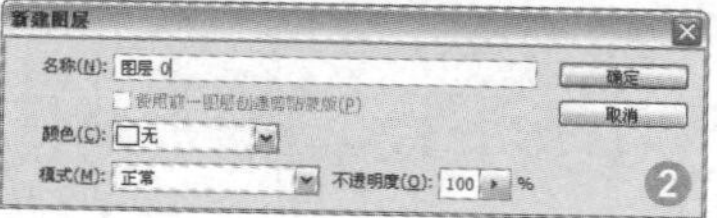

03 去除脸部杂乱发丝

单击修补工具，在图像中人物脸上的发丝区域绘制选区❶，拖动鼠标将选区移动到没有发丝的皮肤上，释放鼠标左键后软件自动对发丝进行修复，从而去除人物脸部杂乱的发丝❷。

04 继续去除其余发丝

继续使用修补工具，分别在图像中对人物脸部❶和右上角的背景❷等部分进行修复，同时使用相同的方法继续去除杂乱的发丝❸。

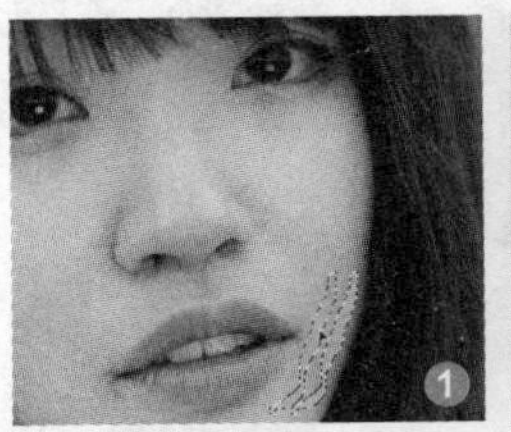
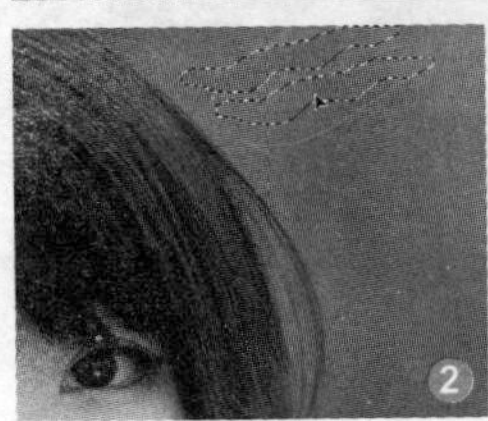

05 创建调整图层

在“图层”面板中单击“创建新的填充或调整图层”按钮，在弹出的菜单中选择“曲线”选项，在弹出的“属性”面板中单击添加锚点❶，通过调整曲线增加图像的亮度❷。

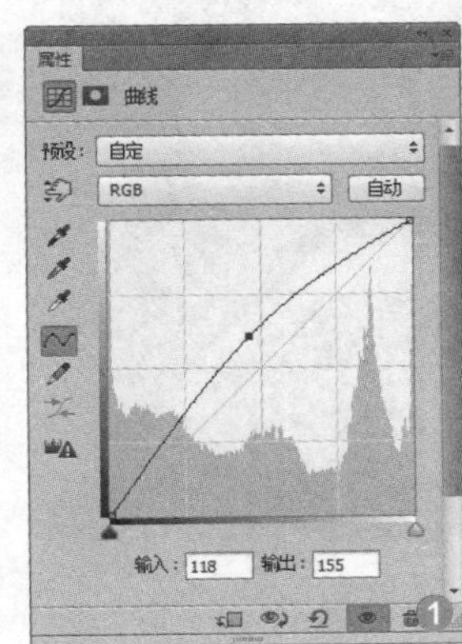

06 涂抹蒙版恢复部分图像色感

单击画笔工具，在属性栏中设置画笔样式为“柔边圆”，并调整画笔的“不透明度”和“流量”❶，对图像中人物的眼睛部分进行涂抹，以恢复部分色感❷。

不透明度： 50% 流量： 50%

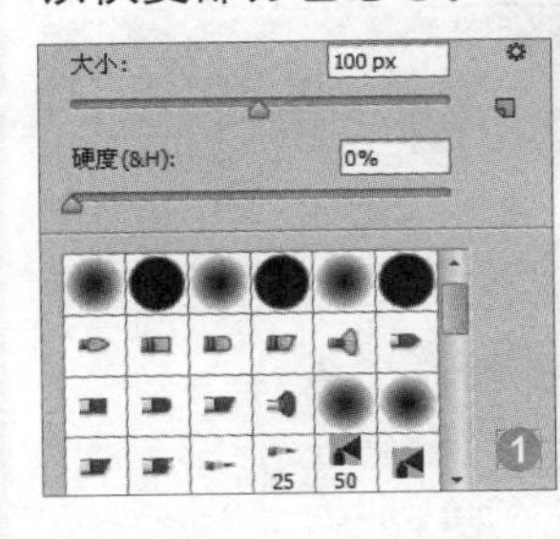

07 继续涂抹蒙版

继续使用画笔工具，在属性栏中再次调整画笔的“不透明度”和“流量”❶，并使用相同的方法进行涂抹，以恢复人物头发和衣服部分的色彩❷。

不透明度： 100% 流量： 100%

08 绘制选区并创建调整图层

单击磁性套索工具，在人物脖子处绘制选区❶，创建“曲线 2”调整图层，在“属性”面板中分别选择“蓝”通道❷和 RGB 通道❸，添加锚点调整曲线，对人物脖子处的色调进行调整❹。

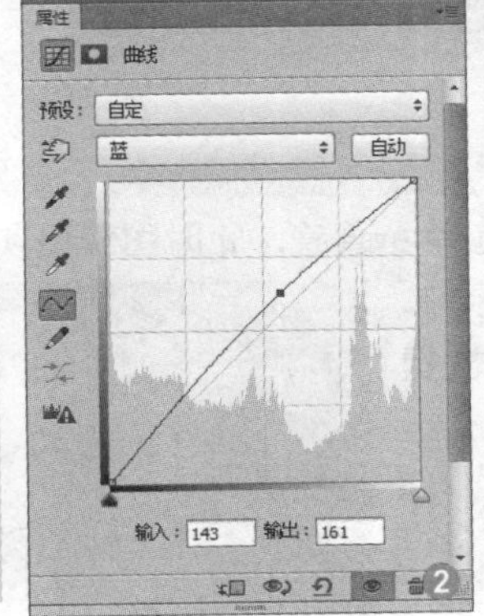

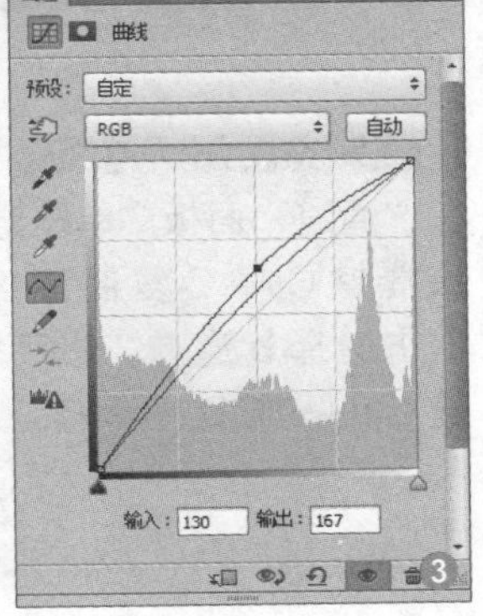

PART 03 软件的实战应用

09 创建调整图层

在“图层”面板中单击“创建新的填充或调整图层”按钮，在弹出的菜单中选择“色阶”选项。在弹出的“属性”面板中拖动滑块调整参数❶，从而调整图像的对比度❷。

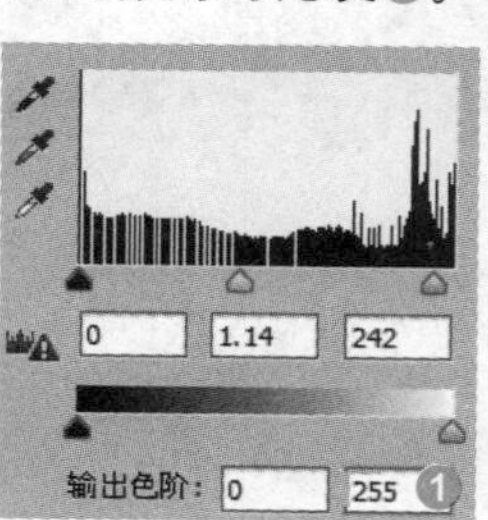

10 涂抹蒙版

单击画笔工具，在属性栏中设置画笔样式为“柔边圆”，并调整画笔的“不透明度”和“流量”❶，对人物白色的衣领部分进行涂抹❷，以恢复过亮情况❸。

11 创建调整图层

在“图层”面板中单击“创建新的填充或调整图层”按钮，在弹出菜单中选择“可选颜色”选项。在“属性”面板中选择“黄色”选项并拖动滑块调整参数❶，对图像中的黄色调进行调整❷。完成后按下快捷键 Ctrl+Shift+Alt+E 盖印图层，生成“图层 1”❸。

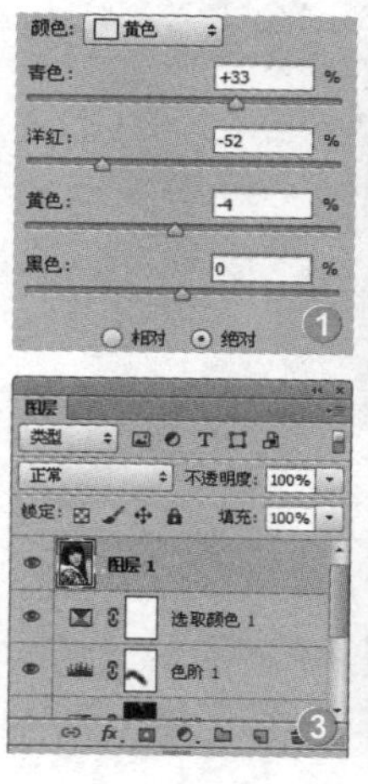

12 转换颜色模式

执行“图像 > 模式 >Lab 颜色”命令，在弹出的对话框中单击“确定”按钮，将图像转换为 Lab 颜色模式❶，单击“合并”按钮则将所有图层合并为一个图层。此时在“通道”面板中可以看到图像的通道发生了变化❷。而在“图层”面板中，则由于扔掉了一些调整图层也发生了一些变化❸。

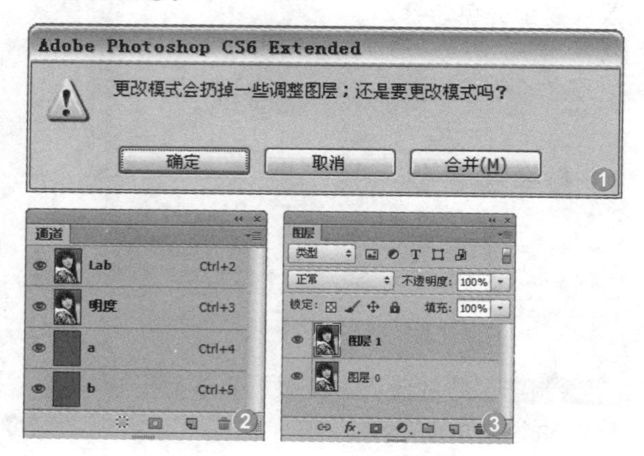

13 复制并粘贴通道图像

在“通道”面板中单击选择 a 通道，此时图像呈灰色显示❶。按下快捷键 Ctrl+A 全选图像后，再按下快捷键 Ctrl+C 复制图像❷，单击选择 b 通道，按下快捷键 Ctrl+V 粘贴图像❸。

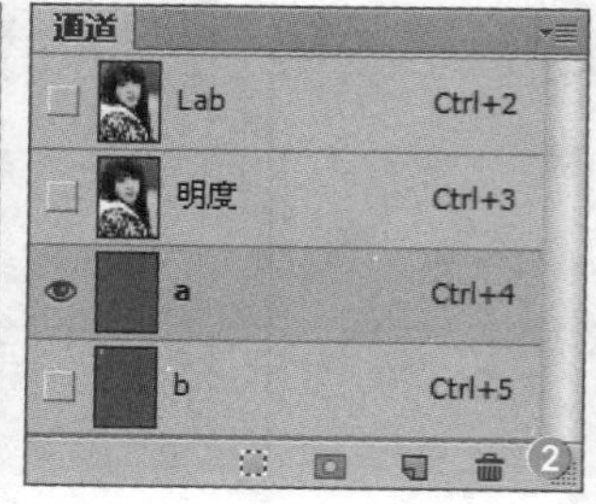

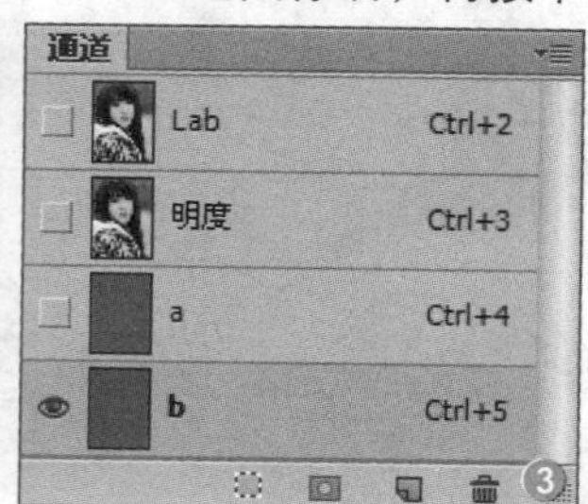

14 显示通道

在“通道”面板中单击 Lab 通道①，此时将全部通道同时显示出来，同时也将人物图像显示出来，完成后按下快捷键 Ctrl+D 取消选区②。执行“图像 > 模式 >RGB 颜色”命令，在弹出的对话框中单击“不合并”按钮将图像转换为 RGB 颜色模式③。

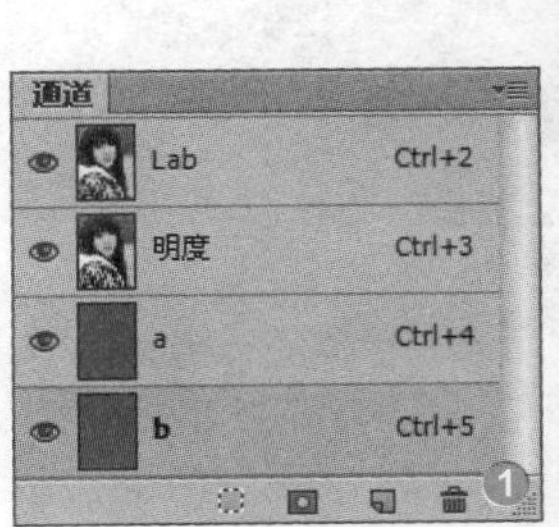

15 创建调整图层

在“图层”面板中单击“创建新的填充或调整图层”按钮，在弹出的菜单中分别选择“色相/饱和度”①和“色阶”②选项，在“属性”面板中分别拖动滑块调整参数，通过对色相/饱和度以及色阶的调整，对图像进行柔化处理，让人物与背景效果融合得更自然③。

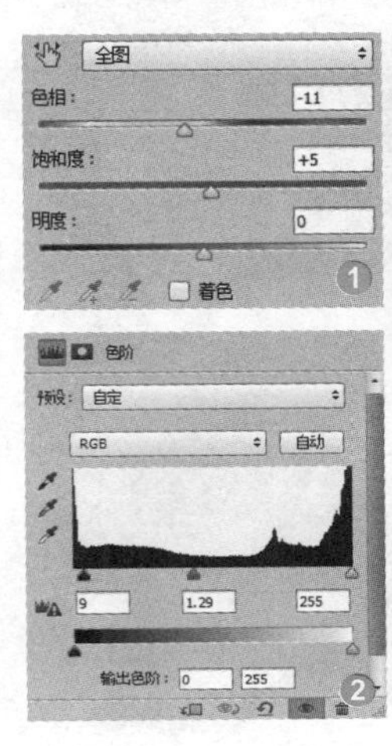

16 创建调整图层

在“图层”面板中单击“创建新的填充或调整图层”按钮，在弹出的菜单中选择“色彩平衡”选项，在“属性”面板中拖动滑块调整参数①，完成后单击“色调”下拉按钮选择“高光”选项，继续在面板中调整参数②。此时可以看到图像的颜色有所改变，呈现出一种柔和而统一的黄色调③。

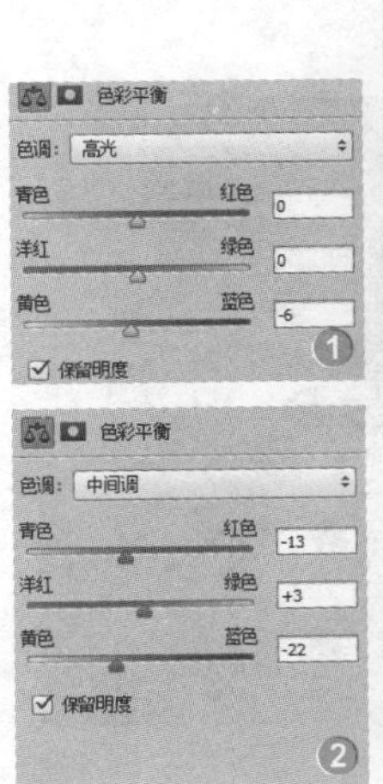

17 创建调整图层

继续在“图层”面板中单击“创建新的填充或调整图层”按钮，在弹出的菜单中选择“色阶”选项，创建“色阶 2”调整图层，在“属性”面板中拖动滑块调整参数①，再次对调整了颜色后的图像进行色调调整，进一步加强图像对比度②。此时在“图层”面板可以看到使用过的所有调整图层③。

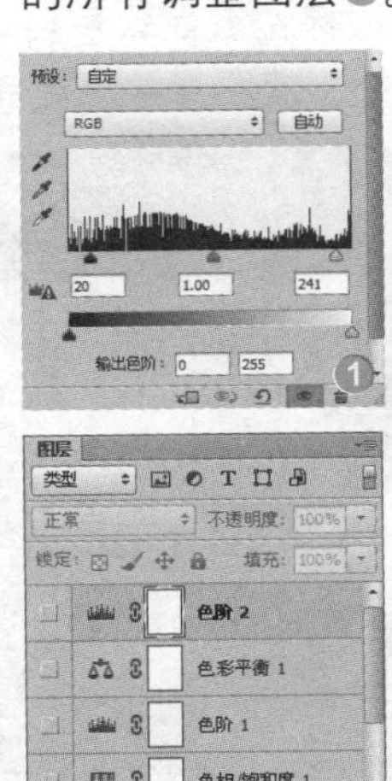

18 锐化图像

使用黑色柔角画笔在图像中涂抹❶，修复人物脸部的曝光过度效果❷。按下快捷键 Ctrl+Shift+Alt+E，盖印得到“图层 2”，执行“滤镜 > 锐化 >USM 锐化”命令，调整参数后单击“确定”按钮❸，对图像进行一定程度的锐化❹。

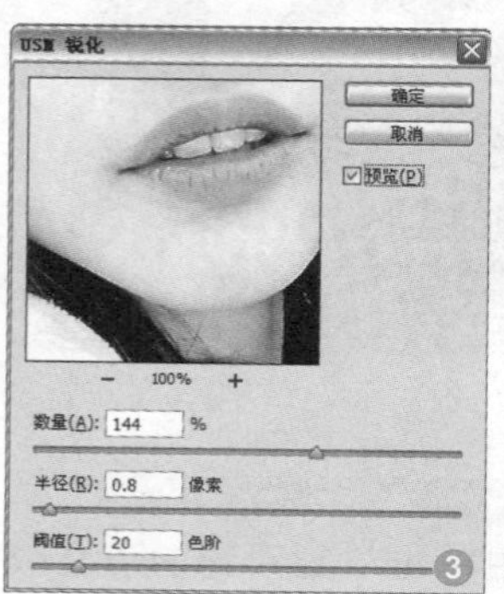

19 添加文字

单击横排文字工具，在“字符”面板中设置文字格式和颜色❶，输入文字后将其调整到图像右上角❷。双击文字图层，为其添加“外发光”图层样式，设置参数❸，为文字创造出一种朦胧的效果❹。至此完成该实例的制作。

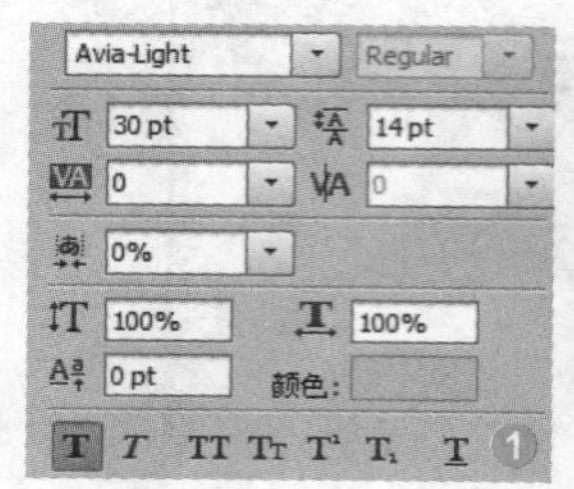

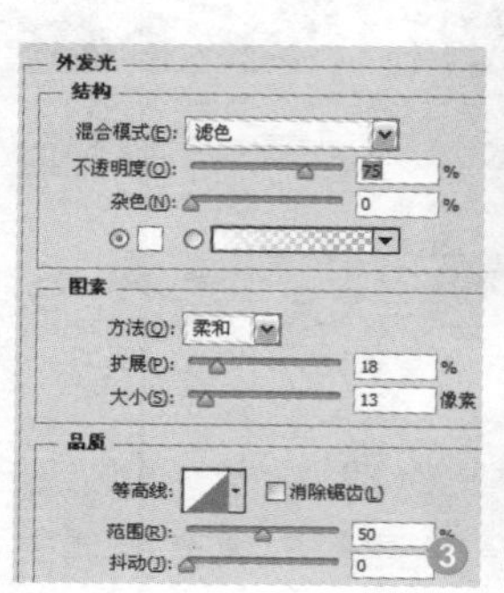

知识拓展 | 应用修补工具美化人物

修补工具多用于对人物脸部细节进行修改调整，从而美化人物效果。打开人物图像，单击修补工具，按下快捷键 Ctrl++ 放大图像，在人物脸上沿瑕疵区域绘制选区，拖动鼠标将光标移动到选区外完好的皮肤上，释放鼠标左键后软件自动对污点进行修复，从而去除了人物的瑕疵，使用该方法继续在图像中进行修补，使图像效果更完美。

原图像

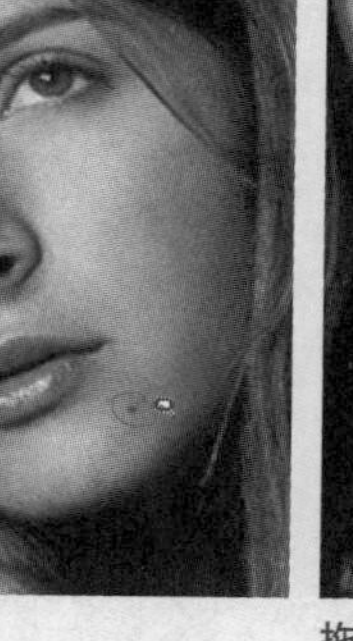

绘制选区

拖动修复图像

最终效果

16.2 调整梦幻效果

理念解析 该案例通过对照片整体色调的调整以及光线素材的合成，使照片呈现出一种朦胧梦幻的视觉效果。

表现技法 主要运用了色调调整的相关命令，对多种光线素材进行合成，在一定程度上美化了人物照片。

最终路径 实例文件\Chapter 16\Complete\梦幻效果.psd

难度指数 ★★★★☆

01 打开并模糊人物图像

打开“实例文件\Chapter 16\Media\16.2\人物.jpg”文件，将“背景”图层拖动到“创建新图层”按钮上，得到“背景 副本”图层❶，执行“滤镜 > 模糊 > 高斯模糊”命令，在对话框中设置参数后单击“确定”按钮❷，此时适当模糊了人物效果❸。

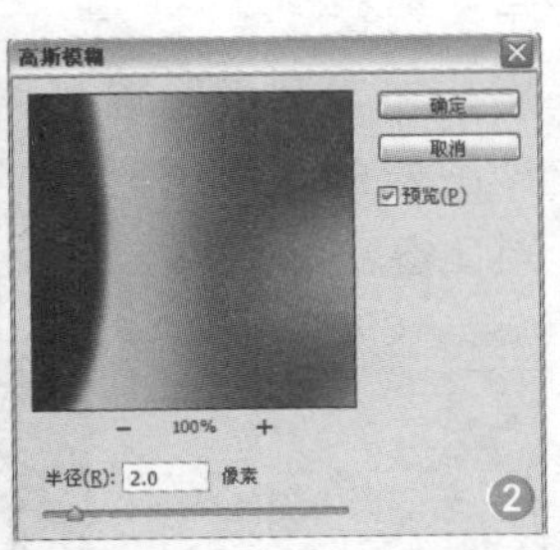

02 调整人物明暗度

单击磁性套索工具，在图像中沿人物边缘拖动，绘制选区❶，按下快捷键 Ctrl+J 复制得到“图层 1”，设置图层混合模式为“滤色”，不透明度为 40% ❷，此时在图像中可以看到，人物区域图像的亮度得到调整❸。

03 添加渐变

创建“色彩平衡 1”调整图层，在“属性”面板中设置参数❶，为图像整体添加一定的绿色调使效果柔和❷。新建“图层 2”，单击渐变工具，设置渐变颜色为从白色到蓝色（R80、G174、B193）❸，在图像中从左到右拖动绘制渐变效果❹。

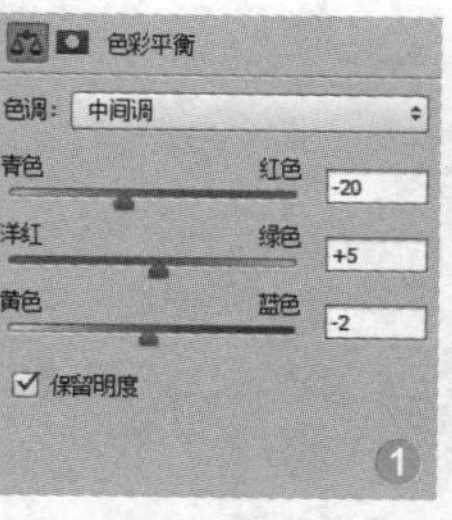

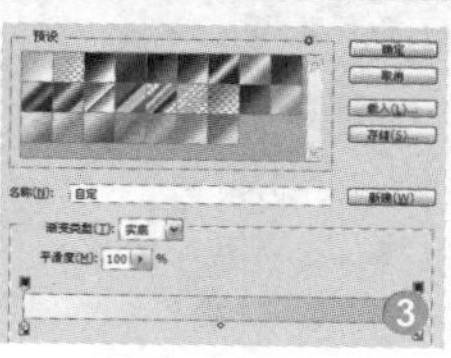

04 添加渐变

设置图层混合模式为“正片叠底”、“不透明度”为 40%❶，同时为该图层添加图层蒙版，适当涂抹使图像效果自然❷。新建“图层 3”，继续设置渐变颜色为蓝色（R100、G175、B214）到浅蓝色（R135、G214、B228）❸，从上到下拖动绘制渐变❹。

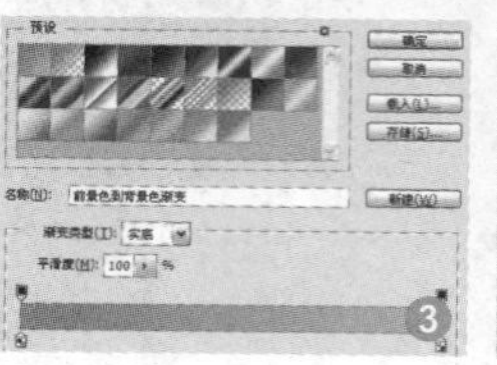

05 改变选区内图像色调

在“图层”面板中设置“图层 3”的混合模式为“颜色加深”、“不透明度”为 50%❶，为图像整体添加了蓝绿色调。按住 Ctrl 键的同时单击“图层 1”的图层缩览图，载入人物选区，完成后按下快捷键 Ctrl+Shift+I 反选选区❷。在保持选区的情况下单击“添加图层蒙版”按钮，为该图层添加图层蒙版❸。此时在图像中可以看到，选区内的图像被赋予了蓝绿色调，而选区外的图像保持原有的颜色❹。

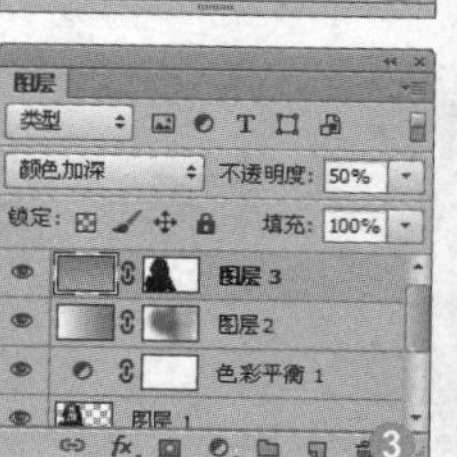

06 继续调整颜色

按下快捷键 Ctrl+J 复制得到“图层 3 副本”图层，选择图层蒙版缩览图将其填充为白色，同时使用黑色柔角画笔，调整“不透明度”和“流量”后在图像中涂抹❶，适当柔化图像中人物色调和背景色调的差异❷。在“图层”面板中单击“创建新的填充或调整图层”按钮，在弹出的菜单中选择“色阶”选项，创建“色阶 1”调整图层，在“属性”面板中设置参数❸，设置该调整图层的“不透明度”为 80%，调整图像明暗对比❹。

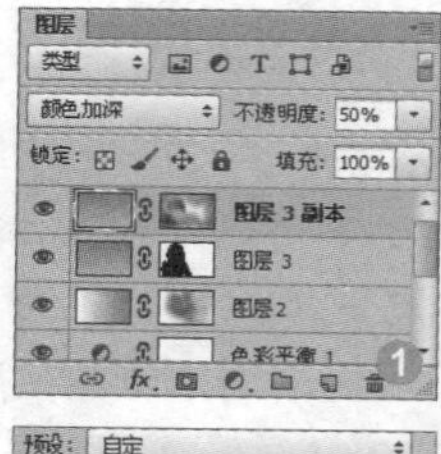

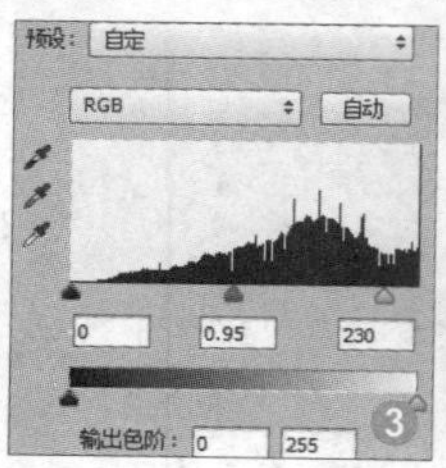

07 添加光点

创建"可选颜色 1"调整图层，在"颜色"下拉列表中选择"青色"选项并设置参数，进一步调整图像颜色❶。新建"发光点"图层组，打开"实例文件\Chapter 16\Media\16.2\素材.psd"文件，将"光点"图层拖曳到人物图像窗口中的"发光点"图层组中，并为其添加"外发光"图层样式，设置参数并调整外发光颜色为白色❷，此时可以看到图像效果❸。

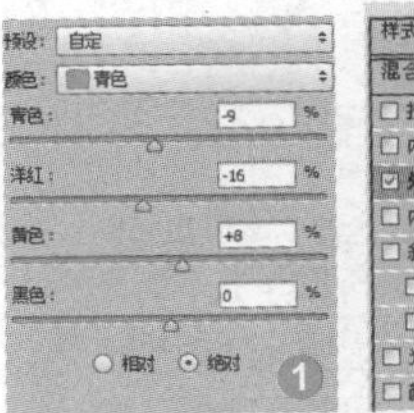

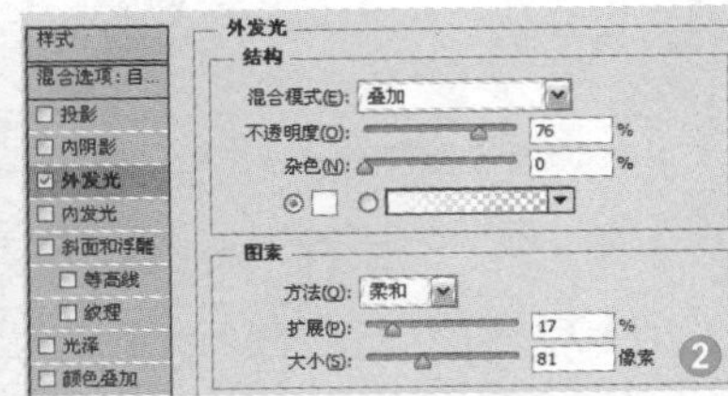

08 添加更多光点效果

设置"光点"图层的混合模式为"滤色"，并为其添加图层蒙版，使用黑色画笔涂抹阴影部分不需要的光点效果❶，按下 3 次快捷键 Ctrl+J 复制得到多个副本图层。首先选择一个副本图层，将其图层蒙版填充为白色，并调整光点的大小和位置，使用画笔工具涂抹蒙版，调整光点显示情况❷。继续使用相同的方法分别对其他副本图层进行调整，使其在图像中呈现随意散布的效果❸。

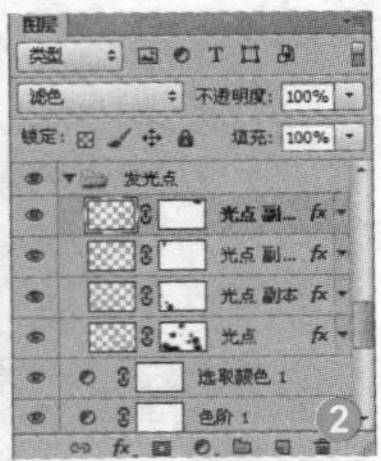

09 添加翅膀图像

在打开的"素材 .psd"文件中将"翅膀"图层拖曳到照片图像中，调整其大小和位置❶，设置混合模式为"明度"、"不透明度"为 40%，让翅膀呈半透明显示❷。添加图层蒙版，使用黑色柔角画笔在图像中涂抹❸，适当隐藏翅膀图像，让效果更加自然❹。

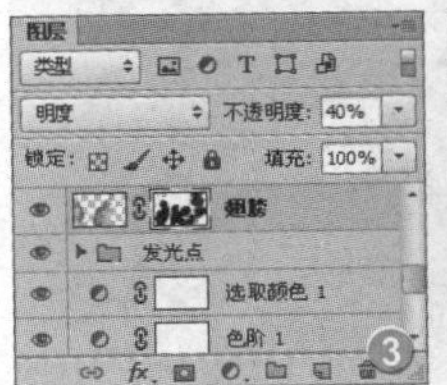

10 添加光线

载入翅膀选区，创建"色彩平衡 2"调整图层，设置参数❶，使翅膀颜色与整体统一❷。将"素材 .psd"中的"光线"图层拖曳到照片图像中，调整其大小和位置❸，添加图层蒙版并调整"不透明度"，使光线效果自然❹。

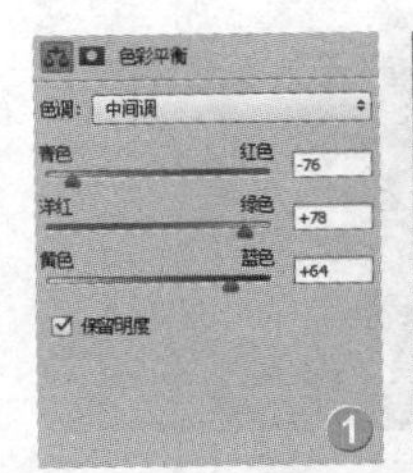

11 绘制发光线条

复制得到多个副本图层，设置混合模式为“叠加”❶，分别调整副本图层的大小和位置，使其在图像中分布❷。新建图层，重命名为“光”，使用钢笔工具在图像左下角绘制路径❸，设置颜色为白色，画笔为12px柔角样式，使用“路径”面板描边路径，勾选“钢笔压力”复选框，使描边后的线条有轻重之分❹。

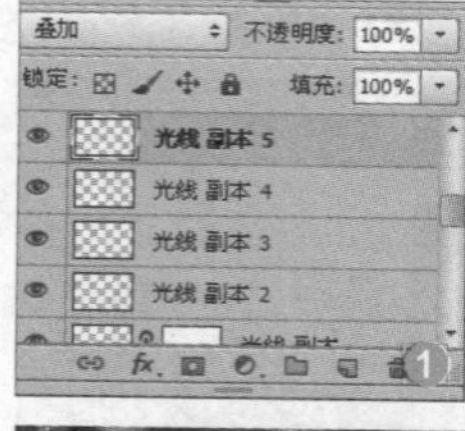

12 添加图层样式

为“光”图层添加“外发光”和“渐变叠加”图层样式，设置参数后调整外发光颜色为绿色（R96、G186、B183）❶，设置渐变叠加的渐变色为白色到蓝色（R80、G174、B193）❷，让线条效果自然❸，添加的图层样式将在“图层”面板中显示❹。

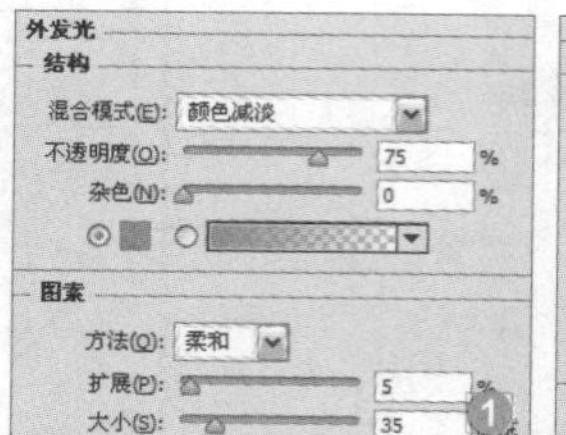

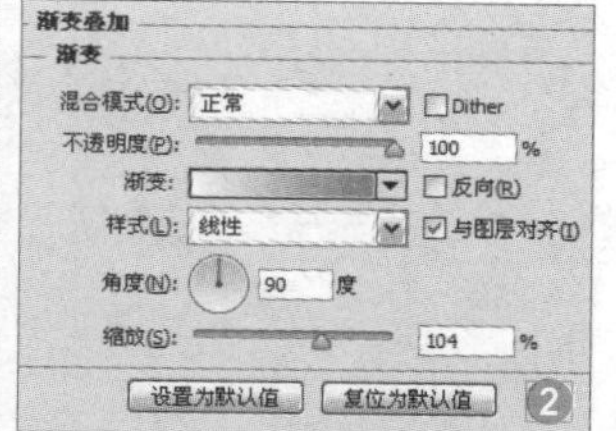

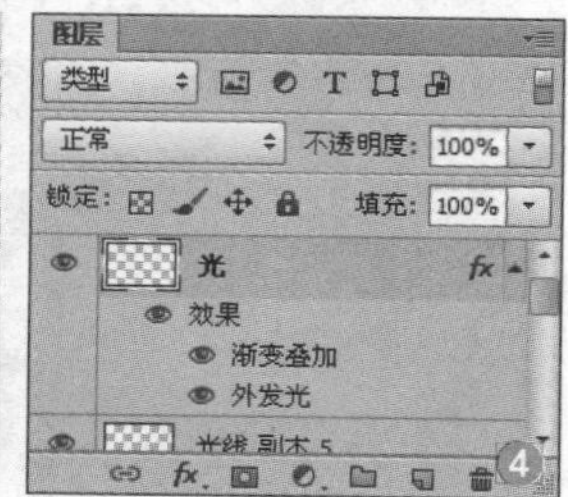

13 载入笔刷

新建“精灵”图层，使用白色画笔，载入“实例文件\Chapter 16\Media\16.2\精灵.abr”笔刷，设置画笔样式为Sampled Brush 8，调整画笔大小❶，在图像中绘制精灵❷。按下快捷键Ctrl+Alt+Shift+E盖印图层，执行“滤镜 > 渲染 > 镜头光晕”命令，设置光晕位置和相关选项❸，为精灵添加发光效果❹。

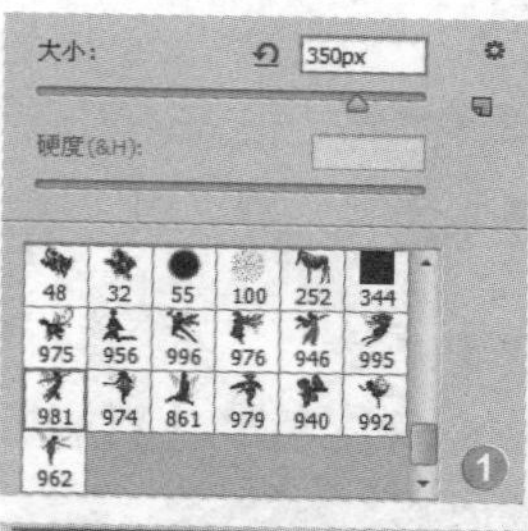

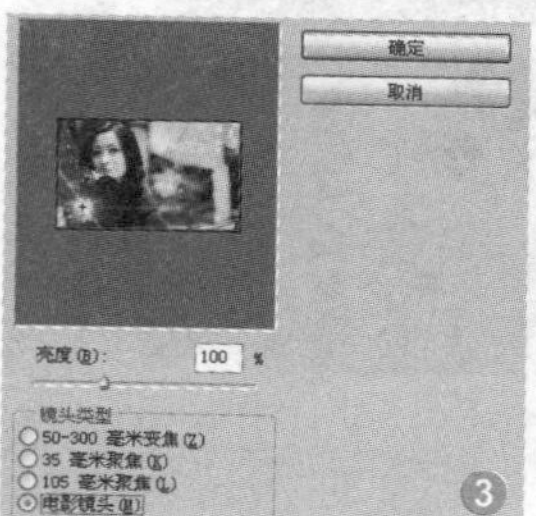

14 添加星光

为盖印的“图层4”添加图层蒙版，适当涂抹去除光晕旁的直线❶，将“素材.psd”图像文件中的“星光”图层拖曳到照片中，适当调整图像大小和位置❷。按下两次快捷键Ctrl+J，复制得到两个副本图层❸，并分别调整位置和角度，使星光随精灵的动态过渡❹。

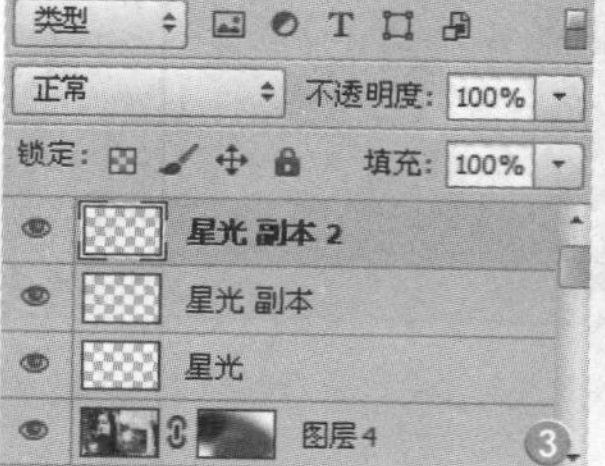

15 添加文字

单击横排文字工具[T]，在"字符"面板中设置文字格式和颜色❶，在图像中输入文字❷。单击选择文字D，在"字符"面板中调整文字的水平和垂直缩放❸，使文字有大小写之分❹。

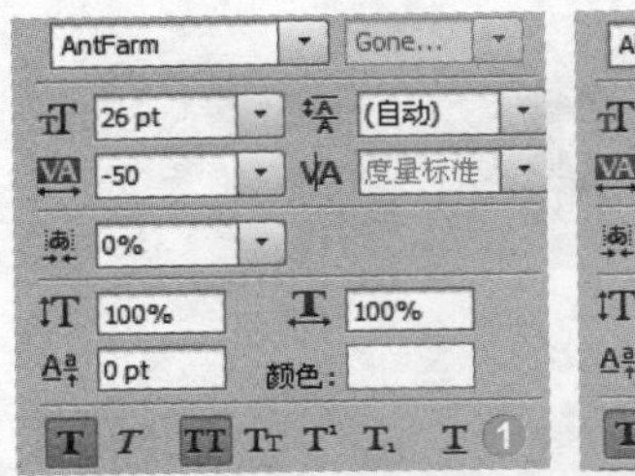
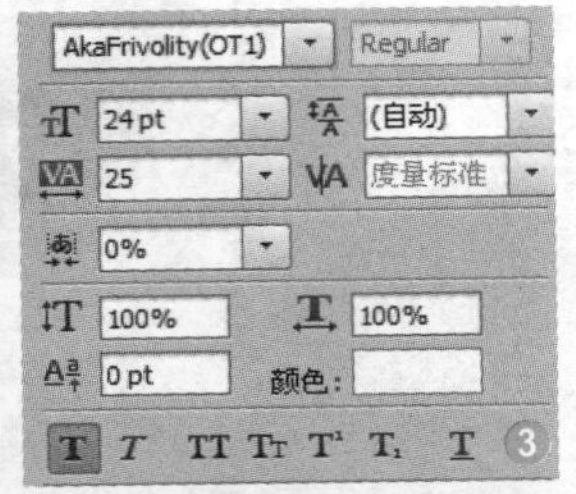

16 添加发光效果

继续在"字符"面板中调整文字格式❶，输入剩余的文字，并调整文字编排效果❷。将所有文字图层合并后重命名为"文字"，并为其添加"外发光"图层样式，设置参数后调整外发光颜色为蓝色（R29、G167、B192）❸，调整文字在整个图像中的位置❹。至此，完成该案例的制作。

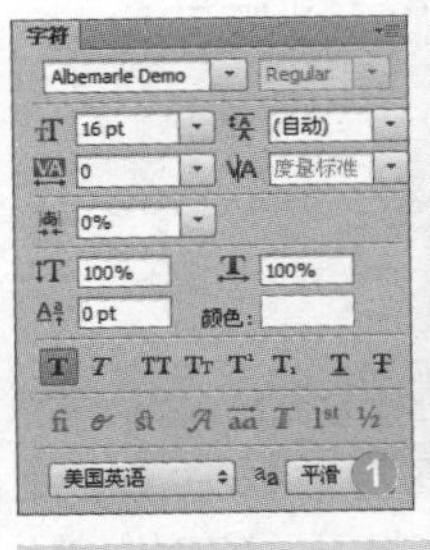

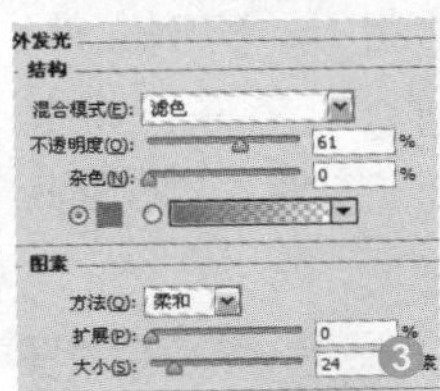

知识拓展｜使用曲线调整图层调整图像

曲线调整图层是众多调整图层中的一种，多用于对图像明暗关系进行整体快速地调整。打开一幅需要调整的图像，在"图层"面板中单击"创建新的填充或调整图层"按钮[●.]，在弹出的菜单中选择"曲线"选项。在弹出的"属性"面板中单击添加锚点，拖动锚点调整曲线，此时调整了图像的亮度，在RGB下拉列表中选择"红"选项，继续调整曲线，对图像色调进行调整。

原图像

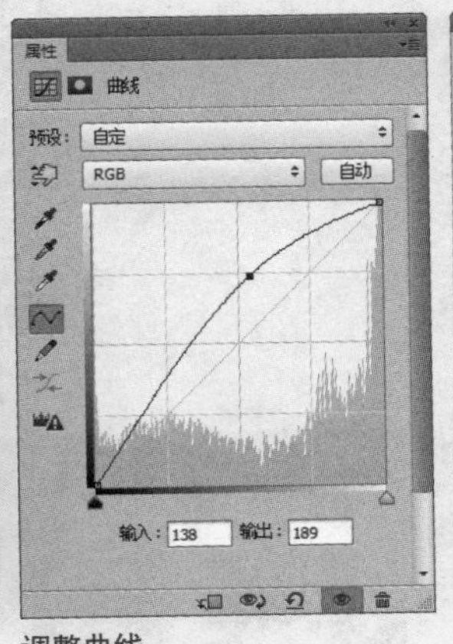
调整曲线

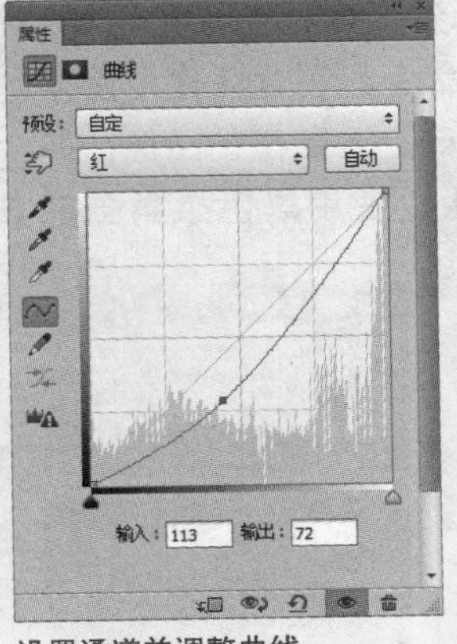
设置通道并调整曲线

最终效果

16.3 合成抽象图像

理念解析 该案例希望通过对特写图像的创意构思及细化处理，使图像形成一种突破常规的视觉效果。

表现技法 主要使用钢笔工具结合选区对图像的大形态进行创作，同时使用加深工具及减淡工具对图像细节进行刻画，使其具有相应的质感。

最终路径 实例文件\Chapter 16\Complete\合成 .psd

难度指数 ★★★★☆

01 新建图像文件并添加背景

执行“文件 > 新建”命令，在对话框中设置相应参数后单击“确定”按钮❶。打开“实例文件\Chapter 16\Media\16.3\图像.jpg”文件，将其拖曳到新建文件中，重命名为“图像”，调整其大小和位置❷。

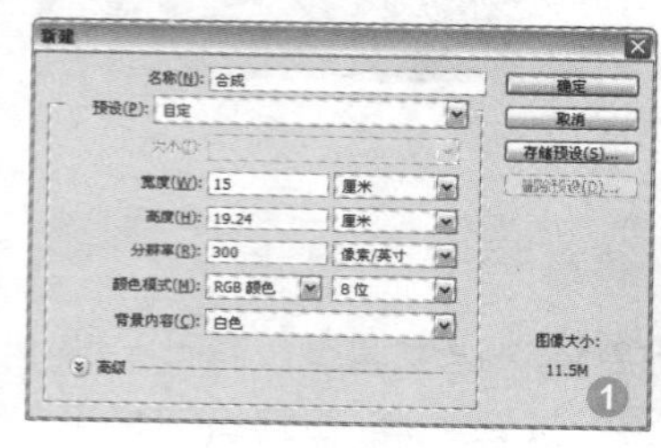

02 复制图层并模糊图像

按下快捷键 Ctrl+J 复制得到副本图层，执行“滤镜 > 模糊 > 高斯模糊”命令，在对话框中设置参数，单击“确定”按钮❶。适当模糊图像，并为副本图层添加图层蒙版，使用黑色柔角画笔进行涂抹❷，将飞艇和山的部分清晰显示出来❸。

03 擦除多余图像

打开“实例文件\Chapter 16\Media\16.3\人物.jpg”文件，将其拖曳到新建文件中，重命名为“人物”，适当调整图像大小和位置❶，单击橡皮擦工具，设置样式为“铅笔”，并调整画笔大小❷，将除人物脸外的图像擦除❸。

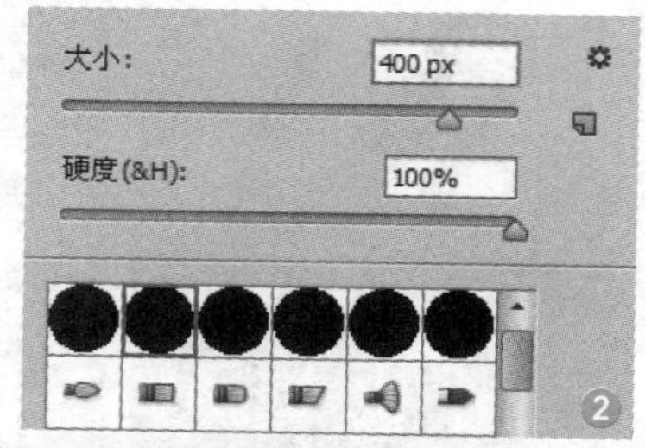

04 调整脸部图像

单击钢笔工具，在属性栏中单击“路径”按钮，沿人物脸部绘制路径①，将路径转换为选区后反选选区，按下 Delete 键删除部分脸部图像②。载入脸部选区后创建“色彩平衡 1”调整图层，设置参数③，单击“色调”下拉按钮选择“阴影”选项，继续调整参数④。

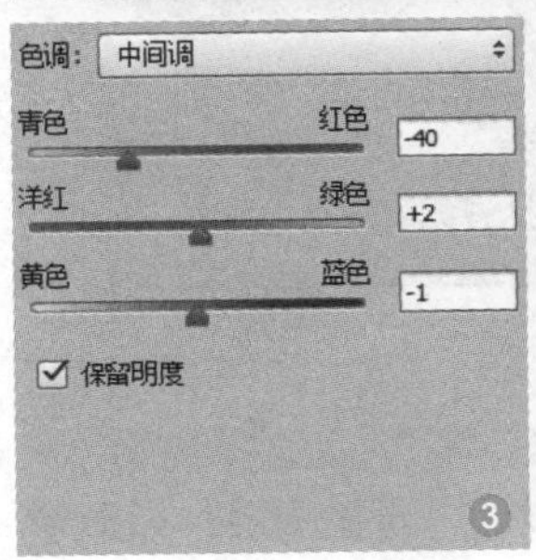

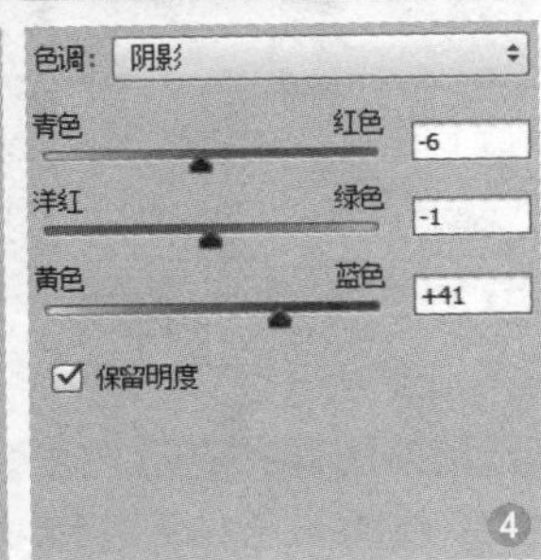

05 调整图像色调

此时可看到，调整的脸部色调出现变化①，继续载入脸部选区，创建“色相 / 饱和度 1”调整图层，设置参数②，降低图像饱和度，再次调整图像的色调③。在“图层”面板中同时选择“人物”图层和两个调整图层，按下快捷键 Ctrl+E 将 3 个图层合并，重命名为“脸”④。

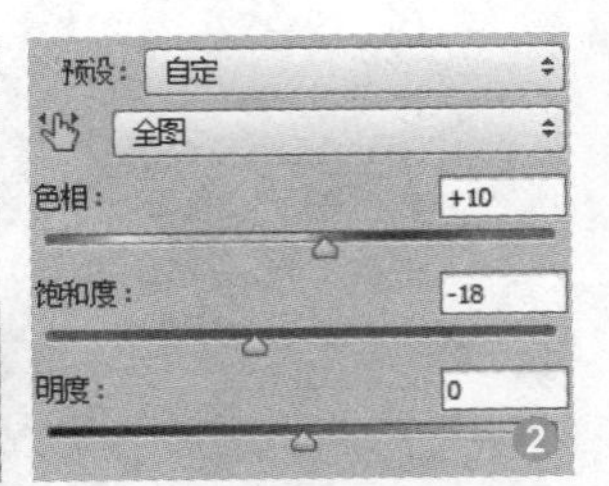

06 图像细节调整

单击加深工具，在属性栏中设置参数后在图像边缘涂抹，加深图像，使用减淡工具对图像边缘进行减淡处理，使人物脸部具有一定的立体效果①。复制得到副本图层，执行“滤镜 > 模糊 > 高斯模糊”命令，在打开的对话框中设置参数适当模糊图像②。填充图层蒙版后使用黑色柔角画笔在人物五官上涂抹，显示未模糊的效果，为人物图像适当磨皮③。

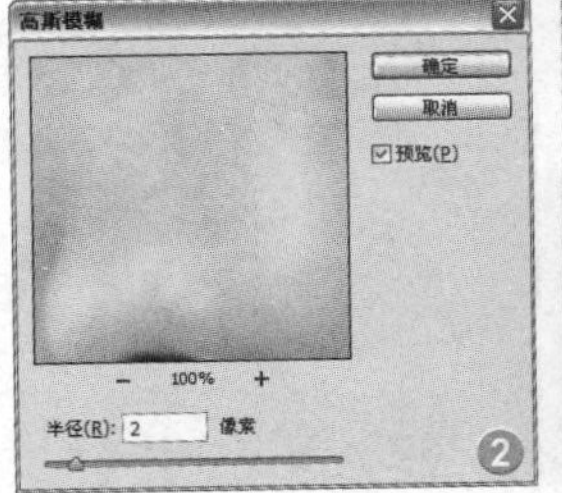

07 加深图像边缘

将两个图层合并后重命名为“脸”，复制得到副本图层，移动其位置，形成错开的边缘效果①。使用橡皮擦工具将多余的区域擦除，并适当加深部分边缘，使图像形成边缘的厚度感②。继续复制得到副本图层，使用相同的方法进行制作，继续加强脸部边缘的厚度效果③。完成后再次将脸部图层及其副本图层合并。

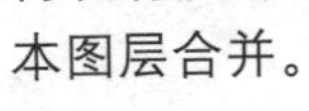

08 修复高光并调整色调

新建“修复”图层，设置前景色为黄色（R226、G211、B200），使用柔角画笔在颧骨高光上涂抹恢复皮肤的颜色，并设置“不透明度”为 85%❶。载入脸部选区，创建“曲线 1”调整图层，调整参数❷，加强图层对比度❸，继续载入脸部选区后创建“色彩平衡 1”调整图层，设置参数❹。

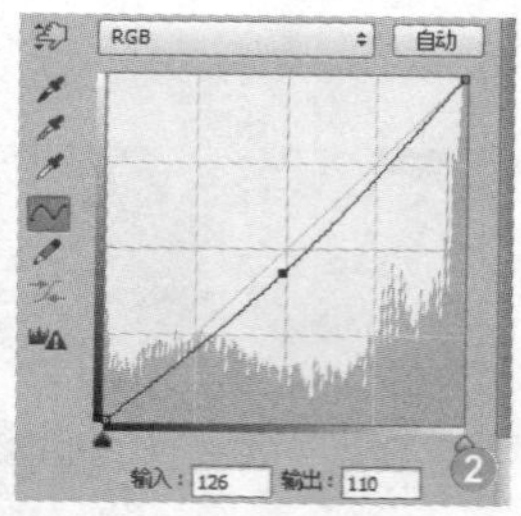

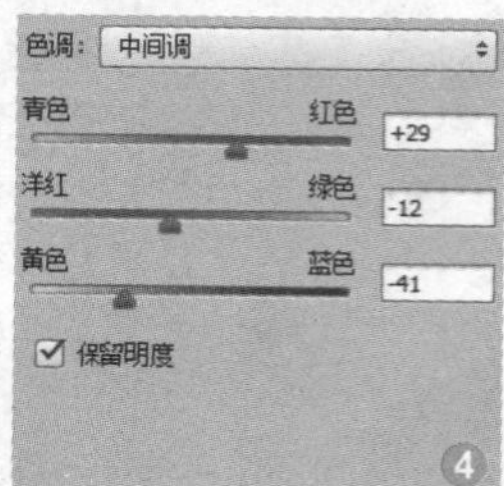

09 调整图像颜色

在该面板中单击“色调”下拉按钮选择“阴影”选项，拖动滑块设置参数❶，再选择“高光”选项并设置参数❷，赋予图像颜色。单击选择该调整图层蒙版，选择黑色柔角画笔并调整其“不透明度”和“流量”，对脸部进行涂抹❸，适当隐藏部分颜色，使人物脸部颜色均匀自然❹。

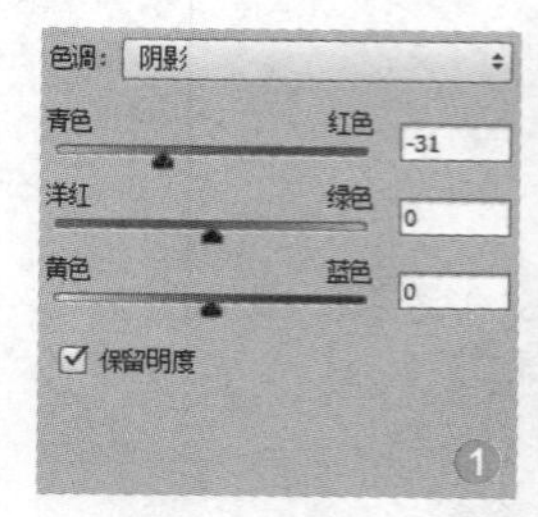

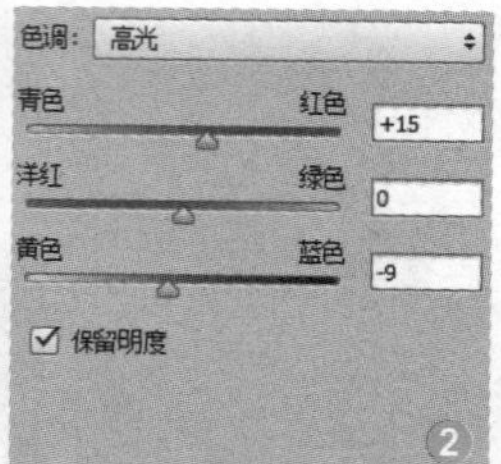

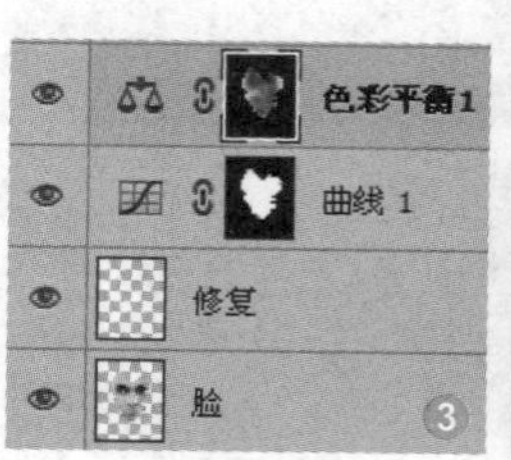

10 调整图像整体色感

针对所有图像创建“色彩平衡 2”调整图层，在其面板中拖动滑块设置“中间调”色调参数❶，单击“色调”下拉按钮选择“阴影”选项，拖动滑块设置参数❷，再选择“高光”选项，继续设置参数❸，赋予图像青黄色调，统一图像的整体色感❹。

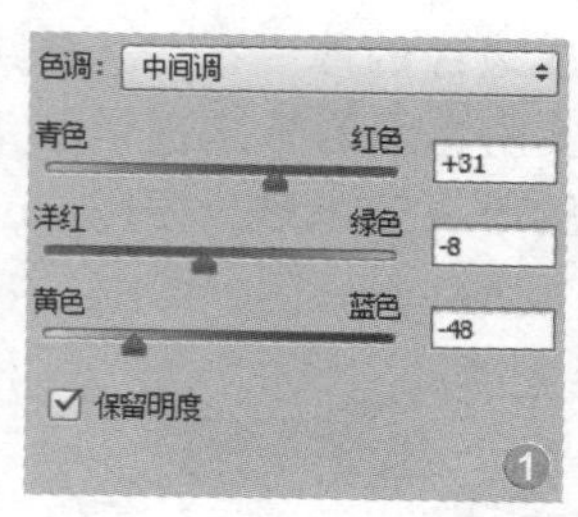

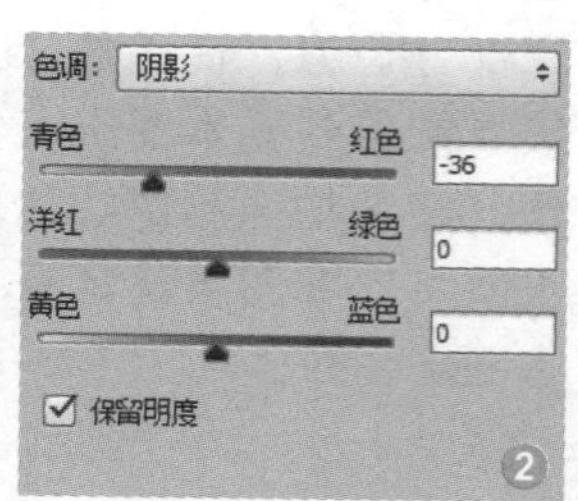

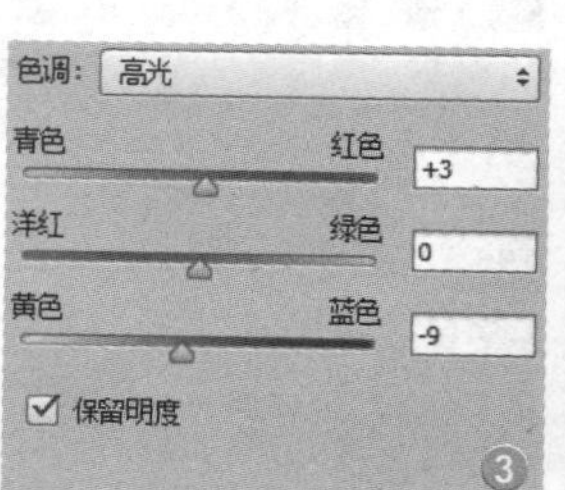

11 调整图像并变形图像

继续创建“色相/饱和度 1”调整图层，设置参数❶，适当修复因为偏黄色造成的图像效果❷，所有调整图层在“图层”面板中都可以看到❸。选择“脸”图层，复制得到副本图层，载入选区填充为黑色，适当变形后调整“不透明度”，制作阴影❹。

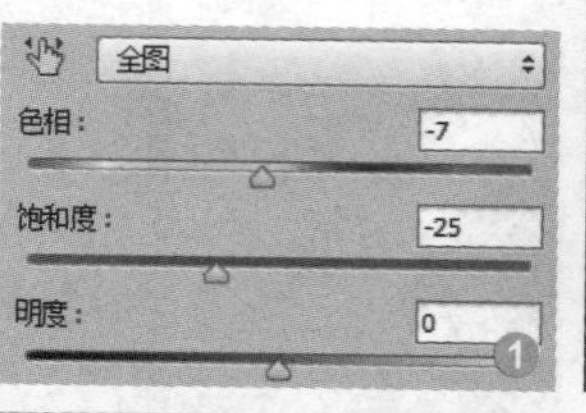

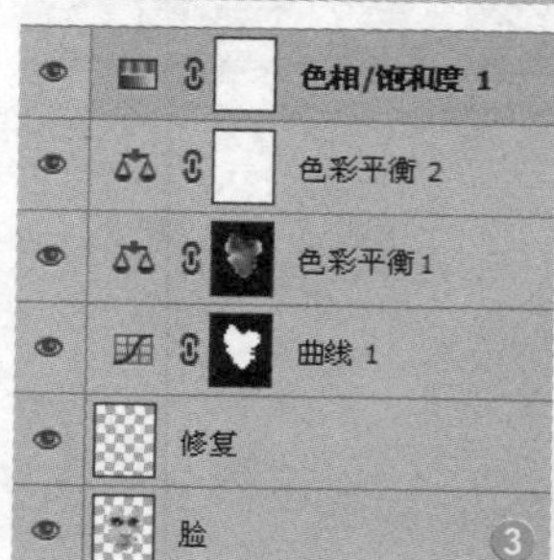

12 制作阴影

继续复制得到“脸 副本”图层，恢复其“不透明度”为100%，载入图像选区后设置颜色为浅褐色（R181、G150、B135），为其添加“斜面和浮雕”❶和“投影”❷图层样式，并分别设置参数，制作出立体效果，然后设置图层混合模式为“强光”❸。

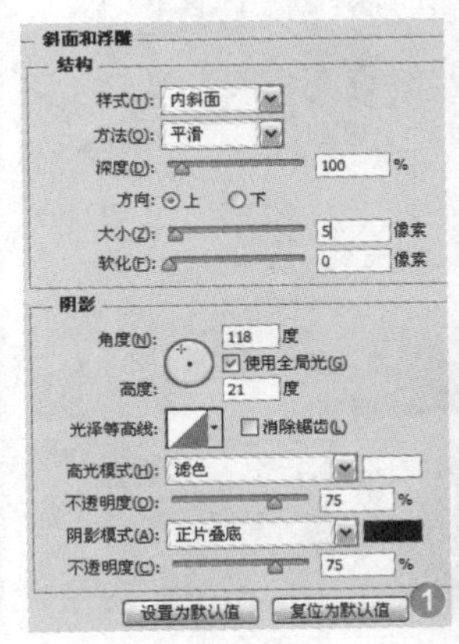
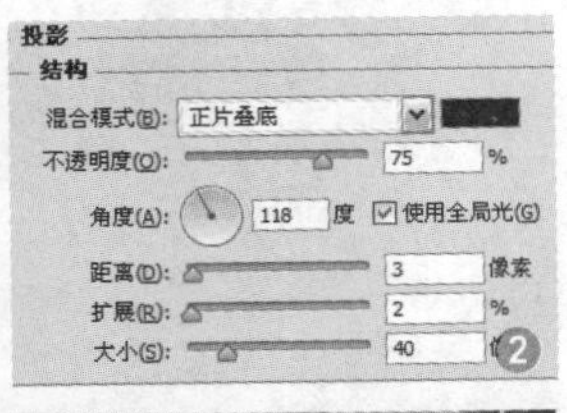

13 调整阴影效果

创建“阴影”图层组，将阴影图像拖动到其中，使用相同的操作继续复制多个图层❶，并分别调整这些倒影图像的颜色、图层样式以及混合模式使其形成层叠效果❷。合并图层组后设置“不透明度”为50%，使倒影效果更真实❸。

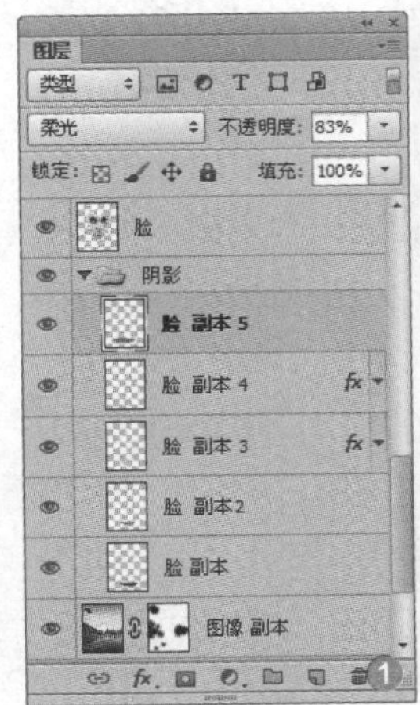

14 制作皮肤效果

新建“皮肤”图层组，在其中新建“皮肤”图层，单击钢笔工具，绘制路径，转换为选区后填充褐色（R196、G162、B136）❶。为其添加“斜面和浮雕”图层样式，设置参数并调整颜色❷，赋予图像一定的厚度效果❸。将图层转换为智能对象后栅格化图层，单击涂抹工具，在人物脸部边缘进行涂抹，使其与背景更加融合❹。

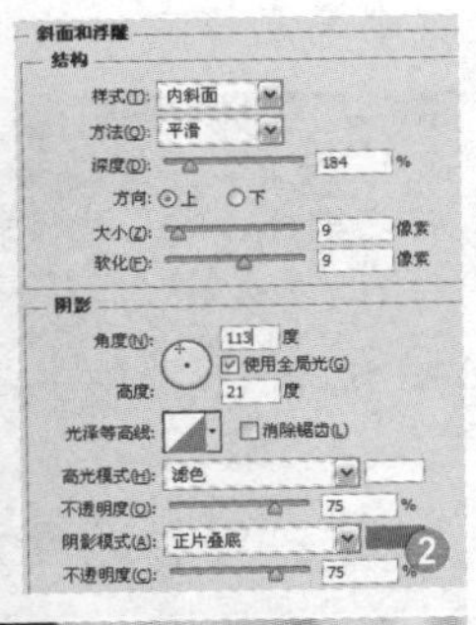

15 调整皮肤质感

单击加深工具，对图像进行整体加深，并结合使用减淡工具对皮肤边缘进行提亮，赋予其质感和厚度❶。执行“滤镜 > 杂色 > 添加杂色”命令，在对话框中设置参数并单击“平均分布”单选按钮❷，使皮肤质感更真实❸。使用相同方法依次创建“皮肤 2”到“皮肤 4”图层，分别制作皮肤飞溅的边缘效果，加强对图像细节的刻画，使图像效果更真实❹。

16 继续绘制皮肤细节

在“皮肤”图层组下新建“右侧皮肤”图层，使用钢笔工具绘制路径，将路径转换为选区后填充浅褐黄色（R240、G204、B178）。结合加深工具及减淡工具对图像进行涂抹调整，形成皮肤的飞溅液体效果❶。复制得到多个副本图层❷，并适当调整这些图像的大小和位置，使其沿人物右侧脸部形成大小不同的液体飞溅效果❸。

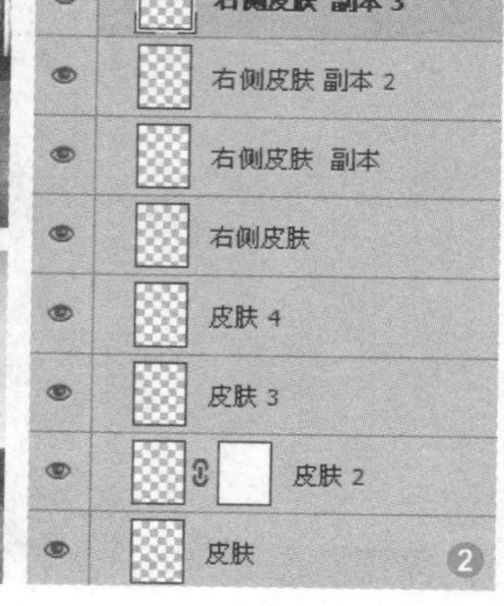

17 添加眼泪效果

新建“眼泪”图层，使用钢笔工具绘制路径，转换为选区后填充米黄色（R245、G221、B200）❶。使用加深及减淡工具调整出立体效果❷，结合“高斯模糊”滤镜继续对图像进行调整❸。

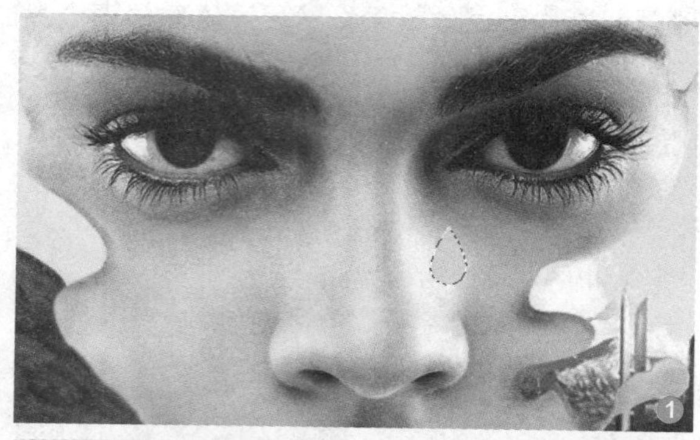

18 继续添加眼泪效果

复制眼泪图层得到眼泪副本图层，调整好大小后移动至人物眼角的位置❶，然后设置图层混合模式为“正片叠底”，让效果更真实❷。然后新建图层，单击画笔工具并设置前景色为白色，根据光影的方向在泪滴上绘制出高光，让眼泪效果更为立体❸。

19 绘制左侧线条图像

新建“线条”图层组，在其中新建“线条”图层。使用钢笔工具绘制出线条的路径，填充为紫色（R190、G84、B124）❶。使用加深工具沿着线条轮廓周围涂抹，绘制出阴影效果。然后单击减淡工具，在线条转角等处进行涂抹，表现出高光效果，以制作出立体感❷。

20 绘制左侧线条图像

新建图层，使用钢笔工具继续绘制出线条的路径，填充为浅茶色（R219、G200、B186）❶。使用加深工具和减淡工具对线条进行涂抹，制作出立体感❷。

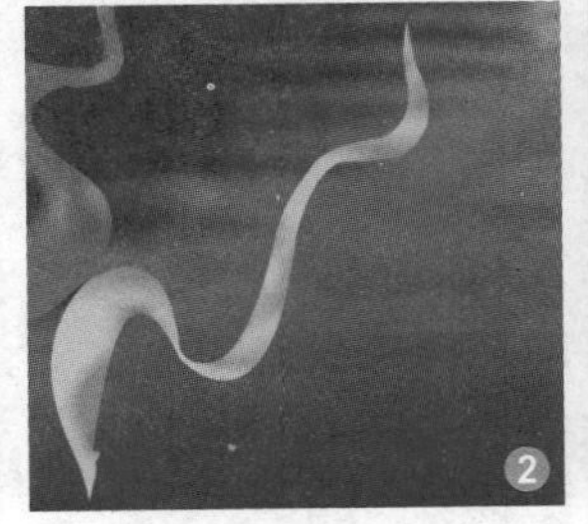

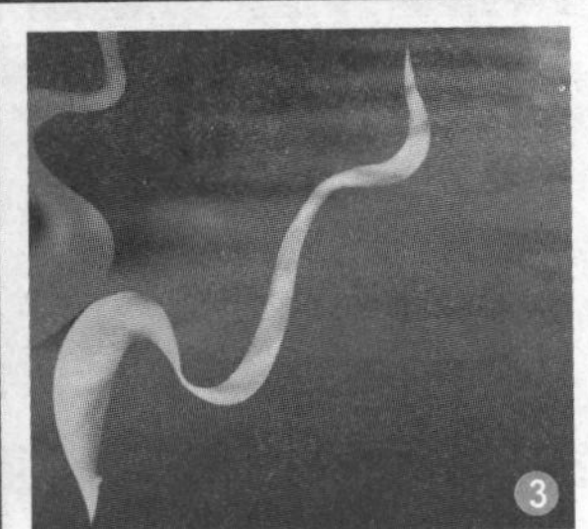

21 绘制连接脸颊的线条图像

新建图层，使用钢笔工具绘制出和脸颊相接的线条的路径，并填充为浅棕色（R160、G117、B104）❶。使用加深工具和减淡工具分别绘制出线条的阴影和高光，制作出立体感❷。

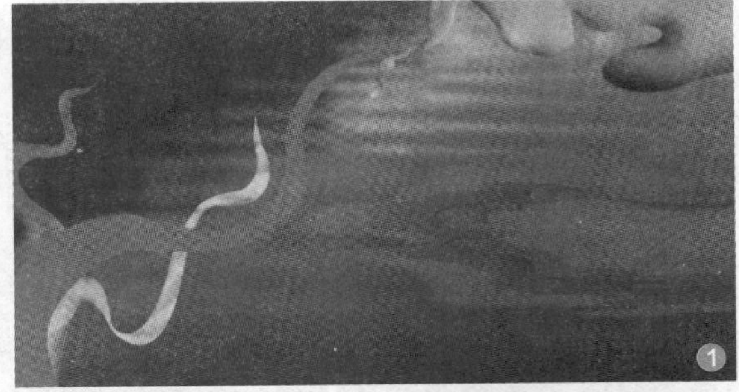

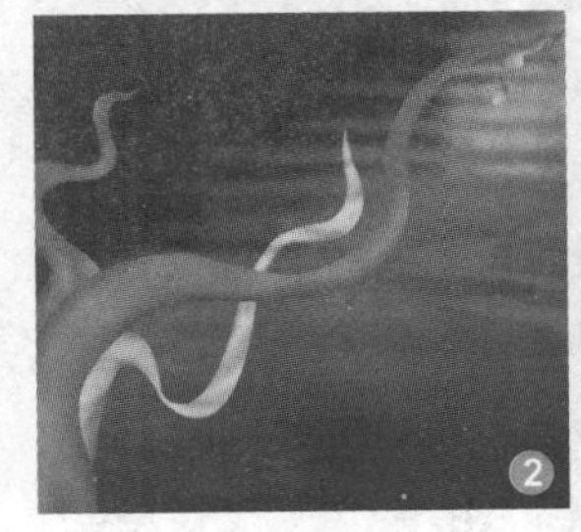

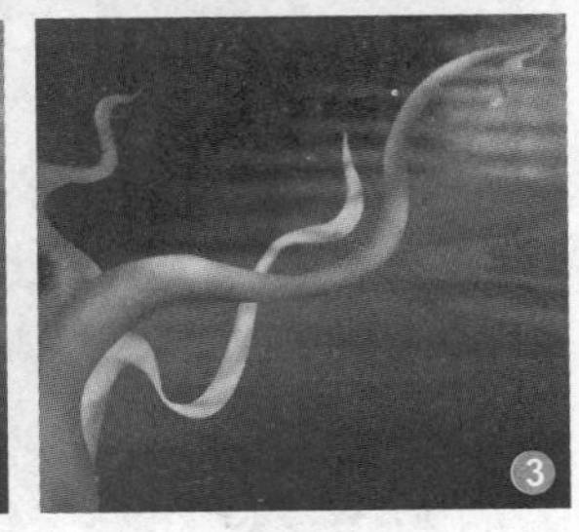

22 绘制右侧线条图像

新建“线条 3”图层，使用钢笔工具沿着人物右边下巴处绘制曲线路径，转换为选区后填充为咖啡色（R208、G171、B142）❶。然后继续使用钢笔工具沿着曲线扭曲角度创建选区。并结合加深工具绘制出阴影❷，再使用减淡工具绘制出高光效果❸。

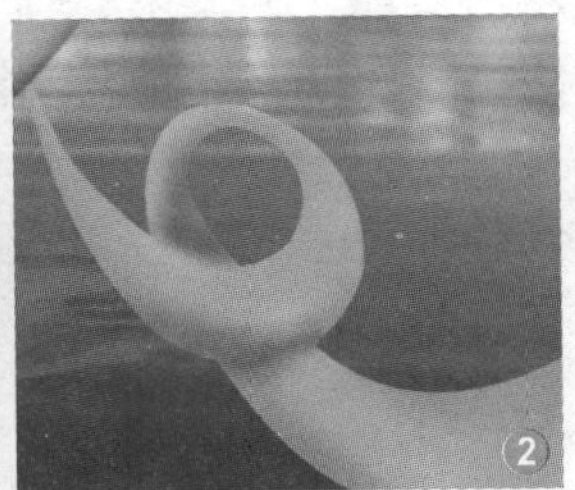

23 继续绘制右侧线条图像

新建“线条 4”图层，使用相同的方法在褐色弯曲线条上绘制紫色小线条，添加线条细节❶。选择右侧的“线条”和“线条 1”图层，复制得到副本图层，将其调整到画面右下角，丰富图像效果❷。

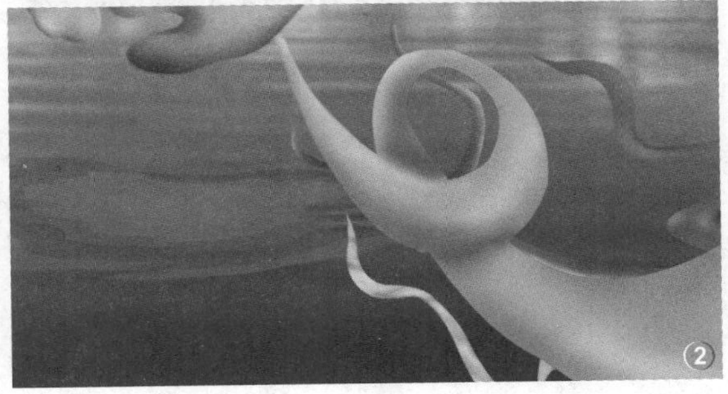

24 制作线条阴影效果

复制得到“线条 副本”图层组，合并图层组后重命名该图层为“线条阴影”。按下快捷键 Ctrl+T，调整图像角度❶，确认变化后载入图层选区。羽化选区，设置羽化值为 5px，填充黑色后设置混合模式为“正片叠底”、“不透明度”为 65% ❷。

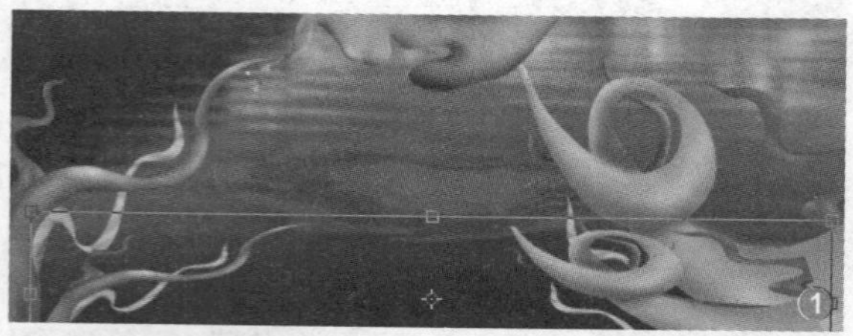

25 添加脸部线条效果

新建“脸部线条”图层组，复制得到多个“线条 1”的副本图层，将其移动到该组中，调整位置和大小，形成脸部左上角线条❶。复制得到多个“线条 2”的副本图层，适当调整制作脸部右上角线条效果❷，继续添加“线条”的副本图层❸，添加脸部丰富的线条效果❹。

26 添加素材

新建“素材”图层组，打开本书配套光盘中“实例文件 \Chapter16\Media\16.3 中的墙体 .jpg、脸庞 .jpg 和玫瑰 .png 文件，分别将其拖曳到该图层组中。调整图像大小和位置，适当结合复制图层、添加图层样式和设置图层混合模式等操作，对素材进行调整，丰富图像效果❶，调整后见“图层”面板❷。

27 完善图像

打开本书配套光盘中“实例文件 \Chapter 16\Media\ 16.3”文件夹中的树枝 .png、窗 .png、水 .png 和花纹 .png 图像文件，分别将其拖曳到新建的图层中，调整图层顺序，使其位于脸部图像上。适当调整图像位置和大小，使合成的效果更完善❶。在“图层”面板中可查看相关图层❷，至此，完成该案例的制作。

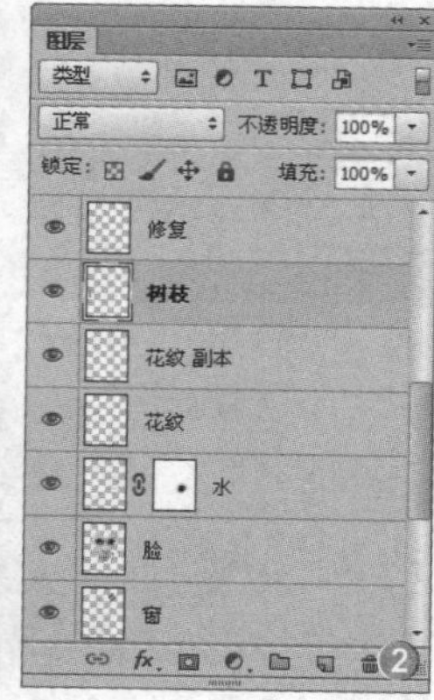

Chapter

17

海报招贴设计

海报招贴是用于户外张贴的广告形式，也是现代流行的设计类型之一。其中，商业类海报以产品作为主题，以传递产品信息及品牌理念为目的。艺术类海报则更追求自然和人文气息。本章将针对海报招贴的制作过程进行详尽解析。

设计师谏言

在进行海报设计时，需要从海报的类别和需求出发进行创意构思、色彩搭配和结构布局。商业类海报需要使用亮丽的颜色及夸张的组成元素，从而达到其吸引观者注意力的目的。而艺术类海报则需要更具艺术感的设计构思和元素搭配。

17.1 艺术招贴设计

理念解析 该案例主要通过对各种真实素材进行合成，并对图像进行色调调整，使其整体效果自然合理，使艺术招贴呈现带有创意色彩的奇异效果。

表现技法 主要运用了多种调色命令结合图层蒙版对各种素材进行创意合成，同时使用钢笔工具对立体文字进行绘制。

最终路径 实例文件\Chapter 17\Complete\艺术招贴.psd

难度指数 ★★★★★

01 新建图像文件

执行“文件 > 新建”命令或按下快捷键 Ctrl+N 打开“新建”对话框，在其中设置文件名称、高度、宽度、分辨率等参数后单击“确定”按钮❶，此时在工作区中可以看到新建的空白文件❷。

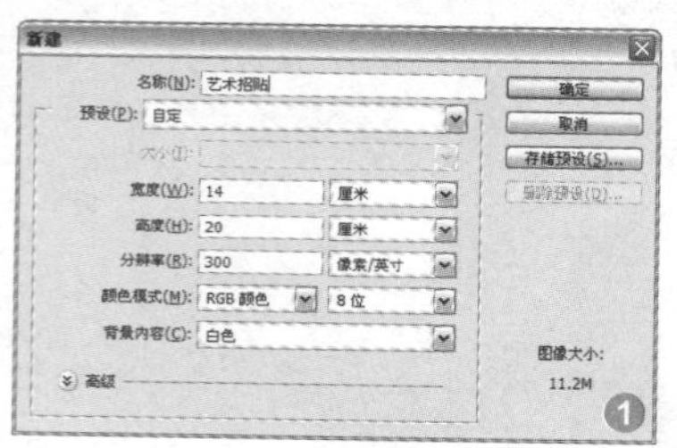

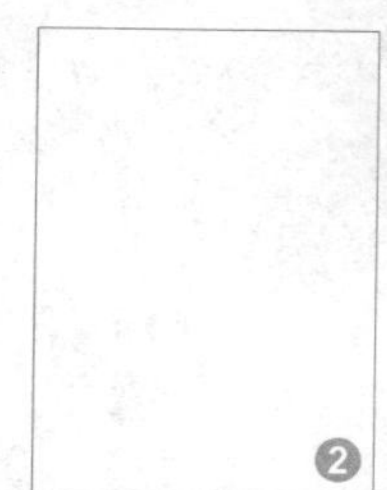

02 打开图像

打开“实例文件\Chapter 17\Media\17.1\背景图像.jpg”图像文件，单击移动工具，将打开的图像拖曳到新建文件中，并调整绿色图像的大小和位置❶。此时在“图层”面板中生成“图层 1”❷，双击该图层名称，将其重命名为“背景图像”❸。

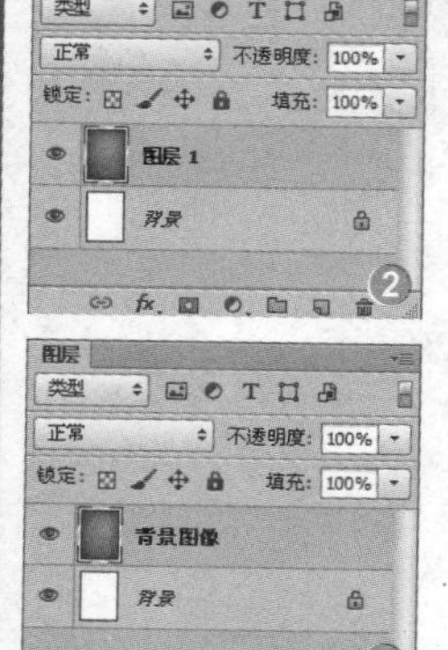

03 创建并羽化选区

单击椭圆选框工具，在图像中按住左键拖动绘制选区❶，按下快捷键 Shift+F6，在弹出的对话框中设置“羽化半径”，完成后单击“确定”按钮❷。此时在图像中可以看到，选区变得更加平滑❸。

04 填充选区并调整混合模式

单击“图层”面板下方的“创建新图层”按钮，新建“图层 1”图层❶。将选区填充为黄色（R198、G227、B97），并按下快捷键Ctrl+D 取消选区❷。设置“图层 1”的图层混合模式为“柔光”❸，此时可以看到图像效果更为柔和❹。

05 盖印图层并调整图层色感

按下快捷键 Ctrl+Shift+Alt+E 盖印图层，将其重命名为“背景”❶，此时图像效果不变❷。设置“背景”图层的混合模式为“滤色”、“不透明度”为 30%。为其添加图层蒙版，使用黑色柔角画笔在图像底部涂抹❸，恢复图像底部较暗的色感❹。

06 使用素材合成山体

打开“实例文件\Chapter 17\Media\17.1\素材.psd”图像文件，选择“山”图层，使用移动工具将其拖曳到新建文件中，生成“图层 2”图层，调整图像大小和位置❶。继续在打开的“素材”文件中将“草”图层拖曳到图像中，生成“图层 3”，调整大小和位置后按下快捷键 Ctrl+Alt+G 剪贴图层，使草坪置于山体图像中❷。在“图层”面板中单击“添加图层蒙版”按钮添加图层蒙版，使用黑色柔角画笔在草坪底部涂抹，隐藏部分青色的草坪，使草坪和山体图像充分融合❸。

07 绘制渐变

按住 Ctrl 键的同时单击“图层 2”的缩览图，载入选区❶，单击“创建新图层”按钮，新建“图层 4”图层。单击渐变工具，设置渐变颜色从左到右为褐色（R33、G6、B6）和灰色（R226、G225、B225）❷，在图像中绘制渐变效果❸。

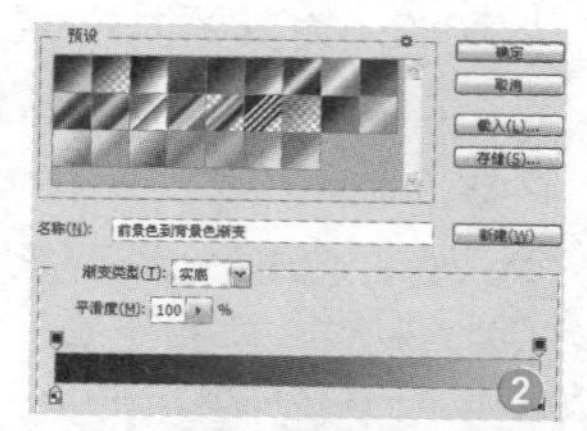

08 设置混合模式

在“图层”面板中设置“图层 4”的混合模式为“线性加深”，此时渐变图层效果和山体图像同处于暗色调中❶。单击“添加图层蒙版”按钮添加图层蒙版❷，使用黑色柔角画笔在山体上部涂抹，使山体的黑色效果仅限于底部❸。

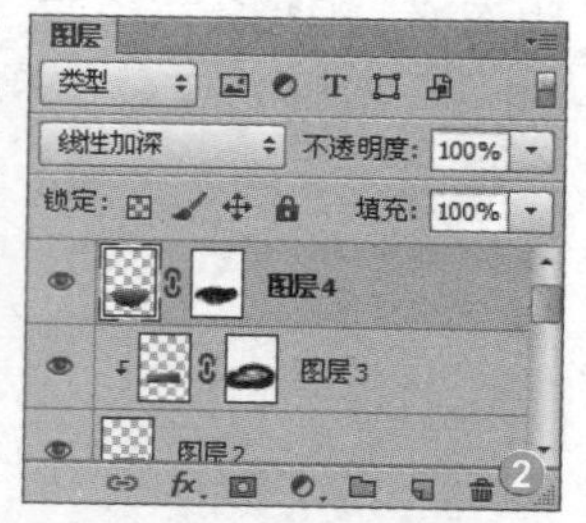

09 绘制亮光和阴影

新建图层并重命名为“亮光”，将其置于“图层 2”下方。单击画笔工具，设置颜色为白色、样式为“柔边圆”，调整“不透明度”和“流量”为 50%，在图像中涂抹，增加山体后的光亮❶。继续新建“阴影”图层，使用椭圆选框工具绘制选区❷，按下快捷键 Shift+F6，在对话框中设置“羽化半径”❸，单击“确定”按钮，填充选区为黑色，设置该图层的“不透明度”为 75%❹，增加图像立体感❺。

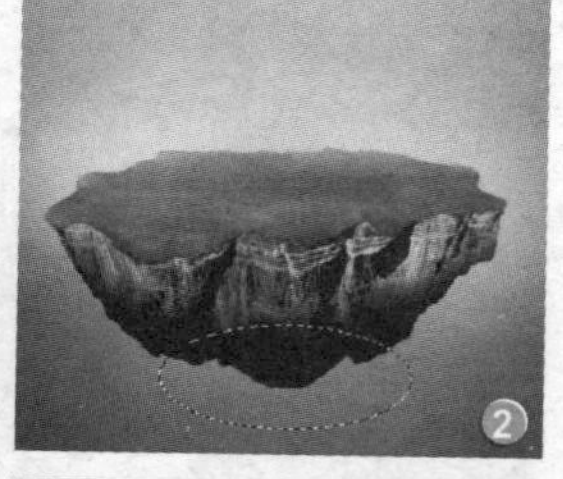

羽化选区

羽化半径(R): 75 像素

确定

取消

10 绘制湖面

使用钢笔工具在山体草坪上绘制出路径❶，在打开的“素材”文件中将“湖面”图层拖曳到图像中，生成图层后调整图像旋转角度。按下快捷键Ctrl+Enter将路径转换为选区❷，保持选区的情况下，单击“添加图层蒙版”按钮添加图层蒙版，隐藏选区外的图像❸。右击图层蒙版缩览图，在弹出的菜单中选择“应用图层蒙版”选项，按下快捷键Ctrl++放大图像。单击橡皮擦工具，在属性栏中设置画笔样式为“柔边圆”，对湖泊边缘进行涂抹，柔化湖泊边缘效果❹。

11 湖泊细节刻画

双击“湖面”图层，为其添加“外发光”图层样式，设置外发光颜色为深灰绿色（R47、G47、B3），并调整参数❶。载入湖面选区❷，新建“光效”图层，单击渐变工具，设置渐变颜色为白色到蓝色（R0、G160、B224），在选区中拖动绘制渐变，并设置该图层的混合模式为“滤色”、“不透明度”为60%❸，使其效果更具光感❹。

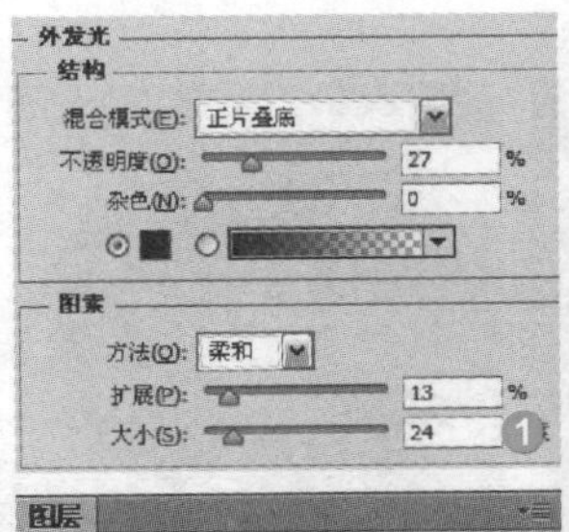

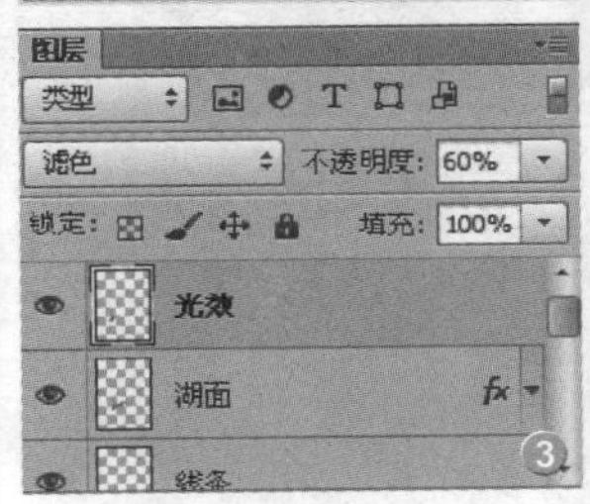

12 结合素材合成图像

新建“线条”图层，将其置于“湖面”图层下方。单击画笔工具，设置颜色为灰蓝色（R26、G63、B71），在湖面边缘转角处涂抹，加强轮廓效果，并设置该图层的混合模式为“深色”❶。将“素材”文件中的“远山”图层拖曳到新建图像中，生成相应图层❷，为该图层添加图层蒙版，使用黑色柔角画笔进行涂抹❸，隐藏部分图像❹。

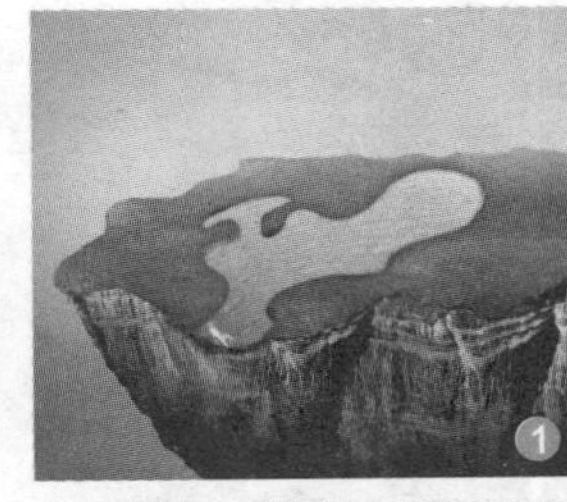

13 合成房子图像

按下快捷键Ctrl+Shift+Alt+E盖印图层，将其重命名为“盖印”。单击减淡工具，设置“曝光度”为30%，对图像左侧进行涂抹，用于调整图像整体光感❶。新建“各种素材”图层组，将“素材”文件中的“房子”图层拖曳到新建图像中，将其置于“各种素材”图层组中❷。为该图层添加图层蒙版，并结合画笔工具进行涂抹，进一步合成草坪上的房屋效果❸。

14 继续合成图像

继续使用相同的方法，分别将“素材”文件中的“树”❶、“树丛”、“树丛2”❷、“菊花”和“花2”图层拖曳到“各种素材”图层组中，生成相应的图层。根据图像需要适当复制树和树丛，使图像的合成效果更真实❸，此时图层效果如下图所示❹。

15 输入文字

新建“立体文字”图层组，在该图层组中新建 D 图层组。单击横排文字工具，在“字符”面板中设置文字格式，设置颜色为绿色（R23、G128、B33）❶。在图像左侧输入文字❷，栅格化文字图层后复制得到副本图层，置于该图层下方❸，调整副本图层位置，并调整其颜色为深绿色（R22、G86、B23）❹。

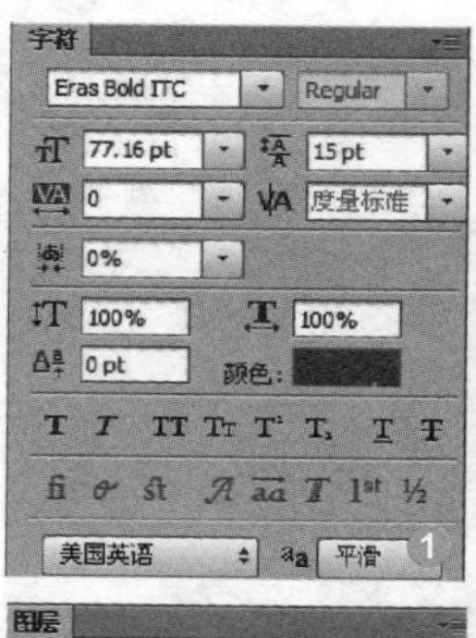

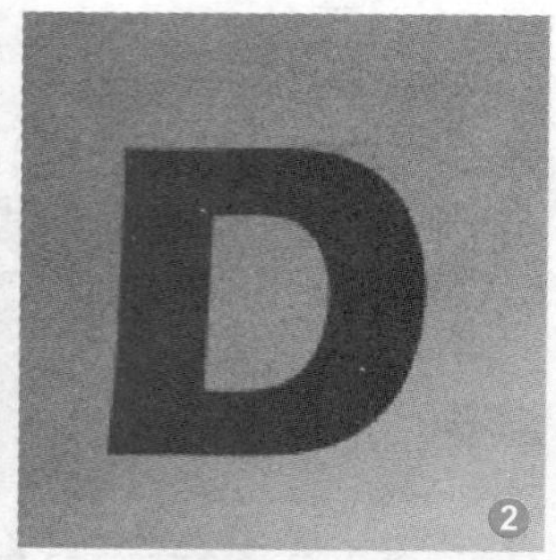

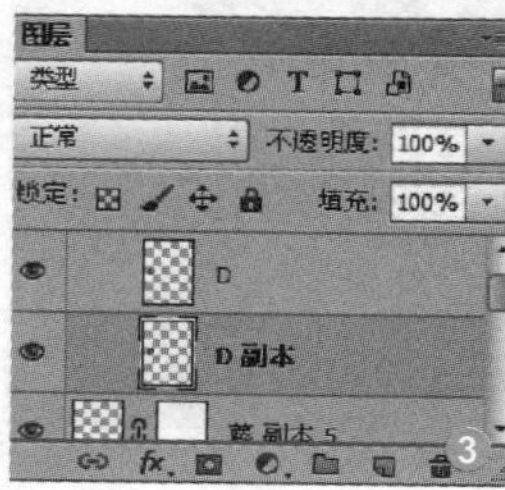

16 绘制立体文字 D

新建图层，并将其重命名为“侧面”，将其置于 D 图层上方❶。单击钢笔工具，沿 D 文字边缘绘制立体文字侧面的路径❷。单击渐变工具，设置渐变颜色为深绿色（R22、G86、B23）到绿色（R35、G130、B43）❸，然后按下快捷键 Ctrl+Enter 将路径转换为选区后，在图像中拖动绘制渐变，完成后按下快捷键 Ctrl+D 取消选区❹。

17 绘制立体文字 I

在“立体文字”图层组中新建 I 图层组，使用横排文字工具，保持相同的文字格式输入文字❶。使用钢笔工具绘制路径，分别绘制立体文字的两个侧面❷，分别填充颜色为绿色（R16、G101、B26）和深绿色（R4、G66、B7）❸。

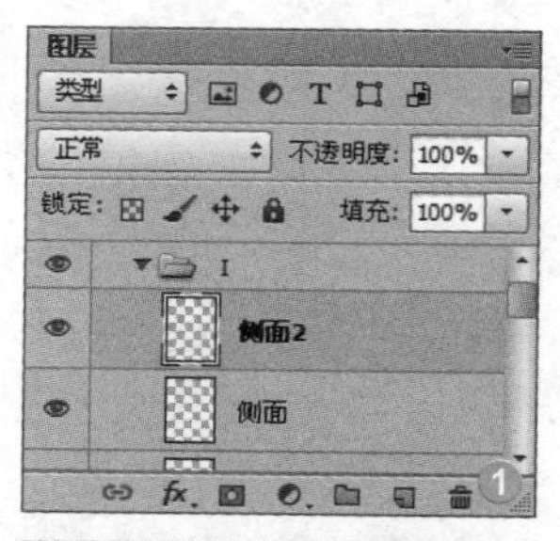

18 绘制立体文字 V

继续在“立体文字”图层组中新建 V 图层组，使用横排文字工具输入文字❶，复制得到副本图层后移动位置形成立体感。结合钢笔工具绘制 V 字的侧面路径并分别新建相应的图层❷，分别调整各个侧面图层的颜色，使其形成立体效果❸。

19 继续绘制其余立体文字

继续在“立体文字”图层组中新建E、C、T、Y等图层组，并根据不同情况调整立体文字侧面的颜色，使其形成立体效果❶。选择I图层组，复制得到副本图层组❷，并调整文字摆放位置，使其形成错落有致的分布格局❸。

20 在文字上添加塔松素材

新建“文字上的装饰”图层组，将“素材”文件中的“塔松”图像拖曳到该图层组中。载入塔松选区后创建“色相/饱和度1”调整图层并设置参数❶，使塔松色彩更鲜亮❷。同时选择这两个图层，按下快捷键Ctrl+E合并“塔松”和“色相/饱和度1”调整图层，并多次按下快捷键Ctrl+J复制得到多个副本图层❸，分别调整它们的大小和位置，使其错落有致地摆放在立体文字上❹。

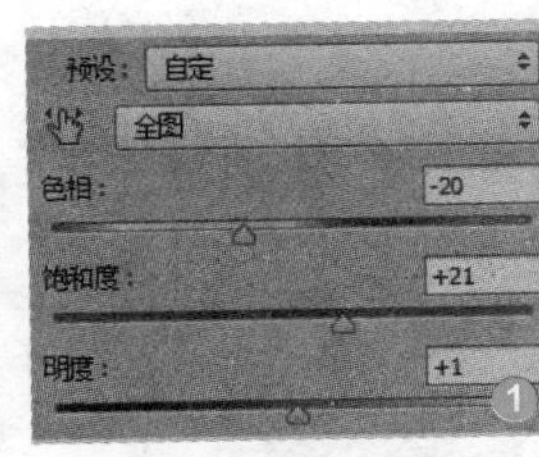

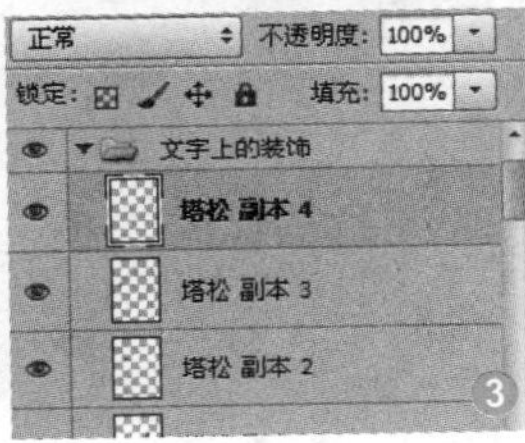

21 制作树叶藤条效果

使用移动工具将“素材”文件中的“藤”和“树叶”图层拖曳到新建图像中❶，生成相应图层。双击“藤”图层，为其添加“斜面和浮雕”图层样式，设置参数和颜色❷。复制得到多个树叶图像，围绕藤条进行缠绕❸，并在“图层”面板中将全部树叶合并为一个图层。

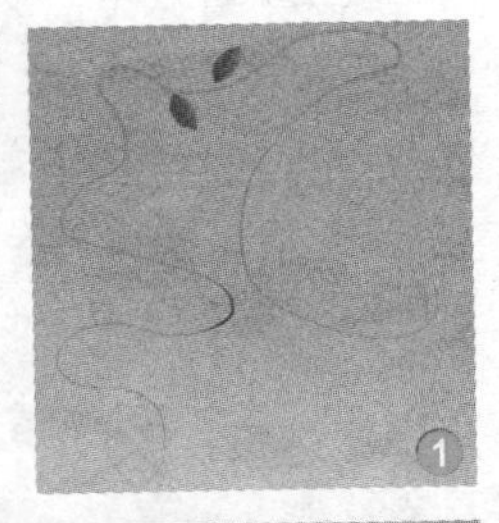

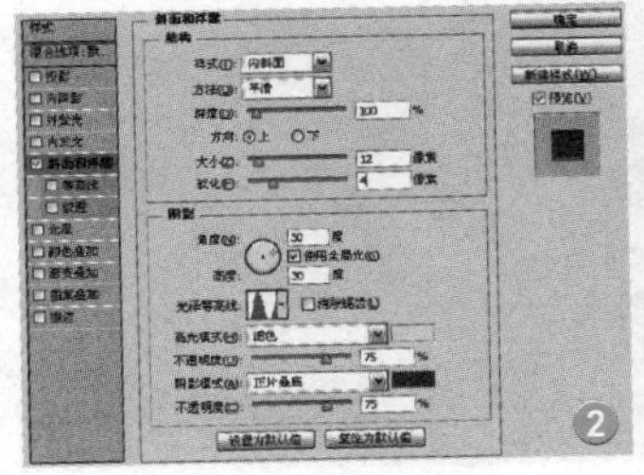

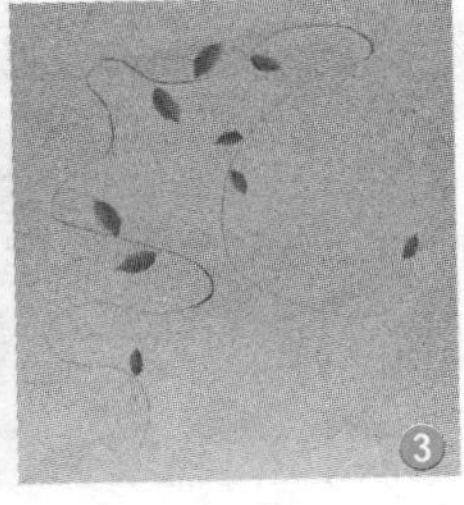

22 制作藤条阴影

按下快捷键Ctrl+E将藤条和树叶合并，复制得到副本图层，重命名为“阴影”。载入藤条和树叶选区❶，填充为黑色，同时略微移动图像阴影后调整图像位置，形成阴影效果❷。最后设置副本图层的“不透明度”为60%，使阴影效果更自然❸。

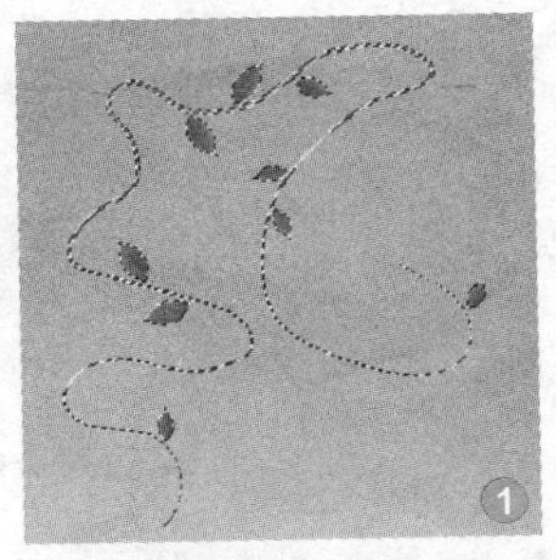

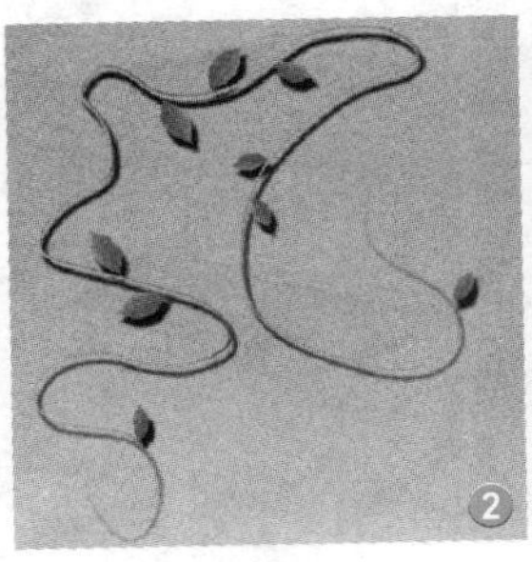

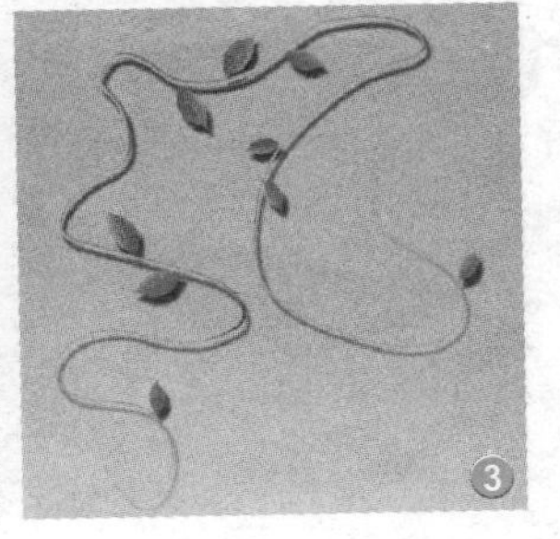

23 绘制藤条阴影

按下快捷键 Ctrl+E 将藤条和阴影图层合并，重命名为“藤”，将其调整到立体文字上。适当调整其大小❶，为其添加图层蒙版，使用黑色柔角画笔在藤条遮挡文字的部分涂抹，形成藤条与文字的缠绕效果❷。按下两次快捷键 Ctrl+J 复制得到副本图层，并分别调整副本图层的蒙版效果，继续使藤条缠绕立体文字❸。

24 绘制藤条阴影

将“素材”文件中的“蝴蝶”图层拖曳到该图层组中，生成相应的图层，调整蝴蝶的大小和位置❶。复制得到副本图层，重命名为“阴影”，载入蝴蝶选区后填充为黑色，并设置“不透明度”为 20%，形成阴影效果❷。继续使用相同的方法处理“素材”文件中的“蝴蝶 2”、“昆虫”和“北极熊”图层，为立体文字添加装饰效果❸。

25 添加气泡效果

将“素材”文件中的“气泡”图层拖曳到该图层组中，生成相应的图层，调整气泡的大小，并复制多次形成一组气泡❶。将这些气泡合并为一个图层，按下两次快捷键 Ctrl+J 复制得到副本图层❷，分别调整这些气泡的位置❸。

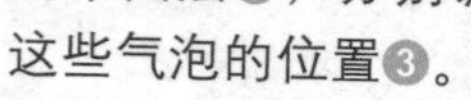

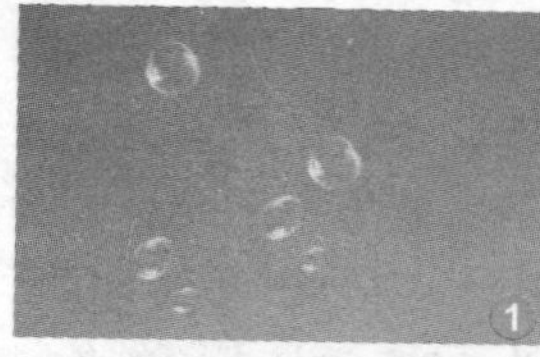

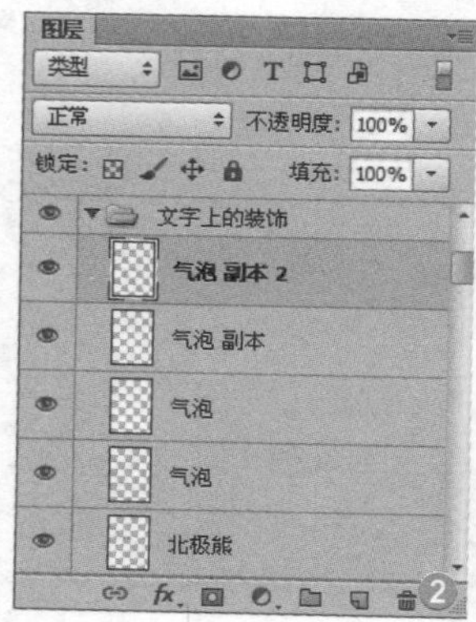

26 添加藤条效果

选择“藤”图层，按 3 次快捷键 Ctrl+J 复制得到 3 个副本图层，将其置于“立体文字”和“各种素材”图层组之间，分别调整这些图像的大小和位置，使其紧挨山体的边缘，刻画出细节❶。继续将“素材”图像中的“花纹”图层拖曳到新建图像中，将其置于“藤 副本 3”图层下方，调整大小和位置后设置其混合模式为“叠加”❷。

27 添加花纹和水流图像

按下快捷键 Ctrl+J 复制得到“花纹 副本”图层，调整图像大小和位置后设置图层混合模式为“划分”、“不透明度”为 50% ❶，为图像添加花纹效果，丰富图像的整体效果❷。将“素材”文件中的“水流”图层拖曳到新建图像中，置于“盖印”图层上方，同时调整其大小和位置❸，按下快捷键 Ctrl+J 复制得到副本图层，继续调整副本图层的位置，使其形成连接效果❹。

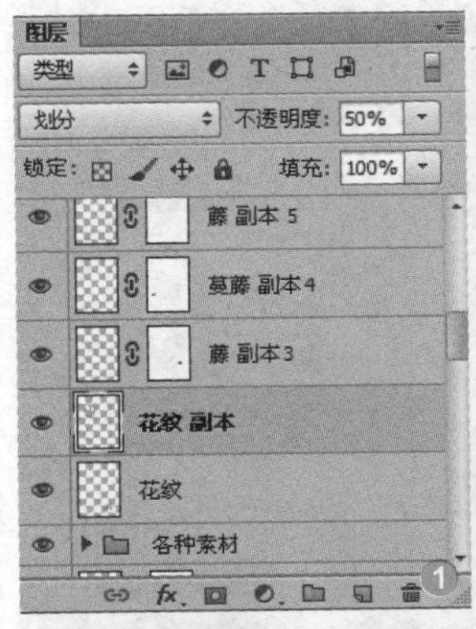

28 合成水流效果

分别为两个水流图层添加蒙版，使用黑色柔角画笔涂抹合成山体下的水流❶。新建“瀑布”图层，单击画笔工具，设置颜色为白色，载入打开“实例文件\Chapter 17\Media\17.1\瀑布.abr”笔刷，设置样式为 waterfall。调整画笔大小❷，在湖泊边缘绘制瀑布效果❸。继续新建“水晕”图层，设置相应的画笔样后调整大小❹，继续在水流中绘制出水晕效果，并设置“不透明度”为 75% ❺。

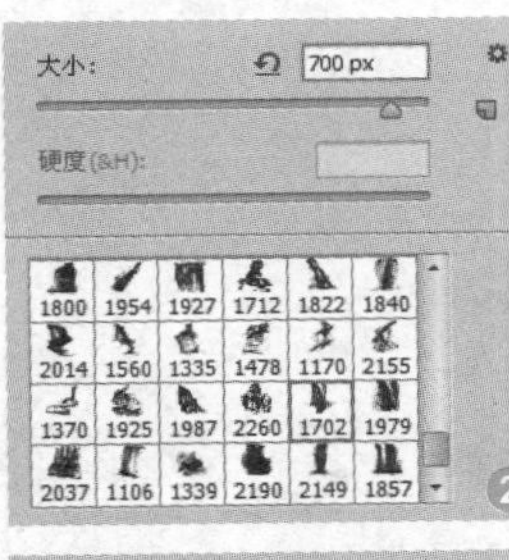

29 细化流水效果

新建“瀑布 2”图层，选择适当的画笔样式，调整画笔大小❶，在湖泊边缘单击绘制未形成瀑布的湍急水流，细化水流效果❷，并添加图层蒙版，使用画笔工具适当涂抹隐藏部分浪花图像❸。

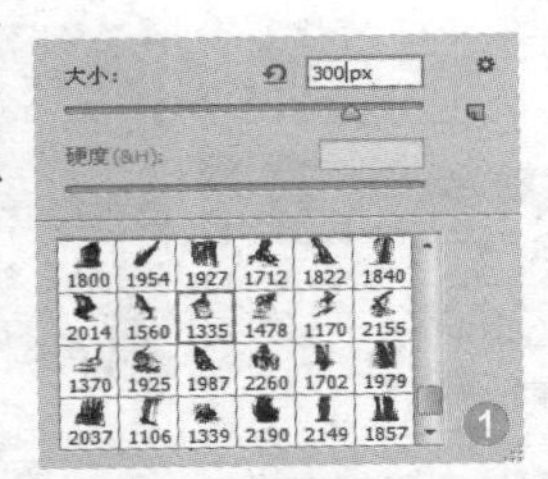

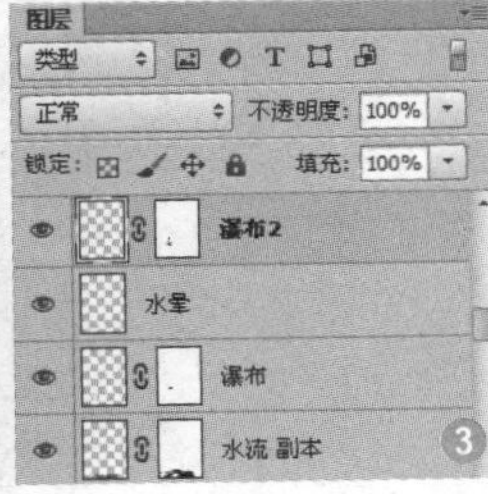

30 添加说明性的立体文字

新建“文字”图层组，在图像中使用与前面相同的方法创建其他的立体文字效果❶。按住 Ctrl 键的同时将这些图层选中，按下快捷键 Ctrl+E 将其合并，将其重命名为“其他立体文字”❷。

31 继续添加文字

单击横排文字工具T，在“字符”面板中设置文字的颜色和格式❶，在图像中输入主体数字❷，适当调整文字字体和大小，继续在图像中输入其他文字，并调整文字的位置❸，将这些文字置于“文字”图层组中❹。

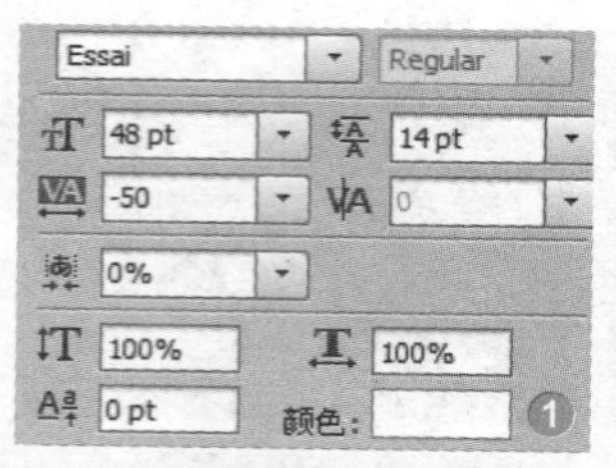

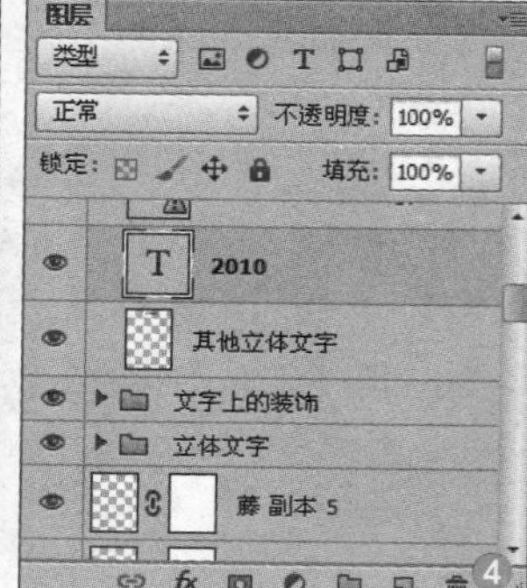

32 调整图像整体色调

分别创建“色阶 1”和“曲线 1”调整图层❶，在弹出的“属性”面板中拖动滑块调整参数❷，调整曲线以调整图像效果❸。经过调整的图像颜色更加明亮，同时增强了对比度❹。至此，完成本案例的制作。

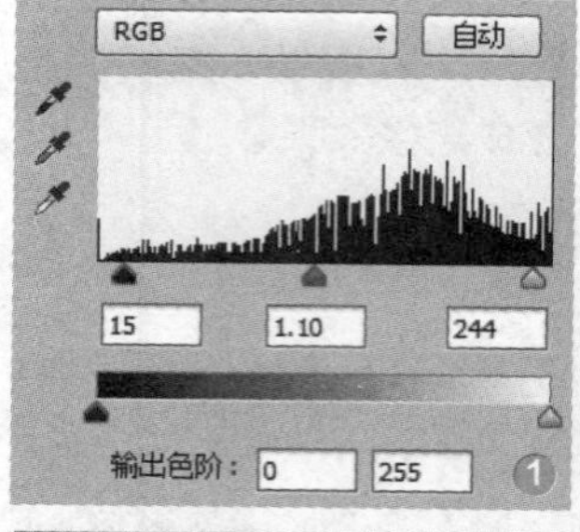

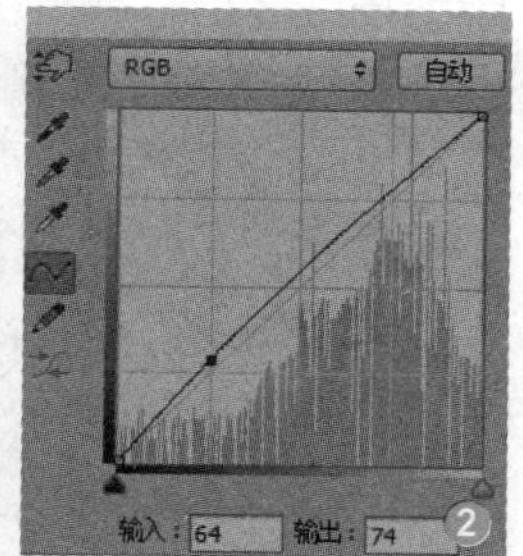

知识拓展 | 使用图层蒙版合成图像

使用图层蒙版可以隐藏图像中不需要显示的区域，隐藏后还可以重新对其进行显示，因此它更类似于一层透明的玻璃，可以帮助用户对图像进行合成。打开两幅图像，将一幅图像拖曳到另一幅图像中，生成新图层。在“图层”面板中单击“添加图层蒙版”按钮添加图层蒙版，设置前景色为黑色，单击画笔工具，使用柔角画笔在草坪底部进行涂抹，即可将水池部分图像显示出来，使其与周围的草坪完整融合，从而合成得到新的图像效果。

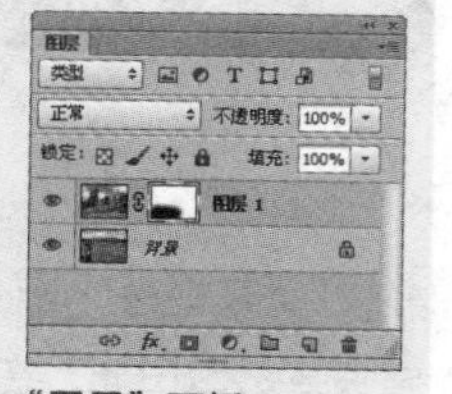
“图层”面板

原图像1

原图像2

合成效果

17.2 品牌鞋创意设计

理念解析 该案例主要通过多素材的合成及色调的调整，形成效果较为特殊的广告图像。案例的重点在于对人物脸庞与鞋子的合成，强烈且特殊的视觉效果充分突出了广告主旨。

表现技法 运用调整图层及蒙版合成广告背景及主体，结合图层样式和文字工具添加文字内容。

最终路径 实例文件\Chapter 17\Complete\报纸广告.psd

难度指数 ★★★★☆

01 新建图像文件

执行“文件 > 新建”命令或按下快捷键 Ctrl+N，打开“新建”对话框，在其中设置名称、高度、宽度、分辨率等参数后单击“确定”按钮❶，此时可以看到新建的空白图像❷。

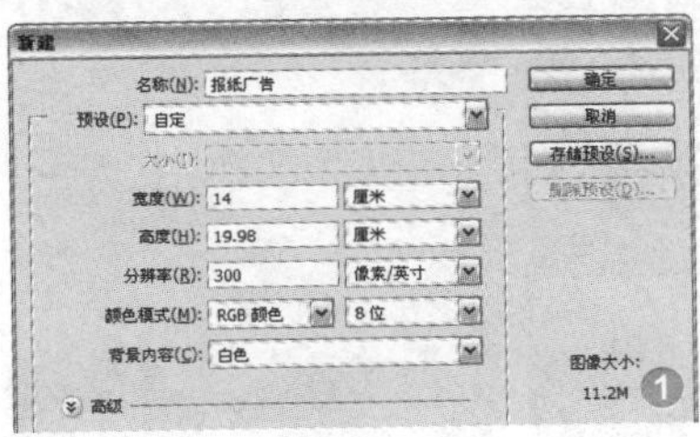

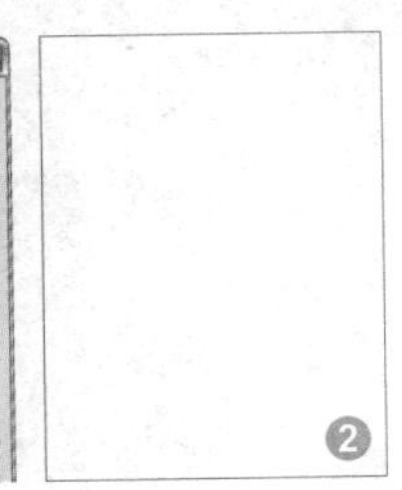

02 创建图层组并打开图像

新建图层组，将其重命名为“背景合成”，打开“实例文件\Chapter 17\0Media\17.2\背景.jpg”图像文件。单击移动工具❶，将其拖曳到“背景合成”图层组中，调整图像大小和位置❷，生成“图层 1”图层，双击该图层，将其重命名为“背景图像”图层❸。

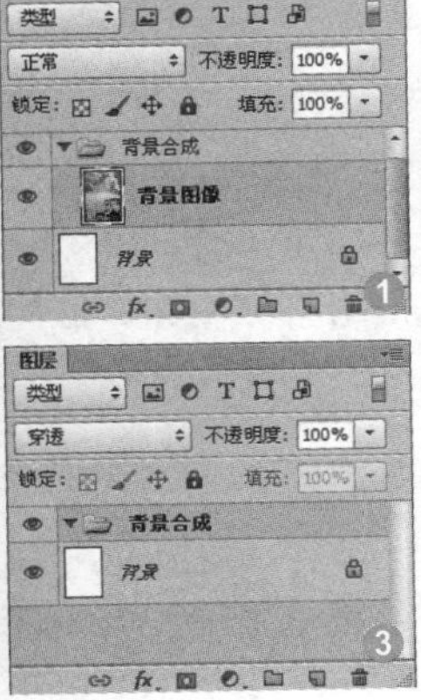

03 创建调整图层

在“图层”面板中单击“创建新的填充或调整图层”按钮，在弹出的菜单中选择“色相 / 饱和度”选项。在弹出的“属性”面板中勾选“着色”复选框，此时“全图”下拉列表呈灰色显示，表示不可用，拖动其他参数滑块调整参数值❶，通过对图像色相和饱和度的调整，赋予图像灰黄的色感❷。

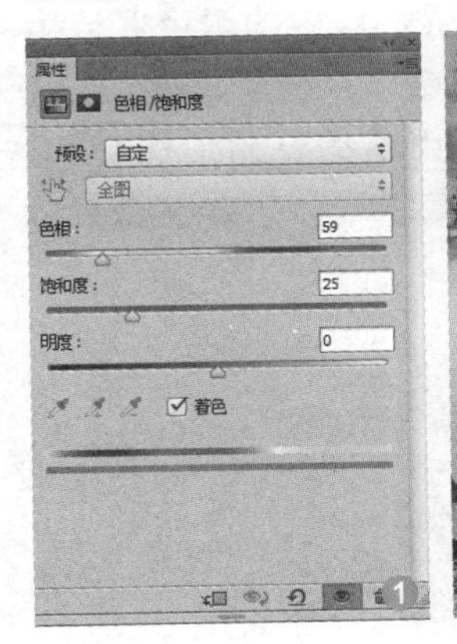

04 继续调整背景色调

继续为图像创建“色彩平衡 1”和“曲线 1”调整图层，并分别在“属性”面板中拖动滑块调整参数①、添加锚点调整曲线②，从而使图像的色调有所改变，在灰黄的色调中添加淡淡的青色调③。这些调整图层同样自动添加到“背景合成”图层组中④。

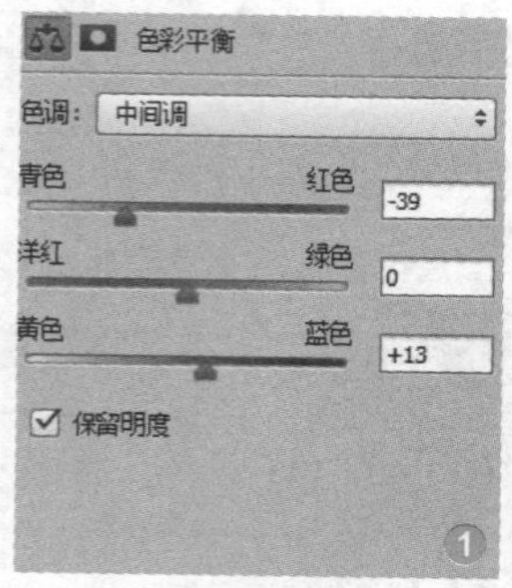

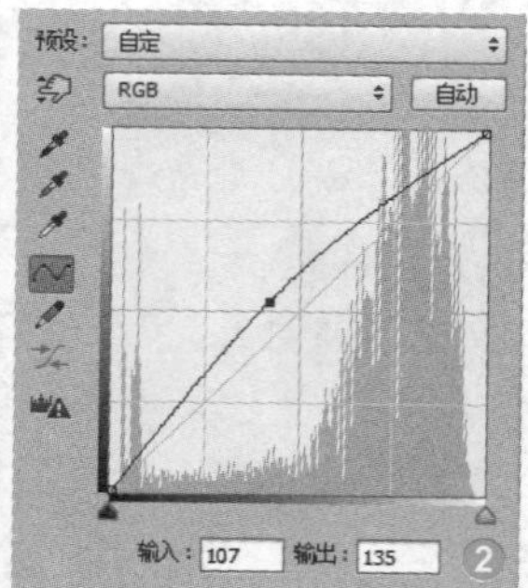

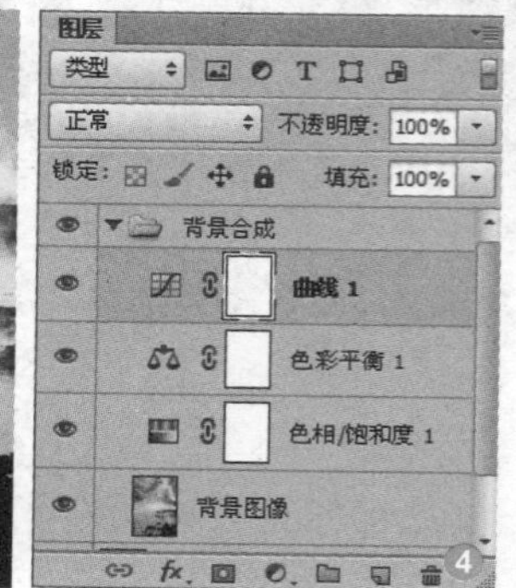

05 继续添加素材

继续创建“色阶 1”调整图层，调整参数①，使用黑色柔角画笔涂抹图像左上角恢复暗色调。打开“实例文件\Chapter 17\Media\17.2\铁塔.png”图像文件，将其拖曳到新建文件中，调整图像大小和位置②。为其添加图层蒙版，使用黑色柔角画笔涂抹合成背景③，设置“不透明度”为 80%，进一步调整图像效果④。

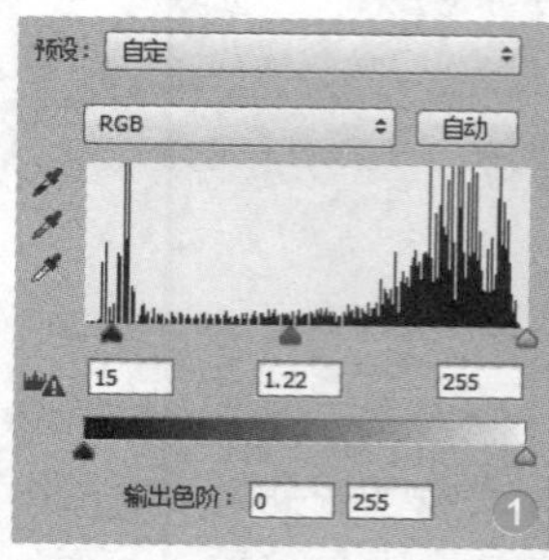

06 调整铁塔图像色感

按住 Ctrl 键的同时单击“铁塔”图层的缩览图，载入铁塔选区①，在保留选区的情况下创建“曲线 2”调整图层，在“属性”面板中添加锚点并拖动锚点调整曲线②，此时可以看到，由于选区的原因，仅对铁塔图像的明亮度进行了调整③。“曲线 2”调整图层自动添加到“背景合成”图层组中，此时调整图层蒙版中的黑色区域为不调整的区域，白色区域为调整区域④。此时单击“背景合成”图层组前的三角形图标▼，可以对“背景合成”图层组进行折叠，折叠后图标变为▶状态⑤。

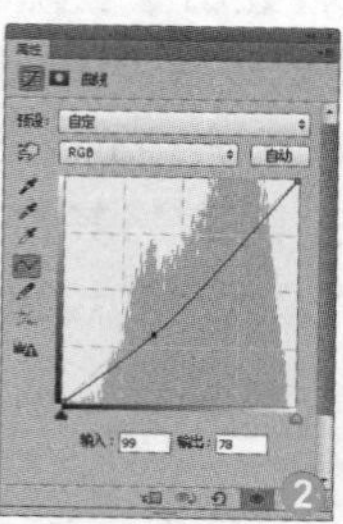

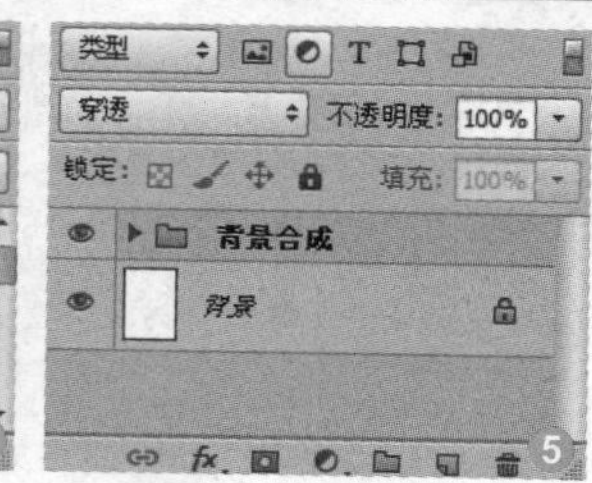

07 继续调整背景色调

单击“背景合成”图层组前的三角形图标▶，将图层组展开后继续创建“色彩平衡 2”和“曲线 3”调整图层，并分别在“属性”面板中拖动滑块调整参数❶和添加锚点进行调整❷，进一步加大图像色彩的变化。单击选择“曲线 3”调整图层蒙版，使用黑色柔角画笔在图像右上角涂抹，恢复图像过于暗的色调❸，从而使图像的整个色调有深浅区分❹。

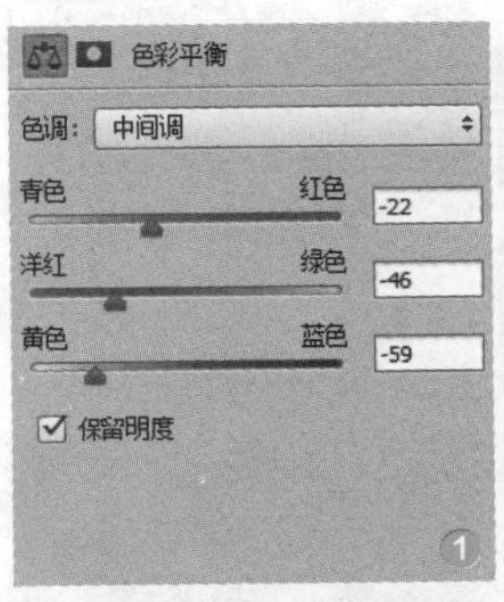

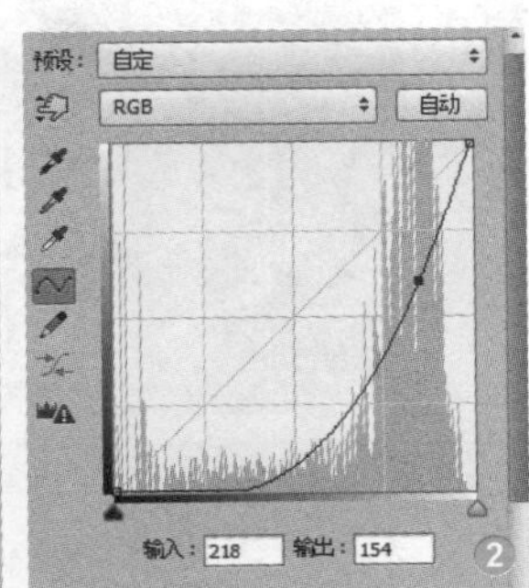

08 打开素材并为图像去色

按下快捷键 Ctrl+Shift+Alt+E 盖印图层，将其重命名为“盖印”。单击加深工具，设置画笔大小为 300px、“范围”为中间调、“曝光度”为 30%，在图像左上角涂抹，加深暗部效果❶。新建图层组，重命名为“人物”，打开“实例文件\Chapter 17\Media\17.2\个性人物.png”文件，使用移动工具将其拖曳到“人物”图层组中，重命名为“个性人物”，调整图像大小和位置❷。执行“图像 > 调整 > 去色”命令，使图像呈现黑白灰的图像效果❸。

09 调整人物色调

按住 Ctrl 键的同时单击“个性人物”图层的缩览图，载入人物选区，在保持选区的情况下创建“色彩平衡 3”调整图层，拖动滑块调整“中间调”色调参数❶。单击“色调”下拉按钮选择“阴影”选项调整参数❷，然后选择“高光”选项，继续调整参数❸，此时为图像赋予灰黄色调❹。完成后同时选择“个性人物”和“色彩平衡 3”图层，按下快捷键 Ctrl+E 合并图层❺。

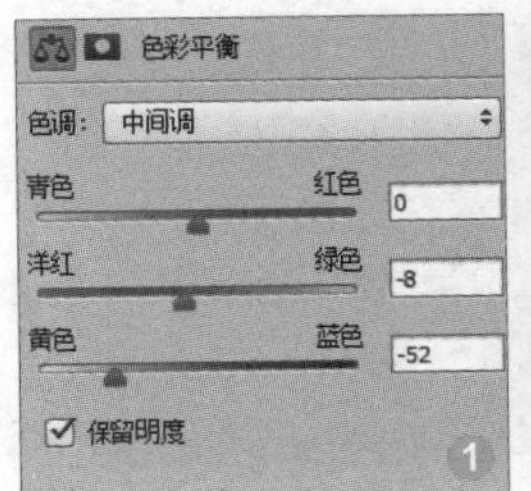

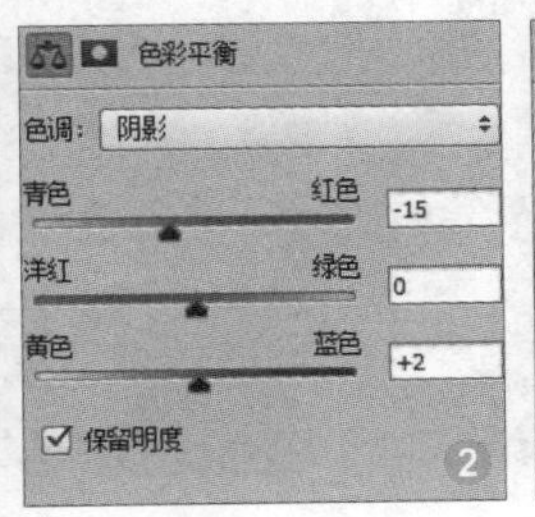

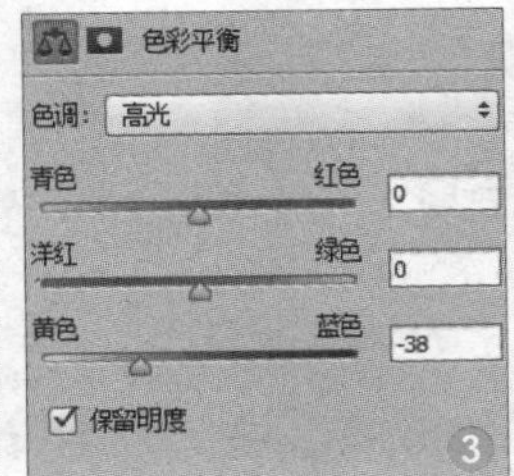

10 调整鞋子位置

打开“实例文件\Chapter 17\Media\17.2\鞋子.png”文件，将图像拖曳到新建图像中，生成相应名称的智能图层，适当调整图像大小和角度❶，按下 Enter 键确认变换，栅格化图层后将智能图层转换为普通图层❷。单击磁性套索工具，在图像中拖动绘制选区❸，按下快捷键 Ctrl+Shift+I 反选选区，单击“添加图层蒙版”按钮，将多余的鞋子部分隐藏❹。

11 再次调整图像位置

按下快捷键 Ctrl+T，显示自由变换控制框，对图像再次进行调整，按下 Enter 键确认变换❶，在“图层”面板中可以看到蒙版位置也有所改变❷。在蒙版上右击鼠标，在弹出的快捷菜单中选择“应用图层蒙版”选项，将其合并为一个图层。执行“编辑 > 操控变形”命令，在鞋子图像上出现了网格❸，将光标移动到网格上，在鞋图像上单击，确定 3 个定位点❹。

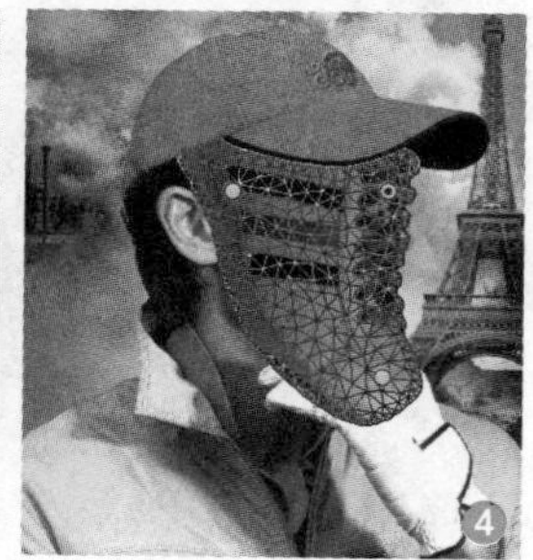

12 操控变形图像

分别单击定位点并拖动网格，此时，淡黄色定位点上的图像不变❶，完成调整后按下 Enter 键确认变形，让鞋子弯曲的弧度尽量与人物脸部轮廓的弧度相贴合❷。

13 添加蒙版柔化图像

单击“添加图层蒙版”按钮，为“鞋子”图层添加图层蒙版，使用黑色柔角画笔在鞋子与人物脸部边缘处进行涂抹，使其更好地进行结合❶，涂抹后的效果在“鞋子”图层的蒙版缩览图中也可以看到❷。

14 调整鞋子的颜色

为“鞋子”图层应用图层蒙版，使其合并为一个图层，按住Ctrl键的同时单击“鞋子”图层缩览图，载入鞋子选区，在保持选区的状态下分别创建“色彩平衡4”和“色相/饱和度2”调整图层，拖动滑块调整颜色参数①，使鞋子图像也呈现出与背景相符的灰黄色调②，继续在相应的面板中调整饱和度③，使鞋子图像保持一定的灰度效果④。

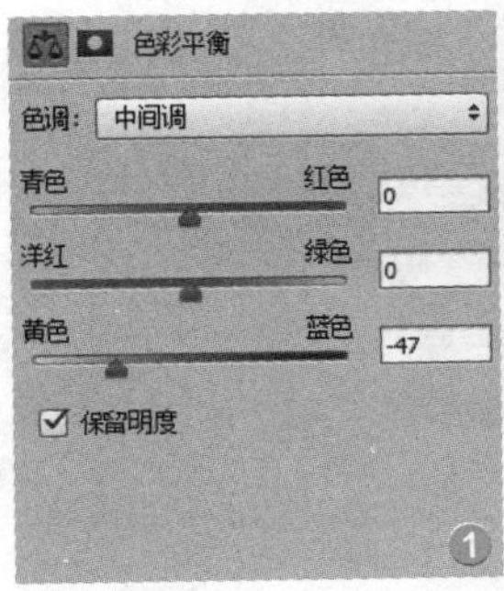

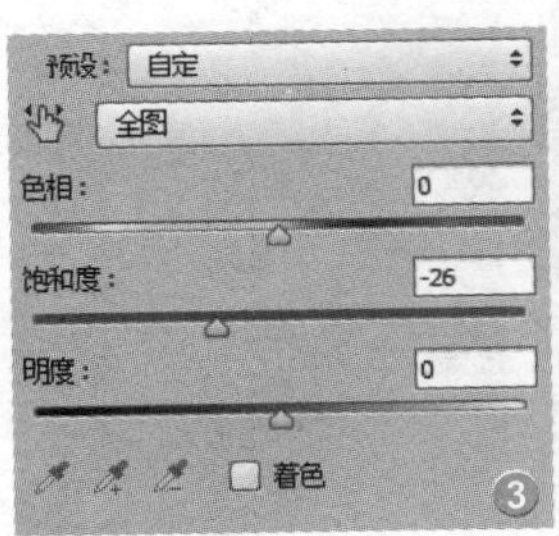

15 擦除人物鼻尖

在保持鞋子选区的状态下创建“色阶2”调整图层①，在打开的“属性”面板中拖动滑块调整色阶的参数②，仅提亮鞋子部分的图像效果，增加明亮感③。按下快捷键Ctrl++放大图像，可以看到人物鼻尖的突出部分，在“图层”面板中单击“个性人物”图层。单击橡皮擦工具，将突出的鼻尖部分擦除，以让图像效果更完整④。

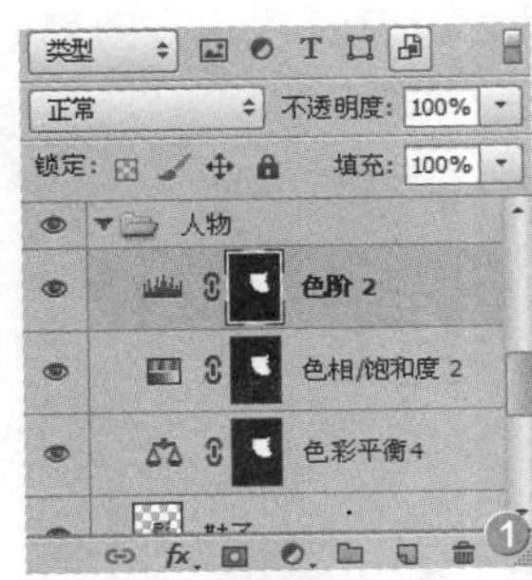

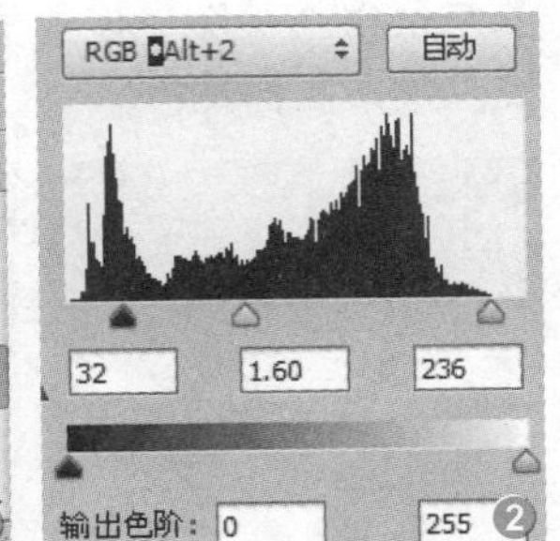

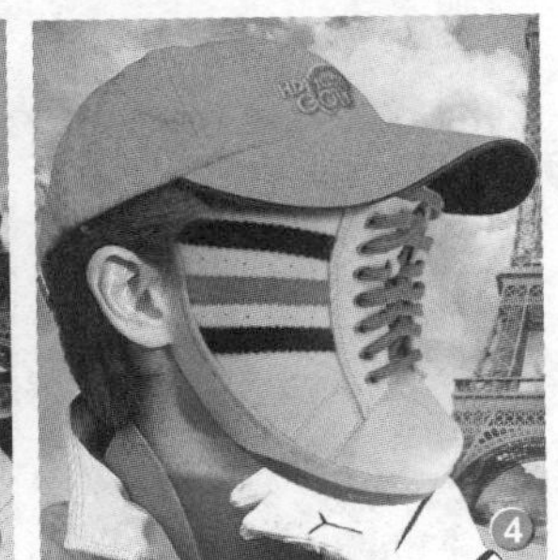

16 添加帽檐阴影

新建“阴影”图层，单击钢笔工具，在帽檐边绘制路径①，转换为选区后按下快捷键Shift+F6，在打开的对话框中设置“羽化半径”，完成后单击“确定”按钮②，填充选区为黑色，并取消选区③。

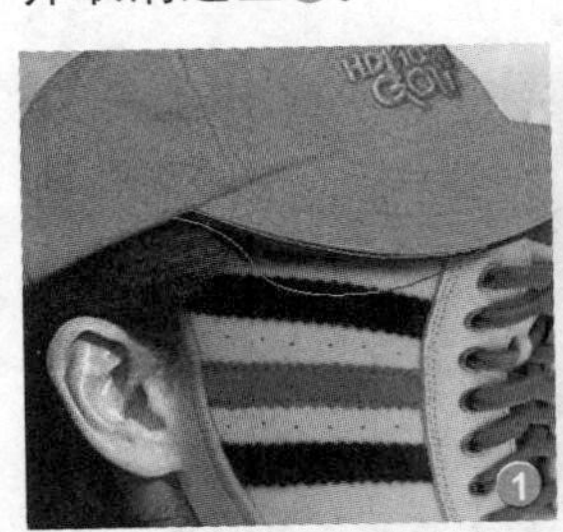

羽化选区

羽化半径(R)：7 像素 确定 取消 ②

17 添加下颌阴影

新建“下颌阴影”图层，单击画笔工具，调整画笔大小为100px，使用黑色柔角画笔，在人物下颌处绘制黑色线条①。设置该图层的混合模式为“线性加深”、“不透明度”为40%②，经过调整后，此时的黑色线条形成加深效果，模拟出人物下颌的阴影效果③。

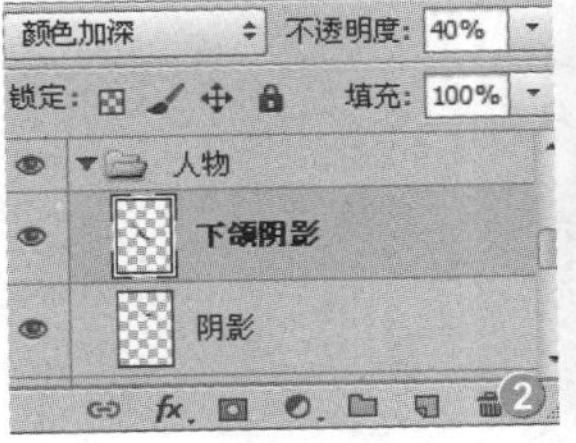

18 调整人物手部位置

隐藏鞋子以及相关图层,单击“个性人物”图层，单击磁性套索工具，沿人物手部拖动绘制选区❶，按下快捷键 Ctrl+J 复制得到图层，重命名为“手部”，将其置于“下颌阴影”图层上方，显示所有图层，此时在图像中可以看到手覆盖在鞋尖上❷。再次按下快捷键 Ctrl+J 复制得到副本图层，设置混合模式为“正片叠底”，进一步加深手部效果❸，为其添加图层蒙版，使用黑色柔角画笔涂抹恢复手部部分过度曝光图像，使其效果更自然❹。

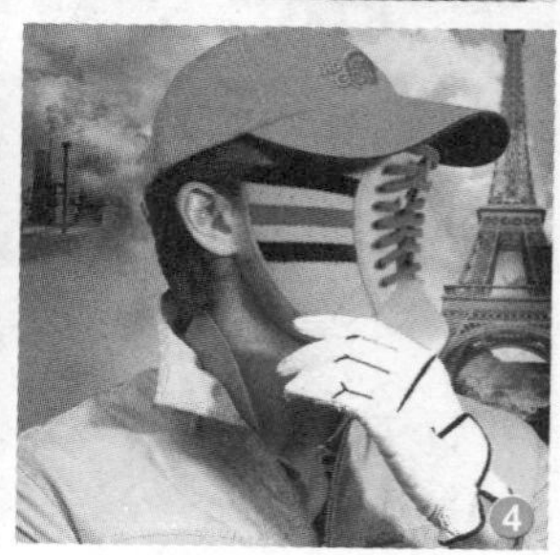

19 调整整体鞋面光感

按下快捷键 Ctrl+Shift+Alt+E 盖印图层，得到新图层，重命名为“盖印”，分别使用加深工具和减淡工具，适当调整“画笔大小”和“曝光度”，在图像中涂抹调整图像整体效果❶。按住 Ctrl 键的同时单击“盖印”图层缩览图，载入人物选区，在保持选区的情况下创建“色彩平衡 5”调整图层，在“属性”面板中拖动滑块调整参数❷，此时赋予人物图像亮黄色调❸。

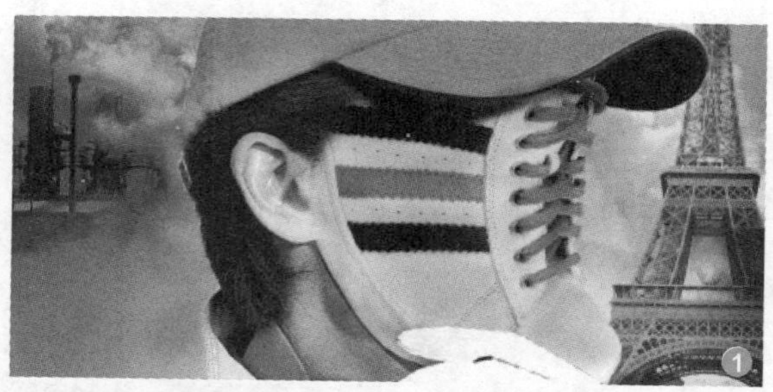
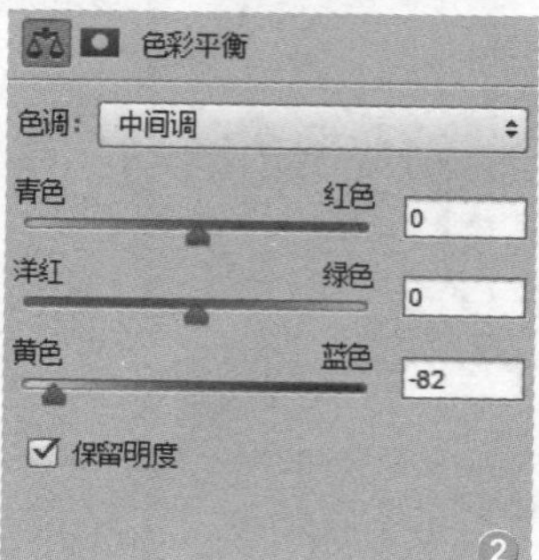

20 整体调整人物色调和光感

选择“色彩平衡 5”调整图层蒙版，单击画笔工具，使用黑色柔角画笔在图像中涂抹，恢复部分图像色调❶。载入人物选区后创建“色相/饱和度 3”调整图层,在“属性”面板中勾选“着色”复选框，并设置参数❷，使图像处于一种灰黄色整体色调中❸。继续选择“色相/饱和度 3”调整图层蒙版，使用黑色柔角画笔在图像中涂抹，将橙色的鞋带以及相对较亮的颜色显示出来❹。此时在“图层”面板中可看到相应调整图层的蒙版效果❺。

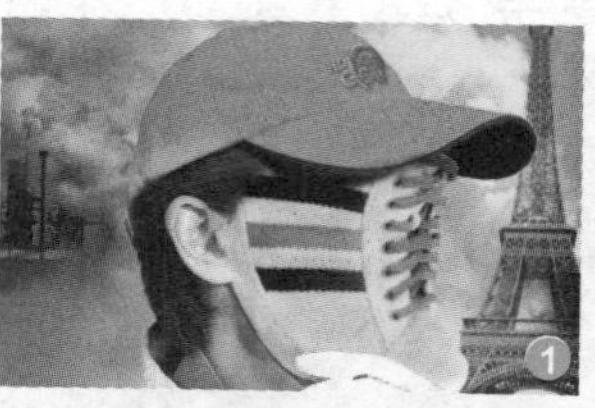

色相：60
饱和度：29
明度：-8
着色

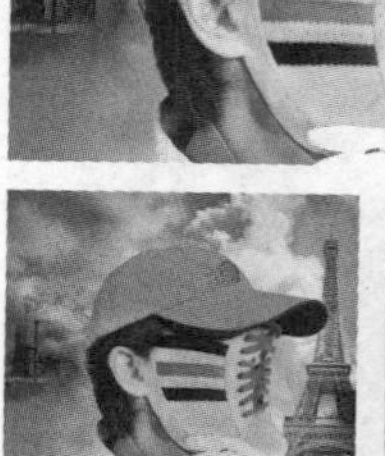

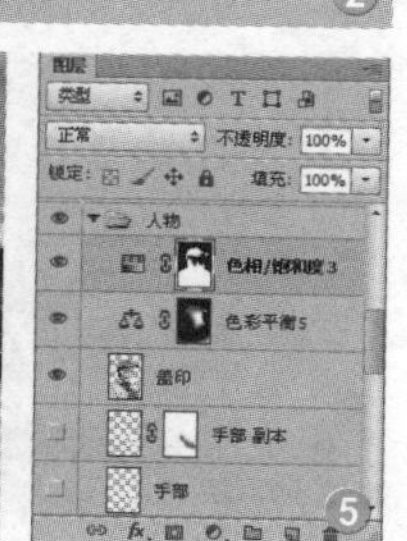

21 调整人物色调

选择“人物”图层组，将其拖动到“创建新图层”按钮上，复制得到副本图层组①。合并图层组，设置混合模式为“正片叠底”、“不透明度”为40%，此时图像形成加深效果②。为其添加图层蒙版，使用黑色柔角画笔在帽子上涂抹，恢复原有颜色③，此时在“图层”面板中可看到其蒙版缩览图④。

22 继续调整人物色调

继续按住 Ctrl 键的同时单击“盖印”图层缩览图，载入人物选区，在保持选区的情况下创建“可选颜色 1”调整图层，拖动滑块调整选区色调①，在“颜色”下拉列表中选择“黄色”选项，调整参数②，在“颜色”下拉列表中选择“中性色”选项，调整参数③，此时图像色调发生改变④。

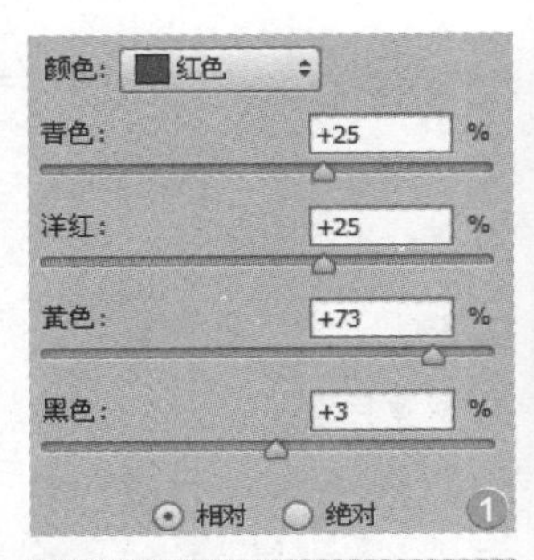

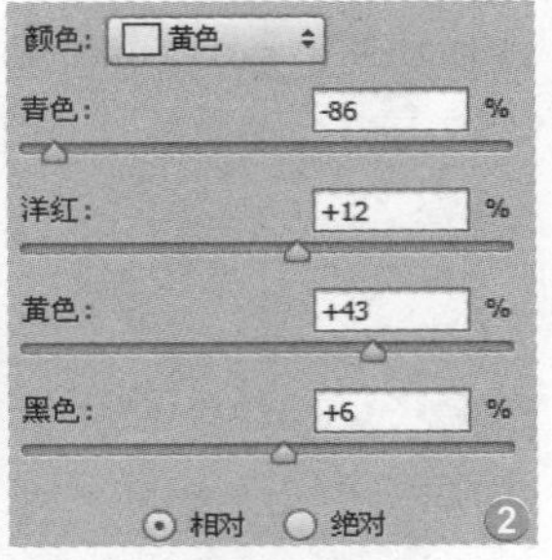

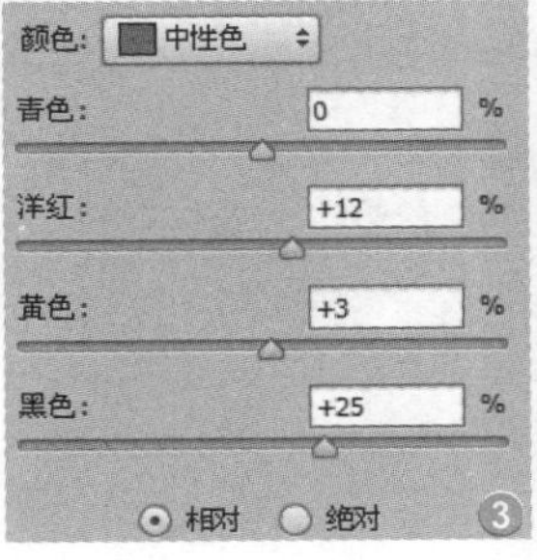

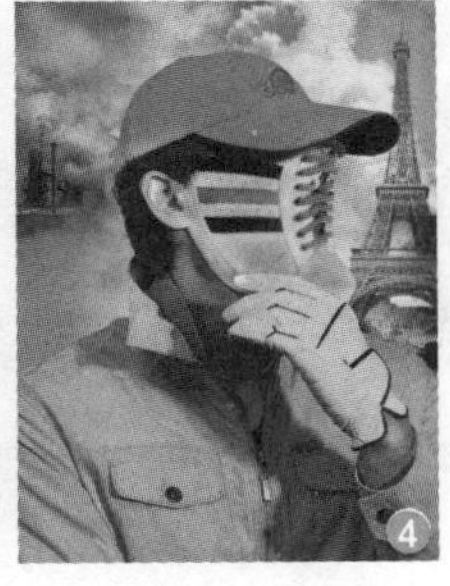

23 调整色调

继续在人物选区被选中的状态下创建“曲线 4”调整图层，添加锚点调整曲线①，在通道下拉列表中选择“蓝”选项，拖动底部的端点调整图像②，此时可以看到，黄色调中添加了明亮效果③。

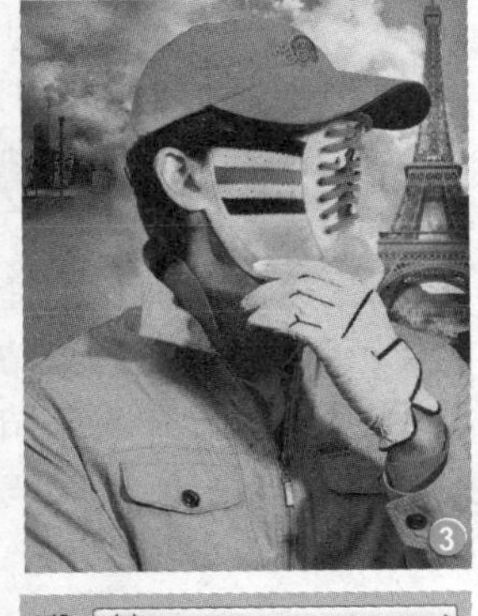

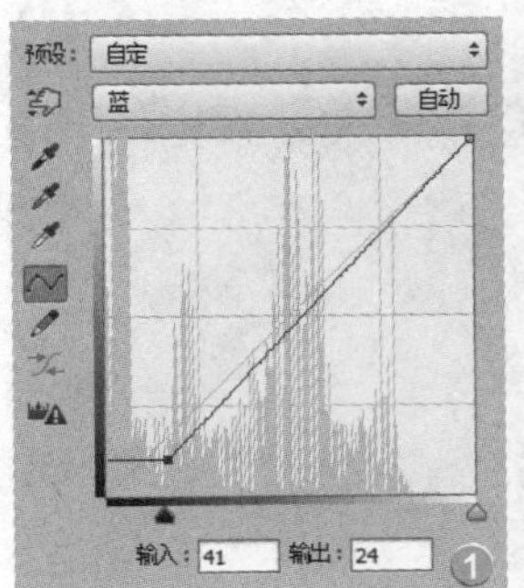

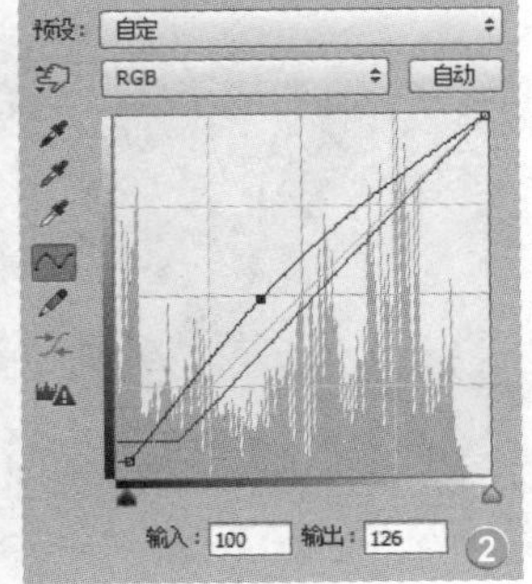

24 添加素材

新建“背景素材”图层组，打开“实例文件\Chapter 17\Media\17.2\球场 .jpg”图像文件，将其拖曳到“背景素材”图层组中，重命名为“球场”，调整图像大小和位置①。设置混合模式为“正片叠底”，并为其添加图层蒙版，使用黑色柔角画笔涂抹，图像效果有所改变②，在“图层”面板中可看到其蒙版缩览图③。

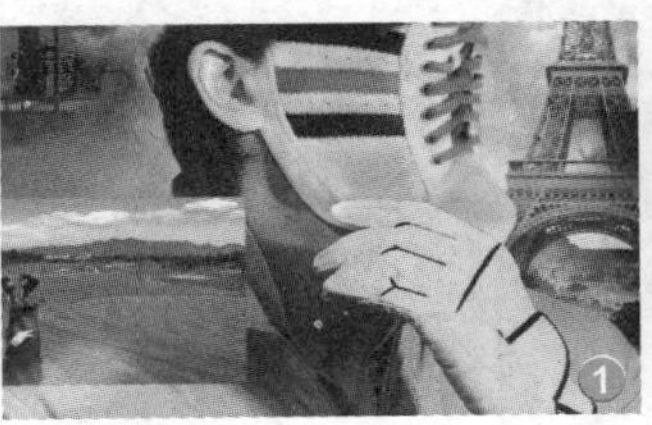

25 添加背景素材

打开“实例文件\Chapter 17\Media\17.2\光线. png”图像文件，将其拖动到“背景素材”图层组中，重命名为相应的图层，调整大小和位置后设置图层混合模式为“叠加”①。继续将飞机. png 图像文件拖曳到“背景素材”图层组中，调整图像大小和位置②，复制得到两个副本图层，再次调整大小和位置③，设置混合模式为“正片叠底”④。

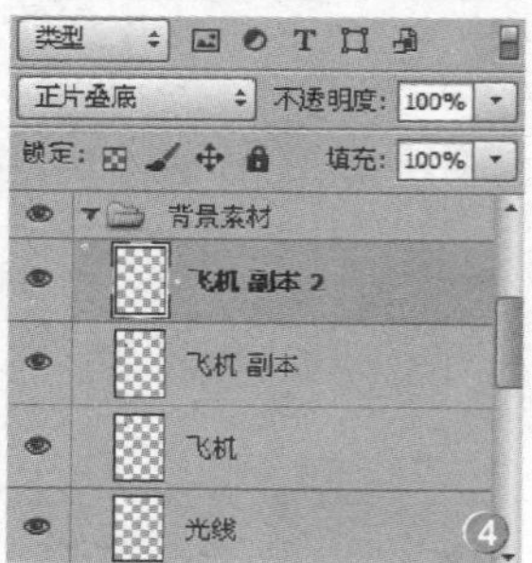

26 绘制前景画布

新建图层组，重命名为“前部”，新建“底纹”图层。单击钢笔工具，在图像中绘制路径①，转换为选区后填充选区为黄色（R222、G205、B159），并取消选区②。执行“滤镜 > 纹理 > 纹理化”命令，在滤镜库中设置参数，完成后单击“确定”按钮③，此时在图像中可以看到，黄色的图像添加了画布质感④。

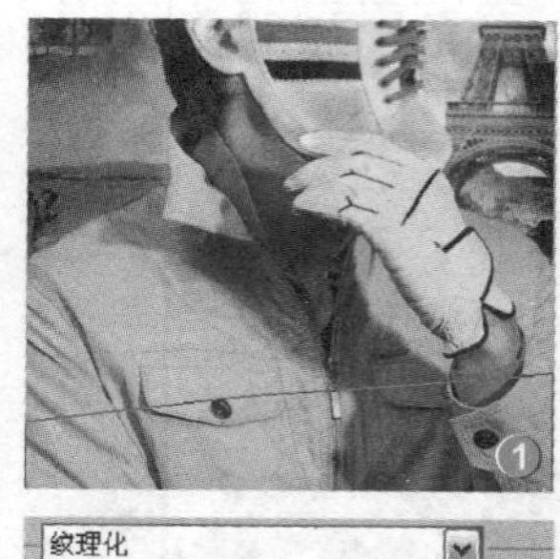

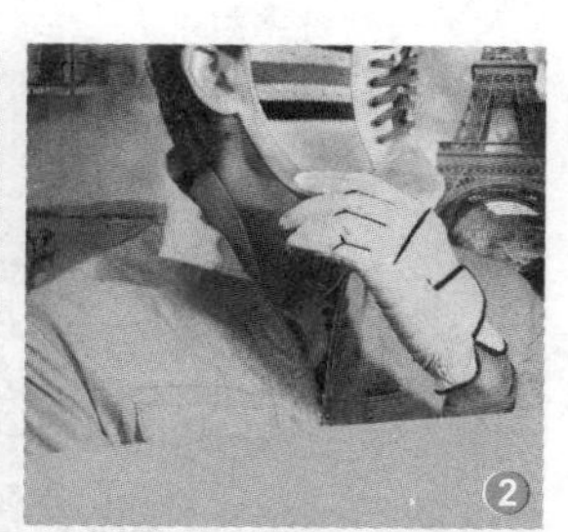

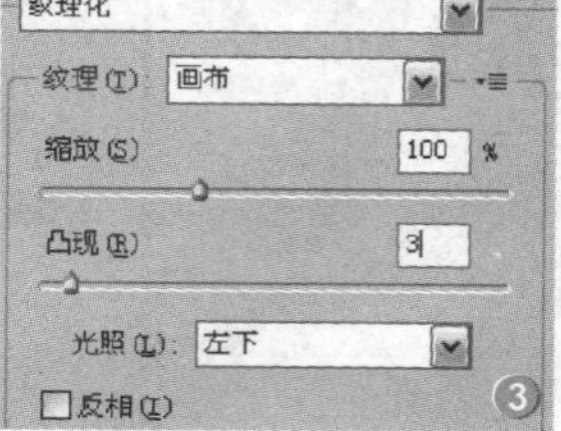

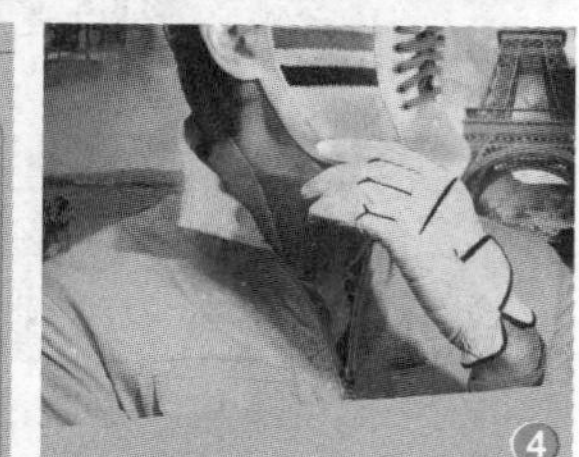

27 添加立体效果

双击“底纹”图层，在弹出的对话框中为其添加“投影”①和“斜面和浮雕”②图层样式，分别在相应的面板中设置参数，此时可以看到图像添加了一定的浮雕效果③。

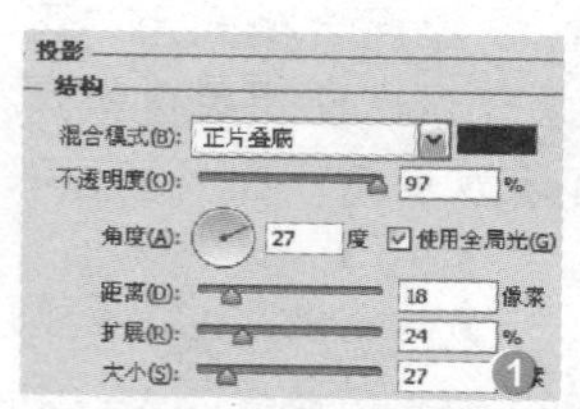

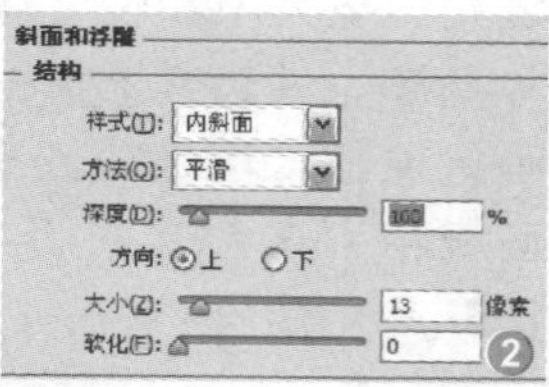

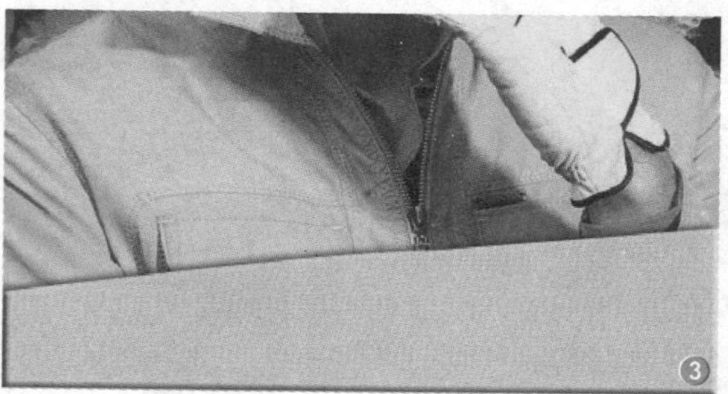

28 刻画纸张质感

打开“实例文件\Chapter 17\Media\17.2\纸张.jpg”图像文件，将其拖曳到“前部”图层组中，重命名为相应的图层，并调整图像大小和位置①。设置图层混合模式为“正片叠底”，此时图像效果偏深色②。在调整好图像位置后，按下快捷键 Ctrl+Alt+G 创建剪贴蒙版，将纸张图像剪贴到底纹图像中③。

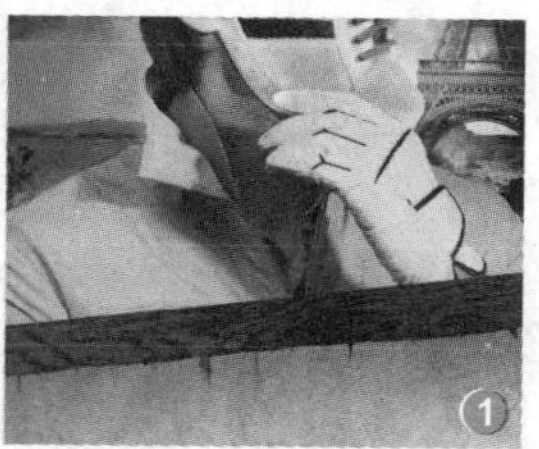

29 绘制圆环图像

放大图像，新建“铜扣”图层，单击椭圆选框工具，按住Shift键的同时拖动绘制正圆选区❶，单击属性栏中的“从选区减去”按钮，在选区中间拖动绘制正圆选区减去选区，得到圆环选区❷，将选区填充为深褐色（R68、G49、B24），然后取消选区❸。

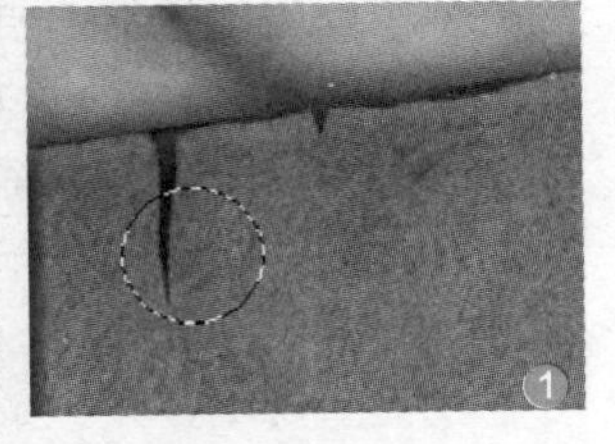

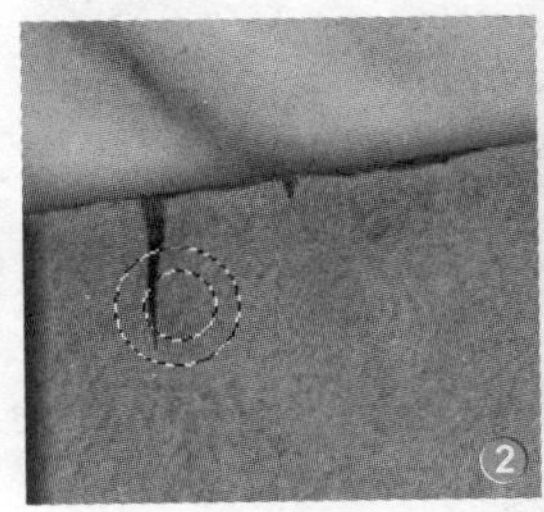

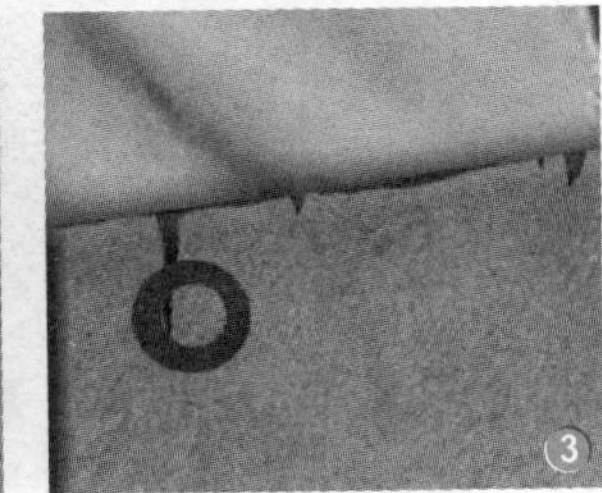

30 添加浮雕效果

双击“铜扣”图层，在打开的“图层样式”对话框中勾选“投影”复选框，在其面板中设置参数❶，同时勾选“斜面和浮雕”复选框，继续在相应的面板中拖动滑块调整参数❷，此时在图像中可以看到，由于添加了浮雕效果，呈现出了类似铜扣的图像效果❸。

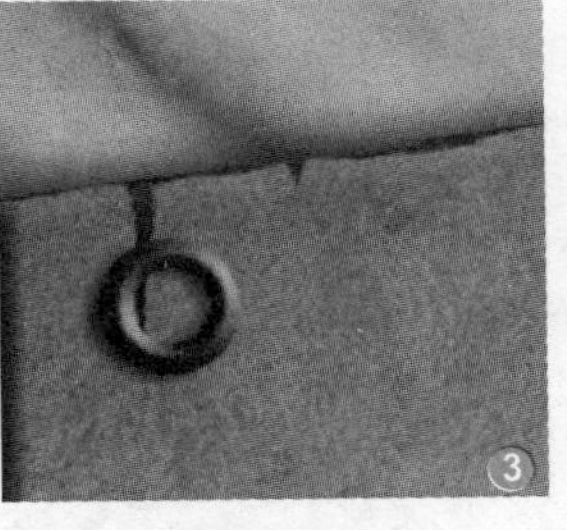

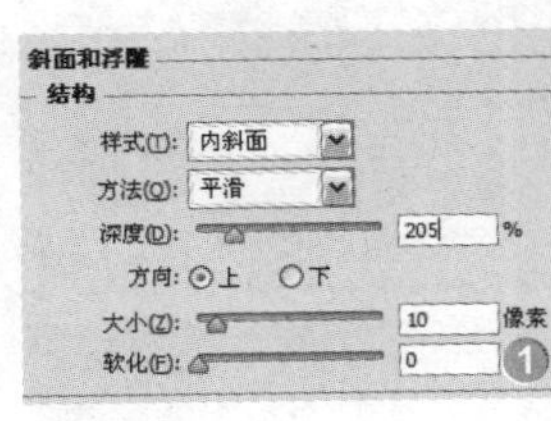

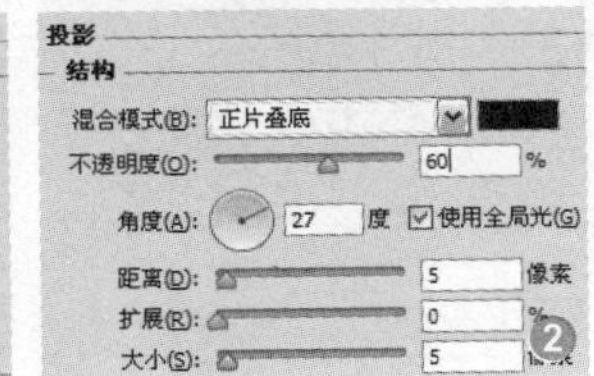

31 制作扣眼部分

新建图层，将其重命名为“扣眼”，使用椭圆选框工具绘制一个圆形选区❶，按下D键恢复默认前背景色，填充为黑色后取消选区❷。执行“滤镜 > 渲染 > 纤维”命令，在打开的对话框中设置参数，完成后单击“确定”按钮❸，设置该图层混合模式为“正片叠底”，使铜扣的效果更真实❹。

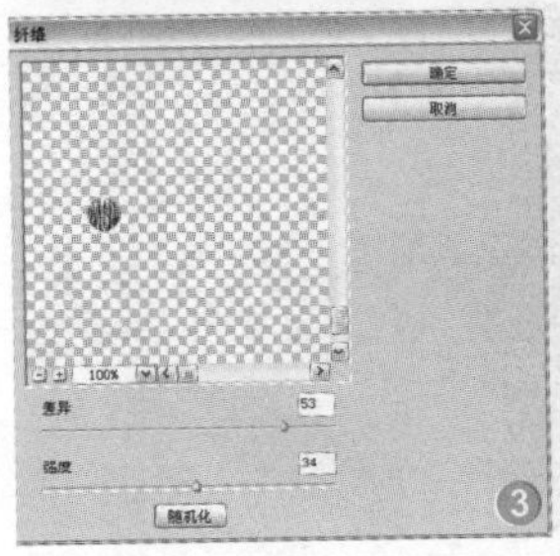

32 复制多个铜扣图像

在“图层”面板中分别选择“铜扣”和“扣眼”图层，复制得到副本图层，并调整两个副本图层的顺序❶，按下快捷键Ctrl+E将其合并，再次复制得到两个副本图层❷，单击移动工具，分别调整这几个铜扣图像的位置和大小❸。

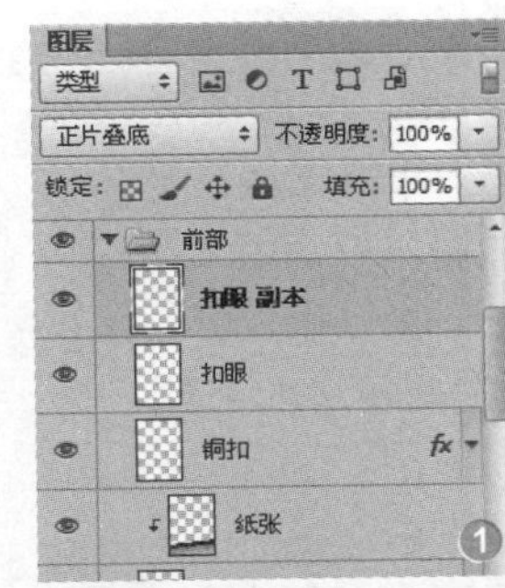

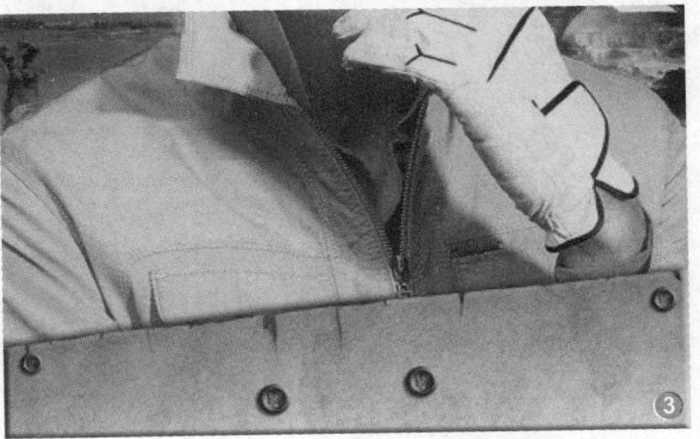

33 添加鞋带

打开“实例文件\Chapter 17\Media\17.2\鞋带.png”图像文件，将其拖曳到“前部”图层组中，重命名为相应的图层，并调整图像大小和位置❶。为其添加蒙版后，使用画笔在鞋带上端涂抹，制作鞋带从铜扣中伸出的效果❷，载入鞋带选区，保留选区的情况下创建“色相/饱和度4”调整图层，勾选“着色”复选框并调整参数❸，赋予白色鞋带色感❹。

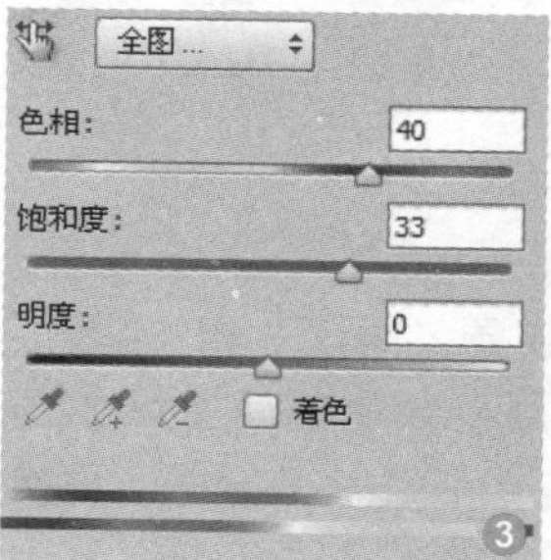

34 添加另一条鞋带

载入鞋带选区，保留选区的情况下创建“曲线5”调整图层，在“属性”面板中单击添加锚点，并调整曲线❶，使鞋带的光感效果与整体图像相统一❷。同时选择鞋带和相应的颜色调整图层，按下快捷键Ctrl+E其进行合并，将其重命名为“鞋带”❸，复制得到副本图层，调整图像大小和角度，制作另一条鞋带的效果❹。

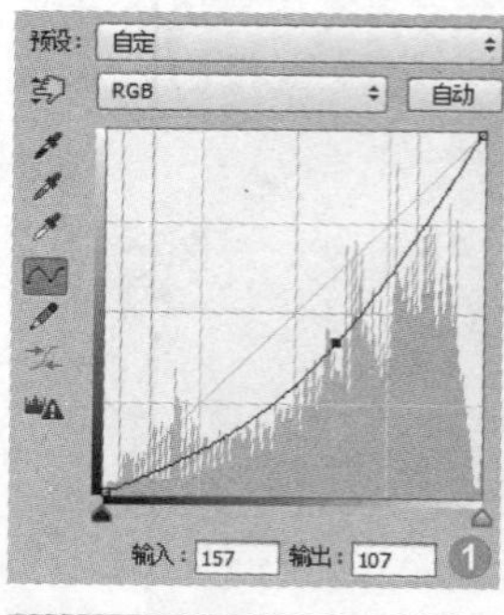

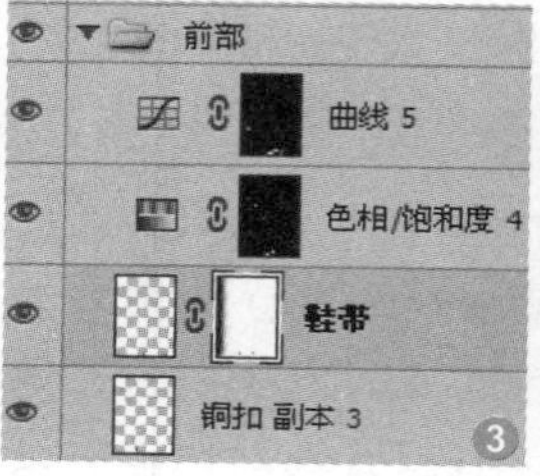

35 调整前部效果

按下快捷键Ctrl+-缩小图像，单击选择“前部”图层组，将其拖动到“创建新图层”按钮上，复制得到副本图层组❶。右击该图层组，在弹出的菜单中单击“合并组”选项❷，设置混合模式为“滤色”，使前部图像更光亮❸。

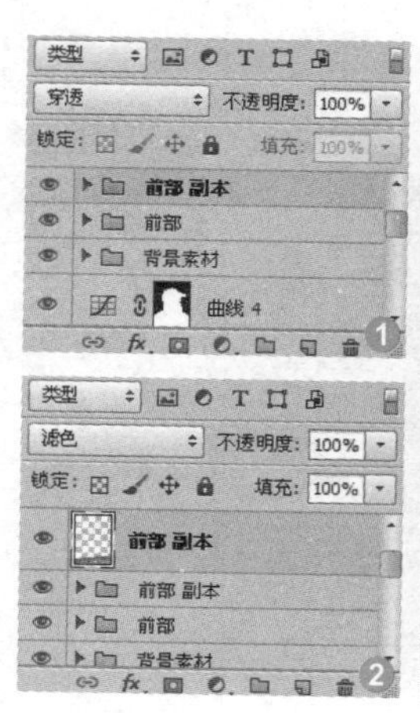

36 添加鞋素材

打开“实例文件\Chapter 17\Media\17.2\鞋.png”图像文件，将其拖曳到当前文件中，调整鞋的大小和位置。栅格化图层❶，按下快捷键Ctrl+J复制得到鞋的副本图层，水平翻转图像，将其调整到合适的位置，形成相对效果❷。

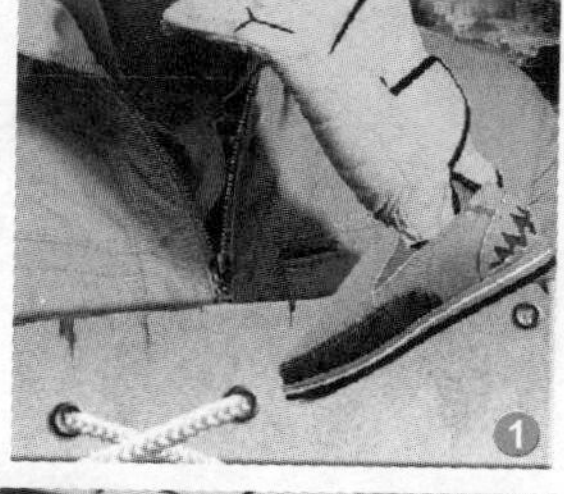

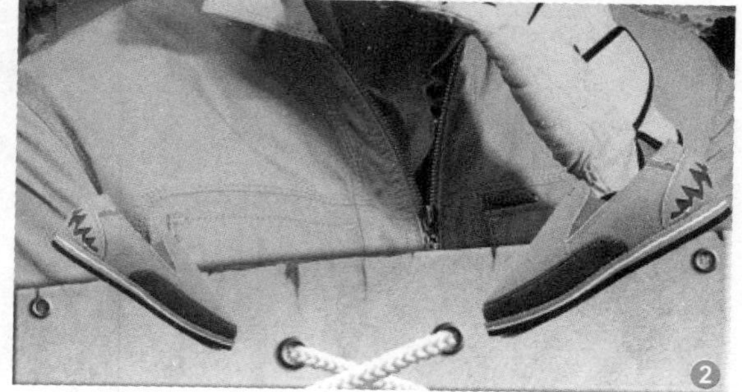

37 添加阴影效果

新建"前部素材"图层组,在其中新建"阴影"图层,将其置于"鞋"图层下方。使用椭圆选框工具绘制选区❶,按下快捷键Shift+F6,在打开的对话框中设置"羽化半径",完成后单击"确定"按钮❷,填充选区为黑色,并取消选区❸。

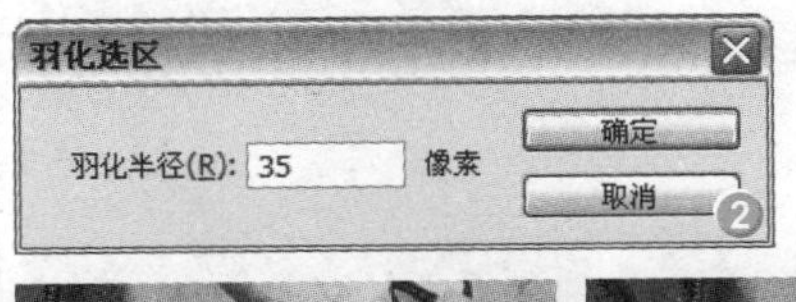

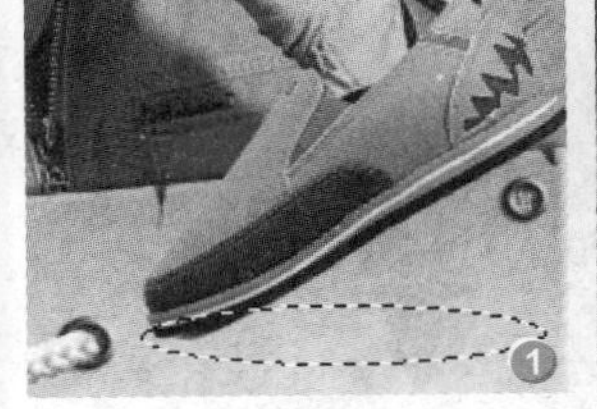

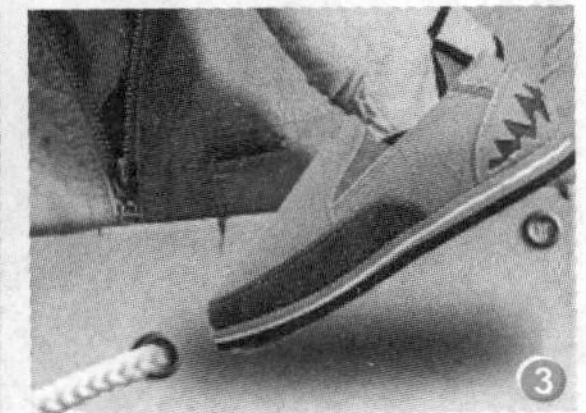

38 继续添加阴影效果

设置"阴影"图层的"不透明度"为60%,使阴影效果更真实❶。新建"阴影 2"图层,将其置于"鞋 副本"图层下方❷,使用相同的方法为其添加阴影,并设置其"不透明度"为40%,形成真实阴影效果❸。

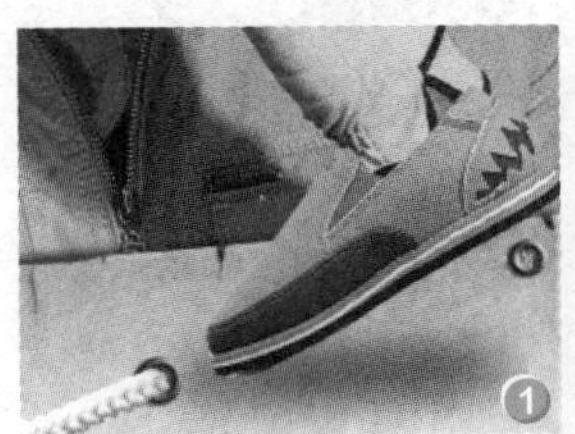

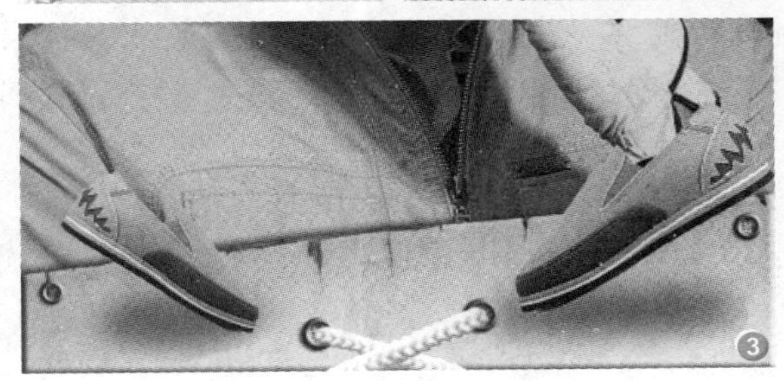

39 绘制个性标志

新建"图标"图层,使用钢笔工具绘制路径❶,转换为选区后填充灰蓝色(R20、G29、B38)❷。新建"圆环"图层,使用椭圆选框工具绘制选区❸,为选区填充相应的灰蓝色(R20、G29、B38)。双击该图层,在打开的对话框中为其添加"描边"图层样式,设置参数并设置描边颜色为米白色(R247、G245、B232)❹,取消选区后可看到白色圆环效果❺。

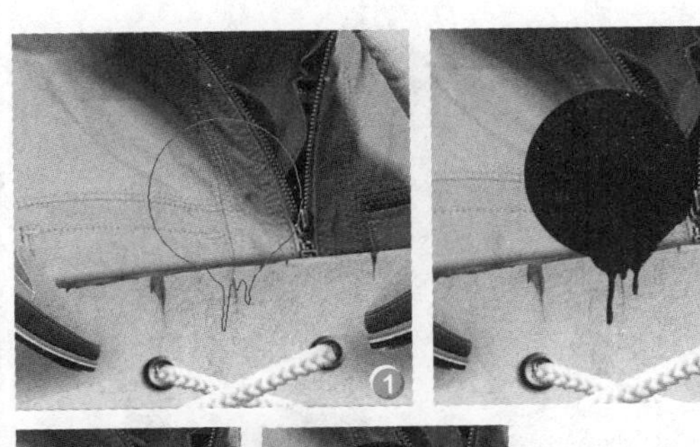

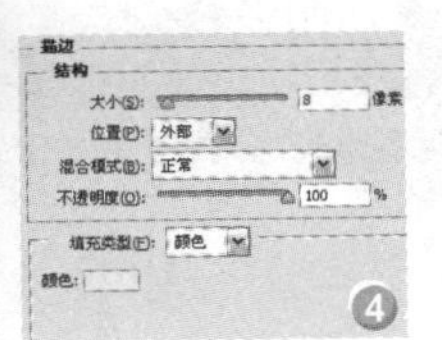

40 添加文字和素材

单击横排文字工具,在"字符"面板中设置相关格式,并调整文字颜色为米白色(R247、G245、B232)❶。在图像中输入文字并调整文字角度,使其置于圆环中❷。打开"实例文件\Chapter 17\Media\钟.png"文件,将其拖曳到图像中,并调整到相应的大小和位置后栅格化该图层❸,在"图层"面板中可看到图层的变化❹。

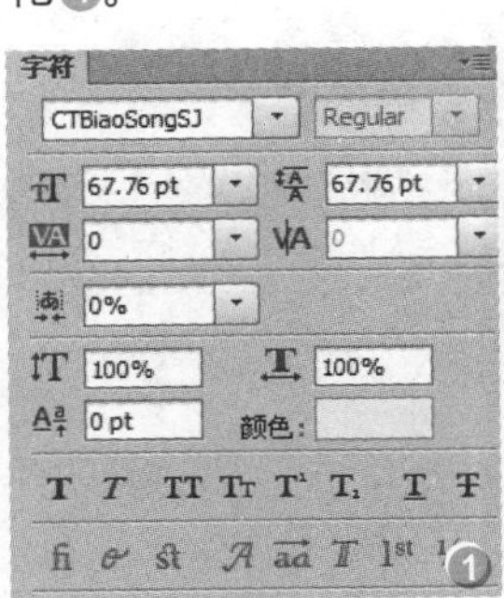

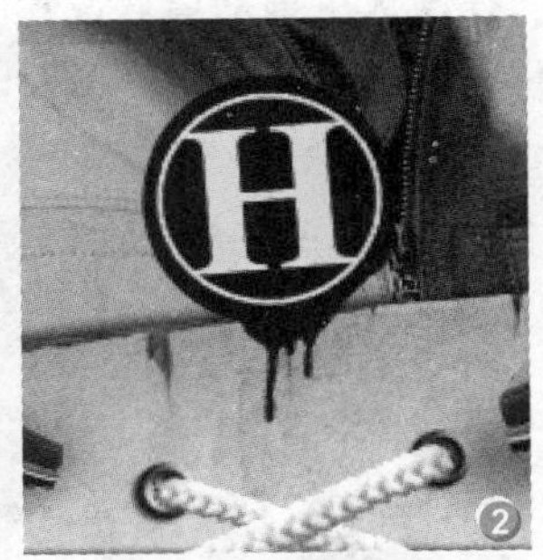

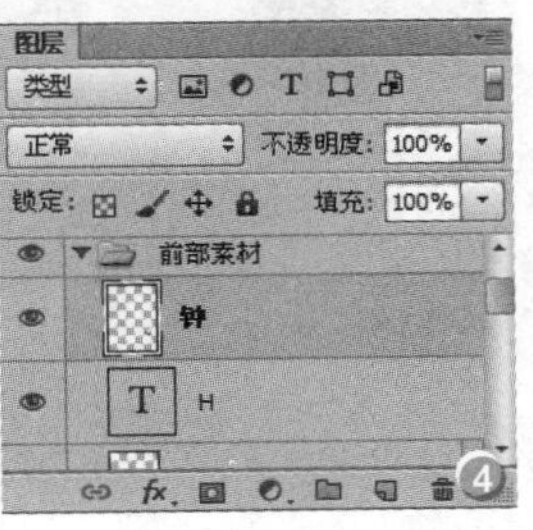

41 调整素材颜色

选择“钟”图层，按下快捷键 Ctrl+B，打开“色彩平衡”对话框，拖动滑块调整参数❶，此时钟的颜色发生了变化❷。

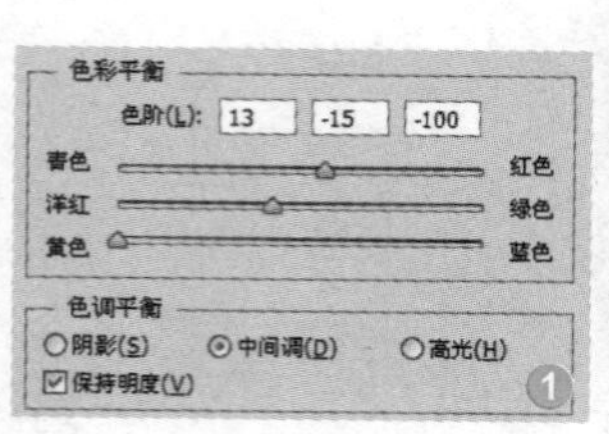

42 继续添加文字

单击横排文字工具T，在“字符”面板中设置文字格式，并调整文字颜色为黑色❶，在图像中输入文字❷。

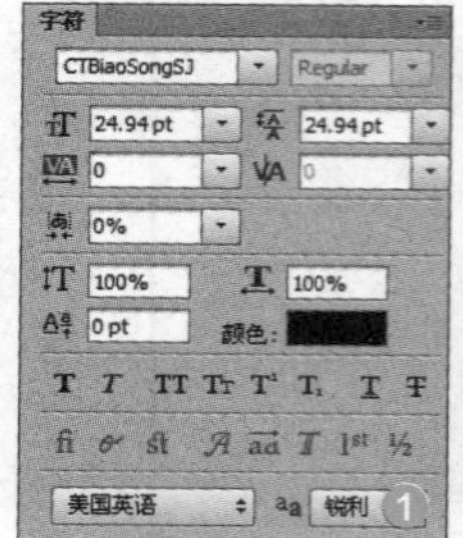

43 统一整体调色

创建“色阶 3”调整图层，在“属性”面板中拖动滑块调整参数❶，进一步加强图像的对比度❷。至此，完成本实例的制作。

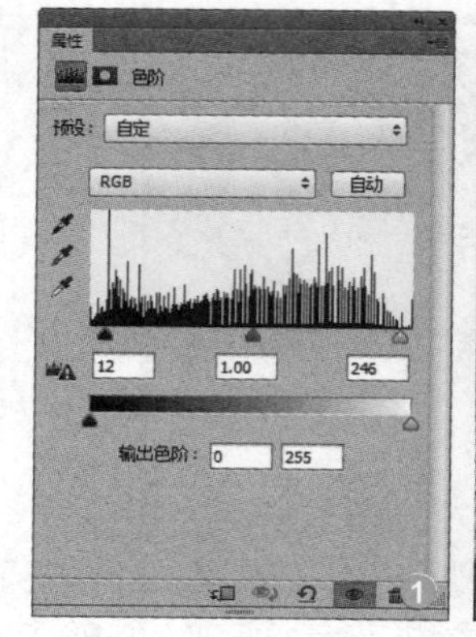

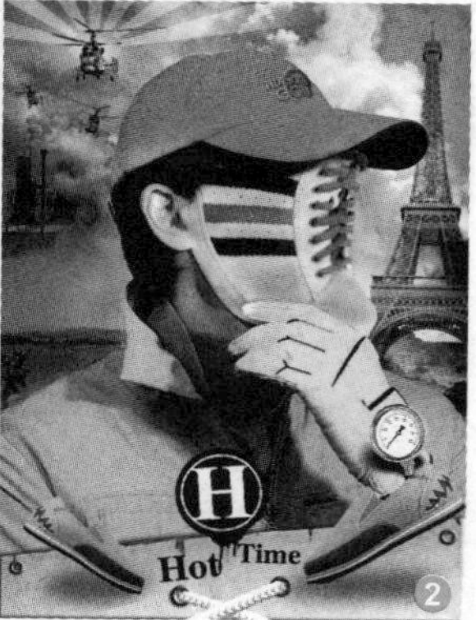

知识拓展 | 使用“色彩平衡”调整图层改变图像颜色

使用“色彩平衡”调整图层可以快速赋予图像不同的偏色效果，制作带有艺术气质的照片效果或广告图像。打开一幅需要调整的图像，在“图层”面板中单击“创建新的填充或调整图层”按钮，在弹出的菜单中选择“色彩平衡”选项。在打开的“属性”面板中单击“阴影”单选按钮，在面板中拖动滑块设置参数，单击“高光”单选按钮，继续在面板中设置参数，分别对图像中的阴影区域和高光区域的色彩进行调整，赋予图像艺术的青黄色调。

原图像

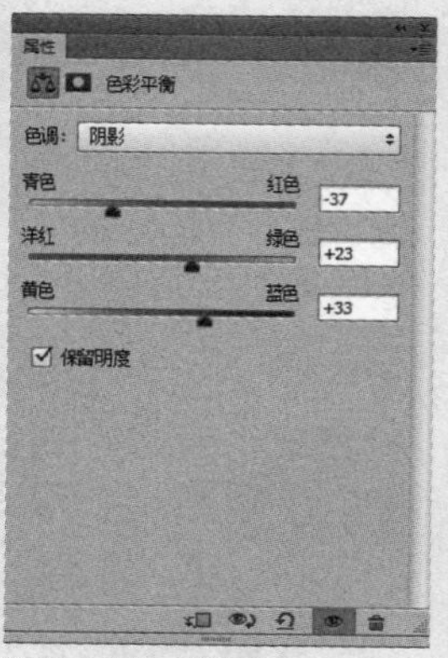

调整阴影区域的色彩平衡

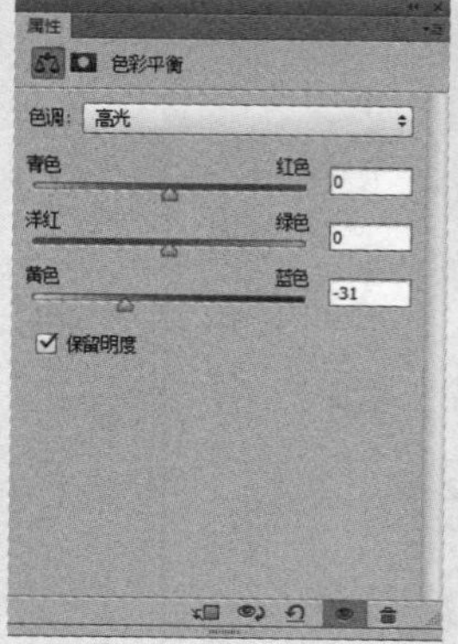

调整高光区域的色彩平衡

最终效果

Chapter 18

杂志广告设计

广告设计是以加强销售为目的而进行的设计，平面广告设计是集电脑技术、数字技术和艺术创意于一体的设计类别。本章收录了纸巾杂志广告和房产宣传DM单设计，通过对设计过程的分步解析，可使读者提高制作技术并获得灵感启发。

设计师谏言

书刊杂志设计以书刊杂志为载体和媒介，对商品或服务进行广告宣传。其载体的特殊性决定了书刊杂志设计的特性，更符合书刊杂志的高雅气质和艺术质感，是对书刊杂志设计的一大要求与挑战。

18.1 纸巾杂志广告设计

理念解析 该案例通过对纸巾的使用情况，分为高兴与沮丧两个表现部分。通过对折纸感人物和物品的表现，体现出创意的诙谐感。

表现技法 主要运用钢笔工具、形状工具对广告主体对象进行绘制，同时结合渐变工具为心形填充不同的渐变色，使用图层样式赋予各图形折纸质感，烘托出这则纸巾广告的主旨。

最终路径 实例文件\Chapter 18\Complete\杂志广告.psd

难度指数 ★★★★☆

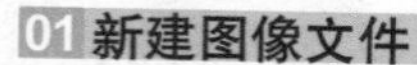

01 新建图像文件

执行“文件 > 新建”命令或按下快捷键 Ctrl+N，打开“新建”对话框，在其中设置文件名称、高度、宽度、分辨率等参数后单击“确定”按钮❶，此时可以看到新建的空白图像❷。

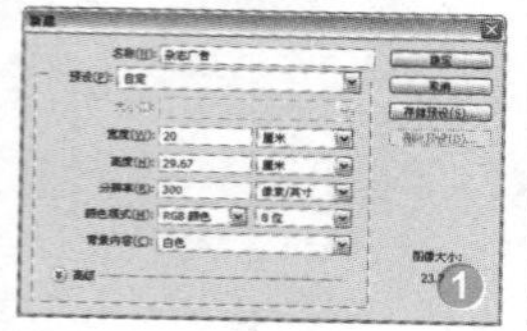

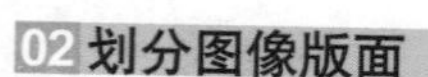

02 划分图像版面

按下快捷键 Ctrl+R 显示标尺，并按下快捷键 Ctrl++ 适当放大图像。在标尺左上角的小方框中单击并拖出辅助线，在图像左上角重新定义零点❶。完成后按下快捷键 Ctrl+−返回图像初始显示状态，根据标尺上的数值在横向标尺上单击并拖出辅助线，使参考线平分图像版面❷。

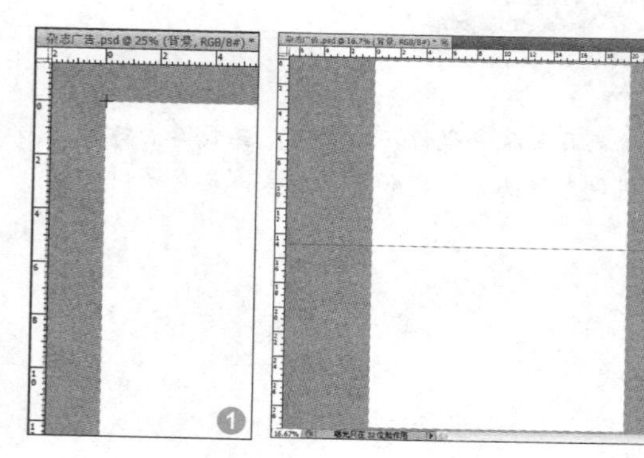

03 创建图层组和图层

再次按下快捷键 Ctrl+R 隐藏标尺，新建“粉红心轮廓”图层组，在其中新建“粉红背景”图层❶。单击矩形选框工具，在图像上部绘制选区❷。单击渐变工具，设置渐变颜色为深红色（R219、G97、B118）、粉红色（R237、G119、B138）、粉色（R247、G156、B173）和浅粉色（R248、G159、B177）❸。

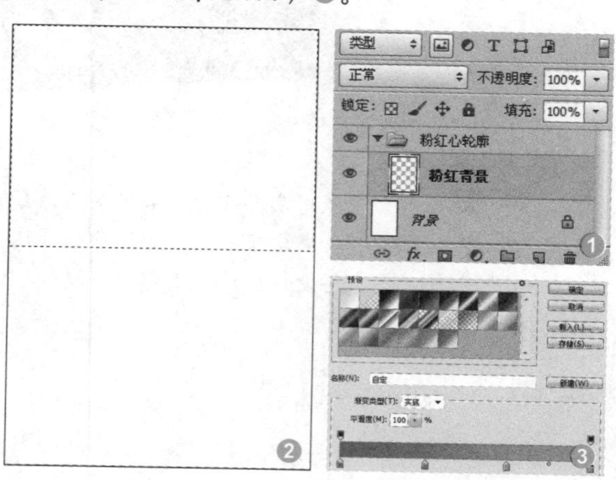

04 填充渐变并添加杂色

在图像中从右至左拖动，为图像上半部分选区添加粉色渐变效果①。执行“滤镜 > 杂色 > 添加杂色”命令，弹出“添加杂色”对话框，设置参数后单击“确定”按钮②，此时可以看到粉色图像更具纸张质感③。

05 绘制心形并添加渐变效果

新建图层，重命名为“心形”。单击钢笔工具，在图像中绘制心形路径①，将路径转换为选区②。单击渐变工具，设置渐变颜色为深红色（R214、G76、B100）、红色（R224、G102、B123）、粉红色（R230、G108、B128）和粉色（R248、G159、B176）③，在图像中从右至左拖动绘制渐变效果④。

06 添加图层样式

双击“心形”图层，在打开的“图层样式”对话框中分别为图像添加“内阴影”、“外发光”和“内发光”图层样式，设置相应参数的同时，设置内阴影颜色为深红色（R141、G11、B33）①，外发光颜色为粉色（R223、G101、B122）②，内发光颜色为粉色（R220、G98、B119）③，完成后单击“确定”按钮，此时在图像中可以看到，添加图层样式后心形具有了剪纸凹陷的视觉效果④。

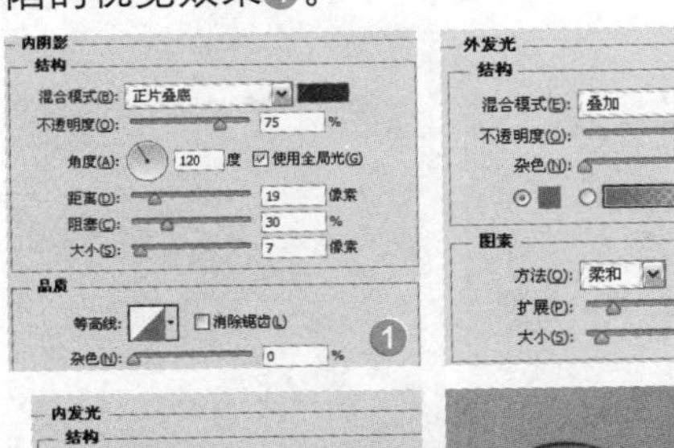

07 绘制图形并填充渐变

新建“心形 1”图层，继续使用钢笔工具在图像中绘制心形路径①，按下快捷键 Ctrl+Enter 将路径转换为选区②。单击渐变工具，设置渐变颜色为深红色（R219、G97、B118）、粉红色（R237、G119、B138）、粉色（R247、G156、B173）和浅粉色（R248、G159、B177）③，在图像中从右至左拖动绘制渐变效果，完成后按下快捷键 Ctrl+D 取消选区④。

08 继续绘制渐变心形

新建“心形 2”图层，结合钢笔工具与路径和选区的转换功能，得到略小一些的心形选区❶。使用渐变工具设置相应的渐变颜色后，填充相应的渐变效果❷。继续新建“心形 3”图层，结合路径工具得到更小的心形选区❸，使用同样的方法填充得到渐变效果❹。

09 应用图层样式

选择“心形”图层，按住 Alt 键的同时将该图层的“指示图层效果”图标拖动到“心形 1”图层上，为其应用相同的图层样式❶。使用相同的方法为其他心形图层应用图层样式❷，应用图层样式后，图层名称后即显示“指示图层效果”图标❸。

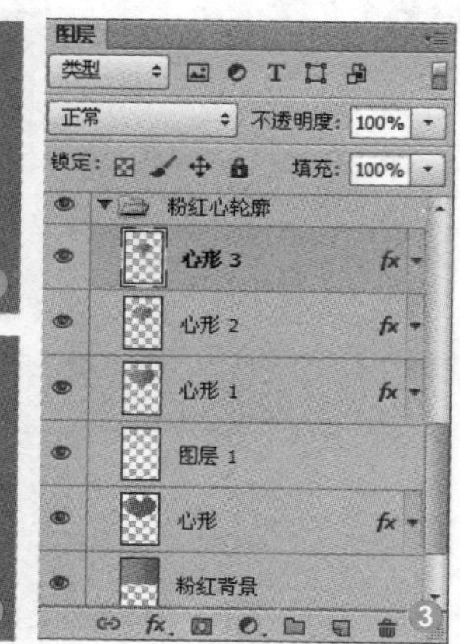

10 绘制选区并填充渐变

新建“灰色心轮廓”图层组，在其中新建“灰色”图层。单击矩形选框工具，在图像下部绘制选区❶。单击渐变工具，设置渐变颜色为深褐色（R94、G89、B86）、灰色（R122、G112、B110）、浅灰色（R151、G140、B138）和淡灰色（R167、G155、B153）❷，在图像中从左上角向右下角拖动绘制渐变❸。

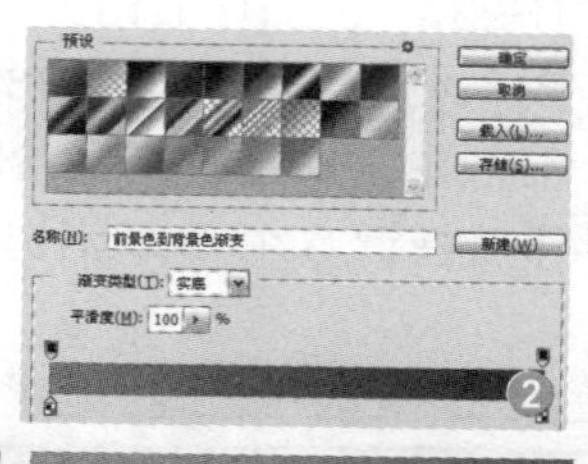

11 添加阴影效果

按下快捷键 Ctrl+F，即可使用之前设置的“添加杂色”滤镜参数对选区内的图像添加杂色，并取消选区❶。按下快捷键 Ctrl+J 复制得到副本图层，设置混合模式为“正片叠底”、“不透明度”20%❷，加强底部图像的色感❸。

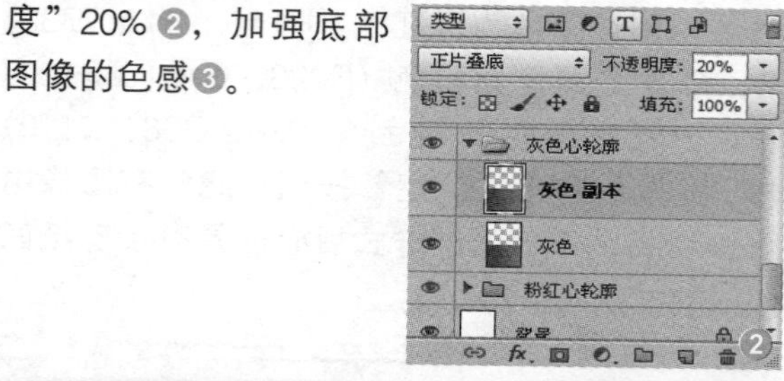

12 描边路径

在“灰色心轮廓”图层组中新建“心形”图层，使用钢笔工具绘制路径❶，设置前景色为褐色(R67、G63、B61)，单击画笔工具，在相应的面板中设置画笔样式和大小❷，在“路径”面板中单击扩展按钮，在扩展菜单中选择“描边路径”选项，在弹出的对话框中勾选“模拟压力”复选框，单击“确定”按钮❸，此时可看到路径的描边效果❹。

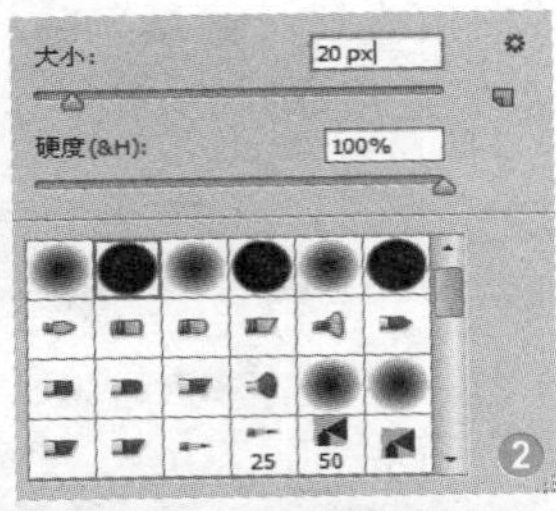

13 绘制渐变心形

按下快捷键 Ctrl+Enter 将路径转换为选区，使用渐变工具，调整渐变颜色为深褐色（R88、G83、B79)、褐色（R129、G113、B113）和浅褐色（R175、G166、B171）❶，在图像中从右向左拖动绘制渐变效果，让心形呈现浅灰色的渐变效果❷。双击“心形”图层，在打开的对话框中为其添加“外发光”图层样式，设置参数并调整外发光颜色为褐色（R93、G87、B83）❸，取消选区后可以看到灰色的心形图像呈现一种立体效果❹。

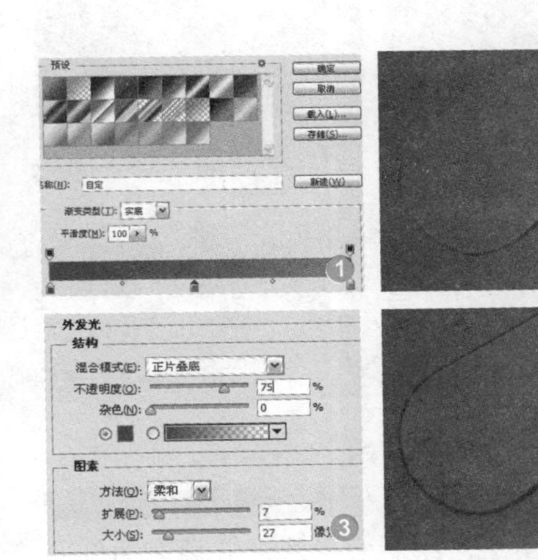

14 继续绘制渐变心形

新建“心形 1”图层，结合钢笔工具与路径和选区等功能，使用与前面相同的方法绘制出较小一些的心形❶，继续新建“心形 2”图层❷和“心形 3”图层❸，使用相同的方法继续绘制出逐渐变小的渐变心形图像，此时在“图层”面板中可以看到新建的相应图层❹。

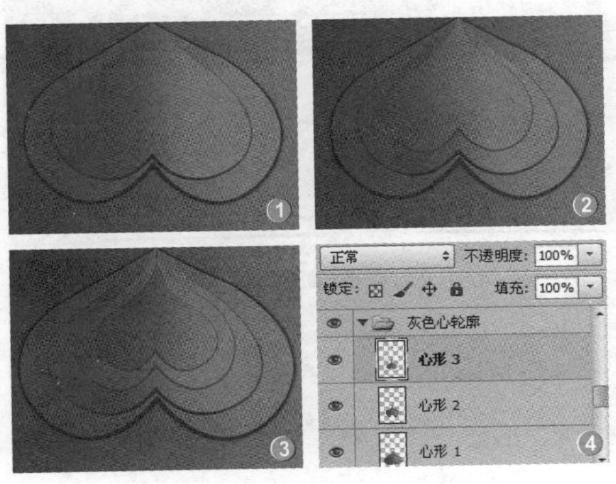

15 应用图层样式

单击添加了图层样式的“心形”图层，按住 Alt 键的同时将图层名称后的“指示图层效果”图标拖动到“心形 1”图层上，为其应用相同的图层样式❶。使用相同的方法为其他心形图层应用图层样式❷，应用图层样式后图层名称后显示“指示图层效果”图标❸。

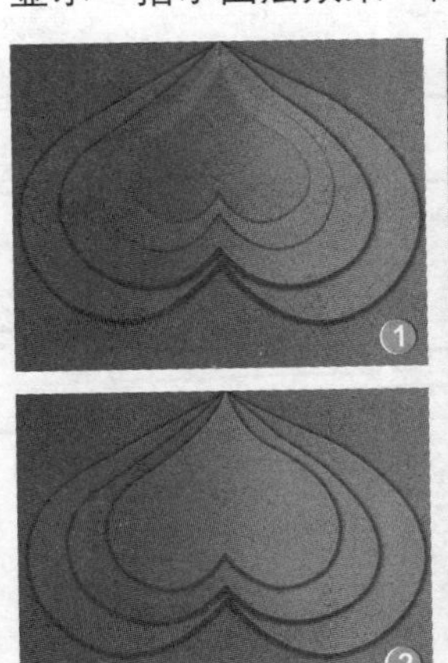

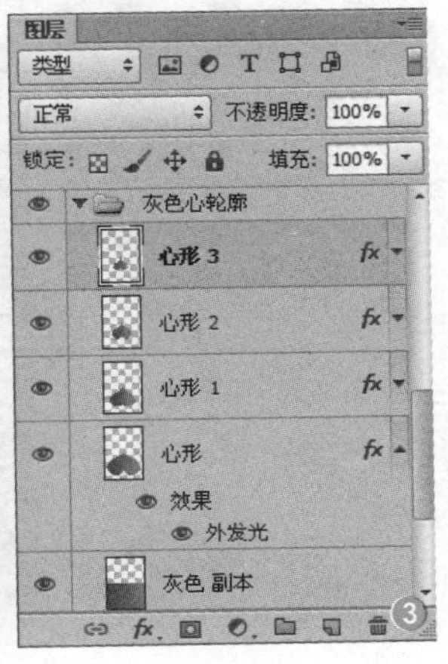

16 绘制图标心形

新建图层组，重命名为“顶层的心”，在其中新建“浮雕层”图层。使用钢笔工具在图像中绘制心形的路径❶，按下快捷键 Ctrl+Enter 将路径转换为选区❷，填充为白色后按下快捷键 Ctrl+D 取消选区❸，此时在“图层”面板中可以看到新建的图层组和图层❹。

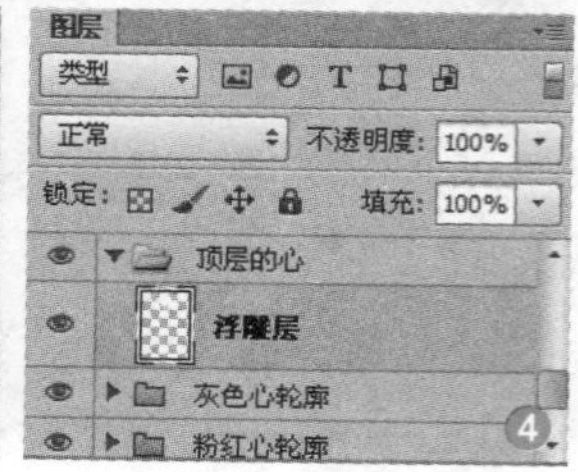

17 添加图层样式

双击“心形”图层，在打开的对话框中为图像分别添加“投影”、“斜面和浮雕”和“图案叠加”图层样式，设置相应参数的同时，调整投影颜色为深褐色（R76、G5、B14）❶，斜面阴影颜色为红色（R188、G56、B79）❷，图案样式为“白色木质纤维纸”❸，为图像添加立体的心形剪纸效果❹。

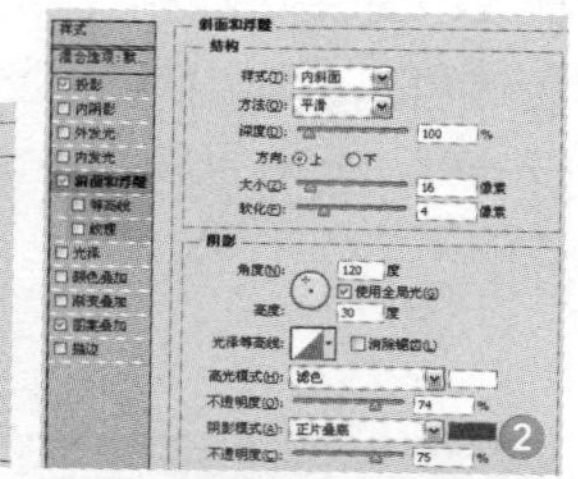

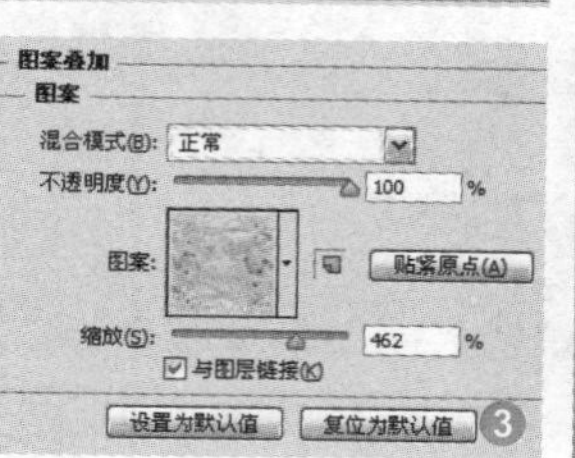

18 绘制里层的心形

新建“心”图层，绘制心形选区并填充为红色（R193、G35、B39），取消选区❶。双击“心”图层，在打开的“图层样式”对话框中，为图像分别添加“投影”和“斜面和浮雕”图层样式，设置相应参数，将投影颜色设置为默认的黑色❷，适当调整斜面和浮雕的参数❸，完成后单击“确定”按钮，为图像制作出立体的效果❹。

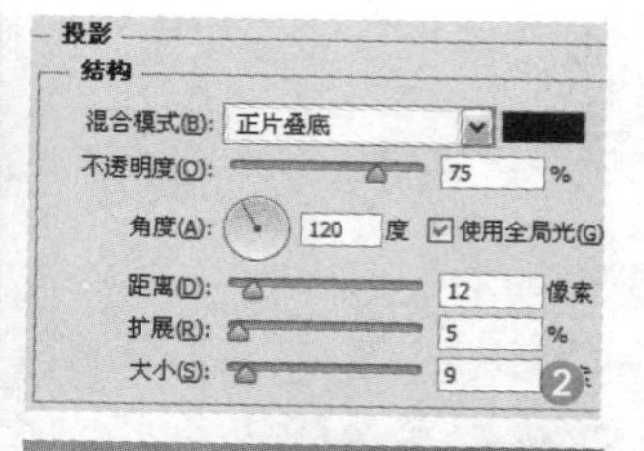

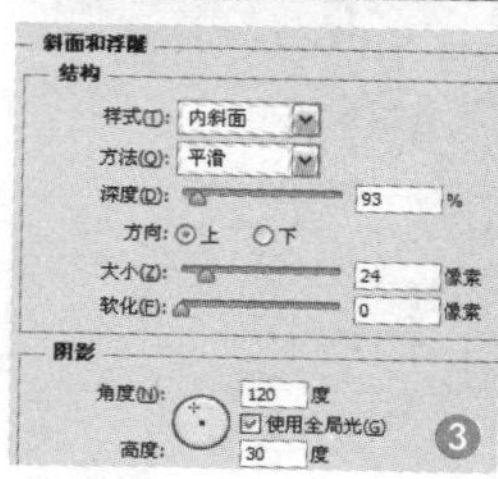

19 添加立体文字

单击横排文字工具，在“字符”面板中设置相应的格式，并设置文字颜色为黄色（R253、G225、B14）❶。在图像中输入文字，并将其移动到红色的心形中间❷。双击文字图层，在打开的“图层样式”对话框中为其添加“投影”图层样式，拖动滑块调整参数，完成后单击“确定”按钮❸。此时在图像中可以看到，文字添加了阴影效果❹。

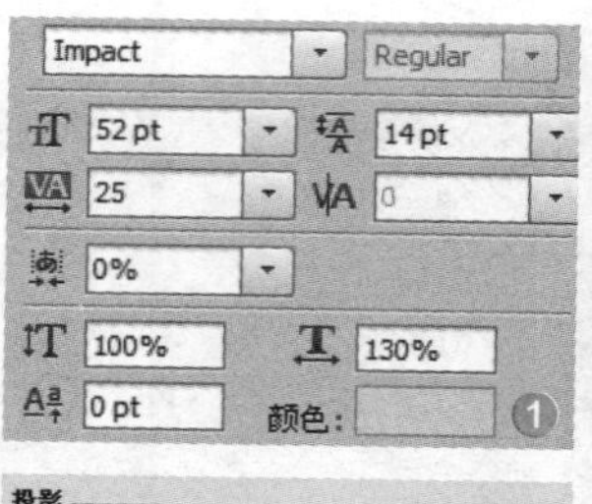

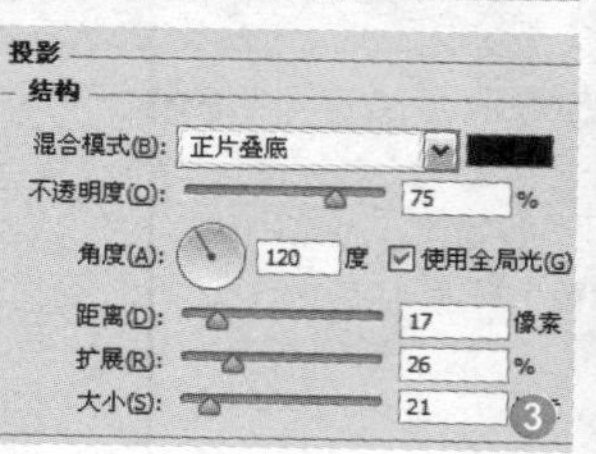

20 为文字添加发光圆点

新建“内层”图层，放大图像后载入文字选区，适当缩小选区，填充选区为橙黄色（R238、G184、B27）❶，新建“字上的圆点”图层组，并在其中新建“圆点”图层，使用椭圆选框工具在文字上绘制较小的椭圆选区，填充选区为红色（R225、G66、B75）❷，为红色圆点添加“外发光”图层样式，设置相应参数❸，使红色圆点产生发光效果❹。

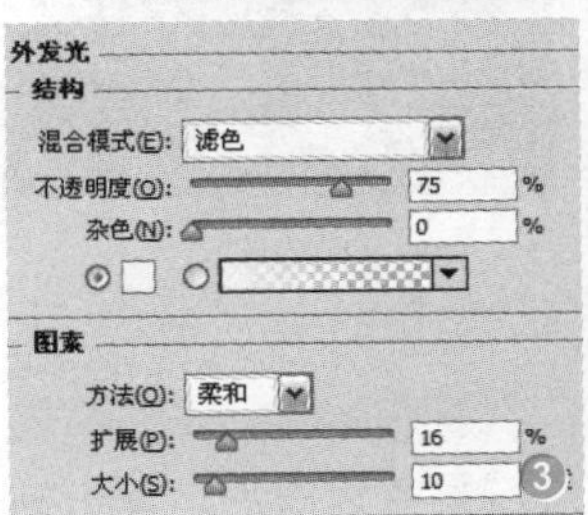

21 继续添加发光圆点

选择“圆点”图层，按住Alt键的同时拖动红色圆点到需要的位置❶，在“图层”面板中可以看到自动复制出的“圆点 副本”图层。继续使用相同的方法沿文字中心部分复制多个红色发光小圆点，使其铺满整个文字，形成霓虹灯装饰效果❷，此时在“图层”面板中可以看到复制得到的副本图层❸。

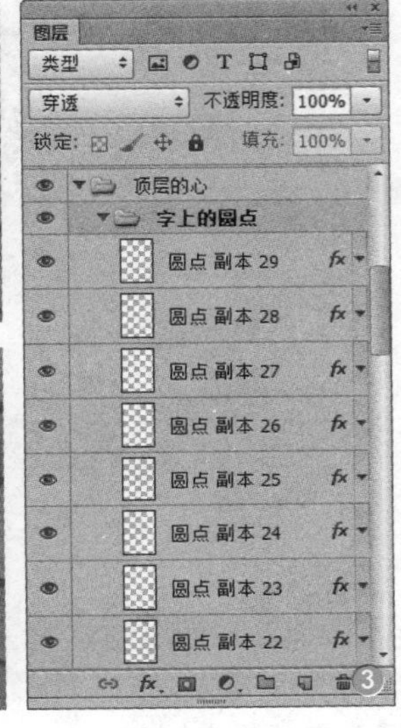

22 添加边缘红心效果

新建“环形心”图层组，单击自定形状工具，设置形状样式为“红心形卡”，颜色为红色（R239、G22、B76）。绘制出心形并为其添加“投影”图层样式，调整参数并设置投影颜色为褐色（R73、G61、B11）❶，为心形添加阴影效果❷。使用相同的方法逐个复制出环绕的多个心形❸。

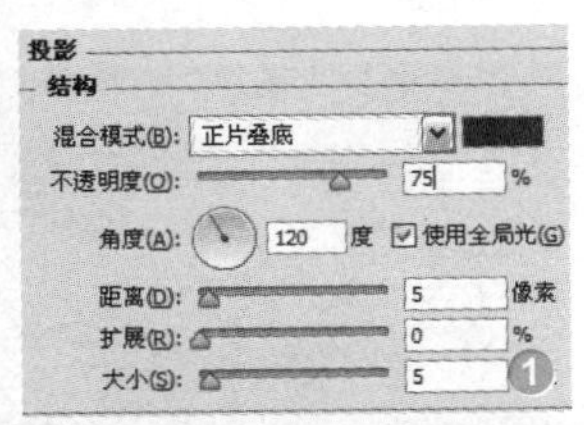

23 绘制底部心形

继续在“图层”面板中新建“底层的心”图层组，在其中新建“分裂的心”图层❶。继续使用钢笔工具在底部灰色图像上绘制路径❷，按下快捷键Ctrl+Enter将其转换为选区，填充选区为浅灰黄色（R238、G229、B215），并按下快捷键Ctrl+D取消选区❸。

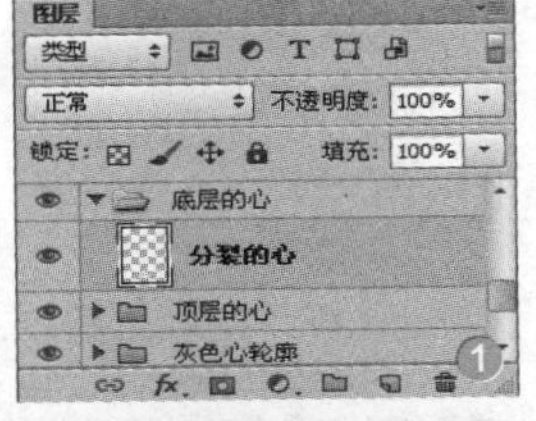

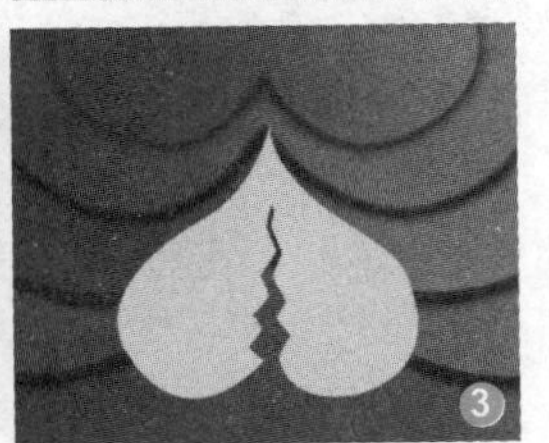

PART 03 软件的实战应用

24 添加图层样式

双击“分裂的心”图层，在打开的对话框中为图像分别添加“投影”❶、“斜面和浮雕”❷和“图案叠加”图层样式，设置相应参数的同时，调整图案样式为“花岗岩”❸，完成后单击“确定”按钮，为图像添加出立体的心形卡纸效果❹。

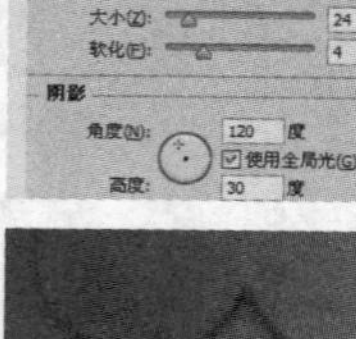

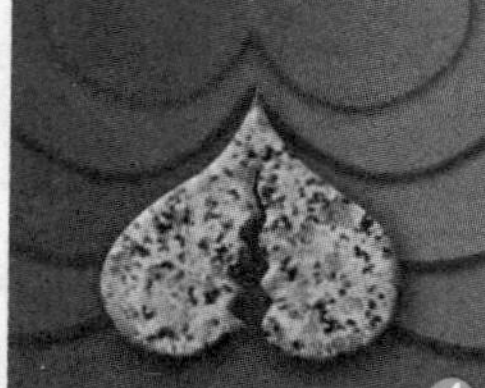

25 添加立体文字

单击横排文字工具，设置相应的格式，并设置文字颜色为暗黄色（R159、G146、B134）❶。在图像中输入文字，并为该图层添加“投影”❷和“斜面和浮雕”图层样式，拖动滑块调整参数❸，将制作出的浮雕文字移动到裂开的心形图像上❹。

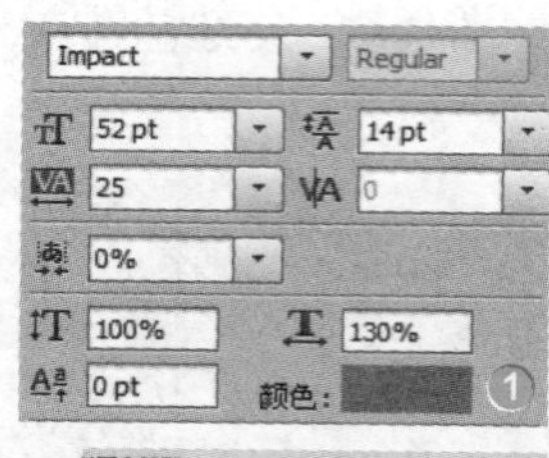

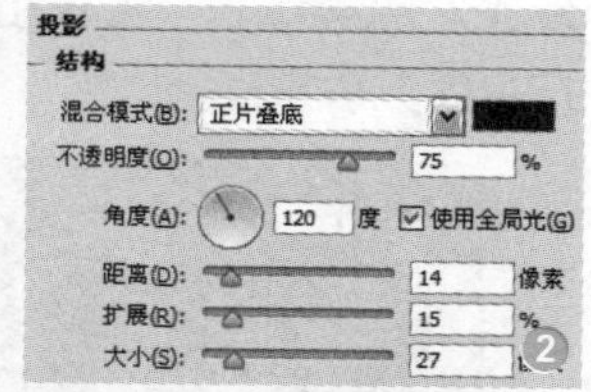

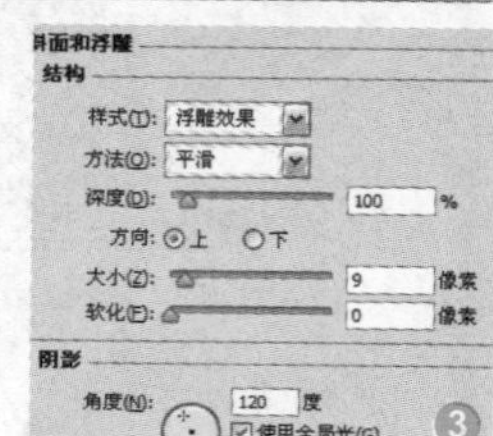

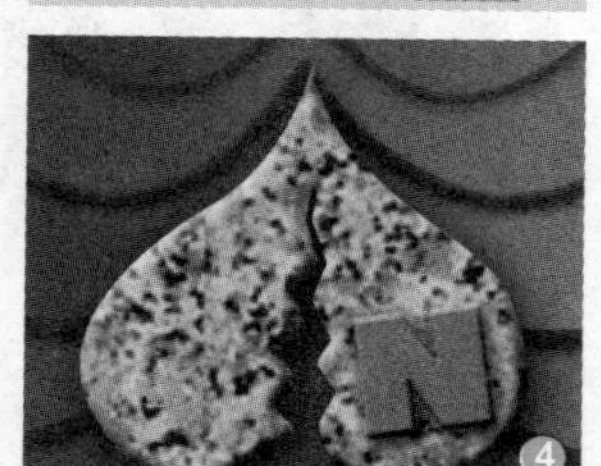

26 继续添加立体文字

继续使用横排文字工具，设置相应格式，并设置文字颜色为浅灰色（R229、G225、B222）❶。在图像中输入文字，将其调整到裂开的心形图像上❷。选择文字N图层，在按住Alt键的同时将“指示图层效果”图标拖动到O图层上，为该图层应用相同的图层样式❸。此时在图像中可以看到，另一个文字也呈现出浮雕文字效果❹。

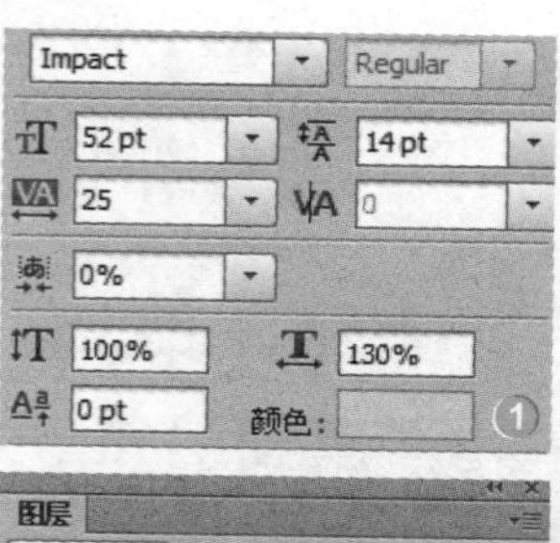

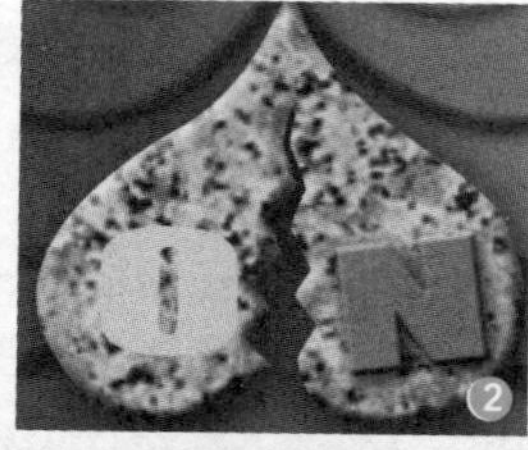

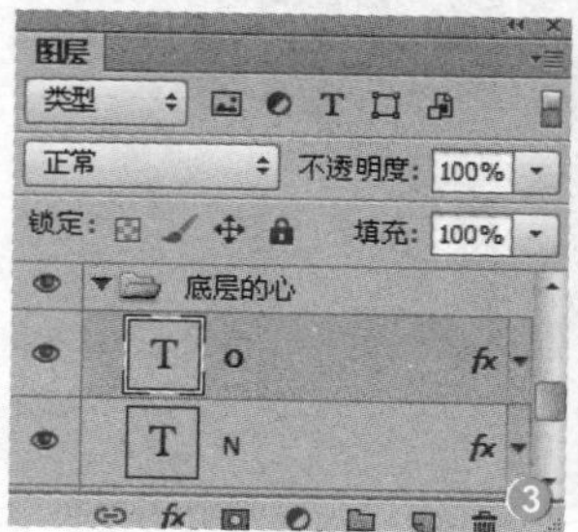

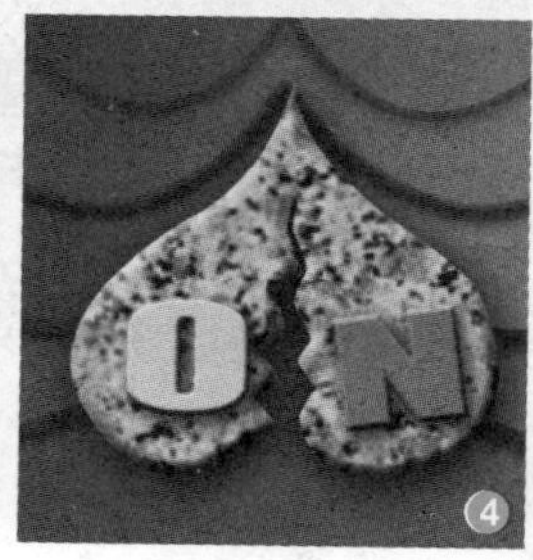

27 绘制云朵

新建“云”图层组，设置前景色为白色，单击椭圆工具，在图像中绘制白色圆形❶，继续在图像中绘制出大小不等的白色圆形，将其编排为云朵的形状。单击画笔工具，适当调整“不透明度”和“流量”后在图像上涂抹，隐藏部分结合处的白色，使其形成云朵效果❷，此时这些形状图层在“图层”面板中可以看到❸。

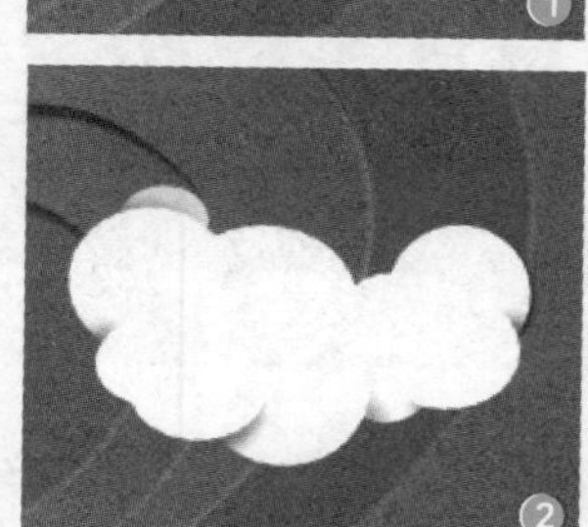

28 为云朵添加阴影效果

选择“云”图层组，合并图层组为图层，并将其拖动到“创建新组”按钮 上，重命名复制得到的图层组为“上层的物品”❶。双击“云”图层，为其添加“投影”❷和“斜面和浮雕”❸图层样式，设置参数并调整阴影模式颜色为褐色（R157、G91、B91），完成后单击“确定”按钮。

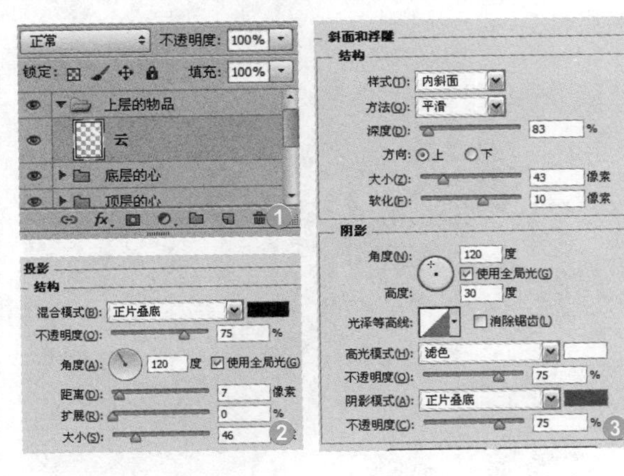

29 复制云朵

此时在图像中可以看到，通过为云朵图层添加图层样式，使其具有了一定的立体效果❶。按住Alt键的同时拖动云层，在图像中复制得到其他两个云层，适当调整图像大小❷。复制这些图层时，图层样式也会自动复制❸。

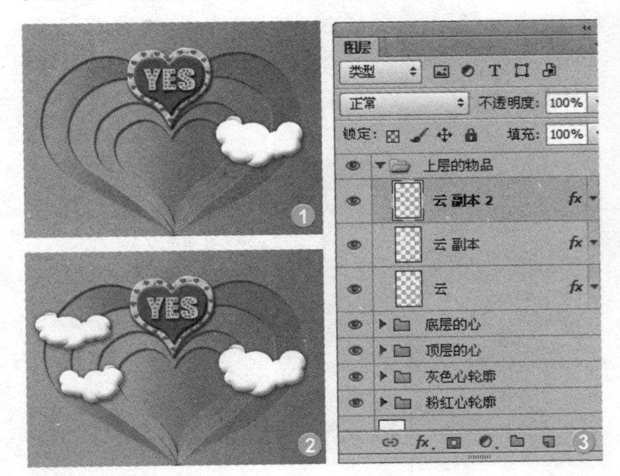

30 打开素材图像

打开“实例文件\Chapter 18\Media\18.1\素材.psd图像文件，分别在其中单击选择“房子”、“闹钟”、“戒指”图层，将这些图层直接拖曳到当前文件中，生成相应图层。分别调整这些图像的大小和位置❶，继续将“飞鸟”图层拖曳到广告图像中❷，放大图像。单击自定形状工具，设置形状样式为“雨滴”，绘制出白色雨滴形状❸，在“图层”面板中可以看到相应的图层❹。

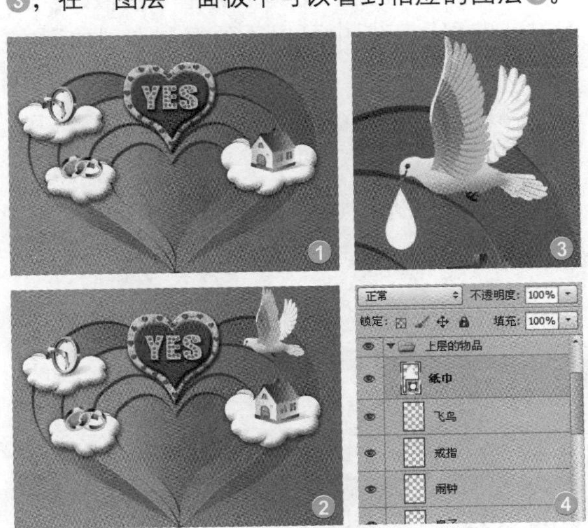

31 绘制雨滴朵

在“图层”面板中双击形状图层，弹出“图层样式”对话框，在其中勾选“投影”和“斜面和浮雕”复选框，在对话框右侧设置参数❶，并在“斜面和浮雕”面板中设置参数，同时调整阴影模式的颜色为暗红色（R219、G113、B113），完成后单击“确定”按钮❷，此时在图像中可以看到，添加图层样式后的雨滴具有折纸感的立体效果❸。

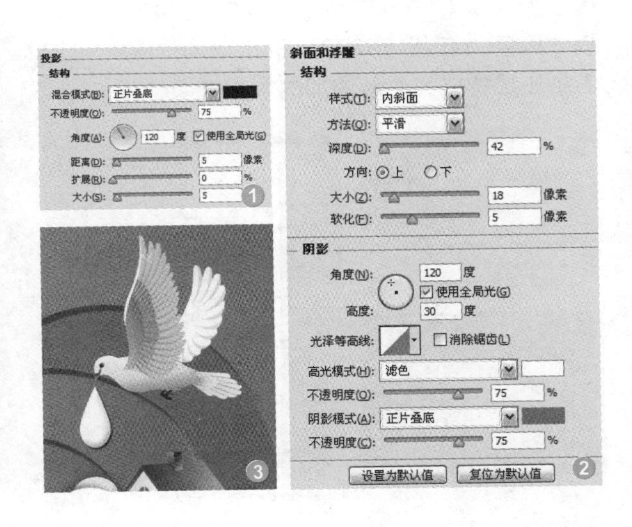

32 添加人物

打开“实例文件\Chapter18\Media\18.1\新娘.png”图像文件，将其拖曳到当前文件中，生成相应的图层，栅格化图层后调整图像大小和位置①。为其添加图层蒙版，对新娘裙摆的边缘进行涂抹融合，双击该图层，在打开的对话框中为其添加“投影”图层样式，设置参数并调整投影颜色为粉色（R222、G104、B126）②，为人物添加柔和的投影效果③。

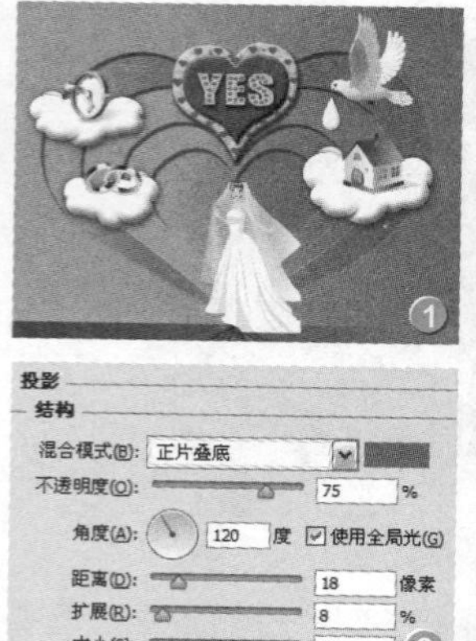

33 继续添加素材

将“素材.psd”中的“热气球”、“巧克力盒”和“箭头”图层拖曳到当前文件中，调整这些图像的大小和位置，根据情况为“巧克力盒”和“热气球”添加“投影”图层样式，统一效果①，在“图层”面板中可以看到相应的图层②。

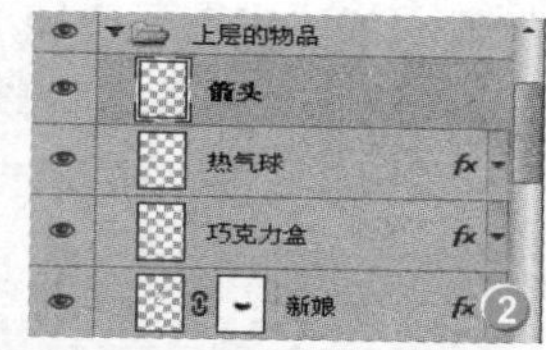

34 制作立体心形

新建“上层的多个心”图层组，并在其中新建“心形”图层，使用钢笔工具绘制心形，将其填充为红色（R193、G35、B39）。为其添加“投影”和“斜面和浮雕”图层样式，设置参数后调整投影颜色为红色（R209、G34、B34）①，调整高光模式颜色为粉色（R226、G142、B142）、阴影模式颜色为红色（R202、G48、B48）②，可以看到图层样式为心形添加的阴影效果③。

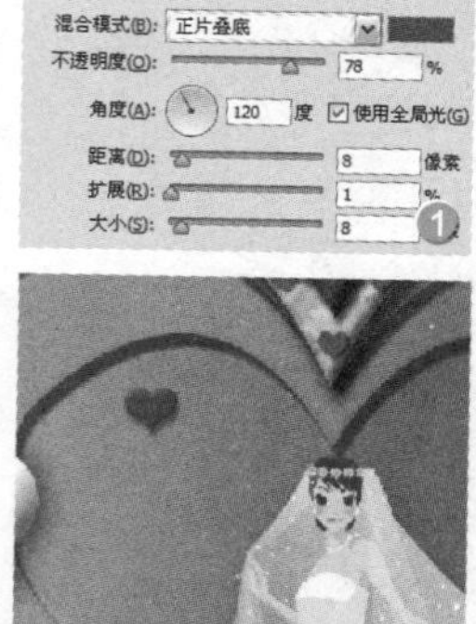

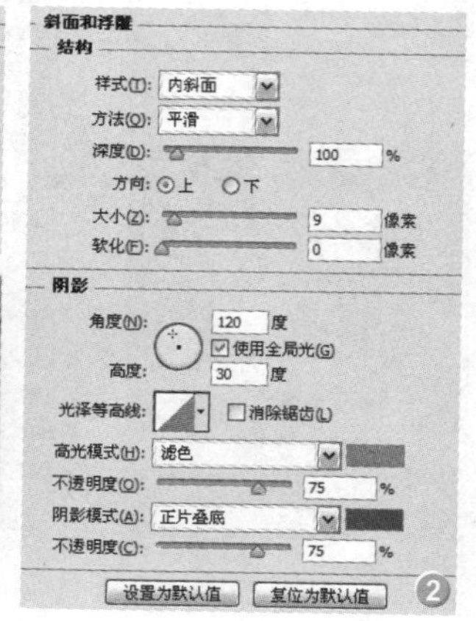

35 复制多个心形

选择“心形”图层，按住Alt键的同时拖动红色心形到需要的位置，在“图层”面板中可以看到自动复制出的“心形 副本”图层①。继续使用相同的方法复制心形，按下快捷键Ctrl+T调整心形大小和位置，使其布满整个图像②，此时在“图层”面板中可以看到复制得到的副本图层③。

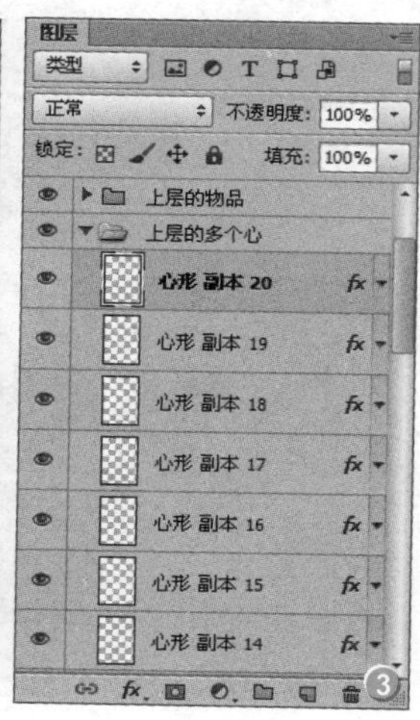

36 绘制纸张

新建“纸巾名称”图层组，继续在其中新建“纸张”图层，使用钢笔工具绘制路径，转换为选区后填充为白色，制作纸张效果❶。为该图层添加“投影”❷和“斜面和浮雕”❸图层样式，并设置相应的参数，为纸张添加立体感❹。

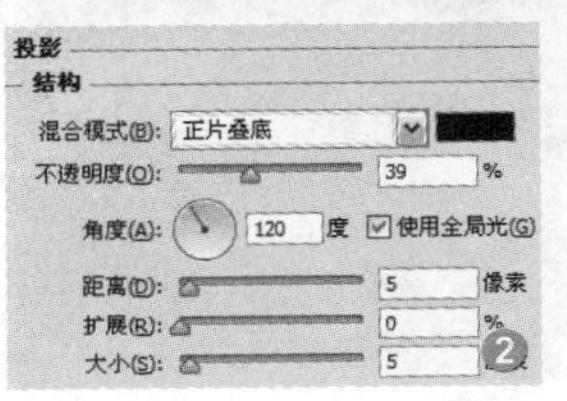

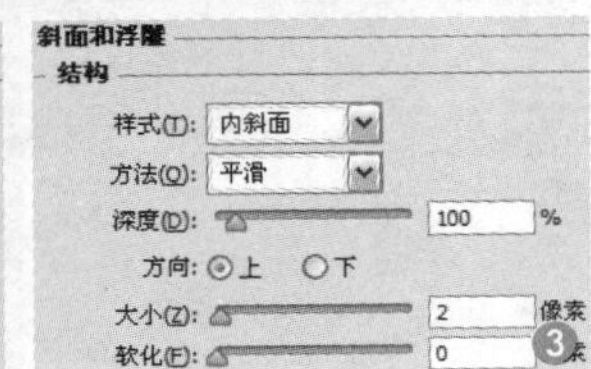

37 添加纸巾名称

单击横排文字工具，设置相应的格式，并设置文字颜色为粉色（R209、G101、B106）❶，在图像中输入文字并调整旋转角度❷，同时选择纸张和文字图层，单击“链接图层”按钮对图层进行链接❸，一边复制纸张图层一边输入文字，调整角度，将纸巾上的文字绘制出来❹。

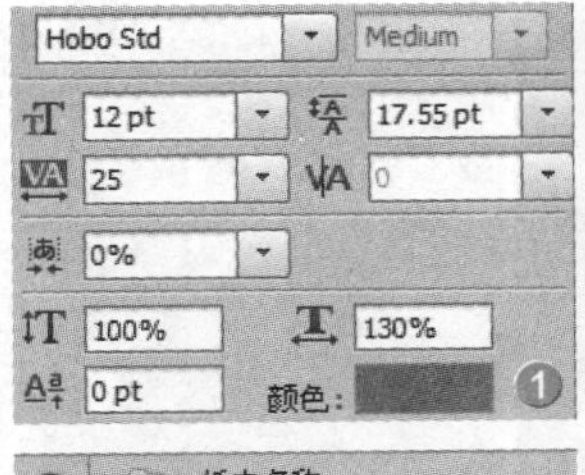

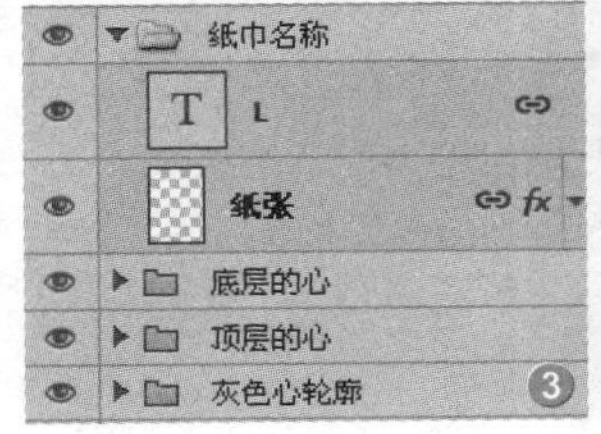

38 继续绘制盒子

新建“纸巾盒”图层组，打开“实例文件\Chapter 18\Media\18.1\盒子.png”图像文件，将其拖曳到图像中生成相应图层，栅格化图层后调整其大小和位置。新建“颜色”图层，绘制椭圆选区后将其填充为蓝色（R23、G36、B90）❶，为该图层添加“斜面和浮雕”图层样式，设置参数❷，制作出向内凹陷的效果❸。

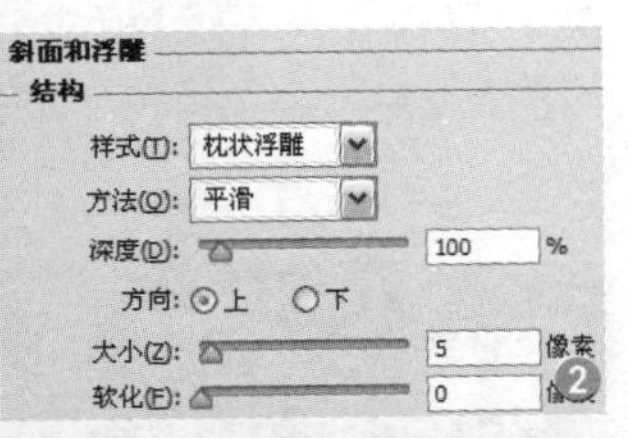

39 制作盒子上的文字

单击横排文字工具，设置文字相应的格式，设置文字颜色为白色❶，输入纸巾名称文字，并按下快捷键Ctrl+T，在按住Ctrl键的同时拖动控制手柄，调整其旋转角度和透视关系，使其透视角度与盒子相同❷，此时在“图层”面板中即可看到相关的图层❸。

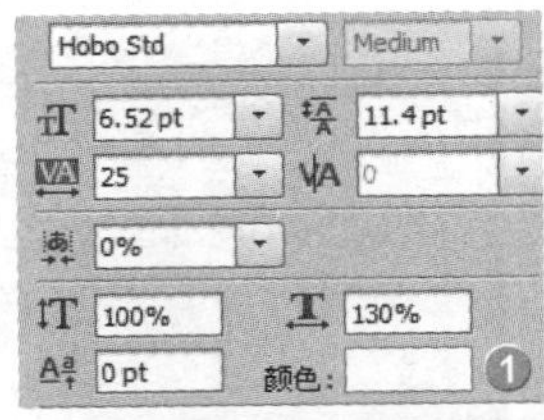

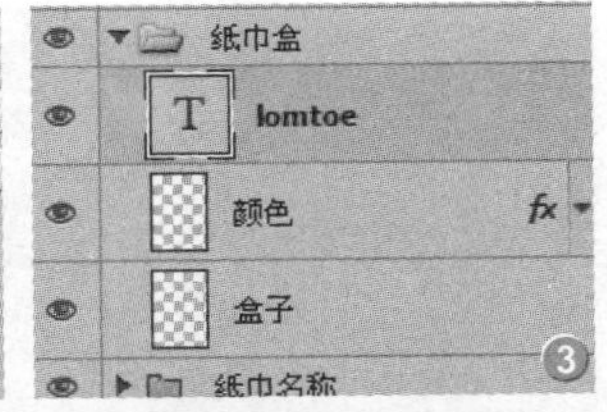

PART 03 软件的实战应用

40 调整并复制盒子

同时选择“纸巾名称”和“纸巾盒”图层组，将其拖动到“创建新图层”按钮上，同时复制得到相应的副本图层组❶。按下快捷键 Ctrl+E 将两个图层组合并为一个图层❷，将其拖动到图像的灰色区域，形成对应的图像效果❸。

41 添加底层的云朵

选择“上层的物品”图层组中的“云”图层，复制得到副本图层，删除该图层的图层样式，将其拖动到“创建新组”按钮上，重命名图层组为“下层的物品”❶。移动云朵到整个图像中的灰色区域，重新为该云朵图层添加“投影”❷和“斜面和浮雕”❸图层样式，设置相应的参数和颜色，赋予云层相应的阴影效果❹。

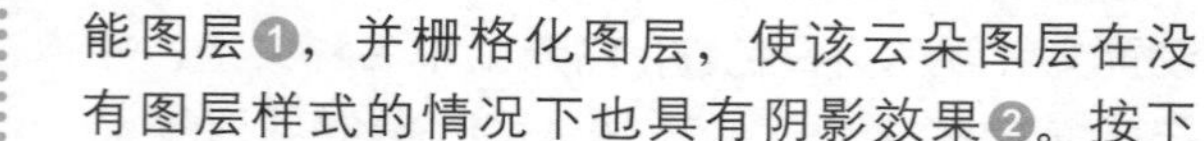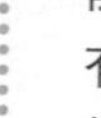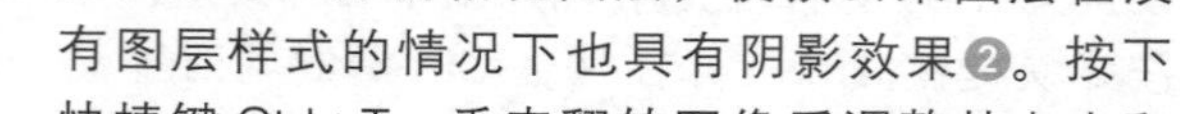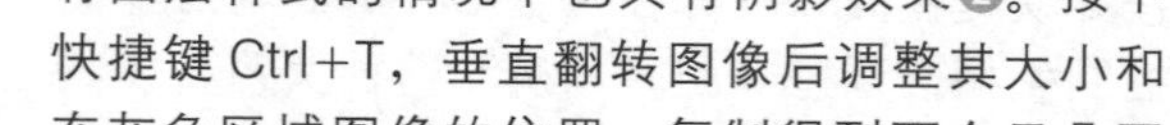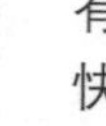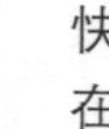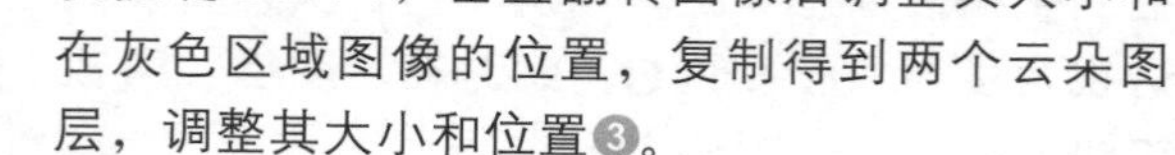

42 继续添加底层的云朵

右击该图层，在弹出的菜单中将图层转换为智能图层❶，并栅格化图层，使该云朵图层在没有图层样式的情况下也具有阴影效果❷。按下快捷键 Ctrl+T，垂直翻转图像后调整其大小和在灰色区域图像的位置，复制得到两个云朵图层，调整其大小和位置❸。

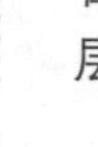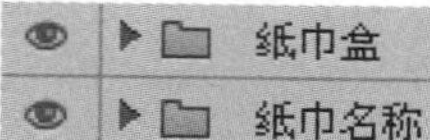

43 添加其他素材

打开“实例文件\Chapter18\Media\18.1\素材 2.psd”图像文件，分别将“桌子”、“邮箱”、“回收站”等素材拖曳到“下层的物品”图层组中，调整图像大小、位置，并统一进行垂直翻转，同时根据具体情况为相应的图层添加“投影”图层样式，统一整体效果❶，在“图层”面板中可看到相应的图层❷。

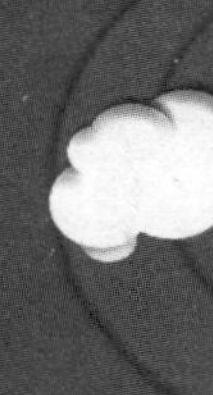

44 绘制闪电

选择“上层的物品”图层组中的“新娘”图层，复制得到副本图层并将其拖动到“上层的物品”图层组中，垂直翻转图像后调整位置。执行“图像 > 调整 > 去色”命令，将其调整为黑白效果❶。新建“闪电”图层，将其置于云朵所在图层的下方，单击自定形状工具，设置样式为“闪电”，颜色为黄色（R234、G172、B6），绘制闪电，为其添加“投影”图层样式，设置参数❷，制作得到阴影效果❸。

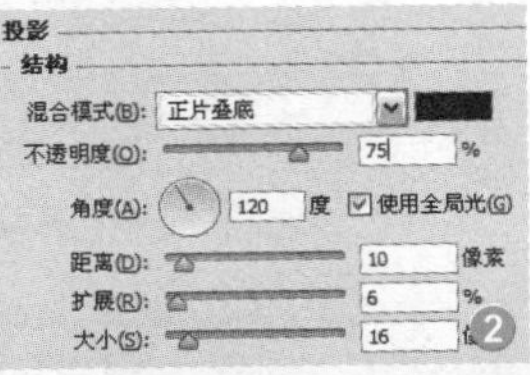

45 添加多个分裂的心形

新建“下层的多个心”图层组后选择“底层的心”图层组中的“分裂的心”图层，复制得到副本图层并将其移动到“下层的多个心”图层组中，删除其“图案叠加”图层样式，重复添加“颜色叠加”图层样式，设置参数和颜色（R190、G46、B46）❶，调整图像大小❷，复制出多个心形，丰富图像效果❸。

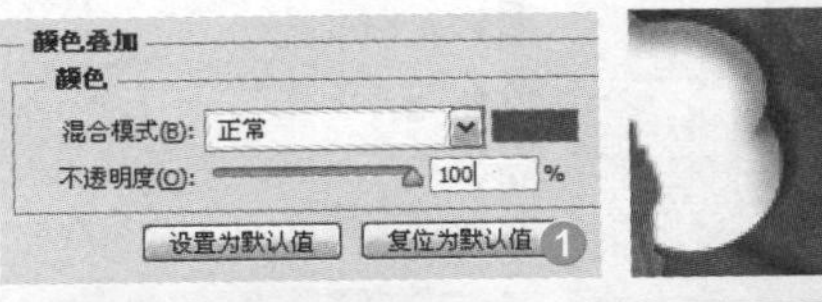

46 添加草图像

新建图层并重命名为“草”，打开“实例文件\Chapter 18\Media\18.1\草.png”图像文件，将其拖曳到“草”图层组中，调整图像大小和位置❶。复制得到多个副本图层，制作草丛层叠的效果❷，将草的多个图层合并为一个图层，复制得到副本图层并水平翻转图像，形成对称效果❸。

47 调整草图像颜色

将所有草所在的图层合并，重命名为“草”，按住Ctrl键的同时单击图层缩览图载入草选区，保留选区的状态下创建“色相/饱和度 1”调整图层，在“属性”面板中勾选“着色”复选框，并设置参数❶，从而调整草的颜色❷。

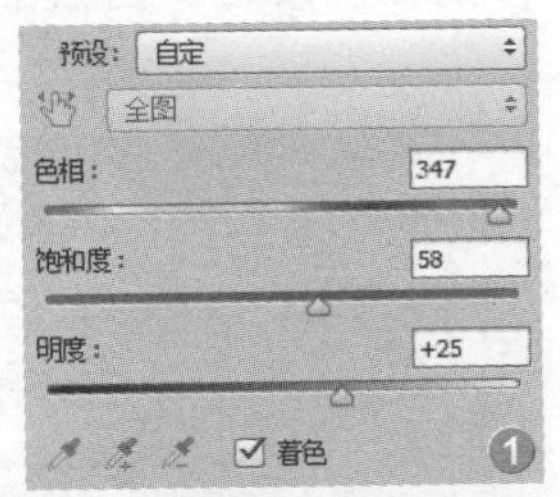

48 继续调整草图像颜色

按住 Ctrl 键再次载入草选区，在保留选区的状态下创建“色彩平衡 1”调整图层，在“属性”面板中拖动滑块调整参数❶，完成后单击“色调”下拉按钮选择“高光”选项，进一步调整高光区域的颜色❷，从而调整草的颜色❸。

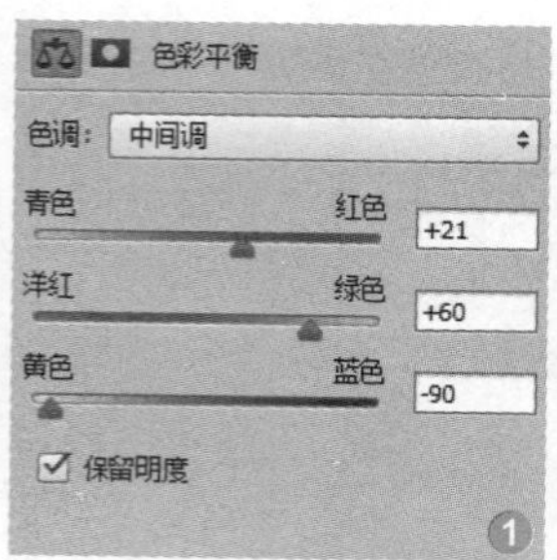

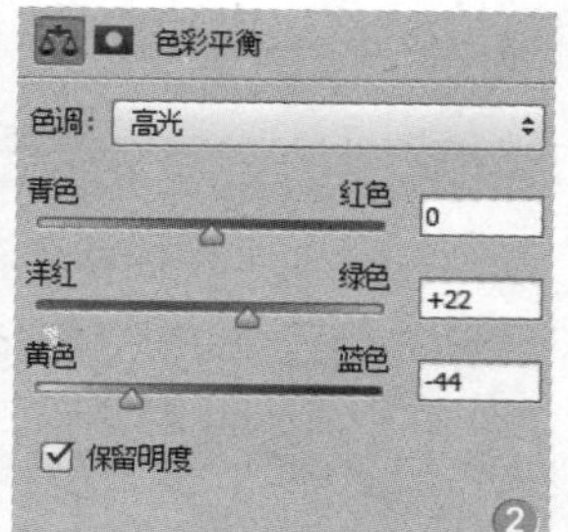

49 为底层图像添加草

选择“草”图层，复制得到副本图层，并垂直翻转图像后调整图像位置。按住 Ctrl 键的同时单击载入“草 副本”图层选区，保留选区的状态下创建“色相 / 饱和度 2”❶和“色彩平衡 1”❷调整图层，在“属性”面板中调整参数，使底层草图像的颜色更偏向于暗色调❸。

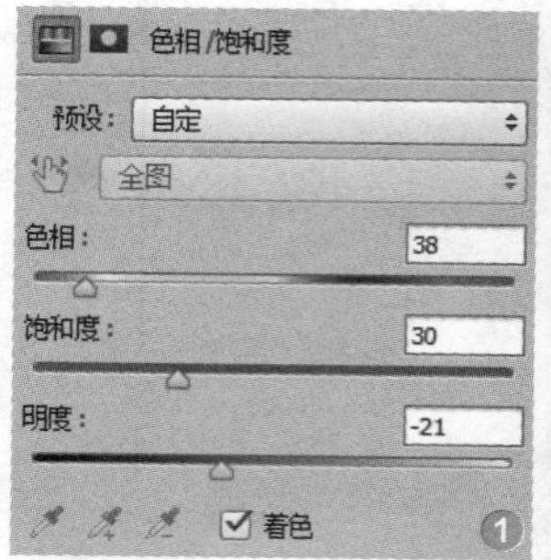

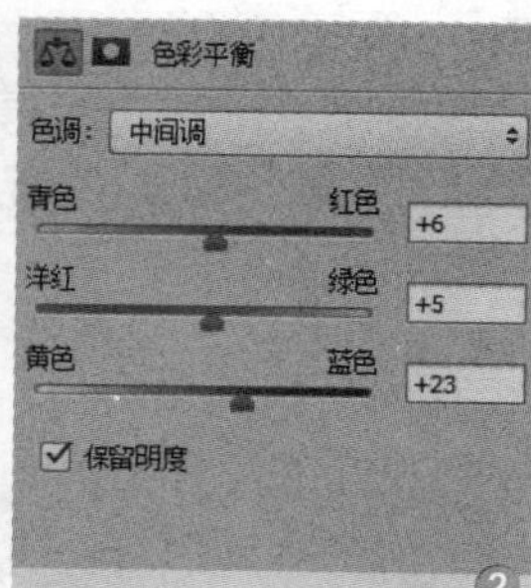

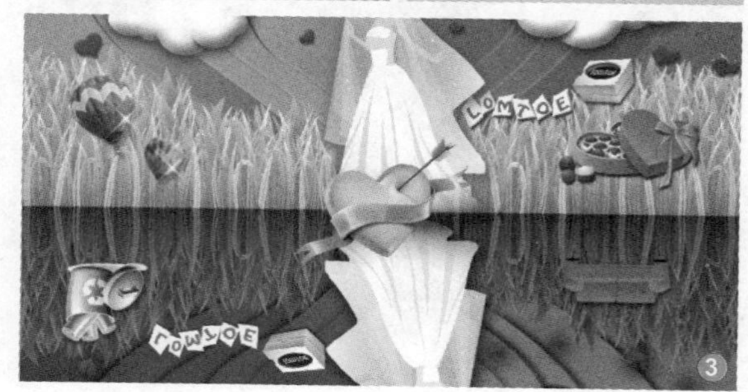

50 调整图像色调

在“图层”面板中选择最顶层的图层组后，创建“色相 / 饱和度 3”❶和“色阶 1”❷调整图层，分别在“属性”面板中拖动滑块调整参数。

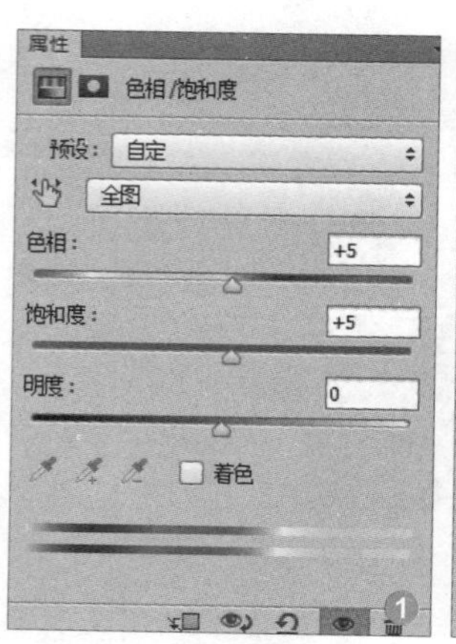

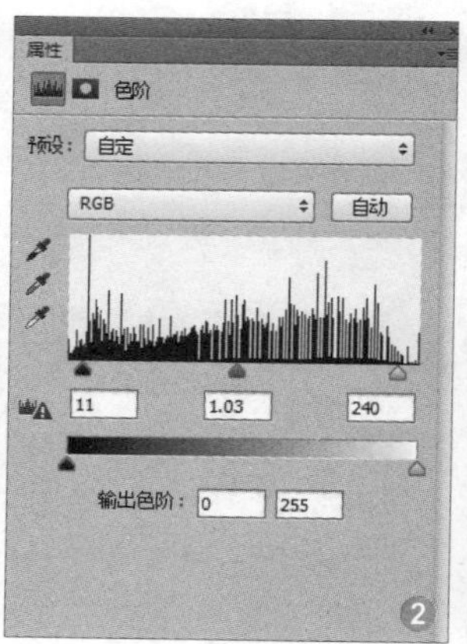

51 查看图像效果

此时可以看到，图像的对比度增加了，同时也使图像的色彩更鲜亮❶，在“图层”面板中可看到该案例的相关图层❷。至此，完成本案例的制作。

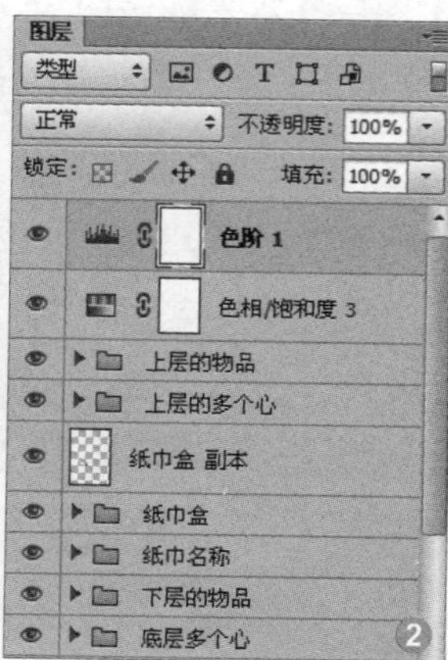

18.2 房产宣传DM单设计

理念解析 该案例主要通过对水墨笔刷、茶壶、古建筑等多种元素的组合，结合书法文字的竖直编排，营造浓厚的中国风氛围，从而体现设计主旨，同时对楼盘的风格定位进行辅助展示。

表现技法 主要是对多种素材的合成，结合直排文字工具和图层样式，分别制作出宣传单封面和内页的平面内容后，再进行立体效果的组合展示，从而突出宣传单内容。

最终路径 实例文件\Chapter 18\Complete\ 房产DM 单.psd

难度指数 ★★★★☆

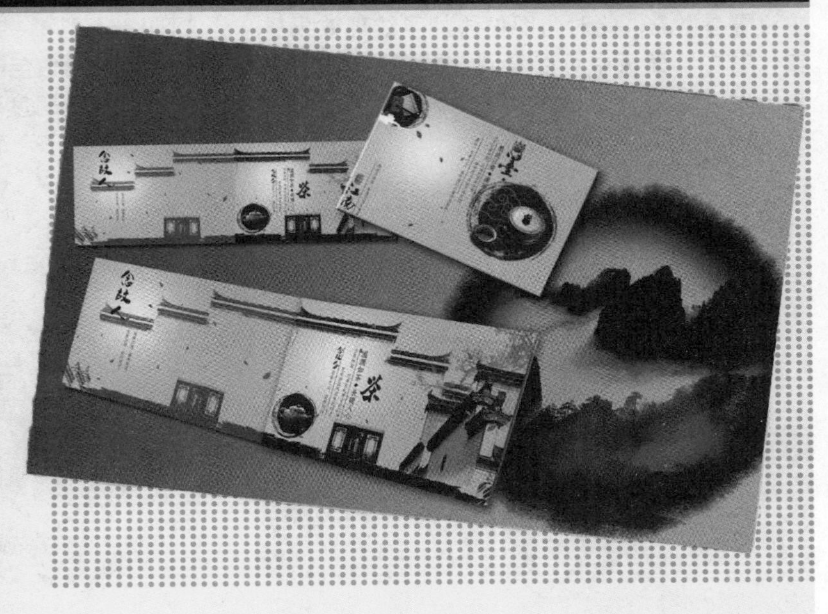

01 新建文件并绘制渐变

执行“文件 > 新建”命令，打开“新建”对话框，在其中设置文件名称、高度、宽度、分辨率等参数后单击“确定”按钮新建空白图像❶。单击渐变工具，设置渐变色为黄色（R208、G192、B166）、灰黄色（R203、G183、B156）和黄色（R200、G184、B158）❷，在图像中从左至右拖动绘制渐变效果❸。

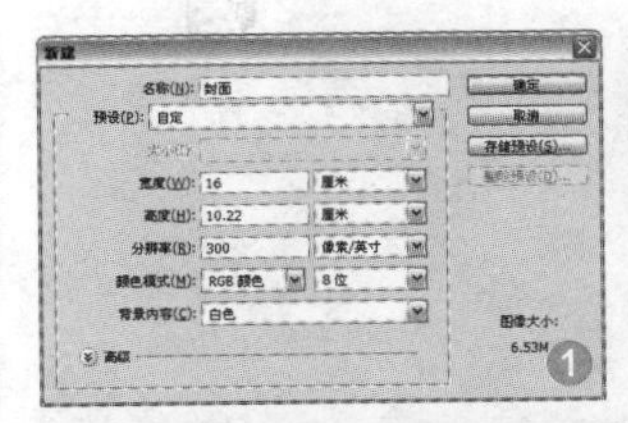

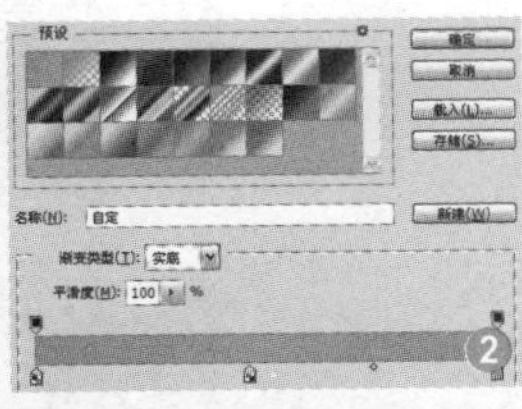

02 添加拉丝效果

执行“滤镜 > 杂色 > 添加杂色”命令，在弹出的“添加杂色”对话框中设置参数❶，完成后继续执行“滤镜 > 模糊 > 动感模糊”命令，在“动感模糊”对话框中设置参数❷，此时可以看到，图像添加了细致的拉丝效果❸。

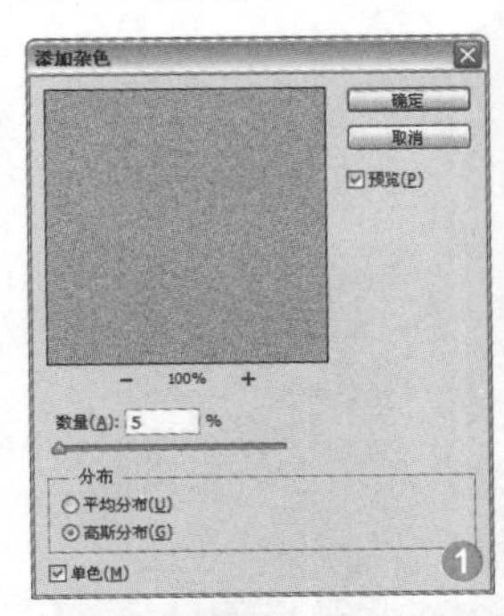

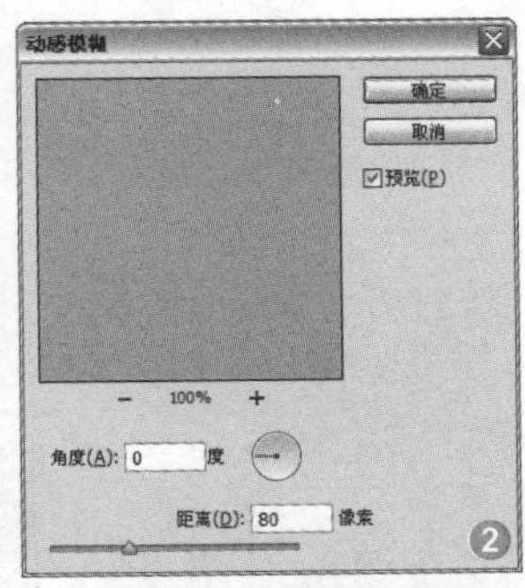

03 添加纹理效果

执行“滤镜 > 纹理 > 纹理化”命令，在滤镜库中设置参数❶，此时为图像添加了纹理效果❷。在“图层”面板中可以看到，以上这些操作都是针对“背景”图层执行的❸。单击椭圆选框工具，绘制圆形选区❹。

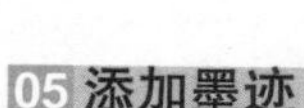

04 羽化并填充选区

按下快捷键 Shift+F6，在打开的对话框中设置“羽化半径”❶，完成后新建图层，重命名为“亮光”，填充为白色❷。设置图层的混合模式为“叠加”、“不透明度”为 80%❸，此时图像的左上角区域添加了合适的亮光效果❹。

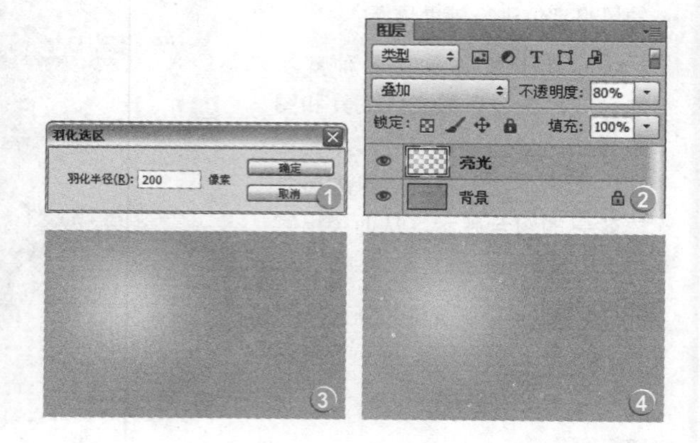

05 添加墨迹

新建“水墨”图层，单击画笔工具，载入“实例文件\Chapter 18\Media\18.2\水墨.abr 笔刷，设置画笔样式为“样本画笔 408”❶，设置画笔颜色为黑色，大小为 800px，在图像中单击绘制圆点❷。设置图层混合模式为“正片叠底”、“不透明度”为 80%❸，此时图像效果更柔和一些❹。

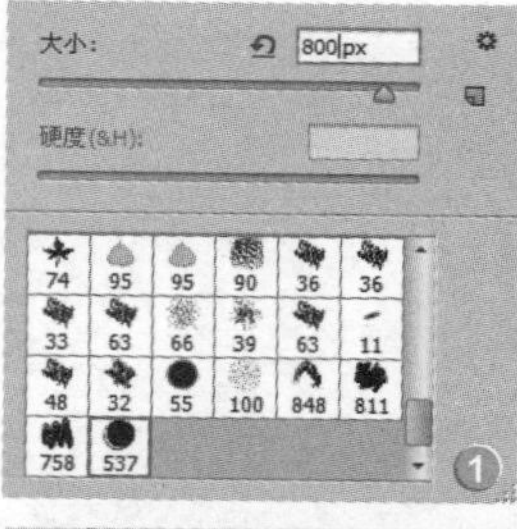

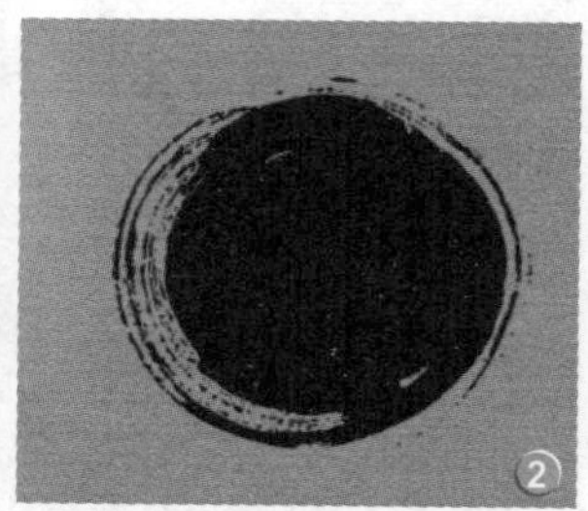

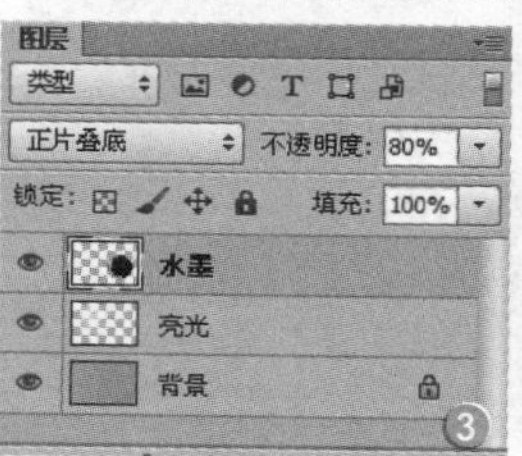

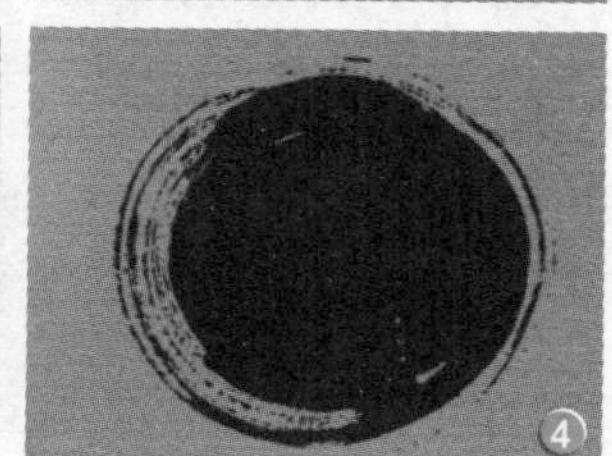

06 复制墨迹效果

在“图层”面板中复制得到“水墨 副本”图层，并调整副本图层的大小，将其调整到图像左上角，适当旋转水墨图像❶。执行“滤镜 > 模糊 > 高斯模糊”命令，在“高斯模糊”对话框中设置参数❷，此时在图像中可以看到，图像添加了模糊效果❸。

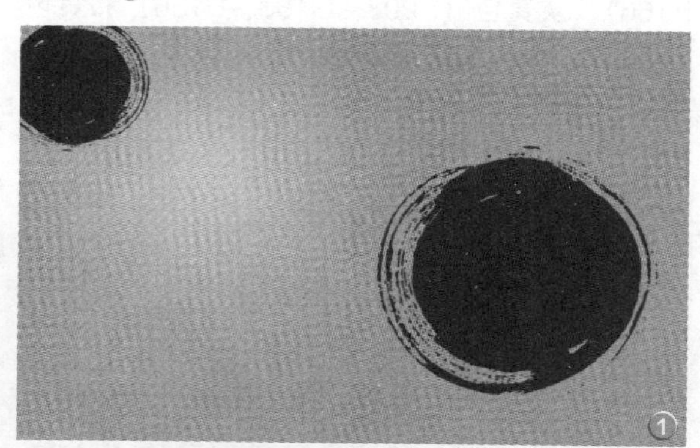

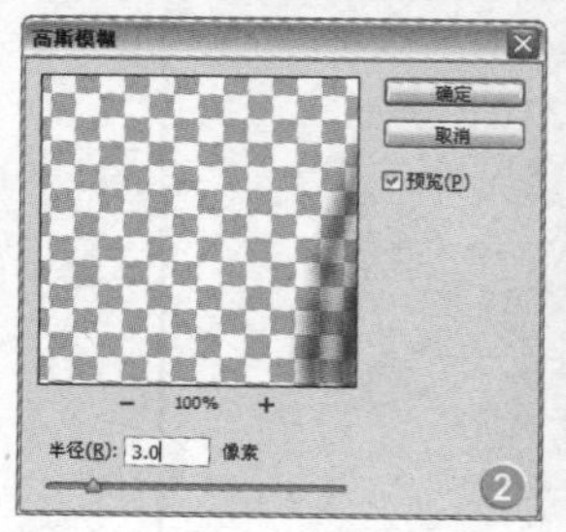

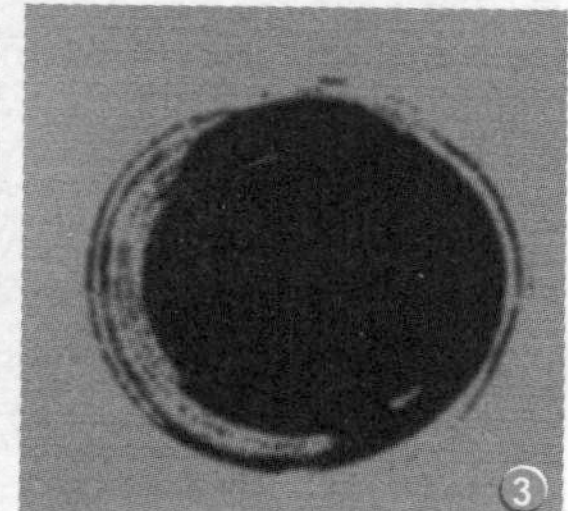

07 添加云纹

打开“实例文件\Chapter 18\Media\18.2\素材.psd图像文件，将其中的“云纹”图层拖曳到新建文件中，置于“水墨 副本”图层下方，并调整图像大小和位置❶。设置该图层的“不透明度”为40%，使云纹呈现半隐效果❷。按下快捷键Ctrl+Alt+G，创建剪贴蒙版❸，将云纹剪贴到水墨图像中❹。

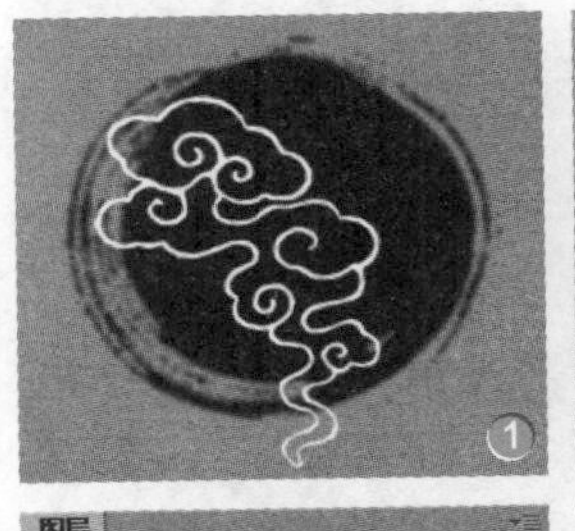
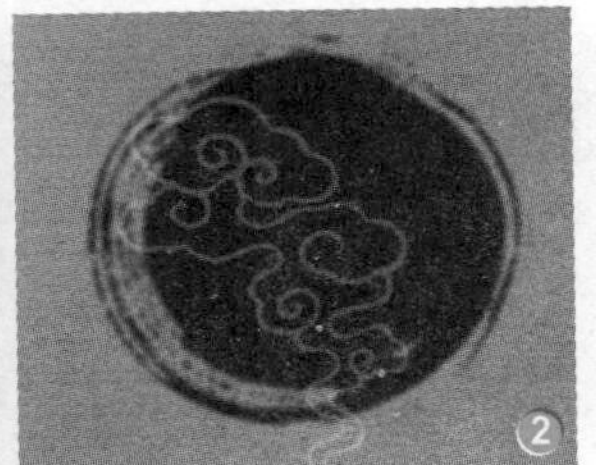
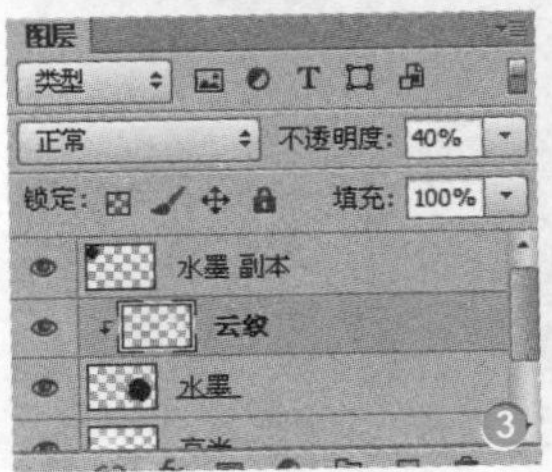

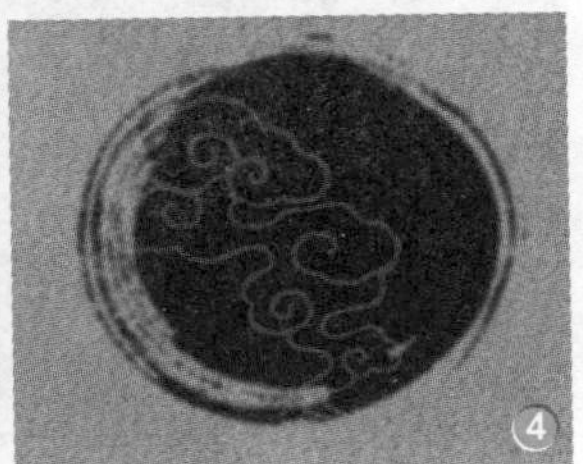

08 添加茶壶和茶杯图像

将“素材.psd”文件中的“茶壶”和“茶杯”图层拖曳到新建文件中，调整其大小和位置❶。为“茶壶”图层添加图层蒙版，使用黑色画笔涂抹，使其阴影与水墨更好地融合❷，并为“茶杯”图层添加“投影”图层样式，设置参数❸，为其添加一定的投影效果❹。

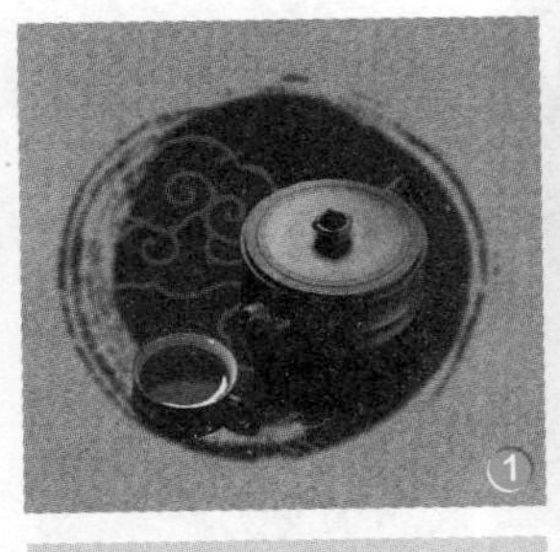

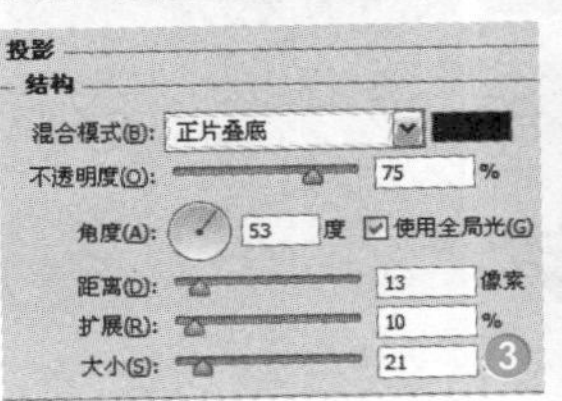

09 继续添加素材

将“素材.psd”文件中的“云”和“书砚”图层拖曳到新建文件中，调整其大小和位置❶。为“书砚”图层添加“投影”图层样式，设置参数❷，为其添加阴影效果❸，然后继续将“门扣”图层拖曳到新建图像中，调整其大小和位置❹。

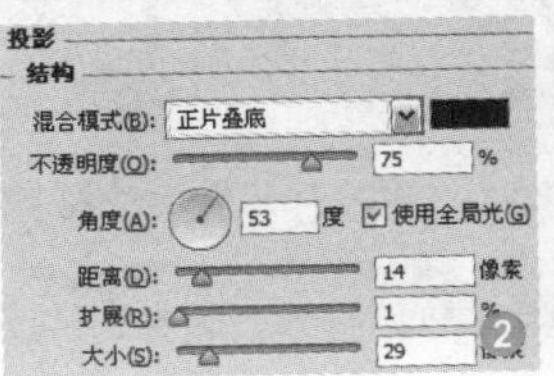

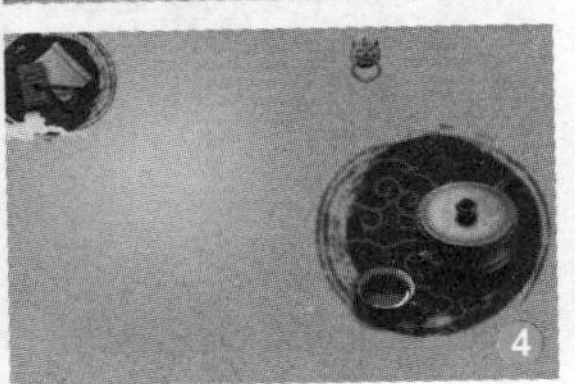

10 调整叶子颜色

载入门扣选区，创建“色彩平衡 1”调整图层，在面板中调整参数❶。新建“叶子”图层组，将“素材.psd”文件中的“叶子”图层拖曳到该图层组中❷，载入叶子选区后创建“色相/饱和度 1”调整图层，在“属性”面板中勾选“着色”复选框并调整参数❸，从而改变叶子的颜色❹。

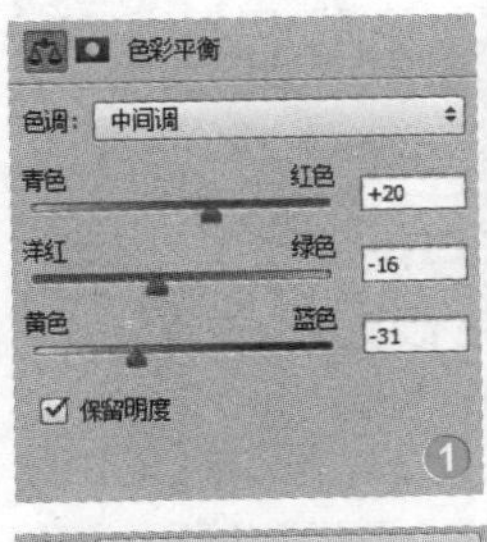

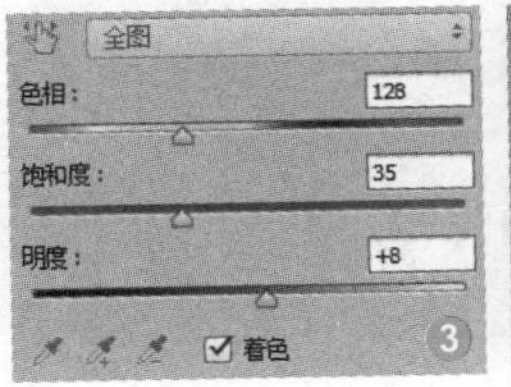

11 制作出飘散的叶子

将叶子图层和调整图层合并，一边复制叶子图像一边调整图像的大小和位置❶，此时在“图层”面板中可以看到复制的副本图层❷。新建图层，将其重命名为“文字”。单击直排文字工具，设置文字格式和颜色❸，在图像输入文字，将其移动到门环图像下方❹。

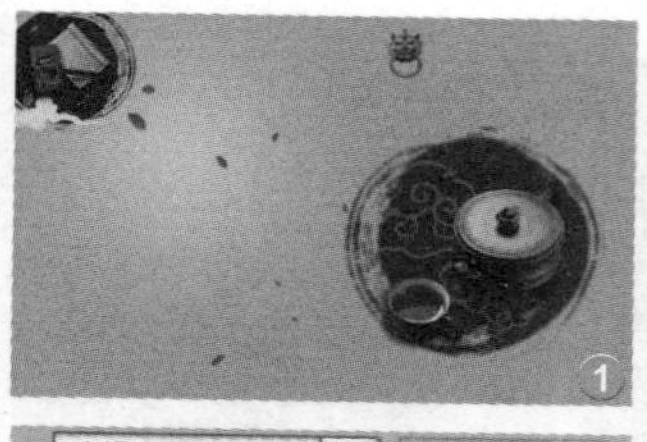

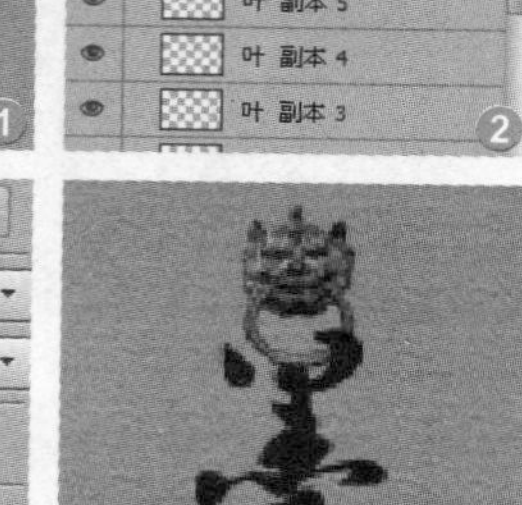

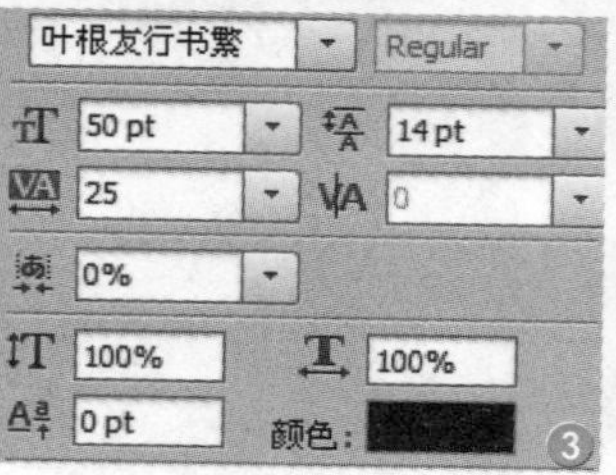

12 添加文字

在“字符”面板中调整文字字体和字号❶，继续在图像中输入文字并调整其位置❷。新建“点”图层，使用椭圆选框工具绘制较小的圆形选区，填充为黑色，制作出黑色圆点图像，并复制得到副本图层❸，将其调整到相应的位置❹。

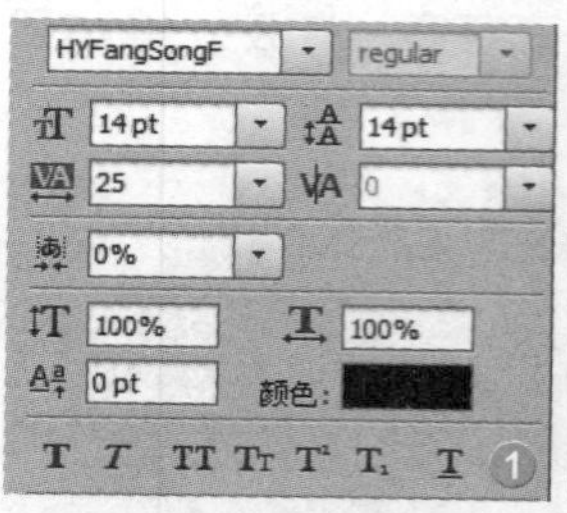

13 绘制线条

新建图层，将其重命名为“线条”，单击画笔工具，设置颜色为暗黄色（R204、G183、B154）。调整画笔大小和硬度❶，在图像中绘制直线❷，双击图层在打开的“图层样式”对话框中勾选“投影”复选框，为其添加“投影”图层样式，设置参数❸，为线条添加阴影效果❹。

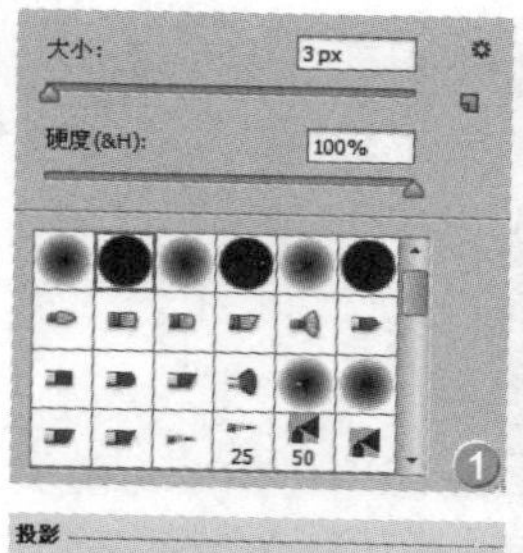

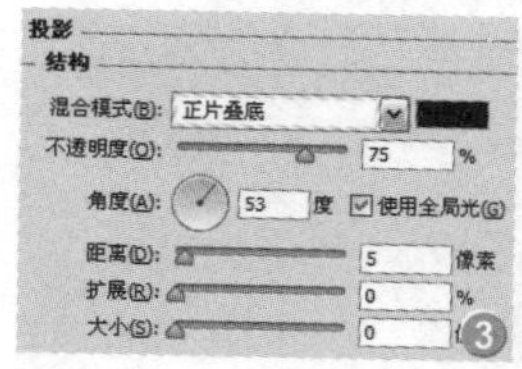

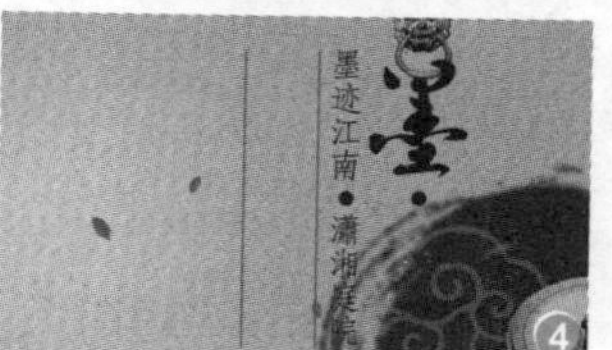

14 继续添加文字

继续调整文字颜色为褐色（R82、G62、B32），并调整文字字号❶，在图像中继续输入文字，并将其置于不同的图层上，以便对文字的位置进行调整，编排文字效果❷。此时在“图层”面板中可以看到相应的文字图层❸，新建“文字 2”图层组，使用与“墨”相同的字体在图像左下角输入文字❹。

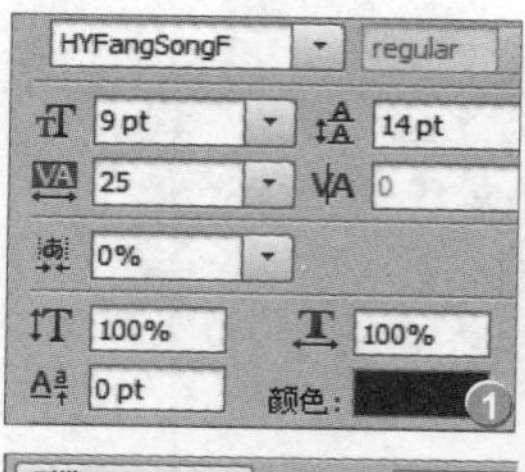

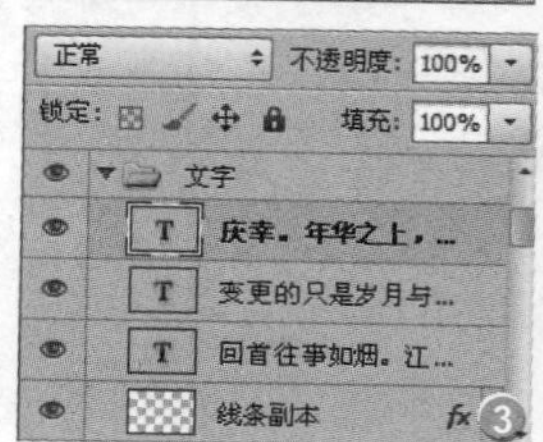

15 继续输入文字

在“文字”图层组中选择“线条”图层，复制得到副本图层，将其拖动到“文字2”图层组中，并将线条移动到图像左下角❶，保持统一的文字格式和颜色。继续在图像中输入文字❷。在打开的“素材.psd”图像中将“印章”图层拖曳到相应图层组中，调整其大小和位置❸，在“图层”面板中可以看到图层效果❹。

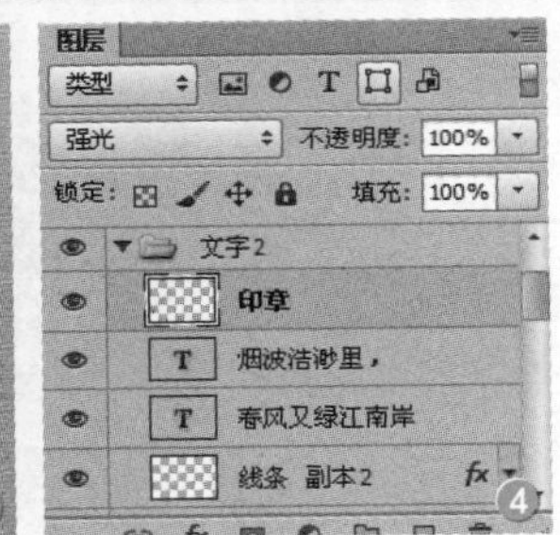

16 复制图像文件

按下快捷键Ctrl+Shift+Alt+E盖印图层，生成新图层，重命名为“盖印”，将全部效果盖印到一个图层上❶。进入存储该图像文件的文件夹，在按住Ctrl键的同时单击并拖动文件，复制得到“复件 封面”图像文件，并将其重命名为“内页1”。打开该图像文件，将“亮光”图层以上的所有图层删除❷，使图像仅留下背景效果❸。

17 添加背景

打开“实例文件\Chapter 18\Media\18.2\墙.jpg”图像文件，将其拖曳到“内页1”图像文件中，调整图像大小和位置❶。设置混合模式为“正片叠底”，“不透明度”为50%❷，添加图层蒙版，使用黑色柔角画笔涂抹❸，隐藏墙画面中的三角形❹。

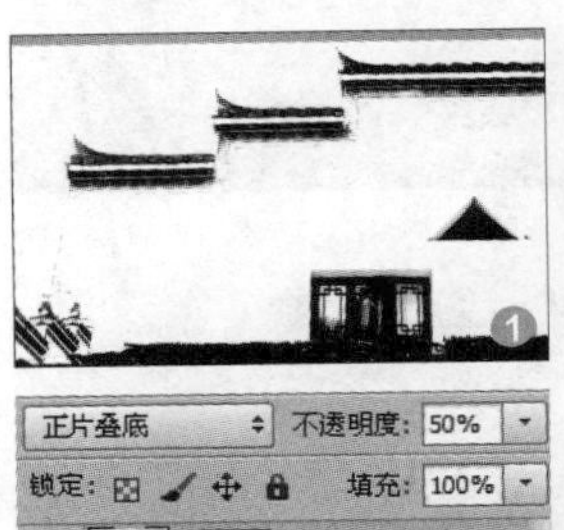

18 合成图像背景

创建“色阶1”调整图层，设置参数❶，加强图像对比效果❷。在“封面.psd”图像文件中选择“叶子”图层组，将其拖动到“内页1”图像文件中❸，调整叶子在图像中的散布位置❹。

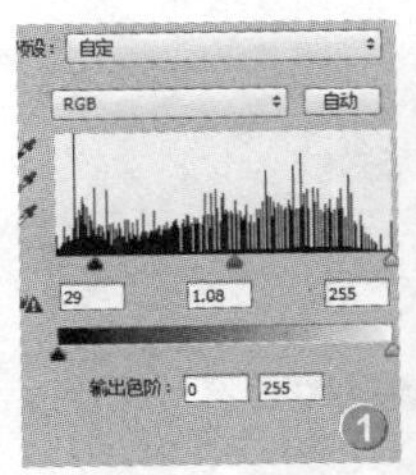

19 添加文字

新建图层组，重命名为“文字”，单击直排文字工具❶，在“字符”面板中设置文字格式，在图像左侧输入主体文字❷。继续调整文字格式，调整颜色为褐色（R82、G62、B32）❸，继续在图像中输入文字，调整文字编排效果❹。

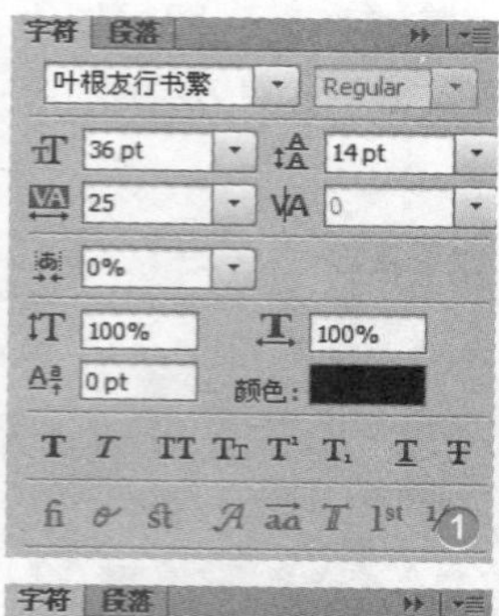

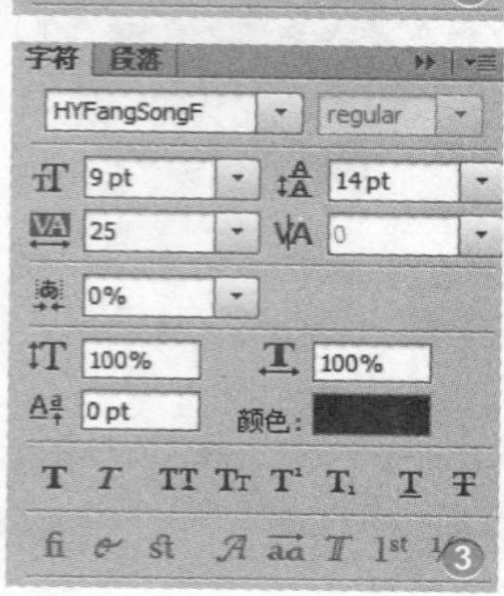

20 复制图像文件

按下快捷键 Ctrl+Shift+Alt+E 盖印图层，生成新图层，重命名为“盖印”，将全部效果盖印到一个图层上❶。继续复制“复件 内页 1”文件，并将其重命名为“内页 2”，打开该图像文件后将“亮光”图层以上的所有图层删除❷，使图像仅留下背景效果❸。

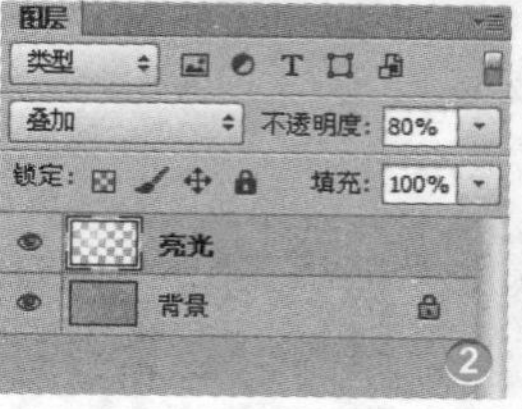

21 添加并合成背景

打开“实例文件\Chapter 18\Media\18.2”文件夹中的“墙.jpg”和“建筑 .jpg”图像文件，分别将其拖曳到“内页 2”图像文件中，并调整图像大小和位置❶。设置这两个图层的混合模式为“正片叠底”，并为“墙”图层添加图层蒙版❷，使用黑色柔角画笔涂抹，使两个图像合成为整个连接的背景效果❸。

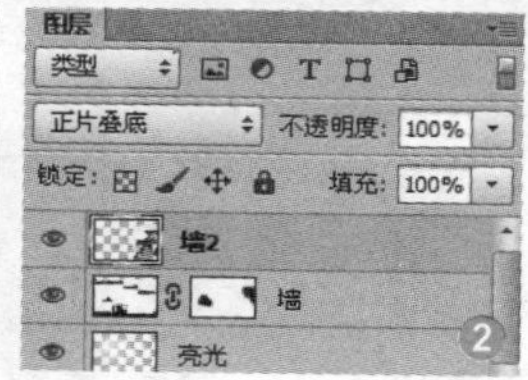

22 添加素材

将“素材.psd”文件中的“梅花”和“茶壶 2”图层拖曳到“内页 2”图像文件中，调整图像大小和位置❶，设置“梅花”图层的混合模式为“深色”、“不透明度”为 50%❷。在“茶壶”图层下新建“墨”图层❸，使用画笔工具绘制具有水墨感的黑色墨点效果❹。

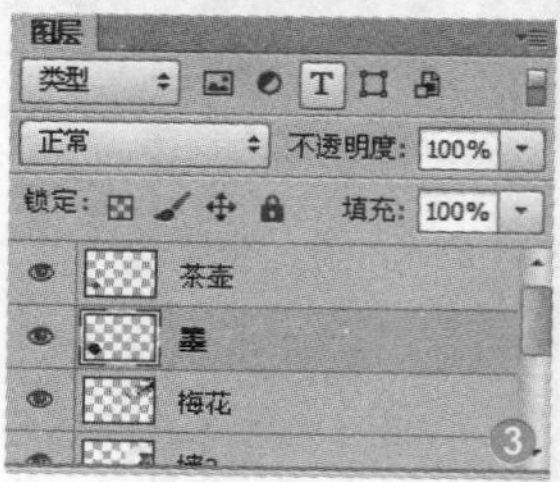

23 添加文字

新建“文字”图层组，在该图层组中输入文字，保持文字字体不变❶，将“封面psd”图像中的“线条”图层拖曳到“内页 2”图像中，调整线条大小和位置❷。继续调整文字格式和颜色，在图像中输入文字❸，在“图层”面板中可以看到添加的文字图层❹。

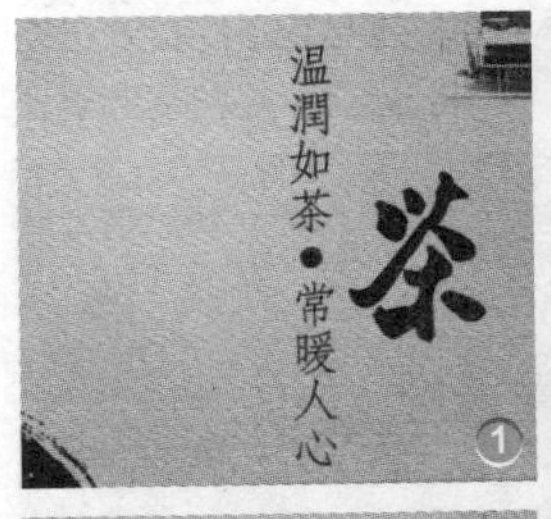

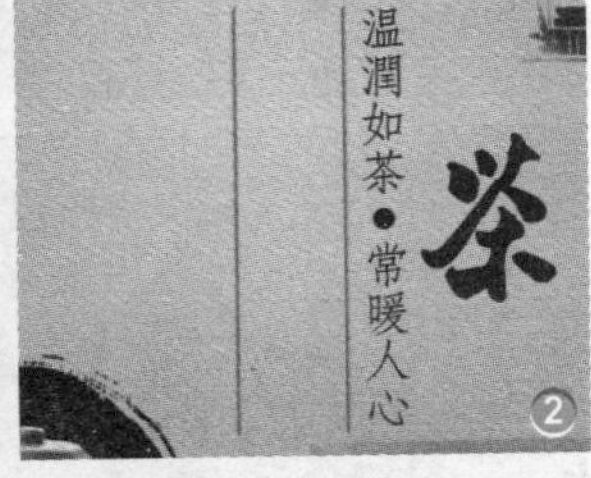

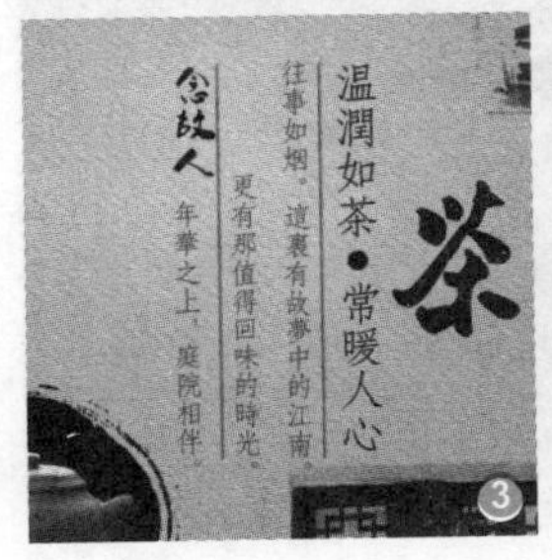

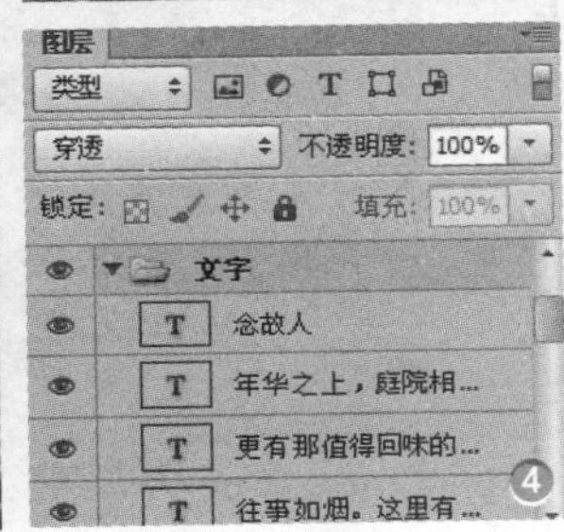

24 新建图像文件

按下快捷键 Ctrl+Shift+Alt+E 盖印图层，生成新图层，重命名为“盖印”，将全部效果盖印到一个图层上，以便合成效果时使用❶。执行“文件 > 新建”命令，打开“新建”对话框，在其中设置文件名称、高度、宽度、分辨率等参数❷，完成后单击“确定”按钮新建空白图像❸。

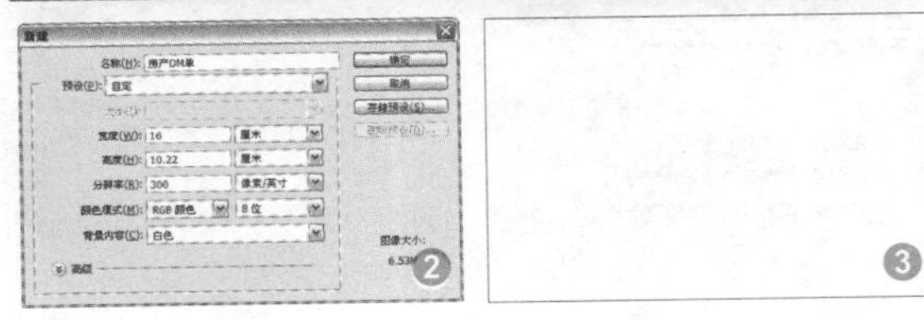

25 填充渐变

单击渐变工具，设置渐变色为深褐色（R93、G80、B73）、灰黄色（R154、G146、B119）和浅灰黄色（R183、G177、B150）❶，在图像中从左至右拖动绘制渐变效果❷。执行“滤镜 > 杂色 > 添加杂色”命令，设置参数和相应选项❸，为图像添加杂点质感❹。

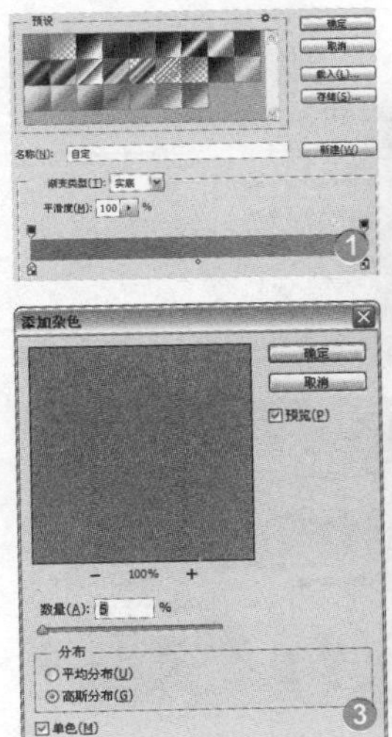

26 添加背景素材

在“素材.psd”图像文件中将“墨”图层拖曳到新建的图像文件中，调整图像大小和位置❶。设置图层混合模式为“正片叠底”，使其更好地融合到背景中❷。分别将“内页 1”和“内页 2”图像中的“盖印”图层移动到新建图层中，重命名为相应的图层❸。

27 变换图像并添加图层样式

按下快捷键 Ctrl+T，分别调整两个内页图像的位置和角度，使其形成一个翻页效果❶。为“内页 1”图层添加“投影”图层样式，设置参数❷，同样也为“内页 2”添加“投影”图层样式，设置相应参数❸。

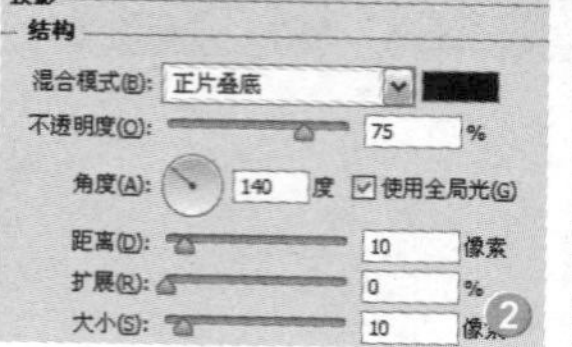

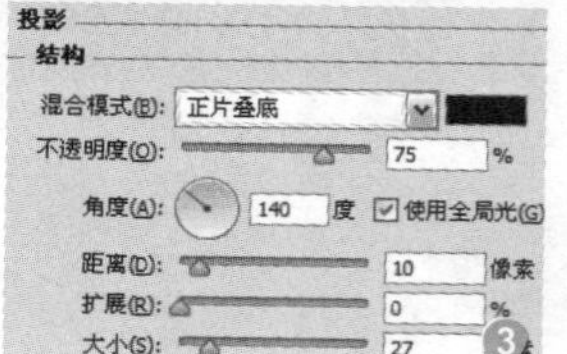

28 制作翻页效果

分别复制得到“内页 1”和“内页 2”的副本图层❶，调整图像位置，制作平整的翻页效果，分别为副本图层添加“投影”图层样式，设置相同的参数❷，为其添加阴影效果❸。

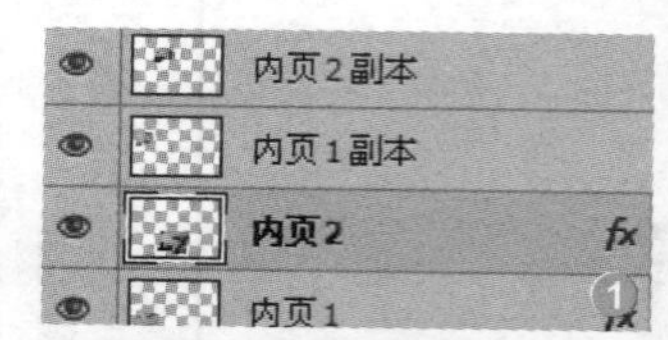

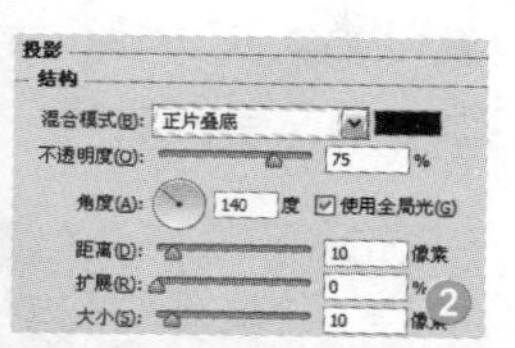

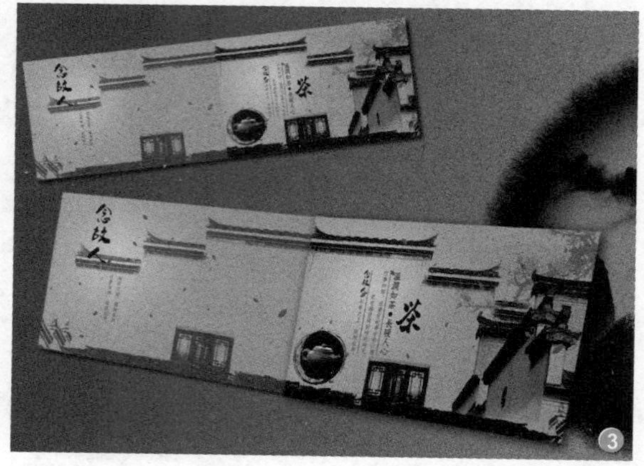

29 绘制侧边

放大图像后使用钢笔工具在右侧内页边缘绘制边缘选区，并填充为相应的渐变色❶。添加图层蒙版，适当涂抹制作出厚度感❷。将“封面.psd”文件中的“盖印”图层拖曳到该图像中，并调整图像大小和位置❸。

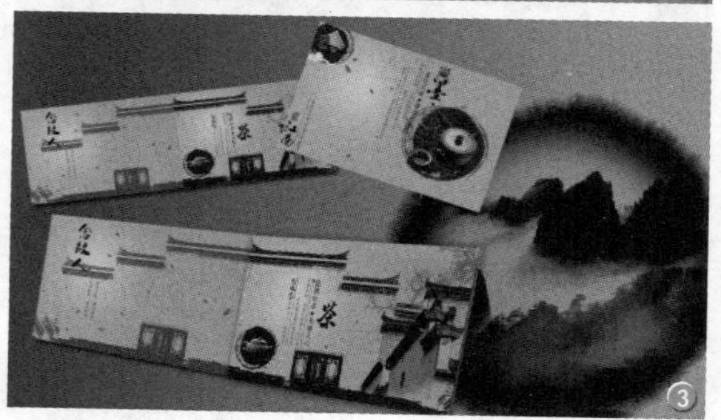

30 添加阴影并调色

为“封面”图层添加“投影”❶和“斜面和浮雕”❷图层样式，在打开的“图层样式”对话框中勾选相应复选框，拖动滑块设置参数。创建“色阶 1”调整图层，在“属性”面板中拖动滑块设置参数❸，此时可以看到，创建调整图层调整了整个图像的对比度❹。至此，完成本案例的制作。

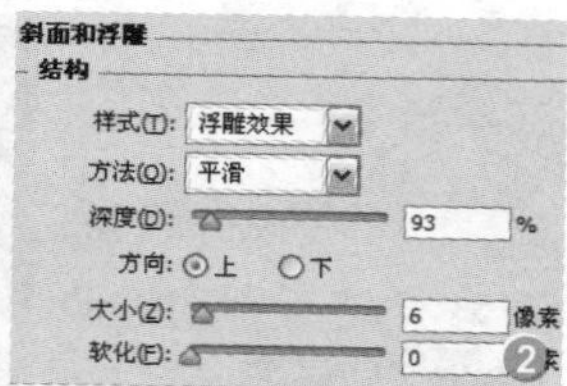

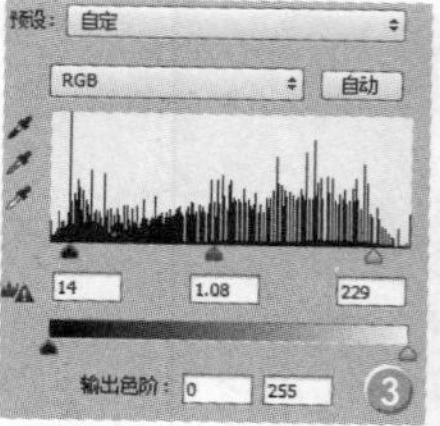

Chapter 19

产品包装设计

包装设计是产品特性、品牌理念和消费心理的综合反映，它直接影响着消费者的购买欲。本章以外包装和产品外观设计为例，分别对盒状包装的平面、效果图和电子产品的外观进行设计与绘制，希望读者通过对本章的学习对包装设计产生兴趣。

设计师谏言

随着产品市场竞争的日益激烈和消费者文化品位的提升，包装设计越来越为企业和消费者所重视。现代的产品包装已经不仅仅是保护商品的容器，更是传达企业文化和彰显产品个性的前沿阵地。因此，设计师在进行设计时应更多注重文化内涵和产品个性体现。

19.1 礼盒外观包装设计

理念解析 该案例以鲜亮明快的色彩为基调，丰富的色彩使包装更富青春活力，矢量卡通人物结合个性化的文字编排，为整个包装平面营造出轻松、愉悦、活泼、动感的氛围，在设计定位与产品定位之间找到一个良好的结合点，从而体现产品的市场价值。

表现技法 盒状包装的设计比较特殊，由平面图和效果组成，在制作上首先需要对主体展示平面进行绘制，使用图层样式结合素材制作人物效果，结合文字工具添加广告文字，以烘托主体，完成后对平面进行组合，同时注意立面阴影的表现，使产品展示效果更具真实感。

最终路径 实例文件\Chapter 19\Complete\包装.psd 和包装平面.psd

难度指数 ★★★★☆

01 新建文件并绘制横条图像

执行“文件 > 新建”命令，打开“新建”对话框，在其中设置文件名称、高度、宽度、分辨率等参数❶，完成后单击“确定”按钮新建一个空白图像❷。单击“创建新图层”按钮，新建“图层 1”，单击矩形框选工具，在图像顶部绘制一个横条矩形选区，并填充选区为黄色（R220、G226、B39）❸。

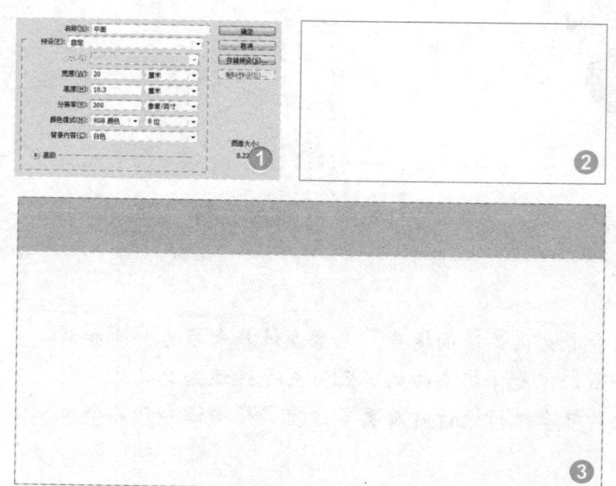

02 调整背景颜色

将“图层 1”图层拖动到“创建新组”按钮上，新建图层组，重命名为“背景”❶。执行“滤镜 > 纹理 > 纹理化”命令，在滤镜库中设置参数和纹理样式❷，此时在图像中可以看到，为平淡的颜色添加了一定的质感效果❸。

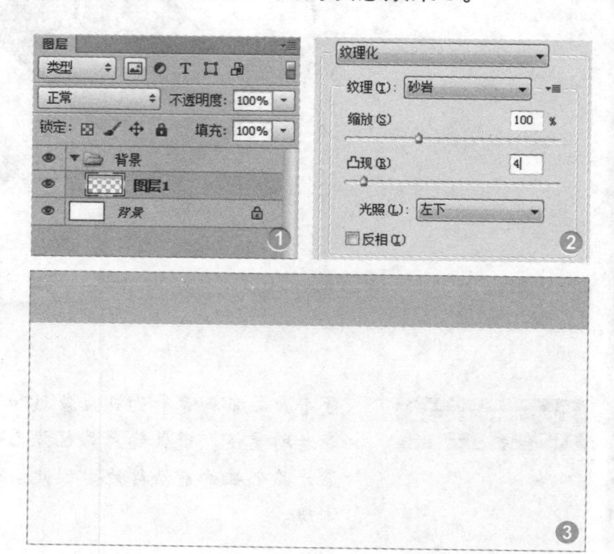

03 添加渐变效果

在"背景"图层组中新建"图层 2"，使用矩形选框工具沿白色区域绘制选区❶。单击渐变工具，设置渐变颜色为深蓝色（R51、G118、B181）、蓝色（R17、G148、B208）、紫色（R195、G92、B164）、浅橙色（R245、G159、B139）和深橙色（R237、G110、B50）❷，在图像中拖动绘制渐变效果❸。

04 为渐变添加细纹效果

按下快捷键 Ctrl+J，复制得到"图层 2 副本"图层，设置前景色为白色。执行"滤镜 > 纹理 > 染色玻璃"命令，在滤镜库中设置参数❶，完成后单击"确定"按钮为图像添加白色的网格❷。设置混合模式为"滤色"、"不透明度"为 50%❸，此时可以看到图像色调更柔和，同时也添加了网格效果，使其更具质感❹。

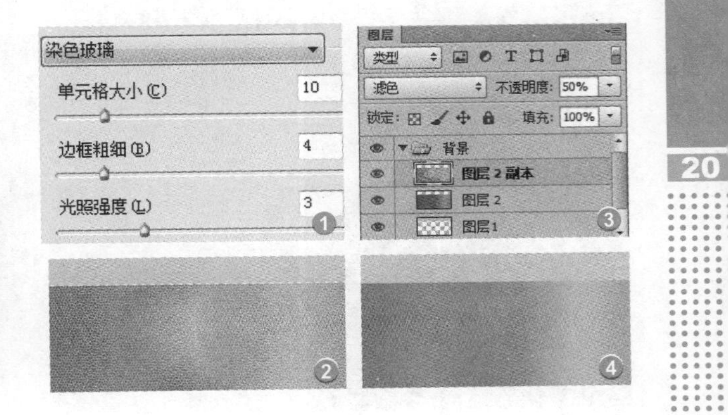

05 添加外射光线

新建"图层 3"，单击自定形状工具，设置形状样式为"靶标 2"❶，在属性栏中单击"路径"按钮。在图像中绘制路径，调整路径大小并将其转换为选区，填充选区为白色后取消选区❷。为其添加图层蒙版，使用黑色柔角画笔在圆形边缘涂抹，隐藏部分图像效果，同时设置图层混合模式为"柔光"、"不透明度"为 50%❸，此时在图像中可以看到，为图像添加的外射光线效果更柔和❹。

06 添加矢量人物图像

新建"图层 4"，继续使用自定形状工具，设置形状样式为"靶标 2"。在图像中继续绘制路径并调整路径大小，将路径转换为选区，填充选区为白色后取消选区❶。为其添加图层蒙版，使用黑色柔角画笔在圆形边缘涂抹，隐藏部分图像效果❷。设置图层混合模式为"叠加"，此时在图像中可以看到，为图像添加的外射光线效果更柔和❸。

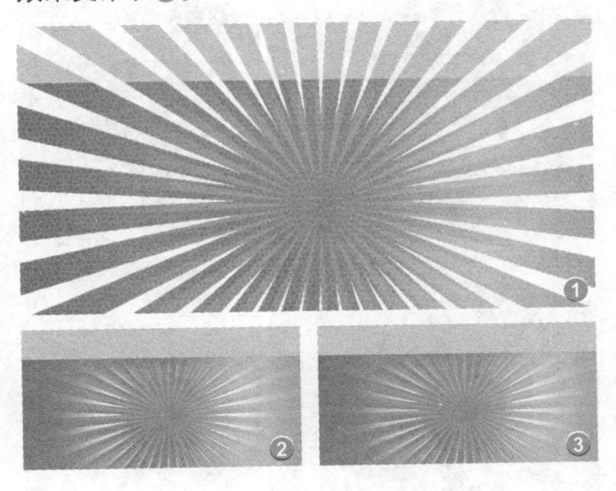

07 添加主体人物

打开“实例文件\Chapter 19\Media\19.1\ 男孩.png”图像文件，将其拖曳到新建文件中重命名为“人物”，调整其大小和位置。双击该图层，为其添加“外发光”和“描边”图层样式，设置参数❶，并调整描边颜色为白色❷，为人物添加白色边缘效果❸。

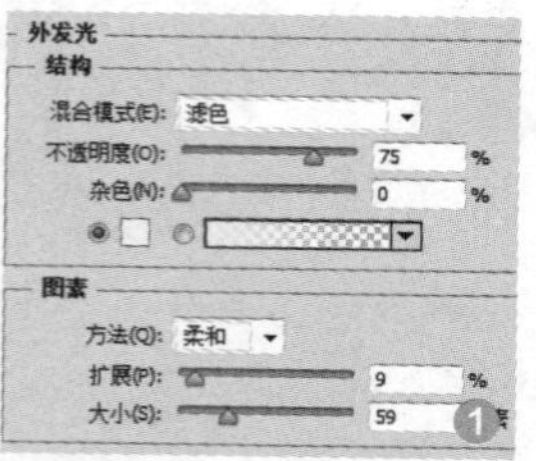
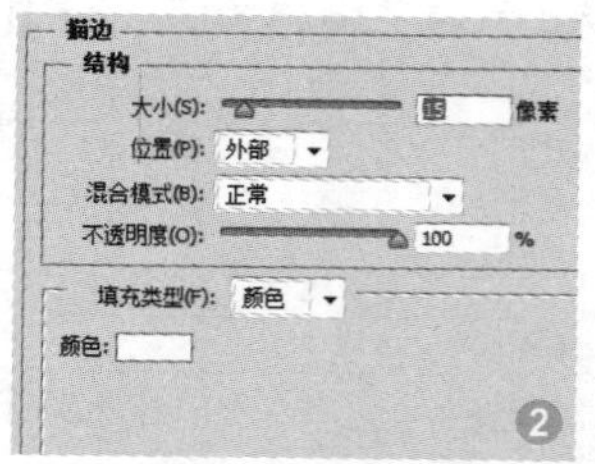

08 制作动感效果

复制得到副本图层，将其置于“人物”图层下方，隐藏“人物”图层，对副本图层执行“滤镜 > 模糊 > 更多模糊 > 径向模糊”命令，设置参数❶。在图像中可以看到，为人物添加了动感的运动光线效果❷，设置混合模式为“划分”、“不透明度”为 50% ❸，使图像效果形成光感❹。

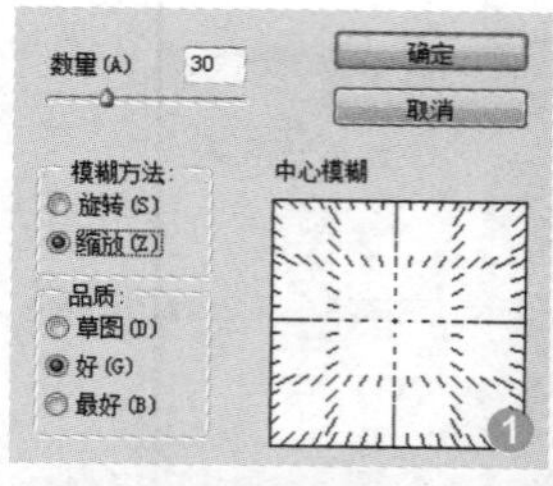

09 继续添加素材

显示“人物”图层，适当移动其位置，使其与光感错开。单击魔棒工具，保持默认“容差”为 30px，在人物蓝色背景上拖动创建选区❶，按下 Delete 键删除选区内容❷，重复相同的操作将蓝色区域删除❸，在“图层”面板中显示相应的图层❹。

10 添加蓝色中心点

新建“中心”图层，将其置于“人物 副本”图层下方，设置前景色为蓝色（R10、G146、B219），使用径向渐变，从中心向外拖动绘制渐变❶。设置图层混合模式为“强光”，为其添加图层蒙版，使用黑色画笔适当进行涂抹，隐藏部分图像❷。

11 输入文字

新建“标识”图层组，单击横排文字工具T，在“字符”面板中设置文字格式，调整颜色为黄色（R220、G222、B46）❶，在图像中输入文字，新建文字图层。完成后选择部分文字，继续在“字符”面板中调整文字大小❷，输入文字后将其调整到图像中间位置❸。

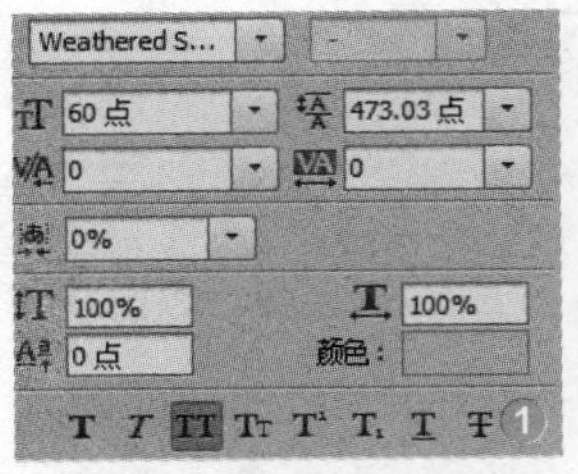
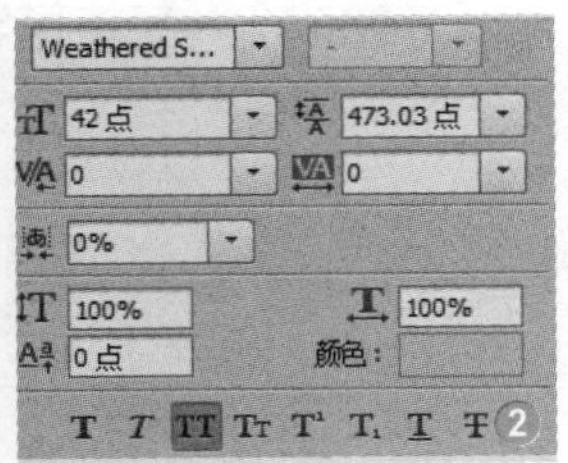

12 添加图层样式

双击该文字图层，在打开的对话框中为其添加“内阴影”和“描边”图层样式，设置参数，并调整阴影颜色为蓝色（R16、G99、B200）❶，描边颜色为蓝色（R49、G116、B201）❷。可以看到为文字添加一定的浮雕效果❸,此时在“图层”面板中可以看到添加图层样式后的图层❹。

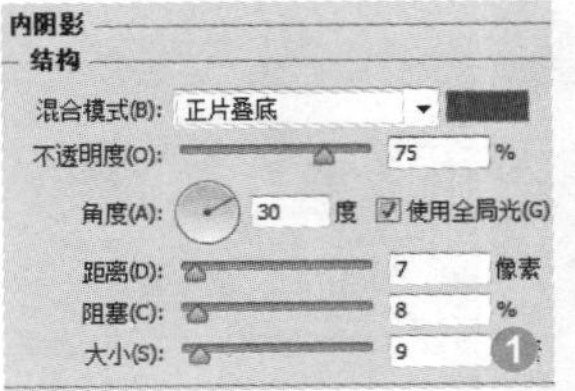
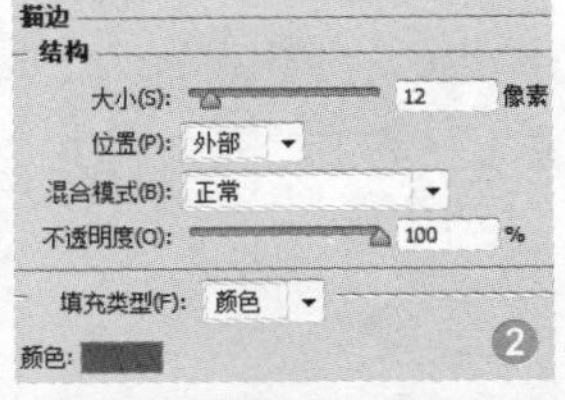

13 继续输入文字并添加图层样式

新建图层组，重命名为“线条”，设置文字格式并设置颜色为蓝色（R4、G169、B224）❶，在图像中输入文字❷。双击图层为其添加“投影”和“内阴影”图层样式，设置参数❸，同时调整内阴影颜色为蓝色（R17、G133、B222）❹。

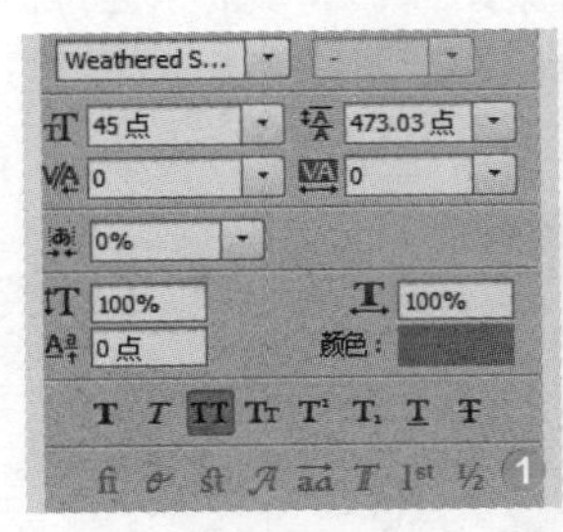

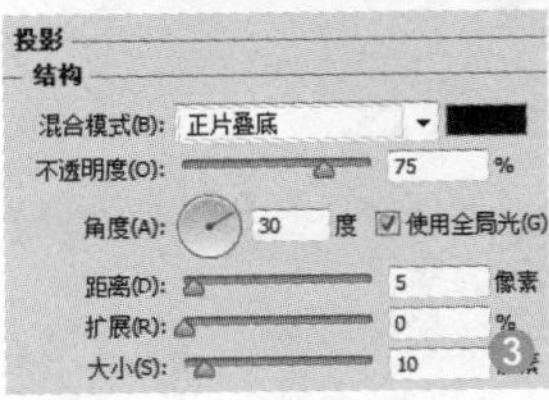
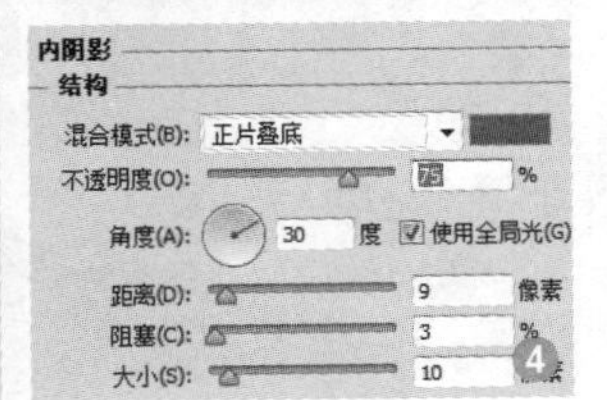

14 继续添加文字

继续为蓝色文字添加“图案叠加”图层样式，设置参数后调整图案样式为“牛皮格子纸”❶，为文字添加出阴影边缘效果❷，复制得到副本文字，将其调整到合适的位置❸，使用相同的方法继续输入文字并添加相同的图层样式❹。

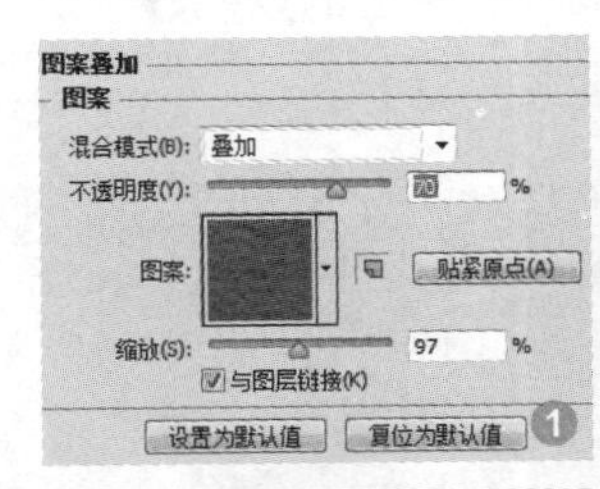

PART 03 软件的实战应用

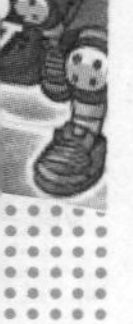

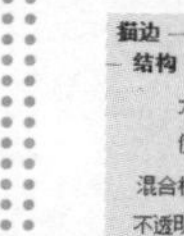

15 添加人物

打开“实例文件\Chapter 19\Media\19.1\男孩.png”文件，将其拖曳到新建文件中重命名为“文字中的人物”，调整大小和位置❶。添加“外发光”和“描边”图层样式，设置参数后调整投影颜色为橙色（R208、G91、B13）❷，设置描边为渐变描边，渐变颜色为橙色（R243、G166、B76）、深橙色（R238、G145、B23）❸，调整人物在文字组合中的位置❹。

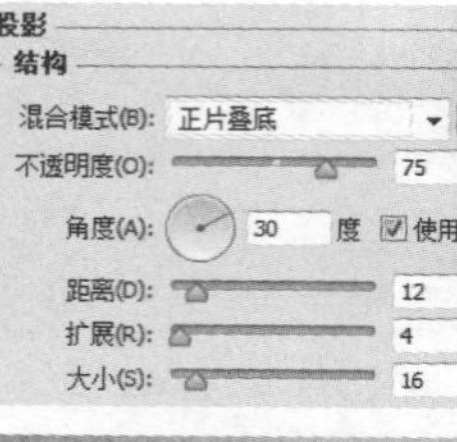

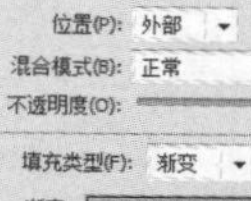
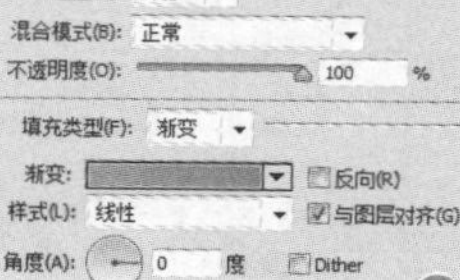

16 添加星星图像

新建“星星”图层，单击多边形工具，设置边数并勾选“星形”复选框❶。在属性栏中单击“路径”按钮，在图像中拖动绘制星形路径，将路径转换为选区，填充选区为黄色（R244、G246、B5），并取消选区❷。为“星星”图层添加“外发光”❸和“斜面和浮雕”❹图层样式，分别在其对话框中设置参数。

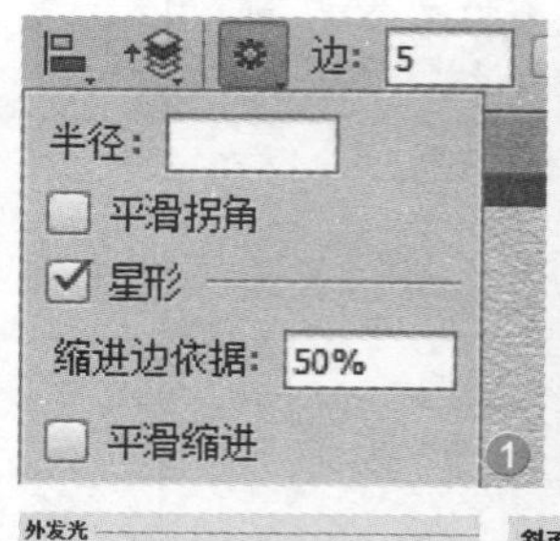

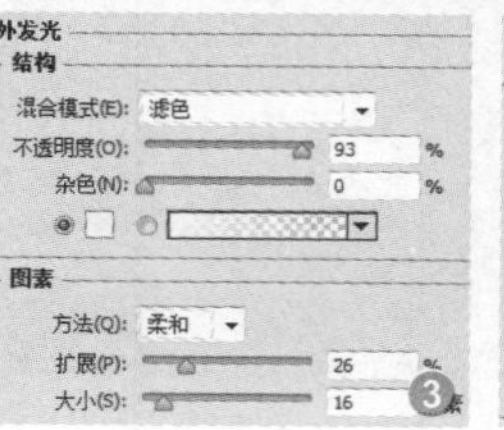

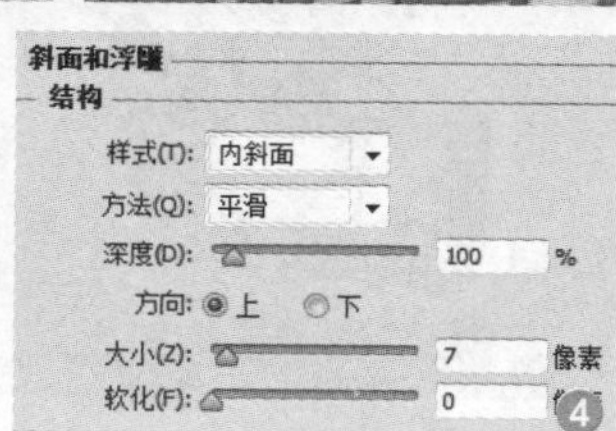

17 继续添加文字

可以看到添加了图层样式的星星图像效果❶，继续使用横排文字工具，设置文字格式和颜色❷，继续在图像中输入文字，调整文字位置和角度❸，为该文字图层应用“文字中的人物”图层相同的图层样式，使其具有相应的效果❹。

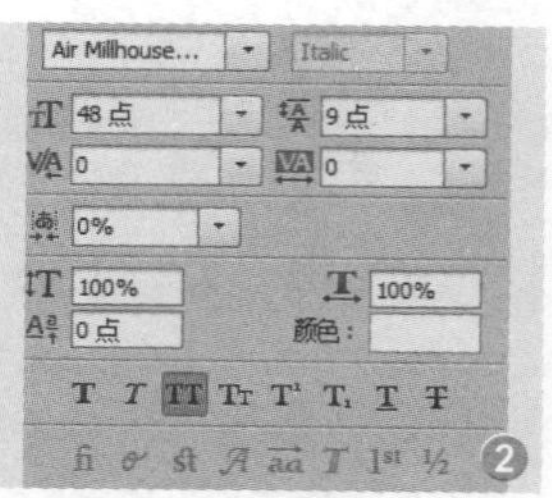

18 继续添加文字和人物

新建“星形”图层，使用自定形状工具设置形状样式为“星爆”，绘制路径，填充为白色并适当变形图像❶，设置“不透明度”为80%，调整显示效果❷。打开“实例文件\Chapter 19\Media\卡通.png”图像文件，将其拖曳到新建文件中重命名为“人物2”，调整大小和位置❸，设置文字格式后输入白色文字❹。

19 添加图层样式

双击该文字图层，为其添加“投影”和“描边”图层样式。设置参数，并调整投影颜色为红色（R227、G52、B31）❶，设置描边颜色为橙红色（R238、G106、B38）❷，此时可以看到添加了图层样式后的效果❸，在“图层”面板中可以看到相应的图层❹。

20 绘制轮廓

新建“轮廓”图层，将其置于“标识”图层组的最下方。单击钢笔工具，沿文字边缘绘制路径❶，转换为选区后填充为白色，为该图层应用与“文字中的人物”图层相同的图层样式，并调整描边大小为 12 像素❷。

21 绘制左侧标识

新建“上层的文字”图层组，在该图层组中新建“红色”图层，创建选区后将其填充为红色（R214、G0、B42）❶，设置文字格式和颜色❷，在图像中输入文字❸，同时选择这两个图层，单击“链接图层”按钮将图层链接，以便同时移动❹。

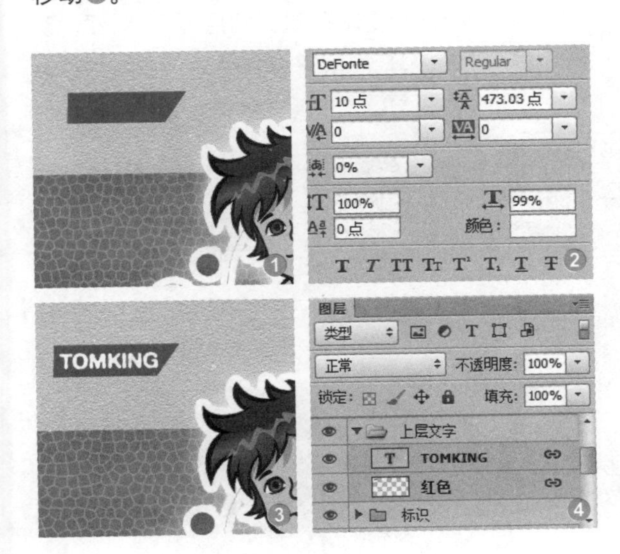

22 添加上层标识文字

在“标识”图层组中选择“星形”图层，复制得到副本图层，将其移动到“上层的文字”图层组中，适当调整文字后设置图层混合模式为“柔光”，并恢复默认不透明度❶。使用相同的方法复制得到相应的副本，拖动到“上层的文字”图层组中，适当调整文字组合编排位置❷。新建“文字”图层，载入复制得到的 3 个蓝色文字图层选区，填充为白色，完成后将 3 个副本图层删除❸。

23 添加图层样式

双击"文字"图层，在打开的对话框中为其添加"外发光"和"斜面和浮雕"图层样式，设置参数的同时调整外发光颜色为红色（R240、G53、B53）❶，设置高光模式颜色为淡红色（R234、G117、B117），阴影颜色为红色（R210、G16、B16）❷，为文字添加发光浮雕效果❸。

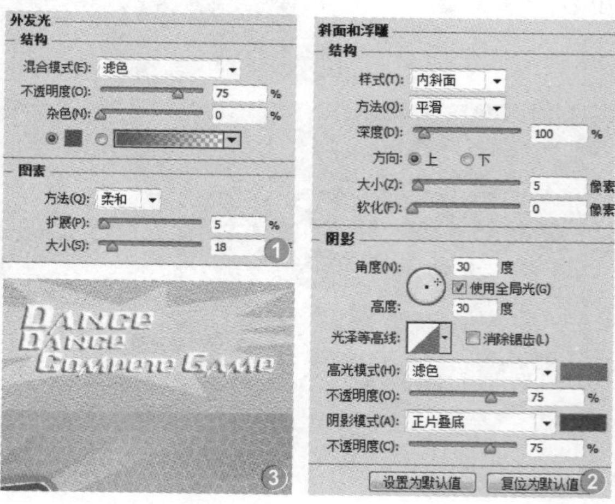

24 绘制轮廓和复制人物图像

新建"颜色底纹"图层，将其置于"文字"图层下方，绘制选区后填充为暗红色（R76、G4、B4），为文字添加边缘效果❶。复制得到"文字中的人物 副本"图层，调整其大小和位置❷，为其添加"描边"图层样式，设置描边颜色为黄色（R253、G250、B187）❸，为人物添加边缘线条效果❹。

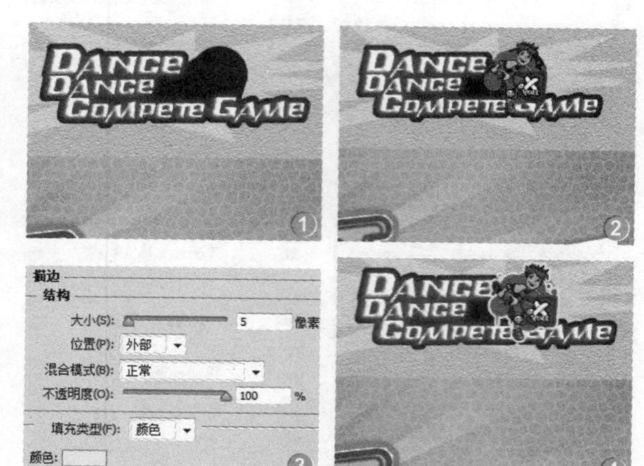

25 添加横条

新建"横条"图层组后，新建"渐变形状"图层，设置形状样式为"水波"，绘制路径后将其填充为白色，设置"不透明度"为 80%❶。复制得到多个副本图层，为部分图层添加"投影"图层样式，设置参数并调整投影颜色为橙色（R226、G106、B20）或蓝色（R11、G116、B188）❷。调整图层混合模式，使图像效果自然❸，平面部分绘制完成，对图层进行盖印操作。

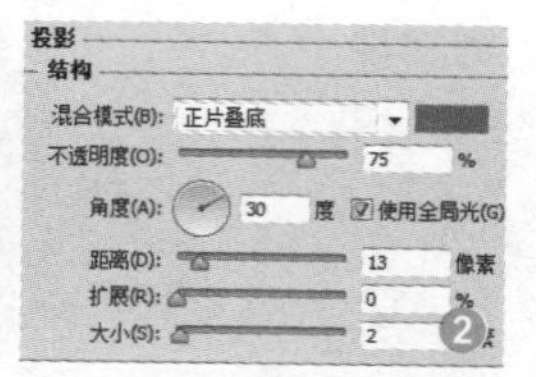

26 添加文字和素材

新建文件，将盖印图层拖曳至此。适当变形图像，使其形成倾斜效果❶，复制得到"图层 1 副本"，将其置于"图层 1"下方。对副本图层执行"滤镜 > 模糊 > 高斯模糊"命令，设置参数❷，添加图层蒙版，使用画笔涂抹将平面图像显示出来，仅模糊图像边缘效果，使效果图更接近真实视觉效果❸ 。复制得到"图层 1 副本 2"，翻转图像，将其调整到图像底部❹。

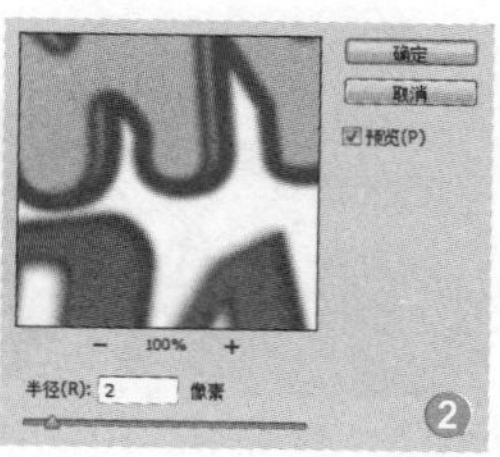

27 制作盒状包装

为其添加图层蒙版，绘制从黑色到白色的渐变渐隐图像，形成倒影效果①。将“平面.psd”文件中盖印的图层拖曳到当前文件中，重命名为“上部”，调整图像位置，制作出盒状包装的上边缘②。使用相同的方法拖曳图像,重命名为“侧边”，调整位置使其形成一个完整的盒子效果③。在“图层”面板中可看到相应的图层④。

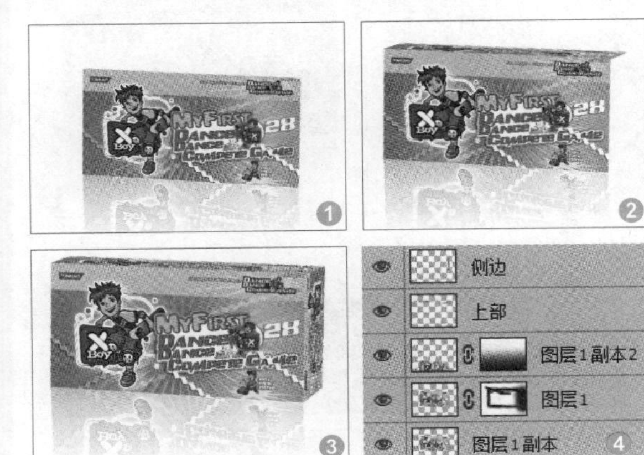

28 制作倒影效果

分别选择“上部”和“侧边”图层，执行“滤镜 > 模糊 > 高斯模糊”命令，设置参数①，使整个包装盒视觉上更协调②。复制得到“侧边副本”图层，垂直并水平翻转图像位置，将其调整到图像底部③，为其添加图层蒙版，使用从黑色到白色渐变制作出倒影效果④。

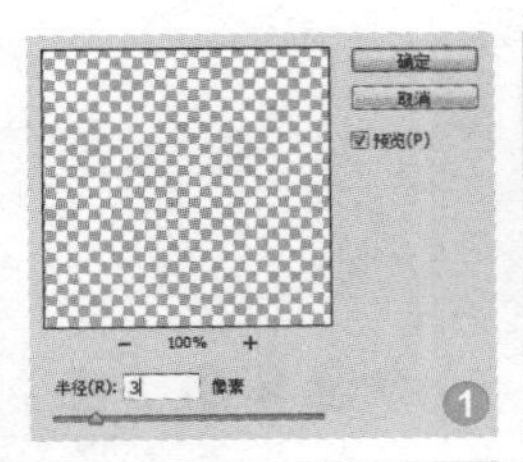

29 为图像添加阴影

新建“阴影”图层，单击画笔工具，设置画笔颜色为黑色，调整画笔大小和硬度①。按住Shift 键的同时沿盒子边缘绘制出笔直的黑色线条②。执行“滤镜 > 模糊 > 高斯模糊”命令，设置较大的参数③，使线条周围呈现柔和的模糊效果④。

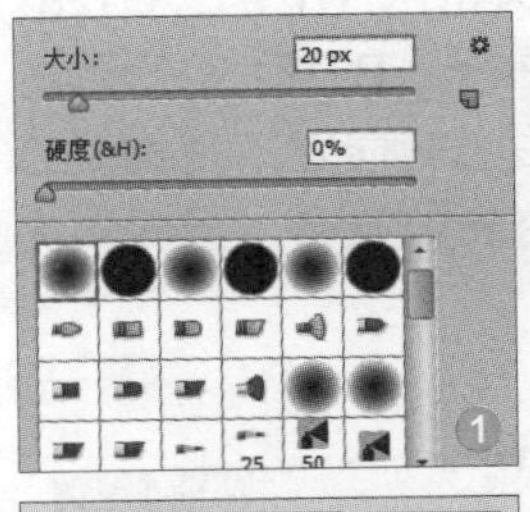

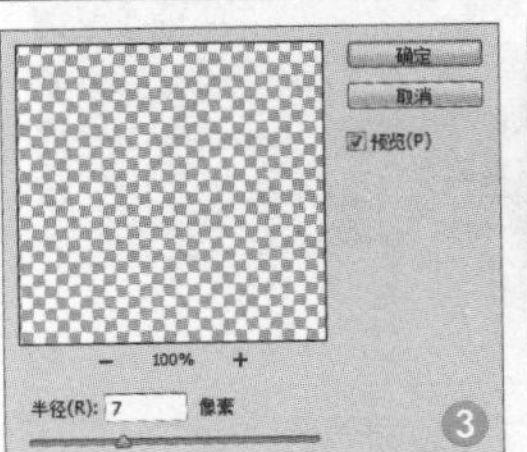

30 继续添加阴影

设置“不透明度”为80%，并添加图层蒙版，适当涂抹多处阴影边缘①。新建“阴影2”图层，使用相同的方法继续为侧边添加阴影效果②。新建“阴影3”图层，将其置于“背景”图层上方，绘制多边形选区③，羽化选区，设置“羽化半径”为10像素，填充选区为灰色（R171、G172、B172）④。

31 调整阴影效果

为阴影效果添加图层蒙版，适当涂抹使阴影效果自然❶。新建“边线”图层，设置画笔颜色为灰色（R179、G179、B179），选择大小为25px的柔角画笔❷，在盒装右侧边绘制直线❸，调整位置并设置“不透明度”为50%，使阴影效果更加自然❹。

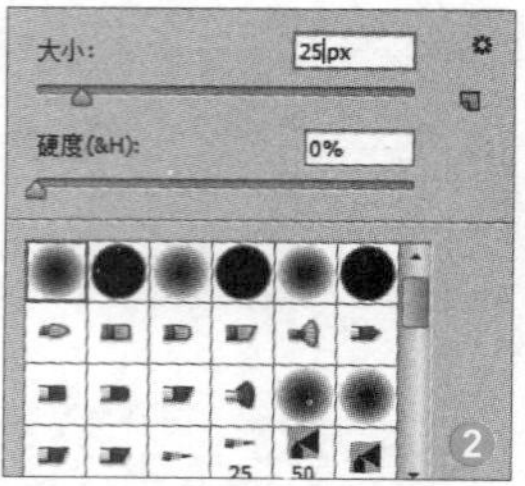

32 添加阴影和高光

复制得到“边线 副本”图层❶，将其调整到左侧边缘❷。新建“高光”图层，将其置于“阴影2”图层上方，使用钢笔工具绘制路径❸，转换为选区后填充为白色。使用“高斯模糊”滤镜，设置“模糊半径”为7px，适当模糊图像，调整“不透明度”为80%❹。

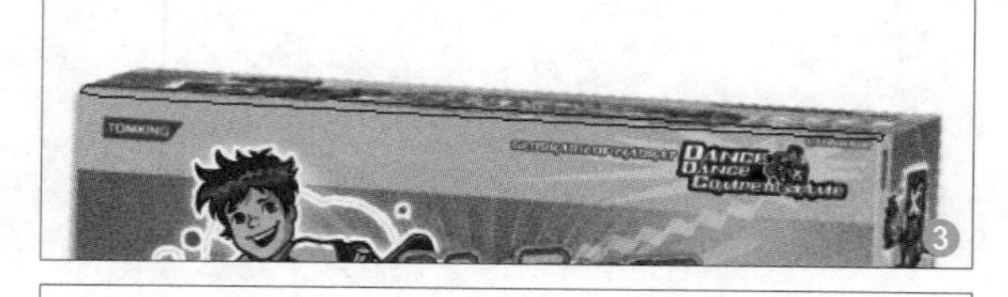

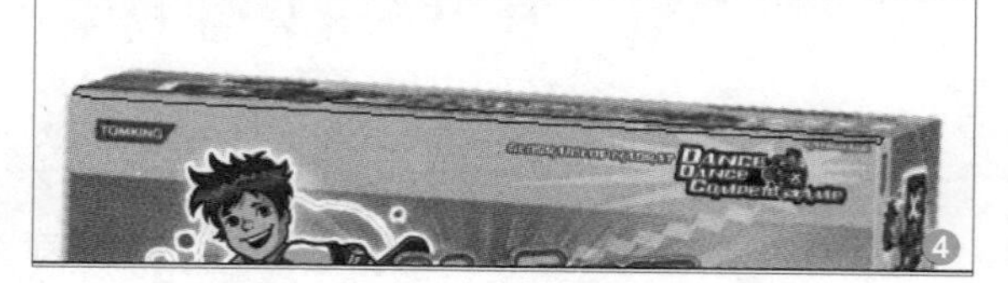

33 继续添加高光

继续新建“高光2”和“高光3”图层，使用钢笔工具在侧面绘制路径❶，同时还可以在横侧面绘制路径❷，使用相同的方法为图像添加高光效果。根据使用情况，适当调整图层“不透明度”或添加图层蒙版，使高光效果更自然❸。

34 调色并调整渐变背景

创建“曲线1”调整图层，调整曲线❶，加深图像对比度后在图层蒙版中适当涂抹，恢复部分区域颜色光感❷。在“背景”图层上方新建“渐变背景”图层，设置渐变颜色为橙色（R234、G128、B24）到浅橙色（R252、G235、B213）❸，单击“径向渐变”按钮，从右上角向左下角拖动绘制渐变，为图像添加渐变光效果❹。至此，完成本案例的制作。

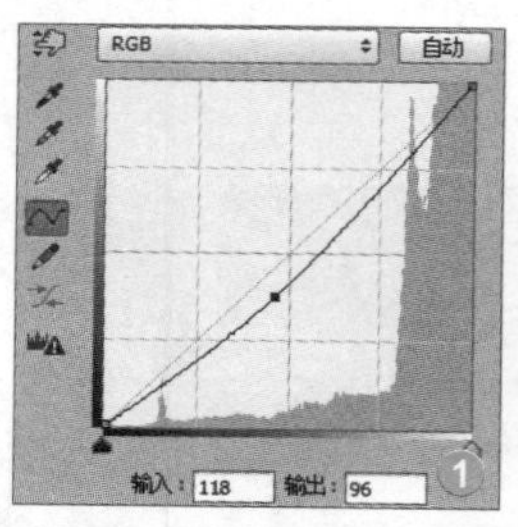

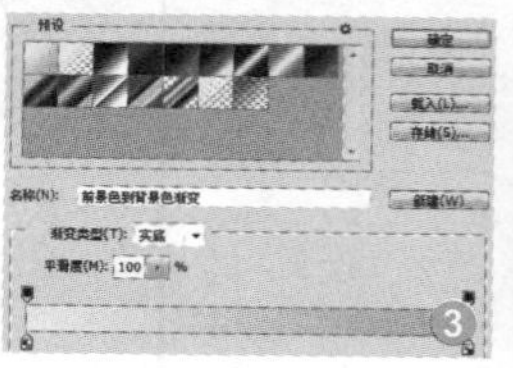

19.2 MP3外观造型设计

理念解析 ▶ 该案例以简洁为设计主旨，通过对 MP3 条形外观的绘制以及金属质感的表现，来展示造型设计“极简”的理念。耳机部分的合成使整个 MP3 的外观格外真实，使用户对其实物的实际效果进行了直观的预览。

表现技法 ▶ 主要运用了钢笔工具和渐变工具对形状进行绘制，结合模糊命令、图层样式等功能对 MP4 的质感进行体现，使整体效果自然并体现出真实的材质感。

最终路径 ▶ 实例文件\Chapter 19\Complete\外观造型.psd

难度指数 ▶ ★★★★☆

15 16 17 18 19 产品包装设计 20

01 新建图像文件

执行“文件 > 新建”命令或按下快捷键 Ctrl+N，打开“新建”对话框，在其中设置文件名称、高度、宽度、分辨率等参数后单击“确定”按钮❶。此时可以看到新建的空白文件❷。新建图层组，将其重命名为“底层”，在其中新建“图层 1”❸。

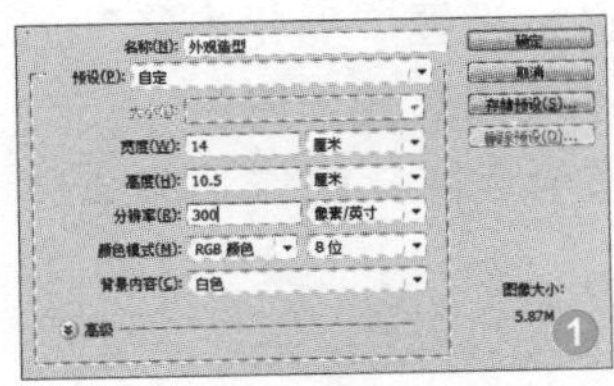

02 绘制产品形状

单击钢笔工具，在图像中绘制出 MP3 底部的路径❶，按下快捷键 Ctrl+Enter，将路径转换为选区❷。设置前景色为灰色（R150、G150、B150），按下快捷键 Alt+Delete 为选区填充前景色，完成后按下快捷键 Ctrl+D 取消选区❸。

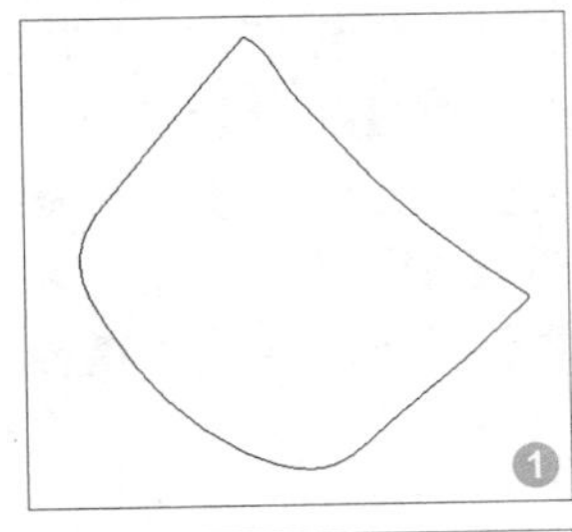

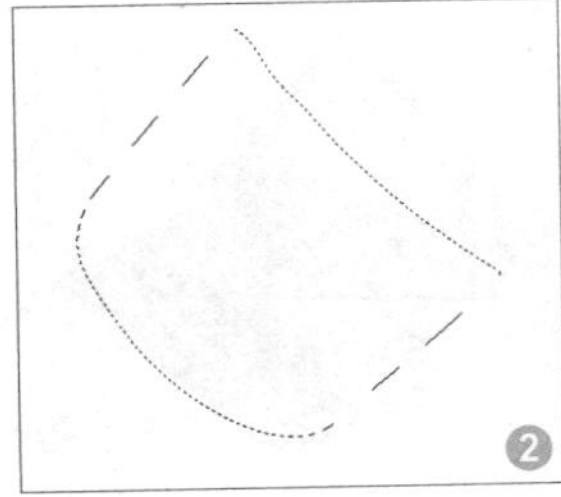

03 绘制渐变图像

新建“图层 2”，继续使用钢笔工具绘制路径❶，转换为选区后填充为白色❷。双击该图层，为其添加“渐变叠加”图层样式，设置参数后调整渐变颜色为灰黑色（R52、G53、B53）、深灰色（R77、G77、B77）、灰色（R132、G132、B132）和浅灰色（R207、G207、B207）❸，拖动绘制形成一定的渐变过渡效果❹。

04 模糊图像效果

执行“滤镜 > 模糊 > 高斯模糊”命令，打开“高斯模糊”对话框，设置“半径”❶后单击“确定”按钮，使图像边缘处结合得更自然❷。双击该图层，为其添加“渐变叠加”图层样式，双击渐变颜色条，调整第一个色标的“不透明度”❸，从而调整图像的不透明效果❹。

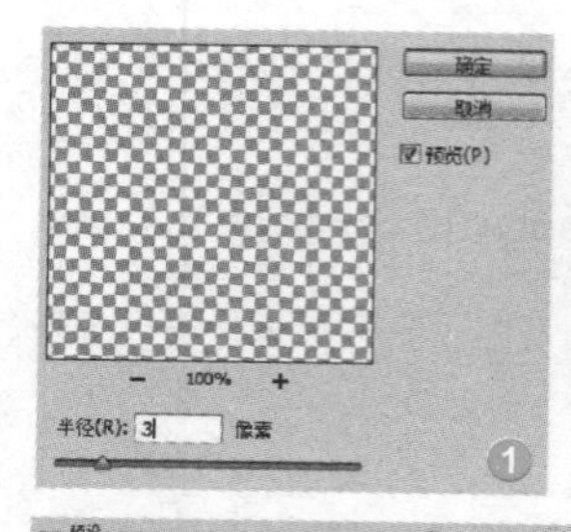

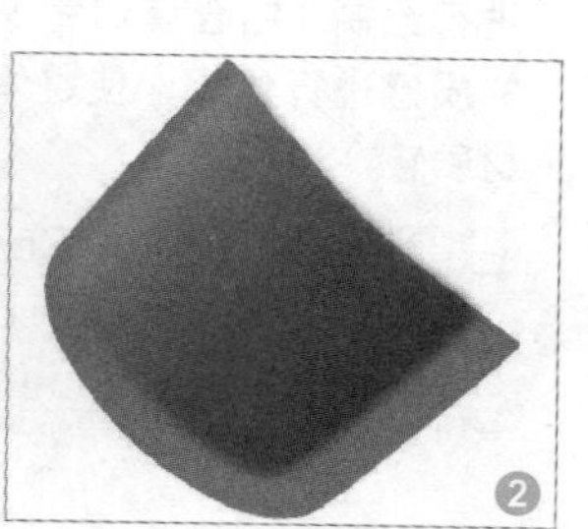

05 绘制边缘

新建“图层 3”，设置前景色为深灰色（R72、G72、B72），在图像右侧绘制灰色色块❶，使用多边形套索工具创建三角形选区❷，执行“滤镜 > 模糊 > 高斯模糊”命令，设置“半径”模糊选区边缘效果❸，添加图层蒙版后形成自然的模糊边缘效果❹。

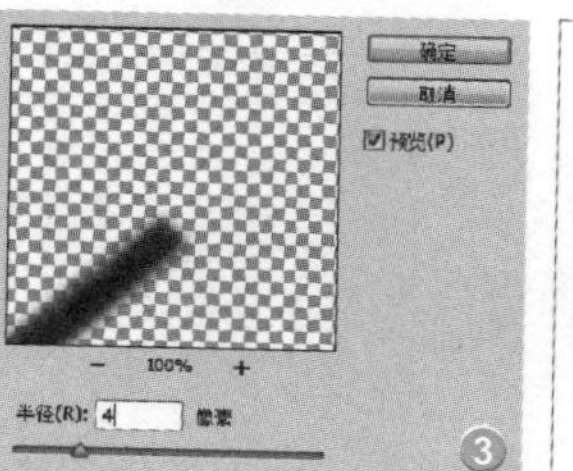

06 绘制弧度线

新建“图层 4”，使用钢笔工具绘制路径❶，按下快捷键 Ctrl+Enter 将其转换为选区❷，按下快捷键 Shift+F6 羽化选区，设置“羽化半径”后单击“确定”按钮❸。填充选区为黑灰色（R53、G53、B53），完成后取消选区，制作半圆弧度效果❹。

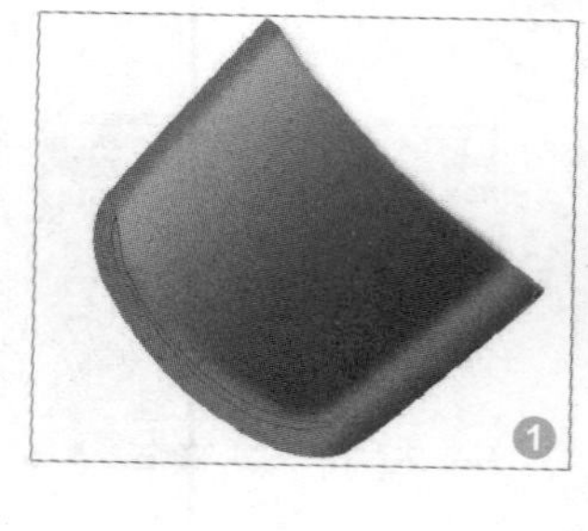

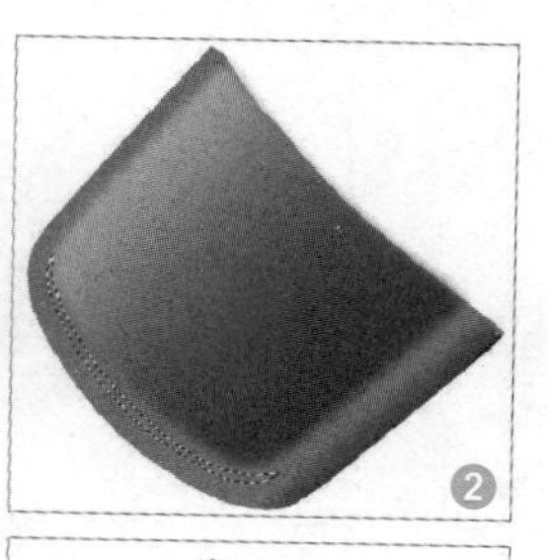

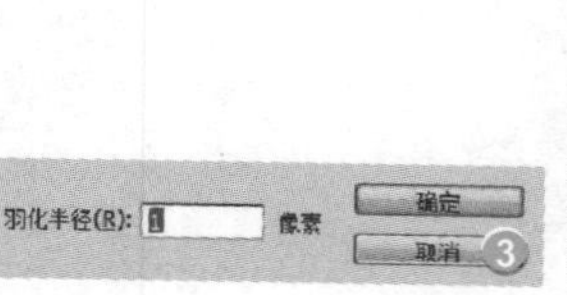

07 绘制细节图像

新建“图层 5”，使用相同的方法创建选区并填充灰色（R172、G172、B172），同时结合“高斯模糊”滤镜，绘制侧边灰色部分❶。为其添加图层蒙版，进行涂抹❷，将弧度线条的结合处融合得更自然❸。新建“图层 6”，创建选区后填充为暗灰色（R52、G52、B52）❹。

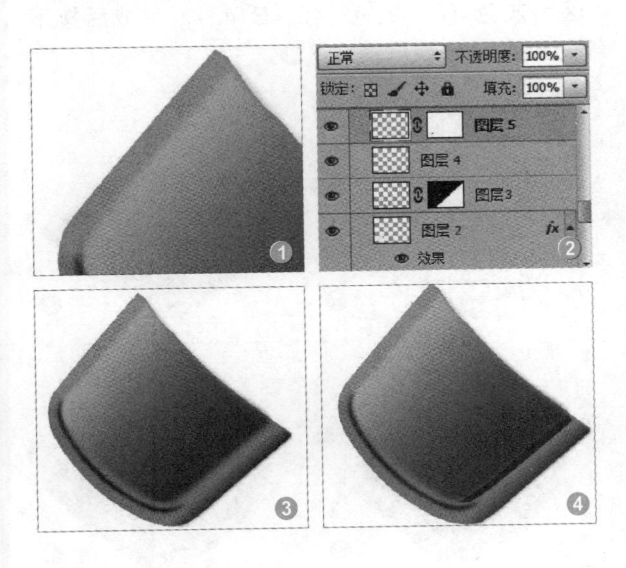

08 继续绘制侧边效果

使用“高斯模糊”滤镜制作右侧边缘的质感❶。新建“图层 7”，放大图像后绘制线条路径，设置画笔颜色为灰色（R68、G68、B68），选择大小为 3px 的硬角画笔，描边路径，形成侧边线条❷。为其添加图层蒙版，涂抹隐藏尾部线条，进一步加强侧边的线条功感❸，在“图层”面板中可以看到蒙版缩览图❹。

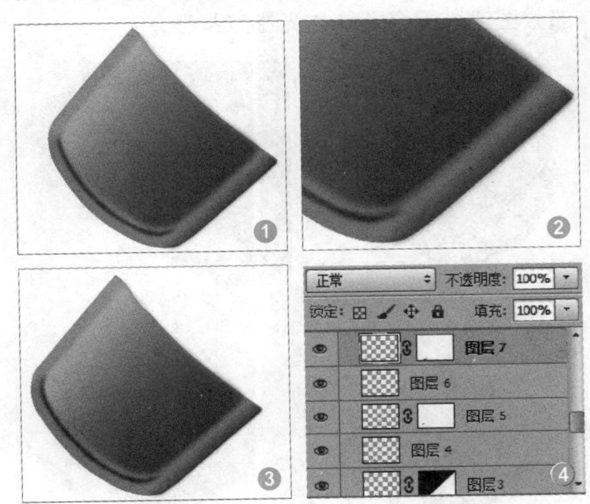

09 添加光感

新建“图层 8”，结合钢笔工具及填充选区绘制出白色的图像区域❶。使用“高斯模糊”滤镜，设置“模糊半径”为 5px，模糊图像效果❷。为图层添加图层蒙版，对尾部进行涂抹隐藏❸，复制得到副本图层，加强光感效果❹。

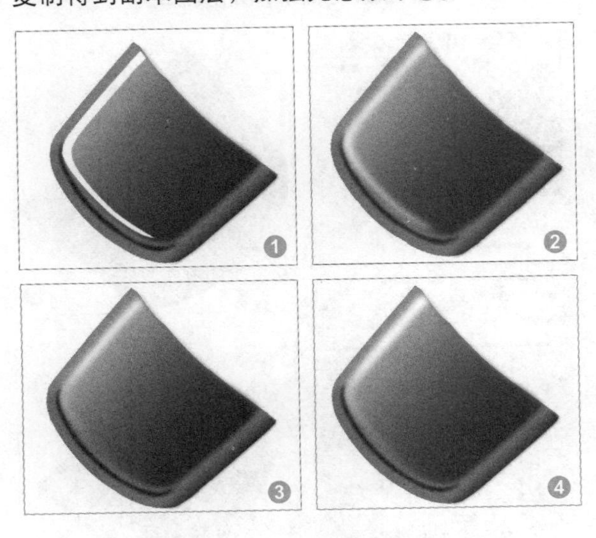

10 继续添加光感

新建“图层 9”，绘制灰白色区域❶，使用“高斯模糊”滤镜，设置“模糊半径”为 5px，模糊图像效果❷。复制得到副本图层，加强底部光感效果❸。新建“图层 10”，继续使用相同的方法加强弧度图像的阴影效果❹。

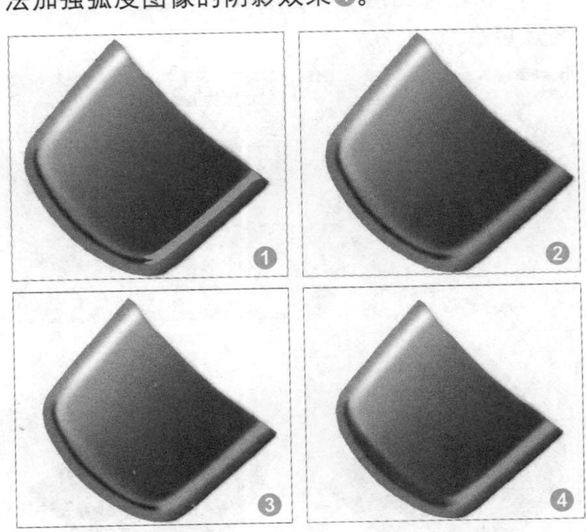

11 添加线条

新建"图层 11"，结合钢笔工具及填充选区绘制灰黑色的右上角边缘以及弧度线条加深的阴影❶。新建"图层 12"后继续绘制出底部紧贴着光感部分的黑色细线❷。新建"图层 13"，使用颜色为白色，大小为 3px 的钢笔工具，结合描边路径绘制出白色细线❸。添加图层蒙版，调整"不透明度"和"流量"后适当涂抹，隐藏部分图像，配合整体的光影效果❹。

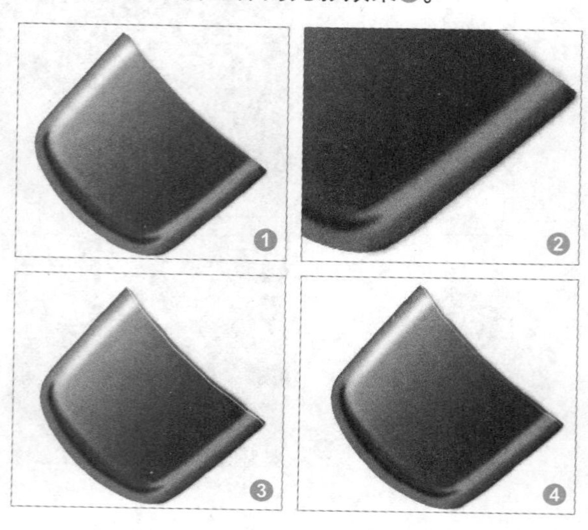

12 绘制标志

为"图层 13"添加"外发光"图层样式，拖动滑块设置参数，并设置外发光颜色为黑色❶，此时在图像中可以看到，在一定程度上加强了图像线条的立体效果，使其灰色部分呈现出层次感❷。新建"图层 14"，使用钢笔工具在图像中绘制出标志的路径❸，将其转换为选区，填充选区为灰色（R142、G142、B142），完成后按下快捷键 Ctrl+D 取消选区❹。

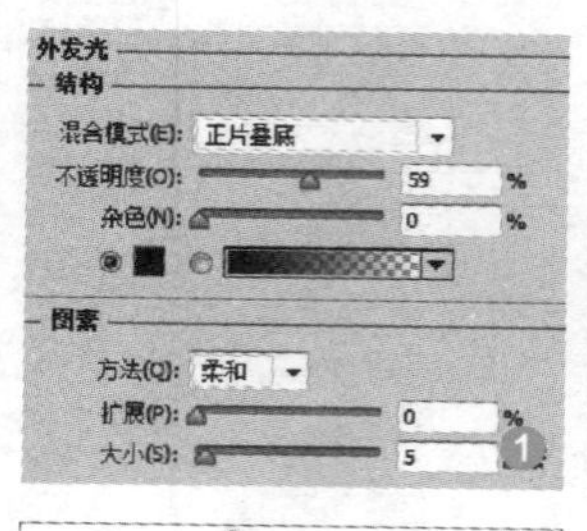

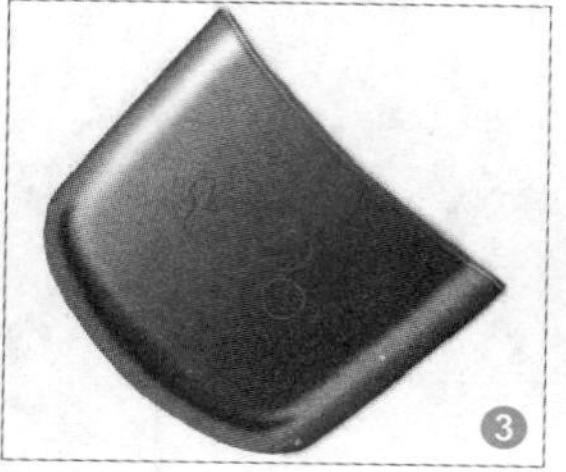

13 添加图层样式

为"图层 14"添加"斜面和浮雕"图层样式，设置参数❶，完成后调整其"填充"为 0% ❷，让标志在图像中形成凹陷效果❸。新建"图层 15"，载入"图层 1"图层选区，然后将其填充为黑色❹。

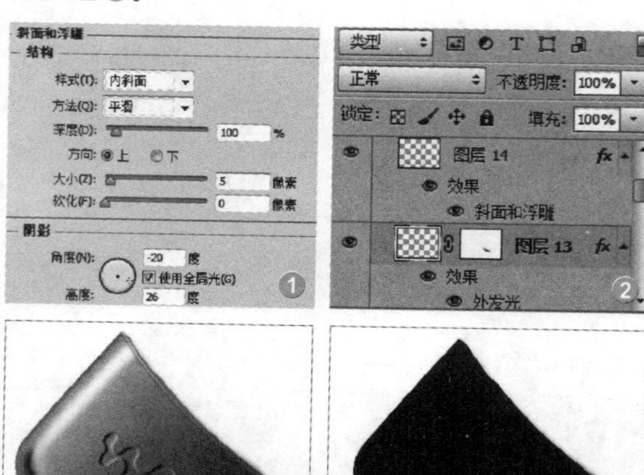

14 添加金属杂点质感

默认前景色和背景色，执行"滤镜 > 杂色 > 添加杂色"命令，设置参数❶，添加杂色效果❷。设置图层混合模式为"柔光"、"不透明度"为 25% ❸，赋予图像金属杂点的质感❹。

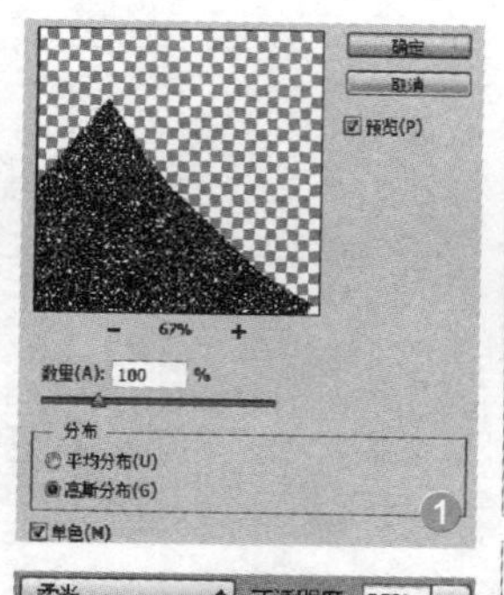

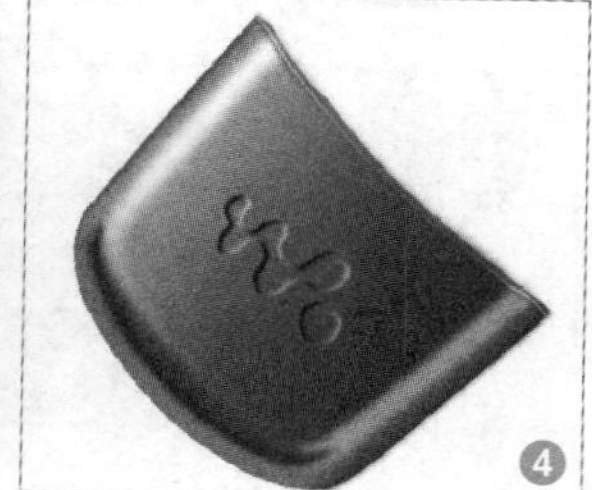

15 调整亮度

继续载入“图层1”图层选区❶，在“图层”面板中可以看到创建的“曲线 1”调整图层❷。在“属性”面板中单击添加锚点，并拖动锚点调整曲线❸，进一步加强图像的整体亮度❹。

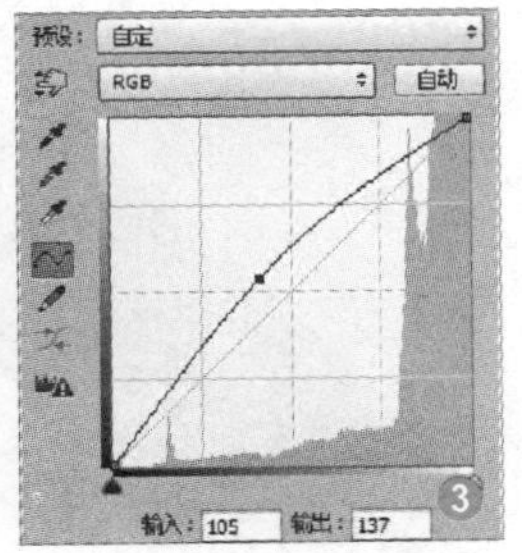

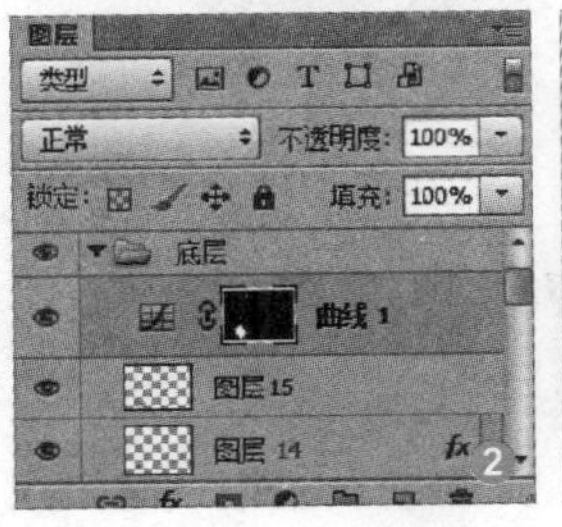

16 绘制外轮廓

新建“上层”图层组，在其中新建“图层 16”，使用钢笔工具绘制出 MP3 的上部路径❶，将路径转换为选区❷，填充选区为暗红色（R64、G23、B34）❸，在“图层”面板中可以看到新建的图层组和图层❹。

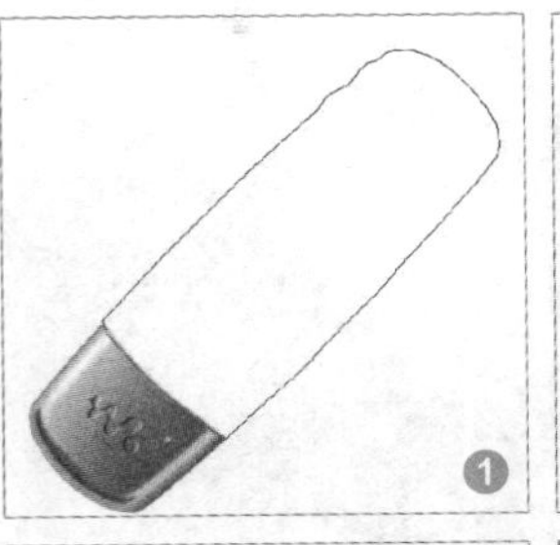

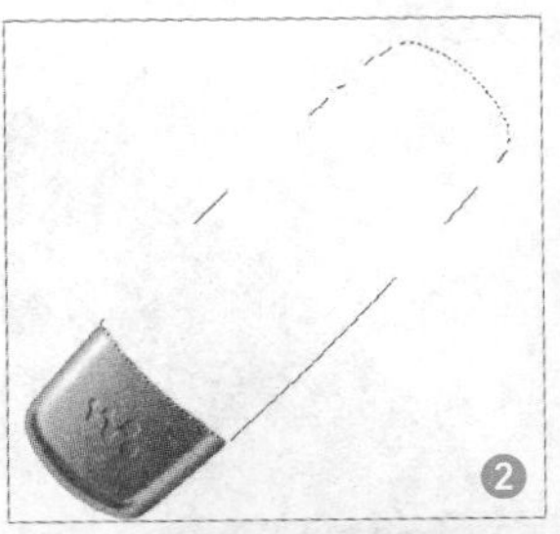

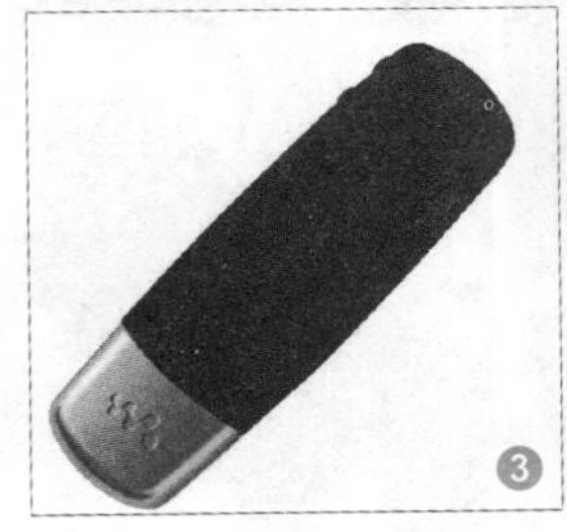

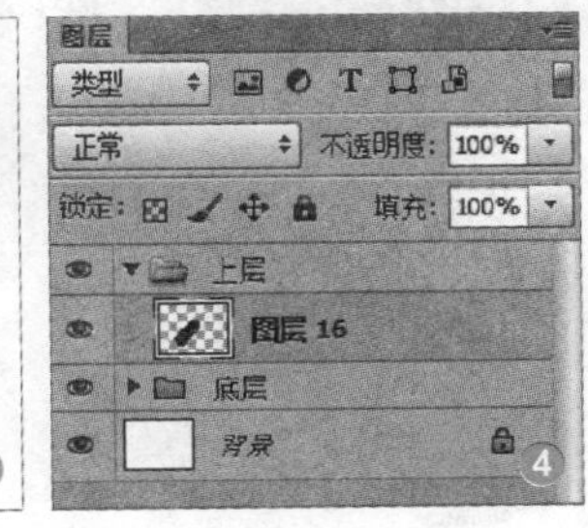

17 刻画右侧边缘

新建“图层 17”，使用钢笔工具绘制路径❶，转换为选区后填充路径为黑红色（R52、G2、B10）❷。继续在“上层”图层组中新建“左侧”图层组，再次在其下新建“颜色调整”图层组，并在其中新建“图层 18”❸，使用钢笔工具绘制出左侧路径❹。

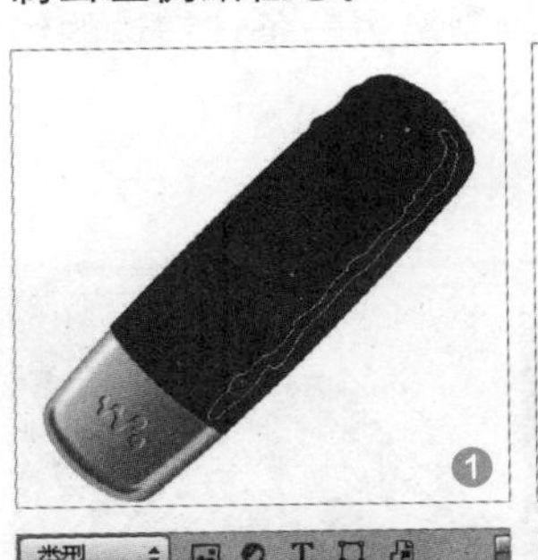

18 刻画左侧边缘

将路径转换为选区后设置渐变颜色为粉色（R212、G135、B155）到深红（R175、G102、B122）❶，拖动绘制渐变❷。对图像使用“高斯模糊”滤镜，使边缘具有朦胧效果❸。添加图层蒙版，适当涂抹，将上部的突出部分显示出来，为按钮的制作预留区域❹。

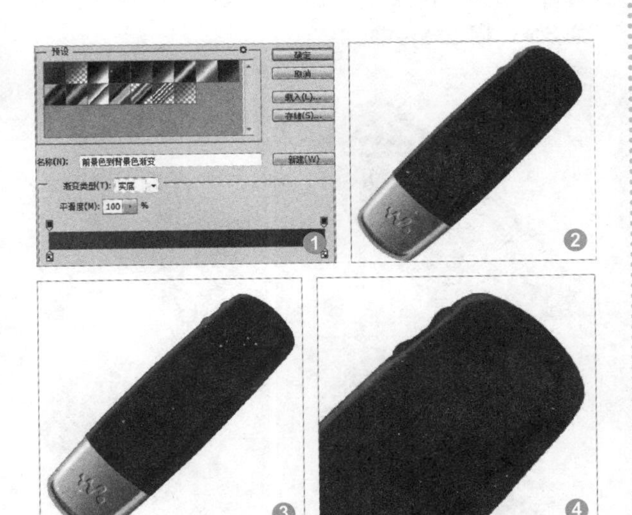

19 继续绘制边缘效果

复制得到副本图层并删除副本图层蒙版，使红色渐变叠加在图像上❶，为其重新添加蒙版进行涂抹，显示出按钮区域❷。完成后设置图层混合模式为“滤色”，加亮图像❸。新建“图层19”，结合路径和画笔工具描边路径，得到白色线条❹。

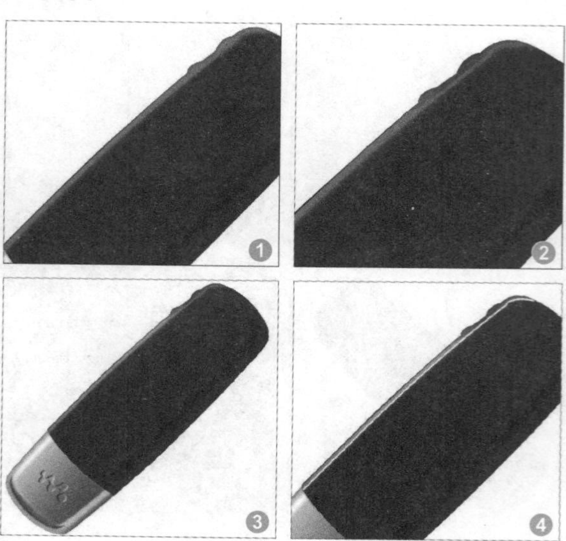

20 调整高光部分

设置图层混合模式为“叠加”、“不透明度”为60%，使白色光亮效果更自然❶。为其添加图层蒙版，适当涂抹调整按钮区域的光感❷。复制出副本图层，应用图层蒙版❸，适当对图像进行高斯模糊，并还原默认的图层混合模式和“不透明度”，添加朦胧效果❹。

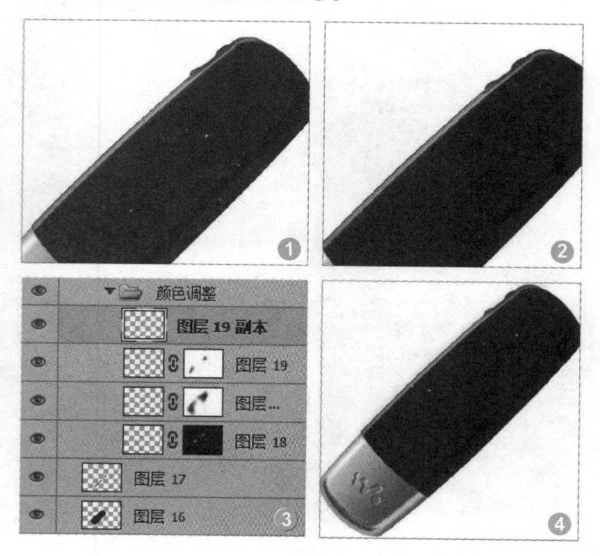

21 继续绘制侧边效果

新建“图层 20”，绘制选区并填充为粉红色（R242、G170、B190）❶，使用“高斯模糊”滤镜，设置模糊“半径”为 1px，添加一定朦胧效果❷。添加图层蒙版，使用黑色画笔涂抹隐藏顶部图像❸。新建“图层 21”，使用钢笔工具绘制路径，设置画笔颜色为粉红色（R170、G97、B116），大小为 3px，描边路径❹。

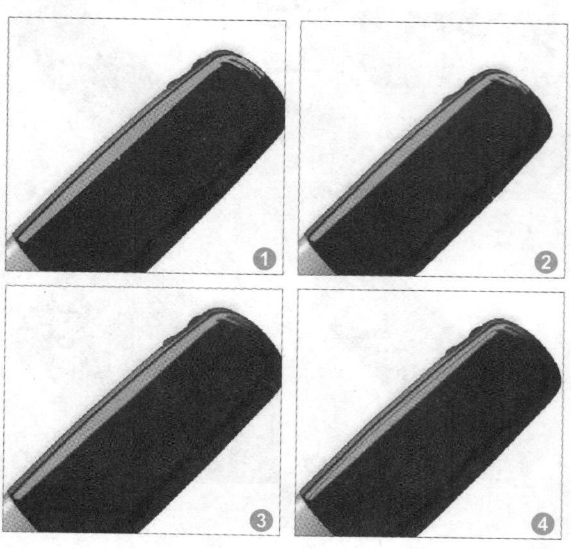

22 添加细节

在“左侧”图层组中新建“按钮”图层组，在该组中新建“图层 22”，绘制路径后使用相同的白色画笔描边路径❶。设置混合模式为“叠加”、“不透明度”为 68%，叠加线条❷。添加图层蒙版，适当涂抹柔和线条边缘❸。新建“图层23”，使用相同的方法绘制出另一条按钮边的线条❹。

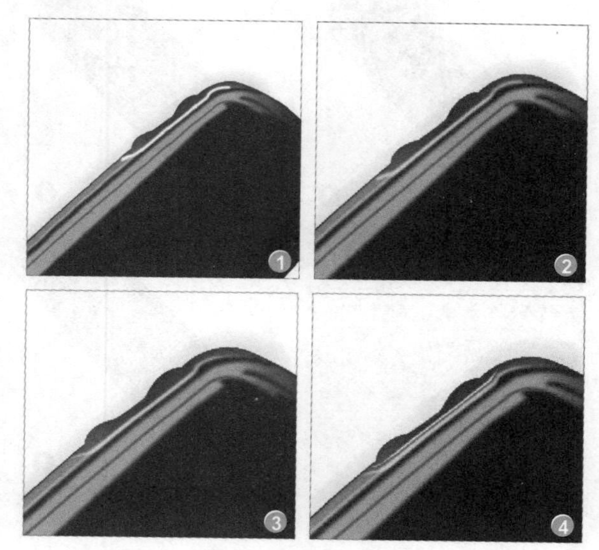

23 刻画按钮

继续在“按钮”图层组中新建“图层24”，结合钢笔工具和选区填充，在按钮的线条旁绘制白色图形❶。设置混合模式为“叠加”，使图像颜色更自然❷，结合“高斯模糊”滤镜适当模糊图像效果❸，复制得到副本图层，加强图像光感效果❹。

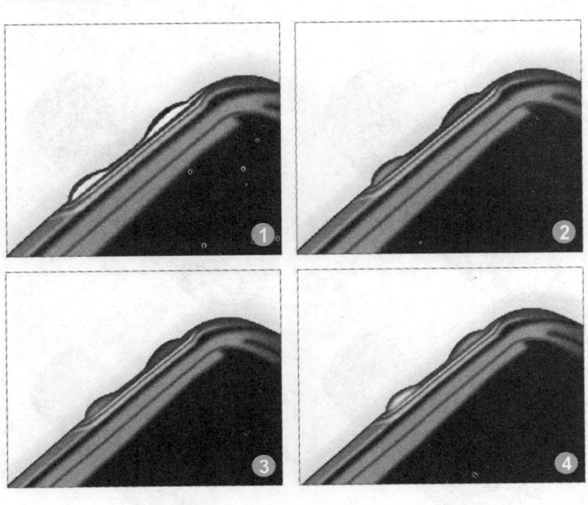

24 继续刻画按钮

使用多边形套索工具在按钮线条处绘制选区❶，为“按钮”图层组添加图层蒙版，刻画出按钮的阴影效果❷。在“上层”图层组中新建“右侧”图层组，新建“图层25”，绘制路径❸，转换为选区后填充为暗红色（R66、G0、B15）❹。

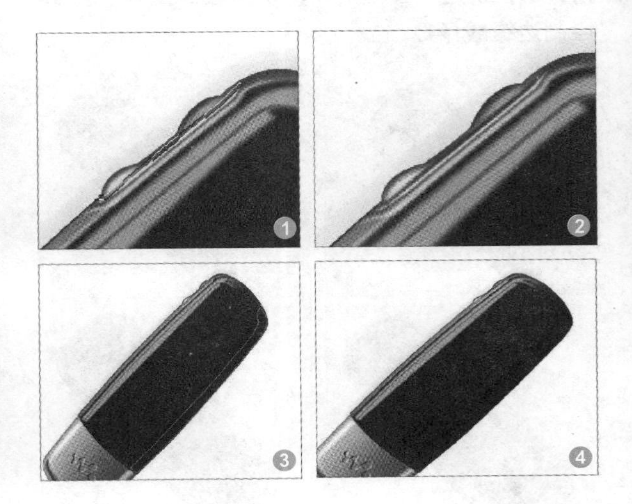

25 绘制右侧边缘

新建“图层26”，使用钢笔工具在MP3右侧边缘绘制路径❶，转换路径为选区后填充渐变，渐变颜色为暗红色（R163、G89、B108）到深红色（R133、G63、B81）❷。在选区内从左上角向右下角拖动绘制渐变，取消选区❸，为其添加图层蒙版，适当涂抹隐藏顶部图像，使效果自然融合❹。

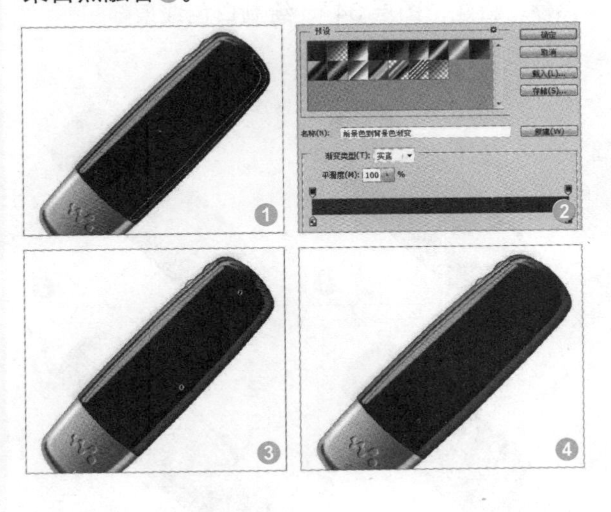

26 继续绘制右侧边缘

新建“图层27”，使用钢笔工具继续沿右侧边缘绘制细小的的路径❶，将路径转换为选区，并填充选区为深粉红色（R157、G87、B107）❷。使用“高斯模糊”滤镜，设置模糊“半径”为1px，适当模糊图像，添加模糊效果❸。为该图层添加图层蒙版，适当涂抹融合图像顶部效果，并复制副本图层，加强图像效果❹。

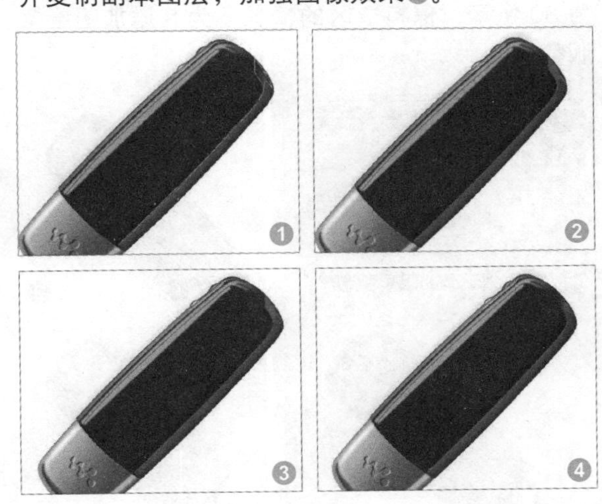

27 绘制线条

新建“图层 28”，绘制路径，设置画笔颜色为紫红色（R172、G108、B124），大小为 4px，描边路径，绘制紫红色线条❶。使用“高斯模糊”滤镜适当模糊图像，并为其添加图层蒙版，涂抹顶部，融合线条❷。复制得到副本图层，加强效果❸，新建“图层 29”，使用较深的颜色继续绘制边缘线条❹。

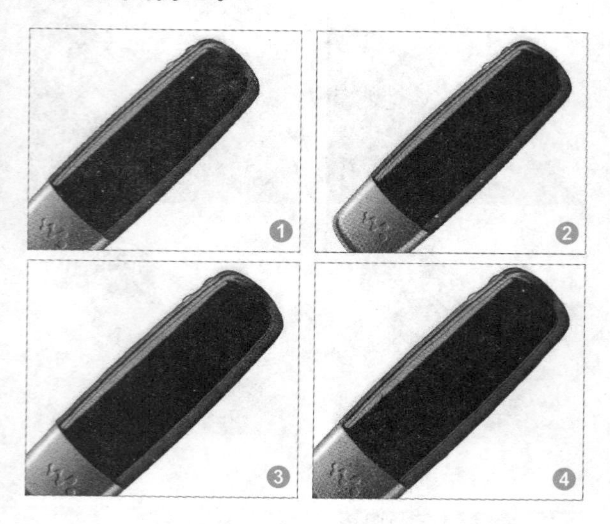

28 继续绘制线条

新建“图层 30”，绘制路径，设置白色画笔，大小为4px，描边路径❶。设置图层混合模式为“叠加”，使线条颜色自然不突兀❷。在“上层”图层组中新建“中间”图层组，在其中新建“颜色”图层组，新建“图层 31”，在图像中绘制路径❸。转换为选区后将其填充为粉红色（R211、G142、B161）❹。

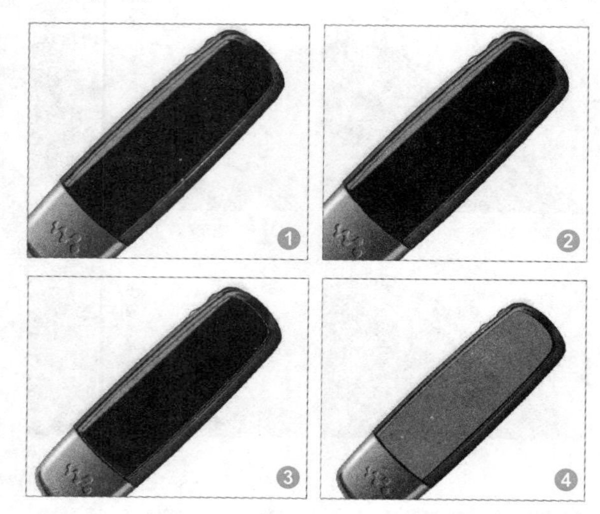

29 绘制中间部分颜色

新建“图层 32”，载入中间部分图像选区，设置渐变颜色为粉红（R211、G142、B161）、淡红色（R212、G142、B161）和紫红色（R79、G10、B28）❶，在选区中拖动绘制渐变❷。使用多边形套索工具绘制边缘选区❸，羽化选区，设置“羽化半径”为 30 像素，保持选区的情况下为其添加图层蒙版❹。

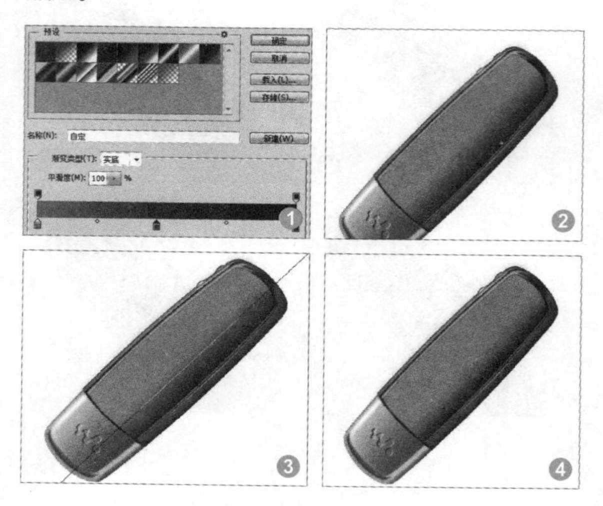

30 添加渐变效果

新建“图层 33”，绘制路径并将其转换为选区❶，填充浅粉色（R232、G178、B194），使用“高斯模糊”滤镜，使用较大的模糊半径制作朦胧效果❷。为其添加图层蒙版，使用黑色柔角画笔在图像下端涂抹，隐藏图像，使其过渡自然❸。新建“图层 34”，绘制白色线条❹。

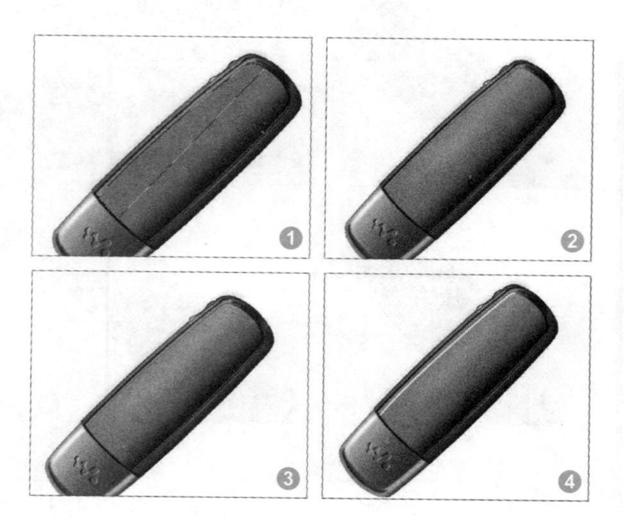

31 调整白色线条

使用“高斯模糊”滤镜适当模糊图像❶，并为其添加“外发光”图层样式，设置参数，调整外发光颜色为黑色❷。复制得到副本图层，进一步加强白色线条的光感❸，在“图层”面板中可以看到添加的图层效果❹。

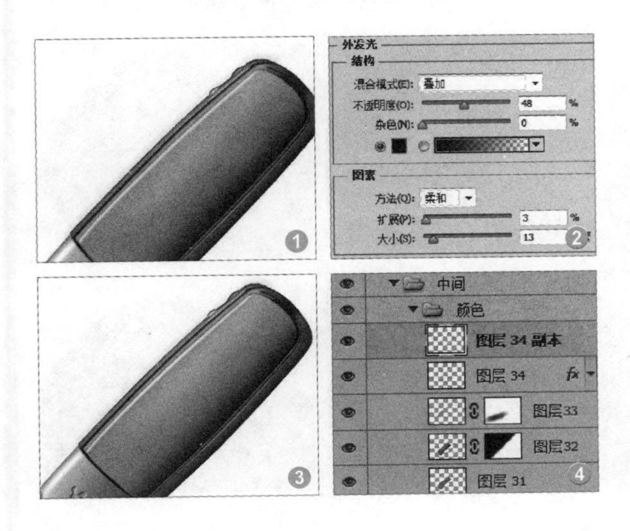

32 添加高光线条

新建“图层 35”，绘制路径，使用白色画笔，描边路径，绘制白色边缘线条❶。设置图层混合模式为“叠加”，使图像效果更自然❷。新建“圆点”图层组，在其中新建“图层 36”，创建圆形选区后将其填充为深褐色（R62、G9、B23）❸，适当模糊图像❹。

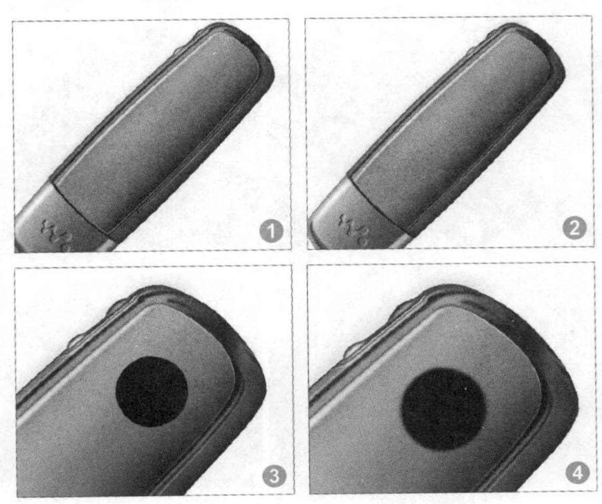

33 绘制按钮下的圆点

复制得到 3 个副本图层，载入选区，分别将其填充为粉红色（R182、G106、B127）❶、深红色（R89、G33、B46）❷、紫红色（R146、G46、B78）和深红色（R62、G9、B23）❸，同时设置“图层 36”的混合模式为“滤色”，添加亮色边缘，完成圆点整体的绘制❹。

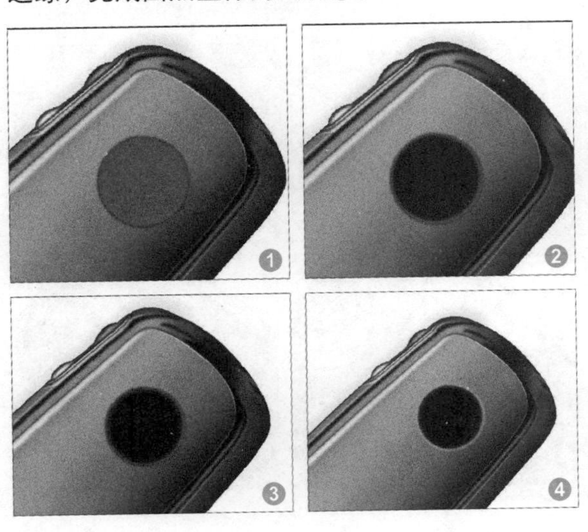

34 复制图层组并绘制圆环

复制得到“圆点 副本”图层组，在“图层”面板中可以看到图层组中的图层也被复制❶，调整圆点大小和位置❷。新建“文字和按钮”图层组，新建“图层 37”，绘制月牙形选区后填充为黑色❸，继续新建“图层 38”，绘制环形选区后填充为灰色（R129、G133、B134）❹。

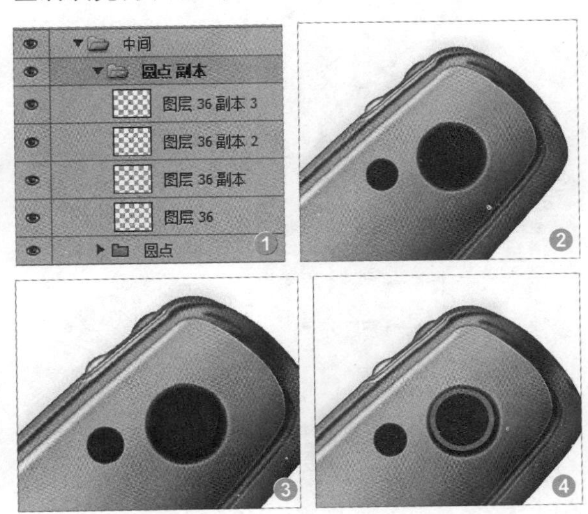

35 继续绘制圆环

为图层添加“斜面和浮雕”图层样式，设置参数❶，使圆环具有立体效果❷。继续新建“图层39”，绘制较小白色圆环❸，适当模糊图像后添加图层蒙版，使用画笔涂抹，使其与灰色的圆环结合更自然❹。

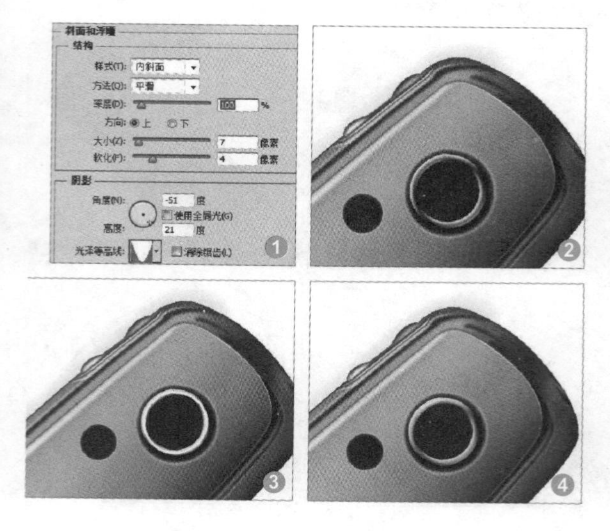

36 绘制金属按钮边缘

新建“图层40”，绘制选区并填充为黑色❶，使用“高斯模糊”滤镜适当模糊图像，重新载入选区，填充为白色，形成金属边缘效果❷。添加图层蒙版后，使用黑色柔角画笔涂抹，让金属边缘效果更自然❸。新建“图层41”，使用相同的方法添加一层黑色效果，使金属质感更真实❹。

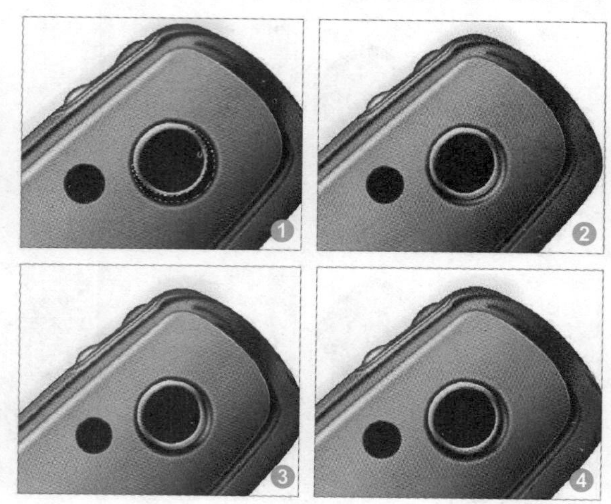

37 绘制金属按钮

新建“图层42”，绘制圆环后将其填充为深灰色（R37、G38、B38）❶，新建“图层43”，绘制圆形选区后填充为灰色（R99、G99、B99）❷。添加“斜面和浮雕”图层样式，设置参数和光泽等高线样式❸，此时为图形初步添加立体的灰色按钮效果❹。

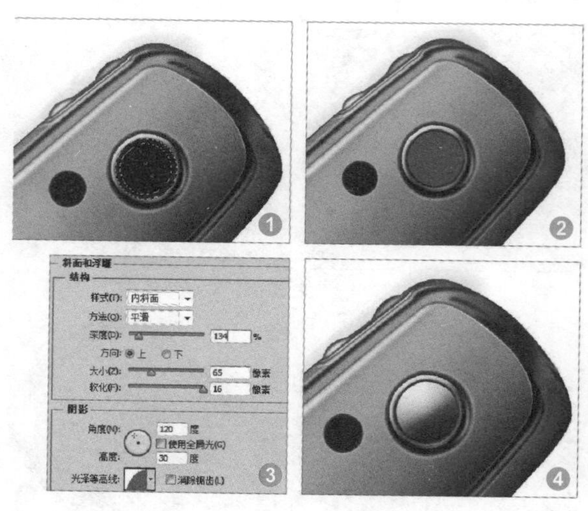

38 刻画金属按钮细节

为其添加图层蒙版，适当涂抹❶，新建“图层44”，继续创建灰色的图像，使用“高斯模糊”滤镜适当涂抹图像效果❷。新建“图层45”，为按钮边缘添加细致的金属细线效果，使按钮效果更真实❸。新建“图层46”，绘制选区，制作按钮上的方向识别，将其填充为黑色❹。

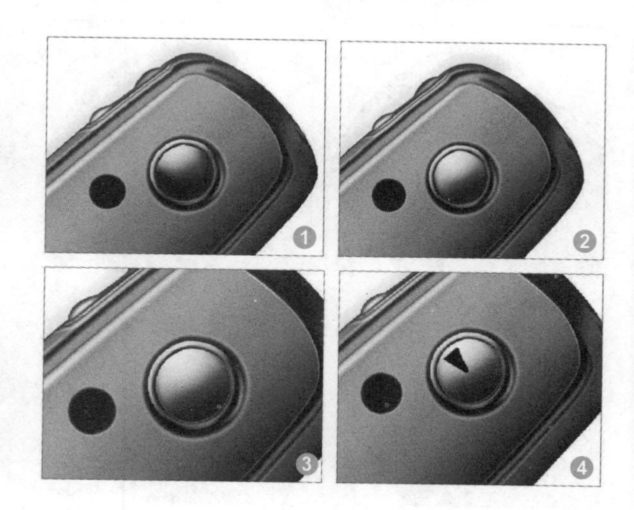

39 绘制按钮

为其添加“斜面和浮雕”图层样式，设置参数❶，调整填充为0%，使灰色的方向箭头效果更逼真❷。使用相同的方法继续新建图层并绘制另一个方向箭头，载入选区，在面板中调整区域曲线❸，进一步调整方向箭头的效果❹。

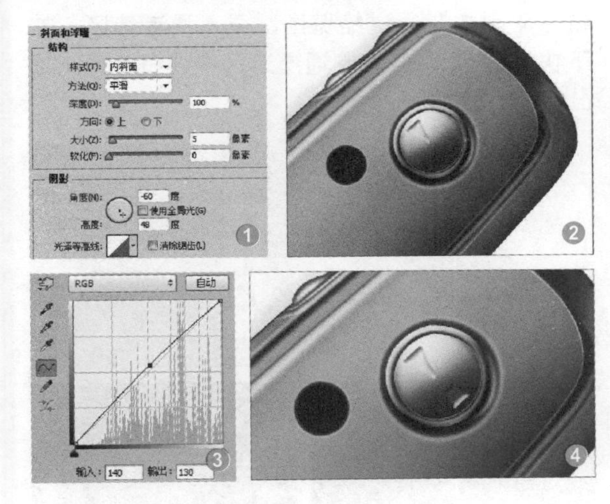

40 绘制圆点

继续新建图层，使用相同的方法继续在按钮上绘制出其他的识别键❶，制作一个较小的银色按钮❷。新建“点”图层，绘制出多个连续的圆点选区❸，填充选区为白色，并设置“不透明度”为60%，使颜色效果更自然❹。

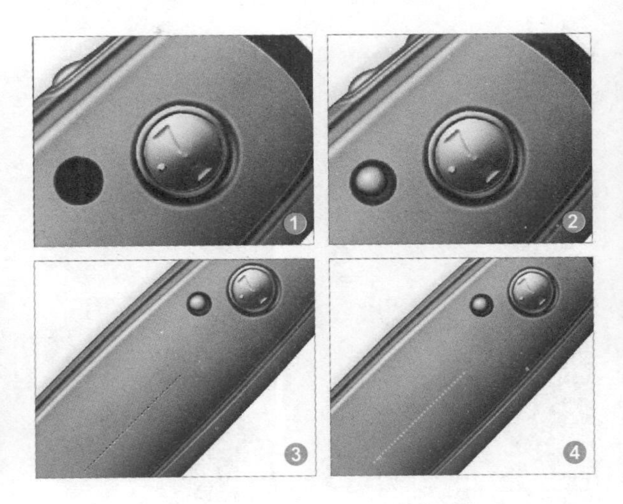

41 添加图标和文字

新建“图标”图层，设置图形样式为“靶标1”，绘制图标，继续新建图层，设置图形样式为“高音谱号”和“后退”，绘制图标并适当调整大小和位置❶。打开“实例文件\Chapter 19\Media\19.2\文字.png”图像文件，调整其大小和角度❷。使用横排文字工具，设置文字格式和颜色❸，输入文字并调整其角度，形成播放显示效果❹。

42 绘制高光

新建“顶部高光”图层组，在其中新建“图层50”，使用钢笔工具绘制路径❶，设置画笔颜色为洋红色（R197、G72、B102），适当调整画笔大小。勾选“模拟压力”复选框，描边路径得到线条效果，使用“高斯模糊”滤镜适当模糊图像，复制得到副本图层❷。新建“图层51”，绘制出多个选区❸，并填充选区为黑色，设置混合模式为“叠加”，添加图层蒙版，适当涂抹使其效果自然❹。

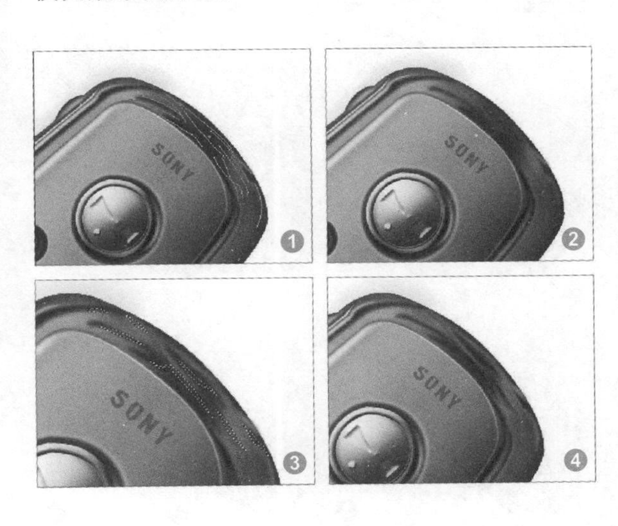

43 添加杂色

新建“图层 52”，载入 MP3 上部选区❶，将其填充为洋红色（R208、G78、B124），然后取消选区❷。执行“滤镜 > 杂色 > 添加杂色”命令，设置相应参数❸，单击“确定”按钮添加杂色效果❹。

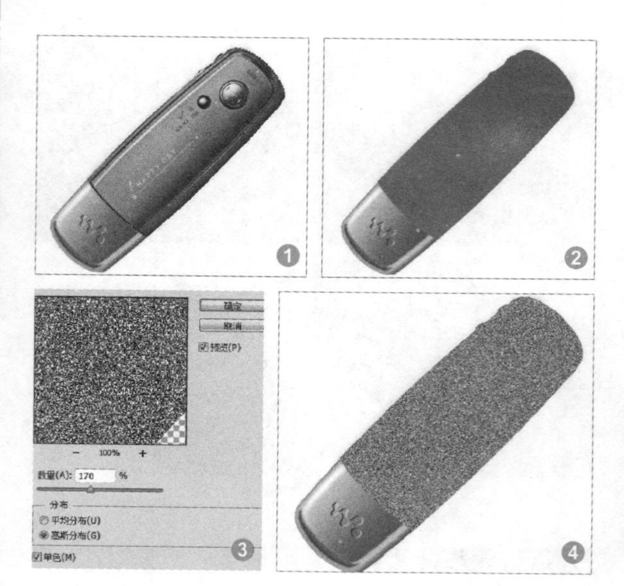

44 调整高光光点

载入“图层 52”选区❶，在“通道”面板中选择“蓝”通道，将其拖动到“新建通道”按钮上，复制得到“蓝副本”通道❷。按下快捷键 Ctrl+Alt+I 反选选区，填充选区为黑色，将其余部分覆盖❸，取消选区，在按住 Ctrl 键的同时单击“蓝副本”通道缩览图，载入通道选区，按下快捷键 Ctrl+C 复制通道选区中的白色光点部分❹。

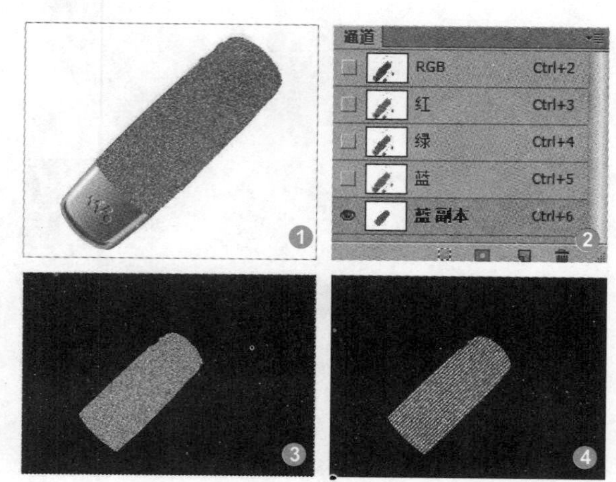

45 调整混合模式

在“图层”面板中新建“图层 53”，按下快捷键 Ctrl+V 粘贴光点效果❶。设置图层混合模式为“柔光”、“不透明度”为 25%，隐藏“图层 52”图层❷，使杂点效果更自然❸。打开“实例文件\Chapter 19\Media\19.2\耳塞 .psd”文件，将连接线和耳塞拖曳到新建文件中，调整其大小和位置❹。

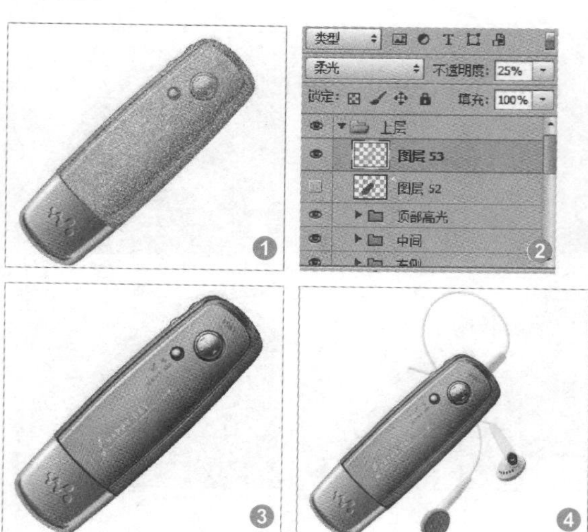

46 为耳塞调色

为“耳塞”图层添加图层蒙版，适当涂抹隐藏耳塞线的线头❶。载入耳塞选区，创建“色彩平衡 1”调整图层，调整参数❷，将略带青色的耳塞调整为白色效果，使整个 MP3 在整体颜色上更协调❸。在“图层”面板中可看到全部的图层❹。至此，完成本案例的制作。

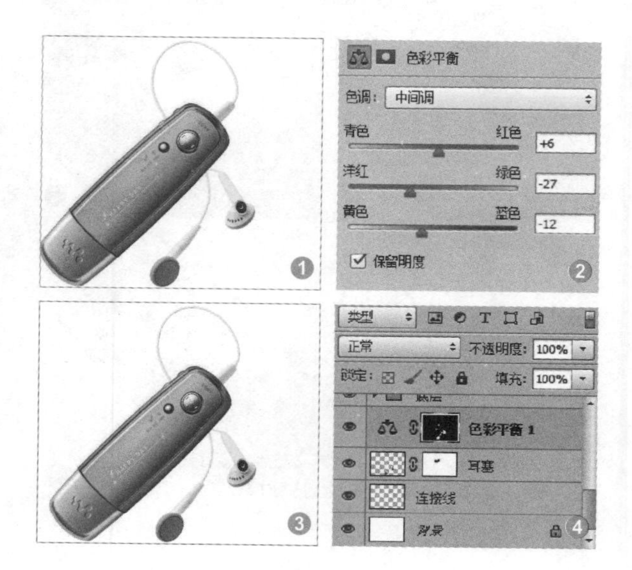

Chapter 20

网页界面设计

网站是信息发布的平台，是企业向用户和广大网民提供信息的一种宣传方式，更是开展电子商务的基础设施和信息平台。网站的设计具有重要的战略意义。本章以购物网站首页的设计制作为例，详细展示网站界面设计。

设计师谏言

网络的兴起使网页设计也变得备受关注，这是平面设计中的新兴门类。相对于传统平面设计类别，网页设计更注重版式的划分以及颜色的搭配运用，版式包括传统的网格式或创新的破格式等，而在色彩上一般采用一种或几种主色调，然后根据主色调进行颜色搭配，从而突出重点，避免视觉效果杂乱。

PART 03 软件的实战应用

20.1 时尚购物网页设计

理念解析 该案例主要通过对多种素材图像的合理拼合以及对网页版面的划分，对网页内容进行展示，体现个性网站时尚缤纷的设计效果。

表现技法 主要运用对多种素材的合成，同时结合文字工具对网站版式进行充实和布局，赋予网页图像丰富的彩色效果。

最终路径 实例文件 \Chapter 20\Complete\时尚购物网页 .psd

难度指数 ★★★★☆

01 新建图像文件并添加背景

执行“文件 > 新建”命令或按下快捷键 Ctrl+N，打开“新建”对话框，在其中设置文件名称、高度、宽度、分辨率等参数后单击“确定”按钮❶，此时可以看到新建的空白图像❷。设置前景色为咖啡色（R122、G103、B85），按下快捷键 Alt+Delete 为“背景”图层填充前景色❸。打开“实例文件 \Chapter 20\ Media\20.1\ 背景 .png”图像文件，将其拖曳到新建文件中，生成“图层 1”，调整图像大小和位置❹。

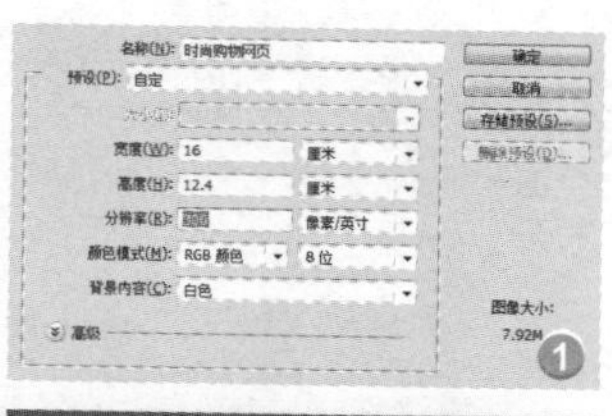

02 调整背景颜色

将“图层 1”拖动到“创建新组”按钮上，创建新图层组，将其重命名为“背景”。创建“渐变映射 1”和“色相 / 饱和度 1”调整图层，设置渐变颜色为暗黄色（R93、G80、B73）、黄色（R154、G146、B119）和浅黄色（R236、G240、B223）❶，并在“属性”面板中勾选“着色”复选框后调整参数❷，此时图像颜色呈蓝色调❸，添加的调整图层在“图层”面板中可以看到❹。

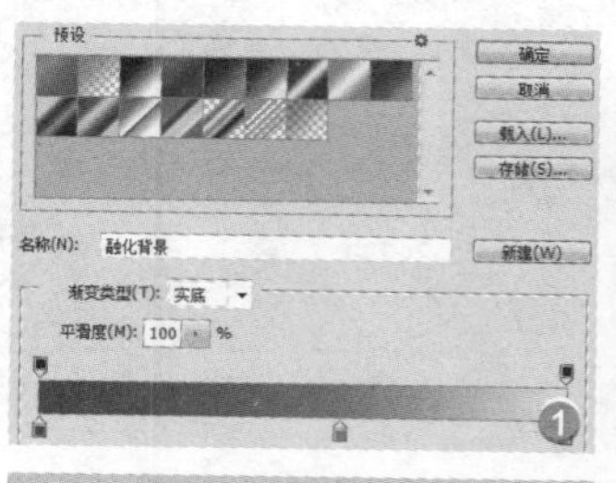
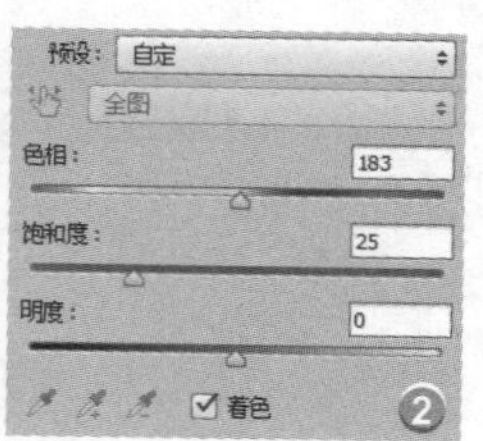

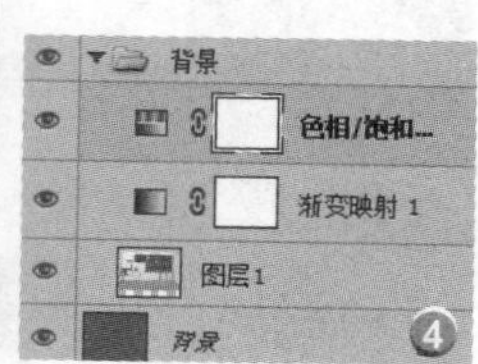

03 添加渐变

新建图层并将其重命名为“渐变”，单击渐变工具，在属性栏中单击渐变色块，在弹出的对话框中设置渐变颜色为灰黑色（R50、G47、B47）到白色❶，从上到下拖动绘制渐变❷。设置图层混合模式为“颜色加深”、“不透明度”为 53% ❸，加深图像上部效果❹。

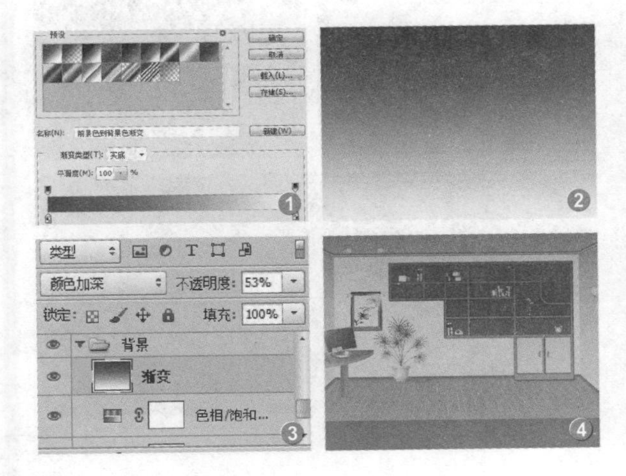

04 绘制路径

为“渐变”图层添加图层蒙版，使用相同颜色再次在图像中拖动绘制渐变，进一步调整图像效果❶，此时在“图层”面板可以看到添加的蒙版缩览图❷。单击自定形状工具，在属性栏中单击“路径”按钮，设置形状样式为“拼贴 4”，拖动绘制路径❸，将路径旋转 45°，调整路径方向❹。

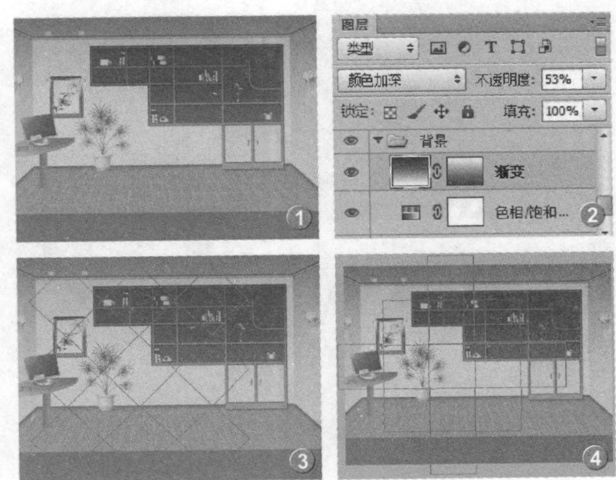

05 变形图像

将路径转换为选区，填充为灰黄色（R171、G160、B126）❶，复制得到副本图层，调整图像两个方格图像的大小和位置❷。合并图像后重新载入选区，填充为咖啡色（R122、G103、B85），并按下快捷键 Ctrl+T，显示自由变换控制框，按住 Ctrl 键的同时调整 4 个控制点，调整图像的位置和透视效果❸，完成后重命名该图层为“铺地”❹。

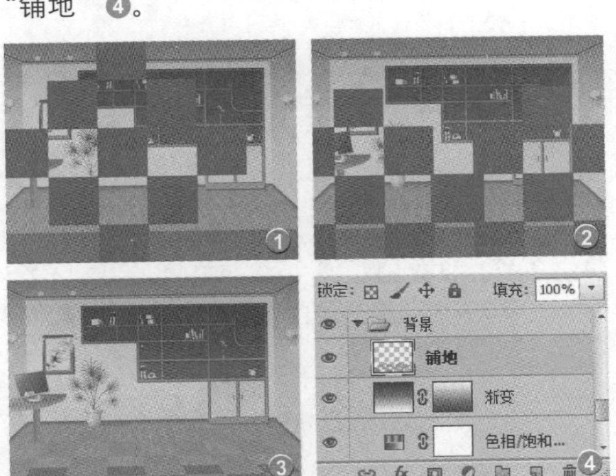

06 添加矢量人物图像

执行“滤镜 > 杂色 > 添加杂色”命令，在打开的对话框中设置参数❶，此时为铺地添加杂点质感❷。打开“实例文件\Chapter 20\Media\20.1\ 剪影和图标 .psd”图像文件，将“剪影”图层拖曳到新建文件中，置于“背景”图层组上方，调整大小和位置❸。载入剪影图像选区，将人物图像调整为洋红色（R173、G1、B109）❹。

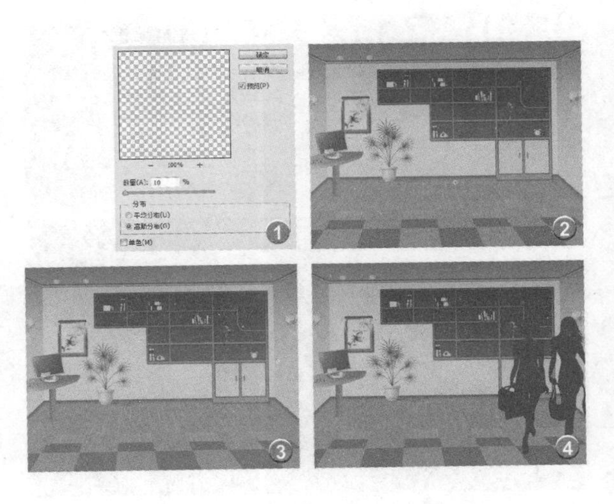

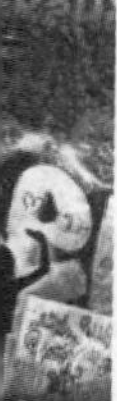

07 复制人物并添加阴影效果

按住 Alt 键的同时拖动图像，复制得到多个人物图像，将其横向排列❶，此时在“图层”面板中可以看到复制后的图层❷，将这些图层合并。双击该图层，为其添加“投影”图层样式，调整参数❸，此时可以看到人物添加了阴影效果❹。

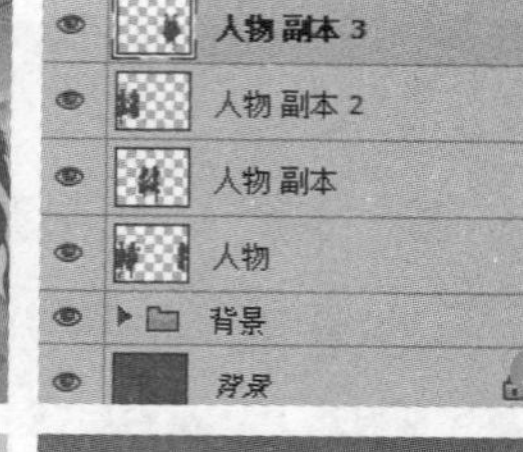

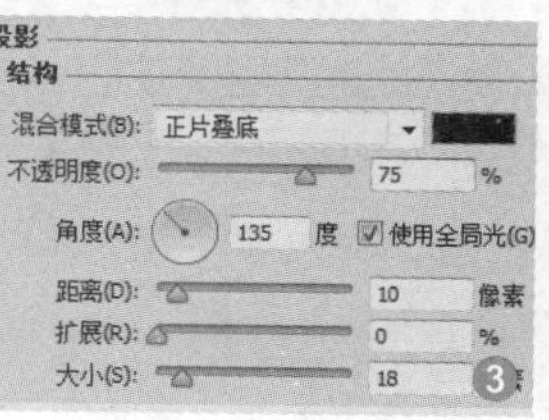

08 添加五角星

设置前景色为粉红色（R255、G165、B198），单击多边形工具，设置“边”为5，勾选“星形”复选框❶，绘制多个五角星图像❷。将这些图层合并为一个图层，设置图层“不透明度”为52%。并复制得到副本图层，将其移动到左侧人物图像上❸。

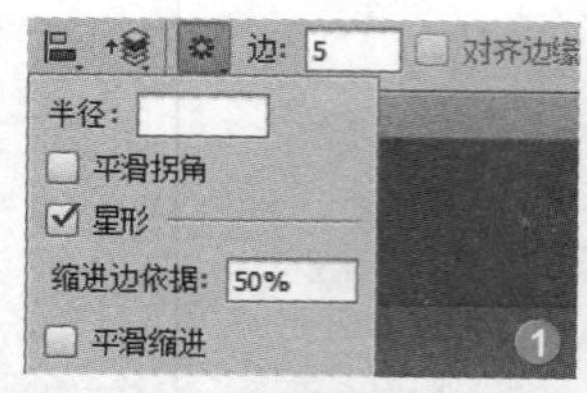

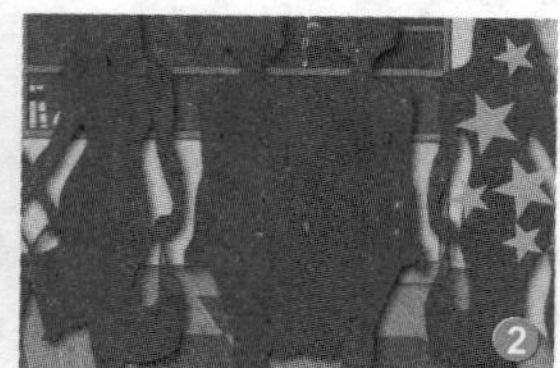

09 添加形状图像

分别选择五角星所在的图层，按下快捷键 Ctrl+Alt+G，创建剪贴蒙版，将五角星图像剪贴到人物图像中❶，在“图层”面板中可以看到创建剪贴蒙版后的效果❷。单击矩形工具，设置前景色为粉红色（R236、G71、B129），绘制形状并调整图像角度，使其穿过图像，复制副本图层后调整颜色为紫红色（R137、G0、B80），在图像中调整其大小和角度❸。

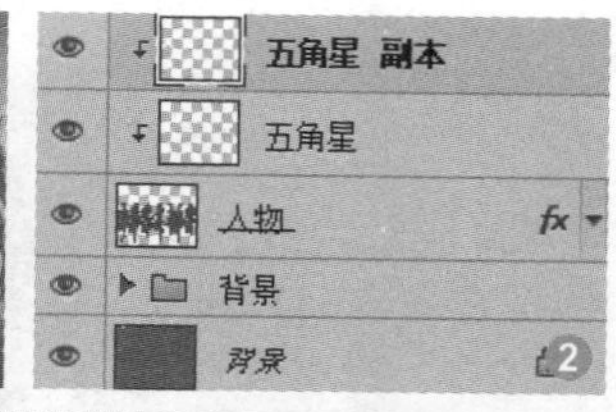

10 整体色调调整

分别选择创建的形状图层，按下快捷键 Ctrl+Alt+G，创建剪贴蒙版，将两种颜色的横线条剪贴到人物图像中❶，此时在“图层”面板中可以看到创建剪贴蒙版后的效果，以“人物”图层为基础层剪贴了星形和横线效果❷。继续创建“色阶 1”调整图层，在“属性”面板中调整参数❸，此时在图像中可以看到，经过调整后图像的色调偏暗色，且对比度有所加强❹。

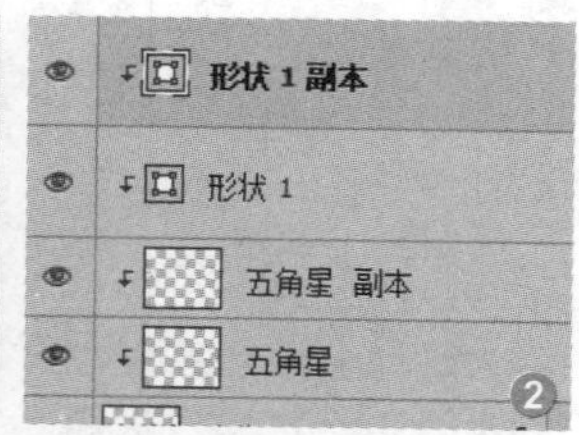

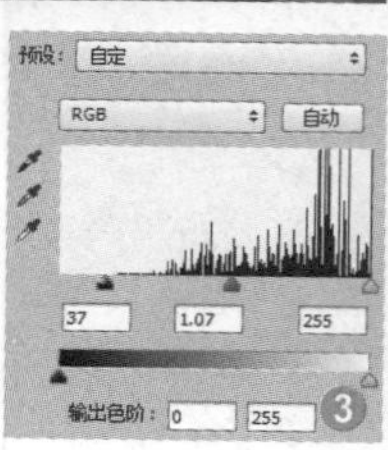

11 绘制圆角矩形

单击圆角矩形工具，设置颜色为墨绿色（R60、G78、B78），在属性栏中设置“半径”为12px，在图像中绘制形状❶。双击“形状2”图层，打开“图层样式”对话框，在其中为该图层添加“投影”和“图案叠加”图层样式，调整参数❷，并设置图案样式为“蓬松细线”❸。

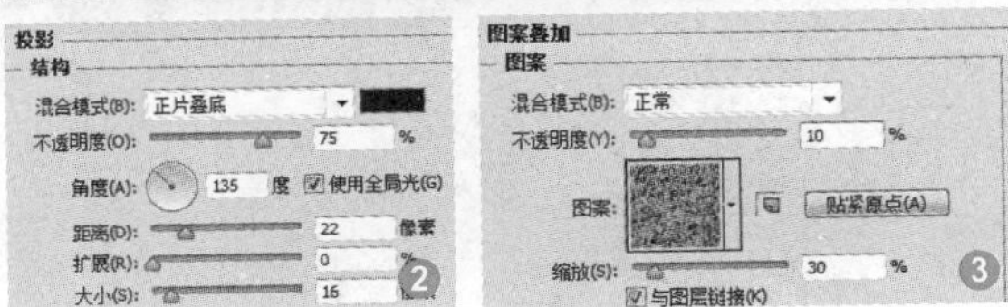

12 添加图层样式

继续在打开的“图层样式”对话框中为图像添加“斜面和浮雕”图层样式，设置参数并调整“高光模式”颜色为蓝色（R46、G216、B218）❶，此时图像呈现出立体效果❷。继续使用圆角矩形工具绘制图像，调整颜色为黄色（R68、G109、B39），绘制出较细一些的形状❸。

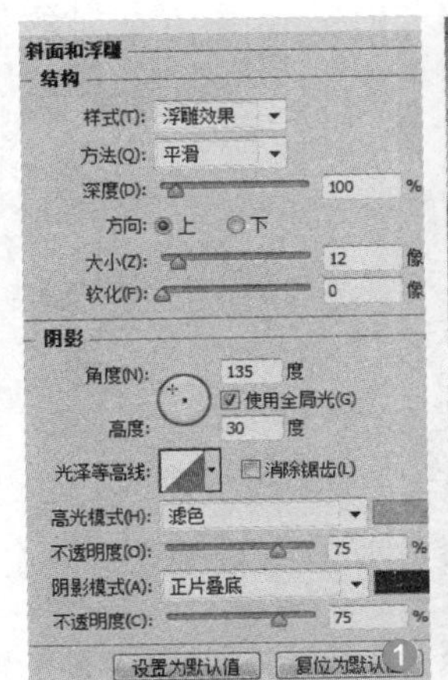

13 添加图层样式

双击“形状3”图层，在打开的“图层样式”对话框中为其添加“投影”❶、“图案叠加”❷和“斜面和浮雕”❸图层样式，分别调整参数，并设置图案样式为“牛皮格子纸”，为墨绿色的矩形图形底部添加横条效果，制作出黑板效果❹。完成后继续新建图层组，将其重命名为“黑板上的图”，在该图层组中新建“方形”图层。

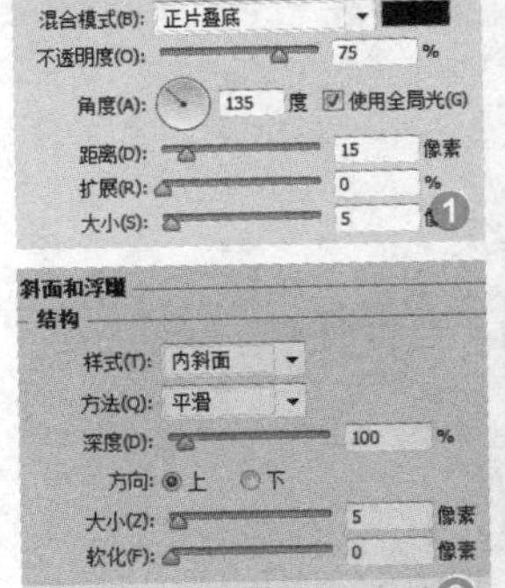

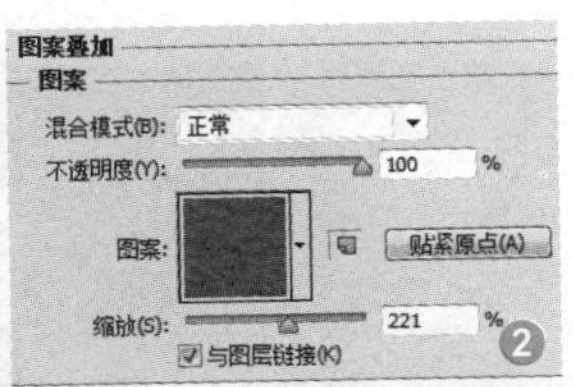

14 给黑板添加人物图像

单击圆角矩形工具，单击“路径”按钮后绘制圆角矩形路径，将其转换为选区后填充为白色，调整大小后为其添加“投影”图层样式，设置参数❶，使方形具有阴影效果❷。打开“实例文件\Chapter 20\Media\20.1\女孩.jpg”文件，将其拖曳到新建图像中，并重命名，调整大小和位置❸，按下快捷键Ctrl+Alt+G将女孩剪贴到方形图像中❹。

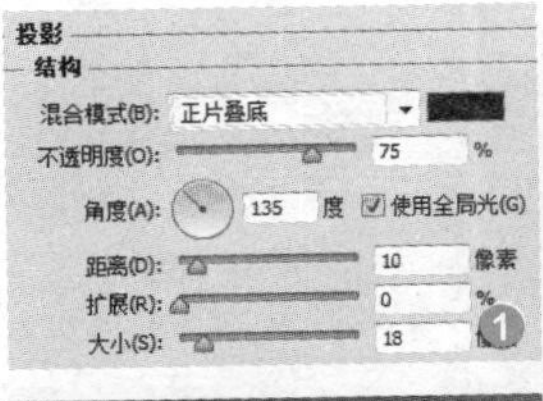

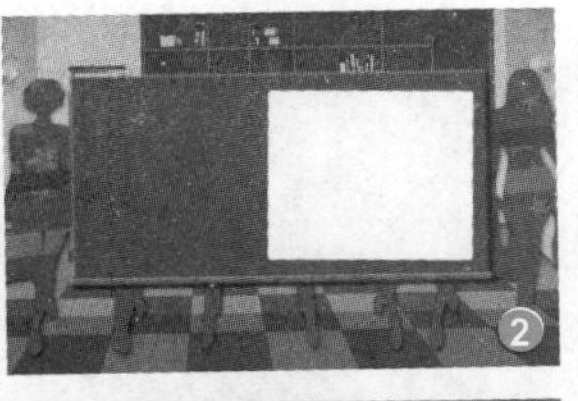

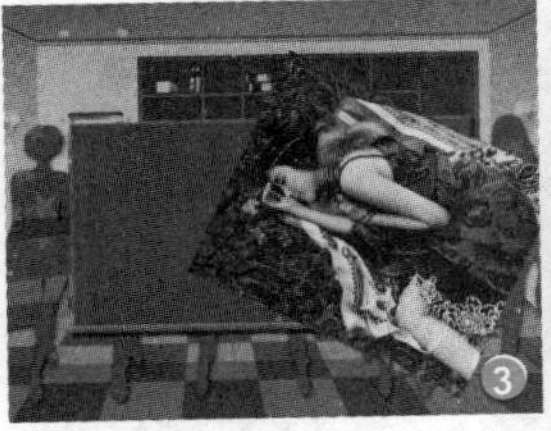

15 添加素材

按住 Ctrl 键的同时单击图层缩览图载入方形选区，在保留选区的情况下创建“色彩平衡 1”调整图层，拖动滑块设置参数❶，对方形中显示的女孩图像色调进行调整❷。打开“实例文件\Chapter 20\Media\20.1\妆容.jpg”文件，将其拖曳到新建图像中并重命名，调整其大小和位置❸。再打开“实例文件\Chapter 20\Media\20.1”文件夹中的“衣服.jpg”、“人物.jpg”、“服饰.jpg”、“彩色.jpg”图像文件，将其拖曳到新建文件后调整大小和位置❹。

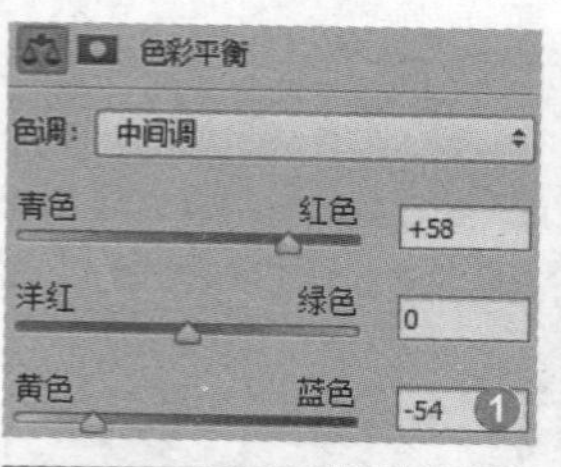

16 为素材添加阴影

在“黑板上的图”图层组中选择“妆容”图层，为其添加“投影”图层样式，并设置参数❶。按住 Alt 键的同时将“指示图层效果”图标 fx 拖动到其他图层上，为其应用相同的图层样式，使其都具有阴影效果❷。在打开的“剪影和图标.psd 文件中将“扫帚”图层拖曳到该图层组中，重命名为相应图层后调整图像大小和位置❸。在“图层”面板中可以看到黑板上所添加素材的相应图层❹。

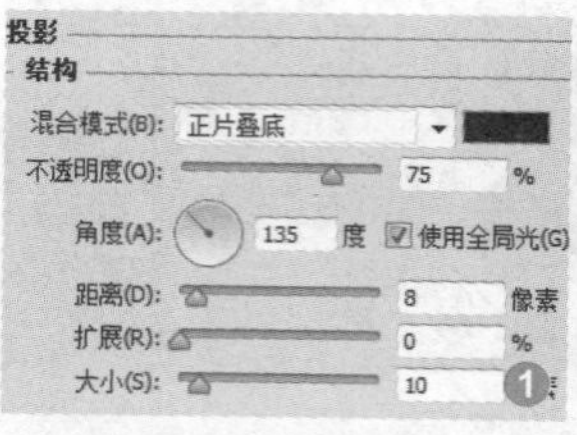

17 绘制图贴

新建“黑板上的图贴”图层组，在其中新建“图贴”图层，使用椭圆选区工具绘制选区，填充为洋红色（R210、G75、B228）❶。为该图层添加“投影”❷和“斜面和浮雕”❸图层样式，并分别设置参数，为图贴添加立体效果❹。

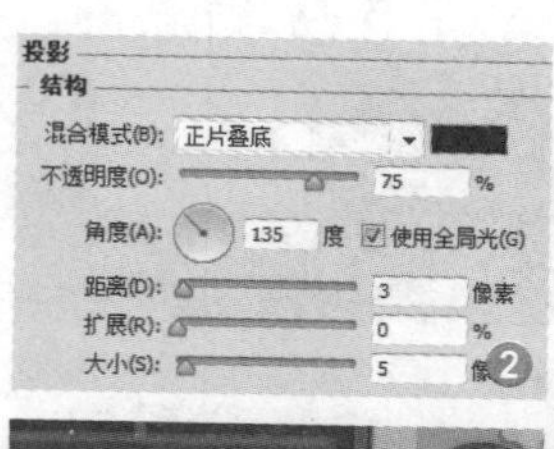

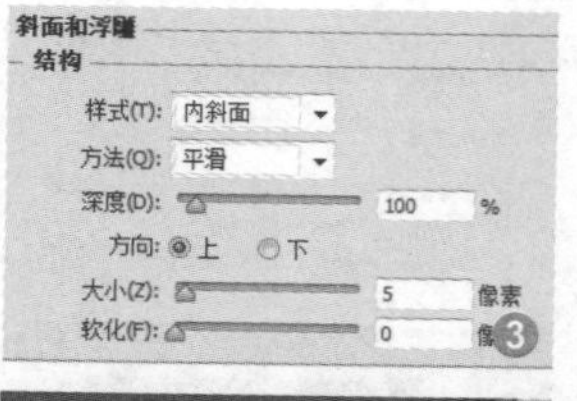

18 复制多个图贴图像

按住 Alt 键的同时在图像中拖动，复制得到多个图贴副本图层，分别载入图贴选区调整颜色，并调整图贴的大小和位置，使其在黑板上与素材图像对应。使用自定形状工具，设置图形样式为“复选标记”，在右下角图贴上绘制白色对勾符号❶。

19 输入文字

创建"曲线 1"调整图层，在"属性"面板中添加锚点调整曲线❶，从而调整图像的明暗关系❷。新建"黑板上的文字"图层组，单击横排文字工具T，在"字符"面板中设置格式，设置颜色为黄色（R251、G197、B167）❸，在图像中输入文字❹。

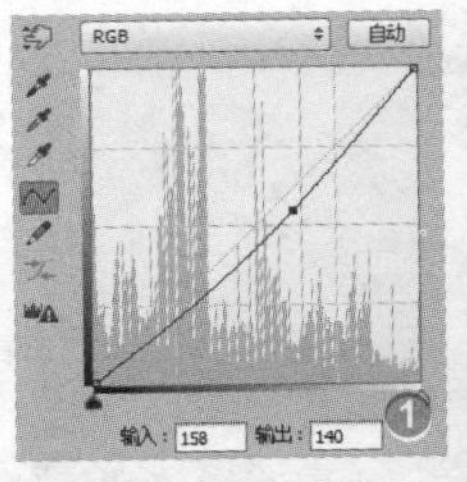

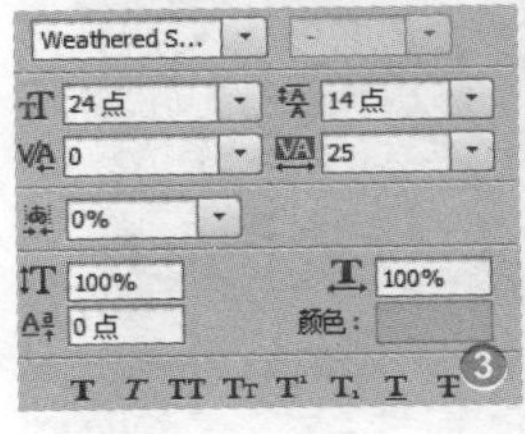

20 添加图层样式

双击文字图层，打开"图层样式"对话框，为其添加"投影"和"斜面和浮雕"图层样式，分别设置参数后调整投影颜色为墨绿色（R36、G51、B48）❶，设置"阴影模式"颜色为墨绿色（R60、G78、B78）❷，此时在图像中可以看到文字添加了一定的立体效果❸。

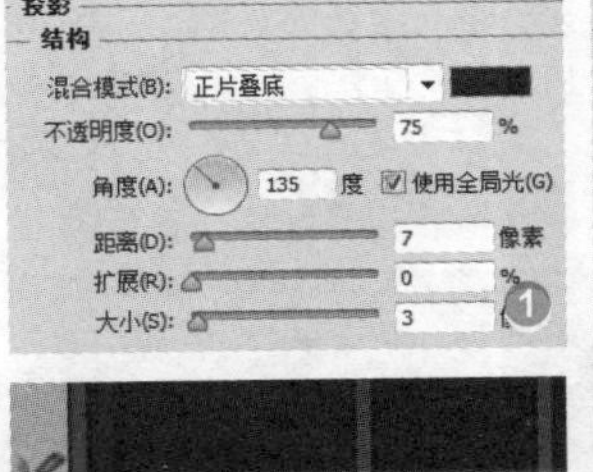

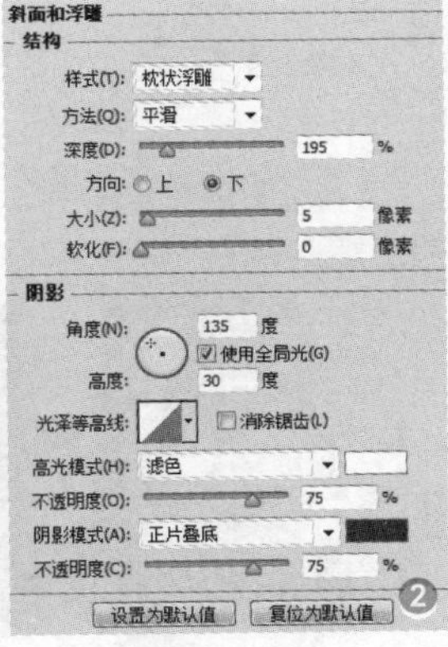

21 继续添加文字

继续使用横排文字工具，在"字符"面板中调整文字格式，设置文字颜色为亮蓝色（R10、G231、B239）❶，在图像中输入文字❷，适当调整文字的颜色和位置，使文字形成黑板书写效果❸。

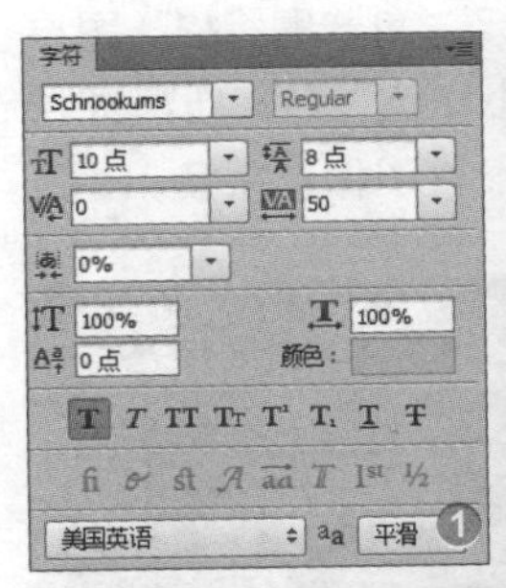

22 添加网页主体文字

新建"网页文字"图层组，在其中使用横排文字工具，设置文字格式后设置颜色为黄色（R255、G220、B90）❶，在图像中输入文字。为其添加"描边"图层样式，设置参数后调整描边颜色为暗紫色（R137、G0、B80）❷，此时文字形成紫色外轮廓效果❸。

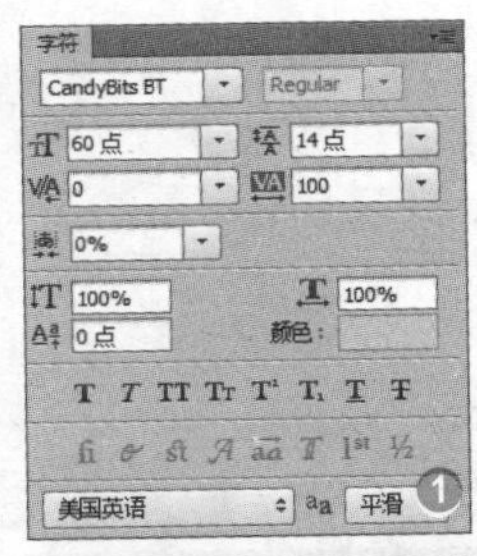

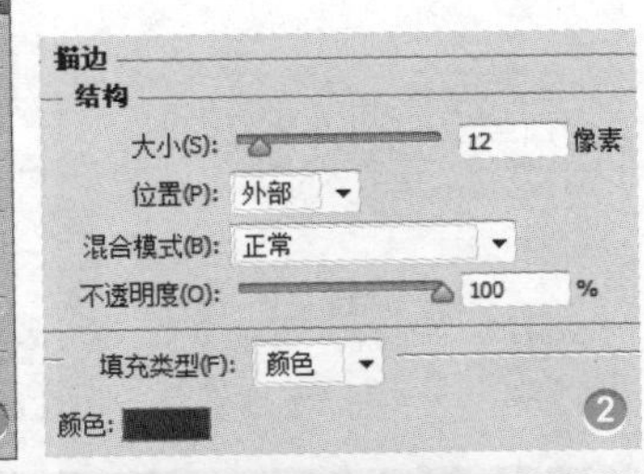

23 继续添加文字

继续在“字符”面板中设置文字格式，保持颜色为黄色❶，在图像中继续输入文字，将其置于不同的图层上，以便调整文字位置❷。此时在按住 Alt 键的同时拖动已添加“描边”图层样式图层上的“指示图层效果”图标fx到新的文字图层上，为其应用相同的描边效果❸。

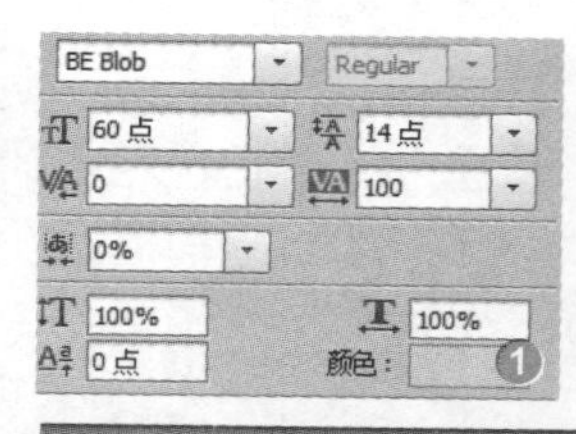

24 输入文字并添加图层样式

继续在该图层组中输入文字，并将其调整到黑板的右侧区域。双击该图层，为其添加“投影”和“描边”图层样式，分别设置参数后调整投影颜色为紫色（R73、G10、B202）❶，调整描边颜色为暗紫色（R137、G0、B80）❷，此时可以看到其图像效果❸ `。

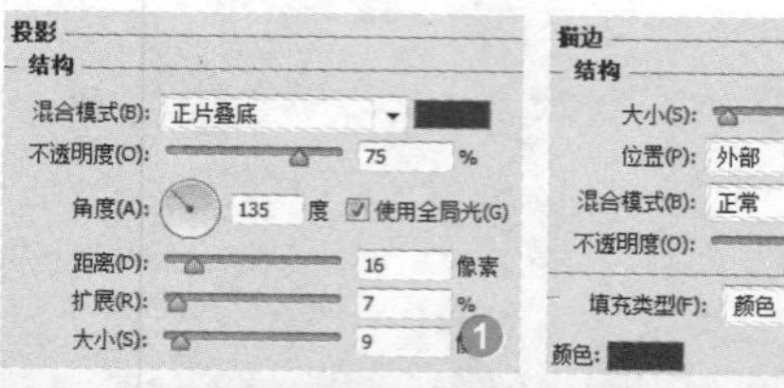

25 添加文字

继续在“字符”面板调整文字的字体和字号，保持颜色为黄色不变❶，在图像中输入文字，同时使用相应的方法继续调整文字格式❷，保持颜色不变的情况下继续在图像中输入文字，并调整文字在图像中整体编排效果，使其置于黑板顶层❸。

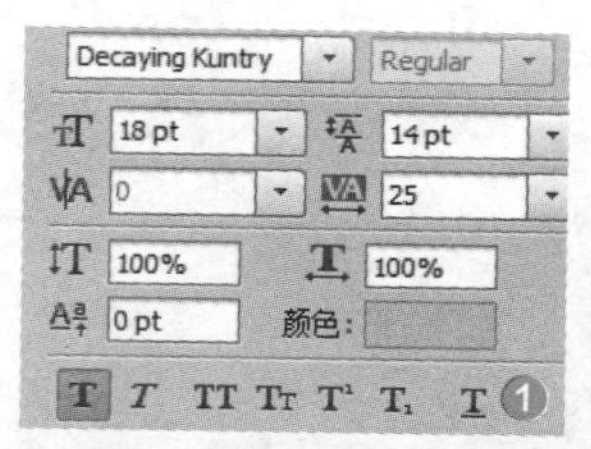

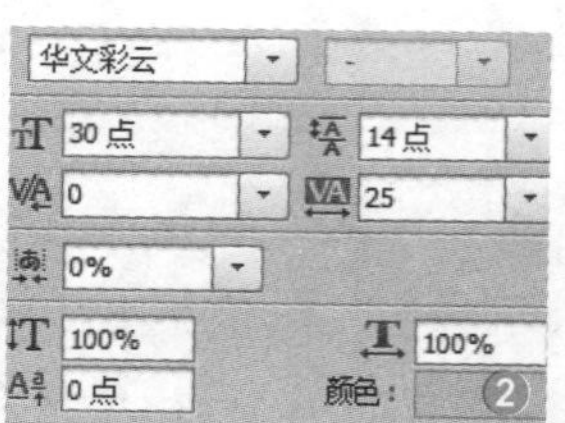

26 添加彩色圆点及搜索栏图像

使用同样方法输入其他文字后，新建图层名为“彩色圆点”的图层，单击椭圆选框工具，在图像中绘制多种颜色的圆点图像，并设置该图层的混合模式为“变亮”❶。将打开的“剪影和图标.psd”文件中的“图标”和“图标 2”图层拖曳到该图像，并调整大小和位置❷，新建图层并绘制白色矩形，制作搜索栏图像效果❸。

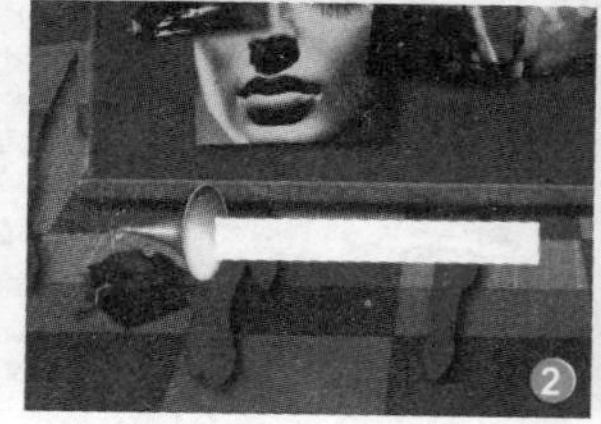

27 添加立体效果

双击“搜索栏”图层，为其添加“投影”❶、“斜面和浮雕”❷和“描边”图层样式，分别设置参数后调整描边颜色为绿色（R154、G191、B194）❸，此时搜索条呈现出立体效果❹。

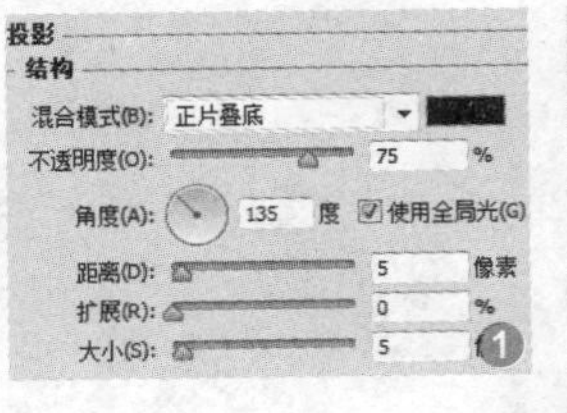

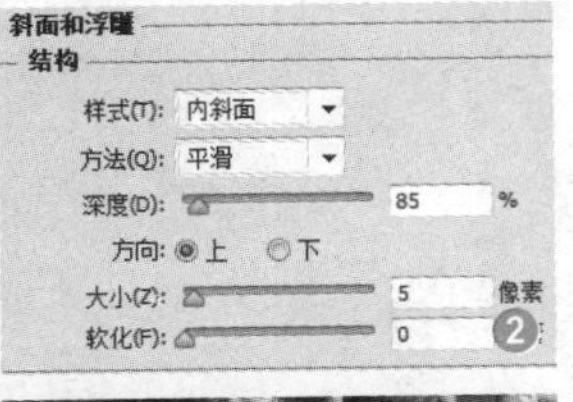

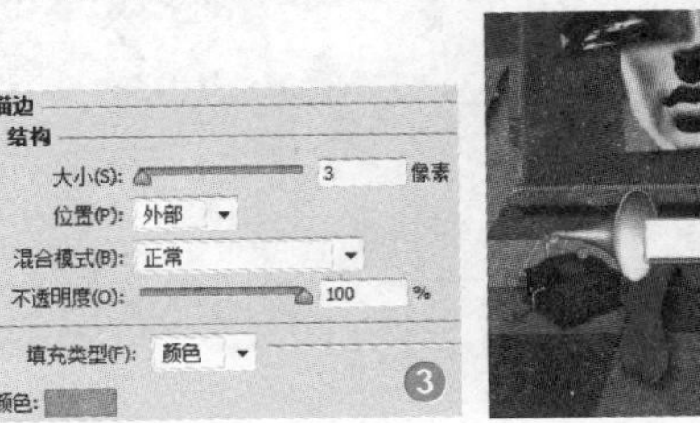

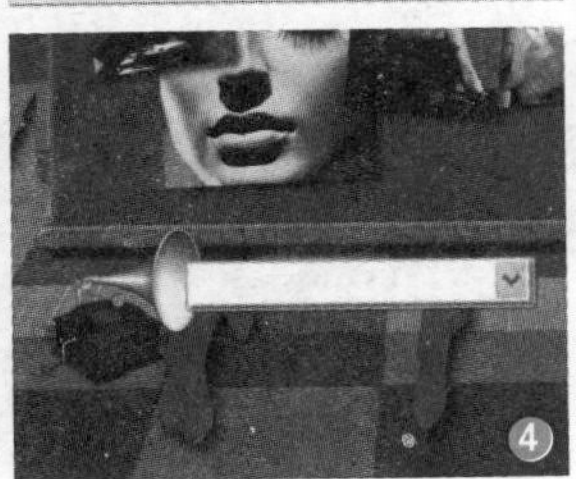

28 添加文字和素材

在搜索条中输入文字，使其置于不同图层❶，适当调整文字颜色、大小和位置，为黄色文字添加投影效果❷，将“剪影和图标.psd”文件中的“嘴巴”图层拖曳到当前图像中，添加“外发光”图层样式，设置参数❸，并调整其大小和位置，将其置于图像上方❹。

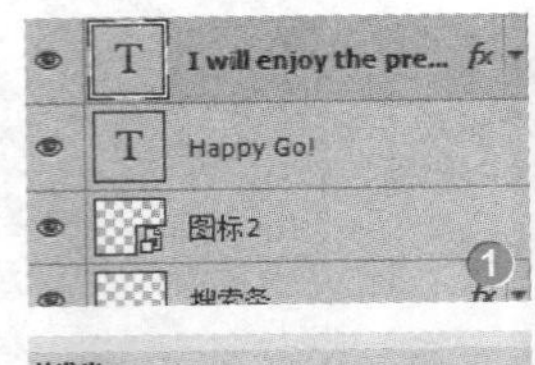

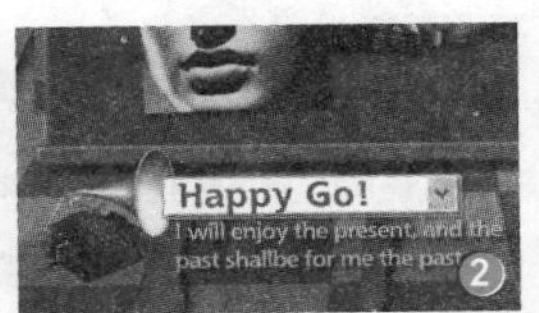

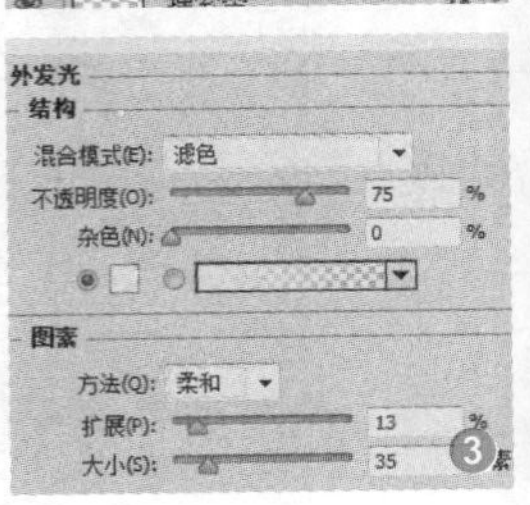

29 继续添加立体文字

创建“色阶 2”调整图层，在“属性”面板中设置参数❶，对图像整体对比度进行调整，使图像效果更鲜明❷，在“图层”面板中可以看到相应的图层❸。至此，完成该案例的制作。

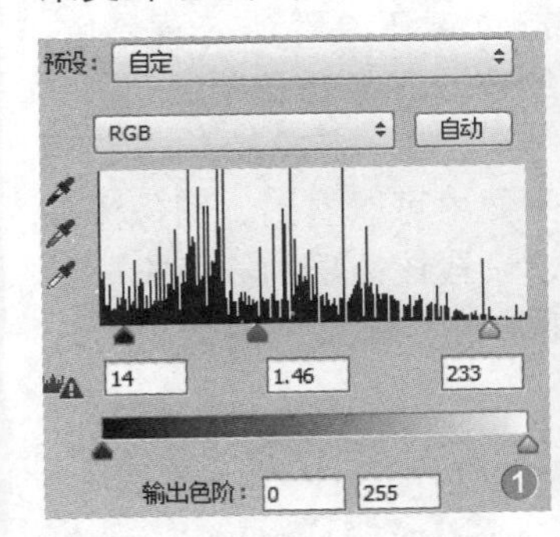

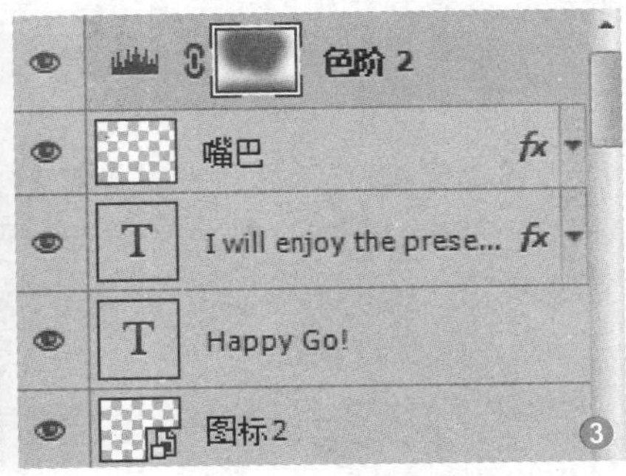

知识拓展 | 使用“等高线”添加浮雕效果

“斜面和浮雕”图层样式中含有“等高线”和“纹理”复选框，勾选即可对其进行相应的设置，扩充该图层样式的功能。打开一幅图像，添加素材文件，双击图层缩览图打开“图层样式”对话框，勾选“斜面和浮雕”复选框，在其右侧设置参数，完成后继续勾选“等高线”复选框，设置其样式为“滚动斜坡 - 递减”，赋予图像浮雕效果。

打开原图像并添加素材

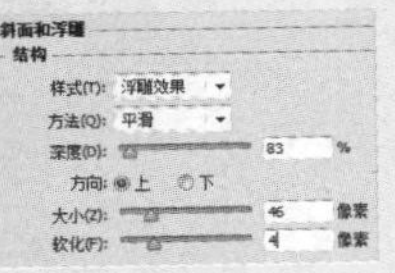

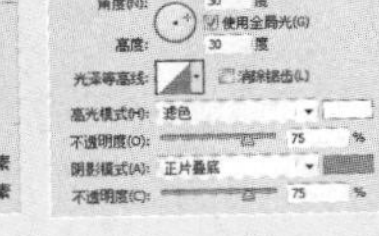

设置图层样式

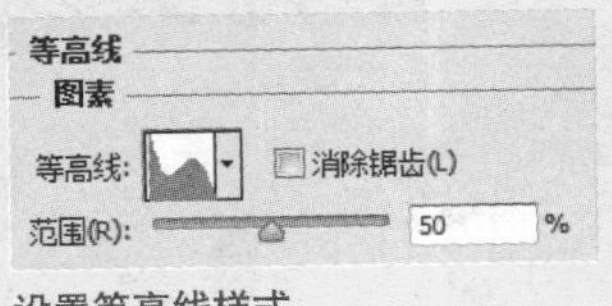

设置等高线样式

最终效果

20.2 个性网页设计

理念解析 该案例以街区为主题概念，同时对多种素材进行合成，在平面中制作出向前延伸的街区一角效果，体现出个性十足的页面效果。

表现技法 主要运用了对多种素材的合成，同时结合文字工具和图层样式的运用，在调整各种图像的同时也赋予整体画面合理的光亮效果。

最终路径 实例文件\Chapter 20\Complete\个性网页.psd

难度指数 ★★★★☆

01 新建图像文件

执行“文件 > 新建”命令或按下快捷键 Ctrl+N，打开“新建”对话框，在其中设置文件名称、高度、宽度、分辨率等参数后单击“确定”按钮❶，此时可以看到新建的空白图像❷。设置前景色为灰色（R113、G118、B130），按下快捷键 Alt+Delete 为“背景”图层填充前景色。新建“图层1”，单击渐变工具，设置渐变颜色为冷灰色（R78、G85、B95）、灰色（R102、G112、B125）到暖灰色（R117、G120、B124）❸，从上到下拖动绘制渐变效果❹。

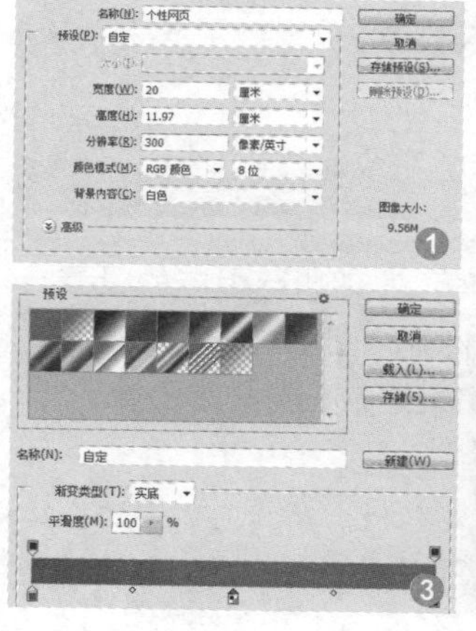

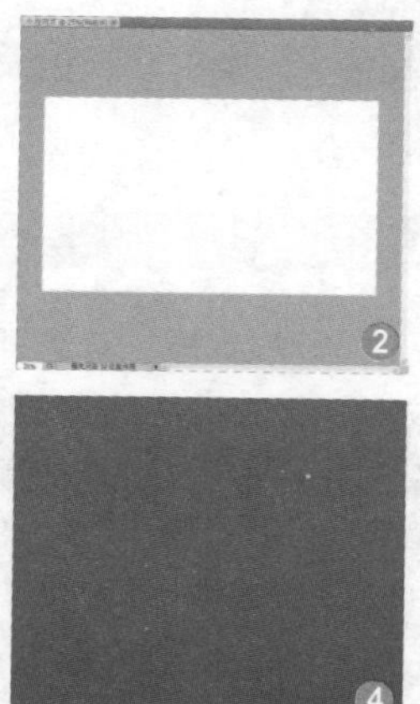

02 调整背景颜色

双击“图层 1”，在“图层样式”对话框中为其添加“图案叠加”图层样式，设置图案样式为“蓝底黄斑纸”，并调整参数❶，使图像具有一定的暗调纹理效果❷。按 D 键还原默认前背景色，然后执行“滤镜 > 纹理 > 染色玻璃”命令，在滤镜库中设置相应的参数❸，完成后单击“确定”按钮。此时在图像中可以看到，图像添加了类似网格的效果，设置该图层的“填充”为 44%，使网格效果更加自然❹。

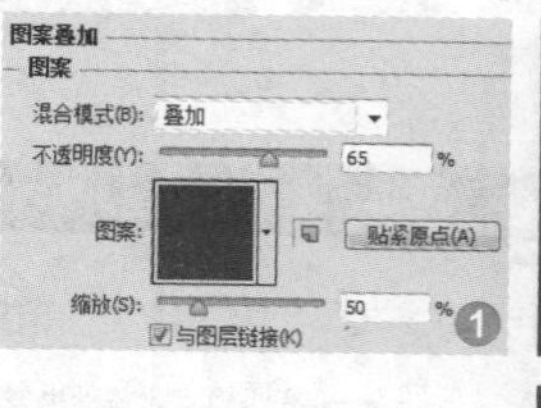

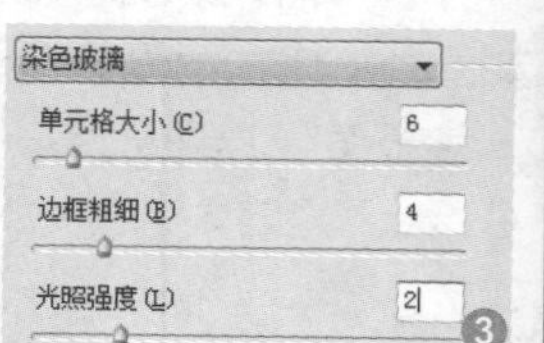

03 继续添加纹理

打开“实例文件\Chapter 20\Media\20.2\材质 1.jpg”图像文件，将其拖曳到新建文件中，生成“图层 2”，调整图像大小和位置❶。执行“滤镜 > 纹理 > 染色玻璃”命令，在打开的对话框中设置各项参数❷，此时可看到调整后的图像呈现出较大的格子效果❸，设置图层混合模式为“正片叠底”、“不透明度”为 50%，继续调整纹理效果❹。

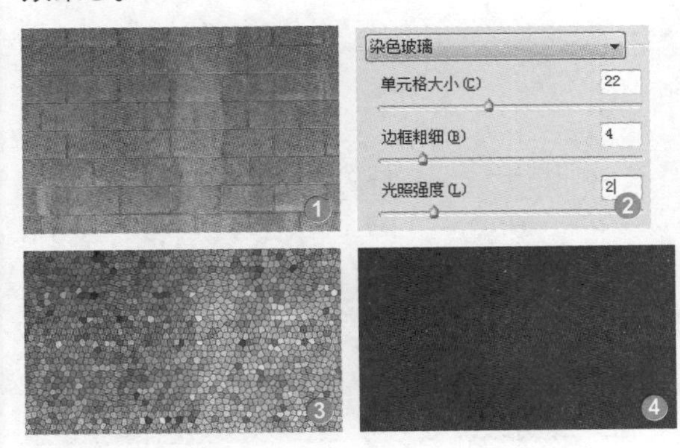

04 绘制地面

新建“地面”图层，单击钢笔工具，在图像中绘制路径，将路径转换为选区❶，使用与步骤 1 相同的渐变样式对选区进行渐变填充，完成后取消选区❷。为该图层添加“图案叠加”图层样式，设置图案样式为“绿色纤维纸”，并调整相应的参数❸，完成后单击“确定”按钮，此时在图像中即可看到，地面部分也添加了纹理效果❹。

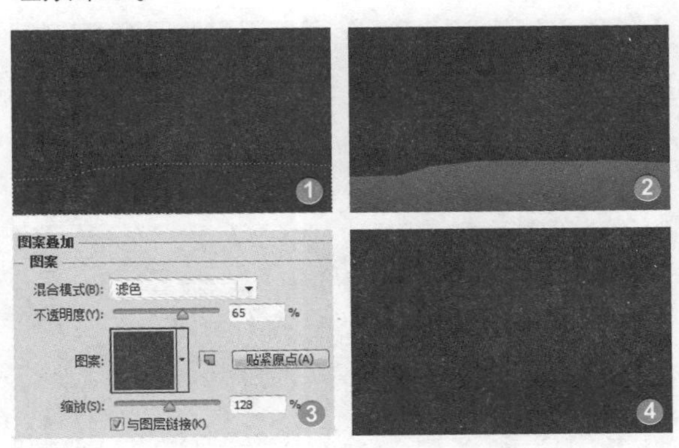

05 绘制柱子图像

新建“柱子”图层，单击多边形套索工具，在图像左侧绘制选区❶，填充选区为黄色（R122、G77、B48）❷。双击该图层，打开“图层样式”对话框，为该图层添加“内阴影”图层样式，并设置相应的参数❸，完成后单击“确定”按钮。并此时在图像中可以看到，柱子图像添加了一定的阴影效果❹。

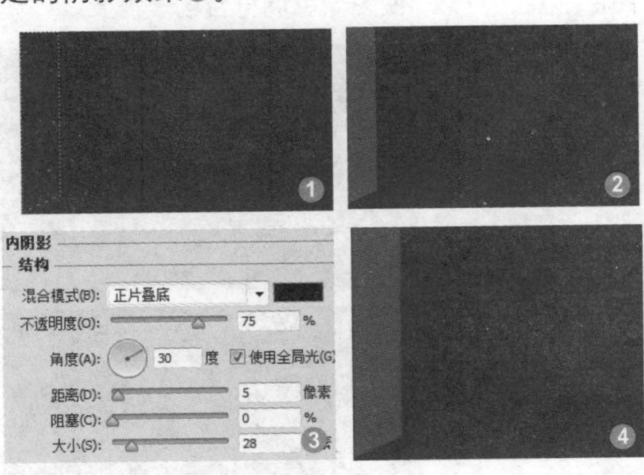

06 添加柱子的材质感

打开“实例文件\Chapter 20\Media\20.2\石墙.jpg”图像文件，将其拖曳到新建文件中，重命名为“质地”图层，并调整图像大小和位置❶。按下快捷键 Ctrl+Alt+G，创建剪贴蒙版，将石墙图像剪贴入柱子图像中❷。设置该图层的混合模式为“叠加”、“不透明度”为 50%❸，此时可以看到图像效果更为自然❹。

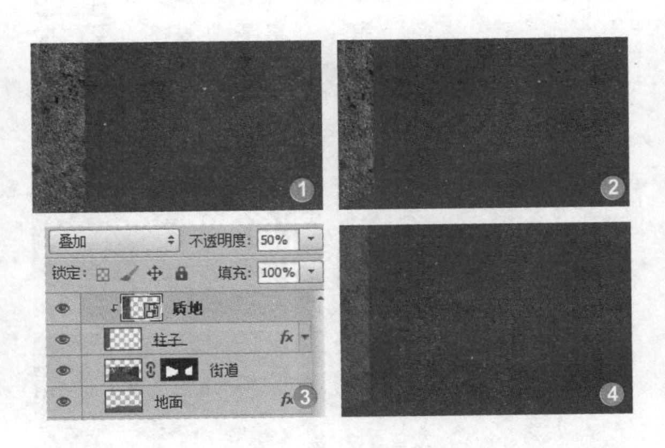

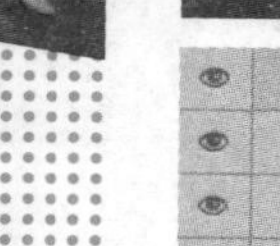

07 添加砖墙素材

继续打开“实例文件\Chapter 20\ Media\20.2\材质2.jpg”图像文件，将其拖曳到新建文件中，生成“墙体”图层，并调整图像大小和位置❶。按下快捷键 Ctrl+Alt+G 创建剪贴蒙版，将砖墙图像剪贴入柱子图像中❷，为该图层添加图层蒙版❸，并使用画笔在图像中涂抹，此时可看到，柱子上仅显示出部分砖墙效果❹。

08 调整背景颜色

双击“墙体”图层，在“图层样式”对话框中为其添加“投影”❶和“斜面和浮雕”图层样式❷，分别设置相应的选项和参数，为图像添加一定的立体效果。同时选择“柱子”、“墙体”和“质地”3个图层，将其拖动到“创建新图层”按钮上，分别复制得到相应的副本图层❸，水平翻转图像后将其置于图像右侧，适当调整墙体图像大小和位置❹。

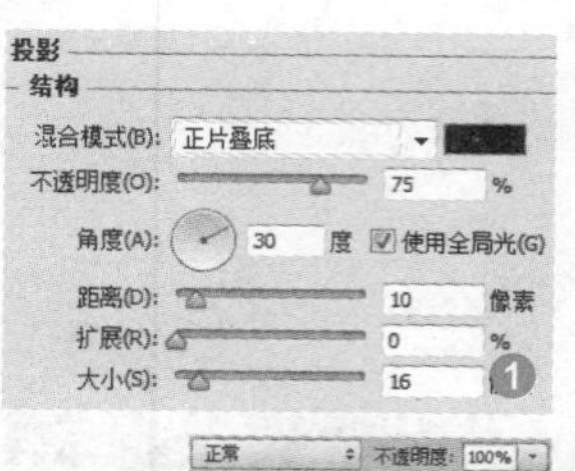

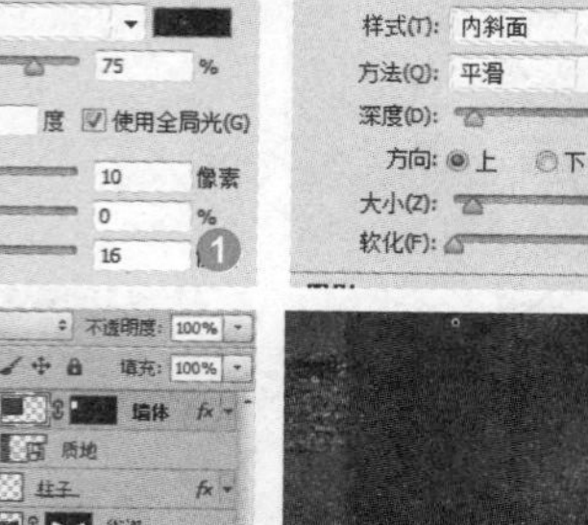

09 添加街道素材

打开“实例文件\Chapter 20\Media\20.2\街景.jpg”图像文件，将其拖曳到新建文件中，生成“街道”图层，将其置于“柱子”图层下方，同时调整街景图像的大小和位置❶。单击多边形套索工具，在图像中绘制出选区❷，在保存选区的情况下为图像添加图层蒙版，隐藏部分图像，使街景效果符合视觉透视效果❸。执行“图像 > 调整 > 去色”命令，将图像调整为黑白效果，使整个图像的色调更统一❹。

10 完善街景墙体部分

选择除“背景”图层外的所有图层，将其拖动到“创建新组”按钮上创建新图层组，重命名为“合成背景”❶。打开“实例文件\Chapter 20\Media\20.2\素材.psd”文件，将“涂鸦墙”图层拖曳到个性网页图像中，适当变形图像❷。去色图像后载入图像选区，创建“曲线 1”调整图层调整曲线❸，使图像色调符合场景需要❹。

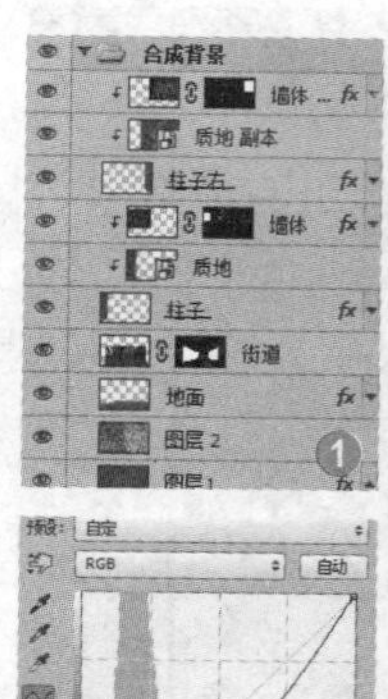

11 复制并添加素材

将“曲线 1”调整图层和涂鸦墙合并，并复制得到两个副本图层，将这 3 个图层拖动到“创建新组”按钮上创建新图层组，重命名为“物件”❶，在图像中调整涂鸦墙体的位置和角度❷。在打开的“素材.psd”文件中将“藤蔓”图层拖曳到当前文件中，调整其大小和位置❸。设置图层混合模式为“强光”，并结合图层蒙版适当隐藏部分藤蔓❹。

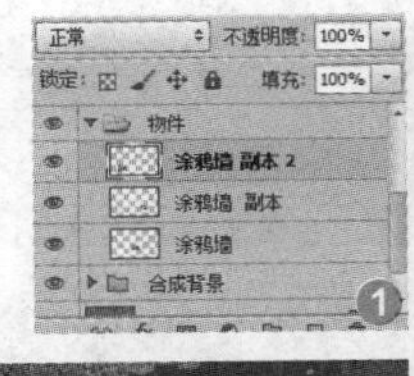

12 添加铺地效果

继续复制得到藤蔓图层的副本图层，并调整绿色藤蔓的大小和位置，使其附着在各个墙体上❶。打开“实例文件\Chapter 20\Media\20.2\铺地.jpg”图像文件，将其拖曳到个性网页图像中，置于“涂鸦墙”下方❷。按下快捷键 Ctrl+T，适当变形铺地图像，使其形成地面铺地的透视效果❸，继续复制得到副本图层，水平翻转图像效果❹。

13 调整铺地图像

双击“铺地”图层，为其添加“斜面和浮雕”图层样式，并设置参数❶，为副本图层应用相同的图层样式，然后分别为这两个图层添加图层蒙版❷，使用黑色柔角画笔在图像蒙版上涂抹，隐藏部分铺地效果❸。

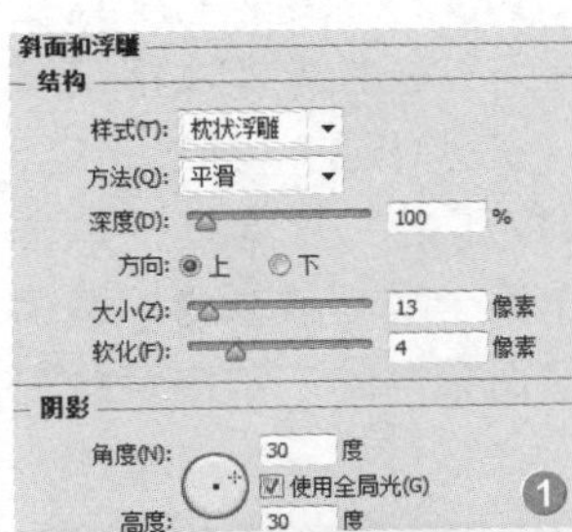

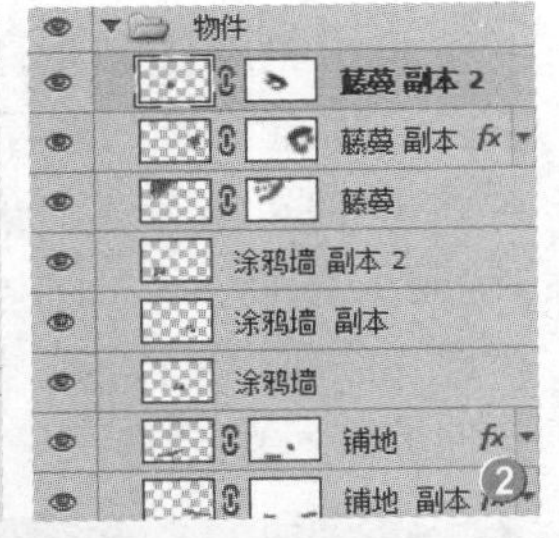

14 添加墙地效果

继续将“素材.psd”文件中的“涂鸦云”图层拖曳到新建图像中，调整大小和位置后设置混合模式为“点光”❶。打开“实例文件\Chapter 20\Media\20.2\网格.jpg”图像文件，将其拖曳到新建图像中并调整大小和位置，设置混合模式为“变亮”，并复制得到副本图层❷，为图像添加素材丰富效果❸。

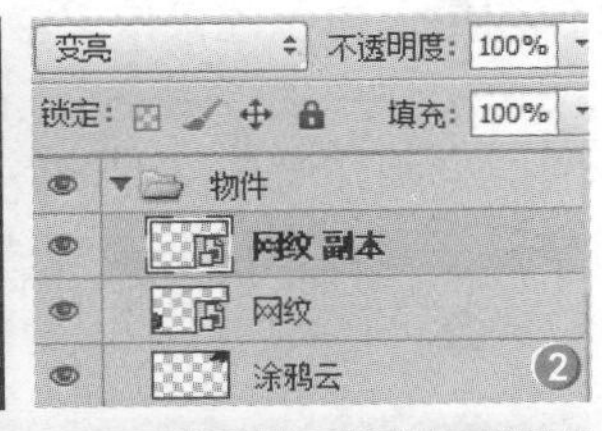

15 添加发光效果

在打开的“素材.psd”图像中将剩下的素材图层都拖曳到当前文件中，调整大小和位置❶。为剪影和书籍图层添加“外发光”图层样式，设置参数并调整外发光颜色，可以看到添加了“外发光”样式的图像效果更具霓虹灯光感❷。

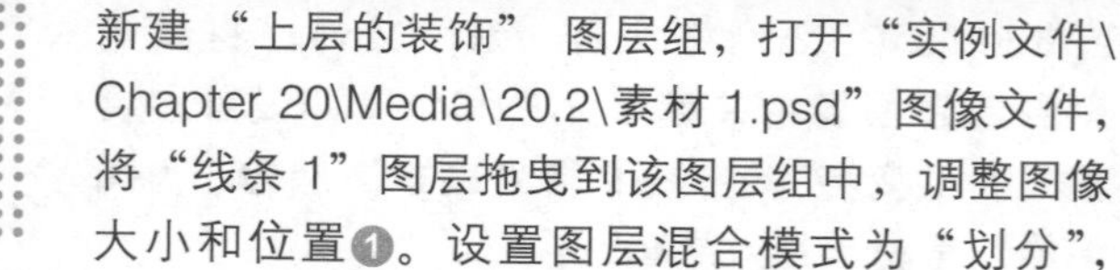
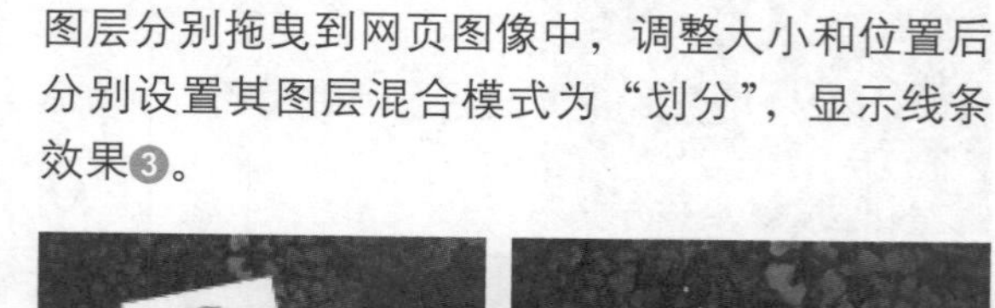

16 添加投影效果

再次选择其他的素材图层，并添加“投影”图层样式，在打开的对话框中设置参数❶。为近处的颜料瓶和石头、鞋子等添加出投影效果，使图像整体的合成效果更真实❷。

17 添加线条效果

新建“上层的装饰”图层组，打开“实例文件\Chapter 20\Media\20.2\素材 1.psd”图像文件，将“线条 1”图层拖曳到该图层组中，调整图像大小和位置❶。设置图层混合模式为“划分”，使图像仅显示线条效果❷。继续将“素材 1.psd”图像文件中的“线条 2”、“线条 3”和“线条 4”图层分别拖曳到网页图像中，调整大小和位置后分别设置其图层混合模式为“划分”，显示线条效果❸。

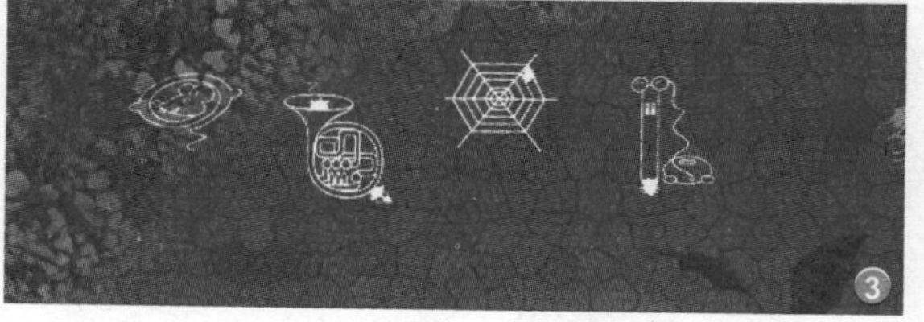

18 绘制线框

新建图层，重命名为“线框”。单击画笔工具，设置前景色为灰色（R196、G199、B204），并适当调整画笔样式和大小❶。使用钢笔工具在线条周围绘制线条形路径，右击选择快捷菜单中的“描边路径”选项，在弹出的“描边路径”对话框中取消勾选“模拟压力”复选框，单击“确定”按钮，从而制作单个线框效果❷。继续新建“线框 2”图层，使用相同的方法继续绘制其他的线框效果❸。

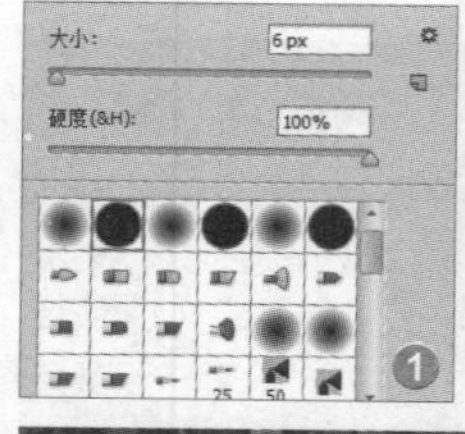

19 绘制连接线

新建图层，重命名为“连接线”，使用椭圆选框工具绘制圆点，将其填充为黑色，使用黑色画笔绘制弯曲线条、连接线和连接点❶，为该图层添加“外发光”图层样式，设置参数后调整外发光颜色为亮黄色（R241、G239、B35）❷，使线条具有霓虹灯的光感效果❸。

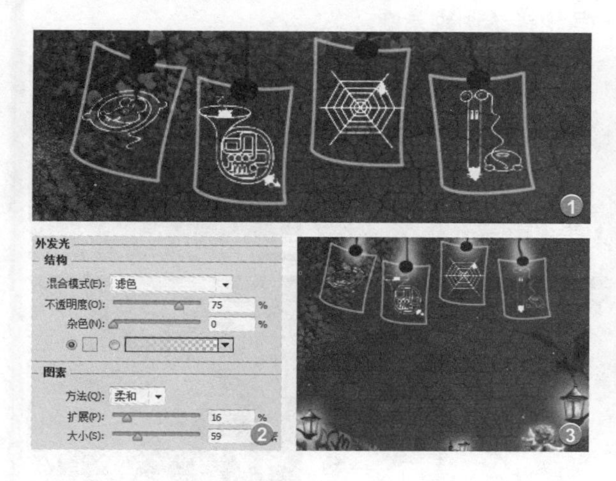

20 添加装饰素材

在打开的“实例文件\Chapter 20\Media\20.2\素材1.psd”文件中将“装饰”图层拖曳到当前文件中，调整装饰图像的大小和位置，并将其置于整个图像右上角❶。连续按下两次快捷键Ctrl+J，复制得到两个副本图层❷，分别调整装饰图像的位置，将图像右上角的黑色部分铺满，添加装饰效果❸。

21 添加光线素材

新建图层，并重命名为“花”，将其置于“物件”图层组下方。单击自定形状工具，设置形状样式为“花5”，绘制路径后转换为选区，并填充选区为白色❶，设置混合模式为“叠加”、“不透明度”为43%，调整图像效果❷。新建“光线”图层，设置图形样式为“靶标2”，使用相同的方法绘制出白色形状❸，设置混合模式为“叠加”❹。

22 调整背景颜色

选择“光线”图层，单击“添加图层蒙版”按钮为该图层添加图层蒙版，使用黑色柔角画笔适当涂抹，将光线图像周围明显的边缘隐藏，使发光效果与背景结合得更自然❶。按下快捷键Ctrl+J复制得到副本图层，调整图像大小后水平翻转光线效果❷，调整光线图像的位置，丰富图像效果❸。

23 添加文字

新建“文字”图层组，单击横排文字工具❶，在“字符”面板中设置文字格式，并调整颜色为黄色(R241、G148、B48)。在图像中输入文字，并为文字图层添加“投影”❷和“内阴影”❸图层样式，分别在面板中设置参数值，此时在图像中可以看到，图像具有了一定的浮雕效果❹。

24 制作文字倒影

复制得到文字副本图层，垂直翻转图像后为其添加图层蒙版❶。使用渐变工具，设置从黑色到白色渐变，在翻转后的图像区域单击绘制渐变，为文字制作出倒影效果❷。继续设置文字格式，调整颜色为淡粉色（R248、G232、B214）❸，输入文字并设置“不透明度”为50%，使文字呈现半透明效果❹。

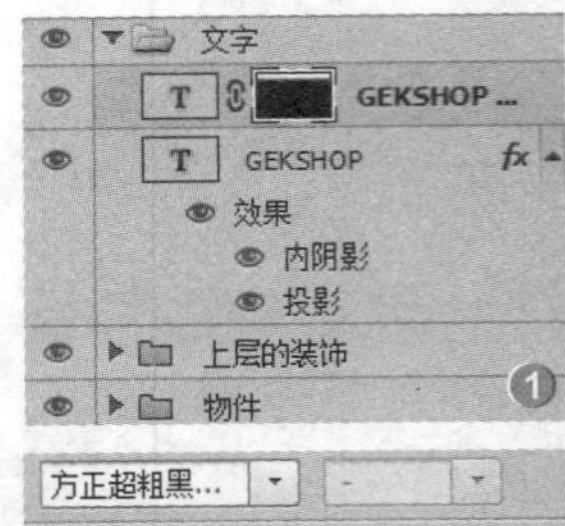

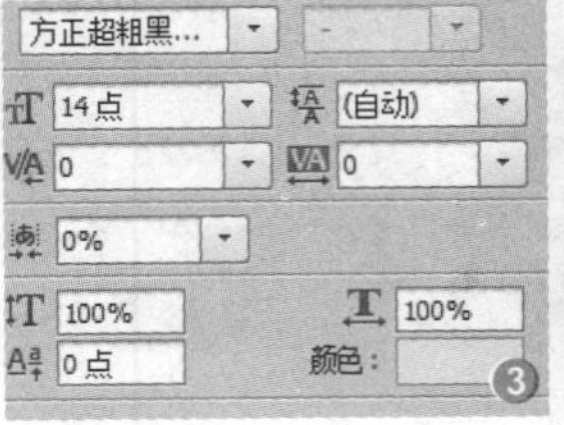

25 继续添加文字

使用相同的方法继续在图像中输入文字，新建“形状”图层，设置图形样式为“会话1”❶。绘制出会话路径，转换为选区后填充为黄色（R231、G229、B69）。继续调整文字颜色为洋红色(R236、G15、B197)❷，输入文字❸，同时在图像中调整形状图层和文字图层的位置，适当进行编排❹。

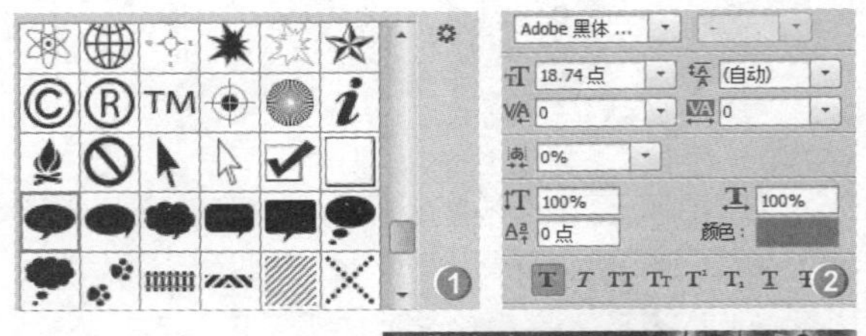

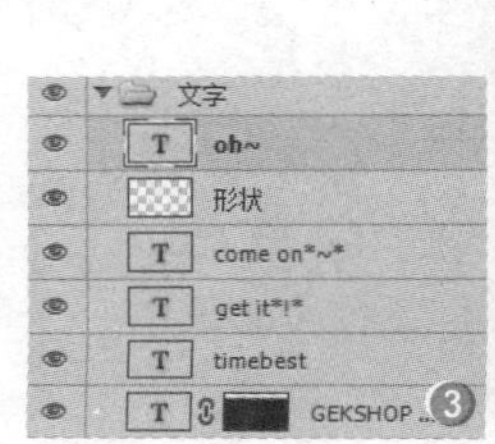

26 图像整体调整

创建“色彩平衡2”调整图层，在“属性”面板中设置“中间调“色调参数❶，单击“色调”下拉按钮选择“高光”选项，继续调整参数❷，为图像加入一定的绿色调。创建“色阶1”调整图层，在“属性”面板中拖动滑块设置参数❸，可以看到整体调整图像的明暗对比效果❹。至此，完成本案例的制作。

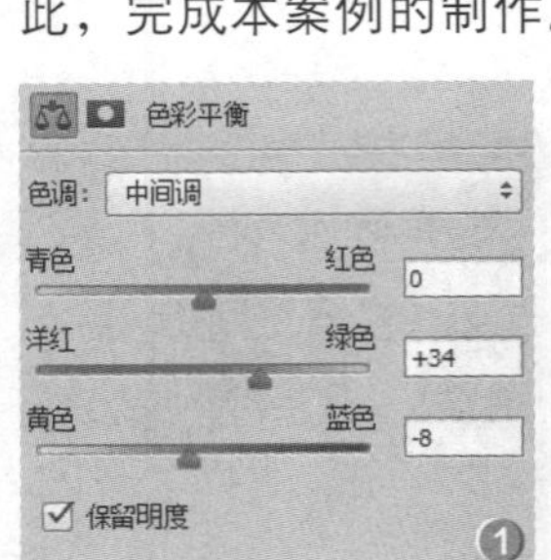

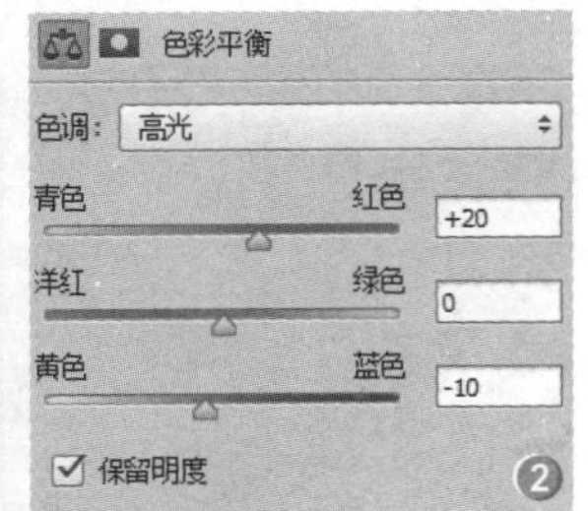

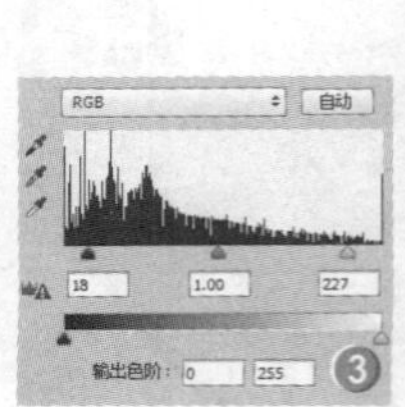